U0289505

酒 / 鼎 / 问 / 道

酒魂

THE SOUL OF WINE

齐彦忠——著

中国文史出版社

图书在版编目（CIP）数据

酒魂/齐彦忠著.--北京:中国文史出版社,

2024.7.--1SBN 978-7-5205-4772-7

I.TS971.22

中国国家版本馆CIP数据核字第2024W7B315号

责任编辑：卜伟欣

出版发行：中国文史出版社

社　　址：北京市海淀区西八里庄路69号院　　邮编：100142

电　　话：010—81136606　81136602　81136603（发行部）

传　　真：010—81136655

印　　装：廊坊市海涛印刷有限公司

经　　销：全国新华书店

开　　本：16开

印　　张：39.25

字　　数：555千

版　　次：2025年3月北京第1版

印　　次：2025年3月第1次印刷

定　　价：88.00元

序言

　　酒与人类，难舍难分，酒与文化，骨肉连筋。

　　酒，自古便是人类文明的瑰宝，而有5000年历史的华夏，更是将这琼浆玉液融入了文化，构成了民族文明的重要元素，一杯杯美酒，总是把一代代人的物质生活推向丰富，又为一代代人的精神生活增光添彩。从天地轮回，人类进化，朝代更迭，科技进步的历史大潮中，酒，以它独特的魅力，伴随着历史车轮的旋转，催化着事物的演变，成为华夏文明不可或缺的物质成果与精神元素。

　　说酒，不可不讲酒史，喝酒，不可不讲文化。酒的历史，就是5000年华夏文明史的重要元素，从酒之史、酒之字、酒之器、酒之礼、酒之事、酒之俗、酒之养的描述中，我们可以清晰地窥视民族血脉。真正懂酒文化的酒友，喝的绝不是借酒消愁，醉生梦死；不是酒后无德，胡言乱语；不是烂醉如泥，昏天黑地；也不是逞强好胜，强人所难。而是喝的传统美德，爱国情怀；是行侠仗义，坚贞不屈；是大好河山，千古绝唱；是海阔天空，厚德载物；是砥砺奋进，自强不息。这是喝酒人的最高境界，是中华文化的真正内涵，是酿酒人之想，售酒人之愿，喝酒人之福，也是编撰创作《酒魂》的初衷与要义。

　　《酒魂》的编纂与出版，是一个庞大的系统工程，我们邀请了酒文化学者、历史学家、酿酒专家等组成顾问团队，力争提高内容的权威性和深度，旨在全面探讨中华酒文化的精髓，展现其在当代社会的传承与创新。《酒魂》一书分上下两篇，从酒的起源、历史演变、酒礼酒俗、保健养生到现代酒业的发展与创新，多维度、全方位地剖析中华酒文化。整本书力求以丰富史料、生动笔触和精美的图片，将酒文化的历史故事与现代实践相结合，使读者在阅读中既能获得知识，又能享受视觉盛宴，为读者呈现一幅波澜壮阔的中华酒文化画卷。我们同时利用数字化出版技术，努力实现书籍的线上线下同步推广，增强互动性和可读性，让《酒魂》触达更广泛的读者群体。

《酒魂》写作的初衷，就是将此书努力打造成为一部关于酒的百科全书，同时也是对中华酒文化的一次全面致敬，更是一部努力探寻酒道、感悟生命智慧之作。《酒魂》是给酿酒人读的，因为不懂酒文化的企业酿不出真正的琼浆玉液；《酒魂》是给售酒人读的，因为不懂酒文化的销售公司提供不了最优质的服务；《酒魂》是给品酒人读的，因为不懂酒文化的人看不到壶中乾坤，悟不出人生真谛；《酒魂》是给不喝酒的国人读的，酒可以不喝，但酒文化不可不知，因为它是中华文明的一个重要组成部分，是我们民族魂魄永驻的精神家园；《酒魂》是给热爱中华文明的外国朋友读的，因为读懂了中华酒文化就更理解中国，更喜爱中国，就有了实现人类友好相处的共同语言。我们相信，在未来的日子里，中华酒文化将继续焕发出勃勃生机和活力，成为我们民族文化宝库中一颗璀璨明珠。我们相信，通过这本书的阅读，读者能够更加深入地了解和感受到中华酒文化的魅力，也能够更加珍视这一宝贵的文化遗产。

"壶里乾坤大，杯中日月长，闲来一杯盏，谈笑天地间"，愿每一位读者都能在这部作品中找到属于自己的"酒魂"。悠悠岁月，美酒情深，让我们举杯，共赴这场华夏酒文化之盛宴吧！

齐彦忠

2024 年 8 月 28 日

目录

上篇：酒之元

第一章　酒之史：九千年中华酒文化 …………………………………… 003

第一节　"开辟鸿蒙谁为酒种"——酒之源 ………………………… 004

一、初酒天成 ……………………………………………………… 004

二、纪元之始 ……………………………………………………… 005

第二节　"桀纣曾将败夏商"——"三代"之酒 ………………… 012

一、"酒之所兴，肇自上皇"：夏代之酒 …………………… 012

二、"若作酒醴，尔惟曲蘖"：商代之酒 …………………… 015

三、"君子有酒，酌言献之"：周代之酒 …………………… 017

第三节　"村豪聚饮自相欢"——秦汉魏晋之酒 ………………… 021

一、"酒为欢伯，除忧来乐"：秦汉之酒 …………………… 021

二、"阮籍醒时少，陶潜醉日多"：魏晋南北朝之酒 ……… 027

第四节　"新丰美酒斗十千"——隋唐五代宋辽金之酒 ……… 035

一、"百事尽除去，尚余酒与诗"：隋唐之酒 …………… 035

二、"春日宴，绿酒一杯歌一遍"：五代十国之酒 ……… 051

三、"一曲新词酒一杯"：宋代之酒 ……………………… 054

四、"燕酒名高四海传"：夏辽金之酒 …………………… 068

第五节　"浊酒不销忧国泪"——元明清时期之酒 ················· 076

一、"人酣方外洪荒梦"：元代之酒 ················· 076

二、"不忍覆余觞，临风泪数行"：明清之酒 ················· 083

第六节　"湖上诗人旧酒徒"——民国时期之酒 ················· 113

一、民国酒业发展大事记 ················· 113

二、民国时期名酒的地域分布 ················· 120

第二章　酒之字：汉字中的酒文化 ················· 125

第三章　酒之器：金尊中的中华传奇 ················· 145

第一节　温酒器和冰酒器 ················· 146

第二节　调酒器 ················· 153

第三节　盛酒器 ················· 154

第四节　饮酒器 ················· 172

第五节　挹注器 ················· 182

第六节　承尊器 ················· 186

第七节　娱酒器 ················· 188

第四章　酒之礼：觥筹交错都是礼数 ················· 191

第一节　"以为酒食，以享以祀"——庙堂酒礼 ················· 192

一、"奠桂酒兮椒浆"：饮惟祀 ················· 192

二、"饮酒孔嘉，维其令仪"：酒礼官 ················· 193

三、"祭以清酒，享于祖考"：饮酒礼 ················· 196

第二节 "开轩面场圃，把酒话桑麻"——民间酒礼 …………………… *201*

　　一、"宾主僎介，堪舆是程"：乡饮酒礼 ………………………… *201*

　　二、"社肉如林社酒浓"：饮酒礼的流变 ………………………… *204*

　　三、"隔篱呼取尽馀杯"：古代饮酒礼的现代应用 ……………… *207*

第五章　酒之典：豪饮魏晋纵酒唐宋 ……………………………… *213*

　第一节 "君王置酒鸿门东"——帝王酒典 ……………………… *214*

　第二节 "三杯通大道，一斗合自然"——名士酒典 …………… *246*

　第三节 "艳花浓酒属闲人"——红颜酒典 ……………………… *320*

第六章　酒之俗：酒与古代社会生活 ……………………………… *333*

　第一节 "酾酒卜筊杯，庶知神灵歆"——民间祭酒 …………… *334*

　　一、"社瓮虽草草，酒味亦醇酽"：社祭酒 …………………… *334*

　　二、"称彼兕觥，万寿无疆"：蜡祭酒 ………………………… *337*

　第二节 "春风送暖入屠苏"——节庆酒 ………………………… *340*

　　一、"把酒祝东风，且共从容"：元旦、春节之酒 …………… *340*

　　二、"元宵佳节，香车宝马，谢他酒朋诗侣"：上元酒 ……… *342*

　　三、"相劝一杯寒食酒"：清明酒 ……………………………… *343*

　　四、"菖蒲酒美清尊共"：端午酒 ……………………………… *344*

　　五、"把酒长歌邀月饮"：中秋酒 ……………………………… *346*

　　六、"他乡共酌金花酒"：重阳酒 ……………………………… *347*

　　七、"苦寒须尽酒如汤"：冬至酒 ……………………………… *348*

　第三节 "白日放歌须纵酒"——日常酒 ………………………… *350*

　　一、"合卺嘉盟缔百年"：婚礼酒 ……………………………… *350*

二、"年时生日宴高堂"：出生礼酒 …………………………………… 351

三、"一口青春正及笋"：成人礼酒 …………………………………… 353

四、"朝来寿斝儿孙奉"：祝寿酒 ……………………………………… 355

五、"夜台无李白，沽酒与何人"：丧礼酒 …………………………… 356

六、"桃李春风一杯酒"：赏花酒 ……………………………………… 357

七、"我有一樽酒，欲以赠远人"：饯行酒 …………………………… 358

八、"酒堪消客况，泉可洗尘襟"：洗尘酒 …………………………… 360

九、"浊酒一杯家万里"：思乡酒 ……………………………………… 362

十、"愿逢千日醉，得缓百年忧"：解忧酒 …………………………… 363

第四节　"醉卧沙场君莫笑"：军中酒 ………………………………… 365

第七章　酒之养：古时酒的保健和养生 …………………………………… 369

第一节　"病封药酒旋开缸"——酒以保健 ………………………………… 370

第二节　"为此春酒，以介眉寿"——酒以养生 …………………………… 377

第三节　"人之齐圣，饮酒温克"：古人的养生饮酒法 …………………… 379

一、"佳肴与旨酒，信是腐肠膏"：酒要悠着喝 …………………… 379

二、"开君一壶酒，细酌对春风"：酒要笑着喝 …………………… 382

三、"温酒拨炉火，题诗敲砚冰"：酒要温着喝 …………………… 386

四、"浅酌劝君休尽醉"：酒要抿着喝 ……………………………… 387

五、"醉后失天地，兀然就孤枕"：酒勿混着喝 …………………… 388

六、"对酒不能言，凄怆怀酸辛"：酒勿空腹喝 …………………… 388

七、"园翁旋相问，酌酒仍烹茶"：酒后就茶喝 …………………… 389

下篇：酒之兴

第八章 "酒幌高楼一百家"：中国当代酒业与酒文化 ……………… 393

第一节 "美酒飘香歌声飞"——国酒发展大事记 ……… 394

第二节 "花气酒香清厮酿"——中国独有的酒香文化 ……… 408

一、"青杏园林著酒香"：白酒香型的来历 ……… 408

二、"不拘一格酿酒香"：中国白酒香型的国家标准 ……… 412

第三节 "闲倾一盏中黄酒"——中国当代黄酒文化 ……… 420

一、黄酒的今生 ……… 420

二、黄酒的分类 ……… 422

三、饮黄酒的七大健康理由 ……… 425

第四节 "大浪淘沙始见金"——中国当代葡萄酒产业综述 ……… 427

第五节 "纵饮狂歌作辈流"——中国当代啤酒节经济 ……… 438

第九章 "三分天下有其一"：中国酒业长盛之道 ……………… 445

第一节 "君子谋道不谋富"——酿酒人该有的"道行" ……… 446

一、"圣道运，海内服"：守正才是根本 ……… 446

二、"如将不尽，与古为新"：守正创新 ……… 455

三、"天工人巧日争新"：中国酒业的创新方向 ……… 458

第二节 "三分天下有其一"——中国酒业长盛之道 ……… 469

一、"坐上客恒满，尊中酒不空"：为民酒者得天下 ……… 469

二、"莫推红袖诉金厄"：红袖添香不如红袖添酒 ……… 471

三、"五陵年少金市东"：得青年者得未来 …………………… 477

四、"虽千万人吾往矣"：得粉丝者安天下 …………………… 486

第十章 "偏师擒颉利，上将勒燕然"：中国酒业的海外输出 ……… 491

第一节 "醉里挑灯看剑"——中国白酒的国际化困局 …………… 492

一、困局如何形成 ………………………………………… 492

二、破困之道 ……………………………………………… 496

三、中国白酒国际化的战略步骤 ………………………… 515

第二节 "师夷长技以制夷"——张裕国际化启示录 …………… 519

第三节 "道路阻且长，功成安可期"——中国啤酒的国际化 … 527

第四节 "蒲黄酒对病眠人"——中国黄酒的国际化之路 ……… 534

一、黄酒的国际化困局 …………………………………… 534

二、何种因素限制黄酒国际化发展 ……………………… 535

三、黄酒企业如何突破国际化困境 ……………………… 535

第十一章 "好风凭借力，送我上青云"：中国酒文化的业态升级 … 543

第一节 "白衣送酒舞渊明"——现代社会的"酒以成礼" …… 544

一、名酒的重度社交功能 ………………………………… 544

二、"上帝的归上帝，凯撒的归凯撒" …………………… 545

第二节 "酒香不怕巷子深"——名酒的收藏 ………………… 546

一、相对而言，白酒越老越好 …………………………… 546

二、哪些酒值得收藏 ……………………………………… 547

三、茅学兴起的启示 ……………………………………… 551

四、未来酒企都是酒文化研学中心 ……………………… 553

第三节 "五花马千金裘，呼儿将出换美酒"——名酒的金融属性 ………… 555

一、当名优白酒具备了金融属性 …………………………… 555

二、白酒的金融属性是由什么构成的 …………………… 557

三、白酒金融属性的典型标杆 …………………………… 558

第四节 "昨日山水游，今朝花酒宴"——从传统酒文化到创意酒文旅 … 560

一、酒文化旅游资源的开发与利用 …………………… 560

二、酒庄、酒厂等酒旅标的的开发和利用 …………… 567

三、文创酒的开发与利用 ……………………………… 573

四、酒与其他饮品的融合创新 ………………………… 580

五、酒文化与影视等产业的融合发展 ………………… 585

第十二章 "一日乘风起，扶摇九万里"：对酒文化发展趋势的预测 591

第一节 "领异标新二月花"——新媒体语境下酒文化的创新表达 ………… 592

一、新媒体在酒文化传播中的应用 …………………… 592

二、酒品牌在新媒体时代的营销形式 ………………… 598

三、"智慧茅台"：从"制造"到"智造" ……………… 603

第二节 "潮平两岸阔，风正一帆悬"——中国白酒产业未来的发展方向 … 610

后记 …………………………………………………………… 615

酒之元
JIU ZHI YUAN

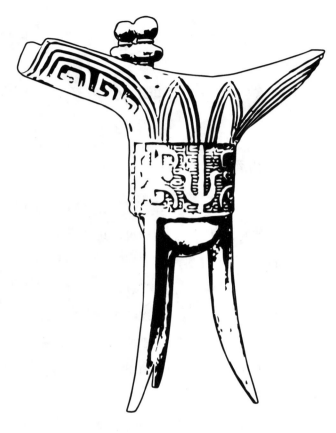

第一章

酒之史：九千年中华酒文化

第一节　"开辟鸿蒙谁为酒种"[1]——酒之源

一、初酒天成

中国古人一直有一个执念，认为酒是上天所赐，宋代人窦苹所著《酒谱》就有"天有酒星，酒之作也，其与天地并矣"的记载，是对古人酒源自天说法的精到总结。所谓酒星，又叫酒旗星、酒曲星，《晋书·天文志上·中宫》就记载："轩辕右角南三星曰酒旗，酒官之旗也，主宴飨饮食。"三国曹魏著名文学家孔融在《与曹操论酒禁书》中说"天垂酒星之耀，地列酒泉之郡"；唐朝"诗仙"李白也提到过"天若不爱酒，酒星不在天"；"诗鬼"李贺在《秦王饮酒》一诗中也留下了"龙头泻酒邀酒星，金槽琵琶夜枨枨（音chéng）"的诗句；唐代另一位诗人皮日休则有"谁遣酒旗耀，天文列其位"（《酒中十咏并序·酒星》）的诗句，南宋大臣、诗人罗愿在《和汪伯虞求酒》中说道"君不见菊潭之水饮可仙，酒旗五星空在天"。这些诗中的酒旗都不是酒家门前打的幌子，而指的是天上的酒旗星（网上有些解释"酒旗五星空在天"这句诗的意思是商家的酒旗上面有五星，这是错的）。

我们祖先的浪漫想象竟然被现代天文学的最新研究"证实"，20世纪下半叶，美国伊利诺伊大学天文成像实验室和法国天文台的科学家们，通过对宇宙星云进行深入研究发现，宇宙中存在酒分子星云，甚至早于恒星而存在于茫茫宇宙之中。科学家在洛夫乔伊彗星上还发现了酒精喷射现象。英国科学家也曾经在观测中发现过一块"醉醺醺的云"，那是由乙醇在零下150度左右的条件下凝结成的像雾一样的云团。这块云团有多少酒呢？据估算至少有

---

[1] "开辟鸿蒙谁为情种"是《红楼梦》第五回《红楼梦曲·引子》中的话，这里将"情"字换成了"酒"字。

几万亿升的纯酒精。据科学家统计，仅在我们的银河系中，约有10^{18}吨酒精，甲醇的数量更是数倍于此。总的来说，这并不奇怪——从化学的角度来看，酒精分子相当简单，由宇宙中最常见的元素组成。

宇宙中的酒精对地球生命的诞生起了重要的作用，太空中的酒分子在氨基酸形成过程中的作用非常关键，而氨基酸是生命机体的重要物质基础，每一个细胞的组成部分都要有氨基酸的参与，没有氨基酸就没有生命。因此，从某种意义上说，宇宙中的酒分子是地球上所有生命的根源。

我们能从这一点上就说地球上最初的酒就是宇宙酒精分子落到地球上形成的吗？答案是否定的，宇宙中的酒精分子虽然很多，但相对于宇宙的广阔还是微不足道，有人测算过，即便在星际尘埃中乙醇含量比较高的区域，其含量一般也不超过千万分之一。假设你能够坐在一艘飞船里，带上你的酒杯想去采集一杯"宇宙之酒"，沿途将周围的酒精都收入你的杯中，那么，要想集满一杯酒，你大约需要飞行50万光年，这已经远远超出了银河系的范围。

结论是最初地球上的酒，还是地球内部自然产生的。那么，地球上的酒到底是什么时候出现的呢？我们只要知道酒的产生需要3个条件：含糖原料、酵母菌和一定的温湿环境。地球上最古老的细菌和蓝藻植物约出现于35亿年前，就是说从那个时候开始就有酒精分子产生的条件，相比较而言，原始人类的诞生还是近300万年的事。所以，人类没有资格去争酒的发明权，最多是最早发现权。谁最早发现了自然界中的酒的存在，已经无从考证了，不过这也不重要，我们只要知道自然世界的一切，包括我们人类自己都是自然进化的产物就够了。

二、纪元之始

现在有一个最基本的问题，那就是酒为什么叫酒，而不是别的什么称谓呢？现代研究表明，这跟盛装酒浆的器物有关，这就是酉。甲骨文中酉字的基本形状是这样的：

　　今天我们的学者结合考古发掘成果，认为甲骨文的酉字就是一种尖底罐（如图1-1）的象形化表现，这种器物是距今7000年至5000年的仰韶文化的标志性器具。这种器具刚出土时，很多学者认为是汲水器，后来经过更深入的研究，大多数学者取得共识，那就是这种尖底瓶或者说是尖底罐就是当时的古人专用来装酒乃至制作酒的器皿，而不是汲水器。

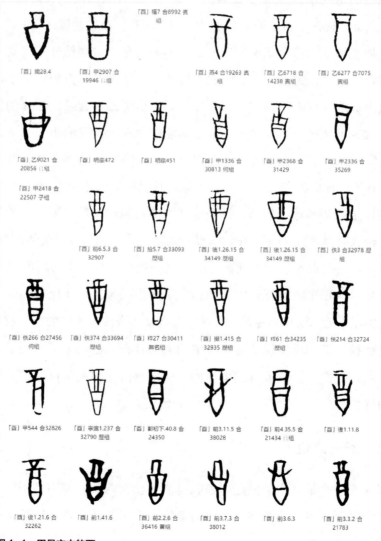

图1-1　甲骨文中的酉

近年来，美国斯坦福大学的刘莉教授与她的团队对西安米家崖、高陵杨官寨、蓝田新街等遗址出土的尖底瓶、漏斗等陶器上的淀粉粒、植硅体以及化学残留物的综合分析发现，漏斗、尖底瓶等器物是酿造谷芽酒的工具，其中尖底瓶适用于谷芽酒酿造过程中的发酵、储藏等阶段。尖底瓶的小口设计应是便于封口，减少酒精的挥发，尖底则是利于残渣的沉淀。

因为这种尖底罐的主要功能就是用来装酒或制作酒，所以后来我们的先民就逐渐用尖底罐的名字来命名从罐中倒出来的醪浆的名字，这就是酉。酿酒离不开水，甲骨文的酒字就

图1-2　距今约四千八百年的马家窑文化类型尖底瓶

是酉左边加上三点水，当然了，我们也可以理解为从酒瓶中倒出液体，这就是酒。

知道尖底罐是酿酒器，我们就可以反推，尖底罐的发明人可能就是酒的最早发明（发现）者。而尖底罐的发明者可以追溯到黄帝时期，据史载：

黄帝之子二十五人，……其得姓者十四人为十二姓，姬、酉、祁、己、滕、箴、任、荀、僖、姞、儇、依是也。

——《国语·卷十·晋语四》

注意，"黄帝之子二十五人，得姓十二"，其中第二姓就是酉。这个酉姓黄帝之子具体到底是谁，已经很难考证，可能正是因为他（她）发明了酉这

种陶器，而被赐姓酉，其所在的栖居地也被命名为酉。《尚书·禹贡》曾载地名酉水，或许就是远古时期的酉氏族人所命名，酉水流域就是酉部族的栖居地。

酒起源于黄帝时期，还有一个支撑，那就是著名的中医宝典《黄帝内经》中的《素问篇》专门有一段讲"汤液醪醴论"。醪是汁滓混合的酒，即浊酒；醴指甜酒。但是需要指出的是，《黄帝内经》并非是黄帝时期的著作，而是成书于战国到秦汉时期，是当时的医学家托名黄帝而作。

从考古来看，目前可信的世界上最早的"酒"是中美考古学家在1962年至2013年间在河南省舞阳县的贾湖遗址考古中发现的"贾湖酒"。中国科技大学和美国宾夕法尼亚大学的专家从对发掘出土的大量陶器残留物进行的分析中发现，九千年前的贾湖人已经掌握了世界上最古老的酿酒方法，其酒中含有稻米、山楂、蜂蜡等成分；考古学家在含有酒石酸的陶器中还发现有野生葡萄籽粒，这被认为是目前世界上最早的酒的证据，将中国乃至世界造酒历史向前推进到了距今近9000年。

美国学者根据自己对"贾湖酒"成分的理解，后来搞出了现代仿制酒"贾湖城"啤酒，但加入了现代酿酒原料、工艺和技术，特别是从中国引进了一种在制作黄酒时使用的发酵"引子"，这样出来的"贾湖酒"与其说是"九千年的东方文化酒"，不如说是以"九千年的东方文化"为噱头的现代酒。

我国最早提到酒的发明（发现）者的典籍是成书于战国末期的《世本》，作者是赵国的末代国王赵王迁的史官。这部书，到南宋末年已经全部散佚，后世的学者们根据其他书籍所摘引内容进行辑补，共分为8种不同辑本，在其中的《世本八种·陈其荣增订本·作篇》中提到："帝女仪狄作酒醪、变五味。"

东汉末时荆州刺史刘表创办的荆州官学的校长——当世大儒宋衷在给《世本》作注时说，仪狄是夏禹时的人，如果此说成立，则中国酒的出现时期就是在公元前21世纪的夏初。但从常识来看，酒的产生一定是与原始农业的发展过程密不可分的，而中国原始农业的出现时间是世界上最早的，一般认为是在炎帝神农氏时期，后世学者推算这个时期应该在公元前55世纪前后，在之后到夏禹时代的3000多年的时间里，我们的先人没有发现酒的存在是难以置信的。那么，有没有可能"帝女仪狄"并不是如宋衷所说是夏禹时期人，而是更早时期的人呢？答案是有可能的。

当代北京学者李东的著作《华夏祖源史考》所载最新研究成果表明，在历史上的黄帝时期和夏禹时期之间还有两个历史阶段，一个是公元前31世纪前后的少昊氏族联盟时期，一个是公元前29九世纪前后的五帝氏族联盟时期。所谓五帝氏族联盟时期，就是从帝颛顼高阳氏、帝喾高辛氏、帝尧陶唐氏、帝舜有虞氏到帝禹夏后氏，期间大概存续有八九百年的时间。从少昊到夏禹，有1000多年的时间，这么长的时间里，一定有很多"帝"，就是氏族联盟的首领，那么，仪狄可能是其中的哪个"帝"之女呢？

《华夏祖源史考》论述说，黄帝时代负责祭祀太阳神伏羲、月神女娲，并负责对太阳和月亮进行观测，根据观测结果制定日历、月历的工作，由黄帝氏族联盟中的羲和部族的人世代担任。该书援引《汉书·律历志》载："黄帝使羲和占日，常仪占月，臾区占星气……"意谓黄帝让羲和负责观日，让常仪负责观月，臾区负责观测星象。这三人应该都是黄帝氏族联盟的专祀日月星神的巫师兼占星师。

关于羲和、常仪部族的族源，李东认为他们就是远古时代伏羲女娲部族的直系后裔或者说是该部族的王族、巫族后裔（严格来说炎黄族系以及华夏大地的所有古代先民都是伏羲女娲部族的后代，但不完全是其中的王族后代），伏羲和女娲的名字组合起来就是羲和（娲转音就是和）；羲和部族以太阳和月亮为图腾，也与伏羲女娲氏族联盟的日月崇拜相吻合。

羲和部族由两部分人组成，除了专管太阳神祭祀和观测的人，还有专管月神祭祀和观测的人，称为常仪。常仪也就是常羲，"仪"字繁体字作"儀"，最初作"義"，此字与"羲"不管在字形还是古音上都十分相近，因此可以通用。

《华夏祖源史考》还指出，羲和部族的太阳神崇拜与世界其他地区的太阳神崇拜完全不同，他们崇拜的是太阳中的三足黑乌。所谓三足黑乌，也叫阳乌、踆（音 cūn）乌，后来被神化成神鸟凤凰，是伏羲时代的人对太阳黑子的想象，他们认为阳乌是太阳之精。从阳乌崇拜，后来逐渐演变成伏羲女娲部族的人对所有鸟的崇拜，在他们看来，凡间所有的鸟都是天上的阳乌、神鸟的同族。为了表述更简单，我们可以把凡是以鸟为崇拜对象的部族，统称"鸟族"。伏羲女娲部族的后代羲和常仪部族就是这样的鸟族。

黄帝氏族联盟后期，羲和常仪部族在首领少昊己鸷的带领下逐渐崛起。所谓昊，就是羲和常仪部族的人对首领的称呼，区别于他们的祖先伏羲女娲部族的人称首领为太昊，他们称首领为少昊。己鸷是这位少昊的名字，从这个名字看，应该是鸟族中的鸷鸟部的首领。鸷鸟是猛禽，所以鸷鸟部很有可能就是当时鸟族的军队。少昊己鸷或以与原来的炎黄族首领联姻的方式，更大可能是以武力征服的方式当上了新的氏族联盟——少昊氏族联盟的首领。

回到"帝女仪狄"的话题上来，仪可能指的就是常仪，那么狄能跟鸟族发生什么关系呢？根据训诂学的解释，狄就是翟，翟就是乐舞所用的雉羽，也就是说仪狄或称仪翟就是鸟族，他们应该是羲和常仪部族首领兼巫师祭祀太阳神或月神时于一旁挥舞雉羽跳鸟族的巫舞——也就是"跳大神"——的那群人。少昊氏族联盟时应该还是母系氏族社会，所以从首领到巫师都应该是女性，这就是"帝女仪狄（仪翟）"的由来。

作为女巫族，"帝女仪狄（仪翟）"可能还负责祭祀时供品的准备和保管，在这个过程中，她们发现了作为祭品的谷物、果品有发酵的现象，最初的酒醪就是这么发现的，这就是所谓的"帝女仪狄作酒醪、变五味"。变五味可能就是当时发现的五种农作物都能做酒醪。酒醪的出现时间，如果以少昊氏族联盟成立的时期算，应该是公元前3000年左右，那么距今应该是5000年。中国的造酒纪元即从公元前3000年开始。

1979年，我国考古工作者在山东莒县陵阴河大汶口文化墓葬中发掘到大量的酒器，在已出土的2800件随葬品中，近半数的器物与酒有关，而且在45座墓葬中，共随葬了663件酒杯类的器物。6号墓中随葬品之丰富，在同期墓葬中是空前的，一共有207件，其中仅高柄杯一项就多达100余件，占随葬品的半数以上。这一切足以证明大汶口文化中晚期时代，原始酒业已经初具规模，则至少在大汶口文化初期或仰韶文化（距今7000年至5000年）晚期，人工造酒就已经出现。大汶口文化距今6100年到4600年之间，

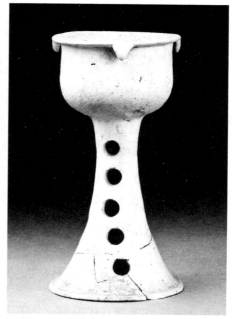

图1-3　山东莒县陵阴河大汶口文化墓葬中发现的高酒杯

与本书所持"帝女仪狄作酒醪、变五味"的时间基本吻合。

第二节 "桀纣曾将败夏商"[1]——"三代"之酒

一、"酒之所兴，肇自上皇"[2]：夏代之酒

在历史学上，夏商周时期被称为"三代时期"，也作"先秦时期"。

我们前面提到，"帝女仪狄作酒醪、变五味"，其实后面还有两句话，这就是"杜康造酒，少康作秫酒"。

在我们看来，仪狄或许是少昊氏族联盟时代的人，而杜康，有些学者认为是黄帝时期人，那就是比仪狄还早，这一说法目前还缺乏可信材料的支持。少康是夏王朝的第六代国君（之前为大禹、启、太康、仲康、相），东汉大儒许慎认为少康就是杜康，他说："古者少康初箕作帚、秫酒。少康，杜康也。"（《说文解字·巾部》）《世本》的注家宋衷先生也认为少康就是杜康。这一说法后来得到从学术界到民间的共同承认，杜康（少康）也就成为中国酒神、酒圣。

酒圣杜康的成长经历非常传奇。他是第五代夏朝国君姒相的遗腹子，姒相为夏朝的叛臣寒浞所杀，姒相的妻子后缗（音mín）当时已经怀有身孕，她逃至母家有仍氏部落方国，生下姒少康。姒少康长大后为有仍氏牧正，相当于国相，但仍遭到寒浞之子浇及豷的追杀，无奈姒少康又逃到有虞氏（五帝之一的虞舜后代建立的部落方国），担任庖正，字面意思就是厨师长，但实际地位和权重要比今天的厨师长高得多。酒就是姒少康在此期间发明（发现）的。

姒少康发明的酒叫秫（音shú）酒，秫就是黏高粱米，据晋代文学家江

1　出自明代诗人曹端的《戒酒》其一："养性毋贪昏性水，成家切戒破家汤。怕君不信观前古，桀纣曾将败夏商。"

2　语出晋代江统《酒诰》："酒之所兴，肇自上皇。"

统所著《酒诰》记载："酒之所兴，乃自上皇，或云仪狄，一曰杜康，有饭不尽，委余空桑。"这里说到了秫酒的发明（发现）过程，是作为厨师长的杜康（少康）把大家没吃完的饭放到了中空的桑树树洞中，时间一长饭变味发酵，产生了酒汁，这就是所谓的"空桑秽饭"的由来。

少康后来在夏朝遗臣伯靡、宗亲国斟灌氏、斟鄩（音 xún）氏和娘舅国有仍氏的帮助下，击败了寒浞，成为新的夏朝君主，也把他的最新发明秫酒带到了夏朝宫廷。

在秫酒出现前，已经有醪、醴等低度酒汁的存在，不管是醪、醴，还是少康在此基础上改良的秫酒，因为数量有限，最开始都是部族首领、国君用于祭祀先祖的专用品，这就是周公后来在《酒诰》中说的"祀兹酒"，祖宗们"享用"完了，才是部族首领、巫师、国君们分享饮用。

酒从祭祀专用品变为宫廷用品，继而普及到民间，一定是在农业生产取得巨大进步、粮食足够丰富的条件下才能实现的。夏王朝的中心区域，文献记载和考古发现均证实在河南省西部和山西省南部地区，其代表性文化，是以河南偃师二里头遗址命名的二里头文化。在二里头已发现的 100 多处考古遗址中，盉（音 hé）、觚（音 gū）、爵、鬶（音 guī）等酒器随葬品很常见，有些非常精美，《韩非子·十过》中关于夏禹作器皿的记载是"觞酌有采，而樽俎有饰"，表明了当时的酒器不但讲究实用，还注重艺术装饰，这也表明当时饮酒情况已经相当普遍。

夏代的酒已经有了"甘""浊"之

图 1-4 河南二里头夏代遗址出土的陶盉

分，《尚书·夏书·五子之歌》说夏王太康"内作色荒，外作禽荒；甘酒嗜音，峻宇雕墙"；《孟子·离娄下》说"禹恶旨酒而好善言"；《墨子·非乐上》说夏启"湛浊于酒，渝食于野"。甘酒、旨酒就是甜酒、渣滓少的酒，浊酒当然就是渣滓多的劣酒。

夏朝发展到第十六代君主夏桀（姒履癸）时，经济实力已经达到巅峰。经济的发达为夏桀骄奢淫逸、腐败荒淫的生活提供了条件。夏桀为政，荒淫无道，宠信妹（音mò，注意不是妹）喜。妹喜本是夏朝时的一个部落方国有施氏国君的女儿，据《国语·晋语》载："昔夏桀伐有施，有施人以妹喜女焉。妹喜有宠，于是乎与伊尹比而亡夏。"就是说夏桀发兵攻伐有施氏，有施氏首领只能献出女儿妹喜求和，妹喜和伊尹勾结，灭亡了夏朝。

关于夏桀的酒色乱政，据西汉宗室大臣、文学家刘向所著《列女传》载：

> 末喜者，夏桀之妃也。美于色，薄于德，乱孽无道，女子行丈夫心，佩剑带冠。桀既弃礼义，淫于妇人，求美女，积之于后宫，收倡优、侏儒、狎徒能为奇伟戏者，聚之于旁，造烂漫之乐，日夜与末喜及宫女饮酒，无有休时。置末喜于膝上，听用其言，昏乱失道，骄奢自恣。为酒池可以运舟，一鼓而牛饮者三千人，鞊其头而饮之于酒池，醉而溺死者，末喜笑之，以为乐。
>
> ——《列女传·卷七·孽嬖传·夏桀末喜》

妹喜有个奇怪的爱好，就是本为女子好穿戎装，佩剑带冠，唐代诗人李商隐的诗句"巧笑知堪敌万几，倾城最在著戎衣"（《北齐二首》之二）用在她身上还真合适，估计她也是为了迎合夏桀的猎奇心理。除了妹喜，夏桀还广求天下美女充实后宫，召集倡优、侏儒和能插科打诨、演戏作乐的人整天聚在一起，听靡靡之乐，日夜与妹喜和宫女饮酒。夏桀还喜欢把妹喜抱放在膝上，整天听她温言款语，以至于迷乱本性，骄奢淫逸。夏桀造了个酒池，大到可以在里面行舟，经常在酒池里牛饮的人多达3000人，有人把头扎到酒池里喝酒，结果醉倒在酒池里溺毙。妹喜看着这一切，乐不可支。

面对夏桀的倒行逆施，国相关龙逄（音 páng）进谏道："君无道，必亡矣。"夏桀说："日有亡乎？日亡而我亡。"这话可以说是自古以来天字第一号狂言：你见过太阳灭亡吗？太阳灭亡那天我才会灭亡。对关龙逄的劝谏，夏桀一个字都听不进去。关龙逄对夏桀再进谏道，为人君者，应该尊奉礼义，爱惜百姓节约用度，这样才能国泰民安、天长地久。现在国家的财产已经被你靡费殆尽，役使百姓不死不休，如此下去，必遭天谴。夏桀听了恶从心头起，当即就杀掉了关龙逄。

太史令终古也多次劝谏夏桀，后者根本听不进去，终古被逼无奈，携带当时国家图书馆与档案馆（上古时期的太史令兼国师、占星师、史官和国家图书馆与国家档案馆馆长于一身）里的所有资料出逃投奔商汤，这就是《吕氏春秋·先识览》记载的"夏太史令终古出其图法而泣之，乃出奔如商"。有史家认为这才是夏朝文字凭空消失和商朝甲骨文突然兴起的主要原因。商汤在名相伊尹谋划下，起兵攻

图1-5 清代木版年画"造酒仙翁杜康图"

伐夏桀，"鸣条之战"中取得大胜，夏桀被俘，后死于放逐地，长达近五百年的夏王朝结束。

二、"若作酒醴，尔惟曲蘖"：商代之酒

公元前17世纪前后，我国历史进入商朝时期，商代的农业经济较夏代有了更大程度的发展，粮食品种及种植量都有很大增加，特别是酿酒最佳原料黍——也就是大黄米的种植更加普遍。

　　山东社会科学院著名酒史专家王赛时先生在其专著《中国酒史》中论述说，商人已使用曲蘖（音niè，酿酒的酒曲）酿酒，并根据曲与蘖的不同发酵功能，酿制出"酒""醴"两种产品。《尚书·商书·说命》为著名的商王武丁所作，《说命下》记载武丁赞美贤相傅说（音yuè）的话是："若作酒醴，尔惟曲蘖。"把傅说比作了酿酒必不可少的两种发酵物曲和蘖。曲是谷物霉变制成的酵母，蘖是谷芽霉变制成的酵母，二者的培养基不同，发酵功能也不同。曲的发酵力要强于蘖，所以用曲酿制的酒，酒精度高一些，商人称之为酒，而用蘖酿造的酒，酒度很淡，商人称之为醴。

　　除了酒和醴，商人还酿造出一种叫作"鬯"的酒，用郁金草酿黑黍而成，因为特别芳香，所以被用作祭祀祖先、神灵和重大节日宴饮用的酒。

　　鬯（音chàng）酒的出现标志着商朝的酿酒科技有了很大进步，已经掌握了陈酿、增香及调味等难度较高的工艺技术，所以，商朝还有"贞酒""令酒""日酒""温酒"等十多种不同风格的酒。

　　商代的酿酒工匠群体也初具规模，出现了"长勺氏"和"尾勺氏"这种专门以制作酒具为生的氏族。

图1-6　明代万历时内阁首辅大学士张居正主编《帝鉴图说》中的"酒池肉林"

　　到了商朝的最后一位国王商纣王时期，经济空前繁荣，助长了商朝从上到下的骄奢淫逸之风。为了支撑其奢靡无度的宫廷生活，纣王采取的办法就三个字"厚赋税"，用横征暴敛的钱"实鹿台之钱，而盈巨桥之粟"。有了钱，纣王的生活就可以总结为四个字——"花天酒地"，《史记·殷本纪》载说，"大聚乐戏于沙丘，以酒为池，县（悬）肉为林，使男女裸相逐其闲，为长夜之饮"。据托名姜太公（即太公望、姜尚、吕尚）的《太公六韬》所载："纣为酒池，回船糟丘而牛饮者三千余人为辈。"我们可以想象一下，3000多人坐着船一起喝酒，随喝随从酒池里舀酒，每次船桨动一下，都能翻起来酒糟；到处是悬挂的肉脯，随时可以切下一块来吃，那是一种怎样"丧心病狂"的奢靡生活。

纣王的倒行逆施必然引起百姓的反抗、正直大臣的反对和诸侯的反叛。公元前1056年，西伯侯姬昌去世，其子姬发即位西伯，继承父志，重用太公望、周公旦、召公奭（音shì）等人治理国家，周国日益强盛。公元前1046年，姬发自号"武王"，追尊父亲姬昌为文王，联合庸、蜀、羌、髳（音máo）卢、彭、濮等部族的八百多个部落方国，正式发起灭商之战，经"牧野之战"，一举攻灭商朝。

三、"君子有酒，酌言献之"[1]：周代之酒

西周时，中国酒文化在物质和精神两方面都发生了全面、深刻的变化，基本奠定了后世发展的方向。《诗经》中内容涉及酒的达50多篇，出现了酒字63次，其中《国风》篇7次，《颂》篇6次，而《雅》篇中则出现了高达50次，由此可见，酒已经深入到了当时人们的日常生活之中。

《诗经》中提到的酒名至少有8种：酒、醴、鬯、黄流、旨酒、春酒、清酒、酎（音zhòu）。其中酎酒是一种最高档的重酿酒，即在正发酵的酒醪中加入成品酒，进一步发酵，得到的酒丰满、醇甜。

周代没有酒精度数的说法，但因为酒在古人的社会生活中非常重要，所以统治者就安排专人负责区分酒的味道、厚薄、定级，这就是酒正。酒正负责造酒事务的管理，一方面是监督酒的法令执行，另一方面是管理造酒原料。酒正的日常工作就是三辨，即"辨五齐之名""辨三酒之事""辨四饮之物"（《周礼·天官冢宰·酒正》）。

1　据《诗经·小雅·瓠叶》："幡幡瓠叶，采之亨之，君子有酒，酌言尝之；有兔斯首，炮之燔之。君子有酒，酌言献之。"

所谓五齐，相当于造酒从初到后的五个阶段或者五个程序。齐在这里读作zī，同粢，指古代用于祭祀的谷物。对于第一个阶段泛齐，东汉末经学大师郑玄的解释是："泛者，成而滓浮，泛泛然，如今宜成醪矣。"这个过程，用我们今天的酿酒行话说就是，以曲发酵酿酒，谷物与水封存在容器内，酵母发酵产生二氧化碳，从酒醪中冒出时将糟托起，一些轻质的米滓便漂浮在上，呈"泛泛然"，像蚂蚁一样，后人称为"浮蚁""绿蚁"。

第二阶段是醴齐，在郑玄看来，"醴犹体（繁体字为體）也，成而汁滓相将，如今恬酒矣"。这是发酵时糖化旺盛，味甜且酒液与酒滓浑然一体，汉代称为"恬酒"，即今日的醪糟或甜酒酿。

第三阶段盎齐，郑玄说："盎犹翁也，成而翁翁然葱白色，如今酂白矣。"这个阶段是指发酵达到高峰，酒液中二氧化碳冒出，嗡嗡作声，酒液呈白色。这个阶段的酒就称为"酂白"。

第四阶段是缇齐，"缇者成而红赤"，这用今天的话说就是酒液呈红色，是蛋白质生成的氨基酸与糖分反应产生了色素所致。

最后一个阶段是沉齐，"沉者，成而滓沉，如今造清矣"，指发酵完成，酒滓下沉，酒液澄清分离出来。

周代的酒正还要分配"三酒"的使用。所谓三酒，郑玄引东汉另一位同样姓郑的经学大师郑众（与郑玄没有姻亲关系）的话说："事酒有事而饮也，昔酒无事而饮也，清酒祭祀之酒。"也就是说，"三酒"以用途不同而区分，且有酿制时间之别。事酒是临事而酿的酒，故而为新酒，"事酒冬酿春成"，冬天开酿至来年春天成熟；昔酒是较事酒成熟时间长的酒，"以昔酒为久，冬酿接春"，冬天酿制，春光明媚的时候成熟；清酒是酿造时间最长的酒，按郑玄的话说就是"清酒，今中山冬酿，接夏而成"，冬酿而夏交成熟，这种酿造周期长且去掉渣滓的清酒，是专门用于祭祀的等级最高的酒，这就是《诗经·大雅·旱麓》所说的"清酒既载，骍牡既备，以享以祀，以介景福"中的清酒。

酒正的另一个工作是"辨四饮之物"。所谓"四饮"，或应为"四歓"或"四酳"（歓、酳均音yìn），即清、医、浆、酏。清指清酒（不是今天清酒的概念），就是颜色清亮、透明度高的酒，日本今天的清酒就是借鉴了我们古人的这个概念，但不是一个东西；医的繁体字是醫，在古代指的是粥加曲糵酿成的甜酒，可能这种东西有滋补、易消化、味道甜美的功效，古人用来给生病的人吃（其实今天我们也是这么吃），这些人可能没资格喝酒，吃点有酒味的东西也总是好的吧，所以就同医治、医疗发生了关系；浆比较好理解，就是浓一点的酒浆；酏（音yǐ）指用黍米酿成的酒，如酏醴（用黍粥酿成的甜酒）。酏也指稀粥，粥汤称酏浆，应该就是米汤，就今天的研究看，米汤才是粥的"灵魂"，是营养最高的，也是酿酒的最好原料。

古代酿酒，发酵之事主要由女性负责，故凡酒、浆、笾（音biān）、醯（音xī）、醢（音hǎi）、幂等职，并掌饮食粢盛之事，皆有女奴。因此，浆人中有女浆，即掌握作浆技术的女奴。每名女酒（女浆）配给10名奚，就是女奴。所以，在酒官体系中真正参与酿酒活动的是女酒和奚，且人数众多，这说明直接参与酿酒活动的是大批知晓造酒之术的女性奴隶。

鉴于前朝商代因酒而亡，周王朝颁布了《酒诰》，对饮酒目的、聚会宴饮进行了规定，所以周人的饮酒活动基本可以称为"君子酒"，有很多的礼仪，我们会在下一章《酒之礼》中专门讲述。但周代是"君子有酒"而不是"君子禁酒"，所以从上到下的饮酒活动很多，如《诗经·小雅·鱼丽》就有"君子有酒，旨且多""君子有酒，多且旨""君子有酒，旨且有"的诗句，反复吟咏君子饮酒的美好生活；《诗经·小雅·南有嘉鱼》有"君子有酒，嘉宾式燕以乐""君子有酒，嘉宾式燕以衎""君子有酒，嘉宾式燕绥之""君子有酒，嘉宾式燕又思"，也是四句诗不离君子之酒，充满对酒宴生活的欣喜赞美之情。在著名的诗篇《小雅·鹿鸣》中也有"我有旨酒，嘉宾式燕以敖""我有旨酒，以燕乐嘉宾之心"的诗句，表达了用美酒宴享宾客的欢乐。反正给我们的整体感觉是，周代的饮酒活动多是欢快的、彬彬有礼的、有所节制的。

上述所言基本是《周礼》所载官营酿酒业的情况，实际上在春秋时期，私人酿酒业也已经出现，《韩非子·外储说左上》中就记载，"宋人有酤酒者，升概甚平，遇客甚谨，为酒甚美，悬帜甚高著"，反映的就是私人酒坊大受欢迎的情况。

关于周代酿酒工艺的技术标准，在《礼记·月令》中有这样的记载：

仲冬之月，乃命大酋，秫稻必齐，曲蘖必时，湛炽必洁，水泉必香，陶器必良，火齐必得。兼用六物，大酋监之，毋有差贷。

如果用今天的白话就是说，冬季的时候，酒正向大酋发出酿酒的指令，在酿酒时要做好六件事，一是"秫稻必齐"，就是说要准备好质量优质的粮食；二是"曲蘖必时"，即制曲蘖要选好时日；三是"湛炽必洁"，即浸泡和蒸煮都要清洁；四是"水泉必香"，就是说酿酒用水要质量优良；五是"陶器必良"，即盛酒的器具一定要精良；六是"火齐必得"，要酿酒时必掌握好火候，使酒的发酵能在合适的温度下进行。这就是先秦时期酿酒的"六必古法"。"六必古法"也是中国酿酒最早的工艺规程。

第三节　"村豪聚饮自相欢"[1]——秦汉魏晋之酒

一、"酒为欢伯，除忧来乐"：秦汉之酒

公元前221年，秦始皇完成中国的统一大业，结束了自春秋以来500年的分裂割据局面，建立了中国历史上第一个统一的多民族的中央集权国家。

秦朝虽然历时很短，享祚只有14年，但在中国历史发展进程中的里程碑地位，之后的任何一个封建王朝都无法企及，事实上，其华夏国家的政治理念、政治制度、文化精神和信仰、民族血脉，不仅为随后的汉代全盘继承和发扬，也成为整个中国历史发展的蓝本，从这个意义上说，中国的历代王朝，本质上只是肇始于秦汉的同一个中国的不同发展阶段而已。

图1-7　秦代云纹高足玉杯，1976年出土于陕西西安车张村阿房宫遗址，是秦始皇或其嫔妃们用过的酒杯，其价值非同一般

大一统的国家、共同的文化和民族基础，为经济的繁荣和国力的提升提供了强有力的保障，这也为秦汉时期酒业的快速发展奠定了坚实的基础。

2002年和2005年，在湖南省龙山县里耶古城出土的秦代简牍，为我们复

1　语出南宋诗人陆游的《夜行过一大姓家值其乐饮戏作》："村豪聚饮自相欢，灯火歌呼闹夜阑。醉饱要胜饥欲死，看渠也复面团团。"

活了那个时代。中国古代正史中关于秦朝的记录不足千字，而里耶秦简却有37000多支，近20万字，其中有几千枚是关于酒的。

秦汉时，已普遍使用含有大量酵母菌的曲进行酿酒的"复式发酵法"。当时的酒多以粮食为原料，如黍酒、稻酒、秫酒、稗米酒等。酿酒有时还配以香料，并出现了以配料命名的酒，如菊花酒、桂酒、椒酒、柏叶酒等。同一时期还出现了以酒的色香味命名的酒名，如旨酒、香酒、恬酒、甘醴、黄酒、白酒、金浆醪、酸醁（音 lù）、缥酒等。

西汉文学家邹阳的《酒赋》中提到，秦代有一种酒叫"乌程若下"，乌程在今浙江湖州。明代笔记小说《西吴里语》（卷一）记述说秦有乌氏、程氏，各善造酒，当地合其姓为乌程县，乌氏名巾，程氏名林。若下，又作箬下，为乌程县水溪名称，当地称为"若溪"。两岸人家以若溪水酿酒，闻名四方。

秦汉前的"三代"时期，酒更多的用于祭祀、贵族饮用和重大政治场合，并没有走进普通人民的生活。秦朝统一后，由于人们对酒的喜爱、酒曲技术的普及，酒的产量大幅提高，酒也逐渐进入寻常百姓家。周人是"祀兹酒"（《尚书·周书·酒诰》），而秦汉已经不限于此，而变成了"宴兹酒""聚兹酒""常兹酒"，酒从庙堂中走出来，变成了上至官吏，下到普通百姓都趋之若鹜的"欢伯"。这个别号最早出自西汉人焦延寿的《易林·坎之兑》："酒为欢伯，除忧来乐。"

汉代很多文人都作过《酒赋》，对酒的神妙进行讴歌，其中最有代表性的是著名文学家、汉武帝叔叔梁王刘武的"梁园门客"之一的邹阳的《酒赋》，文中出现的沙洛绿鄮（音 líng）、程乡若下、高公之清、关中白薄、青渚萦醇等，都是当时著名的酒产地和所产名酒，能让人"千日一醒"。文章还描述了当时人聚饮的盛况，"皤皤之臣，肃肃之宾"，宽袍大袖，上下挥舞，"纵酒作倡，倾盌（音 wǎn，同碗）覆觞"，是对汉代社会酒饮文化形象真实的描述。

除了文中提到的几款名酒，汉代著名的酒，按照酿酒原料分，有稻酒、黍酒、秫酒、黄酒、白酒，即分别用稻米、大黄米、秫米（黏米）、黄米、白米酿的酒；按酿酒时间分，有春酒、冬酒；按配料香料命名，还有椒酒、桂酒、柏酒、菊花酒、百末旨酒。

按酿酒产地分，汉代有苍梧缥清酒，也叫"苍梧清"，有所谓"玄酒不如苍梧之醇"的说法（东汉桓谭《新论》）；还有宜城醪，曹植《酒赋》中称"宜城醪醴"，东汉人士凡形容醪酒上乘者，无不以"宜城"为喻。此外还有诸如中山酒、郑白酒、酴（音 tú）清、会稽稻米清、野王甘醪、鄹白等各地名酒。《史记·西南夷列传》记载，公元前 130 多年，汉武帝刘彻饮到来自夜郎（今黔北一带）所产的名酒"枸酱"，情不自禁地赞曰："甘美之。"

滥觞于秦代的乌程若下酒，到了汉代已具有很高的品质，博得上下共识。如果从色泽感官上观察，若下酒呈现出前所未有的红赤颜色，东汉人郑玄在注释《周礼·天官冢宰》时强调说"醍者成而红赤，如今若下酒矣"。如果从后代的成果继承来看，"乌程若下"属于中国酿酒业中最响亮的名号，"乌程酒"成了名酒、美酒的代称，西晋文学家张协评价说"乃有荆南乌程……倾罍（音 léi）一朝，可以流湎千日"（《七命》）；唐代大诗人李贺说"尊有乌程酒，劝君千万寿"（《拂舞辞》）；北宋大文豪苏轼要去看望一位多年未见的朋友，不带其他礼物，只说"今日扁舟去，白酒载乌程"（《次韵答参寥》），可见乌程酒在苏东坡心目中是何等珍贵。乌程酒的名酒地位一直延续到明朝，成为中国历史上出名最早，且流传时间最长的地方名酝。

中山酒始见载于《周礼》郑玄注，有云"中山冬酿"。中山，古国名，在今河北省西部。西汉中山靖王刘胜夫妇葬于中山国满城，墓中随葬有三十三个大陶缸，发掘时在缸内能够清楚地看到酒液蒸发后的痕迹，部分陶缸上书红字"甘醪十五石""黍上尊酒十五石""稻酒十一石"字样，可以从侧面反映中山地区酿酒业的盛况。

汉代已经有葡萄酒，但基本是西域所传，《史记·大宛列传》记载："大宛左右以蒲陶为酒。富人藏酒至万余石，久者数十岁不败。"汉武帝太初三年（前 102 年），大宛（音 yuān）降汉，此后蒲陶（后改为葡萄）和葡萄酒就传入内地。不过，两汉之际，葡萄酒实属罕见酒品，并非普通人所能享用，《后汉书·张让传》曾记载，大宦官张让当时位居中常侍，掌握官吏任免大权，收受贿赂。扶风人孟佗"以蒲陶酒一斗遗让，让即拜佗为凉州刺史"。一斗蒲陶酒可以换一个州刺史，这在中国历史上是绝无仅有的，说明至少在汉代，中国并不产葡萄酒，最多是引种了葡萄，但还不足以支撑酒业大规模使用。

汉代的酿酒业分为官营和私营两种，官营酒业由少府掌管，具体操作则由少府下面的太官负责。太官"掌御饮食"，而其下属汤官负责酒的酿造与供应。官营酒除了供给皇室消费，还作为朝廷的赏赐用酒，每逢重大节日以及大酺聚饮的时候，朝廷会赐给百官甚至平民大量的酒，如汉哀帝一次赏给大臣平当"上尊酒十石"，表示恩宠；汉武帝时，匈奴单于曾向汉朝求索"蘖酒万石"，如果官营酿酒业没有足够的规模和产量，是难以满足这么大规模的用酒需求的。

除了太官掌握的官营酿酒业，地方也有官署酿坊，酿造的酒供本地官府使用。

在官营酒业发达的同时，汉代的私营酿酒业也早已不可同日而语，司马迁在《史记·货殖列传》中讲"通邑大都，酤一岁千酿……富比千乘之家"说的就是大酿酒商，西汉文学家刘向编著的《列仙传》中也有梁市上酒家卖酒"日售万钱"的记载。1977年，安徽省考古工作者发掘了西汉第二代汝阴侯夏侯灶（西汉开国功臣夏侯婴之子）夫妇的墓葬，出土了漆器类酒器，有壶、尊、钫、卮、耳杯、勺等，陶器类酒器有壶、尊、钫、盂、瓮、罐、杯、耳杯等，表明汝阴侯家族不仅时常饮酒，还设有专门的铸造、储藏酒器的机构。

除了这些酿酒大户，汉代小生产者经营的酒肆，更是数不胜数，这些酒肆既是生产场所也是销售场所，最著名的个体酒户就是"文君垆"，是著名汉赋大家司马相如和卓文君私奔至临邛后所开，二人"尽卖车骑，买酒舍，乃令文君当垆"。前面是文君卖酒，后面是"相如身自著犊鼻裈，与庸保杂作"

（《史记·司马相如列传》）。

汉武帝打通西域之后，汉王朝与西域各国的交流骤然升温，许多胡人来到长安，开办了具有异国情调的酒肆，时称"酒家胡"。西汉诗人辛延年的诗《羽林郎》反映了这类酒家的独特风貌："昔有霍家奴，姓冯名子都。依倚将军势，调笑酒家胡。胡姬年十五，春日独当垆。长裾连理带，广袖合欢襦（音 rú，短衣）。头上蓝田玉，耳后大秦珠。两鬟何窈窕，一世良所无。一鬟五百万，两鬟千万余。"襦音 rú，指短衣。这穿着打扮固然是文学作品的夸张修辞，但也说明私营酒家的收益相当不错。

由于汉代酿酒业的飞速发展，"聚饮""豪饮"之风在汉代社会盛行，形成汉代独特的酒文化。汉高祖刘邦在王朝建立初期，曾经"置酒雒（音 luò，雒阳即洛阳。汉代实行五德终始说，汉为火德，水克火，所以把洛阳的洛去水字旁）阳南宫"，请诸位大臣讲"吾所以有天下者何？项氏之所以失天下者何"。在酒精的作用下，君臣之间畅所欲言，最终得出结论，萧何、张良、韩信，"皆人杰也，吾能用之"，而项羽"有一范增而不能用"。会用人，用对人，这是刘邦对自己的总结，也是后人对刘邦的基本评价。这番酒话堪称传世佳话。刘邦回到家乡设宴款待乡亲故旧，酒酣之处"上击筑，自歌曰：'大风起兮云飞扬，威加海内兮归故乡，安得猛士兮守四方！'"唱完歌，"上乃起舞"（《史记·高祖本纪》）。

皇帝饮酒都是如此豪放，臣子、百姓争相效仿也就不足为奇。《汉书·景十三王传》记载，广川惠王"数置酒，令倡俳裸戏坐中，以为乐"。《汉书·张禹传》记载，张禹身为相国，每次接待弟子戴崇，都要"置酒设乐"，有时还会到后堂去，"妇女相对，优人筦弦铿锵极乐，昏夜乃罢"。汉宣帝时的司隶校尉盖宽饶赴宴迟到，主人责备他来晚了，盖宽饶曰："无多酌我，我乃酒狂。"光武帝时的马武嗜酒，为人阔达敢言，经常醉倒在皇帝面前。

而到了东汉末年，纵饮之风更是一发不可收拾。著名文学家、书法家、音乐家蔡邕在《与袁公书》中写道："朝夕游谈，从学宴饮，酌清醴、燔乾鱼，欣欣焉，乐在其间矣。"《古诗十九首》有诗句"今日良宴会，欢乐难具陈。弹筝奋逸响，新声妙入神"，极为形象地描绘了歌与酒相谐同趣的景象。三国时曹魏开国皇帝曹丕也曾经在《典论·酒海》中描述说："郡官百司并涸于酒，贵戚尤甚。"他甚至还例举"南荆有三雅之爵，河朔有避暑之饮"来描述当时饮酒风气之盛。三雅之爵指荆州牧刘表饮酒分为三爵：伯雅（七升）、中雅（六升）、季雅（五升），而且刘表还专门准备了针锥，客人"醉酒寝地"，就用针扎，直到客人毫无反应为止。避暑之饮指光禄大夫刘松，在盛夏三伏的时候，"昼夜酣饮，极醉至于无知，云避一时之暑"。

贵族的生活方式直接影响民间，导致老百姓也把饮酒聚会搞得风水生起。根据汉代法律，"三人以上无故群饮酒，罚金四两"（《汉书·文帝纪》）。只有在"大酺（音pú，聚饮）"之日，朝廷才会颁布诏令，允许百姓饮酒聚会。而实际上，这一法令后来根本无法实施，《盐铁论·散不足》就有"往者民间酒会，各以党俗，弹筝鼓缶而已，无要妙之音，变羽之转""今富者……耽湎深酒，铺百川"的记载。

《汉书·游侠传》也记载，郭解"姊子负解之势，与人饮，使之釂，非其任，强灌之"，就是大侠郭解姐姐的儿子，就是郭解的小舅子，仗着郭解的豪侠之名，与人拼酒，别人不胜酒力，他就强行给人家灌酒；东汉初，河南郡太守（相当于今天的北京市市长）陈遵每逢"大饮"，"辄关门，取客车辖（即大车轴头上穿着的小铁棍，可以管住轮子使不脱落）投井中，虽有急，终不得去"，留下了著名的"陈遵投辖"的典故。后人多把这种方式当作主人热情好客的表现。

酿酒业高额的利润也吸引了政府的目光，毕竟这行业利益巨大。汉武帝在位之际，首创榷（音què）酒制度，对私营酿酒业实行了官方干预。所谓榷酒，是指官方对酒类产品的专卖，又称榷沽、酒榷、榷酒酤。汉武帝制定的酒榷政策只执行了十八年，据《汉书·昭帝纪》载："（始元六年）秋七月，罢榷酤官，令民得以律占租，卖酒升四钱。"允许私人经营，但要向政府纳税，每升酒收四钱，这实际就是酒税。

山东社会科学院酒史专家王赛时先生认为："由榷酒转向税酒，是官方酒业政策的重大改进。从国家职能意义上讲，官府酒类专卖，属于政府直接参与的经济行为，有悖于经济规律；而官方向私营酿酒业收税，则属于正常的国家财政收入，只要税率合适，一般不会干扰正常的产业运转。所以，汉王朝最终选定用酒税的形式来抽取私营酒业的利润。"（王赛时《中国酒史》）酒税政策一直延续到东汉。

二、"阮籍醒时少，陶潜醉日多"[1]：魏晋南北朝之酒

纵观中国数千年酒文化，也许没有一个时代像魏晋南北时期那般经历如此狂烈的饮酒之风。激烈的政治动荡，多次的政权变更，频繁的内乱和血腥纷争，使上自皇亲国戚、高官显贵，下至平民百姓，都在悲观失落的世态格局中，纵情醉意人生。"何以解忧，惟有杜康"，曹操的诗恰如其分地表达了酒在当时人们生活中的作用。酒文化在酒政、酒令、酒宴等方面都有了新的发展，并对后世产生了深远的影响。

据《齐民要术》记载：东汉建安元年（196年），曹操曾将家乡产的"九酝春酒"进献给汉献帝刘协，并上表说明九酝春酒的制法。曹操在《上九酝酒法奏》中说："臣县故令南阳郭芝，有九酝春酒。法用曲三十斤，流水五石，腊月二日渍曲，正月冻解，用好稻米，漉去曲滓，便酿法饮。曰譬诸虫，虽久多完，三日一酿，满九斛米止。臣得法酿之，常善，其上清滓亦可饮。若以九酝苦难饮，增为十酿，差甘易饮，不病。今谨上献。"这是中国历史上关于酿酒方法的最早的文字记载。

曹操不仅总结了"九酝春酒"的酿造工艺，而且他还亲自酿制美酒，并提出了具体改进的办法。这样看来，说他是一位酿酒师和酿酒研究者绝不为过。

1　语出唐代诗人王绩的《醉后》："阮籍醒时少，陶潜醉日多。百年何足度，乘兴且长歌。"

作为一个诗人（曹操是货真价实的建安文学的扛鼎者、执牛耳者），曹操可以发出"何以解忧，唯有杜康"的感慨，但是作为汉末丞相和曹魏的实际开创者，他不能容忍臣子嗜酒烂醉的行为，所以他当政期间实行了严格的禁酒令，但曹魏重臣徐邈却经常沉醉不起，耽误正事。校事赵达向他询问政事，徐邈词不达意，称自己是"中圣人"。赵达"白之太祖（曹操），太祖甚怒"（《三国志·魏志·徐邈传》）。度辽将军鲜于辅向曹操劝谏道："平日醉客谓酒清者为圣人，浊者为贤人，邈性修慎，偶醉言耳。"曹操听了，也就放过了徐邈。后来清酒就被称为"圣人"，浊酒就被称为"贤人"，喜欢喝酒就被称为"乐圣"。唐代宗室、"饮中八仙"之一的李适之被罢相后，写了一首诗《罢相作》："避贤初罢相，乐圣且衔杯。为问门前客，今朝几个来？"就用到了"乐圣"这个说法。唐代诗人陆龟蒙也有"尝作酒家语，自言中圣人"（《添酒中六咏》之五）的诗句，其中的中圣人就是指沉迷于酒。

在强大的民意面前，禁酒令终于被废止，从此魏晋就成了"且乐生前一杯酒，何须身后千载名""独有刘将阮，忘情寄羽杯"的"糟丘之国"。

允许民间自由酿酒后，连著名田园诗人陶渊明也亲自下场，成了酿酒工匠，他在任彭泽县令时，"公田悉令吏种秫稻"。所谓秫稻，就是黏高粱，这种作物最适合酿酒，所以高粱后来就有了一个好听的名字，叫"陶令秫"，也叫"元亮秫"，"陶令秫酒"则指用高粱酿的酒。当时官员的俸禄是禄米，直接给粮食，陶渊明薪俸微薄，就想把粮食种在田里，希望能多长出一些，然后拿来酿酒。妻子想让他种粳稻，两人还有些争执，后来两人商量"使二顷五十亩种秫，五十亩种粳"（《宋书·列传·隐逸·陶潜》）。

有一次有个官员去找陶渊明说事，正赶上陶在酿酒，"值其酒熟，取头上葛巾漉酒，毕，还复著之"。陶渊明酿的应该是那种粗酒，酒里还有酒沫、酒渣等，陶渊明也不用滤酒的容器，直接把头巾摘下来，用来滤酒，滤完了，还旁若无人地再戴上。这种制酒方法实在令人作呕，好在他酿的酒基本是他自产自销。

以好饮而著称的东晋鸿胪卿孔群极好饮酒，丞相王导就劝他为了身体，少喝为妙，对他说："卿何为桓饮酒？不见酒家覆瓿日月糜烂？"瓿（音bù），指小瓮。这句话的意思是，你为什么总是饮酒呢？没看见酒店里盖酒坛的布，时间一长就烂掉了吗？孔群说："不尔，不见糟肉乃更堪久？"不是这样的，您没看见用酒糟过的肉，更为经久不坏吗？有一年秫米收成不好，孔群写信给亲旧，不无遗憾地说："今年田得七百斛秫米，不了曲糵事。"七百斛如果是当粮食吃，那足够了，但是用来酿酒，就不够了，这说明孔群也是自己酿酒，供自己享用。

魏晋以及稍后的南北朝时期是我国葡萄酒生产的发展时期，从当时的文人名士的诗词文赋中便可看出葡萄酒在当时的盛行之况。西晋诗人陆机在《饮酒乐》中写道："蒲萄四时劳醇，琉璃千钟旧宾。夜饮舞迟销烛，朝醒弦促催人。春风秋月桓好，欢醉日月言新。"

陆机是魏晋时期的名士，他的这首诗描绘了当时王宫贵族是多么奢侈糜烂，从中可以看出葡萄酒在当时已经是一种比较普遍的东西，成了贵族们宴请宾客的一种常见饮品。

在魏晋以后一百多年的南北朝时期，也有不少文人写了有关葡萄酒的诗词歌赋。庾信就在他的七言诗《燕歌行》中写道："蒲桃一杯千日醉，无事九转学神仙。定取金丹作几服，能令华表得千年。"庾信在诗中表达了自己的想法：不如去饮一杯葡萄酒换来千日醉，或者为了长生去学炼丹的神仙。若能取得金丹作几次服食，定能像千年矗立的华表永享天年。诗中将饮用葡萄酒与服用长生不老的金丹相提并论，可见当时已认识到葡萄酒是一种健康养生饮料。

除私人酿酒外，魏晋时期产销合一的酒店、酒肆的数量也很多。曹魏时，官家酒楼也称"青楼"。曹植诗中曾有"青楼临大路，高门结重关"（《美女篇》）的诗句。我们今天一说到青楼，总会想到花街柳巷，其实在汉魏时，青楼指贵族富贵人家豪华精致的青砖青瓦的楼房（唐代时才变成烟花之地）。

东晋时陶渊明隐居乡间，始安太守颜延之"留二万钱与陶潜，潜悉送酒家楼，稍就取酒"。南朝宋明帝刘彧在"新亭楼"大宴将士；北齐邢邵在"清风观""明月楼"聚亲招友。

北魏时的洛阳，酒类的生产与营销集中在大市西侧，市西有"退酤、治觞二里。里内之人，多酿酒为业"（北魏杨炫之《洛阳伽蓝记·卷四》）。当时洛阳的里坊规范得相当整齐，一个里坊约居住五百到一千户，可见当时专门从事酿酒业的人数之多。

京口古城地处江南要津，面对扬州，东晋建立后，这里成为兵家重镇，号称北府，随着百姓、军队的不断汇入，京口逐渐发展成江南第一大都会，在此之际，酒业人士酝酿出了著名的京口酒。东晋大司马桓温就曾经说："京口酒可饮，兵可用。"（《晋书·列传·郗鉴 附：郗超》）。京口酒中，又以"北府兵"所酿"北府酒"最负盛名，有"北府名尊天下说"（宋代李流谦《宋黄仲秉侍郎出守镇江》）的美誉。

在东晋时期，好酒曾被称为"青州从事"，劣酒被称为"平原督邮"，最早这么说的是东晋权臣大司马桓温手下的一个主簿，他把好酒称为"青州从事"，是说青州有一个齐郡，齐与脐同音，是说好酒的酒力可以一直达到脐部，而之所以称劣酒为"平原督邮"，是因为平原郡有个鬲县，鬲与膈同音，是说次酒的酒力只能到达胸膈之间。抛去这其中体现出的幽默的意思不说，这足以说明魏晋时期的人嗜酒已经到了"出神入化"的程度。

具体而言，这一时期的名酒首推以酃（音 líng）湖（今湖南衡阳市东）水酿制的酃酒。酃酒在三国吴时期即闻名遐迩，左思《吴都赋》在介绍江南名产时就曾提及"飞轻轩而酌绿酃，方双峙而赋珍羞"。西晋平吴后，即将此酒作为战利品献于太庙。因此，西晋文学家张载在《酃酒赋》中称其"播殊美于圣代，宣至味而大同"。东晋时期，酃酒一直作为祭祀用酒，到南北朝时，酃酒仍被列为贡酒，足见其质量稳定，历久而不衰。

东晋时，有酒名"流霞"，东晋著名道士葛洪的著作《抱朴子·祛惑》

载："项曼都入山学仙，十年而归，家人问其故，曰：'有仙人但以流霞一杯与我，饮之辄不饥渴。'"南北朝著名文学家庾信的诗《卫王赠桑落酒奉答》也提到"愁人坐狭斜，喜得送流霞"。后来"流霞"就成了美酒代称之一，唐代大诗人李商隐有诗句"寻芳不觉醉流霞，倚树沉眠日已斜"（《花下醉》），其中的"流霞"指的就是美酒。

北魏时期，河东人刘白堕所酿的"鹤觞酒"是当时最著名的酒。刘白堕是历史上的一位酿酒大师，常与杜康并称为"刘杜缸神"。他所酿的酒于盛暑时置于太阳底下暴晒，"季夏六月，时暑赫晞，以罂贮酒，暴于日中，经一旬，其酒味不动。饮之香美而醉，经月不醒"（《洛阳伽蓝记·法云寺》），京师朝贵外出时，多携带此酒作为馈赠的佳品。据说，南青州刺史毛鸿宾携酒上任，路遇劫盗，但那些盗贼饮酒即醉，都被擒获，因此此酒又被称为"擒奸酒"，当时游侠中流传着一句话，"不畏张弓拔刀，唯畏白堕春醪"。这个故事虽有夸张，但却生动地反映了刘白堕高超的酿酒技术。

尽管在魏晋时期酿出的酒，酒度通常仍然不高，但仍有少数酒匠酿出了酒精含量颇高的"千日酒"；还有酒匠酿出了"千里酒"，后劲十足，这说明当时所酿之酒有了很大程度的品质提升。

除了上述名酒，这一时期还生产出了许多著名的酒产品，如河东酒、桑落酒、苍梧酒、菊花酒、黄花酒、屠苏酒、河东颐白酒、秦州春酒、朗陵何公夏封清酒、夏鸡鸣酒、黍米酒、秫米酒、糯米酒、粱米酒、粟米酒、粟米炉酒、白醪、黍米法酒、秫米法酒、当粱法酒，还有酿造时间长而酒精含量高的祭米酎、黍米酎，在酒中加入五加皮、干姜、安石榴、胡椒、荜拔、鸡舌香等药物，则制成功能各异的药酒。这些酒经过数千年承继，如今仍有面市，它们大都沿用了当时的古法秘方，保留了酒在工艺上的传统特征。

魏晋时期以嗜酒著称的文人墨客非常多，除了前面提到的陶渊明、孔群，还有"建安七子"（孔融、陈琳、王粲、徐干、阮瑀、应玚、刘桢）、"竹林七贤"（山涛、阮籍、嵇康、阮咸、王戎、刘伶、向秀）等，都以豪饮著称。

"竹林七贤"的老大山涛"饮酒至八斗方醉";山涛之子山简得其父真传也是"唯酒是耽",他都督荆州时,四方寇乱,天下分崩,朝野之人都感到忧虑恐惧,但山简不以为然,终日沉醉,每次出门嬉游,都到大族习氏的池上陈设酒宴,经常喝醉,称它为"高阳池"。当时的小孩还给编了首儿歌说:"山公时一醉,径造高阳池。日暮倒载归,酩酊无所知。复能乘骏马,倒著白接篱。举手问葛强,何如并州儿?"接篱就是帽子,是说他喝高了,连帽子都是反戴的。

"竹林七贤"中的阮籍因为步兵营善酿好酒,就主动申请作步兵校尉,人称"阮步兵",后来传开来比他自己的真名还响亮;阮籍母亲去世时,阮籍"蒸一肥豚,饮酒二斗,然后临诀,直言:'穷矣!'都得一号,因吐血,废顿良久"(《世说新语·任诞》)。

陈留阮氏中,除了阮籍,能喝的还有阮籍的侄子阮咸,有一次阮氏宗族举行家宴,喝到兴处,阮咸提议,"不复用常杯斟酌,以大瓮盛酒,围坐相向大酌"。这时一群猪围了上来,阮咸也不驱赶,把大瓮上面漂浮的酒沫刮掉,就跟猪一起喝了起来。阮咸的堂侄阮修也是酒篓子,每天不是在喝酒,就是在喝酒的路上,"常步行,以百钱挂杖头,至酒店,便独酣畅"。

图1-8　唐代画家孙位绘"高逸图"中的刘伶

"竹林七贤"中的刘伶,是七人中最丑最矮的一位,但却是最能喝的一位。刘伶嗜酒成瘾,古人有个名词叫"病酒",就是从他这来的,意思就是犯酒瘾。有一天,刘伶又病酒了,向妻子要酒。妻子把酒倒掉,摔碎了装酒的瓶子,哭着规劝刘伶说:"君饮太过,非摄生之道,必宜断之!"刘伶说道:"甚善,我不能自禁,唯当祝鬼神自誓断之耳,便可具酒肉。"夫人答应了，就备办好酒肉，请刘伶来发誓。刘伶跪在神案前，大声说道："天生刘伶，以酒为名，一饮一斛，五斗解酲。妇人之言，慎不可听！"妻子对此也毫无办法。

东晋名臣周顗（音yǐ），即"我不杀伯仁，伯仁却因我而死"的那个周伯仁，"在中朝时，能饮酒，及过江，虽日醉，每称无对"（《晋书·列传·周顗》）；东晋名士、平南将军长史毕卓甚至说"得酒满数百斛船，四时甘脆置两头，右手持酒杯，左手持蟹螯，拍浮酒船中，便足了一生矣"（《晋书·列传·毕卓》）。他在任吏部郎时，常常因酒醉而失职，一天，北舍有位郎官酿酒成熟，晚上，毕卓便乘着醉意跑到别人放酒的房间里偷饮，主人以为是盗贼，便把他抓了起来，到天亮时，才发现抓的是吏部郎毕卓。主人立即在酒窖里以瓮为桌，与毕卓对饮，直到大醉，方才离去。

当时最著名的文人雅集酒会，一个是"金谷园雅集"，经常参加的有鲁国公贾谧门下的"金谷二十四友"，其中著名人物有石崇、陆机、陆云、潘岳、左思、刘琨等；另一个重要的雅集盛会就是闻名天下的"兰亭集会"——东晋永和九年（353年）三月初三，会稽内史、领右将军王羲之于会稽郡山阴之兰亭（现浙江绍兴西南）举办修禊集会，当时的名士谢安、谢万、孙绰、王凝之、王徽之、王献之等40多位参加。"书圣"王羲之于微醉之中，振笔直书，写下了千古第一行书《兰亭集序》。

魏晋南北朝时期，随着酿酒业的

图1-9　清"十二月令图·三月"之曲水流觞

蓬勃发展，相应的专著也有不少。北魏贾思勰在其专著《齐民要术》一书中，总结性地记述了当时制曲酿酒的技术经验和原理，可谓世界上最早的酿酒工艺学著作。书中记载了九种制酒用曲，分为神曲、笨曲、白醪曲、白堕曲四类，其中五种神曲和白醪曲是以蒸小麦、炒小麦和生小麦按不同比例配制而成的。两种笨曲是单用炒小麦制成。白堕曲则生、熟粟按1：2的比例配制而成。这些酒因原料与配制方法不同，功效与用途各不相同，有的专用于春、夏季，有的则适用于秋、冬季。因为夏天酿酒发酵快，成熟易，但不易久藏，必须有特别的酿造；冬天天冷，酒曲中的发酵菌药性慢，需加热，冬酒可保存时间较长。

　　除《齐民要术》，这一时期还有《四时酒要方》《白酒方》《七日面酒法》《杂酒食要方》《酒并饮食方》等酒艺著作，可见这一时期的酿造工艺已达到相当高的水平。

第四节 "新丰美酒斗十千"[1]——隋唐五代宋辽金之酒

一、"百事尽除去，尚余酒与诗"[2]：隋唐之酒

隋唐时期，国力鼎盛，经济繁荣，文化先进，科技发达，为当时世界之翘楚。在酒业方面，酿酒技术日臻成熟，酒的品种更加繁多，饮酒文化已经完全从贵族士大夫普及到民间百姓之中。

（一）隋唐的酒业管理制度

隋文帝建立隋朝后，有鉴于前代酒政更迭频仍的弊端，锐意革新，取消了榷酒和税酒制度，《隋书·志·卷十九·食货》记载："至是罢酒坊，通盐池、盐井与百姓共之，远近大悦。"

唐代建立后，酒业管理可以分为官酒和民酒两部分。所谓官酒，就是官方——主要是皇家和政府部门所用的酒，专门管理官用酒的部门叫"良酝署"，主要管理"邦国祭祀五齐三酒之事"。当然，这个中央酿酒机构，也酿造一些质量高的酒，供皇宫里的皇帝使用，被称为"御酒"。

"良酝署"从属于"掌祭祀、朝会、宴乡酒醴膳馐之事"的光禄寺，与太官署、珍馐（音xiū，指美味的食品）署和掌醢（音hǎi，古代用肉、鱼等制成的酱）署并立。"良酝署"掌供五斋、三酒，设"令"二人（正八品下），"丞"二人（正九品下），其余人员还有"府"三人、"史"六人、"监事"二人、"掌酝"二十人、"酒匠"十三人、"掌固"四人。

---

[1] 出自唐代诗人王维的《少年行四首》之一："新丰美酒斗十千，咸阳游侠多少年。相逢意气为君饮，系马高楼垂柳边。"

[2] 出自白居易《对酒闲吟赠同老者》："……百事尽除去，尚余酒与诗。兴来吟一篇，吟罢酒一卮……"

对民酒，政府在唐初和盛唐时期对酒类实行开放政策，允许私人酿酤，不收专税。中间只因天灾粮缺，曾有过几次禁酒。

"安史之乱"后，国家经济生产受到严重破坏，财政极为困难，唐王朝对酒的政策，一步步地加紧控制。唐代宗广德二年（764年），政府下令"勒天下州各量定酤酒户，随月纳税"（《通典·卷十一·食货志》），这是唐代征收酒税的开始。全国各地的酿酒户按月交纳一定税额，便可合法酤酒；没有交税的，便一律禁止。唐代宗大历六年（771年），政府更进一步规定："量定三等，逐月税钱，并充布绢进奉"（同上）。这是把酒户分成三等，按月交纳多少不等的税钱，并可折成布绢进奉朝廷，分级累进征税的办法由此确立。

唐德宗建中三年（782年），为了资助军用，政府首次宣布实行酒类专卖。《旧唐书·食货志》载："建中三年，初榷酒。天下悉令官酿。斛收值三千，米虽贱、不得减二千。委州县综领，酾薄私，酿罪有差。"这是官酿官卖，官酿因各地粮食价格的不同，每斛分别收钱二千或三千，只有京城及畿县暂不实行专卖。唐德宗贞元二年（786年），规定"天下置肆以酤者，斗钱百五十"（《新唐书·食货志》），即只要每斗交纳一百五十文的榷酒钱，允许私人开店卖酒。

唐宪宗元和六年（811年），下令"榷酒钱除出正酒户外，一切随两税、青苗钱据贯均率"（《唐会要》卷八十八）。于是，酒税复变为青苗钱之附加税。元和十二年（817年）四月，户部奏："准敕文，如配户（配于青苗钱）出榷酒钱处，即不得更置官店榷酤。"（《唐会要》卷八十八）什么意思呢？就是官府设肆酤卖与配户出钱两者只能取其一，以减轻酒户的负担。

唐穆宗长庆元年（821年），政府再申重令：禁止在已分配百姓榷酒钱的地方，又置酒店官酤（参见《册府元龟·长庆元年正月制》）。唐宣宗会昌六年（846年）又敕："扬州等八道州府，置榷曲，并置官店沽酒，代百姓纳榷酒钱，并充资助军用，各有权许限，扬州、陈许、汴州、襄州、河东五处榷曲，浙西、浙东、鄂岳三处置官酤酒"（《旧唐书·食货志》）。

由上述可以看出，唐王朝对酒有四种征课方法：税酤酒户，官自置店酤酒，榷酿酒之曲，将酒税均配于青苗钱上。由于酒利优厚，唐王朝对私酤私曲禁罚很严厉，"一人违法，连累数家，阎里之间，不免咨怨"（《旧唐书·食货志》），目的是用严刑来保证国家的财政收入。

（二）大唐"海量"

唐朝时期国力强盛、经济稳定、开放包容，是中国古代最为辉煌璀璨的朝代。政治和经济的空前繁荣，宽松的酒政，给酿酒业的发展创造了有利条件，不仅在酿酒技术上稳步提升，酿酒种类也越来越丰富。可以说，唐朝是中国酒业发展的一座高峰。

《新唐书》记载，唐人饮酒之盛，自初唐就已开始，到了唐代大和年间，酒的产量已是相当庞大，"凡天下榷酒，为钱百五十六万余缗"，千文为缗，百五十六万余缗，也就是十五亿六千余万文，而根据《新唐书·食货志》所载"天下置肆以酤者，斗钱百五十"，也就是每斗酒征税一百五十文来算，酒的产量已经至少达到了千万斗以上，足见唐人"海量"。

喜欢饮酒的唐人上至公卿大夫，下至平民百姓，常常是"度其经用之余，尽送酒家"，挣点钱全给了酒肆，尤其是"及天宝以来，海内无事，京师人家多聚饮"，逢年过节要饮酒，朋友相聚要饮酒，分手话别要饮酒，升官晋职要饮酒，酒已然成为唐人相互沟通的媒介，这其实已经与我们今人的生活非常相似了。

为了浮一大白，唐人的率性也彰显无遗，有"诗佛"之称的王维就说过"脱貂赊桂醑，射雁与山厨"（《过崔驸马山池》）。赊（音 shì），赊欠的意思，醑音 xǔ，美酒的意思，"脱貂赊桂醑"，意思就是用身上的华服抵押换酒；刘禹锡则说"把取菱花百炼镜，换他竹叶十旬杯"（《和乐天以镜换酒》），这是用名贵的菱花铜镜换酒，"十旬"在这里不是100天的意思，东汉张衡《南都赋》中"酒则九酝甘醴，十旬兼清"的说法，意思是好酒要经过9次酝酿，清酒要百日而成，所以后来"九酝""十旬"都是美酒的代称；"且卖湖田换春酒，与君书剑是生涯"（许浑《赠郑处士》），这是有人干脆要把田产卖了换酒……这些被写进《全唐诗》的换酒方式，当然不乏诗人们的夸张，但也着实反映了唐人对酒的痴狂程度。

与唐人的"海量"相配合，是唐人繁荣兴旺的酒肆。在长安最活跃的商业区东市和西市，鳞次栉比地分布着大大小小的若干家酒肆，这些酒肆，每天都是宾客盈门，欢声不断，至于外郭的虾蟆陵一带，因其是产酒盛地，更是酒肆遍地，"翠酒春楼虾蟆陵，长安少年皆共矜"（皎然《长安少年行》），说的就是虾蟆陵酒肆的热闹繁华。白居易的长诗《琵琶行》中，琵琶女"自言本是京城女，家在虾蟆陵下住"，说明她曾住在相当于北京西单、王府井的最繁华的地方。

除了京师长安，各地的酒肆同样也是生意红火，在酿酒业发达的四川，酒肆之多，直接被诗人张籍写进了诗里："锦江近西烟水绿，新雨山头荔枝熟。万里桥边多酒家，游人爱向谁家宿。"（《成都曲》）据《唐语林·卷四·贤媛》记载，"蜀之士子，莫不沽酒，慕相如涤器之风"，成都有个举子陈会郎中了进士，宰相李固言看了他的"报状"，得知他"家以当垆为业"，便"处分厢界，收下酒旆，阖其户"。当垆就是卖酒的，厢界就是今天的片警儿，酒旆（音pèi）就是酒旗。这是说宰相李固言得知陈会郎中了进士，就让地方上的人把陈家的酒旗收了，关门休业，因为商人不得为官。陈家人还十分不舍，"犹拒之"，可见当时川人开酒肆者众多。

民间的饮酒之风盛行而浓烈，宫廷的饮酒之风就更不消说了。《新唐书》曾记载了唐太宗贞观三年宴请回鹘（音hú）朝贡官员时的盛况，"殿前设高坫，置朱提瓶其上，潜泉浮酒，自左阁通坫趾注之瓶，转受百斛镣盘，回鹘数千人饮毕，尚不能半"。从这段记载我们可以得出两个结论，首先，在唐代宫廷，已经出现了一种非常有趣的斟酒方式，在殿前临时建起一座高台，台上放置一个大瓶，自左阁埋有地下管道，御酒通过管道直达台下，再往上注入大瓶，大瓶再由管道将御酒引出，注入饮者的杯中，这很像我们今天的自来水，只不过，这个管道汩汩流出的，已是香气扑鼻的"自来酒"；其次，从这段记载中，我们还能看出皇家用酒的排场，按照唐代的计量单位换算，一斛相当于今天的60升，就是小斛也相当于今天的20升，而这次宴会是"转受百斛镣盎"，也就是说，当时的"天可汗"唐太宗一高兴，竟足足用两到六吨酒款待了这支回鹘使团，可见宫廷酒的消费量之大。

皇帝显示浩荡的皇恩可不单纯局限于与官员们及各国使节们的宴饮，更多的还要与民同乐，而与民同乐的一个重要方式，就是赐酺（音 pú，意思是聚饮）。所谓的赐酺，就是皇帝特许臣民欢聚饮酒的仪典。唐以前，皇帝们也都曾在全国范围内搞些赐酺的仪式，到了唐朝，随着国运昌隆，赐酺就更加频繁了，新皇帝继位了要赐酺，改元、生子了要赐酺，出现祥瑞了要赐酺，立太子了、皇孙满月了要赐酺，祠祭明堂、山川要赐酺，打了胜仗更要赐酺，而赐酺的天数，少则3天，多则9天。唐玄宗时诗人宰相张说的《东都酺宴》便详细描述了唐玄宗赐酺的壮观场景："和宴千宫入，欢呼动洛城。"唐玄宗李隆基也写过一首诗，叫《春中兴庆宫酺宴》，描写大酺的盛况："不战要荒服，无刑礼乐新。合酺覃土宇，欢宴接群臣。伐鼓鱼龙杂，撞钟角抵陈。曲终酺兴晚，须有醉归人。"这首诗非常大气，反映了大唐盛世雍容不凡、万邦来朝、宴会盛大的景象。

唐朝人郑綮（音 qǐng）所著《开天传信记》曾对唐玄宗在洛阳举行的一次大酺做过精彩的描述，说有一天唐玄宗在勤政楼举行与民同欢的活动，在现场，百姓纷涌前来一睹皇帝风采，结果摩肩接踵、乱作一团，唐玄宗卫队金吾卫用棍子不断驱赶人群，也无济于事，玄宗御驾大有要被冲撞之势，玄宗就担心地问高力士怎么办，高力士说，好办，让河南丞严安之来，药到病除。严安之就是当时著名的酷吏。他来了之后，用手板在地上画了条线，就说了四个字"逾此者死"，结果无一人再敢越过。这个事就叫"严公界境"，意思相当于底线、红线。

从另一个角度说，唐玄宗的这次大酺是热闹空前的，已至于不得不动用酷吏来维持场面，可见当时酒宴的盛况。

除了赐酺，皇帝还常常举办各种宴饮，或者在各种节目上进行赐酒。正是如此频繁的赐酺、聚饮等活动，才使得唐朝酒业高度繁荣。

（三）太宗会酿葡萄酒

贞观十三年（639年），唐太宗派侯君集攻灭西域高昌国，带回了马乳葡萄籽及酿酒法，在长安试种获得成功，唐太宗便开始首次在中国内地用西域之法酿制葡萄酒的尝试，据北宋官修类书《册府元龟》载："及破高昌，取马乳蒲桃实于苑中种之，并得其酒法，帝自损益，造酒成，凡有八色，芳辛酷烈，味兼缇盎，既颁赐群臣，京师始识其味。"

唐太宗酿成的葡萄酒不仅味道芳香甘甜，兼有浊酒与红酒的风味，他还把这种真正的"御制酒"赐予群臣饮用。

唐朝时，葡萄酒在内地有较大的影响力，在唐代的许多诗句中，葡萄酒的芳名屡屡出现，如脍炙人口的名句："葡萄美酒夜光杯，欲饮琵琶马上催"（王翰《凉州词》），还有赞美葡萄酒的诗句："有客汾阴至，临堂瞪双目。自言我晋人，种此如种玉。酿之成美酒，令人饮不足。为君持一斗，往取凉州牧。"（刘禹锡《葡萄歌》）等。

唐朝诗人王绩是一个好酒的人，同时他也是一个精于品酒的人，他自称"五斗先生"，每天要喝五斗的酒才过瘾。他在《题酒家五首》（一作《题酒店壁》）中写道："竹叶连糟翠，蒲萄带曲红。相逢不令尽，别后为谁空。"朋友在一起聚会，杯中的美酒是竹叶青和葡萄酒。王绩劝酒道：今天朋友相聚，要喝尽樽中美酒，一醉方休！它日分别后，就是再喝同样的酒，也没有兴致了。诗中也是提到了葡萄酒。

说到唐朝葡萄酒诗，一定离不开伟大诗人李白。他在《对酒》中写道："蒲萄酒，金叵罗，吴姬十五细马驮。青黛画眉红锦靴，道字不正娇唱歌。玳瑁筵中怀里醉，芙蓉帐底奈君何。"

还有在《襄阳歌》中，李白写道："鸬鹚（音 lú cí，即今人所说的鱼鹰）杓，鹦鹉杯，百年三万六千日，一日须倾三百杯。遥看汉水鸭头绿，恰以蒲萄初酦醅（音音 pō pēi，重酿未滤的酒）。此江若变作春酒，垒曲便筑糟丘台。"这些诗写出了他对葡萄酒的钟爱之意，同时也从一个侧面反映出了当时葡萄酒的风靡之势。他宁愿醉在酒中而不醒，可见葡萄酒的魅力是多么大。

李白其后的韩愈、白居易等也都有写关于葡萄酒的诗，韩愈在《燕河南府秀才得生字》中有"柿红蒲萄紫，肴果相扶擎（音 qíng）。芳茶出蜀门，好酒浓且清"的诗句。白居易的诗《寄献北郡留守裴令公》中有"羌管吹杨柳，燕姬酌蒲萄"的诗句，说明饮用葡萄酒在当时已经相当普遍。

（四）唐代名酒

唐代上至帝王将相，下到平民百姓，有很多家酿名酒，如唐玄宗有三辰酒，以银砖石粉砌池贮藏，专门用来赏赐大臣；唐宪宗以李花酿换骨醪酒，曾赐裴度；丞相魏徵有翠涛酒，浓度高，能久存，唐太宗非常喜爱；王公权有荔枝绿酒，裴晋公有鱼儿酒，孙思邈有酴醾（音 tú mí）酒，等等。

唐朝开始出现"烫酒""烧酒"。"烧酒"一词最初出现于唐人的诗句中，唐朝房千里所著的《投荒杂录》和刘恂的《岭表录异记》都提到过烧酒，而且讲述其制法。

唐代名酒可以分为"春"系列、郫（音 pí）筒酒、露酒系列等。春酒系列中，新创的春酒有富平（今陕西富平）石冻春、荥阳（今河南荥阳）土窟春、剑南烧春、云安（今四川云阳）曲米春、杭州梨花春、郢中（今湖北钟祥）富水春、滑县（今河南滑县）冰堂春（又名滑州冰堂酒，唐代第一名酒）、射洪春（今四川射洪）、江陵（今湖北江陵）抛青春、剑南（今四川）生烧春，浔阳（今江西九江）溢水春以及瓮头春，等等。春酒系列中，剑南生烧春（又名剑南生春或剑南烧春）一直是贡酒，它与清代名酒绵竹大曲和中国名酒之一的剑南春酒一脉相承。

除上述外，唐朝的名酒还有郢（音 yǐng）州富水酒、乌程若下酒、河东的乾和酒和葡萄酒、岭南的灵溪酒和博罗酒、宜城九酝酒、浔阳溢水酒、京城西京腔酒、虾蟆陵郎官清和阿婆清、因王维的诗句"新丰美酒斗十千"而著名的新丰酒、以李白的诗句"鲁酒不可醉，齐歌空复情"名扬天下的鲁酒等。

真正靠唐人自己创出来的名牌酒，除春酒系列外，还有郫筒酒，产于剑南道成都府郫县。当地人把经过压榨的酒贮存在青竹筒里，用藕丝、蕉叶和湿泥密封，窨取香气，故名郫筒酒。岭南人用荔枝花酿荔枝烧酒，呈琥珀色，又名琥珀春。还有西凤酒，产于西府凤翔（今陕西凤翔县柳林镇），宰相裴度赞它能使"蜂醉蝶不舞"；太白酒产于安徽当涂采石矶，因李白晚年曾在这里饮酒赋诗而得名；重碧酒，产于剑南道戎州（今四川宜宾），后发展为元明之咂麻酒、清之杂粮酒，即今五粮液酒。

唐肃宗乾元二年（759 年）秋，刑部侍郎李晔（音 yè）贬官岭南，行经岳州时与李白相遇。时值诗人贾至谪守岳州，于是，三人泛舟湖上观洞庭壮景。不觉中，来到沿湖松滋境地，只见一轮皎月当空升起，柔和弥漫的月光洒满洞庭，湖面上千顷波光，闪烁如洁白的丝练。素有"诗仙""酒仙"之称的李白，留下了"南湖秋水夜无烟，耐可乘流直上天。且就洞庭赊月色，将船买酒白云边"的千古名篇。白云边酒由此而得名。

唐代还有许多露酒，即用芳香原料配制的酒，著名的如石榴花酒、薤白酒、蒲黄酒、茱萸酒、藤花酒、椰华酒、桂酒等，此外还有很多养生酒、药酒，如鹿骨酒、枸杞子酒、钟乳酒等。"医圣"孙思邈《千金要方》中列举的药酒更多，有桂心酒、麻子酒、五加酒、鸡粪酒、丹参酒、地黄酒、大豆酒、乌麻酒、金牙酒、茵芋酒、黄耆酒、大黄耆酒、小黄耆酒、术膏酒、杜仲酒、独活酒、白术酒、附子酒、猪膏酒、松节酒、虎骨酒、川芎酒、枸杞菖蒲酒、猪胆苦酒、天门冬酒、槐子酒、石灰酒等，总数在四十种以上。蒲黄酒能镇痛，白居易曾用它治"马坠损腰"。

唐人还有节令专饮某一酒品的生活习惯，这些节令酒大多属于配置酒。每逢端午节，唐人要饮用艾酒、菖蒲酒，诗人殷尧藩就有"不效艾符趋习俗，但祈蒲酒话生平"（《端午日》）的诗句，蒲酒即指菖蒲酒。重阳节时，唐人要饮用茱萸酒和菊花酒，唐中期时宰相权德舆有诗句"风吟蟋蟀寒偏急，酒泛茱萸晚易醺"（《九日北楼宴集》），诗人姚合有诗句"数杯黄菊酒，千里白云天"（《九日寄钱可复》），说的就是重阳日以茱萸泡酒和饮用菊花酒的情况。到了除夕元日，唐人有饮屠苏酒的习惯，《千金要方》记载，唐朝屠苏酒使用大黄、白术、桔梗、蜀椒、桂心、乌头、菝葜（音 bá qiā）等7种药材配制而成，属于节令专用的滋补酒。

唐以道教为国教，道士有道酒。道酒多以松花柏叶酿制，取其长生不老、延年益寿之意，有松醪春、松花酒、松肪酒、松精酒、柏叶酒等，以松醪春最负盛名，不仅道士爱喝，一般人也非常喜爱。

（五）唐代的酿酒大师

唐代有很多技艺超绝的酿酒艺人，以善酿闻名于世，最著名的是焦革，他本是太乐丞吏，有很丰富的酿酒经验，后随大诗人王绩，专门为其酿酒。他死后，由他的妻子继任其职。后其妻又死，王绩不得佳酿，感叹"天不使我酣美酒邪"，遂弃官回乡，造杜康祠，立焦革像以祀之。王绩的《过酒家五首》有"竹叶连糟翠，葡萄带曲红"的诗句，说明当时就有了"竹叶青酒""红葡萄酒"等。

造酒艺人纪叟与焦革齐名，他是大诗人李白的酒师，与李白交情很深，纪叟死后，李白十分悲痛，赋诗志哀，发出"纪叟黄泉里，还应酿老春。夜台无晓日，沽酒与何人"（《哭宣城善酿纪叟》）的感叹。

（六）唐代酿酒工艺

隋唐时期的酒在酿制技术上较前代实现了很大突破，出现了对酒醅加热处理和使用石灰来降低酸度的做法。酒醅加热处理，主要是指葡萄汁经过蒸煮后加曲酿造，从而改善新酒的颜色和风味。唐高宗显庆四年（659年），苏敬等二十三人奉敕编修的《唐本草》载葡萄作酒法为"总收取子汁，煮之，自成酒。蘡薁（音 yīng yù）、山葡萄并堪为酒"就是证明。

加灰法，指在酿酒发酵过程中的最后一天，往酒醅中加入适量的石灰，降低酒醅的酸度。盛唐法律名家张鷟（音 zhuó）撰著的《龙筋风髓判·卷四·良酝》条说："会期日酒酸，良酝署令杜纲添之以灰。"这就是加灰法。《唐国史补·卷下》所记当时全国名酒中，河东的"乾和葡萄"，应当就是采取加灰脱酸法。

至于唐代是否有蒸馏造酒技术，要区分葡萄酒和白酒。明代李时珍所著《本草纲目》卷二十五载："烧者，取葡萄数十斤，同大曲酿醋，取入甑蒸之，以器承其滴露，红色可爱，古者西域造之，唐时破高昌始得其法。"这显然是唐朝贞观年间就取得的一种蒸馏酒技术。不过同卷又说："烧酒非古法也，自元时始创。"自相矛盾。唐代时可能葡萄酒酿制蒸馏技术已经传入，而白酒蒸馏却未采用，依然是压榨取酒法，直到元代才开始采用。

（七）唐代酒令文化

酒令的产生可上溯到东周时代。有一句成语叫"画蛇添足"，其实就是一则最古老的酒令故事，据《战国策·齐策二》载："楚有祠者，赐其舍人卮（音 zhī，酒杯）酒。舍人相谓曰：'数人饮之不足，一人饮之有余；请画地为蛇，先成者饮酒。'一人蛇先成，引酒且饮之；乃左手持卮，右手画蛇，曰：'吾能为之中。'未成，一人之蛇成，夺共卮曰：'固无足，子安能为之足！'遂饮其酒。为蛇足者，终亡其酒。"

酒令的真正兴盛在唐代，由于贞观之治，人民安居乐业，经济空前繁荣，酒令也开始流行，后代的各种酒令，几乎都是在唐代形成的。

纵观隋唐酒令文化，有几个特点，第一，酒令礼仪规范具体化。中唐皇甫松撰著的《醉乡日月》是流传至今最早系统介绍酒令文化的书籍，记录了当时酒事、酒仪、酒类、酒品、酒令、酒俗等习俗文化，从中可以略窥唐人饮酒之风貌，我们择其和酒令有关的略作介绍：

首先是酒令官。酒令官分为明府和录事数人。唐代饮酒，除了提前就约好的主宾数人，到了宴席上，还要从中选出明府、律录事、觥录事三人，负责维持饮酒行令秩序。而这三者是从先秦时期宴饮文化中的觞政、酒监以及汉魏时期的酒令、酒史等监督饮酒的临时官职演变而来。

所谓明府，是汉魏以来对郡守牧尹的尊称，唐代多指县令。由于宴饮相当于一个小团体，需要选出一个德高望重的人来维持秩序，因而戏称"明府"。《醉乡日月》指出："明府之职，前辈极为重难。盖二十人为饮，而一人为明府，所以观其斟酌之道。"明府是众人当中官职和年龄最高的，主要负责纠察众人和录事违律的申诉，具有完全权威。

所谓录事，原本是三国时期诸将军府设置的掌管文书、记录官员功过的书记官。到了唐代，士子们在参加科举中举后举办的曲江宴上，由进士们共同推举的督酒人，也被称作录事，是具体监督宴饮游戏规则执行的人，五代时期王定保撰著的《唐摭言·卷三·散序》就记载："其日状元与同年相见后，便请一人为录事，其余主宴、主酒、主乐、探花、主茶之类。"录事分为律录事、觥（音gōng）录事（罚录事），有时一人兼任两职。

所谓律录事，《醉乡日月》记载："夫律录事者，须有饮材。饮材有三，谓善令、知音、大户也。"所谓大小户，唐代诗人王建的《书赠旧浑二曹长》提到过："替饮觥筹知户小，助成书屋见家贫。"酒量大者，谓之大户，酒量小者，即是小户。律录事必须是懂得酒令、了解音律、酒量大的人。他需要准备"笼台"（也叫笼筹），是用白银打造的酒令筹具，里面有二十只令筹、二十令旗、二十令纛（音dào）。令旗和令纛，形如旗状或纛状的令筹，谓之罚筹，有如军中之令箭。律录事的主要职责除了提供酒令筹具，还负责出令、记录违令以及罚令。

所谓觥录事，即负责对违反律令的人罚酒的人，要求执法必严，《醉乡日月》："觥录事宜以刚毅木讷之士为之。"觥录事也叫罚录事，主管执法，如元稹《黄明府诗》序曾记载："小年曾于解县连月饮酒，予常为觥录事。曾于窦少府厅中，有一人后至，频犯语令，连飞十二觥，不胜其困，逃席而去。"

从《醉乡日月》记载来看，唐代宴饮，首先确定主宾宴饮人等，定好日期，准备筵席，然后主人请人担当律录事，负责提供酒筹、出令。在席上选出一位德高望重的人担任明府，总执法（如果是进士，则按照科举先后；如果是一般乡绅，则序齿）；同时指出律录事，选出觥录事。

宴饮开始，律录事将酒筹器具放置酒筵上，宣布酒令规矩。《醉乡日月》记载"大凡初筵，皆先用骰子，盖欲微酣，然后迤逦入令"。因而一般宴饮先是摇骰子，也称"骰子令"，依据摇出的结果饮酒。

酒酣以后，然后开始行酒令，对于违令者，律录事判断谁犯令或违令，觥录事则将令筹、令旗、令纛分别放置到犯令人前，明府斟酒，罚其饮酒。犯令人举旗饮酒，不允许耍奸使滑，滴酒加罚，由觥录事监督，一直到酒筹发完或者酒令行完。倘若其中有人认为执法不公或者违令不纠，可以向明府申诉，由明府进行总监督。

《醉乡日月》记录，当时宴饮，人们喜欢选择八种酒品优良的酒徒，大致为遵令、善饮并且能让大家共同愉悦之人。而对于三种人则下次不予邀请，大致为"拒泼"（来而不饮、偷泼倒酒）、"逃席"（宴饮中间逃跑）和"使酒"（耍酒疯）之人，认为这些人品质低劣，称之为"害马"。

从以上可以看出，唐朝士大夫之间举办宴饮，从选择宴饮对象，准备酒筵器具，到酒令监督等，仪式流程非常规范，而且在宴饮过程中执法森严，俨然把酒局当成审视观察人品的一个交流场合。

唐代宴乐游戏的主流还是藏钩射覆、樗（音chū）蒲投壶这些从先秦传下来的花样，很多诗词中都提到了这些，如高适《钜鹿赠李少府》所言："投壶华馆静，纵酒凉风夕。"李白《梁甫吟》则写道："帝傍投壶多玉女，三时大笑开电光。"他的《登邯郸洪波台置酒观发兵》也说："击筑落高月，投壶破愁颜。"杜甫的《江陵节度阳城郡王新楼成王请严侍御判官赋七字句同作》也有"杖钺褰帷瞻具美，投壶散帙有余清"的诗句；晚唐大诗人李商隐的《无题》也写道："隔座送钩春酒暖，分曹射覆蜡灯红。"唐末前蜀花蕊夫人徐氏的《宫词》也提到了投壶："撝捕冷澹学投壶，箭倚腰身约画图。尽对君王称妙手，一人来射一人输。"这都说明当时不但延续传统酒令方式，而且更加盛行。

唐朝开始盛行雅令。隋唐时期朝廷非常重视知识教育和人才选拔，随着科举制度和文化教育的兴起，唐朝文化繁荣，文士们延续了魏晋南北朝以文宴饮的习俗，酒酣之余，吟诗作赋，歌咏感叹，于是，涌现了诸多文雅的饮酒方式，酒令文化中的雅令得以成熟和完善，主要有以下几点：

// · 联句诗

联句可以追溯到汉代"柏梁诗"，汉武帝元鼎二年（前115年）春，起造了一座柏梁台。为了庆祝，汉武帝在柏梁台大宴群臣，汉武帝与群臣26人，各咏其职为句，同出一韵，从此文学史上出现了第一首连句体的《柏梁诗》。魏晋南北朝时期也有不少皇帝和文人沿用联句形式作诗，不过并不太多。

到了唐朝，随着唐诗的兴起，联句形式非常适宜宴饮场合，一则表现才华，再则可以罚酒行令，因而联句成为酒令形式之一，在唐朝迅速风靡。《全唐诗》（第二十九）卷所收录的全是联句诗，从李白、杜甫起，有颜真卿、顾况、皎然、白居易、刘禹锡、韩愈、孟郊、段成式，直到皮日休、陆龟蒙，从开元、天宝至唐末，联句的风气一直延续，可知联句诗特盛于唐代。不过因为联句诗为应景之作，属于酒令游戏之一，因而大多缺乏意境和内涵，其中佳作较少。

//·即席赋诗

即席赋诗也是酒令文化的一种，源自魏晋南北朝时期，文士们饮酒时以诗会友，相互交流。到了唐代延续了这种文化交流方式，并且由于唐诗流行，因而在宴饮过程中，文士们相互吟诗作赋相赠，或者由主人定下题目，众宾客作诗相比较，以显示才华。

即席赋诗相比联句，虽然在韵上没有一定的强制要求，不过因为是即席创作，有感而发，考验的是敏才，因而涌现了诸多杰作，最为著名的是"初唐四杰"之一王勃的《滕王阁序》，据王定保的《唐摭言·卷五·切磋》记载，洪州都督阎伯屿本来想让自己的女婿孟学士出名，因而提前打好底稿，在第二天大宴宾客时即席赋诗，没想到当时年仅14岁的王勃当仁不让，阎都督大怒，拂衣而起，专命人盯着王勃写些什么。第一次，有人报给阎都督说"南昌故郡，洪都新府"，阎都督说："亦是老先生常谈！"接着又报："星分翼轸，地接衡庐。"阎都督沉默不语了。当听到报出"落霞与孤鹜齐飞，秋水共长天一色"的句子，阎都督"矍然而起"，说："此真天才，当垂不朽矣！"

//·阄令

阄令，就是抓阄赋诗的酒令方式，源自曹魏时期的即席赋诗，不过更加有难度，那就是先用纸条写上韵字，然后抓阄，依照阄上的字韵创作诗词，这需要相当深厚的文学功底和敏捷才能，相比即席赋诗更要难作。晚唐诗人唐彦谦的《游南明山》有："阄令促传觞，投壶更联句。兴来较胜负，醉后忘尔汝。"

//·筹令

筹令，也叫"觥筹""酒筹""筹筹""筹台"等，酒令的一种，即从筹筒中抽出已经制作好的令筹，依据上面的令语进行饮酒的方式。筹本来是先秦作为射礼计数的一种筹码，后来被引用到宴饮计数上。

到了唐代，文人们结合先秦的骰子令（摇骰子决定饮酒多少）和文学典故令辞，制作出了简单易行的酒令方式。筹的制作材料和玩法也比较复杂，材料有用鎏金、银、错金银，象牙、兽骨、竹、木等材料制成，筹子上刻写各种令约和酒约。行令时合席按顺序摇筒擘筹，再按筹中规定的令约、酒约行令饮酒。

关于令筹的记载颇多，诸如诗人刘禹锡有："罚筹长竖蠹，觥盏样如舠"；元稹有："尘土抛书卷，枪筹弄酒权""何如有态一曲终，牙筹记令红螺碗"；白居易有："花时同醉破春愁，醉折花枝作酒筹"；等等，唐代宗时期诗人朱湾的一首描写酒令筹的诗最有代表性："今日陪樽俎，良筹复在兹。献酬君有礼，赏罚我无私。莫怪斜相向，还将正自持。一朝权入手，看取令行时。"（《奉使设宴戏掷笼筹》）

1982年在江苏省丹徒丁卯桥出土的唐代酒令筹"论语玉烛"，就是典型的酒筹令。该器具为鎏金龟负"论语玉烛"银器筹筒，筒身正面錾一开窗式双线长方框，方框内刻"论语玉烛"四字，筒内有鎏金酒令银筹五十枚，每枚酒令筹的正面刻有行酒令的令辞，令辞上半段采自《论语》语句，下半段是酒令的具体内容，包括"自饮（酌）""伴饮""劝饮""处（罚）""放（皆不饮）""指定人饮"六种，分别规定了六种饮酒的情况。

筹令和即席赋诗、阄令等需要临时创作考验才华不同，是已经制作好的令辞和饮酒酒令，无论文士还是庶人皆可行令，因而得以流传至今，成为后世最为流行的酒令方式之一。

// · 小令

小令是酒令的一种，是后世散曲的最初形式，原本属于民间小调，多在宴饮过程中歌唱，在唐代有的文人即席创作，填词入曲，当作酒令，后遂称词之较短小者为小令，白居易的诗作《就花枝》就提到过小令："醉翻衫袖抛小令，笑掷骰盘呼大采。"

除上述之外，唐代的酒宴中还流行手势令、击鼓传花、绕口令等新酒令。

// · 手势令

手势令，又叫拇战、豁拳、搳拳、揸拳、划拳等，不同时期叫法不同，是后世最为流行的酒令之一。玩法是由两人相对出手，各猜其所伸手指之数，合而计算，以分胜负。

手势令最晚起源于唐代，《醉乡日月·手势》描绘了手势令的玩法，从描绘出拳的神勇姿态，可以推断和当今划拳酒令基本没有区别。

手势令到了明代，规则出拳必须带大拇指，因而又叫作"拇战"，再到后来，民间俗称豁拳、搳拳、揸拳、划拳等。

// · 招手令

《醉乡日月》专门介绍有"招手令"，可见它与手势令不同，然而如今已经失传，很难考究。

// · 击鼓传花

击鼓传花，又称"击鼓催花"，酒令的一种。唐朝南卓编撰的一部音乐史料《羯鼓录》一书中提到唐玄宗李隆基善击羯鼓，一次他击鼓一曲后，起初未发芽的柳枝吐出了绿色来，后来就有了典故"击鼓催花"，正所谓上有所好下必甚焉，于是鼓曲风靡一时，逐渐成为佐酒娱乐的一种方式，诸如诗人岑参的《酒泉太守席上醉后作》所描写的那样："酒泉太守能剑舞，高堂置酒夜击鼓。"

// · 绕口令

绕口令，酒令的一种，最初为隋代名将贺若弼所创。宋代类书《太平广记·卷三百二十九·鬼十四》记载了绕口令的起源和趣事，说是唐睿宗文明元年（684年）一个叫刘讽的人遇见众女鬼，一同宴饮。席间一女郎出令，让众人快说"鸾老头脑好，好头脑鸾老"，一女子结巴，但称"鸾老、鸾老"被罚酒，满座大笑。女子解释，此酒令为隋朝名将贺若弼挖苦侍郎长孙鸾，因为长孙鸾口吃，于是造此令搞笑。

// · 酒胡

酒胡，即现代不倒翁的前身，怀疑是从西域传来。酒胡制作为木刻胡人，底部尖锥，可以旋转作跳舞状，玩法为旋转酒胡，落定后胡人面向谁谁就得饮酒。

纵观隋唐时期酒令文化，随着解除榷酒，开放酒禁，长达近两百年，再加上当时经济发达，物阜民丰，因而酒令文化从士大夫贵族之间，传递到千家万户，随之进入大爆发时期，成为雅俗共乐的一种宴饮文化。

二、"春日宴，绿酒一杯歌一遍"[1]：五代十国之酒

（一）五代十国时期的酒业

唐末以来，北方政局动荡，战乱频仍，南方相对稳定，社会经济进一步发展，酒业也仍然保持良好的发展态势。四川作为"恃险而富"的地区，隋唐以来未经历过大的动乱，并保持了长时期的社会安定局面，而历代割据四川政权的统治者，均重视四川作为战略基地的作用，一般能实行轻赋税、促生产的措施，同时，四川境内各民族的经济文化交流频繁，融合步伐加快，因此，四川酒业保持着繁荣景象。

据《十国春秋》记载，五代十国时期，前蜀大将王宗阮在泸州为官，在城外十华里的九十九峰山云峰古刹里举行祭神活动，盛供礼、酒，极尽铺张，以至祭祀完毕后无力收拾。此事说明唐末五代时期，泸州酒业的生产和消费

---

1 出自五代时南唐词人冯延巳的《长命女·春日宴》："春日宴，绿酒一杯歌一遍。再拜陈三愿：一愿郎君千岁，二愿妾身常健，三愿如同梁上燕，岁岁长相见。"

图1-10　五代时期南唐画家顾闳中绘《韩熙载夜宴图》（局部）

已十分兴盛发达。

1999年2月3日，考古工作者在泸州市区营沟头发掘清理了一处唐末五代时期的古窑址，出土了大量陶器酒具，有壶、杯、罐、碗、盘等种类200多件，其中壶分三种，共53件，有提梁壶、曲流瓜棱壶、执壶等。提梁壶与唐代邛崃窑的提梁罐极为相似，口大于底罐，身呈斜直形，在口缘上有弓形提梁，便于提携，只是多了一个短直流；出土的杯分三式，共34件，有高足杯、带柄三足杯、双耳小杯、平底杯等；出土的罐分四式，共51件，有四系罐、双系罐和无系罐等。

该窑址还出土了20余件较独特的小型盛酒器，如瓜棱壶、敞口壶、双耳杯、敞口杯、带柄三足杯、敞口罐、瓜棱罐等，如此小巧玲珑的容器用来装酒，可见当时酒的浓度已经很高，人们并不像饮米酒那样豪饮大碗酒，而是手执小杯慢慢啜吸，由此可以看出，唐五代时我国酿酒技术已进入了一个新的阶段，出现了今天意义上的白酒或烧酒。烧酒就是蒸馏酒，当时的制酒人为了提高酒的浓度，增加酒精含量，在长期酿酒实践的基础上，利用酒精与水沸点不同，采用了蒸烤取酒的方法。泸州蒸馏酒的出现，是我国酿酒史上一个划时代的里程碑，是我国有史记载以来继自然发酵酒、曲药发酵酒的第三代酒。

（二）五代十国时期的酒政

五代时期，各割据政权尽是些短命王朝，长者十几年，短者只数年。所以，这些封建武夫在建立政权之始，就加紧了对人民的掠夺，"峻法以剥下，厚敛以奉上，民产虽竭，军食尚亏"（《旧五代史·食货志》）。因此，酒专卖制度就成为他们搜刮财富、维持统治的一个重要手段。

据《旧五代史·食货志》载，五代时期，后梁允许百姓自行造曲，政府不禁。到后唐庄宗时，又实行酒和曲专卖，民间不许私造，特别是私曲，刑罚极严。后唐明宗时，"东都民有犯曲者，留守孔循族之"（《资治通鉴·卷二百七十六·后唐纪·五》），就因为私酿而被灭族，真是骇人听闻。此后，后唐明宗才改为把榷曲钱分摊于青苗钱上。到后唐明宗长兴二年（931年），"罢亩税曲钱，城中官造曲减旧半价，乡村听百姓自造"（《资治通鉴·卷二百七十七·后唐纪·七》）。但到后唐末帝清泰二年（935年），官卖曲钱已由每斤八十文增至一百文了。

后晋继续官卖，规定"曲每斤与减价钱三十文"。后汉时，严禁私自造曲，犯私曲者与私盐一样，不计斤两，并处极刑。这时专卖不仅是酒曲，而且扩及酒和醋，还置都务以酤酒，官吏额外配民曲钱，贪污贿赂，流弊日深。

后周太祖时，虽然酒禁有所放宽，但仍然规定"五斤私曲，即处极刑"（赵翼《廿二劄记·卷二十二·五代盐曲之禁》）。到了后周世宗时，才明令废除先时所置"都务"，官府不再卖酒、醋，依旧法卖曲，乡村只要买官曲使用，可以自造醋，并允许乡间酿酒，"仍许于本州县界，就精美处酤卖"（《册府元龟》显德四年七月诏）。可见后周时酒类专卖比以前放宽了。

三、"一曲新词酒一杯"[1]：宋代之酒

宋朝的酿酒工业，是在唐朝普及和发展的基础上，得到进一步的发展，一方面，手工业和商业的发展，使得汴京和临安等大都市空前繁荣起来，人

们对酒的消费，需求量大增。另一方面，粮食的丰足，酿酒业技术的成熟，使酒类品种增多，酒的质量提高，酒业的生产范围扩大。宋代的酿酒业，上至宫廷，下至村寨，酿酒作坊，星罗棋布。分布之广、数量之众，都是空前的。

图1-11　宋徽宗赵佶绘《文会图》，现藏于台北故宫博物院

（一）官酒

宋代的酒业以官营为主，官方酿酒机构称为"官库""公库""公使库"。官库有正库和子库之分，后者是前者的分设机构；官库、子库下设官属酒坊。官营酒业酿造自用以及出售的酒统称"官酒""官酝"，也有"官库酒""公库酒""公厨酒"的叫法。北宋时官酒一般不用于出卖，仅供官府犒赏和消费，因多用于劳军，所以也有"兵厨酒"的说法，宋人的诗句"门前麴封何足道，酒出兵厨泻春瀑"（毛滂《孙使君见招以不茗荦得醉因过南禅老饭小休庵》）、"请君日醉兵厨酒，千古英流安在哉"（李新《咏晴》）、"只需多酿兵厨酒，聊伴先生醉后豪"（刘克庄《卜算子·曹守生朝十二月初六日》）等就从

1　出自北宋著名词人晏殊的《浣溪沙·一曲新词酒一杯》："一曲新词酒一杯，去年天气旧亭台。夕阳西下几时回？无可奈何花落去，似曾相识燕归来。小园香径独徘徊。"

侧面反映了官酒在社会生活中的作用和影响。南宋以后，官酒逐渐以对外售卖营利为主要目标，陆游的诗句"官垆卖酒倾千斛""桥边灯火卖官醅"，就说的是官酒倾销于市场的情况。

官酒中最好的当数"光禄酒"，即掌管祭享、筵宴、宫廷膳馐之事，负责祭拜及一切报捷盟会、重要仪式、接待使臣时的宴会筵席等事务的光禄寺所管理的国事用酒。北宋名臣、苏门四学士之一的张耒曾经有幸品尝过光禄酒，在《斋中列酒数壶》中他写道："中都光禄多新酿，不解随人得一卮。"由此可见，光禄酒贵为国酒，不是谁都能有资格品尝，一是需要根据官场级别，二是需要机缘场景。同为苏门四学士、书法家的黄庭坚曾经不太"幸运"，喝不到光禄酒，为此他感慨说"无因光禄赐官酒，且学潞公灌蜀茶"（《见二十弟倡和花字漫兴五首》）。后来他终于有幸得到光禄酒，又写下"翰林来馈光禄酒，两家水鉴共寒光"（《戏答欧阳诚发奉议谢余送茶歌》），说明当时能够享受到光禄酒是一件值得庆贺、倍感荣耀的事情。

光禄寺内酒坊专门生产供皇帝饮用的酒，叫"御酒"，酒坛用黄绸封盖，所以称"黄封酒"，宋代皇帝除了自己饮用，也经常用来赐给大臣，名臣韩琦、大诗人苏轼等人的诗作中都有不少关于受到"黄封酒"赏赐而写的志庆诗。

宋代的地方官酒也出了很多佳酿，尤其是作为"京师重地"的河南地区，更是呈现百花齐放的态势，诗人刘敞曾用"洛城春酒碧霞光"来赞美洛阳美酒，梅尧臣用"诘朝持郑酤，向夕望星津"来描述郑州美酒。

很多地方美酒的名字都起得诗情画意，如北京大名府的"香桂""法酒"；南京应天府的"桂香"；西京河南府的"玉液""酴醿（音 tú mí）香"；澶州的"中和堂"；许州的"潩泉"；郑州的"金泉"；河北路真定府的"银光"；河间府的"金波""玉酝"；保定军的"驯堂""杏仁"；定州的"中山堂""九酝"；保州巡边的"银条"；德州的"碧琳"；宾州的"石门"；博州的"莲花"；卫州的"柏泉"；邢州的"金波"；磁州的"风曲法酒"；赵州的"瑶波"；定州的"瓜曲"；河东路太原府的"玉液"；汾州的"甘露堂"；代州的"金波""琼酥"；陕西路凤翔府的"橐（音tuó）泉"；河中府的"天禄""舜泉"；陕府的"蒙泉"；华州的"莲花""冰堂上尊"；邠州的"玉泉"；庆州的"瑶泉"；同州的"清洛"；淮南路扬州的"百桃"；庐州的"金城""金斗城"；江南东路、西路宣州的"琳腴""双溪"；江宁府的"芙蓉""百桃""清心堂"；处州的"谷帘"；洪州的"双泉"；杭州的"洪州""碧香"；苏州的"木兰堂""白云泉"；越州的"蓬莱"；润州的"蒜山堂"；湖州的"碧澜堂""雪溪"；秀州的"月波"；三川路成都府的"忠臣堂""玉髓""锦江春""浣花堂"；梓州的"琼波""竹叶清"；剑州的"东溪"；杭州的"帘泉"；合州的"长春"；渠州的"葡萄"；果州的"香桂""银液"；阆州的"仙醇"；峡州的"重糜"；夔（音kuí）州的"法醜（音rú）""法酝"；荆湖南北路荆南的"金莲堂"；鼎州的"白玉泉"；归州的"瑶光""香桂"；福建路泉州的"竹叶"；广南路广州的"十八仙"；韶州的"换骨玉泉"；京东路青州的"拣米"；齐州的"舜泉""近泉""清燕堂""真珠泉"；兖州的"莲花清"；曹州的"银光""三酘""白羊""荷花"；郓州的"风曲""白佛泉"；潍州的"重酝"；登州的"朝霞"；莱州的"玉液"；徐州的"寿泉"；济州的"宜城"；濮州的"细波"；京西路汝州的"拣米"；滑州的"风曲""冰堂"；金州的"清虚堂"；郢州的"汉泉"；随州的"白云楼"；唐州的"淮源""秘泉"；蔡州的"银光""香桂"；房州的"琼酥"；襄州的"金沙""檀溪""竹叶清"；邓州的"香泉""寒泉""香菊""甘露"；颍州的"银条""风曲"；均州的"仙醇"；河外三州之一府州的"岁寒堂"（以上均出自宋代张能臣著《酒名记》）；等等。

南宋词人周密所著《武林旧事》提到宋代宫廷御用的酒有"蔷薇露""流香酒"，南宋朝廷专用酒为"思堂春"；此外三省激赏库出品的官酒还有"宣赐碧香"；殿司官酒名"凤泉"；祠祭用官酒名"玉练槌"；等等。

（二）家酿酒

尽管宋朝政府控制了酒类专卖，强力销售官酒，但对于广大百姓而言，价格高（当然了质量也不错）的官酒还不能成为其日常的主要饮品，所以很多都要依靠家庭自酿来满足饮酒需要，就是官宦及富贵人家，也往往自家酿酒，《宋会要辑稿·食货》里所谓"比屋之间，皆有酝酿"，说得就是这个事。不过，私酿酒一般只供自家私用，不对外出售。

北宋文宗苏轼，除了是知名吃货，更是酿酒好手。他在黄州时，自酿蜜酒；在定州，他酿过松酒，自号"中山松醪"（定州亦称中山）；在惠州，他酿过桂酒，命名为"罗浮春"，为防止别人误以此为地产酒，他严正声明："予家酿酒，名罗浮春。"他还酿出了"万家春"，自称："余近酿酒，名万家春，盖岭南万户酒也。"而到了广东惠州、海南儋州，他又酿出了"真一酒"。

对于真一酒法，苏东坡说："岭南不禁酒，近得一酿法，乃是神授，只用白面、糯米、清水三物，谓之真一法酒。酿之成玉色，有自然香味，绝似王太驸马家'碧玉香'也。奇绝！奇绝！"（《真一酒法寄建安徐得之》）至于其酿法如何得来，苏东坡有点讳莫如深，用了"神授"两字。他在另一篇文章《记授真一酒法》中如此描述：

予在白鹤新居，邓道士忽叩门，时已三鼓，家人尽寝，月色如霜，其后有伟人，衣桄榔叶，手携斗酒，丰神英发如吕洞宾者，曰："子尝真一酒乎！"三人就坐，各饮数杯，击节高歌合江楼下，……袖出一书授予，乃真一法及修养九事。

——《苏轼文集》卷七十二

在"真一酒"这个事上，不排除苏轼有故弄玄虚的意思，他在朋友建安人徐得之的信中详细介绍了"真一酒法"，说白了就是酒配方，但文末特意注明"乾汞法传人不妨，此法不可传也"，更坐实了他故意散布的"玄之又玄，众妙之门"的调侃意味。

除了"真一酒",苏轼还自酿了"天门冬酒",并写诗说:"自拨床头一瓮云,幽人先已醉浓芬。天门冬熟新年喜,曲米春香并舍闻。"(《庚辰岁正月十二日天门冬酒熟予自漉之且漉且》)天门冬为药材,有滋阴、润燥、清肺、降火的功效,苏轼这是还会了自己酿制养生酒。

宋代有名的私酿酒还有很多,宰相刘挚客居岭南时,博采当地诸家酿法,酿出了"天苏酒";著名田园派诗人杨万里也是酿酒行家,他酿的名酒有"桂子香""清无底""金盘露""椒花雨";宋英宗的驸马王诜自酿"碧香酒",堪称当时名品,黄庭坚、苏轼都非常推崇。苏轼专门送朋友赵明叔"碧香酒",还写诗说"碧香近出帝子家,鹅儿破壳酥流盎"(鹅儿是宋人对黄酒颜色的称谓)。北宋诗人唐庚在惠州时酿过两种酒,"其和者名养生主,其稍劲者名齐物论"(《眉山诗集》卷五自叙);宰相蔡京家有酒名"庆会";王太傅家有酒名"膏露";何太宰家有酒名"亲贤";和文驸马李献卿家酒名"金波";张驸马家酒名"敦礼""醽醁(音 líng lù,本指两种绿酒,后成为美酒的代称)";曹驸马家酒名"诗字""公雅""成春";驸马郭南卿家酒名"香琼";大王驸马家酒名"瑶琼";钱驸马家酒名"清醇";童贯家酒名"宣抚""褒公";梁开府(开府仪同三司)家酒名"嘉义";南宋大将杨存中府上酿的酒名"清白堂",南宋另一位大将张俊府上酿的酒名"元勋堂";等等。

此外,就连外戚和亲王家都各有自己的私酿酒,其中多是酒中珍品,如宋英宗皇后高后家有私酿酒名"香泉";向太后家有私酿酒"天醇";宋仁宗温成张皇后家有"醽醁";朱太妃家有"琼酥";宋徽宗第三任皇后明达皇后刘氏家有酒名"瑶池";宋徽宗郑皇后家有酒"坤仪";宋仁宗皇后曹氏家有酒名"瀛玉";郓王家酒名"琼腴";肃王家酒名"兰芷""五正位""椿龄""嘉琬醑(音 xǔ)";濮安懿王家酒名"重酝";建安郡王家酒名"玉沥";宋高宗妻侄吴琚(吴皇后的侄子)府上酿的酒名"蓝桥风月"(这个酒名真是高雅得不同凡响);等等。

（三）市店酒

宋代还有一些虽然不是官酒，但是通过向官方购买酒曲而自己再加工而在酒店里售卖的酒，这就是市店酒。两宋时期，经济繁荣，酒店林立，宋代较为有名的酒店称为"正店"，共有72处。北宋著名画家张择端的著名作品《清明上河图》里最耀眼的店就是一家名叫"香丰正店"的酒店，酒店大门前面扎着绚丽的彩楼欢门，挂着彩球。

图1-12 《清明上河图》局部之"香丰正店"

当时的市店酒，比较著名的有丰乐楼的"眉寿""和旨"；忻乐楼的"仙醪"；和乐楼的"琼浆"；遇仙楼的"玉液""玉楼""玉酝"；铁薛楼的"瑶�"；仁和楼的"琼浆"；高阳店的"流霞""清风""玉髓"；会仙楼的"玉醑"；八仙楼的"仙醪"；时楼的"碧光"；班楼的"琼波"；潘楼的"琼液"；千春楼的"仙醇"；中山园子店的"千日春"；银王店的"延寿"；蛮王园子正店的"玉浆"；朱宅园子正店的"瑶光"；邵宅园子正店的"法清""大桶"；张宅园子正店的"仙酴（音tú）"；方宅园子正店的"琼酥"；姜宅园子正店的"羊羔"；梁宅园子正店的"美禄"；"郭小齐园子正店"的"琼液"；杨皇后园子正店的"法清"；等等。

除上述市店酒外，周密的《武林旧事》也提到了"有美堂""中和堂""雪醅""珍珠泉""皇都春""和酒""常酒""皇华堂""爱咨堂""琼花露""六客堂""齐云清露""双瑞酒""清若空""蓬莱春""第一江山""北府兵厨""锦波春""浮玉春""秦淮春""银光酒""清心堂""丰和春""蒙泉酒""潇洒泉""金斗泉""思政堂""龟峰酒""错认水""谷溪春""清白堂""紫金泉""庆华堂""元勋堂"等很多美酒，这其中多数应该也是市店酒。

（四）酒旗

"归帆去棹残阳里，背西风，酒旗斜矗"，这是北宋宰相、著名文学家王安石的著名词句（《桂枝香·登临送目》），所提到的酒旗是宋代街市最常见的东西，也是宋代经济繁荣的重要标志。

酒旗，是古代酒店悬挂在路边，用于招揽生意的锦旗，多系缝布制成，以其形制，又称酒帘、野帘、酒帘、青帘、杏帘、酒幔、幌子；以其颜色，还称青旗、素帘、翠帘、彩帜；以其用途，亦称酒标、酒榜、酒招、帘招、招子、望子。

酒旗的使用历史可以追溯到春秋战国时期，《韩非子·外储说右上》就记载："宋人有酤酒者，升概甚平，遇客甚谨，为酒甚美，悬帜甚高。"这里的"帜"，即酒旗。可见，早在两千多年前，古人就利用酒旗作为广告形式，来传播商业信息了。

自唐代，酒旗逐渐发展，变得形式多样，异彩纷呈。唐代李中的《江边吟》就写道："闪闪酒帘招醉客，深深绿树隐啼莺。"唐代诗人张籍也有诗句"长干午日沽春酒，高高酒旗悬江口"（《江南行》），这里的酒帘、酒旗指的就是酒家打出来的幌子。

商家旗幡发展的鼎盛时期就是宋代，两宋时期，商业、手工业、酒店餐饮业十分发达，店面林立，鳞次栉比，如果不能打出吸引眼球的旗幡，就招徕不到顾客。

宋代酒旗，大致可分三类，一是象形酒旗，此类酒旗，以酒壶等实物、模型和图画为特征；二是标志酒旗，即旗幌及灯幌；三是文字酒旗，即以单字、双字或对子、诗歌为表现形式，如"酒""太白遗风"等，也有的就是广告语，如《水浒传》中，武松打虎前所进的店家，招旗上写有"三碗不过冈"。一般人不太明白是什么意思，肯定就会去问店家，这就是着了店家的套，店家再夸大自家酒醉人功效，引得客人好胜心起，至少要三碗酒起步。《汴都记》中记载，有酒家望上书"河阳风月"四字。《水浒传》中武松醉打蒋门神之前，看到快活林酒楼酒旗上也写着"河阳风月"，河阳，就是孟州。酒楼上还有两把销金旗，上面写的是"醉里乾坤大，壶中日月长"。这对联格局大，意义深，堪称广告中的极品，所以连金圣叹都忍不住说是"千载第一酒赞"。

另外，酒旗还有传递信息之作用，酒旗的升降，是店家有酒或无酒、营业或不营业的标志。有酒卖，便高悬酒旗。若无酒可售，就收下酒旗。《东京梦华录》中写道："至午未间，家家无酒，拽下望子。"句中的"望子"，就是酒旗，酒家都卖完了酒，自然就把酒旗降下来。

（五）宋代酒种

/ 1. 传统酒

宋代是我国古代酿酒较为发达的一个时期，唐朝流传下来的传统酒的质量得到了进一步的提升。

// · 桂酒

桂酒就是用玉桂浸制的美酒，是春秋时期就已经有的古老酒种，《楚辞·九歌·东皇太一》就写道："蕙肴蒸兮兰藉，奠桂酒兮椒浆。"东汉大儒王逸的解释是："桂酒，切桂置酒中也；椒浆，以椒置浆中也。""才高八斗"的曹植也说过"玉樽盈桂酒，河伯献神鱼"。宋代时，桂酒仍然非常流行，当时的人都把桂酒作为重要的酒类产品而予以开发。大文豪苏轼酒量一般，但喜欢研究酒法，他在岭南曾搜集到酿制桂酒的秘方，自己动手，酿出了上佳的桂酒，为此他还专门写了篇《桂酒颂》，在序中，他写道："《楚辞》曰'奠桂酒兮椒浆'，是桂可以为酒也。……吾谪居海上，法当数饮酒以御瘴，而岭南无酒禁。有隐者，以桂酒方授吾，酿成而玉色，香味超然，非人间物也。东坡先生曰：'酒，天禄也。其成坏美恶，世以兆主人之吉凶，吾得此，岂非天哉？'"苏轼还写过一首诗叫《新酿桂酒》，其中有一句"收拾小山藏社瓮，招呼明月到芳樽"，被认为是对桂酒的最佳称颂。

除了苏轼，宋代很多文人也都把桂酒视为人生伴侣，爱不释杯，晏殊就说"若有一杯香桂酒，莫辞花下醉芳茵"（《珠玉词·酒泉子》）；郑獬也说"满车桂酒烂金醅，坐绕春丛醉即回"（《次韵程丞相观牡丹》）；刘过说"欲买桂花同载酒，终不似、少年游"（《唐多令·芦叶满汀洲》），等等，不一而足。

// · 松醪酒

松醪酒就是以松膏酿制而成的酒，出现于汉代。1974年，考古工作者在河北省平山县三汲乡中山王墓葬中发现了两壶古酒，其中一壶呈绿褐色，出土时还散发一股醇香，经专家鉴定属于类似黄酒但非黄酒的酿造酒，正是史料中记载的当时各诸侯王垂涎的"千日醉"古松醪酒，震惊了世界，是距今两千三百多年的活文物，比德国维尔茨堡1540年前酿造的"宝石酒"早了七百多年。

松醪酒在唐代就非常流行，大诗人杜牧就说过"贾傅松醪酒，秋来美更香"（《送薛种游湖南》）；晚唐诗人罗隐也说"松醪酒好昭潭静，闲过中流一吊君"（《湘南春日怀古》）。到了宋代，松醪酒的流行趋势进一步扩大，在许多饮酒场合都能见到这种酒。王安石有诗说"永夜西堂霜月冷，邀君相伴有松醪"（《奉招吉甫》）；苏舜卿也说"银鲫晨烹美，松醪夜酌醨"（《答子履》）；宰相寇准也说过"静眠铃合闻羌笛，闲酌松醪引越瓯"（《忆岐下旧游》）。

松醪酒很多地方都出产，但以西汉景帝的儿子、汉武帝的异母兄长中山靖王刘胜的封地中山，也就是当时的河北路出产的松醪酒最为著名，大文豪苏轼为此还写了篇赋文《中山松醪赋》，提到"收薄用于桑榆，制中山之松醪。……与黍麦而皆熟，沸春声之嘈嘈。味甘余而小苦，叹幽姿之独高。知甘酸之易坏，笑凉州之蒲萄。似玉池之生肥，非内府之蒸羔”等。苏东坡任定州（今河北保定下辖市）知州时，根据当地的松醪酒工艺，曾自己亲自酿造松醪酒，也获得了成功。

类似松醪酒的松酒系列还有松肪酒、松花酒，在宋代也很流行。

// · 竹叶酒

竹叶酒不是单独的酒种，而是对浅绿色酒的一种统称。竹叶青酒远在古代就享有盛誉，当时是以黄酒加竹叶合酿而成的配制酒，北周文学家庾信在《春日离合二首》诗中就提到“三春竹叶酒，一曲鹍鸡弦”。

宋人常以竹叶酒为杯中美酝，许多州郡名酝也往往冠以“竹叶”“竹叶青”“竹叶清”之号，如宜城酒就在宋代称为竹叶酒，苏轼的诗《岐亭道上见梅花戏赠季常》就提到了竹叶酒：“野店初尝竹叶酒，江云欲落豆秸灰。”诗人宋祁也说过：“杯中竹叶与谁举，笛里梅花那忍闻。”（《高亭驻眺招宫苑张端臣》）

巴蜀一带还把竹叶酒叫作“竹光酒”，这是说酒的光泽类同竹色。晁公溯写过一首《竹光酒》诗，详细地吟咏了这种酒品的酿制特色（见《嵩山集》）。此外，成都、陕州、房州都有竹叶酒，见著于诗家吟咏。陆游的《怀成都十韵》有“竹叶春醪碧玉壶”之句，说明成都有竹叶酒。

// · 菊花酒

宋代的重阳风俗与唐朝相同，人们仍把菊花视为节令饮品。著名诗人范成大就说过“年年客路黄花酒，日日乡心白雁诗”（《重九独坐玉麟堂》）；黄庭坚也说“黄菊枝头生晓寒，人生莫放酒杯干。风前横笛斜吹雨，醉里簪花倒著冠”（《鹧鸪天·黄菊枝头生晓寒》）。不过宋代的菊花酒已经不限于重阳节应景来喝，而逐渐变成了日常喝，酿酒工匠也开始酿造优质的菊花酒，当时最好的菊花酒被称为“金茎露”。这种酒制作时首先要把菊花加工，蒸成花露，然后再以花露配酒，使得酒液内充满菊香。

// · 黄酒

黄酒在宋代盛况空前，因其色泽多为黄色，俗称黄酒，黄庭坚说"已醅浮蚁嫩鹅黄"（《西江月》），倪偁（音chēng）称"酒好鹅黄嫩"（《南歌子》），都是说黄酒的颜色犹如幼鹅新生的羽毛之色，淡淡的黄，恰到好处。

宋代有的黄酒也呈现红色，可称作红酒，苏轼的诗句"红酒白鱼暮归"（《调笑令》）、秦观的诗句"小槽春酒滴珠红"（《江城子》）、管鉴的诗句"新篘（音chōu，竹制的滤酒的器具）琥珀浓"（《阮郎归》）中的红酒、珠红、琥珀浓说的都是呈红色的黄酒。至于为什么会呈现红色，其原因有三：一是沿用唐朝的做法，取醅酒煮成红色；二是在成品酒中加入红花、紫草等染色物质使之变红；三是以红曲来酿酒。红润有质感的红酒很受当时人们的喜爱。

// · 西凤酒

西凤酒始于殷商，在唐代就已列为珍品。唐高宗仪凤三年（678年），唐朝吏部侍郎裴行俭护送波斯王子回国，路过凤翔柳林镇，发现柳林镇窖藏陈酒香气将五里地外亭子头的蜜蜂、蝴蝶都醉倒了的奇景，当时就念了几句诗："送客亭子头，蜂醉蝶不舞。三阳开国泰，美哉柳林酒。"此后，柳林酒以"甘泉佳酿、清冽醇馥"的盛名被列为朝廷贡品，与"东湖柳，妇人手（指当地妇女制作的手工艺产品）"并称为当地"三绝"之一。

凤翔是民间传说中产凤凰的地方，有凤鸣岐山、吹箫引凤等故事。唐朝以后，又是西府台的所在地，人称西府凤翔，所以到了宋代，柳林酒就以"凤翔橐（音tuó）泉酒"称著于当时。北宋嘉祐七年（1062年），苏轼在凤翔任职，他畅饮柳林美酒，并革新了酿酒工艺，留下了"举酒于亭上，畅饮柳林酒"和"花开酒美曷不醉，来看南山冷翠微"的诗句。

"凤翔橐泉酒"在元代时引进了烧酒工艺，改称"凤翔烧酒"，近代时再改称"西凤酒"，成为我国八大名酒之一。

/ 2. 新酒

在新品酒的研制方面，宋代人有很多贡献，后代流行的很多酒种都滥觞于宋代。

// · 羊羔酒

所谓羊羔酒是以羊脂为配料酿制的酒，酿酒时，把羊肉、羊脂浸于米浆之中，通过曲蘗发酵而形成肉香型的酒，也称"白羊酒"。

据史书记载，羊羔酒至少有上千年历史，唐太宗李世民曾将羊羔酒作为宫廷御酒和内廷保健滋补专用饮品。但到了宋代，羊羔酒不仅是宫廷用酒，而且民间也大量酿造和饮用。

北宋朱翼中在《北山酒经》中记述了羊羔酒的详细做法，复杂至极："白羊酒：腊月，取绝肥嫩羖羊肉三十斤，连骨，使水六斗，入锅煮，肉令极软，漉出骨，将肉丝擘（音bāi，同掰）碎，留着肉汁。炊蒸酒饭时，匀撒脂肉于饭上，蒸令软，依常盘搅，使尽肉汁六斗。泼馈了，再蒸良久，卸案上，摊令温冷得所，拣好脚醅，依前法酘拌，更使肉汁二升以来。收拾案上及充压面水，依寻常大酒法日数，但曲尽于酴米中用尔。"

明代著名医学家李时珍曾在《本草纲目》中也记述了两种酿制羊羔酒的方法，其一为北宋宣和化成殿真方："用米一石，如常浸米，嫩肥羊肉七斤，曲十四两，杏仁一斤，同煮烂，连汁拌米，如木香一两，同酿。"另一法似是民间做法："羊肉五斤煮烂，酒浸一宿，入消梨十个，同捣取汁，和曲米酿酒饮之。"

// · 蜜酒

宋代人在酿酒原料的选择方面取得突破性进展，其中很重要的标志就是学会了使用蜂蜜酿酒。西蜀道人杨世昌曾将蜜酒酿造方法传给眉州人、大文豪苏轼，由苏轼公告天下，苏轼为此写下《蜜酒歌》一首：

> 真珠为浆玉为醴，六月田夫汗流沘。
> 不如春瓮自生香，蜂为耕耘花作米。
> 一日小沸鱼吐沫，二日眩转清光活。
> 三日开瓮香满城，快泻银瓶不须拔。
> 百钱一斗浓无声，甘露微浊醍醐清。
> 君不见南园采花蜂似雨，天教酿酒醉先生。
> 先生年来穷到骨，问人乞米何曾得。
> 世间万事真悠悠，蜜蜂大胜监河侯。

中国古代用蜂蜜酿酒者屈指可数，苏轼酿造并传播蜜酒，在中国酒业历史上留下了浓墨重彩的一笔。

// · 葡萄酒

宋代的葡萄酒除了传统红色的，还有呈绿色的，北宋官员程俱就说"相逢倘有蒲萄渌，肯向西凉博一州"（《哦诗夜坐，缾罍久空无以自劳，寄吴兴赵司录江兵曹》）；南宋政治家、文学家虞俦也说"照坐雕盘花一簇，满瓮葡萄酒新绿"（《汉老弟寄和花发多风雨人生足别离韵绝句因和之》）；南宋诗人姚勉也说过"笑把九霞鸾凤斝，满斟七宝蒲萄醁"（《满江红·寿邓法》）。

宋代的葡萄酒酿制，创造出葡萄+谷物的特殊方法。朱翼中《北山酒经》记载："酸米入甑【音 zèng，古代炊具，底部有许多小孔，放在鬲（音 lì）上蒸食物】蒸，气上用杏仁五两，蒲萄二斤半，与杏仁同于砂盆内一处，用熟浆三斗，逐旋研尽为度，以生绢滤过。其三斗熟浆泼饭软盖，良久，出饭，摊于案上，依常法候温，入曲搜拌。"这是一种米酒与葡萄酒合酿的做法，应是宋人的发明。

到了南宋时朝，小朝廷偏安一隅。当时的临安虽然繁华，但葡萄酒却因为西北地区葡萄产区已经沦陷，显得稀缺且名贵，这可从陆游的诗词中反映出来。陆游的《夜寒与客挠干柴取暖戏作》："稿竹干薪隔岁求，正虞雪夜客相投。如倾潋潋蒲萄酒，似拥重重貂鼠裘。一睡策勋殊可喜，千金论价恐难酬。他时铁马榆关外，忆此犹当笑不休。"诗中把喝葡萄酒与穿貂鼠裘相提并论，可见当时葡萄酒的名贵。

于是，内地人士开始崇尚自己酝酿的葡萄酒，北宋史学家、经学家、散文家刘敞在《蒲萄》一诗这样表述："蒲萄本自凉州域，汉使移根植中国。凉州路绝无遗民，蒲萄更为中国珍。九月肃霜初熟时，宝璎碌碌珠累累。冻如玉醴甘如饴，江南萍实聊等夷。汉时曾用酒一斛，便能用得凉州牧。汉薄凉州绝可怪，今看凉州若天外。"诗人方岳《记客语》也有类似的诉说："蒲萄斗酒自堪醉，何用苦博西凉州？使我堆钱一百屋，醉倒春风不掉头。"尽管凉州远隔，酒香难觅，但内地葡萄酒产量的增加，有效地弥补了这一缺憾。

// · 柑酒、荔枝酒、海棠酒、青梅酒、樱桃酒

每年的立春日，是宋代百姓重要的节庆。在这一天，人们烹牛宰羊，蒸制春饼，不亦乐乎。是年立春，安定郡王赵世准以皇家宫廷特制工艺用柑橘酿酒邀天下百姓同庆，这个酒就是"洞庭春色"，苏轼就是与宴者之一。苏东坡在饮用了"洞庭春色"之后大赞不已，称其色香味无一不稀世罕有，于是他先后作了《洞庭春色赋》和《洞庭春色》诗，这种酒因为有了苏东坡诗文的加持而很快享誉大江南北。

宋代流行的果酒除了柑酒，著名的还有荔枝酒，堪称果酒中的佼佼者。北宋时，四川戎州（即今天的著名酒城四川宜宾）最早酿成了荔枝酒，《蜀中广记》卷六十五记载："黄山谷云：赓致平送绿荔枝，王公权送荔枝绿酒，俱为戎州第一，作诗以纪之：'王公权家荔枝绿，赓致平家绿荔枝。试倾一杯重

碧色，快剥千颗轻红肌。泼醅葡萄未足数，堆盘马乳不同时。谁能同此胜绝味，唯有老杜东楼诗。'"

黄山谷即黄庭坚，为"苏门四学士"之一。在《醉落魄》中，他写道："谁门可款新篘（音 chōu）熟，安乐春泉，玉醴荔枝绿"，他本来已戒酒十五年，到了戎州，因恐为瘴疠所侵，乃每天早晨饮酒一杯，饮的就是荔枝酒。

宋代的果酒，还有海棠酒、青梅酒、樱桃酒见于酒词中，如"岸柳烟迷，海棠酒困，赢得春眠足"（葛郯《念奴娇》），说的是海棠酒；"开怀抱，有青梅荐酒，绿树啼莺"（戴复古《沁园春》），说的是青梅酒；"青杏园林，朱樱酪酒，争似和羹雪后梅"（陈德武《沁园春》），所说的"朱樱酪酒"即为樱桃酒。

四、"燕酒名高四海传"[1]：夏辽金之酒

（一）西夏

两宋和西夏、辽、金，在长达 3 个世纪的历史时期内，并行存在，期间各民族之间既有矛盾斗争，又有联系交流，后来逐步走向融合。

建立西夏的党项人性情豪爽，喜饮酒，善酿酒。当时，随着酿酒工艺的改进，酿酒生产逐渐成为一个行业，到第五代皇帝仁宗天盛年间，整个西夏王朝达到鼎盛时期，富足的经济和繁荣的文化促进了酒业的大发展。统治者为了保证宫廷、宗室能够千年独享甘洌清醇、芳香沁人皇宫贡酒，特殊的酿造技艺不致外传，官府仿照中原制度，设置"酒务"机构，指派专人负责日常事务，并通过法律的形式，相应制定了酒政与酒法，管理酿酒作坊，发展酿造业。据文献记载，西夏多次向宋辽进献金银制品、酒具、果酒等，北宋陆游在酣醉后也挥毫泼墨写下《秋波媚》，称赞西夏美酒"凭高醉酒、此兴

1　出自金代诗人王启的《王右辖许送酒久而不到以诗戏之》："燕酒名高四海传，兵厨许送已经年。青看竹叶许犹浅，红比榴花恐更鲜。枕上未消司马渴，车前空堕汝阳涎。不如便约开东阁，一看长鲸吸百川。"

悠哉"。

西夏时的酒楼和酒肆分布广泛，都城兴庆府（今银川市）更是如此，每到岁时节庆聚会宴饮，不论文人雅士、商贩百姓都用酒助兴，"捧厄酒"直至酪酊大醉。

酒也是党项人祭祀、盟誓仪式中必备之品。西夏祭祀，大凡有四：一曰祀天，二曰祭祇，三曰享人鬼，四曰释奠先圣先师。无论祭天还是享人鬼，都要准备丰盛的祭品。《文海》中的"祭""求祷"都释以香食祭祀诸佛、圣贤、地祇、大神。

党项人好喝酒，而且常常饮酒取乐，边饮酒边谈国事。西夏开国皇帝李元昊在位之时，若有战事需要调集军队，就用银牌召部落首领面授机宜。《宋史·夏国传》里记载李元昊每次举兵前，一定要率部下各部族长一起打猎，每当猎获归来则下马环坐一起饮酒，一起边分享猎物边让大家发表意见，然后布置作战任务。可以想见，他们从马背上解下西夏扁壶，拔下木塞将美酒倒入白釉高足杯中，高唱着豪爽的酒歌，将美酒一饮而尽。另据《西夏书事》卷十二"宝山六年秋七月"条载，元昊谋攻延州，"悉令诸侯酋豪于贺兰山坡与之盟，各刺臂血和酒，置髑髅中共饮之"。

党项人还根据西部游牧民族"嗜酒"的特点，令部下酿酒引诱宋夏边境的党项、吐蕃人叛变宋朝投奔西夏。对战功显赫的将士，党项人也往往以宫廷美酒犒劳，宋臣李纲总结党项人特别能战斗的经验时说："夏人之法，战胜而得首级者，不过赐酒一杯，酥酪数斤……"可见饮酒对于党项人来说不仅是一种物质享受，而且在联系部落间的团结和发扬尚武精神上起着其他物品难以取代的作用。西夏著名学者王仁所写的谚语集《新集锦合辞》中也收有许多关于酒的谚语，如"不靠山驿不利行，不让饮酒害于饮""饮酒量多人不少，空胃半腹人不死""饮剩余酒不多心，穿补衲衣不变丑"，等等。

北方少数民族最典型的酒器就是扁壶，其源头是造型相似的皮囊壶，早期的这类扁壶上多可见到模拟缝制皮革的针脚，明确说明了这种壶的源头。西

图1-13　金代女画家宫素然绘《明妃出塞图》局部，注意看图中最左侧人身后背的正是扁壶

夏系统的扁壶特征明显，圈足皆在腹部，属于卧式扁壶。卧式扁壶可能是当时的一种名为"背罍（音léi）"的酒器，属于背壶，俗称"酒鳖子"。金代画家宫素然《明妃出塞图》中可见其使用情况。但它们也都是中原文化辐射的产物。从产品风格看，西夏系统的扁壶属于磁州窑系，辽金系统的三彩扁壶中，三彩技术的源头则是唐代三彩。

（二）辽国

契丹人建立的辽国是唐朝覆灭之际兴起的，辽太祖耶律阿保机先建"大契丹国"，大同元年，耶律德光改国号为"大辽国"。辽国与五代共存五六十年，与北宋并立一个多世纪，辽亡后西辽又延续了一个多世纪。辽国先后有九代皇帝，他们大多喜欢喝酒，辽穆宗常到酒家饮酒，曾"观灯于市。银百两市酒，命群臣亦市酒，纵饮三夕"；辽圣宗"承平日久，群方无事，纵酒作乐，无有虚日。与番汉臣下饮会，皆连昼夕书……或自歌舞，或命后妃已下弹琵琶送酒"。

辽代的酒种类繁多，有葡萄酒、黄酒、茱萸酒、菊花酒、玄酒等，辽中京属下的泽州（今日的河北平泉、宽城、迁西一带），传统酿酒业代代相传。

契丹人喜欢"饮湩"，"湩"即酒的一种，用牛羊乳汁酿制而成，是契丹人日常饮品中不可或缺的一部分。而且，北方游牧民族通过长期生活积累，对酒可以驱寒解毒的功能也有所认识。

酿酒业的发展与农业生产是密不可分的。在辽国建立以前，农业已经进入契丹人的生活中，《辽史》记载"懿祖生匀德实始教民稼穑，善畜牧，国以殷富"。辽国建立后，统治者更加重视农业生产，"太祖平诸弟，弭兵轻赋，专意于农"。宋辽"澶渊之盟"以后，辽国进入长达百年的和平安稳时期，农业生产有了更大的提升，境内的耕地范围已经扩大到辽的北部边疆地区，大量的粮食用于酿造酒类，为辽代酿酒业的发展积累了丰富的原材料。

辽代酿酒业以官酿为主，兼有私人酿酒。上京设有"曲院"，东京设有"曲院使"，可推测辽五京各设有曲院，主管各道官酿，各地方州县均有掌管酿酒官吏，监管本县酿酒等事务。《辽史·地理志》载辽的上京"南当横街，各有楼对峙，下列井肆"；上京道的祖州"东南横街，四隅有楼对峙，下连市肆"；所谓"肆"，应包含大量的酒肆。这种酒肆、酒家的数量是相当多的。不仅如此，史书记载，辽穆宗耶律璟"观灯于市，以银百两市酒，命群臣亦市酒，纵饮三夕"（《辽史·本纪·卷七》）。穆宗皇帝则是带领大批随从与群臣在酒家饮酒。能够吸引皇帝出宫饮酒作乐，可见当时的酒家不仅在数量上相当多，在规模上也十分庞大。皇帝经常出入于酒家，从侧面反映出私人酿酒业技艺水平达到很高的程度，与官酿相比更具特色。

在五京各州县之外的乡村山路之中，亦有为数众多的酒家，北宋使臣苏颂在《奚山路》中云："朱板刻旗村肆食。"自注云："食邸门挂木刻朱旗"，朱旗即酒旗。此时辽朝酒的产销结构已经形成，酿酒业从生产到销售的规模是十分庞大的，已遍布于全国各州县及乡村山寨等地区，并且已形成一定规模。

善饮虽体现了契丹民族豪爽性情，但放纵豪饮也给他们留下了诸多遗憾。契丹人嗜酒如命，甚至达到误事的程度，辽世宗皇帝"荒于酒色"致使"国人不附，诸部数叛"，本人也在酒后的睡梦中被叛军所弑；辽穆宗"好游戏，不亲国事，每夜酣饮，达旦乃寐，日中方起，国人谓之'睡王'"，最终也是酒后为人所杀；辽景宗"耽于酒色，暮年不少休"；辽兴宗"变服微行，数入酒肆，亵言狎语，尽欢而返"；出自"季父房"的耶律和尚，因"嗜酒不事事，以故不获柄用”，并直言不讳地说：“人生如风灯石火，不饮将何为？”

辽天庆五年（1115年），女真族首领完颜阿骨打在会宁（今黑龙江阿城南）正式称帝，国号大金。在金国和北宋的联合夹击下，辽国溃败。之后，辽天祚帝只得逃入夹山，但仓皇败逃途中，天祚帝仍旧不改往日恶习，常常带着随从打猎饮酒。金天会三年（1125年），金人将天祚帝杀死，并且驱赶马群将他的尸体踩成一滩肉泥。

（三）金国

在金代，女真人社会生活中可谓无酒不成“事”：无论大小祭祀、喜生贵子、日常婚嫁，还是时令节日，无论是迎送宾客，还是接待各国使节，无不需要饮酒。酒被用作待客佳品、礼仪用品，深入社会生活的各个方面。这与其所处的自然环境有一定关系。金代时期东北地区，“冬极寒，厚毛为衣，非入室不撤衣，衣履稍薄则堕指裂肤”（《三朝北盟会编》），女真人在这种地理环境下求取生存，饮酒是其保暖御寒的重要方式，所以，他们常称酒为“水棉袄”。外加宋金南北对峙时期，兵燹连年，瘟疫盛行，酒就成了立见功效的特殊“药品”。

// · 酒器

女真人居地多林木，所以金初使用的酒器多为木制。《三朝北盟会编》卷三引《女真传》说：“其饭食则以米酿酒，冬亦冷饮，饮酒无算，只用一木勺子，自上而下循环酌之。”金人饮酒时不分贵贱，采用共饮制，贵族虽用杯，但也是“传杯”而饮。婚嫁之时，贵族之家也有用金、银、瓦器盛酒的，“佳酒，则以金银抗（方舟，形容酒器之大）贮之；其次，以瓦旅列于前，以百数。宾退，则分铜焉。男女异行而坐。先以乌金银杯酌饮（贫者以木）。酒三行，进大软脂、小软脂（即大小馓子）”。

金建国后，女真贵族受汉文化影响熏陶，开始使用瓷、金、银等各种精美酒器。皇帝宴饮，用"朱漆、银装镀金几案，果碟以玉，酒器以金，食器以术指，匙著以象齿"，还以玉壶贮酒，每上国主酒，以金托砒帽碗贮，可谓一派皇族气派。"皇统和议"后，金宋确立了和平相处的交聘制度，双方互送的礼物也离不开精美的酒器。金贺宋正旦的礼物基本上是"金酒器六事（法碗一、盏四、盘一），色绩罗纱縠三百段，马六匹"。在金上京城内外，也出土了许多金代瓷酒壶、金银酒具等。

// · 蒸馏酒

《魏书》与《北史》的《勿吉传》均记载，勿吉人（女真人祖先）"嚼米酝酒，饮能至醉"。《隋书·卷八十一·株辐传》记载其酿酒的方法也是"嚼米为酒"。金初女真人酿酒可能只以曲，金中叶以后，中原地区的曲蘗造酒工艺遂传到上京地区，其酿酒方法与清代满族人的酿酒法大体相同，即以粮为原料制曲，并掺杂一部分粟（麦芽）用以制酒。金朝建立后，利用政治和军事力量，从辽宋地区迁徙"氏族富强，工伎之民"十余万人于金国，其中一定不乏制酒能人，这些人才流入黑龙江地区，无疑对制酒业的长足发展起到了推动作用。

金代出现了蒸馏法制酒，这是金代乃至中国酿酒史上的一大飞跃。南宋诗人杨万里《诚斋集·新酒歌》中赞美蒸馏酒："老夫出奇酿二缸，生民以来无杜康。……杜撰酒法不是侬，此法来自太虚中，《酒经》一卷偶拾得，一洗万古甜酒空。酒徒若是尝侬酒，换君仙骨君不知。"诗中道出新的酿酒法来自太虚中，即道家炼丹蒸馏法，印证了"金熙宗时期道家太一教创始人萧抱珍用'取药露之法'（蒸馏法）为熙宗酝制白酒"的传说。

金代出现蒸馏酒也在考古中得到了印证，1988年，河北承德地区出土一金代文物，经专家鉴定为金世宗至章宗时期的铜制蒸馏制酒器。但作为金上京地区的黑龙江学者，从历史记载及文学作品中推论，中国蒸馏酒发祥地应在今哈尔滨地区。2006年，黑龙江省出土了一件青铜器，当时有人推测为蒸馏酒器。2008年8月7日，文物工作者得出结论，此器器型与金代通行铜锅有一定脉源关系，与河北承德出土之金代铜制酒器原理一致，从其"规格小于承德蒸馏酒器、工艺糙于承德蒸馏酒器"来判断，黑龙江省出土的蒸馏酒器应早于承德蒸馏酒器，且二者有传承关系，所以认定"黑龙江省为中国蒸馏酒发祥地"，中国白酒蒸馏工艺的出现确定于宋金时期。

// · 金代名酒与酒楼

金代金源故地阿什河酿出的名酒为"金泉酒"，此酒度数高、质量好，陆游《偶得北虏金泉酒小酌》就写道："灯前耳热颠狂甚，虏酒谁言不醉人？"原北宋四京及北方诸路所生产的酒不下一二百种，如酮醁、琼酥、瑶池、兰芷、香桂、流霞、金波等。入金后，这些酒有相当数量被保留下来。从这么多颇富文化内涵的酒名也可想见宋金时期我国北方酒文化的发达，时人赞称"燕酒名高四海传"（王启《王右辖许送酒久而不到以诗戏之》），如大兴府的"酒固佳"，临洺镇的酒更好，南宋著名诗人范成大就说"北人争劝临洺酒，云有棚头得兔归"（《临洺镇》）。金人招待宋使的酒"尤为醇厚"，酒名"金消"，"盖用金消水以酿之也"。南宋人周麟之所编《海陵集》中有诗曰："金澜酒，皓月委波光人精，冰台避暑压琼艘，火炕敌寒挥玉斗，追欢长是秉烛游，日高未放传杯手。"此外，中山府的佳酿名为"九酝"和"琼酥"，"九酝"是继承北宋原定州的名酒名，味道类似葡萄酒。

酒楼是当时重要的社交场所，是社会新闻和各种信息的集结之地，元代色目人葛逻禄所著《河朔访古录》就记载："真定路之南门曰阳和，左右挟二瓦市，优肆娟门，酒炉茶灶，豪商大贾，并集于此。"相州著名的酒楼有康乐楼、秦楼、月白风清楼和翠楼，当地名酒为"十洲春色"。即便是当时相当荒凉的宿州城内，也有楼二所，"甚伟，其一跨街，榜曰'清平'，护以苇席"。

除了酒楼，当时售酒还有多种形式，邯郸县临洺镇"道旁数处卖酒，皆掘地，深阔可三四尺，累块上风以御寒。一瓶贮就，笤帚为望，石炭数块，以备暖汤，河朔之朴如此"，即商贩售酒于路，就地取材，掘洞挖坑，以笤帚为招幌，以这种简朴的形式贩酒于过往行人。

第五节 "浊酒不销忧国泪"[1]——元明清时期之酒

一、"人酣方外洪荒梦"[2]：元代之酒

中国酒文化源远流长，在元代进入一个特殊发展时期。元代虽然存在时间不长，但是经济文化交流却得到空前发展，酒文化也得以增添新的内涵。

（一）酒风

元代饮酒群体庞大，上至宫廷贵族、文人士大夫，下到平民百姓、贩夫走卒都喜饮酒。这种风气的形成，与元代酒业的发展有着密切的关系。

元人饮酒是极为普遍的，一年四季、清晨午夜都有饮酒的习惯，这在元代诗词中都有鲜明的记载，比如周驰《远观亭三首》就说："春醪求善酿，过日许同斟。"张养浩的《冬》则写道："对山阅吾书，怀古酌彼醪。"早上饮酒，耶律楚材《早行》："汤寒卯酒两三盏，引睡新诗四五章。"晚上饮酒，黄庚《夜宴》："醉月飞觞兴未阑，蓬壶影里漏声残。"

元朝人尚饮之风炽烈，首推宫廷最盛，元朝的皇帝如太宗、定宗、世祖、成宗、武宗、仁宗、顺帝等人，都嗜酒如命。在这些喜饮的皇帝中，元太宗窝阔台最为典型，《元史·列传·耶律楚材》中写道："帝素嗜酒，日与大臣酣饮。"元代诗人张昱有诗描写皇宫饮酒："饮到更深无厌时，并肩侍女与扶持。醉来不问腰肢小，照影灯前舞柘枝。"（《宫中词》）大臣耶律楚材屡谏不听，于是他就拿着酒槽的铁口，当面上奏："曲蘖能腐物，铁尚如此，况五脏

1　出自清代诗人秋瑾《黄海舟中日人索句并见日俄战争地图》："万里乘云去复来，只身东海挟春雷。忍看图画移颜色，肯使江山付劫灰。浊酒不销忧国泪，救时应仗出群才。拼将十万头颅血，须把乾坤力挽回。"

2　出自元代诗人谢宗可的《醉乡》："曾笑三闾不解游，移家欲向曲城头。人酣方外洪荒梦，谁识城中富贵愁。"

-076-

乎？"随后，元太宗的嗜酒习惯才稍微有所改变。

元代的文人和士大夫，也大都喜欢宴饮，当时大都城外，有一宴游的好地方，平章政事廉希宪曾在此设筵，邀请名士卢挚、赵孟頫等人共饮，歌伎手折荷花，唱元好问的《骤雨打新荷》曲助兴。元代曾一度停科举，许多文人入仕无门，就饮酒自娱，以舒缓抑郁不得志之情。

另外，元代的道士和尚都可以饮酒，不少寺观都酿酒和售酒。苏州东禅寺僧文友，喜与士大夫交往，有来访者，他就设酒款待。东禅寺还有一位南渡僧林酒仙，"居院不事重修梵呗，惟酒是嗜。"梵呗就是念经的声音，这时说当和尚的每天不想着念经，而是唯酒是务。和尚如此，道士也一样，元代的文献中就写到太华山云台宫的道人饮酒的状况："日食数龠（yuè），饮酒未醺而止，不尽醉也。人家得名酒争携饷之，至则沉罍泉中，时依林坐石，引瓢独酌。"（《钦定四库全书·牧庵集·卷三十·太华真隐褚君传》）

蒙古首领还特别喜欢强人饮酒，不喝绝对是不行的。《元明事类钞·卷三十一·饮食门·酒》就记载说："世祖宴群臣于上都，有不能釂大卮者，免其冠服。"今天中国酒场上依然流行强劲的酒风，不能说与元人的饮酒习惯没有关系。

元朝人在饮酒的时候，同样喜欢表现大酒器和大酒量，元代著名诗人元好问的诗《南冠行》中有"安得酒船三万斛，与君轰醉太湖秋"之句，饮酒气魄简直是夸张；诗人张昱的诗《辇下曲》也写道："静瓜约闹殿西东，颁宴宗王礼数隆。酋长巡觞宣上旨，尽教满饮大金钟。"可见，元人饮酒豪气万千。

（二）酒种

元代尚饮的风气，推动了酒业的发展，全国各地的名酒佳酿和酒类的品种比前代要丰富一些。当时，出现了粮食制作的烧酒、葡萄酒、黄酒、马奶酒、果酒、小黄米酒、阿剌吉酒、速儿麻酒及各种配制酒等。

// · 烧酒

元代的烧酒非常出名，相当于现代的蒸馏白酒，明代医学家李时珍在《本草纲目》中写道："烧酒非古法也，自元时始创其法。用浓酒精和糟入甑，蒸令气上，用器承取滴露。"但经过我国现代文物工作者的考证，我国蒸馏酒出现的历史最早可以追溯到唐代，但并不成规模，当时的人们习惯于喝甜度更高、口感更好、制作更简单、出产量更大的米酒。到了宋金时期，在今天的哈尔滨阿城地区就已经出现了成熟的蒸馏酒制酒器。但蒸馏酒的普遍流行和制作上成规模化是在元代，所以一般认为在元代的时候，蒸馏酒才真正获得发展。

2002年，江西考古人员在进贤县李渡镇发现了一处烧酒作坊遗址。这处遗址展现了不同时代的酿酒遗迹，不仅是目前中国年代最古老的一处白酒作坊遗址，还为我国白酒酿造工艺的起源和发展提供了珍贵的实物资料。遗址考古发掘所揭示的层位关系和出土文物证明，李渡烧酒作坊遗址酿造白酒的历史源于元代，历经明清，连续不断地发展至今。考古队员在遗址底层发现了13个元代酒窖、9个明代酒窖和一批元代瓷片遗物等，通过对元代酒窖中出土的酒醅进行检测，证实其为元代酿造纯白酒的残物，同时出土的高足酒杯也具有明显的元代风格，它们都是李渡烧酒作坊元代酿制白酒的物证。

中国酒史学家、山东社会科学院历史所研究员王赛时曾表示，在《本草纲目》中记载了蒸馏酒的生产方法，采用的是与黄酒类似的发酵方法，只是在发酵之后再增加一道蒸馏工艺。这种先使用酒曲发酵，继而蒸馏取酒的做法，属于典型的中国式蒸馏酒法，应为元人所创造。

元朝时期，民间对蒸馏酒的称呼是"烧酒"，而在引入之初，也称之为"阿剌吉酒""哈剌基""哈剌吉""酒露""汗酒"等，当时酿酒的蒸馏器是"水火鼎"。元代诗人卞思义的诗《汗酒》形象地描写了蒸馏酒的制作方法："水火谁传既济方，满铛香汗滴琼浆。开尊错认蔷薇露，溜齿微沾菡萏香。水泄尾闾知节候，津生华盖识温凉。千钟鲁酒空劳劝，一酌端能作醉乡。"有资料记载称，"世以水火鼎，炼酒取露，气烈而清。秋空沆瀣不过也，虽败酒亦可为。其法出西域，由尚方达贵家，今汗漫天下矣。译曰阿剌吉云"。由此可以看到蒸馏酒引入后的传播路径，最后普通百姓都掌握这种酿酒方法，也说明蒸馏酒在元朝的普及程度。

蒸馏酒的出现，不仅是元朝酿酒业的重大进步，更是中国白酒酿造史上的一个里程碑。

// · 马奶酒

马奶酒，蒙古语称为"其格"，被誉为"蒙古八珍"中的"白玉浆"。意大利旅行家马可·波罗曾在《马可·波罗游记》中写到，元朝皇帝忽必烈在皇宫盛宴上，就用马奶酒犒赏有功之臣，以示褒奖。还有很多历史书籍对蒙古族的马奶酒做过相关的介绍。元朝医书《饮膳正要》中写到，马奶酒乃滋补之良药。作为草原人理想的饮品，马奶酒醇香而微酸，且酒精度不高，老少皆宜，即使不会喝酒的人喝上两三碗也无妨，且具有养颜、排毒和暖胃之功效。

元人把酿好的马奶酒先敬给火神，如火燃烧得旺，证明酿的酒好；再敬给长辈品尝，品尝酒的人说赞词，赞美劳动成果和酒的品质。马奶酒是蒙古族祭天地的酒，以示虔诚；是婚宴喜庆、招待客人的酒，以示敬重；也是祭奠成吉思汗的最重要的必备祭品之一。马奶酒是八百年前成吉思汗黄金家族"诈玛"宴上的必备酒，也是清朝时期的贡酒。马奶酒不仅是款待客人的佳品，也是在赛马比赛中为给夺冠骑手喝的吉祥酒，寄托着美好的愿望。

蒙古族在长期的实践中探索出一整套酿马奶酒的方法、工艺和技术，主要有发酵法和蒸馏法两种制作方法。用两种方法制出的酒的味道不同，发酵法制作的奶酒绵软清醇，蒸馏法制作的奶酒酒性稍烈。

马奶酒一般呈半透明状，酒精含量比较低，"其色类白葡萄酒""味似融甘露，香疑酿醴泉"。不仅喝起来口感圆润、滑腻、酸甜、奶味芬芳，而且性温，具有驱寒、活血、舒筋、健胃等功效，自古以来就深受蒙古族人民的喜爱，是他们日常生活及年节吉日款待宾朋的重要饮料，用来消暑，清凉适口，沁人心脾。酿好的酒，为了留着款待客人或节日期间饮用，要装入密封的瓷器中，埋在羊圈里，存放的时间越长味道越美。

传统的蒙医还将马奶酒用于治疗高血压、糖尿病、肠胃病，常有意想不到的疗效。

// · 葡萄酒

到了元朝，应该是我国古代葡萄酒发展的鼎盛时期，当时葡萄酒用来做祭祀用品。当时的太原地区曾经是官方葡萄园，专门用来酿造葡萄酒，而且当时还有检测葡萄酒真伪的办法，书上记载"至太行山辨其真伪，真者下水即流，伪者得水既冰矣"。在马可波罗的游记的《太原府王国》记载"太原府国的都城，其名也叫太原府，那里有好多葡萄园，制造很多葡萄酒，这里是契丹唯一产酒的地方，酒是从这地方贩运到各省各地"。

当时关于葡萄酒的诗词歌赋也不在少数，其中以元曲居多。著名剧作家关汉卿在《朝天子·从嫁腾婢》中写道："鸦，霞，屈杀了将陪嫁。规模全是大人家，不在红娘下。巧笑迎人，文谈回话，真如解语花。若咱，得地，倒了葡萄架。"散曲家张可久在《山坡羊·春日》中写道："芙蓉春帐，葡萄新酿，一声金缕樽前唱。锦生香，翠成行，醒来犹问春无恙，花边醉来能几场。妆，黄四娘；狂，白侍郎。"他在《酒边索赋》中写道："舞低杨柳困佳人，醅泼葡萄醉晚春，词翻芍药分难韵。乐清闲物外身，生前且自醺醺。范蠡空遗像，刘伶谁上坟，衰草寒云。"文学家汪元亨在散曲《双调·雁儿落过得胜今》中写道："柴门尽日关，农事经春办。登场禾稼成，满瓮葡萄泛。"表明在这个时期，农民也可以饮用葡萄美酒。

综上所述，我们不难得出元代饮用葡萄酒的普及和葡萄酒文化浓郁的结论。

蒙古人最早喝的葡萄酒大都来自西域和中亚地区，这是他们向西扩展的一项意外收获。当蒙古铁骑踏上西域及欧洲之路，那里出产的葡萄酒顿时让勇猛的骑手萌生醉意，蒙古人也开始重新审视自己的饮酒文化。

元朝的贡路畅通，所以全世界的葡萄酒可以不远万里来到中国。元代文学家、书法家揭傒斯的《温日观葡萄》写道："西域常年酝上供，浓香厚味革囊封。五云阁里玻璃碗，曾拜君恩侍九重。"许有壬《谢贺右丞寄葡萄酒》也提到："几年西域蓄清醇，万里鸥夷贡紫宸。仙露甘分红玉液，天风香透白衣尘。"

元朝有八大名优葡萄酒产地出产葡萄佳酿：燕京葡萄酒，宫城中建葡萄酒室所酿制；太原葡萄酒，贡送朝廷的御用酒；平阳路临汾葡萄酒，产自平阳路临汾县；安邑葡萄酒，属山西解州；宣宁府葡萄酒，宣宁府治所在宣德县（今张家口宣化区）；凉陇葡萄酒，有"一派玛瑙浆，倾注百千瓮"（郝经《甲子岁后园秋色四首（其二）牵牛》）的说法；扬州葡萄酒，人称"扬州酒美天下无，小糟夜走蒲萄珠"（萨都剌《蒲萄酒美、鲥鱼味肥、赋蒲萄歌》）；哈剌火葡萄酒，出自吐鲁番，号称元朝第一。

// · 酒具

元代酒具呈现大、小两个发展方向，有些酒器特别大，显示了一代天骄的豪饮气度，当时出现了"贮酒可三十余石"的渎山大玉海和"贮酒可五十余石"的木质银裹漆瓮。这样大的酒器，主要是用来饮用马奶酒或葡萄酒的。

在北海公园南门外的团城里，有一个有传奇经历的"渎山大玉海"，它曾是元朝皇宫内的一件国宝，制作于至元二年（1265年），最初放在琼华岛上的广寒殿中，皇家举行盛宴时就用它来盛酒，史载"其大可贮酒三十余石"。明万历七年（1579年），广寒殿倒塌，大玉海从此下落不明，直到一百多年后的清康熙年间，在西华门外真武庙中发现了它，当时庙内的道士正用它来腌咸菜。

图1-14　元青花鬼谷子下山大罐

对于中国瓷器的历史来说，元代是一个承上启下的时代，它继承了宋代瓷器的巅峰技艺，也是蒙古族文化和汉文化的结合，其中享誉世界的当数元青花。2005年7月12日，伦敦佳士得，一只鬼谷子下山的元青花罐子，落锤1400万英镑，含佣金则是1569万英镑，以当年的外汇价格来说，2.3亿人民币！再算上当年的黄金牌价，足足两吨！在那一年，这只元青花创造了中国瓷器拍卖的世界纪录。

元代酒器的另一个发展方向是小，烧酒出现之后，酒度激增，原先的大型酒具都无法使用，于是人们改制出小酒瓶和小酒盅，专门用来喝烧酒。

元代高足酒杯是元代瓷器中最流行的器型，是蒙元嗜酒习俗的见证，是元代制瓷业大发展的象征，其造型迥异于前代同类作品，还出现了青花、釉里红和卵白釉的新品类。

元代酒器制作工匠最著名的当数朱碧山。朱碧山本名华玉，元嘉兴路嘉兴县人，居麟瑞乡魏塘，流寓木渎。明代文学家张岱在《陶庵梦忆·吴中绝技》中载说："陆子冈之治玉、鲍天成之治犀、周柱之治嵌镶、赵良璧之治梳、朱碧山之治金银……俱可上下百年保无敌手。"其中，"朱碧山之治金银"说的就是朱碧山制作的金银器。

朱碧山制作的最精美的银器当数银酒槎，目前全世界仅发现四件，一件藏于北京故宫博物院（清宫旧藏），这件银酒槎，形状为一古树，下坐读书老叟，古树中间是空的用来盛酒。银槎铸有诗一首："百杯狂李白，一醉老刘伶，方留世上名。"这件槎杯应该是朱碧山为自己制作的酒杯，槎杯上的老者很可能是朱碧山本人的造像，他把自己敬重的人格形象凝固在槎杯上，作为永世的纪念，让子孙代代相传。

另外三件，一件藏在台北故宫博物馆（此件银槎原藏热河承德避暑山庄，抗战爆发前夕，国民政府为保护文物安全，将其与其他珍贵文物一起南迁，1947年又运往中国台湾）；一件为江苏吴县文物管理委员会收藏（1972年出土于苏州吴县藏书公社社光大队）；还有一件，1860年英法联军入京火烧圆明园时被英国将军毕多夫盗走，现为美国克利夫兰艺术博物馆收藏。

二、"不忍覆余觞，临风泪数行"[1]：明清之酒

明清两朝是中国酒业发展最为辉煌的阶段，酿酒工艺高度成熟，美酒佳酿层出不穷，饮酒生活弥漫社会，名酒持续出现，品牌傲然独立。中国酒种在这一时期全部定型。

（一）黄酒

明清时期的所谓黄酒、白酒，不是指酒度高低，而是指酒的颜色。明清时期的米酒分成了南北两派，北方一般使用大黄米，明代人周祈所著《名义考》说："黍，北人曰黄米易酿酒者。"明代诗人陶安说的"瓦瓮春浮黄米酒，铁釭冻结紫苏油"（《沂州纪事》）中的黄米酒，即指黄米黍酒。

南方酿制黄酒，通常使用糯米。糯米有很多品种，有所谓金钗糯、羊脂糯、胭脂糯、虎皮糯、赶陈糯、芦黄糯、秋风糯等说法，不同的糯米酿出的酒口味也不同，更适合酿酒的是金钗糯和芦黄糯。

明清时期的"白酒"通常是指酿造时间较短、酒度较低的米酒，一般使用米曲（俗称白曲）作为糖化发酵剂。民间素有"三白酒"之说，意指白米、白曲和白水酿造而成的发酵酒。这种酒之所以称白酒，除了原料名字涉"白"，更是因为这种酒多是混浊呈白色，就像今天常见的孝感米酒，明代诗人凌云翰所言"浊酒倾来白似浆，葛巾新漉手犹香"（《夏日》），便是对这种

1　据清代词人纳兰性德《菩萨蛮》："催花未歇花奴鼓，酒醒已见残红舞。不忍覆余觞，临风泪数行。粉香看欲别，空剩当时月。月也异当时，凄清照鬓丝。"

酒形象的描述。

明清黄酒中，还包括前朝人传下来的"红酒"，其中大部分是用红曲酿造的酒，颜色因此偏红。红曲酒是一种保健酒，是用红曲霉和糯米等材料酿制出来的。红曲酒发明于宋代，等到明朝的时候，红曲酒的酿制工艺得到了发展，李时珍的《本草纲目》和宋应星的《天工开物》都有关于红曲酒的酿制方法的记载。明代著名文学家方孝孺专门写过一首《红酒歌》，其中有"猩红颗滴真珠光，蓼花色比桃花强。荐新设席请客尝，风吹桂花满屋香"的描述。

明清黄酒中，还有一种名为"豆酒"的品种，就是以绿豆为曲而酿制的黄酒，或叫"绿豆酒"，明代笔记文学《客座赘语》在品评明朝名酒时，将绍兴豆酒和淮安豆酒相提并论，认为最好。绍兴豆酒中又以陈家、朱家为最好，明代文学家徐渭称"陈家豆酒名天下，朱家之酒亦其亚"。

明清黄酒中还有很多特色酒，比如锅巴酒，是用锅巴酿造的；还有乌饭酒，使用青精饭酿成，色泽黑重。

（二）烧酒

明清时人一般统称谷物蒸馏酒为"烧酒"，或"火酒"，这才是现代意义上的"白酒"，民间又有"烧刀子""老白干"等称谓，强调的是它的烈性，偶尔还有人按元代蒙古族人的称呼为阿剌吉酒。

明清时期，特别是在北方，用高粱作的烧酒最多、品质最好，俗称"高粱烧"。除此之外，还有麦烧、米烧、糟烧以及各种杂粮制作的烧酒，但品质偏差，销售量不高。

明清时期烧酒可以分为四大产区，即京城烧酒、汾州烧酒、南方烧酒和贵州烧酒。

首先说京城烧酒。明清时期，烧酒一直追求高酒度，而京城所烧，尤为辣烈，所以人们喜欢称烧酒为"烧刀"。明代人谢肇淛所著《五杂俎》就记载："京师之烧刀，舆隶之纯绵也，然其性凶惨，不啻无刃之斧斤。"京城烧酒，旧有麦烧、高粱烧之分，均以原料区分酒品。品质好的烧酒，多为高粱烧。谢墉《食味杂咏注》就说："他省所烧，不如京城，以各处多以大麦，而京城则以高粱，麦不如高粱之甘也。"可见高粱烧酒最受欢迎。京华地区的烧酒作坊通称"烧锅"，按区域划分，京东通州一带称"东路烧锅"。《镜花缘》第九十六回所列举的"直隶东路酒"，即指东路烧锅出产的烧酒；西直门以及京西一带称"西路烧锅"；大兴县一带称"南路烧锅"。京城各路烧锅都有精品问世，如今传世的北京二锅头，便是各路烧锅的精华遗存。

图1-15 清代工笔画大师孙温《红楼梦》插图第26回，"薛蟠执壶，宝玉把盏，斟了两大海"

再看汾州烧酒。汾州出产烧酒，当地人最早称其为"火酒"，入清之后，汾州烧酒的名气扶摇直上，产量增多，销路渐广，这时，人们开始通称汾州烧酒为"汾酒"。于是，"汾酒"也成了酒界称呼的一个响亮品牌。乾隆七年，署理山西巡抚严瑞龙在奏折中说："晋省烧锅，惟汾州府属为最，四远驰名，所谓汾酒是也。"有清一代，凡是酒产量偏少的地区，在购买外地烧酒的时候，大都选择汾酒。乾隆初年的甘肃巡抚德沛就表示："通行市卖之酒，俱来自山西，名曰汾酒。因来路甚遥，价亦昂贵，惟饶裕之家，始能沽饮。"就是在酒业发达的地区，汾酒也仍然是人们最喜爱的外来酒，走遍全国，汾酒处处可见。我们翻阅各省地方志，时常见到汾酒的踪影。从销售方面来看，汾酒长期保持中国烧酒最高销量的记录。

明清时期的第三大烧酒是南方烧酒。当时，受烧酒酿制风气的影响，江南各地也开始大批量生产烧酒，并且掌握了较为先进的蒸馏技术。由于江南出产的谷物以稻、麦为多，因而当地主要生产米烧、麦烧和糟烧，高粱烧相对少一些。单就烧酒而言，米、麦所蒸，不如北方高粱作物那样郁烈，所以江南出产的烧酒，在质量上一直无法与北方烧酒相抗衡，乾嘉时代的人林苏门在《堆花烧酒》诗注中就直接承认："徐州高粱、山西汾酒皆烧酒也。扬州或用大麦，则曰麦烧，或用糯米，则曰米烧。其不敌高粱、汾酒者远矣。方其蒸调之时，一清如水，及贮入坛中，则酒面闪闪有花，市肆零沽，美名曰堆花烧酒。"从销售方面来看，江南地区出产的烧酒一般在本地销售，很难打入北方市场。

然而，江南烧酒亦有其独家特色，除讲究成酒"堆花"外，还特别注重糟烧。所谓糟烧，是指用蒸馏法从白糟中蒸出烧酒，使之重复出酒。糟烧利用黄酒糟粕再度蒸馏取酒，这种模式在江南甚为流行。

清朝时，江南烧酒虽然在品质上仍没有太大的突破，但在产量上却扶摇直上，其烧锅作坊之多，足以比拟北方。乾隆五年时，仅苏州木渎一镇，"烧锅者已二千余家。每户于二更时起火，至日出而息，可烧米五石有奇，合计日耗米万石"。差不多同时期，"镇江糟户，工役不下万余人"，专门生产烧酒。有清一代，江南地区的烧酒消费量与日俱增，在酒类市场上渐与南酒（指黄酒）颉颃比翼。

明清时期第四个烧酒产区就是贵州。清之后，贵州酿酒业空前繁荣，一跃而进入中国名酒行列，实现了历史性的突破，尤其是烈性烧酒的酿造，开创了中国酱香型烧酒的一大流派，彰显于华夏酒界。

谈及贵州烧酒，首屈一指者，必属"茅台"无疑。茅台本是地名，据传远古大禹时代，赤水河的土著居民为"濮僚"人，他们祭祀祖先、神灵的圣地是一个长满茅草的宽大土台，称为茅草台，简称茅台。这就是今天的茅台地名的由来，后来也成了享誉世界的茅台酒的名字。

赤水河也叫赤水，之所以得名，是因为赤水河畔大同镇附近，有一个称为"红石野谷"的地方，岩石沙土非常松软，富含三氧化二铁，每到雨季，水流裹挟红色泥沙而下，就像血流一样，赤水河也变得像一条巨大的红色毒蛇，所以也有赤虺河之称。赤水河的声名鹊起，一方面因为它曾经和中国工农红军长征那段伟大的历史密切相关，伟人毛泽东在此运筹帷幄，创造了四渡赤水的经典战例；另一方面，自然是因为赤水河流域是众多中国名酒的原产地，贵州的茅台酒、习酒，四川的郎酒等，都来自赤水河流域，"美酒河"的美誉亦源于此。

仁怀县赤水河畔茅台村一带在唐代时就开始生产大曲酒，成为朝廷贡品。至元、明期间，一些大的酿酒作坊在茅台镇杨柳湾陆续兴建，所酿的酒称为"茅台烧"，又称"茅台春"。

贵州不产盐，民众所食主要依赖四川井盐。清乾隆十年（1745年），云贵总督张广泗奏请朝廷动工疏浚赤水河道后，运销食盐至贵州的商人往来不绝，大多为山西人、陕西人，赤水河畔的茅台村是食盐的转运站，川盐入黔的四大口岸之一，这里就形成"蜀盐走贵州，秦商聚茅台"的繁华局面。这些"秦商"腰缠万贯，习尚奢靡，终日宴乐。他们远在贵州，经常怀念山西的汾酒，为了满足这一需要，他们特地从山西雇来工人，与当地的酿造者共同研究制造专供他们享用的美酒。其中比较著名的当数盐商王振发创建的"天和号烧房"。

王振发原籍江西省太和县，嘉庆十六年（1811年），流亡到茅台村入赘张家，第二年，王振发创建"天和盐业"，凭借自己的聪明才智，短时间内成为茅台首富，垄断了盐业。发迹后的王振发为了接待商家和款待亲朋好友，于嘉庆二十年建了个酒坊，取名"天和号烧房"。"天和号烧房"酿出的酒品质上乘，客人饮后赞不绝口。而"天和号"所以酿出如此美酒，与当地悠久的酿酒历史息息相关。像"天和号烧房"这样的酿酒作坊还有很多，到清嘉庆年间，茅台镇的酒无论是数量、质量都达到了一个高峰，形成了"家唯储酒卖，船只载盐多"的繁荣局面。

发财后，王振发捐了一大笔银子给朝廷，用于朝廷与太平军作战的军费，被朝廷封为正五品奉政大夫。道光十年（1830年），王振发进京朝拜时，将

"天和号烧房"生产的"天和烧酒"进贡朝廷，道光皇帝饮后龙颜大悦，从此天和烧酒成为"清廷御酒"，素有"天下第一茅"之称，后也称天和烧酒为"道光贡酒"。

成书于道光二十一年（1841年）的《遵义府志·卷一七·物产志》记载："仁怀城西茅台村制酒，黔人又通称大曲酒，一曰茅台烧。……烧房不下二十家。其料纯用高粱者，上；用杂粮者，次之。制法：煮料，和曲，即纳地窖中，弥月出窖烤之。其曲用小麦，谓之白水曲，黔人又通称大曲酒，一曰茅台烧。"吴振棫《黔语》也记载说："滨河土人，善酿茅台春，极清冽。"茅台村滨临赤水河畔，占有得天独厚的自然气候和地理条件，微生物种群十分活跃，为孕育茅台酒提供了天然场所。

道光二十一年，王振发刚好五十岁，正是其事业发展的鼎盛时期。《遵义府志》所言"烧房不下二十家"，王振发的烧房应是其中之一。

王振发膝下有五个儿子，以"鸿、家、作、国、用"为序，其名均带一宾字。小儿子王用宾（王用兵），即后来创办"荣和烧房"的王立夫的父亲，留守祖业，在茅台经营"天和盐号"和烧坊，其他四个儿子分别去仁怀各处新建宅院，这些宅院都称"天和号"。

清咸丰年间，"太平天国运动爆发"，咸丰四年（1854年），黔北一带爆发杨龙喜领导的农民起义。清廷派兵镇压，双方大战于茅台，赤水河畔村寨被夷为平地，茅台镇上十余家酒房全毁于兵火，"天和号"也未能幸免。

王用兵死后，作为独子的王立夫继承了家业。王立夫年轻时就开始学做生意，继承家业后，由于祖父王振发与很多四川商家有生意来往，他也自然延续着祖辈的商路继续做着生意。到他手中时，盐巴生意已经不好做了，而茅台烧酒却因各路客商云集悄然出名，凡喝过的人都交口称赞，回程时还要买些带回去宴请、送礼。

光绪五年（1879年），王立夫用"天和号"酒房与仁怀大地主石荣宵（中枢人）、孙全太（习水人）共同投资开设"荣太和"烧房。稍后，孙全太退出股份，"荣太和烧坊"更名为"荣和烧房"。

当时茅台已经有大大小小二十余家烧坊了，规模最大的要算贵阳华家的"成裕酒房"，其前身为盐商、江西临川人华步周创立的"成义号"。康熙六十一年（1722年），华步周行医入黔，定居遵义播州团溪镇，主营食盐和酒业。华步周以医术精湛，医术高超，闻名于遵义府属各州县。华步周的妻子彭氏生了一种怪病，久治不愈。华步周觅得名方，需用酒为药，便买来当时茅台最好的郑记茅酒作为药引。多年后彭氏病愈，也由此染上了酒瘾，喜欢上了每日吃酒。

乾隆五十五年（1790年），华步周专门请来茅台镇郑家酒师，酿造茅酒，创办了酒号"成义号"，并结合医家秘笈制作酒曲，改进酿酒工艺。"成义号"所酿之酒不仅用于医病施治，也用于家庭饮用和馈赠、款待亲友。乾隆五十九年（1794年）修蚂蟥沟至长岗大坝沟的筑碑上记有"成义号"捐银一两二钱的明确记载。

华步周之子华敬斋继承父业后，公平交易，恪守信用，顾客很多，生意扩展至龙坪、深溪水，甚至发展至遵义县城，开设盐号。华敬斋既已富有，便设家塾聘请名师赵锡龄等课子，其子华联辉、华国英均获得了秀才、举人的学位。华联辉成年后，约在1851年，随父华敬斋一起经营盐业和自家烧坊，最初酿制的酒仍只作家庭饮用，或馈赠、款待亲友。亲友交口称誉，纷纷要求按价购买，华联辉便决定将酒房扩建，增加酒的产量，正式对外营业。原来酒房没有什么固定名称，这时才定名为"成义酒房"，酒定名为"回沙茅酒"，作为商业标志。这两个名称一直沿用到中华人民共和国成立以后。

1854年，作为"太平天国运动"一部分的"杨龙喜农民起义"爆发，"成义酒房"遇到了和"天和号"一样的遭遇，因为战乱被毁。1857年，华联辉被四川总督丁宝桢任命为四川盐务局总办，公署设在泸州。其间，华联辉母亲偶然回忆起年轻时曾喝过茅台烤的酒，觉得味道很好，叮嘱儿子前去采购。华母爱喝茅台酒估计还是受到婆婆彭氏的影响。华联辉于是到茅台，重新找回祖父华步周创办的已经变成废墟的酒坊，还找到旧日的酒师，历时五年，于1862年在原址上建立起简易作坊，名"成裕烧房"，试行酿制茅酒。酿出的酒经华母品尝，她肯定就是年轻时喝过的那种酒。于是，酒房就继续酿制下去，中断多年的茅酒生产就这样恢复了。后来"成裕酒房"沿袭乾隆五十五年创立的"成义号"更名为"成义酒房"。

同为茅酒，出于王家的"荣和烧房"的酒被称为"王茅"，出于华家"成义酒房"的酒则被称为"华茅"。"王茅"主要销往四川方面，这是王立夫的祖父辈经商的渠道和人脉关系的原因。"华茅"则主要销往贵阳等地。这两家也是茅台镇产量最大的两家酒房，酒的品质也是最好的。

"华茅"和"王茅"就是后来享誉世界的茅台酒的前身。

除茅台地区出产的烧酒之外，清朝时已经声名显赫的贵州烧酒还有"回沙雷泉酒"。在遵义城西60里处，有古镇天旺里，又名"鸭溪镇"，地靠雷家坡山，其山有佳泉，人称"雷泉沙水"。大约乾隆末年，鸭溪镇出现了一座"赖氏酒坊"，酿造出"回沙雷泉大曲"，顿时轰动贵州。晚清时，鸭溪镇的酒坊逐渐增多，雷泉酒的生意也越来越兴旺，为贵州烧酒酿造增添了一支生力军。

起源于明清时期的贵州名酒还有董酒。董酒之所以得名，是因为它产自贵州遵义北郊约5公里的董公镇，而董公镇又得名于镇中佛寺董公寺。董公寺初建于明朝万历年间，据清代人郑珍编著的《遵义府志》载："在治北十五里……旧名龙山寺，后名西乐寺。"清康熙元年（1662年），遵义兵备道董显忠出资修葺西乐寺，划定庙产，委人管理，终因经营不善，致西乐寺墙倾瓦塌。乾隆六年（1741年），有北方燕地来的僧人云游至此，募资重修，感董显忠之举，将西乐寺易名为董公寺。

遵义古属僰（音bó）地，汉代属夜郎，隋代属郎州，唐时属播州。唐僖宗时，盘踞在西南的割据政权南诏攻陷播州，唐僖宗下诏招募骁勇带兵讨伐南诏。乾符三年（876年），山西太原人、时任越州太守杨端应募率军收复播州，被唐僖宗封为世袭播州侯，成为实际上的播州之王，从此播州杨氏世代统治播州，历经唐、宋、元、明四朝，长达700多年。说起杨端可能很多人不熟悉，说起他的曾孙，那可是无人不知、无人不晓，他就是北宋"杨家将"之父杨业。

明初，杨端第二十一代孙杨铿归附明朝，改任播州宣慰使司宣慰使，即俗称的土司。土司名义上由朝廷批准，授以印信，但世袭继承，在其统治、管辖范围，完全可以自定种种"土政策"，征纳税赋，摊派徭役，生死予夺，朝廷概不过问，实际上是独霸一方的土皇帝。万历元年（1573年），杨应龙承袭播州宣慰使。万历二十七年（1599年），杨应龙被逼发动叛乱，万历皇帝下令发起"万历三大征"之一的"平播之战"，结果以播州杨氏覆灭、改土归流告终。

平播战争后，为了维持当地的统治，不少来自内地的官兵就在播州当地落户入籍，一些人也把家乡的酿酒工艺带到当地，建立酒坊，其中就有江西泰和县人程氏，他们世代经营"程氏酒坊"，因为品质好，风味独特而逐渐声名鹊起。

到了清末，董公寺一带的酿酒业已具有一定规模，仅董公寺至高坪约10公里的地带，就有小作坊10余家，而以"程氏酒坊"所酿小曲酒最为出色。

这个"程氏窖酒"就是今天董酒的前身。

除上述烧酒外，明清时各地还有一些名烧酒，如五香烧酒，是以檀香、木香、乳香、丁香、没药加烈性烧酒和糯米共酿而成，号称"江南第一名酒"，饮后有"春风和煦之妙"；秋露白是山东于秋季用高粱烧制成，故名；至今仍享有盛誉的古井贡酒、景芝高烧等都属于烈性烧酒；此外还有武清的泗村、宝坻的北潭、衡水的衡酒、顺德的南和酒、天津的西沽市酒和丰润烧酒等。明代还发展了一种熏制法用以配制酒，茉莉酒便是其中的一种，它用茉莉花放在酒的上面，然后封好口经一段时间熏成的香酒。熏好后的酒香味浓郁，在此基础上再用茉莉花熏一次，成为双料茉莉酒，酒香更浓郁。

（三）药酒

明清时期，药酒发展到大成阶段，李时珍的《本草纲目》记载了79种药酒，关于这方面的内容，我们将在本书上编的第七章《酒之养》中详细论述，这里不再赘述。

（四）咂酒

咂酒是我国古代贵州、云南、四川、重庆乃至陕西、湖南、湖北等地流行的一种风情酒，又称"咂麻酒""钓藤酒""芦酒""炉酒""筒酒""钓竿酒"，在明清时期最为盛行。咂酒以青稞、大麦、高粱为原料，煮熟后拌上酒曲放入坛内，以草覆盖酿成。饮时，先向坛中注入开水或清水，再用细竹管吸饮。亲朋贵客来后，大家轮流吸饮，吸完再添水，直到味淡后，再食酒渣，俗称"连渣带水，一醉二饱"。饮咂酒时要唱酒歌。唱时，宾主并排而坐，轮流对唱，同时鼓乐齐鸣，热闹非凡。客人在饮咂酒时，一定要喝到坛中露出青稞、大麦为止，否则会使主人不高兴，因此，一些酒量小的宾客往往喝得酩酊大醉。

清代太平天国时期，翼王石达开与天王洪秀全起内讧，逃亡四川，在与苗胞欢聚时，就饮咂酒，他趁酒兴，写了一首诗："千颗明珠一瓮收，君王到此也低头。五岳抱住擎天柱，吸进黄河水倒流。""明珠"是指浮在酒水上的气泡，也叫缥蚁；"五岳""擎天柱"分别指双手和吸管。诗写得很有气势，把咂酒的风情和豪壮的气氛都写出来了。

（五）南北酒系的形成

中国酒业发展到明清时期，形成了明显的地域风格，尤其是南北两地各自组成了强大的酿酒群体，这就是所谓的"北酒"与"南酒"体系。北酒以京、冀、晋、陕、鲁、豫为基地，地域广大，生产工艺非常传统，生产黄酒、烧酒和露酒，都号称尊尚古法，消费量也高；南酒以江浙为核心产区，一直厉行开发新产品，绍兴黄酒实际上就不那么崇尚古法，包含很多新技术，清中期之后，北酒的名声逐渐为南酒所取代。

// · 北酒

在北酒的体系中，河北诞生了许多经典的黄酒，其中沧酒、易酒都属于典型的北派黄酒，自明代就已负盛名，清初有"沧酒之著名，尚在绍酒之前"的说法。黄酒得水之天成，沧州酒家历来都从城外运河中的暗泉麻姑泉汲水酿酒，所以沧酒又称为"麻姑泉酒"。清人多称赞沧酒"以水胜"。到了清朝中前期，沧酒的知名度仍盛，与绍酒平分秋色，分别为北酒与南酒之冠。清初名士朱彝尊评价说："北酒，沧、易、潞酒皆为上品，而沧酒尤美。"按照当时人的记载，里面还要放绿豆、杏仁等材料，每一步都做到很细致。就是在清代中期烧酒已经开始流行之后，作为北酒代表的沧酒，还是在很长时间保持了名声，当时诗人们的篇章里，常有沧酒作为礼物互相馈赠的记录。

易酒得益于易州水质好，被形容为"泉清味冽"，并在明末清初之际名声达到顶峰，在京城的坊间酒肆也十分流行。人们谈及北酒，时常将易酒、沧酒并列在首位。

在出产汾酒的山西，黄酒也高度流行，太原、潞州和临汾的襄陵，都出产上好的黄酒，襄陵酒的酒曲中添加了药物，非常有个性，当时的知名度要超过汾酒，而当时流行的竹叶青属于露酒，按工艺来说，也并非现代用烧酒泡制那么简单。一直到了清代早期，烧酒还只是众多酒类中流行的一支，并没有压倒性的优势。

北方黄酒大都分为甜与苦两种，如山西黄酒称"甜南酒""苦南酒"；北京的黄酒称"甘炸儿""苦清儿"；山东黄酒有甜苦之分，甜黄酒味有甜腻且焦煳味，并无酒意，苦黄酒味道近南酒，山东人通常喜欢喝后者。但随着时间流逝，人们已经不知道河北等地曾经是著名黄酒的产地，酿造工艺和遗迹都已经荡然无存。

除了黄酒，北酒体系中最著名的酒当数烧酒，我们在前面已经讲过，这里不再赘述，而除了黄酒、烧酒，北酒中还包括各类果酒、露酒和特色酒。果酒品种有葡萄酒、西瓜酒、柿子酒、枣酒、梨酒等。露酒的酿制方法分为蒸馏和配制两种，京华所出露酒多为蒸馏酒，山东所处露酒常采用配制法，山西则二法兼用。当时出名的露酒有玫瑰露、茵沉烧、竹叶青、莲花白等。

羊羔酒为北酒中的特色产品，这种酒用羊肉、羊脂为辅料，掺入酒料中，酿成酒后脂香浓郁。当时的山西、河北、山东以及京城都盛产羊羔酒，明末清初文学家钱谦益说"羊羔产汾州，葡萄酿安邑"（《饮酒七首》），清人王鸿绪说"盈尊羔酒滴红酥"（《燕京杂咏》）。

由于酿造历史久远，产业根基雄厚，北酒在很长时期内一直称雄于中国，明人唐时升写诗说："北人善酿法，吴越不能如。"（《对酒怀里中诸同好四首》），钱谦益也说："我饮不五合，颇知酒中味；苦爱北酒佳，芳香入梦寐。"（《谢于润甫送酒》）清代诗人屈大均也说"浊贤岂必清圣好，北酒诚比南醪强"（《鱼缸》），说明当时的人认为北酒品质优于南酒。

北酒系中，又分为京华酒、冀酒、晋酒、鲁酒、豫酒几个分支。京华酒包括出产于京城及附近区域的薏苡酒、蓟州的蓟酒、北京西南良乡出产的良乡酒、房山县的房酒，还有就是通州和京西的东路烧锅酒和西路烧锅酒，另外就是二锅头酒。

这里重点提一下二锅头。所谓二锅头，就是用"掐头、去尾、取中段"的酿酒蒸馏工艺制作出来的酒。这一酿制方法的创造者是康熙时北京前门外酿酒作坊"源升号"的赵氏三兄弟——赵存仁、赵存义、赵存礼。

赵家三兄弟出身于山西临汾尧都区酿酒世家赵氏家族，其所在的尧庙镇杜村坐落在汾河沿岸，盛产清香型白酒，有着悠久历史。康熙十七年（1678年），大哥赵存仁已经是非常有名的酿酒师，正在"六必居"做技师。这一年，赵存义、赵存礼兄弟赴京投奔大哥，决定在京城干出一番大的事业。三兄弟将想法告诉"六必居"亢掌柜后，他慷慨地从自家店中腾出一块空地给三兄弟使用，并沿用赵氏族人祖辈开办的"源升号"酒坊的名号。

酿酒时"掐头、去尾、取中段"这个规律当时未必没有其他酿酒技师发现，但商人逐利，就算是知道了，这头尾两锅辛辛苦苦蒸酿出来的酒怎么有人舍得扔掉？但赵氏三兄弟却有自己的看法，老二赵存义当即便决定撇掉第一锅和第三锅的酒，只卖最纯净、味道最好的第二锅的酒，这个想法得到了大哥和弟弟的支持。决定做出后，其他酒馆酒铺都以为这三兄弟疯了，不然怎么会做出这么糊涂的决定。然而，历史为证，在时间的长河中涤荡一遍，其他酒馆都没有在历史上留下名字，唯独只卖第二锅酒的"源升号"的名字流传了下来。

同样被历史记住的还有创新酿酒工艺的这赵氏三兄弟。康熙十九年（1680年），他们研究出了独家酿酒方子，因为只卖第二锅的酒，所以干脆取名为"二锅头"。因为酒味醇厚甘美，"二锅头"从此一炮而红，名声大噪，上至达官显贵，下至平民百姓，都知道源升号的"二锅头"酒最香醇。1680年也成为中国二锅头酒的元年。

这一年秋，康熙皇帝从南苑狩猎归来，一路上在马背上颠簸了半天的皇帝又累又饿，当御驾行至珠市口附近时，远处一股淡淡的清香飘来，遂派贴身太监梁九功前去察探。

明清时期的小酒馆大都不成规模，有的只是简单地摆上几张桌子，屋内的陈设十分简陋，而"源升号"是京城为数不多的高档酒馆，布局是前店后厂，客人可以看到整个白酒的生产过程，这在当时是其他小酒馆所不能及的。循着香味，梁九功来到了"源升号"，看到伙计们正在烧酒，透明的液体缓缓流入酒篓内。酒香味勾起了梁公公的馋虫，他边咽口水边向御驾跑去。听到禀报，康熙也不免好奇，遂命移驾"源升号"。

"源升号"是一栋三层小楼，有独立的包间，楼内陈设也比较考究。康熙畅饮"二锅头"后，顿感此酒"醇厚甘冽、清香纯正"，康熙皇帝龙颜大悦，提笔书写了"源升号"三个大字御笔赐匾。至此之后，凡经过这里的京城文武百官们都必须武官下马，文官落轿。这泼天的富贵"源升号"算是结结实实接到了，他们就凭这块康熙御匾而声名鹊起，风头无两。

康熙五十二年（1713年），为了表达对天下老人的尊敬，康熙皇帝在西郊畅春园举办了第一次千叟宴，规定年65岁以上年长者，官民不论，均可到京城参加。负责宴会组织的四阿哥曾遍寻天下美酒，最后经过综合考虑，还是决定就近采买"源升号"的二锅头。他把方案报给康熙听，康熙让四阿哥说说理由，毕竟天下有那么多名声在外的美酒，四阿哥只回了一句："不取名门世家，但取民心所向。"康熙大为首肯。就这样，千坛"源升号"二锅头上了千叟宴，酒香四溢、入口香滑，深得康熙爷的喜欢。之后"源升号"二锅头一时蜚声全国。这位四阿哥，在文史资料里没有提及名字，但只要懂点清代宫廷历史，就知道此人就是康熙的接班人雍正皇帝。

在这之后，"源升号"成为官员政客、文人墨客、外地举子等在京城的聚集胜地。"源升号"迅速发展，后来还跻身于清朝京城四大商号之一，与王致和、同仁堂、松竹斋（荣宝斋前身）齐名。"源升号"这个老字号也就成了国人公认的二锅头酒宗师。

1949年1月31日，北平和平解放。当时的12家老酒坊，早已处于停工的状态，只有"源升号"维持经营。1949年9月，在中国人民政治协商会议第一届全体会议上，北平更名为北京，确定为中华人民共和国的首都。"华北酒业专卖公司实验厂"为向新中国第一次国庆献礼，就把酿制出的第一批瓶装二锅头酒，命名为"红星牌二锅头"，从此开始了"红星照耀中国"（原为美国作家埃德加·斯诺的著名纪实文学作品《西行漫记》的中文版名字）的发展历程。

清代末期，北京还出了一种啤酒，这就是双合盛啤酒。双合盛五星啤酒厂是北京的第一家私营啤酒企业，创办人是民族资本家张廷阁和郝升堂。光绪二十年（1894年）中日甲午战争之后，日本侵入山东半岛，战乱、掠夺，使老百姓困苦不堪，张廷阁全家的生活也难以维持。他离开母亲，随同比自己年长的侄子张天纲，走了"闯崴子（海参崴），拾金子"的路。经张天纲介绍，入海参崴"福长兴"菜床学生意，并学会了俄语。当地杂货铺"双合盛"掌柜郝升堂发现张廷阁颇有经商才干，十分赏识，多次以诚相邀。1898年，张廷阁离开"福长兴"，入股"双合盛"，很快就当上了"双合盛"副经理。由于经营有方，使"双合盛"得到很大发展。

光绪三十年（1904年），日俄战争爆发，"双合盛"在他们的苦心经营下有了一定规模和实力。受当时"实业救国"思想的影响，1915年，张廷阁在京城创建了双合盛五星啤酒汽水厂，厂址位于广安门外的旧观音寺。随后，张廷阁在民国政府农工商部将自己生产的啤酒和汽水注册为"五星"标牌。后来，双合盛因人力不足，放弃了五星汽水的生产经营，集中全力搞五星啤酒的生产经营。至此以后，双合盛五星啤酒就成为北京乃至中国著名的啤酒品牌。

北酒系中的冀酒还包括沧州的沧酒、易州的优质黄酒易酒、易州下属的涞水县的涞酒、产于河北南和县的刁酒——史称"南和刁酒"，原称洺酒。明朝时有刁寡妇，酿酒一举成名，所以得名"刁酒"——以及产于河北丰润县的浭酒；还有就是产于衡水的老白干。

衡水老白干滥觞于汉代，盛于唐代，名噪于明代，有"隔墙三家醉，开坛十里香"的美誉。明嘉靖年间建造衡水木桥时，城内有家"德源涌"的酒家，非常有名。建桥的民工放工时，都喜欢到那里去喝上几大碗酒。一次一个工匠饮后赞道："真洁，好干！"于是后来就用"老白干"来命名衡水产的酒了。所谓"老"是指历史悠久，"白"指酒质清澈，"干"是指酒度高。

清代时，河北出产的著名烧酒还有承德的板城烧锅酒。承德避暑山庄建成后，当地人口迅速膨胀，再加上每年成千上万的人随皇帝来到承德热河，对餐饮的需求量也大增，民间酒业应运而生，仅因建烧锅而形成地名并沿用下来的，就有岔沟乡老烧锅、三家乡烧锅营、头沟镇烧锅营、大酒缸村等。在这诸多的烧锅作坊中，黄土坎"庆元亨"成为佼佼者，声名远播，一度成为皇庄烧锅。康熙五十六年（1717年），段氏家族将原先位于黄土坎皇庄的烧锅酒作坊搬迁到承德下板城地带，以独特的段氏酿酒法（老五甑），开启了"庆元亨"酒坊"前店后厂"的快速发展之路。

清乾隆三十八年（1773年），乾隆与才子纪晓岚微服私访至承德下板城"庆元亨"酒店，突闻酒香扑鼻，遂进酒店畅饮。君臣二人酒兴之余，诗兴大发。乾隆帝先声夺人，先出上联："金木水火土。"纪晓岚才思敏捷，巧对下联："板城烧锅酒。"由于下联不但点出酒名、地名，且将上联作为偏旁巧妙地嵌入下联，而上下联又体现出五行相克又相生的关系，君臣佐使恰到好处，一时成为绝对。此联一出，乾隆皇帝连声称赞："好联！好酒！"并趁兴御笔亲书赐予小店，自此"板城烧锅酒"名扬四海。

这副对子也揭开了板城烧锅酒酒文化的衍生点，即以"五行入酒"为理论，将金之刚、火之烈、木之精、水之柔、土之厚，都以不同的形式吸纳到酒之中，酿出的板城烧锅酒香味协调，香中有味、味中有香，饮后口不干、不上头，独具北方浓香淡雅型特色，是其他地域不可复制的酒中佳品。

从酿造技艺上说，板城烧锅酒主要采用传统五甑酿造技艺，以优质高粱和小麦为主料，经5次精蒸、独特窖藏老熟等工艺精心酿造而成。特别是板城烧锅所用之水，全部取自滦河之滨地下深层水，水质清冽晶莹，经国家地质专家鉴定，水纯低钠，富含硅、锶等多种有益于人体健康的矿物质及微量元素。板城烧锅酒有绵甜爽净、酒体纯正、酒液清亮、香浓甘润的特点。

在乾隆御赐"板城烧锅酒"名号之后，板城烧锅酒成为清皇室承德避暑期间的御用佳酒。乾隆四十五年（1780年）8月13日，乾隆皇帝七十大寿，蒙、回、藏等少数民族王公在避暑山庄觐见，乾隆在蒙古包以烧锅酒大宴各王公贵族，留下了蒙古包大宴佳话。乾隆五十八年（1793年），马戈尔尼率英国第一个使团来到承德，在避暑山庄万树园大蒙古包受到乾隆接见，席上所饮贡酒，便是烧锅酒。

嘉庆年间，庆元亨传人段朝宗去避暑山庄内务府送酒的时候，意外见到嘉庆皇帝。嘉庆体恤子民，将印有"嘉庆预览之宝"和"烟波致爽"双印玺的诗集《御制味余书室全集定本》赐予段朝宗，其后人将此捐赠给板城烧锅酒博物馆，如今，这本诗集成为该馆的"镇馆之宝"。

北酒系中的晋酒包括太原的桑落酒、蜡酒、羊羔酒，潞州的潞酒——最著名的当数"潞州红"，又名"珍珠红""潞州红酒""鲜红酒"，以烧酒为酒基，精选人参、枸杞等药材，勾兑配酿而成，颜色鲜红——临汾下属的襄陵的襄陵酒，还有就是安邑的葡萄酒，再就是汾酒——现在指的是著名的白酒品牌汾酒，过去则指所有产于汾州的酒，其中最著名的当数"杏花村"，因产于山西省汾阳市杏花村，故得名。汾酒的名字究竟起源于何时，尚待进一步考证，但早在一千四百多年前，此地已有汾清这个酒名，是著名的黄酒品牌。明清以后，北方的白酒发展很快，逐步代替了黄酒生产，杏花村汾酒即改为蒸馏酒，并再次蜚声于世。

1875年，近代汾酒生产的典型代表——"宝泉益"酿酒作坊成立；1915年，"宝泉益"所产汾酒荣获在旧金山举行的巴拿马万国博览会甲等金质大奖章，从此汾酒宇内交驰，名声大噪。同年，"宝泉益"易名为"义泉泳"。

北酒系中的豫酒则有磁州酒、彰德酒、清丰桑落酒、中牟的梨花春等。

北酒系中的鲁酒包括济南的秋露白酒，素有"鲁酒渊薮"之称，属于优质黄酒；青州的露酒，也叫"金露""雨露""红露""紫露"等；章丘的羊羔酒；茌平丁家岗的茌平酒，由明人程肖我首创酿制；还有德州的罗酒、露酒、卢酒、墨露酒等。

在清代末年，山东沿海的烟台和青岛分别诞生了两种与传统酒不同的具有西方风格的酒，一个是张裕葡萄酒，一个是青岛啤酒。

先说张裕葡萄酒。光绪十八年（1892年），著名的爱国华侨实业家张弼士先生为了实现实业兴邦的梦想，投资三百万两白银在烟台创办了"张裕酿酒公司"，中国葡萄酒工业化的序幕由此拉开。

张弼士与葡萄酒的不解之缘始于清同治十年（1871年），当时他在雅加

图1-16　爱国华侨、中国葡萄酒之父、中国历史上唯一的一品顶戴衔商人张弼士

达应邀出席法国领事馆的一个酒会，一位法国领事讲起，咸丰年间他曾随英法军队到过烟台，发现那里漫山遍野长着野生葡萄。驻营期间，士兵们采摘后用随身携带的小型制酒机榨汁、酿制，造好的葡萄酒口味相当不错。说者无意，听者有心，张弼士暗暗记下了烟台的这段典故。光绪十七年，张弼士实地考察了烟台的葡萄种植和土壤水文状况，认定烟台确为葡萄生长的天然良园，于是向政府要员提出要在烟台办葡萄酒厂。第二年，张弼士拿出三百万两白银，创办了中国历史上第一个葡萄酿酒公司，公司名称取"张裕"二字，张是张弼士的姓，裕是吉祥字，有"丰裕兴隆"之意。

光绪二十二年，张裕酒厂从欧洲大批引进优质葡萄苗木，创建葡萄园，酿造出中国第一批葡萄酒。光绪三十一年（1905年），地下大酒窖历时十一年建成，至今不渗不漏，保存完好，被誉为世界建筑史上的奇迹。

说起晚清的红顶商人，大家自然而然地就会想起胡雪岩。而能与胡雪岩相比甚至超过其名声的，就是张弼士。胡雪岩为二品大员，张弼士则是一品顶戴，鼎盛时期资产达8000万两白银，相当于当时的大清国库的年收入，可谓"富可敌国"。

再说青岛啤酒。光绪二十四年（1898年），德国与清政府强行签订《胶澳租借条约》，将青岛这座城市据为己有。当时的德国民众嗜啤酒如命，德占青岛初期，远离本土的德国士兵因为没有啤酒喝，遂写信给德皇威廉二世抱怨此事，威廉二世对此表示理解，并派人用海轮将酿造啤酒的设备运到了青岛。1903年8月15日，由英、德商人共同出资40万墨西哥银元（相当于如今约3000万元人民币）建造了一家啤酒厂，名为"日尔曼啤酒公司青岛股份公司"，从此世界上有了青岛啤酒。

青岛啤酒与青岛这座城市的关系是密不可分的，一个品牌与一个城市同名，这本身就说明了一切。青岛啤酒一百二十一年的发展历史也正好是青岛这座城市的成长史。此前，一位香港特区政府官员曾如此表示："外国人认识中国通常有两种途径，一个是通过孔子，另一个途径就是通过青岛啤酒。"显然，历经沧桑的百年青啤，已经成为不可替代的"中国文化符号"。

// · 南酒

南酒是明清时期江苏和浙江两省所出产的酒类产品的总称，以黄酒为主。

南酒与北酒的历史一样悠久，在明清时期，南酒发展成一个相对独立的体系。从一开始，江南地区的黄酒制造就引进了新工艺，而且程序、标准统一，有统一的酒谱条例问世，不像北方各地自行其是。南酒很快能够形成整体风格，逐步在北方推广，到了清中期，南酒终于打败了北酒。

产于江苏的酒统称苏酒，其中包括扬州酒，著名的如雪酒（又名雪醅）、细酒、豨莶酒（一种以豨莶为材料制成的滋补药酒）、天泉酒、五加皮酒、木瓜酒、蒿酒、枯陈酒、秋露白酒、鸡卵红酒、花雕酒、瓜州双清酒、蜜淋檎酒、陈苦酵酒、广陵细酒等；接下来是金陵酒，包括菊英酒、兰花酒、仙掌露、金盘露、蔷薇露、荷盘露、金茎露、竹叶青，还有孝陵卫出产的烧酒；再就是镇江酒，如百花酒、镇江细酒、竹叶酒、曲阿酒、云阳酒、兰陵酒、金坛酒、于氏五加皮酒、乌饭酒；还有就是无锡酒，最著名的如蒋氏酒、华氏荡口酒、何氏松花酒、惠泉酒；再接下来是苏州酒，驰名的如三白酒、秋露白等，名为白酒，实际是黄酒。三白酒中，顾氏三白酒历史最为久远，此外苏州酒中还有福真酒、元烧酒（元燥酒）、女贞酒、状元红等。

南酒中的第二大系就是浙酒，包括金华酒，如东阳酒、婺州酒；接下来是湖州酒，秦汉以来的历史名酒"乌程若下"就出自这里，有碧湘清酒、湖州三白酒、苕溪酒、浔酒等；再就是著名的绍兴酒，也称越酒、老酒。

明代可算得上绍兴酒发展的第一高峰，不但花色品种繁多，而且质量上乘，且出产已具规模，产、供、销、营、运已成体系，确立了中国黄酒之冠的地位。至清代，绍兴酒已是身份、地位、文化的象征，时京城流行"三绍"，绍兴酒、绍兴话、绍兴师爷，特别是设立于绍兴城内的"沈永和酿坊"，以独创的"善酿酒"享誉海内外。

"沈永和酿坊"的创始人名为沈良衡，青年时在绍兴沿街以挑卖老酒、酱油为业，为人诚实、勤劳，态度和蔼，买卖公道，酒酱的秤磅足、质量好，深受顾客好评，生意兴隆。他在康熙三年（1664年），于绍兴城内新河弄妙明寺三号办起了一家小酿坊，既酿酒，也制作酱油，并取"永远和气生财"之意，命名为"沈永和酿坊"。

"沈永和酿坊"传至第五代沈酉山时，他从祖传的母子酱油酿造方法中受到启迪，经过反复试制，在光绪十八年（1892年），终于成功地用精白糯米为原料，以元红酒代水的独特酿制方法，酿出甘醇芳香的上乘美酒，取名"善酿酒"，从此专营酿酒。"沈永和酿坊"第六代传人沈墨臣，继承父业以后，将酒坊改名为"沈永和墨记酒坊"，在扩大经营和销售范围的同时，反复改进善酿酒的配方，从而使其更加甘醇，色、香、味更上一层楼。

宣统二年（1910年），"沈永和墨记酒坊"酿造的善酿酒，作为绍兴酒的代表，参加在南京举办的"南洋劝业会"展览，获得清政府颁发的特等金牌，这也是为绍兴酒争得的第一枚金牌。

（六）明清时期其他地区的酒

• 御酒

明代皇家喝的酒分别出自光禄寺和御酒房两个系统，区别就是一个是外廷监造的酒，也叫"内法酒""内酒"，除了供应皇室，大臣们也可以凭票享用或受赐于皇帝；一个是内廷宦官监造的酒，仅供皇室饮用，产量很有限，但基本是极品酒。

// · 江西酒

江西麻姑酒属于甜黄酒，入口甘甜浓郁，产于建昌府（今江西南城县），自元代开始出名，一方面得益于当地泉水的优良，也得益于酒曲所使用的草药成分。麻姑酒得名于麻姑献寿的神话传说，相传麻姑仙子掷米成丹，撒于神功泉内，制成佳酿，敬献于瑶池蟠桃盛会，王母娘娘赐名"寿酒"。

清代时，江西宜春樟树镇是著名的酒乡。光绪十五年（1889年），临川小伙子娄修隆经在樟树镇开酒作坊的乡亲介绍到满州街"万成栈"酒店当学徒。娄修隆进店不久，便迷上了酿酒这一技能。由于他诚实朴素，勤奋好学，很快受到了东家和师傅们的赏识，于是悉心给他传授酿造奥秘。

光绪二十年，当地"陈源茂"酒作坊的少东家陈明道，素知娄修隆的为人，也久慕他的酿酒技能，花大价钱将他从"万成栈"酒店"挖"了出来，合伙开设新的酿酒作坊，所需投股资金盖由陈明道先垫付。这个酿酒作坊的招牌是取"陈源茂"中"源"字和娄修隆名字中的"隆"字，合为"源隆"，由娄修隆具体主持业务。娄修隆鉴于樟树镇生产的小曲酒风味不够香醇，色泽不够清纯，于是在原来酿制工艺的基础上广泛吸取外地名酒特点，重视勾兑，掺入一定数量的南昌高粱，使酿出来的白酒风味较其他酒作坊的酒高出一筹。结果，新酒一投入市场，大受消费者好评。数年后，陈明道因父病故，要回去主持老店，娄修隆只好归还陈明道的代垫股金，自此，"源隆"为娄修隆独家经营，并加冠自己的姓"娄"为"娄源隆"。

娄修隆独资经营"娄源隆"后，进一步研究改进了制曲技术，采用高粱、糯谷磨碎做原料，实行固定发酵，精心酿造，延长储存期。由于窖龄已老，酒醅发酵期长，酒曲质量好，酿出的酒格外香醇，色清亮呈淡绿色，既具有汾酒、汉酒的特色，又别于汾酒和汉酒，勾兑出售后，大受消费者欢迎，赞不绝口,从此"娄源隆"名声远扬,销路也越来越好,还远销到袁州、萍乡、临川等地,年产量高达十几万斤。

"娄源隆"成为樟树酒业金字招牌后,有些酒坊便冒充"娄源隆"的名义卖酒。于是娄修隆便在自家销售的酒坛上贴上两个"特"字作为酒标,表示自己的酒特别优质,风味特别好,同时也跟其他的酒区别开来。

1930年,娄修隆在省会南昌的棉花市开设了一家分店,为了纪念自己在酿酒行业中奉献了毕生的心血,便把分店取名为"义成",把以前的两个"特"字改为四个"特"字,以示现在的酒比以前更加优质,风味更加好,著名白酒"四特酒"的名称便由此而来。

// · 湖北酒

明清时代是湖北宜昌枝江酿酒较为发达的时期。当时,枝江的地理优势转化为商贸经济优势,特别是沿江通都大邑和重要集镇,多以工商贸易为主,手工业特别兴盛。清嘉庆二十二年(1817年),与枝江县毗邻的松滋县马峪河陈二口村为人谦和的秀才张元楠,相中了江口这块贾商云集的圣地,携家在江口开设酿酒糟坊,取名"谦泰吉",寓意谦和、福泰、吉祥,专门酿造高粱白酒,称"堆花烧春",取合唐代大诗人白居易的诗句"池色溶溶蓝染水,花光焰焰火烧春"(《早春招张宾客》)的诗意。张元楠诚信经营、谦逊做人,加上酒质优良,生意十分兴隆。在他的影响下,小糟坊先后兴办,最多时达到126家,枝江成为远近闻名的酒乡,但唯有"谦泰吉"名声最大,据光绪十年(1884年)《楚州府志》载:"今荆郡枝江县烧春甚佳。"

光绪十八年(1892年),翰林学士雷以动回乡省亲,品尝江口烧春后赞不绝口,说:"此酒比贡酒还胜一筹,真乃况世佳酿。"当即挥笔泼墨写下"谦泰吉"三个大字。张元楠为表谢意给雷以动赠酒四坛。后来雷将其中一坛转送清廷,光绪皇帝尝后夸"烧春,好酒",从此,湖北每年精选上等好酒进贡都是枝江"烧春酒"。谦泰吉糟坊酿出的烧春酒后来取名枝江小曲、枝江大曲，独特的烧春酒酿造技术就一直延续下来。

//·东北酒

清圣祖康熙元年（1662年），山西太谷县酿酒商孟子敬来到陪都盛京（今沈阳）小东门外，投资兴建了"义隆泉"（后改称"万隆泉"）烧锅坊。因烧坊位于当时盛京龙城之东口，所以酿出的白酒就被称为"老龙口"。其后，康熙、雍正、乾隆、嘉庆、道光五帝10次北巡盛京，喝的都是老龙口，所以它也有"大清贡酒"之称。此外，八旗兵征战时期，曾作为他们的壮行酒、出征酒，一直有"飞觞曾鼓八旗勇"之说。

乾隆十七年（1752年），"义隆泉烧锅"改为"德龙泉烧锅"，同治十年（1871年）又改为"万隆泉烧锅"。从20世纪初期的清朝衰败、第一次世界大战，直至太平洋战争爆发一系列大事发生期间，"万隆泉烧锅"虽然历尽沧桑磨难，但一直继承发扬悠久的酿造传统，老龙口始终畅销不衰、生意兴隆。

除了白酒，清末时东北还诞生了一种有别于传统酒的新酒，这就是哈尔滨啤酒。单论啤酒，哈尔滨啤酒是中国最老的啤酒品牌。光绪二十六年（1900年）2月4日，俄罗斯商人乌卢布列夫斯基在今天的哈尔滨南岗区花园街头处开办了中国第一家啤酒厂，就叫"乌卢布列夫斯基啤酒厂"。之后，陆续又有捷克人、德国人相继兴建了几个小啤酒厂，分布于哈市。光绪三十一年（1905年），乌卢布列夫斯基啤酒厂兼并了俄德合资的哈盖迈耶尔·留杰尔曼啤酒厂。光绪三十四年，乌卢布列夫斯基啤酒厂转由俄人乌瓦洛夫经营，改厂名为"谷罗里亚啤酒厂"。

从1900年到1935年，哈尔滨先后有八家啤酒厂，后来都合并到了哈尔滨啤酒厂。

//·广西酒

广西酒业素来发达，尤以特色产品著称于世，如寄生酒、蛇酒、蛤蚧酒、郁金酒、椹酒等。此外，还有桂林出产的桂酒、瑶族出产的瑶酒。

// · 贵州酒

明清时期，贵州酿酒业发展迅猛，黄酒、烧酒、配制酒以及贵州独有的刺梨酒、苗酒、夹酒等，都驰名于天下。

贵州出产的黄酒，统称"春酒"，一个春字，体现了人们对发酵酒的历史解读。贵州人所说的女酒、窨酒，也都指黄酒，女酒的酿造习俗同于浙江的女儿红，也是女儿出生时酿制，女儿出嫁时饮用。窨酒色泽红艳，香气逼人，深受人们喜爱。苗酒又叫"黑糯米酒"，是都匀府、惠水县一代苗族同胞酿制的酒。夹酒本来就是黄酒，后来烧酒流行，当地人就将烧酒与黄酒多次勾兑，最终配制出闻名于世的夹酒。夹，就是两酒掺和之意。贵州出产的名酒还有侯芭酒、刺梨酒。

入清之后，贵州出的最著名的酒，就是烧酒，开创了中国酱香型烧酒的一大流派，首屈一指的当数茅台，我们在前面已经讲过，这里不再赘述。

// · 广东酒

广东地处岭南，酿酒业别树一帜，著名的特色酒有严树酒、荔枝酒、倒捻酒、甜娘酒、七香酒、龙眼酒、橘冻酒、蒲桃冬白酒、仙茅春红酒、桂黄酒，都产于岭南。此外，明清时期，广东也大量生产烧酒，比较出名的就是龙江烧。绍兴酒兴起时，一些绍兴酒匠来到广东，发现顺德陈村水质特别适合酿酒，就举家而来，酿出了"陈村豆酒"。

// · 川酒

明清时期，四川的酒业十分繁荣，泸州老窖、剑南春、成都全兴等美酒享誉中外，泸州、宜宾、绵竹、成都等地酿酒业发展位列全国前茅。

据清代《阅微草堂笔记》载："元泰定年间（1324—1328），泸州忽有脱颖而出者，郭氏怀玉也。十四岁学艺，四十八岁制成酿酒大曲，曰'甘醇曲'，用以酿出之酒浓香、甘洌、优于回味，辅以技艺之改进，大曲而成焉。"郭怀玉就是"天下第一曲"的创始人，被尊称为"制曲之父"。郭怀玉发明甘醇曲，酿制出第一代泸州大曲酒，开创了浓香型白酒的酿造史。

到明朝万历元年（1573年），泸州老窖酒传统酿制技艺第六代传承人舒承宗采集泸州城外五渡溪黄泥建造"泸州大曲老窖池群"，即今日之"1573国宝窖池群"，始建"舒聚源"酒坊，并探索总结出"泥窖生香、续糟配料"等一整套浓香型白酒的酿制工艺，至此，浓香型大曲酒的酿造进入"大成"阶段。

清代顺治十四年（1657年）前后，"舒聚源糟坊"开业。乾隆二十二年（1757年）增建四个酒窖，其大曲酒脍炙人口。同时代川籍诗人张问陶（号船山）曾有诗赞美当时的泸州大曲酒说："城下人家水上城，酒楼红处一江明。衔杯却爱泸州好，十指寒香给客橙。"（《泸州》）

同治八年（1869年），泸州温氏家族第九代传人温宣豫从"舒聚源糟坊"买下十口陈年酒窖，其中六个建于1650年前后，四个建于1750年前后，随同后来陆续收购的"禄厚祥""富生荣""顺昌祥"，统称为"豫记永盛烧坊"（也称"温永盛糟房"），酿制出了号称"三百年老窖"的曲酒。

清末时泸州有白烧酒糟户六百余家，民国时减至三百余家，其中大曲糟户十余家，"窖老者，尤清洌，以温永盛、天成生为有名"。据《泸县志·食货志》载：清末泸州"以高粱酿制者曰白烧，以高粱、小麦合酿者曰大曲。清末白烧糟房六百余家，出口远销永宁及黔边各地……大曲糟房十余家，窖老者尤清洌，以温永盛、天成生为有名，远销川东北一带及省外。"

"温永盛糟房"就是今天的国家白酒泸州老窖最主要的前身之一。

1996年11月，国务院将泸州老窖具有400年以上窖龄的酿酒窖池群颁布为国家级重点文物保护单位。该窖池群始建于明朝万历元年（1573年），是我国唯一建造最早、保存最好、连续使用至今的酿酒窖池群，被誉为"活文物"，是中华民族的宝贵遗产，具有不可估量的文物价值、社会价值和独特的生产价值。其酿造之酒已成为中国白酒鉴赏标准级酒品，故以其酒窖建成时的年份1573年命名为"国窖1573"。

除了泸州老窖，泸州还出一款名酒，这就是产自泸州古蔺县二郎镇的郎酒。这里地处有"美酒河"之称的赤水河中游，四周都是崇山峻岭。就在这高山深谷之中有一清泉流出，泉水清澈甘甜，人们称它为"郎泉"。北宋年间，二郎滩居民就开始用郎泉水酿酒，史称"凤曲法酒"。

明代，赤水河畔出现了酿酒的"回沙工艺"。到了清代，二郎镇已有大小酒坊、糟房20余家，酒师、酒工数以百计，除生产的"凤曲法酒"外，还酿造各种曲酒、白酒、果酒和杂粮酒，供应当地居民饮用。

乾隆十年（1745年），贵州总督张广泗扩大食盐运输的通道，疏凿赤水河道540公里，从此，由四川入贵州的自贡井盐船便可从长江经泸州、合江、太平渡溯流直上，到达赤水河中游的二郎滩转运。随着川盐上运，一些商贾便以二郎滩为中心，经营起贩运盐、酒、布匹、百货以及木材、山货等土特产的生意，二郎滩也由此慢慢成了一个热闹的河滨码头与商品物资集散地，变成了一个人烟稠密的大集镇。特别是18世纪中叶至19世纪初，二郎镇上更是商行林立，酒肆盐号，鳞次栉比。镇上居民人口达三四千，大、中、小盐号近30家，每日挑盐过山的"背夫"不下2000人。还有南来北往的商贩、盐船更是终日奔忙于二郎滩头。繁忙的盐业运输，促进了赤水河两岸经济的繁荣，带来当地酿酒业的发展与兴旺，为郎酒的诞生创造了良好条件。

光绪二十四年（1898年），四川荣昌县商人邓惠川携家来到二郎镇，邀约二郎镇酒师李丙山共同创办"絮志糟房"，开始从事酿酒行业。光绪三十三年（1907年），邓惠川将"絮志酒厂"改名为"惠川糟房"，聘请贵州茅台酒厂前身之一的"荣和酒坊"的师傅张子兴，采用茅台酒工艺，自己又在酒曲中加入多种草药，在原"凤曲法酒"的基础上酿造出一种"开坛喷香、入口呈酱"的酱香型美酒，以工艺命名为"回沙郎酒"。回沙郎酒的酿制标志着郎酒品牌的诞生，奠定了郎酒酱香型的基础。

川酒中另一个"扛把子"是"五粮液"。北宋年间，戎州（今四川宜宾）城内出了一家名酒作坊，这就是"姚家酒坊"，主人叫作姚君玉，他在唐代重碧酒的原有技艺上做了大的改进，酿酒材料采用5种以上粮谷，如蜀黍、粟、大米、糯米、荞子等，酒的颜色也由碧绿变为无色，俗称白色。相比以前的酒体，味道更浓香醇厚。因为主人姓姚，当时尊称男人为子（先生），酒色发白，大曲发酵，于是人们就把这种酒称为"姚子雪曲"。"姚子雪曲"被认为是五粮液最成熟的雏形。

图1-17　五粮液（前身为"姚子雪曲"）创始人邓子均画像

"姚子雪曲"这个名字一直用到明朝初年。明太祖洪武元年（1368年），宜宾人陈氏接手姚氏糟坊，改名"温德丰"。他在"姚子雪曲"的基础上不断改进，酿出了质量上乘的大曲酒，文人雅士仍称之为"姚子雪曲"，下层人民则都称之为"杂粮酒"。

清末帝宣统三年（1911年），杂粮酒"陈氏秘方"传人邓子均收购了"温德丰糟坊"，改名"利川永大曲作坊"。邓子均改进了"陈氏秘方"，采用荞麦、黄米、大米、糯米、高粱（一说为红高粱、大米、糯米、麦子、玉米）五种粮食来酿造。

清宣统元年（1909年），宜宾众多社会名流、文人墨客汇聚一堂。席间，"杂粮酒"一开，顿时满屋喷香，令人陶醉。晚清举人杨惠泉忽然间问道："这酒叫什么名字？"

"俗称杂粮酒。"邓子均回答。

"为何取此名？"杨惠泉又问。

"因为它由五种粮食之精华酿造。"邓子均说。

"如此佳酿，名为杂粮酒，似嫌似俗。此酒既然集五粮之精华而成玉液，何不更名为五粮液。"杨惠泉胸有成竹地说。

"好，这个名字取得好。"众人纷纷拍案叫绝，"五粮液"就此诞生。

唐代时，位于四川盆地中部、涪江中游的遂宁，生产一种酒，因遂宁古称射洪，所以这种酒被称为射洪春酒。大诗人杜甫饮过射洪春酒后，曾写下"射洪春酒寒仍绿，目极伤神谁为携"（《野望》）的诗句，予以高度评价。元末时，因为战乱，射洪春酒有所衰落。到了明代嘉靖年间，射洪人谢东山见"射洪春酒"传统工艺将湮没，决心继承并发展传统工艺，恢复春酒的酿造。嘉靖四十年到四十二年，谢东山出任山东巡抚，期间他深入即墨等老产酒区，巡视考察酒技，学习酿酒工艺"易酒法"。谢东山解官回归射洪故里后，在家自设作坊，亲自实验，遵从古代酿酒"黍米必齐，曲蘖必时，水泉必香，陶器必良，烘炽必洁，火剂必得"的六大要求，还将在山东学得的"易酒法"用于春酒的酿造。因此酒是谢东山所造，故称"东山谢酒"，简称"谢酒"。

清光绪年间，射洪人李明方在射洪城南柳树镇开酒肆一爿（音pán），名"金泰祥"，前脸开酒肆，后间设酒坊。宣统三年（1911年），李明方之子李吉安在继承唐代"春酒"、明代"谢酒"的传统酿造技术的基础上，采用了新的配制方法，并汲当地青龙山麓沱泉之水，于泰安作坊中酿出了具有春酒寒绿、谢酒醇甘、浓香清冽、风味独特的曲酒，深得饮者喜爱，遂取名"金泰祥大曲酒"。

此后，金泰祥生意日盛，每天酒客盈门，座无虚席，更有沽酒回家自饮或馈送亲朋者，每天前来沽酒者络绎不绝，门前大排长龙。由于大曲酒产量有限，每天皆有酒客慕名而来却因酒已售完抱憾而归，翌日再来还须重新排队，李吉安见此心中不忍，遂制小木牌若干，上书沱泉的"沱"字，并编上序号，发给当天排队但未能购到酒者，来日凭"沱"字号牌可优先沽酒。此举深受酒客欢迎。从此，凭"沱"字号牌而优先买酒成为金泰祥一大特色，时间一长，当地酒客乡民皆直呼金泰祥大曲酒为"沱牌曲酒"。1946年，沱牌曲酒正式定名。

明清时期是四川绵竹酒业发展的重要阶段，到清代康熙年间，陕西三原县酿酒工匠朱煜到绵竹开办酒坊"朱天益酢坊"，后来，又有白、杨、赵三家大曲酒作坊相继开业。这些酿酒工匠在原有剑南烧春、清露大曲等传统古酒的基础上，通过对曲药、蒸馏方法的改革，酿制出新白酒，命名为"绵竹大曲"。据清代《绵竹县志》记载："绵竹大曲酒，邑特产，味醇香，色洁白，状若清露。"乾嘉时期著名文学家李调元在《函海》中写道："绵竹清露大曲酒是也，夏清暑，冬御寒，能止吐泻，除湿及山岚瘴气。"他还写诗赞美说"天下名酒皆尝尽，却爱绵竹大曲醇"。1958年8月，绵竹大曲在四川大学著名教授庞石帚先生的建议下，正式更名为"剑南春"。

明清时期，成都是四川的政治、经济、文化中心，也是全国著名的工商都会之一，酿酒业自然十分发达。成都水井街，地处濯锦江畔，宋代就酿出了"锦江春酒"，明代这里也是酿酒重地。清乾隆年间，王氏兄弟相中了这块酿酒的"风水宝地"，在此开设"福升全"烧酒坊，取"薛涛井"中之水，酿出了著名的"薛涛酒"。一位名叫冯家吉的文人在《薛涛酒》一诗中咏道："枇杷深处旧藏春，井水留香不染尘。到底美人颜色好，造成佳酿最熏人。"随着岁月的飞逝，"福升全"不断发展，资本日趋雄厚，便于清道光年间（1824年）在城内暑袜街寻得新址，建立新号，更名为"全兴成"。"全兴成"继承"福升全"的优良传统，吸收当时成都众酒之长，对原有产品"薛涛酒"进行改造加工，终于创出新酿，统称全兴酒，这便是今日的国家级名酒全兴大曲。

成都的酒，出自本地的还有北打金街的"金谷园"、东大街的"八百春"，此外还有白老酒、毛酒、大曲酒、玉兰酒、香元酒、玫瑰酒、烧酒、竹叶青、老酒、桂花酒、百花酒、荫酒、葡萄酒、家常酒、青果酒；出自外地的有渝酒、仿绍、绍酒、花雕酒、眉州酒、嘉定酒、泸州酒、内江烧酒、白沙烧酒、绵竹大曲、潞酒、陕西大曲酒、茅台酒等，此外，尚有玫瑰香酒、兰花香酒、东洋消湿、西洋消湿、卫生消湿、虎骨药酒、花果香酒、百花香酒、青果香酒、佛手香酒、安花香酒、玉兰香酒、桂元香酒、香橼香酒、桂花香酒、香花玉露、西潞花酒、径南大曲等。

川酒除上述外，在清代，还有眉州的"玻璃春"、邛州的"文君酒"也颇有名。

第六节 "湖上诗人旧酒徒"[1]——民国时期之酒

一、民国酒业发展大事记

//·1911年 关键词：武昌起义

1911年10月10日，武昌起义爆发，1912年2月12日，清帝发布退位诏书，中国历史进入民国时期。

//·1912年 关键词：酒产量

民国初年农商部的调查显示，1912年全国酒类产量约903万吨，其中黄酒年产约87.7万吨，占全国酒类总产量的10%；烧酒460万吨，占总产量的51%，高粱酒337万吨，占总产量的37%；果子酒约818吨，药酒944吨；其他酒类17.8万吨，约占总产量的2%。高粱酒和烧酒产量占全国酒产量的88%，蒸馏酒占据国人酒类消费的绝大部分，这一状况在整个民国时期均未改变。

民国元年的酿酒户约5五万户，到民国四年就达到近15万户。但由于军阀混战和外敌入侵，民国时期中国的酿酒业整体发展滞后，大多数老牌名酒依然延续着传统的作坊酿酒，没有形成规模化的工业生产。

//·1912年 关键词：品重醴泉

当年，孙中山先生到张裕葡萄酒公司参观，并亲笔题词"品重醴泉"。据考证，孙中山一生只为张裕公司一家企业题过词。1914年张裕"双麒麟"商标注册成功，公司正式对外营业。

---

1 引自中国共产党创始人和早期领导人之一陈独秀的《寄沈尹默绝句四首》："湖上诗人旧酒徒，十年匹马走燕吴。于今老病干戈日，恨不逢君尽一壶。"

// · 1914 年　关键词：聚源永烧锅、北大仓酒

1903 年，贵州酿酒工匠李勇来黑龙江齐齐哈尔探亲，结识黑龙江商人马子良，后者力邀李勇加盟在当地办烧锅。1914 年 9 月，马子良、李勇创办的"聚源永烧锅"开张，厂址设在海山胡同，年产聚源永高粱酒百余吨。自此，聚源永烧锅成为东北第一家酱香型白酒作坊。

1955 年，时任铁道兵司令和农垦部长的王震将军率领 10 万官兵来到黑龙江开垦北大荒。是年末，黑龙江省政府派出慰问团前去慰问，带去了齐齐哈尔制酒厂精选的好酒"聚源永"。王震将军饮后连称好酒，好酒！之后颇有感触地说："子弟兵来北大荒，战冰雪，斗严寒，为的就是把黑龙江的北大荒变成中国的北大仓，而这酒又是用东北特产的大蛇眼红高粱酿造的，我看这酒叫'北大仓'最合适，既可以说明纯粮酒的本质，又可以作为开发北大荒的历史见证。"

北大仓酒的命名，具有极深的历史意义，它不仅涵盖了北大荒变成北大仓的那段光辉历史，而且恰当地表现了北大仓酒特有的文化内涵和纯粮酒的特质。

// · 1915 年　关键词：万国博览会

1913 年 5 月 2 日，美国政府宣布承认北京袁世凯政府，是西方列强中最早承认的。虽说当时国内政局动荡，北洋政府还是将此事作为中国走向国际舞台的一件大事来看待。1915 年，为庆祝巴拿马运河开通，首届巴拿马太平洋万国博览会在美国旧金山举行。北京政府立即成立农商部全权办理参会事宜，并专门成立了筹备巴拿马赛会事务局。

巴拿马赛会是中国历史上第一次规模空前地向世界展示经济水平的历史性盛会。中国赴美展品达 10 余万种，重 1500 余吨，展品出自全国各地 4000 多个出品人和单位。共获奖章一 1200 多枚，为参展各国之首。

中国送展酒类获奖情况为：

（甲）大奖章[最高奖章（Grand Prize）]：

直隶（官厅）高粱酒（今河北衡水老白干）；河南（官厅）高粱酒（今河南宝丰酒）；山西（官厅）高粱汾酒（今山西汾酒）；山东张裕葡萄酒。

（乙）名誉奖章[荣誉勋章（Medal of Honor）]：

上海真鼎阳观各种酒；浙江仙居出品分所米制食物及酒（浙江台州仙居酒）。

（丙）金质奖章（Gold Medal）：

陕西（官厅）西凤酒（今陕西西凤酒）；四川泸州温永盛酒坊（今四川泸州老窖特曲酒）。

（丁）银质奖章（Silver Medal）：

直隶北京Yuan Fen葡萄酒；直隶北京果酒公司酒（据《巴拿马赛会直隶会丛编》载为："北京上谷果酒公司仿洋酒五件一份"）；广东东莞农事试验场棉酒；江苏上海聚糠酒作白橄榄活血酒；江苏泰兴县泰昌药酒；江苏溧水卢哈淳金波卫生酒（据《江苏省办理巴拿马赛会报告书》载为："灵洽淳溧水卫生酒"）；江苏丹徒、上海万源各种酒（据《江苏省办理巴拿马赛会报告书》载：无"上海"二字）；江苏吴县钱义兴各种酒（据《江苏省办理巴拿马赛会报告书》载：无"钱"字）；江苏嘉定黄晖吉白玫瑰酒（今上海黄晖吉酱园）；山东兰陵公司兰陵美酒（今山东兰陵美酒）；山东孙敏卿玉堂号万国春酒、嘉宾酒、冰雪露酒、金波酒（今济宁玉堂酱园）；浙江周清酒（今浙江绍兴会稽山黄酒）；贵州公署酒（贵州公署茅台造酒公司，今贵州茅台酒）；浙江杭州马卤侪酒、浙江杭州Maouchien酒、浙江嘉兴吴式之各种酒、浙江平湖夏念先五加皮酒；安徽安庆张立达红玫瑰酒；安徽胡广源白玫瑰酒（今安徽安庆胡玉美酱园酒厂）；河南开封西会福各种酒（今汴京啤酒厂，以前也叫开封酒厂）；广西黄卓伦药果酒；广西百色县吴宝森药果酒。

（戊）铜质奖章（Bronze Medal）：

直隶北京上古果酒公司薄荷蜜酒；江苏Chahg Kwea Chuh白玫瑰酒；江

苏上海同庆永酒作酒；江苏上海大庆永酒；江苏江阴柳致和五加皮酒、玫瑰酒（今江苏致和堂）；江苏美利酒；江苏无锡兹发祥酒作白玫瑰酒；江苏泰兴泰昌号红玫瑰酒、桔酒、药酒；江苏泗阳三义酒；江苏宝山县才盛号白玫瑰酒；江苏吴县王济美玫瑰酒；江苏上海 WAHG Huang Yu Co 五加皮酒、白玫瑰酒等；江苏青浦姚白厘酒；江苏 Chen Kwa Chien 柠檬酒；浙江绍兴谦裕萃陈绍兴酒（即绍兴马山谦豫萃，1965 年绍兴县撤销）；浙江绍兴方柏鹿酒；浙江 Fu Hen 五加皮酒。

（己）口头表彰奖（Honorable Medal，无奖牌）：

江苏嘉定黄晖吉白玫瑰酒（今上海黄晖吉酱园）；直隶 YuHua Wine Co 苹果酒（今河北裕升庆酿酒有限公司）；直隶涿鹿裕华公司葡萄酒（今河北裕升庆酿酒有限公司）。

// · 1917 年　关键词：汾酒

杏花村《早明亭酒泉记》记载了山西汾酒在 1915 年巴拿马万国博览会获得甲等大奖章的情形："……巴拿马赛会航海七万里而遥，陈列期间冠绝岛国，得邀金牌之奖。于是汾酒之名，不维渐被于东西亚欧，并且暨讫于南北美洲矣。"而《并州新报》则以"佳酿之誉，宇内交驰，为国货吐一口不平之气"之醒题，向国人欢呼曰：老白汾大放异彩于南北美洲，巴拿马赛一鸣惊人。在 1924 年山西汾酒的注册商标上，也印有汾酒荣获甲等大奖章的图案和说明。

// · 1919 年　关键词：现代企业制度

1919 年 1 月，晋裕汾酒有限公司在太原桥头街成立，公司总股本 5000 元，无形资产入股 2500 元。该股份公司经营管理制定四项基本制度：股东代表大会制度，董事会、监事会、经营层三权鼎立，薪酬三三制，用人避亲制，建立了中国白酒企业的第一个现代企业制度。

//·1923年 关键词：第一枚商标

1923年5月4日，北洋政府颁布了我国历史上第一部完整的《商标法》。1924年，中国白酒业的第一个职业经理人、85岁的晋裕汾酒有限公司杨得龄总经理率先注册了中国白酒业的第一枚商标——高粱穗汾酒商标。

//·1927年 关键词：程氏窖酒、董酒

成立于明代万历年间、位于贵州遵义董公寺的"程氏窖酒"的后人程明坤，字翰章，曾拜师得到中医神传而致力研究酒与中医的融合，他汇聚前人技艺而汲人所长，收集民间有关酿酒、制曲配方进行研究，结合当地水土、气候、原料等条件，经过配方改进，最后形成制小曲的"百草单"、制大曲的"产香单"。小曲"百草单"由一百味本草入小窖取酒醅，大曲"产香单"由四十味本草入大窖取香醅，然后双醅串香，而创造出独树一帜的酿酒方法，所产就是闻名远近的"程氏窖酒"。

1934年10月，中央红军从江西境内开始长征，突破四道封锁线后损失惨重。1935年1月红军攻下遵义城，在这里举行了举世闻名的遵义会议。此前由于红军历经了两个多月的艰苦转战，伤兵比较多，当时红军的医疗条件比较差，携带的药品都用得差不多了，动手术又需要大量酒精消毒，于是他们就用当地出产的酒——董公寺窖酒来代替酒精。后来，红军战士发现董公寺窖酒含有大量中草药，用它来擦脚，再用针把脚上血泡挑破，第二天便能健步如飞。

1942年，当时任高坪区区长的程家表亲伍朝华提议说："茅村出茅酒，董公寺出酒就取名叫'董酒'吧。"关于董酒的命名，还有一种说法，即抗战时期，浙江大学西迁遵义。浙大教授们为了解当地民情而进行田野调查来到了董公寺，发现这里的酒水极具风味特色，因而赞不绝口，并对酿酒工艺以及配方进行了解，便提议将此酒正式命名为"董酒"，因为董字由"卄字头"和"重"组成，"卄字头"代表百草，"重"具有数量多的含义，正符合董酒百草

之酒的特性。从此，董酒命名开来，蜚声大江南北。

　　//·1932年　关键词：郎酒

　　这一年，盐商雷绍清、胡择美等生意人在泸州市蔺县二郎镇合股办了"集义新糟坊"，酿制"回沙窖酒"。1932年，他们以高薪聘请茅台镇较早的酒坊"成义糟坊"的郑银安为总技师，"惠川糟坊"的莫绍成为总酒师，酿出一种融惠川、茅台风味为一体，既有焦香、酯香、醇香，又略带浓香的酱香酒，为彰显此酒是用有优美传说的郎泉水酿造的，命名为"郎酒"。

　　//·1932年　关键词：哈尔滨啤酒厂

　　哈尔滨啤酒是中国最老的啤酒品牌，最早由俄罗斯商人乌卢布列夫斯基于1900年创立，当时就叫"乌卢布列夫斯基啤酒厂"。1908年，乌卢布列夫斯基啤酒厂转由俄人乌瓦洛夫经营，改厂名为"谷罗里亚啤酒厂"。1932年，谷罗里亚啤酒厂又转由捷克人加夫列克和中国人李竹臣共营，改厂名为"哈尔滨啤酒厂"，不久又转由加夫列克夫人、俄罗斯人耶·普鲁卢娃和李竹臣共营，当时年生产能力达到了1200吨，啤酒商标为俄文"哈尔滨牌"。

　　//·1936年　关键词：长白山葡萄酒

　　长白山葡萄酒出自吉林省吉林市蛟河新站镇长白山葡萄酒厂，现在叫吉林省长白山酒业集团蛟河生产基地，其最早起源于伪满时期由日本资本家饭岛庆三创建的老爷岭葡萄酒厂，1936年8月建成投产，所酿之酒取名为"老爷岭牌山葡萄酒"。1948年，"辽沈战役"以我军全面胜利结束，东北全境获得解放，老爷岭葡萄酒厂被吉林省轻工业厅接管，于1949年更名为"地方国营吉林葡萄酒厂"，原来的"老爷岭牌山葡萄酒"也更名为"金星牌"山葡萄酒，后再更名为"长白山牌"葡萄酒。

// · 1941年 关键词：赖茅

1938年，民族资本家、贵阳大财主赖永初看中之作茅台酒的"衡昌烧坊"基础条件好，择机以八万元与"衡昌烧坊"创始人周秉衡合股成立"大兴实业公司"。

赖永初幼时寒贫，当过学徒、小贩，经过几十年的勤劳打拼，成为贵阳成功的商人。经过对"衡昌烧房"的考察，赖永初认为烧坊的基础条件好，决定入股，成为大股东。1941年周家经济状况持续恶化，赖永初彻底买断"衡昌烧坊"的股份，并更名为"恒兴烧房"。

赖永初极有商业头脑，也很有钱，在完全控制"衡昌"并将其变为"恒兴"后，迅速购进设备，增加工人，扩大生产。据《茅台酒厂志》记载，至1947年，"恒兴烧坊"的年产酒量达到了3.2万公斤左右，成为茅台镇"三茅"——"荣和烧坊""成裕酒房""恒兴烧坊"中规模最大的，其产品"赖茅"也名扬四海，成为当时茅台酒的代表。

// · 1946年 关键词：沱牌曲酒

清光绪年间，射洪（今四川遂宁）人李明方在射洪城南柳树镇开酒肆"金泰祥"。1911年，李明方之子李吉安采用沱泉之水酿出"金泰祥大曲酒"。因广受欢迎，酒客买酒需要排队，李吉安就发明了领号排队牌，上书一个"沱"字。时间一长，当地酒客乡民皆直呼金泰祥大曲酒为"沱牌曲酒"。

1946年新春，李吉安设宴，邀请地方士绅品酒。前清举人马天衢饮过"沱牌曲酒"后，顿觉甘美无比。他又见沱字号牌，惊叹曰："沱乃大江之正源也！金泰祥以沱为牌，有润泽天地之意，此酒将来必成大器！"遂乘兴写下"沱牌曲酒"四字，吩咐李吉安正式以此为酒名。马天衢还预言此酒将来必饮誉华夏，造福桑梓。李吉安欣然允诺，从此将"金泰祥大曲酒"正式更名为"沱牌曲酒"。

二、民国时期名酒的地域分布

//·绍兴地区

"浙以产酒甲全国",其中尤以绍兴地区所产最为出名,这是得鉴湖天赋水质的帮助,而又以"青田湖为最优美,故各处酿户,都来装运水,用以酿酒","绍兴"后来便成为中国黄酒的代名词。民国初期,绍兴全县大小酒户共有1800余家,年产万余缸,价值4000多万,为我国黄酒最为集中之地。绍兴产酒地点,可分城区、东浦、阮社、柯桥、钱清、安昌、皋埠、东关八区。

绍兴黄酒的品种更是繁多,主要分为在本地销售的"本庄"黄酒和销往外地的"路庄"黄酒两种类型。前者有翠涛、百花酒、梨花春、酒汗、善酿酒、夹酒、三重酒、远年、陈绍、女儿酒等;后者有加大、行使、放样、京庄等。

1915年,绍兴酒参加了在美国旧金山举办的巴拿马太平洋万国博览会,"云集信记"酒坊的绍兴酒获得金奖。

1929年在杭州举办的"西湖博览会"上,"沈永和墨记"酿坊的"善酿酒"荣获金奖,从此,"沈永和"的金字招牌名声远播海外,并使用玻璃瓶灌装远销日本、新加坡、印尼等国家和中国香港地区。在日本,善酿酒被视为酒中绝品,黄酒之王。

1936年在浙赣特产展览会上,绍兴酒又获金奖。多次获奖,使绍兴酒身价百倍,备受青睐,生产与销售不断发展。

归根结底,绍兴酒之所以闻名于海内外,还在于其优良的品质。清代著名文学家袁枚《随园食单》中赞美:"绍兴酒如清官廉吏,不参一毫假,而其味方真又如名士耆英,长留人间,阅尽世故而其质愈厚。"清代饮食名著《调鼎集》中把绍兴酒与其他地方酒相比认为:"像天下酒,有灰者甚多,饮之令人发渴,而绍酒独无;天下酒甜者居多,饮之令人体中满闷,而绍酒之性芳香醇烈，走而不守，故嗜之者为上品，非私评也。"并对绍兴酒的品质作了"味甘、色清、气香、力醇之上品唯陈绍兴酒为第一"的概括，这说明绍兴酒的色香味格四个方面已在酒类中独领风骚。

// · 汾阳地区

据统计，民国年间山西酿酒厂家以及较大作坊计有474家，资本825424元，全年酒产量总计975490余斤，可见当时汾酒之繁荣景象。

山西酒的种类很多，其中最著名者是汾酒、潞酒。"潞酒产于潞城、长治一带，以其酿造方法小知改进，近年逐渐衰弱。"但是汾酒依然非常出名。1936年编写的《山西造产年鉴》中记载："汾阳杏花村义泉泳酿酒厂……之所以能递传至今，实因厂中之井水，最宜酿酒故也。追民国元年，经将此厂酿制之酒，陈列美洲巴拿马万国博览会比赛，获得一等金质奖章。"汾酒与南方绍兴产的绍兴酒并称，为中国酒界的代表。因此，"汾酒销路甚广，除在本省销售外，遍销华北各大商埠都会，晚近京畿一带，汾酒亦占有相当的地位"。

// · 凤翔地区

陕西省以凤翔、岐山、宝鸡等地区所产的酒最为醇馥，甚至与山西汾酒不相上下。《陕西省经济调查报告》中说："凤翔以产酒闻名全国，有较大制酒厂三家。虽然多为较小的酿酒作坊，但是每年的产量依然非常巨大，能达到数百万斤。"凤翔酒的销售市场也非常广阔。据《支那省别全志·陕西》记载，自古以来，凤翔县产烧酒特别著名，到处都有贩卖所谓西凤酒者，即便是在上海也可以看得到西凤酒。

贩卖的区域，东到岐山、扶风、武功等地，经过三原、西安等，大量的输出；北方到甘肃等地，南到汉中、四川，沿江贩卖全中国。

// · 茅台地区

"在黔省最著名者为仁怀县之茅台酒，此酒产于仁怀县属茅台村，故名，为全省酒类之冠。此酒酿小用药，香气馥郁。"茅台酒是清咸丰以前一位山西盐商初创，经陕西盐商宋某、毛某改良酿造而成。

"民国四年世界物品展览会，荣和烧房送酒展览，得有二等奖状奖章；民国二十四年西南各省物品展览会，成义酒房又得特等奖状、奖章。自是茅台之酒，驰名中外，销路大有与年俱增之势。于是垂涎此种厚利，羡慕此项美名，继而倡导，设厂仿造者大有人在，所谓遵义集义茅酒、川南古蔺县属之二郎滩茅酒、贵阳泰和庄、荣昌等酒，均系仿茅台酒之制法，亦称口茅台酒。"该酒的销售路线大概有四条：一条是运到贵阳、遵义两地销售；第二条是通过贵州运到两广地区销售；第三条是通过遵义转运到四川地区；第四条是由赤水河自接销售到四川或者重庆以及其他长江流域地区。

// · 泸州与绵竹地区

民国时期四川地区酒业发达的地区是泸州和绵竹地区。泸州是四川省主要的产酒地，据《支那省别全志》介绍，当时最出名的温永盛酒厂已经有一百四十多年的历史了，此外百年以上的老店还有天成生、协泰祥等十余家，其他酒家百余家。

泸州生产的酒以大曲酒最为出名，这种大曲酒是山小麦、高粱、玉蜀黍等杂粮，在特别的"穴藏"（即泥窖）中酿造而成的。酒味的优劣主要靠"穴藏"的年代，年代越古老的"穴藏"酿出的酒越醇厚，新的"穴藏"酿出的酒则无味。绵竹也是当时四川地区著名的酒产地，最有名的是大曲酒、双料酒。该酒主要有两条销路，一条是运送到成都以及周边地区销售，另外一条是运送到川北地区销售。

// · 洋河地区

民国时期，江苏酿酒业非常发达，其中江北多为大曲所酿造的大曲酒，以洋河镇最为出名。《中国实业志·江苏》中记载："洋河大曲行销于大江南北者，已垂二百余年。厥后渐次推展，凡在泗阳城内所产之白酒，亦以洋河大曲名之。今则'洋河'二字，已成白酒之代名词，亦犹黄酒之称'绍兴'。"1929年出版的《烟酒税史》云："苏北烧酒沿内河抵浙、皖，或沿江至皖、赣、鄂等省销售者巨，统名苏烧。"1935年出版的《高粱酒》中亦云："江北之徐沛洋河，出售外省者尤巨。"

民国时期的酒产区除上述外，还有牛庄地区、天津地区、山东地区，但这些地方的高粱酒虽"久已著问于世，惜其制法，率多代相传受，秘不告人；千余年来，漫无改革。各国酿造品，乘机输入，年达千万。北方之高粱酒，因日本满铁中央试验所，采用新法，设厂制造，售价甚低，不能与其竞争，各糟坊相率倒闭"，可见在民国时期，我国东部地区的传统酒业受到了激烈的冲击，而西部地区的传统酒业因外国资本主义势力一时未能达到，却得到了进一步的发展。

第二章

酒之字——汉字中的酒文化

我们如果把汉字里与酉有关的字做个梳理，会发现一些很有意思的现象，那就是我们的文化中"酒"的成分真的是无处不在：

// · 酋、蹲、尊、遵、罇、樽、鐏、傅、噂、鹖

不管是《说文解字》，还是《康熙字典》，都认为酋、尊上面的丷就是八，发音也一样，"水半见于上，酒久则水上见而糟少也"，什么意思呢？水作偏旁一般是四个点，现在只有两个，说明是半水，往制酒器里倒一半的水，过了一段时间出现酒糟下沉，酒水上浮到酒器上部的现象，这就是酋的字义。

而根据北京学者李东所著《华夏祖源史考》公布的研究成果，这个丷可能有另外的解释，即古代鸟族文化的遗存。鸟族是原始社会时期以鸟为图腾的我们的祖先，当然了这个鸟从本质上说不是一般的鸟，而是指阳鸟、踆（音cūn）鸟、三足乌、凤鸟，是我们的祖先对太阳黑子的一种想象，古人认为阳鸟是太阳之精，他们的太阳神崇拜就是对阳鸟、凤鸟的崇拜。以阳鸟为图腾后来慢慢也延及到以凡鸟特别是黑色的燕子为图腾，在古人看来，如果阳鸟是神鸟，则凡鸟就是它们的凡间同类。

鸟族首领的显赫标志就是头上插戴的鸟翎子，可能因为最早多用猛禽鹖（音hé，一种善斗的猛禽）的翎子，所以就称为鹖冠。酒刚出现时，数量是比较稀少的，能够享用的只能是祖先（祭祀）、部落及氏族首领，再加上巫师——多数情况下，首领和巫师都是兼而任之——巫师更是需要借助酒

图 2-1　河南邓县东汉画像砖墓出土戴鹖冠、垂绶、佩剑、执笏武吏像

精（尽管当时度数很低）的作用使自己达到微醺的状态，来行巫施法。能够享用酒也就成为部落中重要人物的标志。喝酒是头戴鹮冠的鸟族部落首领和巫师的专属权力，所以那个时候的造字先生就在酉的基础上造了酋字，意思就是首领。

后来的古代武士、将领所戴的鹮冠（今天大家在传统戏剧中见到的武将头上戴的那种插着两根长长的翎子的冠就是鹮冠的艺术形式）就是这么来的。

把酒献给部落首领、巫师，就是"尊"，我们先来看"尊"的甲骨文形象：

尊字是下面一个寸，上面一个酋。寸指的是寸口，指虎口穴到手腕的长度，在古文里，寸实指就是寸口，泛指就是指人的手。上述形象就是人的两只手捧着一个酒杯，干什么呢，捧给首领，如果是名词，则是专门用于给首领使用的酒尊，按材质分为木质的樽、青铜的鐏、陶制的罇，均读作 zūn。

图 2-2　"尊"的甲骨文形象

一个人被尊敬或受到尊重，与他所处的地位较高有关，因此"尊"也被引申为尊贵、高贵。此外，"尊"还进一步指代受到尊重的人，如"令尊""县尊"等。在日常用语中，"尊"也常被用作一般的敬词，以示对对方的尊敬或礼貌，例如"尊姓""尊驾"等。如果强调的是对鸟族首领表示尊敬，则古代可能还用过鷷（音 zūn）字，这个字今天的意思是野鸡，很有可能是因为鸟族首领也用过野鸡翎子制作鹮冠。

由尊引申出遵、蹲、僔、噂等字。遵就是首领在前面走路，部落百姓在后面跟随，后来就有了遵从、遵随、遵守的意思；蹲的构词原理跟遵差不多，但意思不同，蹲是首领（一般也是巫师）做法、跳大神时的动作；僔音 zǔn，字面意思是对人（首领）表示恭敬；噂也读作 zǔn，意思是对人（首领）说表示恭敬的话，《诗经·小雅·节南山之什·十月之交》有"噂沓背憎，职竞由人"的诗句，意思就是当面恭维背后怨恨，都是小人之为。

//·酒

酒的甲骨文形象之一是这样的：

右边的酉代表盛酒或酿酒的器皿，左边的偏旁代表水，意思就是酒器里倒出来的水，即酒水。

图2-3 酒的甲骨文形象之一

//·酏

酏（音yǐ）指用黍米酿成的酒，如酏醴（用黍粥酿成的甜酒）；酏也指稀粥，粥汤称酏浆，应该就是米汤，就今天的研究看，米汤才是粥的"灵魂"，是营养最高的，也是酿酒的最好原料。

//·歓、酓

歓这个字估计很多人不认识，但我们换一个它的通假字大家就认识了，这就是"饮"。右边的酓，有yǎn、yàn和yǐn三个读音。读yǎn时，指的是苦味的酒；读yàn时，意思是苦味；读yǐn时，同饮，不同的是饮我们可以理解为一般的人饮酒、饮水，而酓，也包括歓则专指喝酒，我们前面反复强调过，最初有资格喝酒的人，除了部落首领，就是巫师，所以酓在甲骨文中还有特殊的意思，那就是专指楚国王族。

图2-4 甲骨文"酓"字字形之一

20世纪初，考古学家在安徽的李家孤坟发现楚幽王墓，从出土的楚国铜器铭文上看到，楚王实际上是"酓"氏，不是众所周知的"熊"氏，熊是秦朝统一天下后，实行"书同文"，主持这项工作的楚国人、丞相李斯，故意没有用楚国已有的对王室姓氏的称谓酓这个字，而是用熊字指代酓。那这个问题就大了。

在没有这一考古信息前，史学界都认为楚国王室姓熊，也没有人对此怀疑，因为他们是黄帝直系之后，而黄帝亦号有熊氏。现在，如果熊字本为酓字，那黄帝就是有酓氏，酓的意思就是苦酒，那么直接就可以把中国酒出现的时间上溯到黄帝时期。另外，《国语·晋语四》曾记载"黄帝之子二十五人，……其得姓者十四人为十二姓"，其中就有酉姓，这个酉姓黄帝之子是不是就是有酓氏，也就是楚国王室的直系祖先呢？

还有一点可能在史学界引发地震的是，如果有酓氏就是有熊氏，则《史记·五帝本纪》中的"轩辕乃……教熊罴貔貅貙虎，以与炎帝战于坂泉之野"的记载就会出现争议，以前史学界比较一致的看法是，黄帝轩辕氏带领以熊、罴、貔、貅、貙、虎为图腾的部落与炎帝交战，其中的熊、罴是黄帝本部族有熊氏的部落，而貔、貅、貙、虎是黄帝的同盟如西王母族（以雪豹、虎为图腾，貔、貅、貙、虎都属于猫科动物）的部落。那么，现在熊没有了？这个事，用今天的流行语来说"细思极恐"。

楚国人还将他们更远的祖先伏羲叫作"大酓包戏氏"，这一点就更让人"浮想联翩"了，难道说伏羲时代就已经出现酒了吗？

// · 醪

《说文解字·酉部》对醪的解释是"汁滓酒也"，就是混含渣滓的浊酒，右边的翏（音liù）字又分为上下两个字，下面的彡（音zhěn）字，意思是头发浓密，《诗经》中的诗句"彡发如云"的彡就是这个意思。彡上面是羽，本意就是羽毛。两个字加一块，我们不妨理解成羽毛像头发一样浓密，加上左边的酉字，就是浓密、稠密、浓稠的白色酒浆。

图2-5　《说文解字》中的"醪"字，右边的"翏"字也很像"翟"字

在笔者看来，还有一种可能，就是右边本就是一个翟字，后来这个字在演化过程中走歪了，而翟指的就是仪翟，就是"帝女仪狄（翟）作酒醪、变五味"的那位，酒醪就是她发明（发现）的。

//・醴

这个字读作lǐ，《说文解字》的解释是"酒一宿孰也"，就是才放了一天就熟成的"酒"。这里为什么在酒字上加引号，是因为醴可能真的算不上酒。

我们在上一章提到过周代的酒正，在酒正之下，还有酒人、浆人两个官员，酒人掌"五齐""三酒"，而浆人管理供应周王的6种饮料，即水、浆、醴、醇、医、酏。关于醇，《说文解字》的解释是"以水和酒也"，就是在浓酒浆、粥浆中兑水。医（醫）在这里的意思是粥加曲蘖酿成的"甜酒"。那也就是说浆人管理的六饮，都是粥水一类的饮料，水、浆、醴、醇、医（醫）、酏的排序或许就是酒味厚薄的排序，所以醴应该就是指酒味甜浆。

醴字的右边是个豊字，也读作音lǐ，本意就是古代祭祀用的礼器，礼的繁体字是禮，正是由此而来。那么醴很有可能最早也是专用于祭祀礼的酒水。

说到醴，历史上还有一个典故，叫"楚元置醴"，可以让我们更好地把醴和酒的区别搞清楚。楚元指楚元王刘交，汉高祖刘邦的异母弟，母为太上皇后李氏。刘邦兄弟

图2-6　《说文解字》中的"醴"字

共四人，长兄刘伯，次兄刘仲，老三就是刘邦，当时叫刘季，估计刘太公以为刘邦是最小的儿子了，所以取名刘季而不是刘叔，没想到后来又有了老四，这就是刘交。

刘交天性好读书，多才多艺，少时与鲁穆生、白生、申公一同向著名思想家荀子的弟子浮丘伯学习《诗经》。汉高祖六年，楚王韩信被废为淮阴侯，其地分为二国，刘邦封堂兄刘贾为荆王，封弟弟刘交为楚王。刘交到自己的封国楚国之后，任命自己的三位同门师兄弟鲁穆生、白生、申公三人为中大夫。

刘交平时很尊敬这几个师兄弟，穆生不喜欢喝酒，楚元王就常常在饮酒的时候单独为他准备醴浆。刘交死后，儿子刘郢客继承王位，就是后世所称的楚夷王。楚夷王死后，他的儿子刘戊继承了楚王之位。刘戊最初也还能记

得爷爷的这几个师兄弟的习惯，常常在宴饮时专门为穆生准备醴浆，后来有一次忘记准备了，穆生就决定退席，赌气说："可以逝矣！醴酒不设，王之意怠，不去，楚人将钳我于市。"（《汉书·楚元王传》）意思是，我们可以撤了，连醴浆都不准备，楚王这是没把我们放眼里，还不走，楚人早晚将我们押赴市场问斩。穆生之后就称病不出。

这个事后来就引出"楚元置醴"，也作"置醴"，喻指礼待宾客。但说是"楚元置醴"，实际上与楚元王刘交无关，当事人是他的孙子刘戊。

汉景帝前元二年（前155年），刘戊在为去世的汉景帝母亲薄太后服丧期间饮酒作乐，私奸宫人，被人告发。汉景帝遂削减其封地。刘戊心怀不满，不听国相张尚、太傅越夷吾劝谏，勾结吴王刘濞起兵反叛汉廷，掀起"七国之乱"，与吴、赵叛军进攻梁国，兵败自杀。在一定程度上验证了穆生对他的判断。

穆生因为不能喝酒而主家又没有单为他准备醴浆而与主家闹翻，正说明醴显然是与酒区别很大的类似饮料的东西，或者就相当于今天的米酒、醪糟。

// · 酎

这个字音zhòu，《说文解字》的解释是"酎，三重醇酒也"，就是一种自一月至八月分三次追加原料，反复酿成的优质酒。古人都是把好东西先给祖先享用，所以西汉时酎酒多用于祭祀祖先，这称为酎祭。祖先享用完了，享用酎酒的才轮到帝王，这就是《礼记·月令》所载的"孟夏之月，天子饮酎，用礼乐"。天子饮完了，才轮到"诸侯尝酎"（《左传·襄公二十二年》）。

汉朝皇帝的祖先可不是皇帝一家的，与皇帝沾亲带故的亲戚乃至大臣都有义务祭拜汉朝皇帝的祖先，但不可能要求他们每次都到场祭拜，汉文帝时就规定，每年八月在首都长安祭高祖庙献酎饮酎时，诸侯王和列侯都要按封国人口数献黄金助祭，每千口俸金四两，余数超过五百口的也是四两，由少府验收，另外，在九真、交趾、日南等南方诸地有食邑者，以犀角、玳瑁、象牙、翡翠等代替黄金，酎金之制即由此产生。

诸侯献酎金时，皇帝亲临受金检查酎金成色，如分量或成色不足，王削县，侯免国。汉武帝刘彻即曾借酎金不足为名，削弱和打击诸侯王及列侯势力。元鼎五年（前112年），由于列侯无人响应号召从军赴南越，到九月，汉武帝即借酎金不合法定之由，夺去106名列侯的爵位。丞相赵周也以知情不举的罪名下狱，被迫自杀。此后，也时见坐酎金失律免侯的记载。刘备的祖先、汉景帝刘启之子——

图2-7 《说文解字》中的"酎"字，右边是"寸"字，原指人手的虎口，这里指握住酒杯的手

中山靖王刘胜的儿子涿鹿亭侯刘贞就因为酎金成分不足而被夺取爵位，所以到了刘备时没落到只能卖草鞋为生。

// · 酌、斟

两个字都是用什么东西从酒容器里把酒扎出来的意思，酌是用勺子扎，斟是用酒枓（注意不是斗，枓在这里读作zhǔ，指的是与勺子长得相似、功能一样，但有曲柄的舀酒器）扎，那么，到底是用勺子扎，还是用酒枓扎，就要考虑酒容器的口径和容量了，这就是斟酌一词的由来。当然了，也有一种说法是倒酒不满曰斟，太过曰酌，贵适其中，故凡事反复考虑、择善而定，亦称斟酌。

// · 酖

这个字音dān，就是沉湎于酒，右边的尤（音yín或yóu）其实是冘，就是多余的意思。酖误就是因喝酒而误事。酖误现在多作耽误。

// · 茜

这个字音sù，顾名思义就是在酒容器口上盖（塞）一层茅草，就是酒塞子的意思，也有酒筛子的作用。西周时用于作祭祀用酒的酒筛子的茅草不

是一般的草，而是产于南方楚国的苞茅，是把酒液倒在苞
茅之上慢慢渗透过滤，经过层层过滤而剩下的就是飘散着
菁茅的天然清香、酒色纯净透明的美酒，也被称为"香茅
酒"。春秋时期，齐桓公有一次组织诸侯伐楚，楚成王就
派使臣去问齐桓公为什么要征伐他们楚国，齐桓公给出的
理由就是楚国"贡苞茅不入，王祭不供，无以茜酒"（《左
传·僖公四年》）。这件事就叫"苞茅茜酒"。

图2-8 《说文解字》
中的"茜"

//·歠

这个字读chuò。左边偏旁上面的字叕，读zhuì，就是连缀、连续的意
思，右边的欠，按《说文解字》的解释就是，"张口气悟也，象气从人上出之
形"，就是呼气而出，所以吹、饮都是这个偏旁。歠的意思就是连续地喝酒，
屈原的《楚辞·渔父》有"何不餔其糟而歠其醨"的文句，歠就是喝的意思，
今天多简用作啜，但是我们要懂得它的字源在哪，才能更好地理解其字意。

//·醨、醼

我们就着上引屈原的"何不餔其糟而歠其醨"这句话，再说说醨字。这
个字有好几个读音，在屈原这句话里，读lí，就是薄酒；当醨是这个意思时
与醼（音lí，薄酒）同。而当醨读shī或者shāi时，意思是滤酒，苏东坡著
名的《前赤壁赋》的有"醨酒临江，横槊赋诗"之句，醨就是滤酒的意思，
所以这个字后来也有疏导、分流的意思，如《说苑·君道》中有"禹醨五湖
而定东海"的说法，醨在这里就是疏导的意思。至于右边为什么是个丽字，
可能跟漉有关（醨的繁体字就是醼），漉是过滤的意思。古代酒初做出来，都
是浊酒，有很多渣滓，滤了一下，就变透亮了，相比浊厚的原浆，就是颜色
变薄了，所以称薄酒，或者清酒（不是今天清酒的概念）。

//·酝、酿

酝酿的繁体字是醞釀，醞就是酒曲发酵升温，釀右边的襄字意为"包裹""包容"，"酉"与"襄"联合起来表示"在谷物中放置酒曲""用谷物包裹酒曲"；酝酿合用则指造酒时的发酵过程，后比喻事前讨论、磋商，交换意见。

//·酬、酢

酬本字是醻，右边的寿字，在古代就是祝酒、祝寿之意，客人给主人祝酒，这叫酢（音zuò），主人给客人敬酒作答，这就叫酬，酬宾就是主人招待宾客喝酒，交酬、酬酢就是宾主互相敬酒，后泛指交际应酬、应对作答；酬酒就是以酒酹祭；酬神就是祭谢神灵；酬地就是以酒祭地；酬诗就是以诗文互相赠答；酬奉指旧时奉召应对诗文；酬寄就是以诗文酬和寄赠；酬赓指诗词应和；酬知就是酬报知己者；酬赏就是报答他人而赏给财物；壮志未酬就是壮志没有实现，不能因此而获得报偿。此外还有应酬、酬对、酬答、酬报、报酬等说法。酬报、报酬，后来引申为报偿、酬劳、酬偿。

酢也读作cù，本指酒酸，后来的醋就是这么来的，所以醋和酸偏旁都从酉，也就是酒，古人认为酒的酸和醋的酸，原理上是一样的。

//·酩、酊

这两个字音分别读作mǐng、dǐng，《康熙字典》引《邺中注》载"寒食为醴酩，又，煮粳米及麦为酩"，那就是用煮熟的粳米及麦子作的酒浆就是酩；酊有人认为就是加了芋荄（蒟蒻）而酿出来的酒浆，有一定药性，喝了让人晕乎。酩酊合用，即大醉之意。

//·醽、醁

醽（音líng）是三国时期孙吴湘东郡（取湘水以东之意）酃（音líng）县（今衡阳市珠晖区酃湖乡）出的一种美酒，是用当地的酃湖水酿造的，《荆州记》《水经注》均称"湖水酿酒甚美，谓之酃酒者也"。晋武帝司马炎平定孙吴后，把孙吴产的这种酒献于太庙，表示国家归于一统。从此以后，酃酒就一直是皇家贡酒。

酃酒是酃湖水所酿，同样，醁（音lù）酒是渌水所酿，据《荆州记》载，"渌水出豫章康乐县，其间乌程乡有井，官取水为酒"，故名醁酒。这种酒与"与湘东酃酒年常献之"，所以合称醽醁。二酒合称，除了因为都是贡酒，还可能因为它们都是绿色的酒。因为贡酒这一特殊身份，醽醁后来就成为美酒的代称。

// · 酹、醉

这两个字非常容易弄混，所以我们放在一起来说。

酹音lèi，右边的寽字音lüè，意思是五指抓牢。酹这个字的本意是抓住酒杯把酒浇在地上，表示祭奠地下的神灵、祖先，或向地下的神灵、祖先立誓。酹地就是祭奠时以酒洒地；酹酒就是把酒洒在地上，古代宴会往往行此仪式，苏轼的名句"人生如梦，一尊还酹江月"，就是用酒祭奠江中明月；酹觞就是把酒洒在地上时所用的酒杯；餟（音chuò）酹，《汉书》作腏（音zhuì）酹，就是用酒连续祭拜四方神灵；龙酹，就是祭祀祖先、宗庙（华夏民族以龙为祖）的酒；酹祝就是用酒告祷地下神灵；酹献就是用酒撒地向地下神灵献祭；荐酹、酹奠、奠酹、酹祀、祭酹、酹祭就是洒酒于地以祭神的一种仪式，亦泛言备供品以祭；酬酹就是古时会饮，推年长者先以酒祭地酬神。

醉音zuì，第一个意思是漂浮、浸泡在酒中，引申为沉醉的意思，第二个意思是罚人饮酒。西汉宗室、文学家、经学家刘向所著《说苑·善说》载："魏文侯与大夫饮酒，使公乘不仁为觞政，曰：'饮不釂者，浮以大白。'"觞政就是酒正，酒会的主持人，也是监督酒令执行的人，魏文侯

图2-9　《说文解字》中的"醉"字

与大夫们在一起喝酒，让公乘不仁当酒律官，说谁要是喝酒"养鱼"，就罚再喝一大杯（大白就是大杯），就是敬酒不吃吃罚酒。这里的浮是古人用的错别字，后来也就约定俗成变成正字了，实际就是指酹，强迫、命令对方喝酒、罚酒的意思。"浮一大白"今天也成了个约定俗语，就是罚喝一大杯。

// · 釂

借上面魏文侯说"饮不釂者，浮以大白"，我们谈一下釂这个字，它音jiào，右边的偏旁是爵，就是一种酒器，釂的本意就是喝尽一爵酒，主人劝客饮尽叫釂客、饮釂；共饮一杯酒叫共釂；过量痛饮、不该你喝偏喝叫盗釂，苏辙有诗"囊中衣已空，口角涎虚堕。啜尝未去足，盗釂恐深坐"（《饮酒过量肺疾复作》），最后一句的意思就是不该喝但酒瘾上来，尽管已经是深夜还是要喝。

// · 醜

这个字今天简化成丑字，其实是很有问题的，醜的本意就是喝酒的鬼，没错就是"酒鬼"。北京学者李东先生在《华夏祖源史考》一书中论证说，中国的原始农业起源时期为炎帝时期，而炎帝时期分为前后两期，前期为炎帝魁隗氏时期，后期才是炎帝神农氏时期。炎帝魁隗氏名字中带鬼字而可以称为"鬼族"。但当时鬼的概念不是我们今天理解的那样，本是指高大的山地（今天仍然有些字含有这个意思，如魏、巍、嵬），炎帝魁隗氏也可以称作是炎帝族中的山地人，后来鬼就成了鬼族人对祖先的称呼，华夏民族的鬼神信仰、祖先崇拜信仰就是源自魁隗氏鬼族。在酒非常稀缺的时代，有资格喝酒的鬼，在当时绝不是一般人物，就是魁隗氏的首领兼巫师。

至于后来这个字与丑陋发生关系，是古人把魗（音chǒu）和醜混同了，前者的意思就是年长的鬼族人。当时的鬼族巫师需要具备两个条件，一个是年纪大，年纪大阅历就多，知道的事情就比一般人多，这是成为巫师的基本条件；另外，活得比别人长（当时人的平均年龄可能只有二三十岁），这也是巫师受到崇拜的重要原因，是巫师与"凡夫俗子"不同的最明显的地方；再有一点，年纪大意味着是族中的长老，是大多数人的长辈，在祖先崇拜的原始宗教社会里，长辈与祖先有着同样的意义。能成为巫师的另一个条件就是长得丑，要丑得能吓人那种，目的就是通过示丑而显示威严，显示与众不同，特立独行，让人恐惧。所以，魗和醜本来都是指有资格喝酒的鬼族巫师。

// · 酣

本意就是酒甘，好喝，那就越喝越多，越喝越高兴，就引申出酣湑（音xǔ，畅饮欢乐）、酣饫（音yù，酒醉饭饱）、酣歌（畅饮乐极而歌唱）、酣兴（尽情喝酒的乐趣）、酣叫（畅饮且大声地呼叫）、酣放（嗜酒畅饮而行为放纵）、酣酣（畅饮醉酒的样子）、酣宴（纵情饮宴）、酣畅（舒畅快乐，多指睡眠、饮酒等）、酣畅淋漓（形容恣意嬉戏，至于极点，或指文字非常畅达）、酣醉（大醉）、酣睡（熟睡，睡得很舒适）、笔酣墨饱（指文章表达流畅，内容充足）、酣纵（纵酒）、酣红、酣酡（音tuó，因酒醉而脸上呈现的红色）、酒酣耳热（形容酒兴正浓）、酣鏖（指战斗激烈而持久）等。

// · 酗、醟

《康熙字典》的解释是"以酒为凶曰酗"，指无节制地喝酒，酒后昏迷乱来。比酗酒还恶劣的恶行叫醟（音yòng），如醟涵（沉醉）、沉醟（无节制地饮酒）等。

// · 醑

这个字音xǔ，古代用器物漉酒，去糟取清就叫醑，就是旨酒、美酒的意思。《诗经·小雅·鹿鸣之什·伐木》有诗句"有酒醑我，无酒酤我"，醑就是过滤的意思。这句诗的意思是，有酒就给我滤一下，没酒就给我买去，看似简单，实则豪气干云。

　　// · 酤

　　借《诗经·小雅·鹿鸣之什·伐木》这句"有酒醑我，无酒酤我"，我们再来看看酤字。这个字音 gū，多数时候指卖酒，如酤坊（酒店）、酤家（酒家、酒店）、酤肆（酒肆、酒店）、酤卖（卖酒等）、酤酿（酿酒出售）；酤也指买酒，"无酒酤我"中的酤就是买酒。酤也指酒，清酤就是一夜酿成的美酒。后来酤被沽取代。

　　// · 酥、酪

　　酥本意指用稻米酿酒后剩下的酒糟晒干后的东西，酪指的是凝固成胶状的酒糟。古时有酒名酥酒，奶酒称酥醪。

　　后来这两个字都被牛羊奶制品给借用过去，从此成为奶制品的专属称谓，而基本不再用在与酒有关的领域了。牛羊奶凝成的薄皮制造的食物，松而易碎，就有了酥软、酥松、酥脆等描述食物松脆的词汇；酥后来后引申为肢体松软，就有了酥麻、暖酥、酥融、凝酥、酥润、滴粉搓酥、骨软肉酥等令人"浮想联翩"的词汇，因为唐代文宗韩愈的诗句"天街小雨润如酥"（《早春呈水部张十八员外》），后来就有了酥雨一词，专指蒙蒙细雨。

　　// · 醼

　　这个字音 yàn，现在作宴。注意它右边是个燕字，在中国古代文化中，燕就是阳鸟，或称踆乌、三足乌的凡间同类，所以以燕为图腾的部落都是鸟族中的王族。我们古语中的很多与燕发音近似的字，如嬴（春秋战国时期秦国和赵国的祖姓，称嬴姓赵氏；嬴也是当今世界第一大姓李姓的祖姓，严格来说是嬴姓李氏）、益（伯益，亦名伯翳、柏翳、伯鹥）、夷（伯夷）、偃（徐偃王）等，都指的是燕子，那么燕族人（鸟族中王族，也就是贵族）在一起喝酒，这就是宴会。

////·酦、醅

酦有 fā 和 pō 两个读音，当音 fā 时，意思就是酦酵，即发酵；音 pō 时，就是指酿酒。

醅音 pēi，没滤过的酒。唐代大诗人杜甫有诗"盘飧市远无兼味，樽酒家贫只旧醅"（《客至》），飧音 sūn，本指晚上吃的饭（所以左边是个夕字），这句诗的意思就是家里穷得没有不重样的菜（就一个菜），酒樽里只有一点剩的粗酒。"醅酒"指的就是浮在酒面上的绿色泡沫，俗称"绿蚁"，唐代大诗人白居易的诗句"绿蚁新醅酒，红泥小火炉。晚来天欲雪，能饮一杯无"（《问刘十九》）中的绿蚁指的就是醅酒。酦醅合用，指重酿未滤的酒，李白的诗句"遥看汉水鸭头绿，恰似葡萄初酦醅"（《襄阳歌》）中的酦醅就是指没有过滤的酒。

////·醥、醝

醥音 piǎo，宋代文人窦苹所著《酒谱》的解释是"酒之清者曰醥"；醝音 cuō，"白酒曰醝"，但这里的白酒就是指白色的酒，而不是我们今天说的白酒（烧酒）。

////·醙

醙音 sōu，《说文解字》的解释是"酒白谓之醙"，北宋制曲和酿酒专著《北山酒经》载说："酒白谓之醙。醙者，坏饭也。醙者，老也。饭老即坏，饭不坏则酒不甜。"

////·醵

这个字音 jù，意思就是凑钱喝酒，如醵金（凑钱、集资）、醵钱（凑钱）、醵分（凑份子）、醵助（凑钱帮助）、醵借（筹借）、醵款（筹集款项）、醵集（筹集、凑集）等。后来凡是这个意思，都用聚代替。

// · 醍、醐

醍这个字有两个发音，发tǐ音时，指的是较清的浅赤色酒；发tí音时，指最精纯的奶酪。

醐（音hú）指奶酪中的精华。

醍醐并用，指从牛奶中提炼出来的精华，也指美酒。唐代诗人白居易的诗句"更怜家酝迎春熟，一瓮醍醐待我归"（《将归一绝》）中的醍醐即指美酒。这个词后来被佛教借用，指最高的佛法或智慧，如醍醐灌顶，指高明的意见使人受到很大启发。

// · 酽

这个字音yàn，本意是酒汤浓，后来被茶"抢"去了，专指茶汤浓了。

// · 酲、醒

酲这个字音chéng，意思是病酒，酒醉后引起的病态，也指酒醒，也指正好相反，酒醉不醒，到底是什么意思，还要看说话的语境。唐代诗人元稹有"近来逢酒便高歌，醉舞诗狂渐欲魔。五斗解酲犹恨少，十分飞盏未嫌多"（《放言五首》其一）的诗句，其中的"解酲"就是从酒醉状态中清醒过来。

醒跟酲字形上很相像，意思也相近，本意是酒醉而醒，后来指从睡眠、酒醉、麻醉或昏迷中恢复常态。这个字因为我们太熟悉了，所以就不过多做文化上的解读了。

// · 配

宋代人窦苹所著《酒谱》对配的解释是"相饮曰配"，就是对饮。这个字右边是个己字，这个字很有讲究，在甲骨文中，己、已、巳等，都表示是蛇的意思，蛇又代表什么？北京学者李东先生所著《华夏祖源史考》论证说，炎黄族的母族是有蟜氏（父族是少典氏），这个蟜就是蛇，或

图2-10　《说文解字》中的"配"字

者说是天上的蛇，即闪电（愤怒的神蛇）和彩虹（温和的神蛇）。后来黄帝统一上古华夏各部后，就以炎黄族的母族蛇为主干，在主干上附加黄帝氏族联盟其他成员的图腾形象，如鹿角、虎爪（一说为鹰爪）、鱼鳞、牛头等，组成了华夏民族共同的图腾——龙。己加个女字，就是妃。妃的含义与姒（夏禹的姓氏，在甲骨文里同巳，代表蛇，也是夏禹母族修蛇氏的姓氏，夏禹母亲所在部落以长蛇为图腾）相似，我们可以理解为妃、姒就是以龙、蛇为图腾的炎黄族首领的配偶。为什么配字左边要加个酉呢，那是因为她也是当时有资格享用酒的为数不多的几个人之一。

// · 䣆

这个字音 qiú，古时的酒官，管酒的酿制的官员。古代酒都是秋天酿成，所以酉上加个秋字。

// · 酺，音 pú

《说文解字》的解释是"酺，王德布，大饮酒"。按汉律，三人以上"非法聚饮"，罚金四两，而朝廷特准的合法聚饮，就是酺，后来就指欢聚饮酒，如酺宴、天下大酺、赐酺。酺的右边是甫，古代是指对男子的美称，则酺也有男人们聚会狂饮的意思。

// · 醮

这个字音 jiào，本指古代20岁男子举行成人礼（结冠）和青年男女结婚时用酒祭神的仪礼，过程中尊者对卑者酌酒，卑者接受敬酒后饮尽，不需回敬。后专指女子嫁人。

// · 醯

这个字音 xī，酒瓮或醋缸里滋生的小虫，又称醯鸡，古人以为是酒上的白霉变成的。《庄子·外篇·田子方》中说："孔子出，以告颜回曰：'丘之于道也，其犹醯鸡与！微夫子之发吾覆也，吾不知天地之大全也。'"这段文字是孔子见了老子后发出的由衷的感慨，他对弟子颜回说，相比老子，我对于道的认识，就如同酒瓮中的飞虫般渺小，如果没有先生揭开我之蒙蔽，我就不知道天地大全之理啊！典故"瓮里醯鸡"就是从这来的，喻见识浅陋的人，也作"醯鸡瓮里"。

金末元初诗人元好问的诗句"井蛙瀚海云涛，醯鸡日远天高。醉眼千峰顶上，世间多少秋毫"（《清平乐·太山上作》），就把醯鸡和井蛙相提并论，诗人自谦自己像这两样东西一样鼠目寸光、见识浅薄，直到自己登上泰山之巅，"会当凌绝顶，一览众山小"（杜甫《望岳三首》之二），才知道世界之大、宇宙之广，所有东西都是那样微不足道。

醯在某些情况下也指醋。

//·醲

这个字音 nóng，指味浓烈的酒。《淮南子·主术训》说："肥醲甘脆，非不美也，然民有糟糠、菽、粟不接于口者，则明主弗甘也。"意思是，肥浓醇厚、甘甜酥脆的酒食，也十分味美可口，但是老百姓还过着糟糠粗粮都吃不上的日子，那么英明的君主就不会认为这些美味佳肴为甜美。这里的肥醲指的就是珍馐玉液。

//·醹

醹音 rú，《说文解字·酉部》的解释是："醹，厚酒也。"醹指味醇厚的酒，《诗经·大雅·生民之什·行苇》有"曾孙维主，酒醴维醹，酌以大斗，以祈黄耇"的诗句，这其中的醹就指甜醹，甜而厚的酒。耇（音 gǒu），本为老人脸上的寿斑，后代指老人。这句话的意思是宴会主人是曾孙，供应美酒味香醇，斟满大杯来献上，祷祝高寿贺老人。

// · 醓、醢

这两个字分别音 tǎn、hǎi。醓是古代用肉、鱼等制成的肉酱，醢是多汁的醓，醓醢连用就是指肉酱。两个字都是酉作偏旁，说明古时用酒祭祀时，除了用牛羊等牺牲，也用肉酱，《诗经·大雅·生民之什·行苇》中就有"醓醢以荐，或燔或炙"的记载。

醢在古代还有另外的意思，就是醢刑，也称菹（音 zū）醢，即把受刑人剁成肉酱，如《史记·殷本纪》所载"九侯女不憙淫，纣怒，杀之，而醢九侯"，这里的醢就是指醢刑，始作俑者就是商纣王。历史上，受醢刑而死的第一人就是九侯（鬼侯），其次是周文王的长子伯邑考，还有孔子的弟子子路，他战死后被处以醢刑。此外，还有战国时期祸乱燕国的国相子之，齐军攻灭燕国后，子之出逃被齐军抓到，为了平灭燕国臣民的怒火将其处以醢刑。历史上被处醢刑的还有西汉开国功臣、八大异姓王之一的彭越（梁王），武则天时臭名昭著的酷吏来俊臣等。

// · 酷

本义为酒味浓厚，《说文解字》的解释是"酷，酒厚味也，从酉，告声"，引申为香气浓盛。西汉辞赋家司马相如的《上林赋》中有"芬芳沤郁，酷烈淑郁"的描述。酒味浓厚后来引申为刑罚重烈，也就是刑罚残酷，又引申为性情残暴；又引申为程度的极、盛、很、非常，《晋书·列传·何无忌》载："何无忌，刘牢之之甥，酷似其舅。"

// · 鬯

这个字读作 chàng，它在甲骨文中和金文中是象形字，状似盛东西的器皿。在篆文中，鬯是会意字，由凵（音 qiǎn）、※和匕三部分组成。※是斜着写的米字，匕是取食的勺子，合起来的意思是用勺子把粮食酿的酒从盛器里

图2-11　《说文解字》中的"鬯"字

取出。

秬鬯是古时重大活动、节日宴饮用的有香气的酒，也叫鬯酒，用郁金草酿黑黍而成，也用来敬天神、地祇、人神等，古人还用它来降神。因这种酒气味芬芳浓郁，故鬯又通"畅"。鬯因为专做宗庙祭祀之酒，所以它也代指宗庙，如词语有"匕鬯无惊""不丧匕鬯"，意思是法纪严明，宗庙无所惊扰。还有个词语叫酣畅，其实本为酣鬯，顾名思义就是痛快地喝祭酒，类似的还有晓鬯、宣鬯、郁鬯、流鬯、朗鬯、谐鬯、明鬯、鬯行等，现在均作"畅"，但其本意都是"鬯"。

鬯酒也被认为是我国药酒之起源。

// · 麴、麯、粬、糵

麴、麯、粬，现在都简化成曲，实际上是有问题的，如果有可能，至少应恢复麴字。麴、麯、粬都指的是酒曲，顾名思义，粬就是米作的曲，而麴、麯都是麦作的曲。糵（音niè）是生芽的米，用这种米作的酒母就叫糵曲。先秦酿酒，曲和糵两种酒母都用，曲酿酒而糵酿醴。汉代人制曲，多用麦作为原料，是为麦曲。汉代酿酒工匠已经能把散状麦曲加工成饼状麦曲。

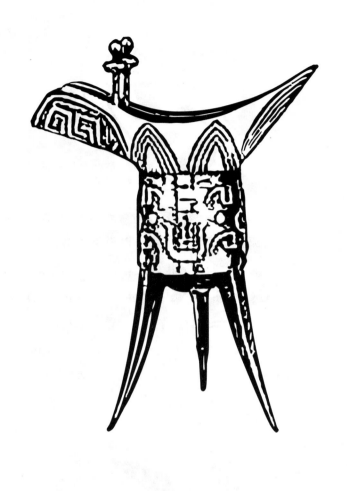

　　壶里乾坤大，杯中日月长。上下几千年的中国文化中，酒文化是其中浓墨重彩的一页，这种文化在历史长河中不断传承演变，魅力在于酒，在于饮酒之人，更在于盛酒之器——承载文化精髓的酒器。

　　根据用途，古代酒器可分为：温酒器和冰酒器、调酒器、盛酒器、饮酒器、挹注器、承尊器和娱酒器等。

第一节　温酒器和冰酒器

//·爵

爵作为饮酒之器，早在公元前25世纪前后就已经出现，陶爵流行于夏、商，铜爵流行于商、周。爵可以说是最早的酒器，功能上相当于现代的分酒器或温酒壶。爵一般形状是前有流，即倾酒的流槽，后有尖锐状尾，中为杯，一侧有鋬（音pàn，就是俗称的把儿），下有三足，流与杯口之际有柱。

就爵的样子而言，确实很好看，但从实用功能审视的话，用爵来饮酒其实并不方便。古人为什么把爵设计成这个样子，是因为它是模仿雀鸟而制作出来的——在古汉语里，爵、雀互为通假——为什么是雀鸟，是因为鸟在中国传统文化中有着特殊的意义。世界上几乎所有民族都有太阳崇拜信仰，我们华夏民族的太阳崇拜信仰有点特别，就是我们崇拜的是古人根据对太阳黑子想象而具化成的阳鸟，也叫踆（音cūn）乌，因为是三只脚，所以又叫三足乌。古人认为阳鸟就是太阳之精、乌精。凤凰其实就是阳鸟，后来推而广之，古人认为天下鸟类都是阳鸟的凡间同类。

由三足乌受到启发，古人的很多器具都做成三足，我们也可以理解为古人以这种方式向自己的创世神和远古祖先致敬。三足爵的设计就是这样，

图3-1　1976年于河南安阳小屯5号墓出土的"妇好爵"，现藏于中国国家博物馆。妇好是商王武丁的妻子，中国第一位女将军

它实用性不强，是因为古人不是拿它来自己用的，是祭祀时给神灵和祖先用的，《礼记·礼器》就记载，"宗庙之祭，贵者献以爵，贱者献以觚（音gū，后面我们还会讲到），尊者举觯（音zhì，后面我们还会讲到），卑者举角"。由此可见在古时祭器中，爵的地位之高贵。

1975年，我国考古学家在河南洛阳偃师二里头遗址出土了迄今为止我国发现最早的青铜爵，被誉为"华夏第一爵"。铜爵窄长流、尖长尾，细腰、瘦腹，扁带状鋬，三棱锥状足。腰腹正面装饰五颗乳钉，夹在两道凸弦纹之间。铜爵造型精巧玲珑，简练朴素，前有长流，后有尖尾，宛若迎风而立、轻盈舒展的窈窕少女，散发着俊俏清逸的气息。

爵在中国古代是最有仪式感的器具，天子、国君、诸侯和贵族们在结盟、会盟、出师、凯旋、庆功、宴会

图3-2　有"中华第一爵"之称的夏代乳钉纹青铜爵，现藏于洛阳博物馆

时，就用这类酒具敬天、祀祖和"饮酒"——当然更多是形式上的。爵的使用是有严格礼数的，按周代礼制，当主人用爵向客人敬酒时，之前要把爵洗一下，称为"洗爵"，再斟酒献客，客人回敬主人，也是如此操作。但客人回敬主人时，不能再用刚才用过的酒器，而是要把它放在几案上，重新再用一只酒器，主人也是如此，受敬之后也是要把他的酒器放到几案上，这就是"奠斝"。斝（音jiǎ），这种酒器我们后面还会讲到。"洗爵奠斝"的礼仪在《诗经·大雅·行苇》里也有所反映："或献或酢，洗爵奠斝。"（酢音zuò，指客人用酒回敬主人；回敬主人用的酒器就叫酢爵）

作为中国古代最典型、最常见的酒礼器，爵也具有"明贵贱，别尊

卑"的作用。古代爵禄制就是根据贵族身份的高低，规定其配享相应的爵，现代汉语中的"爵位"一词，也是从用爵制度演化而来，升官就是加官进（晋）爵。

秦汉时负责官员封爵事务的官员叫主爵中尉，汉景帝时改为主爵都尉。汉武帝太初元年（前104年），汉武帝下令将主爵都尉负责的列侯封爵事务移属大鸿胪，主爵都尉改名为右扶风，成为京师"三辅"（另两个是京兆尹、左冯翊）之一。

//·角

这个字表示酒器时不要读成jiǎo，而是读jué。《礼记·礼器》篇说："宗庙之祭，尊者举觯，卑者举角。"

图 3-3　商代父乙角

角与爵形制相仿，但没有柱，是从爵演变出来的一种酒器，出现在殷商晚期和商周之际。早期的角，细腰、平底、三足、有圆孔，宽把手。为什么是三足，除了有三足乌鸟文化的意义外，还是为了把酒器架高，下面可以烧炭或木柴用于温酒。角的口部呈前后两只尖角形，前角略高，后角稍低，下有一个带附饰的筒形流，宜酌而不宜吸饮。

角除了用于盛酒、温酒和饮酒，同时它又是一种量器，据西汉典籍《韩诗外传》载："一升曰爵，二升曰觚，三升曰觯，四升曰角，五升曰散。"后世酒肆里卖酒用来从坛里舀酒的长柄酒提子就是角，但容量小得多，一角酒也就是二两酒。《水浒》传里的梁山泊好汉到酒店里常喊酒家打几角酒，可见宋元明时代已经如此。

1986年，我国考古学家在河南省信阳市狮河港西周古墓出土了一个角器，称父乙角，盖内与器身壁对铭12字："晨肇贮用作父乙宝尊彝口册。"其中的"晨"，或为国名或地名；"肇贮"为人名，即作器者；"父乙"为作器者的父亲或祖父；"即册"即史官，是作器者的官职。同出的父丁铜簋中有铭文"若"，可能是父乙角主人的封国。

由于青铜角流行的时间短，仅见于商末周初，出土器物较小，加之这件父乙角铭文清晰，制作工艺、纹饰均佳，显得弥足珍贵。

// · 斝

这个字音 jiǎ，是中国古代先民用于温酒的小型容酒器，行祼（音 guàn，注意不是裸露的裸）礼时所用，或兼作温酒器。所谓祼礼，是用酒祭祀先人的仪式，具体来说，是"酌鬯以灌地"（《康熙字典》）。鬯音 chàng，指祭祀用酒，祼礼就是不喝而灌地，意思是祭祀地下的先人。在今天山东烟台沿海渔民举行祭海仪式时，仍会将酒洒向沙滩；我们今人喝酒盟誓，或者丧葬仪式上也有类似的做法，这都是古代祼礼的遗风。

斝初见于夏代晚期，盛行于商。斝的侈口较爵要宽，口沿有柱，一侧置鋬，长足，有盖和无盖的形制并存，通常由青铜铸造，三足，一鋬，两柱，柱有蘑菇形、鸟形等不同形式。斝形状似爵而大，然无流无尾，腹有圆形而平底的，有腹部分档，袋足似鬲的，也有少数体方而四角圆，四足，带

图 3-4　商代晚期凤柱斝，现藏于陕西历史博物馆

盖的。

《诗经·大雅·行苇》就有"或献或酢，洗爵奠斝"的诗句，"洗爵奠斝"我们前面解释过，"或献或酢"就是宾主互相敬酒。

//·鐎

这是被现代学者通称为鐎（音 jiāo）的青铜器，其形制特征是：圆腹，

图3-5　汉代雁首柄鐎斗

扁体，小口，直颈，有盖，上腹部有流，曲喙，肩上有提梁，或以链索与盖相连，腹下作三或四蹄足，用于温酒或煮饭，约始见于春秋晚期，多见于战国、秦汉、魏晋时期。

东汉许慎《说文解字》载："鐎，鐎斗也。"清代经学大师段玉裁批注："鐎斗，即刁斗也。"这是把鐎斗当成了刁斗，而刁斗是什么？南朝史学家裴骃在《史记集解》中解释道："以铜作鐎器，受一斗，昼炊饭食，夜击持行，名曰刁斗。"

在古代边塞诗中，刁斗经常被提到，如南梁虞羲《咏霍将军北伐》诗中有"羽书时断绝，刁斗昼夜惊"的诗句；隋末陈子良《赞德上越国公杨素》中有"鼓鼙朝作气，刁斗夜偏鸣"；唐代诗人李颀有诗句"行人刁斗风砂暗，公主琵琶幽怨多"（《古从军行》），王维则写下过"万里鸣刁斗，三军出井陉"（《送赵都督赴代州得青字》）的诗句。

当代文博大师马未都曾经认为，刁斗这个东西在宋代就没有了，但诗文中却多次出现过"鐎"字，如南宋项安世的"三年戍卒箭瘢深，长夜破胆鐎铜音"（《和韵送方翔仲赴省其一》）；明代邓云霄的"鐎声静虎落，剑气喷龙旗"（《出塞曲》）；清初毛奇龄的"璿台荧玉烛，土戍息铜鐎"（《上宝坻相公》）；等等。从上述古诗词分析判断，"刁斗"和"鐎"疑似为一物，或者说

"刁斗"在先，"鐎"随其后，至少古诗词中显示如此，且二者用途一致，大概是和古代军旅有关，既能当锅做饭、温酒用，又能发声报响的一种器物。

// · 铛

这个字音chēng，是古代的一种三足温酒器，形状似锅而浅，带单把儿。铛在今天多指平底锅，就是从古代的酒铛演化而来。

铛作为酒器，产生时间至少在三国之前，目前为止最早的铛名叫"景山铛"，之所以叫这个名字是因为这件东西为三国时曹魏重臣徐邈——徐景山所有。这件酒器，后来被南朝萧齐开国皇帝齐高帝萧道成的孙子竟陵王萧子良送给了南朝名士何点，但在《南齐书·列传·高逸 附：弟点》中，写的是"徐景山酒鎗"，注意，这里的"鎗"，后来就被人统说成是"枪"。但酒鎗的这个鎗字真不是枪的繁体字，它有两个读音，一个读qiāng，意思就是金属作枪杆的枪，后来统一成枪字；它的另一个读音就是chēng，《汉典》的解释是"一种三足鼎，古代多用作温酒器"，那这里的鎗实际指的就是铛（繁体字为鐺），当是这个意思时是不能被简化字枪代替的。不幸的是，在我们某些所谓语言专家的"努力"下，"酒鎗"被弄成了莫名其妙的"酒枪"，唐代诗人陆龟蒙的诗句"唯荒稚珪宅，莫赠景山鎗"（《江南秋怀寄华阳山人》）和清代诗人钱仪吉的诗句"昨来孟公所，同携景山鎗"（《寄怀姚中丞南归》）中的"鎗"，都成了"枪"，简直莫名其妙。

同为唐代诗人，刘禹锡在"鎗"的问题上就没有中我们语委专家的"枪"，因为他用的是"铛"字，他有一句诗叫"暗网笼歌扇，流尘晦酒铛"（《乐天少傅五月长斋广延缁徒谢绝文友坐成晬间因以戏之》）。同样还有宋

图3-6　唐代刻花金铛，1970年陕西西安南郊何家村窖藏出土

代诗人宋祁，他的诗句"能招习池客，便载景山铛"（《同赋饮舫》）、"孺子橐间同放笔，景山铛暖不停杯"（《监中会两禁诸公饮饯吴舍人梁正言富修撰叶龙》）、"谢病归装能办未，葛洪丹灶景山铛"（《句》其三）等，也因为用的是"铛"这个字而幸免于被我们的语委专家们改成"景山枪"。

　　铛这种酒器流行于唐代，"诗仙"李白有诗"舒州杓，力士铛，李白与尔同死生"（《襄阳歌》），舒州杓就是舒州（徐州）出产的酒杓，力士铛就是某位力士（佛教用语而来的名字）发明的酒铛。

第二节　调酒器

// · 盉

盉（音 hé）作为调酒器，出现较早，相当于夏代时期的二里头遗址就出土有陶盉，商周时最多，精品也最多，秦汉以后还有。盉一般作硕腹，腹部一侧斜生长出一个管状的流，另一侧有鋬，三足或四足，有盖，盖多以链索与鋬相连。

图 3-7　战国时期翼兽形提梁盉

盉的用途，历来说法不一。《说文·皿部》称"盉，调味也"。近代国学大师王国维曾作《说盉》一文，考证其用："盉之为用，在受尊中之酒与玄酒（即清水）而和之而注之于爵。或以为盉有三足或四足，兼温酒之用。"就是说，盉是个调酒浓度的器皿。西周中期盉的别名又称鎣（音 yíng）。

图 3-8　殷墟出土遗物商代晚期人面盉，现藏于美国蒙特利尔博物馆

第三节　盛酒器

// · 尊

图 3-9　举世闻名的何尊，"中国"一词最早就来自何尊铭文

图 3-10　何尊铭文"宅兹中国"

尊就是盛放酒的器皿，如果是陶制的，就被写作"罇"，如果是木制的，就是樽，如果是铜制或别的金属材料做的，就写成鐏。

尊中的"战斗机"当数何尊，是中国西周早期一个名叫何的西周宗室贵族所作的祭器，1963年出土于陕西省宝鸡市宝鸡县贾村镇（今宝鸡市陈仓区），现收藏于中国宝鸡青铜器博物院，是中国首批禁止出国（境）展览文物、国家一级文物。

为什么这只尊这么重要，是因为尊内底铸有12行、122字铭文，记述了周成王营建成周、举行祭祀、赏赐臣子的一系列活动，还记录了天子对于宗小子何的训诰之辞，引用了周武王克商后在嵩山举行祭祀时发表的祷辞，即"宅兹中国，自之乂民"，意思是定都天下之中以统治万民，这是周王朝开国之君革故鼎新、接受天命的宣言。

其中最值得一提的是，"宅兹中国"为"中国"一词最早的文字记载，当然了，这里的"中国"指的是当时天下的中心，王朝的中央，新建的都城成周，即现在的河南洛阳一带。

商周时期还出现了动物造型的酒尊，称为"牺樽""牺罇""牺鐏"。《说文解字》中的记载是："牺，宗庙之牲也。""牲，牛完全。"也就是说，完整的牛称为"牲"，用作宗庙祭祀的完整的牛，被称为"牺"。所以牺尊就是"刻为牺牛之形，用以为尊"的酒器。

牺尊是六尊之一。《周礼》中记载六尊为：牺尊、象尊、著尊、壶尊、太尊、山尊。

图 3-11　明铜错金银兽面纹凤耳尊

// · 觥、匜

觥（音 gōng）是古代盛酒器，流行于商晚期至西周早期，一般是椭圆形或方形器身，圈足或四足，带盖，盖做成有角的兽头或长鼻上卷的象头状。有的觥全器做成动物状，头、背为盖，身为腹，四腿做足。觥的装饰纹样同牺尊、鸟兽形卣相似，因此有人将其误以为兽形尊。然觥与兽形尊不同，觥盖做成兽首连接兽背脊的形状，觥的流部为兽形的颈部，可用作

图 3-12　商代青铜夔形觥

倾酒。

　　古人喝酒，经常会伴以游戏，如投壶、射箭、下棋等，宋代文豪欧阳修在《醉翁亭记》中就记述了"射者中，弈者胜，觥筹交错，起坐而喧哗者，众宾欢也"的饮宴嬉戏的场面，"觥筹交错"这个词就是这么来的，筹就是计算饮酒量的竹片，后来人们就用这个成语形容许多人相聚饮酒尽欢的情形。

图 3-13　春秋时期燕国鸟形青铜匜

　　匜（音 yí）是一种与觥很相像的酒器，在商代晚期已经有青铜匜，但形制与觥相似，一直被后世学者称为觥，《博古图》《宁寿古鉴》中多存在觥、匜相混的情况。直至西周早期，青铜器觥、匜仍存在定名定性的争议，如衡阳出土的牛形铜匜也被称为觥，殷墟妇好墓中出土的司母辛匜也称为觥。匜和觥的区别，主要在于觥有盖而匜无盖，从礼器角度看，觥的级别要高于匜。

图 3-14　长沙马王堆汉墓出土的云纹漆匜，已经与瓢差不多了

　　后来，人们在使用过程中发现，匜因为没有盖子，使用起来更方便，匜越来越多地被用作生活中使用更频繁的取水器，特别是西周"沃盥礼"实行后，匜的使用就更多了。所谓"沃盥礼"，就是裸礼，《周礼·春官·郁人》载："凡裸事沃盥。"《左传》也有"奉匜沃盥"的记载。

　　晚清经学大师孙诒让在其著作《周礼正义》中解释说："沃盥者，谓行礼时必澡手，使人奉匜盛水以浇沃之，而下以盘承其弃水也。"也就是说，匜后来更多是与壶盘、盂盘、盂盘一起使用，变成了洗手器，已经不能再算是完全的礼器了。这样，匜就与觥完全脱钩，而走上了另一条发展道路，匜因为没有觥那样的盖子（觥的盖子是为了防止酒精、酒味的挥发，所以对于酒器而言是必不可少的）对形制上的束缚，在形制上就是怎么方便怎么发展，逐渐的匜口越来越开放，而流不再用作水的出口，而变成了把手，于是其外形越来越接近于后世舀水所用的瓢，这种匜也称"瓢形匜"。匜将流转化为柄是其衰亡的重要标志，至此盛水器匜正式退出历史舞台。

// · 壶、钟、钫

壶是深腹、敛口的容器，古代用以盛酒浆。新石器时代已有陶壶。商、周时代青铜壶往往有盖，多为圆形，也有方形或椭圆形的，到汉代时，圆形的叫"钟"，方形的就叫"钫"。

钟在这里不要简化成钟，在古代钟和钟根本不是一个东西。钟是古代的一种容器，多用于装酒，《说文解字》称："钟，酒器也。"其形状长颈大腹、圈底有盖。

钫（音 fāng）的功能与钟相似，器型为方形、长颈、鼓腹、高圈足，样式类似于方壶，区别在于钫的方盖为四坡式漆盖，上立四个长"S"形钮，而漆方壶的盖多方方正正、规规矩矩。

1955年5月，安徽寿县治淮民工在城西门内北侧取土加固城墙时，发现两件文物甬钟，考古专家即进行清理，发掘出春秋时期蔡昭侯的墓葬，出土有两件方壶，其中一件称"蔡侯申青铜方壶"，壶盖顶作镂空莲瓣形，

图3-15　蔡侯申青铜方壶

颈部有蟠螭（音chī，传说中没有角的龙）纹，两兽形耳，以四伏兽作足，姿态流畅生动，壶颈内侧有铭文"蔡侯申之湩壶"。这件方壶体量较大，气势恢宏，充满了浓郁的复古气息，其腹部所饰田字格纹及颈部略呈梯形的连续纹带，均是流行于西周晚期青铜壶上的装饰元素。

1968年，我国考古工作者对河北省满城西汉中山靖王刘胜墓进行了保护性发掘，出土了一只铜壶（形制上看，或为钟），壶上有鸟篆纹铭文，转成今天的文字如下：

图3-16 鸟篆纹铜壶，西汉中山靖王刘胜墓出土

盖圜四符，仪尊成壶。盛况盛味，于心佳都，

涽于口味，充润血肤，延寿却病，万年有余。

符即符，兄这里同况，意思是寒水，涽（音yǎn）意思是云兴貌，形容饮酒后腾云驾雾的感觉。这几句诗的意思是：圆盖四周饰有文字和花纹，是个尊贵完美的壶；不论盛水还是盛酒，都是一种心情上的享受；饮酒不仅可以享受飘飘欲仙的感觉，而且还

图3-17 长沙马王堆汉墓出土的云纹漆钫

能流通血脉，滋润肌肤，使人延年祛病，长命百岁。鸟篆纹字体纤细流畅，做工精美。这只壶也是我国以酒为药，养生祛病食疗保健法的最早记录。鸟篆文的发现，对我国古代书法史研究也极有意义。

到了隋唐时，出现了执壶，又称"注子""注壶"。唐代执壶硕腹，喇叭口，短嘴，壶的重心在下部。后壶体渐瘦长，重心向上提，五代至宋时壶体多为瓜棱式，往往与注碗成套使用。从元代开始，执壶的壶体呈玉壶春瓶式，壶流弯曲而细长，景德镇窑与龙泉窑都有烧制。明清时期，形式变化不大，并开始出现玉、珐琅、金银等质地的执壶。

图3-18 唐代长沙窑早期"张"记青釉贴花舞蹈武士执壶

1970年，考古学家在西安市南郊何家庄的唐代金银器窖藏坑出土了一件造型精美的银壶，被命名为"舞马衔杯纹皮囊式银壶"。它扁圆腹，莲瓣纹壶盖，弓形提梁，一条细链连接着壶盖与提梁；壶底与圈足相接处有"同心结"图案一周，系模仿皮囊上的皮条结；圈足内墨书"十三两半"，是壶的重量；壶腹两侧用模具冲压舞马图，马肥臀体健，长鬃披垂，颈系花结，绶带飘逸。该壶构思巧妙，工艺精细，匠心独运，古今未见类同者，堪称国宝。

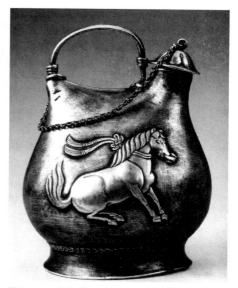

图3-19 唐代"舞马衔杯纹皮囊式银壶"

// · 卮

卮音 zhī，是古代一种扁圆形的大肚盛酒器，容量四升。

图 3-20　安徽巢湖放王岗汉墓出土朱雀衔环玉卮

《史记·项羽本纪》记载，鸿门宴前，刘邦接受谋士张良的建议，拉拢项羽叔叔项伯，请他吃饭，还"奉卮酒为寿，约为婚姻"；鸿门宴上，项羽给刘邦的卫士樊哙"则与斗卮酒"，可见是一种大容量的酒器。

瑶卮、琼卮、玉卮指玉制的酒器；传卮指传杯共饮；卮言、卮辞就是酒话，自然随意的言语；进卮指举杯饮酒；衔卮同衔杯，意思咬住杯子，一杯接一杯地喝酒；鲁卮专指孔子在鲁桓公之庙见到的一种酒器欹（音 qī）器，这种酒器很有特点，"虚则敧，中则正，满则覆"（《荀子·宥坐》），即空时倾斜，注满水则倾覆，注水适中则不偏不倚。鲁国国君把它放在庙堂的座位右侧，专门用来警醒修身之用，因此又称"宥（右）坐之器"，类似于今天我们说的"座右铭"。

// · 彝

彝是古代盛酒的器具，也泛指古代宗庙常用的祭器。从字形看，彝的意思为双手捧丝、米奉献神灵。而从甲骨文字形看，彝像双手捧鸡奉献之意。在现代汉语中，彝俎泛指礼器，彝鼎泛指古代祭祀用的鼎、尊等礼器，彝斝泛指古代祭祀用的酒器，彝簋（音 guǐ）泛指古代祭祀所用的礼器。

《周礼·春官宗伯第三·司尊彝》载，彝有 6 种："鸡彝、鸟彝、黄彝、虎彝、蜼彝、斝彝，以待裸将之礼。"说明这些彝器都是用于裸礼（以酒撒地，祭祀地下先人之礼）的。行裸礼时，彝一般配舟，也就是托盘，"秋尝、冬烝，裸用斝彝、黄彝，皆有舟""凡四时之闲祀、追享、朝享，裸用虎彝、蜼彝，皆有舟"。秋尝就是秋天的尝祭，顾名思义，就是秋天粮食收成了，要祭祀祖先，让祖先先尝一尝；冬烝就是冬天的祭祀，冬天天气寒冷，祭品要先蒸热才奉上祖先，是故叫冬烝（烝同蒸）。秋、冬两次行裸礼时，酒彝都要配以托盘，称为舟，这就是宋代人朱肱在《北山酒经》中所说的"六彝有舟，所以戒其覆"，舟的作用就是防止彝摇晃、颠覆。

鼎和彝都是古代非常重要的礼器，统治者为了表彰对国家和社稷有功的人物或先祖，就把他们的名字刻在鼎和彝上，"铭其功，以示子孙"，后来"功铭鼎彝"一词就有了表彰功勋、永志不忘的意义。

北宋宰相、著名文学家王安石在"相三朝，立二帝"的名臣韩琦（谥"忠献"）死后为他写的诔诗《忠献韩公挽辞二首》之二中有"英姿爽气归图画，茂德元勋在鼎彝"之句，"归图画"指的是韩琦像西汉的麒麟阁功臣像、东汉的云台阁二十八将画像、唐朝的凌烟阁功臣像一样将被画入史册，其功绩也将在鼎彝上铭刻，永世流传。

图 3-21　商晚期饕餮纹青铜方彝

// · 鼎

既然谈到了鼎彝，我们就来说说中国文化最重要的象征——鼎。

鼎最早是古人的炊器，就是煮饭的，一般是圆形，三足两耳，也有方形四足的。甲骨文鼎字中比较有代表性的是这样的：

从字形看，它跟今天用的鼎字真的很像。

鼎除了用来当锅用，也完全可以作为酒容器来使用。

鼎更大的作用是作为礼器置于宗庙用于勒功铭绩，所以古代视鼎为立国重器，是政权的象征，鼎祚即指国祚、国运；鼎运指国运。西周时，以所用鼎的大小及多少代表贵族的身份等级，有"礼祭，天子九鼎，诸侯七，大夫五，元士三"（《公羊传·桓公二年》何休注）的说法。

图 3-22　甲骨文"鼎"字

图 3-23　商代晚期乃孙作祖己鼎

据《左传·宣公三年》记载，春秋时楚庄王曾率兵北伐至洛水，向周王朝炫耀武力，周定王不得不派大夫王孙满前去犒劳楚军，而楚庄王竟骄横地向王孙满询问周朝传国之宝九鼎的大小轻重。这个"楚子问鼎"的典故，显示了楚庄王觊觎周室之意。"问鼎"后来就成了篡夺的替代词；"定鼎中原"则指平定天下；"鼎业"指帝王大业，鼎命指帝王之命；"鼎辅"指三公、宰辅。

因为鼎多数是三足（中国古代三足乌文化的遗存），所以后来也就有"三足鼎立"的著名成语。

// · 缶

缶也是古代盛酒、水的容器，大腹小口，有盖，一般为陶制，也有铜制的。

1978年，我国考古学家在今湖北省随州市区西约1公里处的擂鼓墩，发掘了战国时期的曾国（即随国）国王曾侯乙的墓葬，出土了两只"曾侯乙青

铜鉴缶"，现分别珍藏于湖北省博物馆
和中国国家博物馆。

　　这两只缶结构复杂，由方鉴与方
尊缶两部分组成，外部为鉴，鉴内置
一尊缶。方鉴口沿外折，方唇、短颈、
深腹，四兽形足，有镂空方盖；四角、
四边各有一龙耳。方尊缶直口、方唇、
溜肩，下折内收，圈足有盖，并有与

图 3-24　曾侯乙青铜鉴缶

器口扣接的子母榫。鉴和尊缶均饰以变形蟠螭纹、勾连纹和蕉叶纹等，并均
有"曾侯乙作持用终"铭文。鉴与缶之间有较大的空隙，夏天可以放入冰块，
使酒变凉或防止酒变质，冬天则贮存温水，尊缶内盛酒，这样就可以喝到
"冬暖夏凉"的酒。

　　缶还是一种乐器，战国末时秦国丞相李斯在《谏逐客书》中有"击瓮叩
缶，弹筝博髀"句，说的是秦国饮宴时，贵族士大夫们往往在喝到半醉时，
以击瓦缶、拍大腿来打拍子而歌。乐器缶一般是圆腹，有盖，肩上有环耳；
也有方形的，盛行于春秋战国。器身铭文称为"缶"的，有春秋时期的"栾
书缶"和安徽寿县、湖北宜城出土的"蔡侯缶"。本来是酒器的缶能够成为乐
器是由于人们在盛大的宴会中，喝到兴致处便一边敲打着盛满酒的酒器，一
边大声吟唱，所以缶就演化成为乐器中的一种。

　　说到击缶，历史上最著名的事件当属战国时期，蔺相如逼迫秦昭王为赵
惠文王击缶。赵惠文王二十年（前279年），著名的"完璧归赵"事件发生后
的第四年，秦昭王派使者通知赵惠文王在渑（音miǎn）池相见。赵惠文王畏
惧秦国，不敢应约。上将廉颇、上卿蔺相如两人商量之后对赵惠文王说："王
不行，示赵弱且怯也。"于是赵惠文王还是决定去和秦昭王相会，带上了蔺相
如同行。

　　秦昭王与赵惠文王的这次相会，史称"渑池会"。在欢迎宴会上，秦昭王

故意假借喝高了，对赵惠文王说："寡人窃闻赵王好音，请奏瑟。"这是想让赵王给秦王奏乐，把赵王的地位拉低。赵惠文王不好推辞，只好奏了一曲。这时秦国的史官拿出笔来边写边说："某年月日，秦王与赵王会饮，令赵王鼓瑟。"

图 3-25　春秋中期晋国栾书缶，现藏于中国国家博物馆

蔺相如听了，上前一步对秦昭王说："赵王窃闻秦王善为秦声，请奏盆缻（音 fǒu，同缶），以相娱乐。"既然赵王为秦王奏了赵曲，作为回礼，秦王就应该为赵王奏盆击缶唱秦声。秦昭王不悦，不肯答应，蔺相如向前递上瓦缶，并跪下请秦王演奏，秦王还是拒绝，蔺相如说："五步之内，相如请得以颈血溅大王矣！"（《史记·廉颇蔺相如列传》），侍从们想要杀相如，蔺相如"张目叱之，左右皆靡"，侍从们都吓得倒退。僵持之下，秦王尽管很不情愿，还是敲了一下缶。蔺相如当即对赵国史官说："某年月日，秦王为赵王击缻。"这顿酒吃下来，秦昭王没有占到任何便宜。

值得一提的是，北京奥运会开幕式表演的节目万人击缶的原型就是"曾侯乙青铜鉴缶"。

//·豆

豆原先是一种高脚木制容器，四升为豆，后各种材质均有。豆更多是古代盛肉盛菜的器皿，常用以装酱、醋之类的有汁调味品，但也用来盛酒，《考工记》就有"食一豆肉，饮一豆酒"的记载。有人说豆和斗字通，斗也是盛酒器，不要和量器升之斗相混，但它确实是容量比较大的酒器。

唐代大诗人王维有诗"新丰美酒斗十千，玉盘珍羞直万钱"（《少年行四首》其一），杜甫有"李白斗酒诗百篇，长安市上酒家眠"（《饮中八仙歌》），这里面的斗酒，就是指一斗酒。

// · 瓿

这个字音 bù，是古代酒器，铜制，圆腹、敛口、圈足，盛行于商周时期。

下图为收藏于上海博物馆的商代四羊首瓿，此器肩上设四个大卷角羊首，立体高耸，颇具气势。腹部上沿饰相间的火纹与"亚"形纹，腹部饰乳雷纹，是将商代青铜器上最为古老的乳钉纹置于斜方格雷纹中形成。全器铜质矿化，生成碱式碳酸铜，表面光泽翠绿，精美而神秘。此器羊首直接覆盖在肩部纹饰之上，由此推断羊首是以分铸法制成，即先铸成瓿的主体，在肩部留有孔道，后在孔道搭陶范铸成羊首。

// · 瓶

瓶是最常见的盛酒器，或陈设用器，唐宋以来开始流行。唐代越窑青釉

图 3-26　春秋时蔡国申豆

图 3-27　商代四羊首瓿，现藏于上海博物馆

瓶、邢窑白釉瓶，都是工艺精细、釉色纯正。宋代南北各地瓷窑大量烧制青、白、黑、青白、白地黑花、白地褐花、三彩和黑地铁锈花等装饰的瓶，造型有玉壶春瓶、梅瓶、筋瓶、净瓶、卷口瓶、盘口瓶、直径瓶、穿带瓶、弦纹瓶、瓜棱瓶、橄榄瓶、胆式瓶、葫芦瓶、双鱼瓶、多管瓶、蟠龙瓶、贯耳瓶等。

图3-28　南京市博物馆藏元青花萧何月下追韩信图梅瓶

图3-29　唐伯虎《临李伯时饮中八仙图》（局部）中的梅瓶

梅瓶是宋代最为典型的瓷制盛酒器。这种瓶器口小、颈短、丰肩，瓶体修长挺拔，细腻精巧。因瓶体修长，宋时又称"经瓶"，作盛酒用器。明人张自烈撰《正字通》曰："酒器大者为经程。"程是度量衡单位，经程，即为容一斗酒的标准酒器，后就称经瓶。宋徽宗时，有人拿着一只经瓶献给他，他观赏把玩了一阵，而后随手将一支梅枝插入瓶内，此物便得名梅瓶，从此传扬开来。

上海博物馆藏有两件宋代白底黑花梅瓶，一件腹部书"清沽美酒"，出自磁州窑；另一件出自河南禹县扒村窑，腹部书"醉乡酒海"，由此铭文推断梅瓶实为酒具。在唐寅《临李伯时饮中八仙图》（上图）中，一侍童正将梅瓶中的酒向大缸内倾倒，也可知梅瓶为盛酒之器。

我们再来看看玉壶春瓶。玉壶春

瓶又叫玉壶赏瓶，乃古瓶式之一种，撇口、细颈、圆腹、圈足。考古显示这种瓶最早出现在东汉，所谓春，就是指酒，玉则指对这种瓶器质地的形容，壶则说它这种器型源自青铜器中的壶，后来逐渐演变为观赏性的陈设器具，其造型定型于北宋时期，是宋瓷中具有鲜明时代特点的典型器物。

与宋代玉壶春瓶相比，元代玉壶春瓶可称挺拔，绝大多数在造型上虽然保留了宋代体形修长的特点，但颈部有所加粗，颈部长度有所减短，肩部较窄，腹部更为收敛，整体线条更加硬朗。

明代的玉壶春瓶基本沿袭元代形制，有甜白釉、青花等品种，器型渐趋壮硕，口部缩小，颈部明显加粗，颈部长度有所减短，肩部变得更加宽厚，腹部更为丰满，重心下移，整个瓶体的稳定性更高。

清代玉壶春瓶的器型，与以前历代都有较大区别，颈部缩短、腹部更加圆鼓、圈足增大，而且是年代越晚颈部越短、圈足越大，总体上给人敦厚端庄的感觉，而减少了以往婀娜飘逸的气息。但清代的装饰品种比以前历代都要丰富，除青花、釉里红、颜色釉外，还有粉彩等品种，其中以青花和粉彩最为多见。

除了梅瓶、春瓶外，元明清时期

图 3-30　唐伯虎《临李伯时饮中八仙图》（局部）中的春瓶

图 3-31　清乾隆红地珐琅彩梅花纹玉壶春瓶

还有很多其他形状的瓶器，如元代独创的八方瓶、四系扁瓶；明代则有天球瓶、葫芦扁瓶、宝月瓶、象耳折方瓶、鹅颈瓶、蒜头瓶；清代有棒槌瓶、柳叶瓶、凤尾瓶、灯笼瓶、象腿瓶、双陆瓶、转心瓶、转颈瓶等形式各异的品种。

// · 罍

这个字音léi，是古代一种盛酒的容器，外形像壶，小口、两耳、深腹、有盖、圈足，表面并刻有云雷纹形为饰。罍体量略小于彝，开口小于尊，《北山酒经》有"六尊有罍，所以禁其淫"的记载，意思是罍开口小，有盖，取用酒比尊麻烦一些，能起到减少过量饮酒的作用。罍有方形和圆形两种，方形罍出现于商代晚期，而圆形罍在商代和周代初期都有。从商到周，罍的形

图3-32　皿天全方罍

式逐渐由瘦高转为矮粗，繁缛的图案渐少，变得素雅。

唐代大诗人李白的诗句"咸阳市上叹黄犬，何如月下倾金罍"（《襄阳歌》）中的金罍说的就是这种酒器。

下面我们看到的是皿天全方罍，商代晚期铸造，因器口铭文为"皿天全作父己尊彝"而得名，被称为"方罍之王"。该器于1922年被发现，器盖于1956年由湖南省博物馆保存至今，器身流至国外，后经多方努力，终于回归祖国。

// · 卣

卣这个字音yǒu，是古代用来盛酒的容器，也有说卣专门盛放祭祀时用的

一种香酒。卣主要流行于商代和西周早期，其基本形制为扁圆、短颈、带盖、鼓腹、圈足，有提梁，还有少数为直筒形、方形和圆形，还有动物形状的鸟兽卣。

法国巴黎赛努奇博物馆在1920年曾"购得"一只"虎食人卣"，出土于湖南省安化县。此卣作虎形踞坐，以后足及尾支撑，前爪抱住一人，张口噬人首。人体与虎相对，手扶虎肩，脚踏在虎后爪上，转面向左侧视。虎肩部附提梁，梁两端有兽首，上饰长形夔纹，以雷纹衬地。虎背上部为椭圆形器口，有盖，盖立一鹿。虎两耳竖起，面上及颚侧饰鳞纹和云纹，利牙如锯似钩。虎背饰牛首纹，自盖后端沿虎脊设一道扉棱，棱中部有钩状突起。人物头发向后直披，面容静穆，着衣，从背后可见方口衣领和窄袖口。人的大腿到臀部饰一对蛇纹。器外底有阴线纹饰，中为游龙，两侧名为一角。此卣形制复杂，铸造技术高超，虎噬人被表现得动人心魄、触目惊心，使之成为造型艺术品的杰作。

关于这件"虎食人提梁卣"，还有很深的文化和历史内涵。根据北京

图3-33　商代晚期青铜枭卣，现藏于山西博物馆，被誉为商代版"愤怒的小鸟"

图3-34　商代晚期青铜酒器虎食人提梁卣，现藏于日本泉屋博物馆

学者李东在其著作《华夏祖源史考》中的论证，中国上古时期，在炎帝神农氏统治之前，还有一段是炎帝魁隗氏时期，魁隗氏因名字中有鬼字，被称为"鬼族"，鬼的本意是山势高大、险峻的意思，今天含有这个意思的字还有巍、嵬、魏等。魁隗氏为了躲避猛兽的威胁而学会了在山地中生存，可以称作炎帝族中的"山地人"。魁隗氏人称自己的祖先为鬼，在此基础上形成了原始宗教信仰，这就是对祖先的鬼神崇拜，这一观念被后来的炎帝神农氏、黄帝轩辕氏继承下来，形成了我们今天的鬼的概念。

黄帝族其实与炎帝魁隗氏"鬼族"本是同族，《国语·晋语四》就记载，"昔少典娶于有蟜氏，生黄帝、炎帝。黄帝以姬水成，炎帝以姜水成"。有蟜（音jiǎo）氏是炎黄的母族，以蛇为图腾，所以长蛇是后来的炎黄民族龙图腾的主干；少典氏是炎黄的父族，很有可能以熊、罴（音pí，即棕熊）为图腾，所以黄帝也称有熊氏。"鬼族"和黄帝族族源相同，只不过后来发展为两个部落、两个氏族。

"鬼族"最先发明（发现）了原始农业，所以迅速发展起来，为了争夺有限的生存资源，黄帝族与"鬼族"发生了激烈的冲突，黄帝族被赶到了今天的昆仑山地区，他们在那里与以雪豹为图腾的西王母族实现了联姻，并因此而壮大起来。"鬼族"统治末期，"鬼族"和黄帝族之间的冲突逐渐激化，终于爆发了大规模的族群战争，战争的发生地就在当时黄帝－西王母族的聚居地昆仑山地区。

根据《山海经》的记载，"司昆仑山九门"，也就是带领黄帝－西王母联军守卫昆仑山九大山口的是黄帝和西王母首领嫫母之子、以虎为图腾的伯儵（音shū），俗称"虎族"，所以这场战争可称之为"虎鬼大战"。

这场战争的结果是，进犯昆仑山的"鬼族"在与"虎族"的血腥厮杀中蒙受重创，几乎覆亡。虎族人对待鬼族战俘就是两种方式，一个是杀掉，一个就是——吃掉，对，这听上去骇人听闻，不由得令人毛骨悚然，但却是原始社会最常见的对待战俘的方式，因为没有比把敌人吃掉更能让敌人感到恐惧的事了，还有就是当时根本没有多余的粮食来养活战俘。中国民间一直有"虎吃鬼""鬼怕虎"的说法，所谓"恶害之鬼，执以苇索，而以食（音 sì，喂食之意）虎""凶魅有形，故执以食虎"（王充《论衡·订鬼篇》），其根源就在于此。后来的黄帝族人把伯儵形象画在大门的一侧，以威慑"鬼"，这就是我国古代最早的门神神荼（即神伯荼，荼通儵）的由来（另一个门神是郁垒，李东先生考证就是伯儵的母亲西王母族首领嫫母，她因主持黄帝元妃嫘祖的葬礼而以大量鬼族人殉葬，同样为鬼族人所恐惧，所以被尊为黄帝族的阴间守护神）。

"虎食人提梁卣"正是对上古时期"虎鬼大战"的一种历史记忆遗存。据悉，目前，虎食人卣一共出土了两件，除巴黎赛努奇博物馆所藏这件，另一件藏于日本泉屋博物馆（见图3-34）。

第四节　饮酒器

// · 觚

觚（音 gū）是盛行于商代和西周的一种饮酒器，青铜制成，口作喇叭形，细腰，高足，腹部和足部各有四条棱角。至于觚的容量，《仪礼·特牲礼记》载："爵一升，觚二升，觯三升，角四升，散五升。"

北京CBD地区的地标性建筑中信大厦，俗称"中国尊"，实际上按形制看，不是尊，而是觚，所以应该叫"中国觚"。这种酒器乱叫的情况，其实在古代也存在，孔子就曾经针对这种现象说："觚不觚，觚哉！觚哉！"意思就是，觚不像个觚的样子，这还叫觚吗！这还叫觚吗？这是他对周代礼崩乐坏，人们连基本的礼器都不认识的现状的悲叹，用以讽刺当时君不君、臣不臣、父不父、子不子的社会现实。

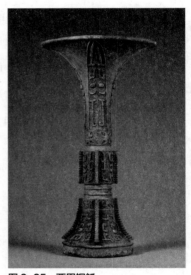

图 3-35　西周铜觚

// · 觯

觯（音 zhì）也是古时饮酒用的器皿，青铜制，形似尊而小，或有盖。《礼记·礼器》载："以小为贵者。宗庙之祭，贵者献以爵，

图 3-36　商代蚕纹觯

贱者献以散。尊者举觯，卑者举角。"说明了古代礼仪中使用不同的酒器，来表达身份的区别，爵为一等酒器，觯为二等酒器，觚为三等酒器，角为四等酒器，杯为五等酒器。

// · 杯

我们的文化中，关于酒杯的记述，称谓特别丰富，这就充分说明了酒在社会生活中的广泛作用，比如关于酒杯的种类，按材质分就有木杯、竹杯、山杯（以竹节、葫芦等制作的粗陋饮器）、杯棬、青铜的钟，牛角或象牙掏空后做成的觥、象牙杯，用金或银作的叫金杯、金觥（指精美珍贵的酒杯），玉石作的玉杯、瑶杯，荷叶做的荷叶杯（也叫碧筩杯、碧筒杯、碧桐杯），蟹壳做的蟹杯，对虾头做的虾头杯（用红虾等大虾头的甲壳制成的杯子，宋代人窦苹所著《酒谱·饮器》载："《南史》有虾头杯，盖海中巨虾，其头甲为杯也。"），用藤实做的藤实杯，用祁连山玉石雕制而成的夜光杯（倒入酒后，色呈月白，反光发亮，因此得名），用椰壳制成的椰杯，用鹦鹉螺做成的鹦鹉杯，等等，不一而足。

酒杯按外形则分耳杯、高足杯、蟠桃杯（一种大酒杯，以宋宣和年间所铸蟠桃核为范而锻成）、压手杯（明代杯的一种式样，口平坦而外撇，腹

图 3-37　商代兽面纹三足杯

图 3-38　唐代镶金兽首玛瑙杯，为中国首批禁止出国（境）展览文物，陕西历史博物馆镇馆之宝

壁近于竖直，自下腹壁内收，圈足，握于手中时，微微外撇的口沿正好压合于手缘，体积大小适中，分量轻重适度，稳贴合手，故称"压手杯"，是明永乐时独有的名贵器物，款形有花心、鸳鸯心、双狮戏球三种）、高士杯（明成化斗彩杯之一，杯身绘有文人行乐的图画，如王羲之爱鹅、陶渊明爱菊等）、三秋杯（明成化斗彩杯的一种，敞口、浅斜式腹壁、圈足，杯身以秋菊、蝶、草组成画面，故名三秋杯，为明瓷珍品）、爵杯（仿青铜爵器造型，口沿外撇、圆腹略深、前尖后翘，下承三高足，口沿两侧有对称立柱。明清两代均有烧造，有青花、白釉、蓝釉及粉彩等品种）、鸾杯（鸾鸟为饰的酒杯）、熊耳杯等。

按酒杯的用途，又分为合卺杯、椒杯（装椒酒的杯）、醴杯、天杯（谓天子宴饮所用之杯）、霞杯（盛满美酒的酒杯）等。

按喝酒的目的，又分为离杯（离别时喝的酒）、歇马杯（古时在大路边出售或施舍给行人解乏的酒）、欢杯、血杯（歃血喝酒为盟）等。

按酒杯和所配器皿来分，则有杯盂、杯盘、杯杓、杯酌、觞杯、杯觞、杯盏、杯瓢、杯箸、杯斝、案杯（下酒的菜肴）等。

按喝酒的形式和动作，又分为交杯、传杯、飞觞、流杯、浮杯、流觞、巡杯（指依次酌酒饮客）、碰杯、举杯、捧杯、引觞、引杯、置杯（放置酒杯，表示戒酒）、覆杯（倒置酒杯，比喻事极易办成）、衔杯（咬住酒杯，不停地喝）、逃杯（逃酒）、连杯（一杯一杯地喝）、逻杯（即连杯）、贪杯、瓮（音 wèng）尽杯干（原指酒已喝尽。比喻钱已用完，囊空如洗）等。

按杯中酒的量来分，则是残杯、余杯、剩杯、遗杯等。按杯中酒的温度来分，则有冷杯（冷酒，古人多喝温酒，冷酒一般指孤独寂寞时一个人喝的酒）、胶杯（冬天天冷，把酒冻住）。

古代军人作战立功，受到嘉奖，往往受赐用贵重和有重大意义的礼器酒杯喝酒，后来以金杯喝酒就成为对胜利者的特殊礼遇，这就有了后来的金杯、银杯、奖杯之说，夺取胜利，称为夺杯、捧杯。

因为生活中最常见，所以汉语中与酒杯有关的成语非常多，如杯弓蛇影、不生杯杓（不胜酒力）、杯盘狼藉、杯酒解怨和意思正好相反的杯酒结缘、杯中之物、杯茗之敬（请人宴饮的谦辞）、杯觥交错、杯酒言欢、好酒贪杯、残杯冷炙（吃剩的酒食，喻指权贵的施舍）、传杯弄盏、头没杯案（头伏在酒杯和桌子间，比喻尽情欢乐，不拘形迹）。

"鸬鹚杓，鹦鹉杯，百年三万六千日，一日须倾三百杯。"（《襄阳歌》）在中国历代酒杯中，名字最响亮的当数唐代大诗人李白用过的"鹦鹉杯"，此杯并非形状像鹦鹉，而是用鹦鹉螺制作而成。鹦鹉螺为海螺的一种，外形看就似鹦鹉嘴。其壳青斑绿纹，壳内光莹如云母。唐刘恂《岭表录异》《艺文类聚》卷七十三均记载说，用这种鹦鹉螺制成的酒杯，可容二升许。明代曹昭《格古要论》记载："鹦鹉杯即海螺盏，出广海，士人琢磨，或用银或用金镶足。"这种鹦鹉螺可以不加雕琢，直接用于饮酒。用如此纯天然的酒杯喝酒，肯定会有一种回归自然的感觉。

图3-39　东晋鹦鹉螺杯，南京博物馆藏

图3-40　唐代白釉鹦鹉杯，此杯是仿鹦鹉形象而作，而不是用鹦鹉螺做成的杯

唐宋诗词中常提到鹦鹉杯，除了李白，骆宾王在《荡子从军赋》中也有"凤凰楼上罢吹箫，鹦鹉杯中休劝酒"的诗句；卢照邻《长安古意》写道："汉代金吾千骑来，翡翠屠苏鹦鹉杯。"南宋大诗人陆游也有诗称："葡萄锦覆桐孙古，鹦鹉螺斟玉瀣香。"（《秋兴》）看来，鹦鹉杯在唐宋时期还很受嗜酒

者的喜爱。但也有学者认为李白用的鹦鹉杯，是鹦鹉形状的陶瓷酒杯，唐代武则天和杨贵妃都喜爱和驯养鹦鹉，所以这种陶瓷鹦鹉杯先是流行于宫廷，后流行于宫外。

图 3-41　唐代荷花吸杯

唐代文人中还流行一种荷叶杯，据唐代文学家段成式所著《酉阳杂俎·酒食》载："历城北有使君林，魏正始中，郑公悫三伏之际，每率宾僚避暑於此。取大莲叶置砚格上，盛酒三升，以簪刺叶，令与柄通，屈茎上轮菌如象鼻，传噏之，名为碧筩杯。"这是说，三国时期曹魏齐王曹芳正始年中，历城刺史郑悫（音què）在一年中最热的三伏天中，带领幕僚到使君林避暑。他让人从林中的荷花池中取出大莲叶，置于盛放砚台的木格中来固定，在荷叶中注入三升酒，然后用簪子刺破荷心，荷叶中盛放的酒便通过这个孔慢慢流进荷柄之中。然后将荷柄弯曲起来，犹如大象的鼻子一般，称为碧筩（音tǒng，同筒）杯，也叫"荷杯""荷盏""碧筒杯""碧桐杯""象鼻杯"。众人轮番将盛酒的大荷叶当作酒杯来传递，每人都可以从这个荷叶柄中吸酒来喝。

这个风俗在唐代时也非常流行，唐代人赵璘所著文学笔记小说《因话录》就提到，唐代宰相李宗闵设宴，暑月临水为席，以荷叶为酒杯，将盛满美酒的荷叶系紧，然后放在人嘴边，用筷子刺一孔饮下，如果一口喝不完则要重饮一次。荷叶为杯，以筷子刺孔而饮，还不准洒漏，否则要挨罚，挨罚者当不在少数，皆大欢喜。文人们以荷叶杯为题材创作了教坊名曲《荷叶杯》，后来到了宋代还成了词牌。

至今在山东济南还有用荷叶喝酒的方法。后来的人为了附和用荷叶饮酒这种雅兴，就发明了荷花形制的酒杯，也称"荷叶杯"，也分为两种，一种就是纯荷叶造型杯，一种是带吸管的荷叶吸杯，应该是后一种才得荷叶杯的真谛。

随着明永乐年间郑和下西洋，犀角流入中土渐多，促成明清犀杯雕制工艺的繁盛，脱颖而出一批刻犀名匠。明末清初无锡人尤通（一说尤侃），艺名"直生"，以善刻犀（角）象（牙）竹玉精巧玩器扬名，为三吴之冠，尤其擅刻犀杯，得"尤犀杯"之誉。其时出自尤通之手的犀角雕"碧筒杯"更是一杯难求。

图3-42　明代尤侃制犀角雕荷叶纹吸杯

唐宋时期还有一种酒杯，也是经常在诗词中被提到，这就是蕉叶杯，简单说，就是形制像卷起来的蕉叶一样的酒杯。唐代人冯贽《云仙杂记·酒器九品》曾记载，唐太宗李世民曾孙，恒山愍王李承乾之孙李适之（就是杜甫《饮中八仙歌》提到的

图3-43　南宋龙泉官窑蕉叶杯

"左相日兴费万钱，饮如长鲸吸百川，衔杯乐圣称避贤"的那位，当时出任左相）收藏有九种酒器，其中就有金蕉叶（其他为蓬莱盏、海川螺、舞仙盏、瓠子卮、幔捲荷、玉蟾儿、醉刘伶、东溟样），应该就是鎏金的蕉叶杯。

李适之的酒器中，他特别珍爱的还有蓬莱盏和舞仙盏。蓬莱盏酒器以海上三仙山为造型，斟酒时要淹没三山，饮酒时随着酒液的减少，三山便"重归人间"；舞仙盏则是设有机关，斟酒时便出现仙人曼妙的舞姿，煞是惊艳。

// ·卺

卺（音 jǐn），一种瓠瓜，味苦不可食，俗称苦葫芦，古人多用来做瓢。瓢的形象很像妇女怀孕时的样子，所以从生殖崇拜角度而言瓠瓜有特殊的意义，是夫妻、阴阳合和的重要象征。

图 3-44　战国铜错金大型鹰熊（谐音英雄）合卺杯

一个瓢劈成两半，古人结婚时，夫妻各持一半饮用同一个酒器中取出的酒，这就是合卺。合卺之礼始于周朝，《礼记·昏义》载："壻揖妇以入，共牢而食，合卺而酳，所以合体，同尊卑，以亲之也。"酳音 yìn，原意是吃东西后用酒漱口，这里就是指小饮一口。壻就是婿。周代的婚礼是周公时制定的，规定婚礼时，新郎要牵着新妇进门，两人共吃从同一个祭祀牺牲割下的肉，合用一个葫芦析分出的半瓢，来喝同一酒尊中取出的祭酒，喝完再将两个半瓢合而为一，这就是合卺，以示夫妻合体，尊卑相同。

合卺之礼在中国民间一直流行，我们今天说的交杯酒就是合卺的文化遗存。但是到了贵族之家，因为卺过于低廉，无法显示贵族的身份和庄重，后来就有了用更贵重的材料制作的合卺杯、盏。宋代并有行合卺礼毕，掷盏于床下，使之一仰一覆，表示男俯女仰、阴阳和谐的习俗，带有明显的

图 3-45　清代乾隆时期青玉鹰熊合卺杯

性象征的意味，还有通过看掷于地上两个杯的俯仰来看日后夫妇是否和谐，有些占卜的意思。

// · 觞

从觞的外形看，椭圆、浅腹、平底，两侧有半月形双耳，就像鸟的双翼，所以，在古代称羽觞，也就是耳杯，饮酒时双手执耳。耳杯多用木制，通髹红、黑色漆，间有彩绘，容量有大有小，杯身有深有浅。深者用以盛酒，而浅者用以盛羹（肉汁等），这是较为特殊的。东汉时有绿釉陶羽觞，两晋时有大量青瓷羽觞。

江河发源的地方水很浅，只能浮起酒杯，所以有个词叫滥觞，后来专指事物的开始或起源。古人每

图 3-46　西汉彩绘漆鱼纹耳杯，北京故宫博物院藏

逢农历三月三上巳日于水边举行雅集活动，在上游放置酒杯，杯随水流，流到谁面前，谁就取杯把酒喝下，叫作曲水流觞，最著名的这种雅集活动就是东晋时的兰亭集会，书圣王羲之为中国文化留下了登峰造极的书法圣迹《兰亭集序》。

与觞有关的词语还有佐觞（劝酒）、三觞（三杯酒）、觞行（即传杯、流觞）、觞宴（酒宴）、杯觞（行酒、饮酒）、澄觞（清酒）、觞窦（谓仅能泛起酒杯的小渎）、瑶觞（玉杯，借指美酒）等。

// · 盏

盏（音 zhǎn）就是带盏托的小酒杯，也称瓯，应该是从茶盏转用而来，所不同的是，茶盏一般是直接放在茶托里，而酒盏在托中心还有一个台，酒盏是放在这个台之上。如果是陶瓷或玉材料作的酒盏，也可以称作酒琖（音

zhǎn）。醆现在简化为盏。酒盏起源于唐代，在唐宋两代颇为盛行，唐代大诗人元稹有诗句"五斗解酲犹恨少，十分飞盏未嫌多"（《放言五首》之一）中提到的飞盏，相当于传杯、流觞，表明在当时盏的使用已经相当普遍。

　　饮酒器自南宋起开始变为容量较小的盏、杯、碗等，并与执壶、酒瓶配套使用，之所以器物变小，主要是宋代酿造的酒，酒精含量一直在增高。据推测到了南宋时（一说为元代），蒸馏酒（白酒）酿造成功，此酒性烈，因此宋人饮酒量较前代明显减少。汉朝人饮酒以"石"计，唐朝人以"斗"计，而到了宋朝，大多以"升"计。故此，宋代饮酒器均为小件的杯、盏、碗等，此类器物工艺精湛、胎薄素雅，乃高级饮具。

　　在台盏的基础上元代又出现了所谓靶盏，俗称高足杯，上半部为盏，下部为一长柄足，有黑釉、影青、卵白釉、青花数种。从元《事林广记》版画中蒙古人聚宴来看，其靶盏既为饮酒器，又为陈列水果之器。高安元代窖藏出土的青花缠枝牡丹纹靶盏，其盏心有文字："人生百年长在醉，算来三万六千场。"可见元代人多以此为饮酒器。

　　宋元时期有一种酒盏，内有机巧：杯底覆有一盖，做覆杯状，盖底镂空数口为注水口，盖顶亦镂一孔，盖内罩有一小瓷偶，头露于孔外，注

图 3-47　北宋介休窑白瓷酒盏

图 3-48　南宋景德镇窑青白瓷惊喜盏

酒则瓷偶升起，旋转浮舞于波光之中，今常称其为"公道杯"，防止饮者贪杯，又称"戒盈杯"。然而"公道杯"注满则漏，与此类不同，如西安元墓所出一套龙泉青釉公道杯（柴怡：《高陵元墓新出土龙泉窑青釉公道杯》），内置瓷偶，

图 3-49　元代龙泉窑青釉惊喜盏

联通外底，酒满则从胸前口内流于盏外。这种酒盏被称为"惊喜盏"。

第五节　挹注器

// · 勺、枓

勺的小篆体是这样的：

从字形看，勺就是个象形字，字形像一把勺子，中间的一横代表勺子里盛的东西，上面弯曲的部分代表勺子的曲柄。古代勺子的实物如图3-51所示。

图3-50　勺的小篆体

有人在博物馆里看到了图3-52所示的东西，也说是勺：

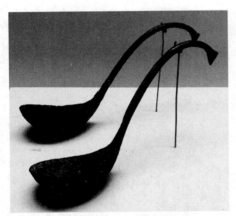

图3-51　北魏时期的青铜勺，如果打磨抛光，那就跟现代用的勺子没什么两样了

图3-52　春秋时楚国曲柄枓

这个东西长得像勺，功能跟勺一样，但它叫枓，不仅我们今人对这两样东西傻傻分不清，就是古人也经常把这两样东西弄混。枓这个字有两个读音，读dǒu时，指的是房柱上支持大梁的方木；读zhǔ时指的是取水、酒的带柄器具。勺和枓的区别，勺一般是直的连体柄，器口浅一点，枓则是曲柄，柄后有插口，可以再插接长的木柄或铜柄，口深一点。

从勺里倒酒进杯，这个动作就叫酌，而从枓里倒酒出来，这个动作就叫斟。

唐诗里经常提到斗酒，如"李白斗酒诗百篇"（杜甫《饮中八仙歌》），"新丰美酒斗十千"（王维《少年行四首》其一），"金樽清酒斗十千"（李白《行路难三首》之一），有人就认为一斗酒就是一枓酒，其实斗和枓字、音都不一样，功用也不一样，枓用专业术语讲叫挹注器，就是把酒从大容器里舀出来，而斗最初是量具，称量粮食用的，能称粮食，也就能称酒，有人算过古代的一斗酒相当于现在的十二斤，而一枓酒充其量也就是二三两。有些不懂的人就说李白骗了我们，说他酒量也就二三两（一枓），这是典型的以"今人之心度古人之腹"，完全是孤陋寡闻。

勺分大小，枓可能也有大小，《诗经·大雅·生民之什·行苇》中提到了"曾孙维主，酒醴维醹，酌以大斗，以祈黄耇"，这里的大斗很有可能指的就是大枓。大枓深沉厚重，完全可以当兵器来用，《史记》里就记录了历史上唯一一个用铜枓杀人的事件：

> 赵襄子姊前为代王夫人。简子既葬，未除服，北登夏屋，请代王。使厨人操铜枓以食代王及从者，行斟，阴令宰人各以枓击杀代王及从官，遂兴兵平代地。其姊闻之，泣而呼天，摩笄自杀。
>
> ——《史记·卷四十三·赵世家第十三》

春秋时期，晋国北方有个古老的诸侯国代国，说它古老，是因为它是商朝创建时商汤封给子弟的子姓诸侯国，到了周代也予以承认。晋国大夫赵简子（战国时赵国王室的先祖）早就盯上了这个古老但弱小的国家，把自己的女儿嫁给了代国国君，等于让代国成为自己的屏藩。赵简子临死前，嘱托儿子赵襄子到夏屋山北望。

赵襄子不明所以，但还是按照父亲的嘱托，专门选了良辰吉日站在夏屋山上北眺，看到了远方的代国，瞬间便明白其父的用意。公元前475年，赵襄子请姐夫代王吃饭，期间让厨人操铜枓给代王及随行人员盛酒，厨人（估计都是军人假扮）借机用铜枓击杀了代王及从官，之后赵襄子便挥师一举灭了代国。代国王妃，也就是赵襄子的姐姐听说后，哭天抢地，最后拔出头上的发笄自杀身亡。这个事情再次证明，在权力与利益面前，亲情一文不值。

图 3-53　鸬鹚杓

李白在《襄阳歌》中写到的"鸬鹚杓"是柄首似鸬鹚形状的长柄勺，杓柄弯曲扁长，恰似鸬鹚修长的脖颈。勺腹呈八瓣状，每瓣上皆刻有缠枝花纹。长柄微曲，柄身錾小缠枝花纹。在美国华盛顿的弗利尔美术馆中，还藏有两件与此杓形状相同的器物，皆为银器。

在古代，杯和杓合称"杯杓"，亦作"桮（音 bēi）杓"，亦作"桮勺"，借指饮酒。《史记·项羽本纪》中说，"张良入谢，曰：'沛公不胜桮杓，不能辞。'"不胜桮杓就是指不胜酒力。

// · 注

注是用于往酒杯里斟注酒的类似壶的器具，酒注与茶壶的区别在于口，茶壶口和壶盖都大，而且扁平，这是为了方便加水，而酒注的口小，盖也小，而且是细而高，可能是为了防止酒精挥发，盖上还有精美的装饰纽；另外，酒注一般还配有注碗，就是放置酒注和盛装开水用于温酒的器物。明代人刘侗、于奕正所著《帝京景

图 3-54　宋代景德镇窑刻花青白瓷酒注和注碗

物略》记载，酒注有五彩注、石榴注、彩色双瓜注、双鸳注、双鹅注等，可能是根据注盖装饰纽的动物造型或注身的图案而命名的。这些酒注是什么样，已经无从考证了，但从名字看，还是给了我们很多遐想。

第六节　承尊器

在古代的青铜礼器中，有一个器型十分罕见，名为铜禁，它是古代贵族在祭祀、宴飨时摆放卣、尊等盛酒器皿的几案。《仪礼·士冠礼》记载："两庑有禁。"东汉末大儒郑玄注："禁，承尊之器也。"放置酒器的几案为什么会被称作禁呢？据古代文献记载，西周初期曾厉行禁酒，"名之为禁者，因为酒戒也"，就是说禁这个名称源于戒酒，出于更有效地督促民众实行禁酒的考虑，当时的统治者就把安放酒具的器座命名为禁。禁后来就有了承受的意思，我们今天常说的"禁得住""禁不住"，应该就是从这里来的。

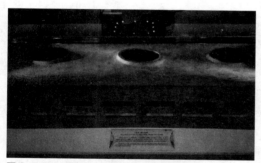

图 3-55　西周夔纹铜禁，现藏于天津博物馆

图 3-56　春秋中期云纹铜禁，1978 年出土于河南淅川县下寺春秋楚墓

目前，传世的西周铜禁仅见三件，一件是藏于天津博物馆的夔纹铜禁，还有一件于1901年出土于陕西宝鸡的夔蝉纹铜禁，现藏于美国纽约大都会博物馆，另一件西周铜禁于2012年6月发现于陕西宝鸡石鼓山西周墓中。

天津博物馆馆藏的这件夔纹铜禁是中国出土的铜禁中形体最大的一件，亦为我国禁止出国（境）展览文物，是我国青铜器中的稀世珍品。关于此件铜禁的出现还有一段曲折的往事。1926年曾为古玩店学徒的陕西军阀党玉琨，组织人员在宝鸡斗鸡台戴家沟进行大规模的盗掘，挖出了大批珍贵的文物，其中就有这件西周夔纹铜禁。后来党玉琨在战乱中死去，他盗掘的这批文物落在了隶属国民革命军第二集团军的宋哲元手中。

宋哲元将其中的一部分送给了冯玉祥，大部分则运回了北京、天津，有很多则被转卖到国外，此件夔纹铜禁则一直保存在宋哲元在天津的家中。抗日战争期间，日军占领天津英租界，并对宋哲元的公馆查抄，掠去很多财物，这件铜禁也在劫难逃，宋哲元三弟宋慧泉得知此事后多方打点才将这件铜禁及其他文物从日军手中赎回，并在家中尽心收藏保管。直到1968年，天津文物管理处在宋氏亲属家中，发现了被砸成几十块的铜禁碎块，后来文物工作者又在物资回收部门找到了部分铜禁碎块，最后在此基础上拼接而成。

1972年5月，铜禁送到北京中国历史博物馆，这件西周铜禁终于完好如初地展现出它的风采。

第七节　娱酒器

所谓娱酒器，顾名思义就是用于饮酒娱乐的配套器具，主要是投壶、酒筹等。

∥·投壶

先说投壶。从先秦至清末，宫廷中就流行一种特别的游戏——投壶，亦称射壶。宋时吕大临在《礼记传》中云："投壶，射之细也。燕饮有射以乐宾，以习容而讲艺也。"

图3-57　南阳东汉墓壁画"投壶图"拓片

投壶的发端最早应是东周与春秋时期，源流本为"射礼"，战国时期已相当兴盛。那时，诸侯列国之间的国事外交，宴饮宾客，通常作为礼仪和尊敬，须请来宾射箭，来宾不能推辞。射箭毕竟还是有逞武的意思，所以古人在此基础上进行了形式上的改良，改为高雅得多的投壶游戏，箭不再射在靶子上，而是投在壶里，这个游戏男女长幼文武都可以玩。

秦汉之时，士大夫们每逢宴饮，必得以"雅歌"伴"投壶"助兴，其投壶技巧百出，有背向反投者，遮目盲投者，隔了屏风越投者，或各种舞蹈技艺投壶者等，不一而足，甚至投壶还成了录取官员的标准之一，《东观汉记》有云："取士皆用儒术，对酒娱乐，必雅歌投壶"。雅歌已与投壶融合一体，而且成为入仕晋级的必备条件，儒士们若要升迁，先必要学好此二者。

汉代投壶，改进许多。壶中无物，投得太正，矢可弹出，无效再投，最多可掷百次。《西京杂记》记载，汉武帝宠臣郭舍人善投壶，可以"一矢百余反""每为武帝投壶，辄赐金帛"。此位郭舍人，是唯一可以三矢齐发的人。南阳出土东汉画像石上，亦有"投壶饮酒图"，图中宾客对列，中置投壶，旁有酒瓯，有司射，有监酒，有投者，有观者，有扶醉者，镂刻得很是生动。

到了魏晋时期，投壶又得改进，壶两侧加了双耳，投壶之花样剧增，有"依耳""贯耳""倒耳""连中""全壶"等。在士大夫与文人之间，颇为盛行，为魏晋时期之"雅集"活动。

投壶自此之后，形制上大体无甚变化，壶腹形似悬胆，又近赏瓶，细长口径。汉唐以前，壶底为平底或外撇篝足（即圈足），宋代以后，则尽成篝足了，且有六方八方者。汉唐及以前，其纹饰大都与青铜器、玉器类似，其后，则龙凤鸟兽，人物山水，花鸟鱼虫等，不拘故事，皆可为饰。

图3-58 宋代投壶

// · 酒筹

酒筹兴盛于唐代，宋代蔡居厚《蔡宽夫诗话》载："唐人饮酒必为令，以佐欢乐。"酒筹又名酒算、酒枚，是古时酒筵饮酒时用以记杯数或行令用的筹码子。酒筹使用时，按席位顺序摇筒掷筹，再按筹中规定的令约、酒约，行令饮酒。酒令筹上镌刻图案、诗文或人名，还有相对应的饮酒对象及杯数。

1982年，我国考古工作者在江苏省丹徒丁卯桥唐代银器窖藏出土了一套娱酒器，称"龟负论语玉烛酒筹鎏金银筒酒筹"，现藏于镇江博物馆。这套器物通体银质，花纹鎏金，龟座刻画逼真，银龟昂首曲尾，作匍匐之态，四足着地以支撑整件器物。银龟背部隆起，阴刻有龟裂纹，龟背之上有双层莲花

图3-59　唐代龟负论语玉烛酒筹鎏金银筒酒筹，现藏于镇江博物馆

座，上承圆柱形筹筒。以龟为座，背负一有盖圆筒，宛如龟背上竖立一支金色蜡烛。筒盖卷边荷叶形，上有葫芦形钮，盖面刻鸿雁及卷草等花纹。盖与筒身子母口相接。筒身刻有龙凤图案，另外，在筒身的下部四个腰形圈内各饰一对飞鸟。筒身正面錾一开窗式双线长方框，方框内刻"论语玉烛"四字。《论语》为儒家经典，"玉烛"二字始见于《尔雅·释天》："四时和谓之玉烛。"此器因此而得名。

这件件银器是唐人饮酒时盛放酒令的筹筒。筒内有鎏金酒令银筹五十枚，这些酒令筹的形制大小相同，均为长方形，切角边，下端收拢为细柄状。每枚酒令筹的正面刻有行酒令的令辞，令辞上半段采自《论语》语句，下半段是酒令的具体内容，包括"自饮（酌）""伴饮""劝饮""处（罚）""放（皆不饮）""指定人饮"六种，分别规定了六种饮酒的情况。

第四章

酒之礼：觥筹交错都是礼数

第一节　"以为酒食，以享以祀"[1]——庙堂酒礼

一、"奠桂酒兮椒浆"[2]：饮惟祀

中国古代的家国大事不外乎两件，这就是《左传·成公十三年》所说的"国之大事在祀与戎"，祀还在戎之前。祀这个字左边是个示补，从甲骨文字形看就是三足祭台，右边的巳，从甲骨文字形看，就是蛇。蛇是华夏民族共同的图腾神兽龙的主干，是上古时期黄帝族和炎帝族的母族有蟜氏（父族为少典氏，参见李东《华夏祖源史考》）的图腾，所以从原始崇拜的角度看，巳

图4-1　大英博物馆藏李氏朝鲜手抄本《高臣图》中的周公。周公是我国封建礼法的开创者

在古代文化信仰中就代表炎黄族的祖先，那么祭祀就是祭拜炎黄族的祖先。

古人认为，生命是祖先所赐，子嗣为祖先所佑，在祭祀时一定要把最好的东西敬奉给祖先和神灵（即更远时候的祖先）。什么是最好的东西？在他们看来，当然是洁净的牛羊肉鱼、五谷菜蔬，但祖先不能直接食用这些东西，在古人的想象中，祖先可以享用这些食物发散的香气，这就是"黍稷之馨"。后来，古人在祭祀过程中发现，可能是因为祭品存放时间过长，而变了味道，"黍稷之馨"先是变成了

1　引自《诗经·小雅·楚茨》："我仓既盈，我庾维亿。以为酒食，以享以祀。"
2　引自屈原《九歌·东皇太一》："蕙肴蒸兮兰藉，奠桂酒兮椒浆。"

"黍稷之馊（音sōu，酒酸的意思）"，进而逐渐变成了"黍稷之醪"，气味也由难闻的馊味变成了好闻的酒香。本书第一章讲到过，上古少昊氏族联盟时期的"帝女仪狄作酒醪、变五味"，仪狄应该是最早发现了从"黍稷之馊"到"黍稷之醪"的这一规律，并加以总结和实践，成为中国历史上第一位人工酿造酒品的人。

酒醪最初出现时，产量极低，因为当时农业生产不发达，不可能有过多的剩余粮食用于酿造，有限的酒醪只能优先用于供奉祖先和神灵，这就是《尚书·周书·酒诰》所说的"饮惟祀""祀兹酒"，在祖先和神灵"享用"后，依次是部落首领、巫师、部族长老、官员享用，这个饮酒的先后次序，就是最初的酒礼。

随着社会生产力的发展，国家形态和制度的完善，酒礼也日趋完备和复杂，西周建立后，周公牵头组织了周礼的制定，据《周礼·大宗伯之职》所载，礼分为吉礼、宾礼、军礼、凶礼和嘉礼。吉礼指对祖先、诸神的祭祀敬拜，军礼指和战事、征伐、受降有关的礼典，宾礼指朝聘、会盟等礼典，凶礼指丧葬哀悼的礼典，嘉礼则指婚礼、冠礼、飨宴、贺庆、节庆等礼典。庙堂之礼集中于吉礼、军礼和宾礼，民间的礼典则多围绕于凶礼、嘉礼。所有这些礼典都离不开酒，所以均可称为酒礼。

二、"饮酒孔嘉，维其令仪"[1]：酒礼官

西周是最早设置酒官的朝代。酒官是指负责酿酒活动和相关政令的官员，在祭祀宴饮等重要活动中占有不容忽视的地位。《周礼》中所涉及的酒官主要有七类，分别为：酒正、酒人、浆人、鬯（音chàng）人、郁人、司尊彝、萍氏，其中酒正、酒人、浆人、鬯人、郁人是执掌造酒的职官，司尊彝是掌管酒器的职官，萍氏是负责管理酒饮市场的职官。

---

1 引自《诗经·小雅·宾之初筵》："既醉而出，并受其福。醉而不出，是谓伐德。饮酒孔嘉，维其令仪。"

酒正属天官冢宰部，中士级，为酒官之长，负责王室的酒事活动。酒正不亲监作，依据酿酒法式，将米、曲等原料授予酒人，使之制酒。等酒酿造完成后，酒正根据酿造时间的长短、酒精含量的高低来分辨"五齐"、"三酒"及"四饮"，以能够正确地供应给王、后和太子日常所用的酒饮。同时，酒正掌管的酒，还常用于王室祭祀、宴饮、奖赏等方面。

酒人是制作"五齐""三酒"的官员，为酒正下属，无爵位，隶属于天官冢宰。

浆人是制作"六饮"的职官，酒正下属。所谓六饮，即：水、浆、醴、醇（音liáng）、醫、酏（音yǐ）。

鬯人是掌供秬鬯酒（古代以黑黍和郁金酿造的酒，用于祭祀降神及赏赐有功的诸侯，是古代皇帝九种特赐用物"九锡"之一）的职官，下士。秬鬯主要用于祭祀。

郁人掌供裸器和制作郁鬯（用鬯酒调和郁金之汁而成）之事，主要负责掌管行裸礼的器具和制作郁鬯的事情。根据祭祀对象的不同，所盛秬鬯的器具都有相应的规定，如社稷之祭，用瓦罍盛鬯；禜（音yíng，祈神消灾）祭（禳灾之祭）于国门，用瓢盛鬯；宗庙之祀，用卣或尊装秬鬯；祭祀山林川泽，用尊装秬鬯；埋祭裸事，用概尊（漆饰的酒尊）放酒；四方小神，则用散尊放酒。供给天子的秬鬯于不同场合，其用途亦各不相同，用它来涂尸体，取其芬芳；以和浴汤，去其臭恶；以抹其身，避其污秽。

司尊彝也叫"牺人"，属春官宗伯部，执掌盛酒之器、管理各种酒醴及其用途，如宴饮中"六尊""六彝"所陈放的位置，教授执事者从不同的盛酒器中酌酒的方法，分辨各种尊彝的用途及所当盛之酒。所谓"六尊"，即献尊、象尊、壶尊、着尊、大尊、山尊，以待祭祀宾客之礼；"六彝"是谓鸡彝、鸟彝、斝彝、黄彝、虎彝、蜼彝，以待裸将（助王行裸祭）之礼。

萍氏掌水禁、几酒、谨酒之职，包括执掌市场上酒之买卖，下士，属秋官司寇。几酒是指酒的买卖数量及时间是否适当，非正当的宴饮活动不能买酒、饮酒；谨酒是指节制饮酒，减少浪费。

郁齐（这里读zī，同粢，古代供祭祀的谷物）、醴齐、盎齐分别用于裸礼、朝践礼、馈食礼、群臣行自酢礼等场合（以上均据《周礼·春官宗伯·酒正》）。

各酒官之下皆有属员，以配合自己的工作，其属员一般由中士、下士、府、史、胥、徒、奄、女、奚中的某几类担任。其中，府、史、胥为各职官下无爵的小吏，人数较少；徒、奄、女、奚则是直接参与酒的酿造，人数相对较多。

尽管有严格的酒礼，但周代的酒宴中仍然出现酒乱的现象，《诗经·小雅·宾之初筵》就形象地描述了官员们饮宴过程中醉酒失态的丑样：

> 宾既醉止，载号载呶，
>
> 乱我笾豆，屡舞僛僛。
>
> 是曰既醉，不知其邮，
>
> 侧弁其俄，屡舞傞傞。
>
> 既醉而出，并受其福，
>
> 醉而不出，是谓伐德。
>
> 饮酒孔嘉，维其令仪。

僛（音qī），僛僛就是醉舞欹斜貌；傞（音suō），傞傞也是醉舞失态的意思。这首诗的大意是：宾客已经醉满堂，又叫喊来又吵嚷，把我食器全弄乱，左摇右晃舞跟跄。因为大醉现丑态，不知过错真荒唐。皮帽歪斜在头顶，左摇右晃舞癫狂。如果醉了便离席，主客托福两无伤。如果醉了不退出，这叫败德留坏样。喝酒原为大好事，只是仪态要端庄。

有鉴于此，周天子就设置了酒监和酒史，"既立之监，或佐之史"，酒监应该就是宴会的执法人，专司观察饮者醉与否，防止酒后失礼，违者处罚，而酒史是酒监的佐吏，可能就是记录官员酒宴表现特别是丑态的人。

周代官方酒宴的饮酒原则就是三爵为限，"三爵不识，矧敢多又"。《礼记·玉藻》提及三爵之礼时说："君子之饮酒也，受一爵而色洒如也，二爵而言言斯，礼已三爵而油油，以退，退则坐。"经学家注"洒如"为肃敬之貌，"言言"为和敬之貌，"油油"为悦敬之貌，都是彬彬有礼的样子。也就是说，正人君子饮酒，三爵而止，饮过三爵，就该自觉放下杯子，退出酒筵。所谓"三爵"，指的是适量，量足为止，这也就是《论语·乡党》中孔子所说的"唯酒无量，不及乱"的意思。

三、"祭以清酒，享于祖考"[1]：饮酒礼

饮酒礼是周代礼乐文化最直接的产物，具有巩固政治统治、联络感情的思想政治价值。还有一点非常重要的是，周代的饮酒礼是后来历朝历代从朝堂到民间饮酒礼的基础和蓝本，是中国酒礼文化的核心。

与其他诸礼相比，饮酒礼有着自己独有的特征，它集中包含了以忠君为核心的政治伦理、以尚德尚老为核心的社会伦理和以孝亲为核心的家庭伦理。

图4-2　南宋画家马和之绘鹿鸣之什图（局部）"我有嘉宾"

周代饮酒礼的仪式化、祭祀、飨神都和周代的宗法制度有着密切的关系。祭祀仪式举行时，酒是不可缺少的，酒的使用关系到了对受祭者的敬重程度和祭祀仪式的隆重程度，《诗经》不少篇目都提到了祭祀时用酒的重要性，如在《诗经·小雅·信南山》

1　引自《诗经·小雅·信南山》："祭以清酒，从以骍牡，享于祖考。"

中就说"曾孙之穑，以为酒食……祭以清酒……享于祖考"，在原始初民的观念中，神祖是永生不灭的，他们认为要想获得神灵的保佑和赐福，只有将最美好的食物作为祭祀品供神祖飨用。

《诗经·小雅·楚茨》也是一首典型的祭祖祀神的乐歌，它较详细地描写了祭祀的全过程，从祭祀前的相关准备一直到祭祀之后的饮酒为乐，详细展现了周代的祭祀仪式的过程，展现了先民在祭祀祖先时的热烈庄严的气氛，也描写了祭祀之后家族欢饮的融洽场面。全诗不仅生动地描绘了祭祀的过程，而且写了饮酒与祭祀的相互关系，重点突出了饮酒对于祭祀的重要性。

周代的宗法分封制度对饮酒礼的影响十分明显，《礼记·礼器》中就有"天子之席五重，诸侯之席三重，大夫再重"的说法，即天子用席五重、诸侯三重、大夫两重。

在周代，酒首先是用于祭礼，其次是用于燕礼，即君主宴请诸侯或者诸侯之间互相宴请的礼仪。燕礼举行时，在席位上的座次更为重要，座次安排体现出了尊卑等级上的差别，《礼记·燕义》载：

> 君立阼阶之东南，南乡尔卿、大夫，皆少进，定位也；君席阼阶之上，居主位也；君独升立席上，西面特立，莫敢适之义也。设宾主，饮酒之礼也；使宰夫为献主，臣莫敢与君亢礼也；不以公卿为宾，而以大夫为宾，为疑也，明嫌之义也；宾入中庭，君降一等而揖之，礼之也。

阼阶就是东边的台阶，为主人专用。这段话的意思是：国君站在庙堂阼阶的东南方，面朝南向诸位公卿、大夫行礼，使卿、大夫稍稍近前，这是要确定群臣的位置；国君的席位设在阼阶之上，这表示国君的席位是主位；国君单独升堂，面朝西方站立在自己的席位边上，这是表示没有人敢与他匹敌的意思。本是君臣关系而按宾主落座，这表示用的是饮酒致欢的礼数（君臣是上下级关系，而宴会主宾之间只是主人和客人的关系）。国君让宰夫代表自己向宾客敬酒，这是因为臣下没有人敢与国君对等行礼。不以公卿为宾，而以大夫为宾，这是因为公卿本来已经够尊贵了，现在再让他为宾，就有与国君匹敌之嫌，所以这样做含有避嫌之意。作为臣下的宾客进入庭中，国君要走下一级台阶拱手相迎，这是以宾相待之礼。

在饮酒礼中，宾是一个十分重要的角色。在先秦诸多文献的记载中，包括君臣之间、诸侯国与朝聘之宾与大夫之间的主宾饮酒活动要远远多于宗亲活动举行的饮酒礼。《仪礼》中所记载的礼节虽然各有一些差别，但是在正礼中或正礼后都会有酬谢宾客以乐宾的环节。在不同的礼仪中，"宾"的身份也有所不同，例如，《燕礼》、《大射仪》和《公食大夫礼》中宾是大夫、卿及其他诸臣为众宾；《乡饮酒礼》和《乡射礼》中的宾是乡中贤能者；《士冠礼》宾为主人之僚属；《士昏礼》宾为使者，身份为群吏相往来者；《聘礼》宾为外国使者；《觐礼》宾为诸侯；《特牲馈食礼》、《有司彻》和《少牢馈食礼》中的宾则为有司来观礼者。

燕礼开始，周天子向宾位的臣下敬酒，并向臣下赐爵劝饮，这时客宾及臣下都走到堂下，向国君拜两次再叩头，国君使小臣请他们回到堂上席位，他们还要在堂上再拜叩头，然后接受，以完成礼节，这是表明做臣子应有的礼数。国君也起来向他们答拜。礼仪中，宾客有拜，主人必有答，这是表明做君主的应有的礼数。

天子敬酒后，与会者开始互相敬酒的程序，《礼记·燕义》载：

席，小卿次上卿，大夫次小卿，士、庶子以次就位于下。献君，君举旅行酬；而后献卿，卿举旅行酬；而后献大夫，大夫举旅行酬；而后献士，士举旅行酬；而后献庶子。俎豆、牲体、荐羞，皆有等差，所以明贵贱也。

意思是：饮宴时坐席的设置是这样的：小卿的席位次于上卿，大夫的席位又次于小卿，士及庶子则依次坐在阼阶下面。饮酒的时候，宰夫代国君做主人，先给国君敬酒，国君举杯向大家劝饮，然后又给卿敬酒，卿也举杯向大家劝饮，然后给大夫敬酒，大夫又举杯向大家劝饮，然后给士敬酒，士也举杯向大家劝饮，最后给庶子敬酒。饮宴时所用的食器、菜肴等，都因地位的不同而有所差别。这些都是用来表明尊卑贵贱的。

敬酒环节之后，就饮酒礼而言，已经达到"礼成"，接下来就是相对轻松一些的"安宾"程序，通俗地说就是要让与会宾客"喝好"，《周礼·春官·大司乐》中说"以安宾客"，《仪礼·燕礼》和《仪礼·大射礼》也记载了正礼后的安宾环节："君命'无不醉'，宾及卿大夫答曰'敢不醉'"；《诗经》中的《鹿鸣》《湛露》《宾之初筵》《南有嘉鱼》《楚茨》以及《既醉》等诗篇中，都记载有无算爵、无算乐的安宾环节和不醉不归的内容表述。其中《湛露》中"厌厌夜饮，不醉无归"一句，即主人留宾，并邀请宾客饮酒以尽欢，此举有安宾之意，主人借此达到融洽主宾之间关系的目的。

宾主均借饮酒礼仪的举行来实现其各自的政治目的，倘若做到了安宾以致乐，主宾才有可能在"不醉无归"的融洽氛围下达成自己的政治目标，并且顺利完成各项礼仪活动；倘若不能做到安宾以致乐、主宾失和，则甚至可能出现短兵相接的严重后果。周人正是通过饮酒礼仪中的觥筹交错、鼎俎推换、声歌并作等仪式，以达到安宾致乐、宾主融洽的目的。

周代饮酒礼不仅仅对人们交往的礼节有着比较严格的规定，对于酒器也有着较严格的要求，这体现了宾主之间的关系，更体现了饮酒礼参与者的等级地位和身份差别，这与孔子所说的"器以藏礼"相对应，参与者的地位不同，其所用的礼器、待遇也就不同，以显示其社会等级和身份的差别。

在周代，设有专门制作酒礼器的"梓人"一职。当时用于饮酒礼的青铜器主要有尊、爵、角、壶、觚、觯、斝、卣、勺、方彝、枓、禁等。不同身份的人所使用的饮酒器也不同，这在《礼记·礼器》中有明确的规定："宗庙之祭，贵者献以爵，贱者献以散，尊者举觯，卑者举角。"

西周时期，礼乐十分盛行，重视"君君、臣臣、父父、子子"，而饮酒礼仪正是行礼、践礼、体现礼的最有效的场合和手段，所以饮酒礼仪能够巩固、强化贵族阶级的礼乐制度。"和乐而不疏"的饮酒之风体现了周人的追求，这就是温和中正、欢乐和谐、君臣有节、长幼有序，这一切都使得血缘、宗法、亲情得到升华。

第二节　"开轩面场圃，把酒话桑麻"[1]——民间酒礼

一、"宾主僎介，堪舆是程"：乡饮酒礼

周礼中除了规定祭礼、燕礼等庙堂酒礼，还规定了当时的民间酒礼，这就是乡饮酒礼。乡饮酒礼是我国古代广泛存在的一种礼仪，是一种以敬老、宾贤、谦让为主要内容，在地方举行的以推广教化、教育为目的的礼仪制度。乡饮酒礼与教育、教化、选举等有着密切的关系。

在周代，各诸侯国每三年一次，由乡老及士大夫选举贤能，并带领众人举行饮酒礼，对乡贤以宾礼相待，最后由诸侯把这些贤者引荐给君主，以得到任用。

在乡饮酒礼中，宾是主角，有资格成为宾的就是当时的乡贤。根据乡中学成者德行才能的高低，乡大夫与乡学先生确定宾的人选，称为"谋宾"；德行才能最优的作为宾，也就是正宾，其次作为介，再选择三人为众宾。所谓介，就是正宾的陪辅，主人的陪辅称僎（音zhuàn）。宾主僎介之间的关系，用宋代文学家洪遵的话阐释就是"宾主僎介，堪舆是程"（《汉诏郡县行乡饮酒礼颂诗》），这里的堪舆不是风水的意思，而是天地之意（风水学上，堪指天道，舆指地道），这句话的意思是宾主僎介之间就像天地相配、相辅相成。

宾和介的人选确定后，主人需要亲自到他们家中通报，并表达邀请之意，宾谦让推辞后再接受，为了表示为国求贤的郑重，主人需行再拜之礼。此后主人再去邀请介，程序也是相同的。

主人要在礼仪举行当天亲自到宾和介的家中邀请。此后众宾和介再到宾

1　引自唐代诗人孟浩然的《过故人庄》："故人具鸡黍，邀我至田家。绿树村边合，青山郭外斜。开轩面场圃，把酒话桑麻。待到重阳日，还来就菊花。"

的家中邀请，然后一起前往乡学。主人则在乡学的门前迎接宾客，向宾行再拜之礼，宾答拜；再向介行一拜之礼，介答拜；然后向众宾拱手行礼，随后客人随主人入门。众宾入门以后在门内等候，再随着主人与宾、介前行。

周代乡学称为庠，庠的门与堂都是不正对的，其建筑布局与贵族建筑的格局类似，因此入门后要拐弯三次才能到达正堂前的台阶。每次拐一次弯，宾主要互相鞠躬谦让，到达各自的台阶前，彼此要再鞠躬谦让三次，才可以登堂。

在宾客登堂后，主人要拜谢宾客的到来行"拜至"之礼，主宾先后行礼后入座。在堂上，主宾的席位有严格的规定：主人面朝西坐在正堂东南方；宾坐在西北方；介面朝东坐在西南方。在乡饮酒礼中，宾是最主要的，须面朝南面而坐。

献宾环节是乡饮酒礼的中心，主要有献、酢、酬三部分。"献"为主人向宾献酒，"酢"为宾回敬主人，"酬"为主人先自饮，再劝宾一起饮，这就是"一献之礼"。

献宾的每一个环节都十分讲究，并且程式化。主人在献酒之前，要先下堂洗爵，宾客这时不敢在堂上独自安坐，这样有役使主人之意，于是便随其下堂，主人辞谢宾的下堂，叫作"辞降"，宾客谦虚辞让；洗完后，主人先上堂，然后再下堂洗手，以备斟酒，宾客要辞谢主人，叫作"辞洗"；主人作答后去洗手。洗完后，主人行拱手礼，请宾客先行上堂，谦让过后登阶。上堂以后，宾先要拜谢主人为其洗爵，叫作"拜洗"；主人高高举起倒满酒的酒杯献给宾客，叫作"扬觯"；宾客要在拜谢之后接受爵，叫作"拜受"；宾客接爵以后，主人还要"拜送"，彼此再拜谢，受拜者要稍稍后退，以示谦让；按照当时的礼节，宾客要在作食前祭祀，后将爵中的酒饮毕，此时主人要再"拜既爵"。

之后是主人与介之礼，主要有主人献介和介酢主人两个环节。为了方便主与介上堂行礼，主人与宾先下堂。与迎宾时一样，主人拱手谦让请介上堂，有谦让、登堂和相拜的环节。与献宾环节一样，介要随主人下堂洗爵，彼此辞谢，双方升堂后，介则不必拜洗；主人斟酒献于介，介辞谢后接受，主人拜送；介祭祀完毕后再饮完爵中的酒，但在作食前祭祀的方式简略，后拜谢主人。主人答拜，主介礼仪至此完成。介酢主人的环节与宾酢主人是一样的。

在《仪礼·乡饮酒礼》"正歌备"环节后，会有旅酬这一环节，即众宾按长幼次序相酬之礼。旅酬之后，主人请宾入座饮酒，宾则请主人撤去俎。这时的安宾环节已经不再是正礼进行时的庄重严肃，此时主宾会在轻松的奏乐氛围中饮酒，宾主饮酒不计数量，至醉而止，称"无算爵"。

乡饮酒礼除了在为国家荐举出贤才时举行，还有三种情况下也会举行乡饮酒礼，一种是"党正"（每500家为一党，党正掌管一党之中的道德教化和祭祀活动）宴饮乡中的老人，一种是州长在春秋二季举行射礼前进行的饮酒，还有一种是卿、大夫、士宴饮一国之中的贤者。而第一种情形的乡饮酒礼，便是专门为老人所设的宴请。据《礼记·乡饮酒义》载：

六十者坐，五十者立侍，以听政役，所以明尊长也；六十者三豆，七十者四豆，八十者五豆，九十者六豆，所以明养老也。民知尊长养老，而后乃能入孝悌。

在乡饮酒礼上，60岁的长者坐于席上，50岁者则须站在一旁陪侍，听从差遣，以此来表明对长者的尊敬。60岁者面前陈设三豆食物（豆是一种盛食物的器具），70岁者陈设四豆，80岁者陈设五豆，90岁者陈六豆。豆象征着对长者的供养，长者年龄愈大，所获得的食物供养也就愈多。可以看到，在乡饮酒礼上，处处都透露出按照年龄所形成的秩序，以此向当地观看、参加这种礼仪活动的百姓，传达养老、尊老的道德观念，而这种养老、尊老风气的形成，是为了培养百姓孝悌的德性。

周代尊老重老这一观念随着周礼的确立逐渐成为与政治文化紧密结合在

一起的尊老文化。《礼记·乡饮酒义》中有这样一段非常耐人寻味的话：

> 君子之所谓孝者，非家至而日见之也，合诸乡射，教之乡饮酒之礼，而孝弟之行立矣。

君子所说的孝，不是通过挨家挨户讲道理、天天见面做宣讲的方式加以教导的，而是集合百姓观看乡射礼，通过乡饮酒礼来教导他们的，这样一来，百姓自然而然就会懂得如何行孝悌。事实上，百姓也许根本不懂得多少有关孝悌的深刻道理，既庄重又亲切的宴饮上，从宾客的身份，到宴会上宾客不同的角色，到根据年齿所受待遇的不同，都鲜明直观地让在场百姓感受到一种尊老的气氛，百姓心中对老者的尊重之情也就油然而生。

周人把饮酒礼视为一项重要的社会活动。周人举行饮酒礼时讲究以礼节情，反对纵酒败德；讲究尊卑长幼之序，反对违礼越矩；讲究宾主互敬互让，往来有序，反对恣情狂饮，一味追求感官生理上的刺激，所以饮酒礼更多体现了一种理性精神。

二、"社肉如林社酒浓"[1]：饮酒礼的流变

名义上由周公创制、盛行于西周和春秋战国时期的饮酒礼在秦朝时期，受到了前所未有的打击，在当时，儒家礼乐文明不受统治者的重视，乡饮酒礼作为嘉礼中的重要组成部分，遭废弃也就在所难免。随着秦朝几十年的短命夭折，饮酒礼得以起死回生，并继续发展。

汉初所用多为黄老之术、刑名之言，至武帝时，随着儒学的兴起，"乡饮之礼"起而复兴，司马迁在《史记·儒林列传》中提到："汉兴，然后诸儒始得修其经艺，讲习大射、乡饮之礼。叔孙通作汉礼仪，因为太常诸生弟子共

1　引自南宋大诗人陆游的《春社》："社肉如林社酒浓，乡邻罗拜祝年丰。太平气象吾能说，尽在冬冬社鼓中。"

定者，成为选者，于是，喟然欢兴于学。"西汉成帝鸿嘉二年（前19年），朝廷为博士举行乡饮酒礼。西汉末大乱，东莱人李忠于更始六年在丹阳任太守时，"以丹阳越俗不好学，嫁娶礼议，衰于中国，乃为起学校，习礼容，春秋乡饮，选用明经，郡中向慕之"（《后汉书·任、李、万、邳、刘、耿列传》）。由于民风向化，成为一方乐土，一时流民纷纷附集，不过几年，"垦田增多，三岁间流民占著者五万余口"。东汉初，大司徒伏湛就奏行乡饮酒礼，各地乡饮渐有恢复。汉明帝永平二年（59年），汉明帝驾临太学，亲自主持了一次养老礼，可见东汉乡饮是地方对朝廷养老礼的效仿。

晋武帝泰始六年（270年），晋武帝司马炎亲临太学（辟雍）举行乡饮酒礼，诏曰："礼义之废久矣，今乃复讲肄旧典。赐太常绢百锭，承博士及学生牛酒。"晋惠帝永宁二年（302年），晋惠帝司马衷主持复行此礼，以乡饮酒礼所倡导的贵贱亲疏等级观念来维持统治。

北魏时期，孝文帝积极学习汉文化，"巡狩、尊老、乡饮"这三礼是北朝尤其是北魏礼制中的大宗，这不仅在整个北朝礼制上占有极重要的地位，而且也是北魏以及整个北朝政治上最成功的地方。

隋代时，乡饮酒礼与祭祀先师孔子的仪式一同被纳入尊师重老的社会道德系统，据《隋书·礼仪志四》记载："国子监每岁以四仲月上丁，释奠于先圣先师，年别一行乡饮酒礼；州郡学则以春秋仲月释奠州郡县，亦每年于学一行乡饮酒礼。"由此可见，在隋代饮酒礼受到高度重视，每年中央国子监和地方各级学校均会举行。

唐代是乡饮酒礼的转化时期，它上承汉晋以来的养老礼，下启宋元以来的重教礼，其目的是使乡绅庶民识廉耻，知敬让。地方官为了借机宣扬礼教，希望改变社会上饮酒无度的不良风气，每年都会宴请在本地有声望的老人、贤人以示敬尊敬贤能。此外，唐代士子赴京赶考之前，地方官都要设酒宴欢送他们，对参加科考的学子及孝悌、旌表门闾者，行乡饮酒之礼，刺史为主人，据《新唐书·选举制》记载："每岁仲冬，州、县、馆、监举其成者送之尚书省；而举选不由馆、学者，谓之乡贡，皆怀牒自列于州、县。试已，长吏以乡饮酒礼，会属僚，设宾主，陈俎豆，备管弦，牲用少牢，歌《鹿鸣》之诗，因与耆艾叙长少焉。"

图4-3　宋代佚名《夜宴图》（局部），取材于唐代十八学士夜宴的典故

武则天长安二年（702年），朝廷规定："教人习武艺，其后每岁如明经、进士之法，行乡饮酒礼，送于兵部。开元十九年，诏武贡人与明经、进士同行乡饮酒礼。"（《通典·卷第十五·选举三》）这大概是军人、武士历史上第一次被朝廷纳入了乡饮礼制内。

五代十国时期，多年的战乱导致社会混乱，乡饮酒礼难以举行，只好废止。后唐"左仆射李愚请颁《唐六典》，使州县贡士行乡饮酒礼，时以其迂阔，不果行"（《新五代史·李愚传》）。李愚好古，讲求古圣王之道。他在当时提出恢复行乡饮酒礼，由于完全不考虑现实状况，食古不化，遭到众人耻笑。

宋代乡饮酒礼是在隋唐宾贡礼、养老礼并行的基础上进一步推动而成的。北宋建立后，乡饮并不被高层重视，长期处于停废状态。乡饮礼很有可能是敬老性质的乡饮酒礼已经转变成了养老礼，两宋没有将乡饮酒礼纳入制度化的轨道，听任民间自举行，政府不加过问。宋高宗绍兴二十六年（1156年）下旨令乡饮酒礼行于里社者由地方决定。总体上，南宋乡饮酒礼举行次数不多，但规模往往很大，组织一次乡饮酒礼毕竟是要花费相当多的财力、物力、人力，在中央政府不重视的情况下，地方政府更加不会重视，所以两宋时期的乡酒礼饮实际上长期处于废停不举状态。

元初曾有汉儒王浑向元世祖建议恢复乡饮酒礼，但未被重视。元典章制度不载乡饮礼，政府也极少对乡饮酒礼有什么规定，一切皆由地方自行决定。

元代也存在两宋期间那样三种模式的乡饮酒礼，但均是才举即废停。地方是否举行乡饮酒礼完全由地方官意愿决定，即行即止，废举无常。

明清时期恢复了以尊老敬老为目的的饮酒礼，但不再像唐宋饮酒礼那样具有安宾尽兴之意，而是借此宣扬尊老敬老，以维护封建礼教制度。面对民间的各种社会问题时，明代和清代的统治阶级整合了历代饮酒礼中有用的成分，并依据自己统治的实际需要，在礼仪程序方面做了一定的修订，最后以国家正规条令的方式强制推行。

毫无疑问，在历代政治文化中，饮酒礼在一定程度上都彰显了其以伦理道德治国的本质，培养了一代代深受儒家文化教化熏陶的人民，发挥了其独特的维护社会秩序的作用，成为统治者维护统治、稳定社会关系的工具。

三、"隔篱呼取尽馀杯"[1]：古代饮酒礼的现代应用

乡饮酒礼本就是地方乡里尊长敬老的社会习俗，延续至清朝，仍然具有尊老尚幼的功能。孟子说，"老吾老以及人之老，幼吾幼以及人之幼"，饮酒礼倡导视人之老为己之老，视人之长为己之长，本质上与中华民族的传统孝道理念是相通的。在现代饮酒礼仪中，饮酒宴会依然遵循长幼有序、亲疏有别的种种礼仪规定：按辈分的高低依次入座，长辈在前，晚辈在后；如都是平辈，年长者在前，年幼者在后；按亲疏关系，亲者在前，疏者在后；长辈请晚辈入座，主人在前，客人在后。斟酒的顺序也要讲究，要先给在座的年长者斟酒，以示尊敬。

在现代社交活动中，宴会已经成为人际交往的最主要的应酬形式，基本形成了一套完整的礼仪制度，在宴会席位和座位坐法、酒器选择及其摆放、温酒与开酒、斟酒、劝酒、碰杯、谢酒等相关礼节上都有相应的规则，表现在以下几个方面：

1　引自唐代大诗人杜甫的《客至》："舍南舍北皆春水，但见群鸥日日来。花径不曾缘客扫，蓬门今始为君开。盘飧市远无兼味，樽酒家贫只旧醅。肯与邻翁相对饮，隔篱呼取尽馀杯。"

// · 席位

古今酒礼入席的礼节主要是三点：长者在先，宾客在先，女士优先。首先，看看"长辈在先"原则，它要求在入席就坐的时候，长者先入，按照年龄决定先后顺序，这是对长辈尊敬的表现，也是中国传统美德中尊老的表现；兄弟应以兄为先，师生应以师为先，长幼应以长为先，这是入席之礼最基础的一个礼仪。

其次是"宾客在先，优待外宾"。中国自古便有"有朋自远方来，不亦乐乎！"之说，对于远方来的朋友，更加应该加以优待，舟车劳顿不易，有心赴宴可贵，应当主随客便，给外宾安排适当合理的位置，使之觉得不枉此行。

再次是"女士优先"的原则，在古代，男尊女卑思想深入人心，女性地位低下，更别说在酒席中能有一席之地了。但是在社会主义的今天，女性地位大大提高，男性尊重女性是一种大度，是一种豁达，所以在入席时，应礼让女性，以示尊重。

我们再来看坐席安排。主陪是请客一方的第一顺位，即是请客的最高职位者，或陪酒的最尊贵的人，位置在正冲门口的正面，主要作用基本就是庄主，把握本次宴请的时间，喝酒程度等。

副陪是请客一方的第二顺位，是陪客者里面第二位尊贵的人，位置在主陪的对面，即背对门口。这个位置更多的是带动客人喝酒。

三陪位置在主陪的右手边第二位置，他的主要作用是跟主陪一左一右把主宾夹在中间，便于照顾。

主宾是客人一方的第一顺位，是客人里面职位最高者或地位最尊贵者坐的地方，位置在主陪的右手边。第一副宾是客人一方的第二顺位，位置在主陪的左手方。第二副宾是客人一方的第三顺位，位置在副陪的右手方。如果还有第三宾，则为客人一方的第四顺位，位置在副陪的左手方。

// · 酒器选择及其摆放

现代社会，我国常用的酒器一般是玻璃酒器和陶瓷酒器，一般情况下不必使用酒壶。水杯放在茶盘的上方，酒杯放在茶水杯的左方。

// · 温酒与开酒

饮酒宴会上需要根据酒品种的不同来确定饮用的时间。一般情况下，白酒开瓶后即可直接饮用，冬天，也有喜欢把酒瓶放到盛有开水的容器中加热到一定程度再饮用。红酒应该在瓶塞打开后，放置一段时间，透气后才能饮用。白葡萄酒和啤酒等可直接饮用，也可冰冻或者加冰后再饮用。

// · 斟酒

作为主人，首先要为来宾斟酒，酒瓶要当场打开，酒杯大小一致。斟酒顺序要讲究：第一，如在座有年长的、远道而来的或者职务较高的人，要先给他们斟酒，以示尊重；第二，一般情况下，可按顺时针方向依次斟酒。中国人饮酒习惯为"上酒在左，斟酒在右"，有主人或主人请的陪客或重要人员，服务员要按宾主的要求斟酒。斟酒时应从宾主的右侧开始，自右向左的方向依次斟酒。酒要斟满，以示对客人的尊敬。

// · 劝酒和敬酒

劝酒是为了渲染饮酒宴会气氛，劝酒得法，会使得席间气氛热烈。一般由主人、陪客或主人委托的"代东""酒官"劝酒，劝酒方式多种多样。

在现代筵席或者酒会上，敬酒之礼依然盛行。敬酒之礼简称"酒过三巡"。在中国喝酒，前三杯酒不是对某一个人的，而是主人对于客人的敬意，体现了酒席的主题。第一杯酒，一定是主人敬客人。第二杯酒，一般是客人酬谢主人，第三杯酒，则是主人接受客人酬谢后的回敬。

在所有酒席中的敬酒有一个大家都应该遵循的规则，即"小敬大，幼敬长，首席者为上，宾客次之"。在座的受邀者或者邀请者都应该一视同仁，不能以职位高低、才学深浅、贫富贵贱等方面看人，敬酒的第一个受用人便是首席、开席、点菜的人。敬酒时，应先敬首席，再以顺时针的方向依次敬之。如果是亲疏关系为主导的酒席上，应当以疏者为先，亲者为后，以表现欢迎以及尊重，让对方感到舒心，有存在感。还有重要的一点礼仪是，敬时不能强求对方必须喝下或者是说一些类似"不喝就是不够朋友"之类的话，对方的酒量有限，而敬酒的次数无限，所以，在对方实在不能喝的时候，可以示意对方，"我们意思意思喝一点就行"，以免让对方醉酒难堪。

　　// • 碰杯

　　在"酒过三巡"之后，就是单独敬酒环节。在中国，单独敬酒有很多方式，最常见的是碰杯礼，在中国有些地方，甚至一定要双方酒杯相碰发出声音，酒飞出杯子为最佳，但是这一习俗随着文明发展，渐渐被舍弃，双方变成轻轻碰杯，而且客人的酒杯一定低于主人的酒杯。但是随着酒桌越来越大，很多时候无法碰杯，于是发明了轻磕桌面的礼仪。但是在磕桌之后，举杯的方式不能一只手，一般是两只手举杯，形似抱拳，是中国"抱拳礼"的延伸，而且一定要主人先饮，客人后饮。有些地方，客人饮酒后要将酒杯倒扣于主人面前，以示行跪谢大礼，出现这种礼仪场合比较罕见，不能轻易滥用。在少数民族地区，如壮族、苗族、彝族等地区，还有交杯礼、交臂礼、转转酒等当地礼节，一般客随主便，这个时候客人一定要按照民族兄弟们的要求饮酒。

　　宴会间祝酒时，主人向客人碰杯，杯口应与双目齐平，然后与客人碰杯，祝酒不要交叉碰杯。客人之间相互碰杯，是礼貌、友好的表示，一般应起立举杯，轻轻相碰，目视对方，口念祝酒辞。碰杯时一般与对方的杯口齐高，或者比对方的低，以示谦恭。人多时可举杯示意，不一定碰杯。

// · 谢酒及离席

饮酒宴席上，任何时候都可以谢酒，不肯喝过量不算失礼，可以借身体原因或者不胜酒力推辞。饮酒完毕后，稍作逗留即可离开。

离席为酒席中最后也是最重要的一个环节之一。在离席时，我们都应该遵守"有礼有节地先后离去"的原则。参加酒席最忌讳客人提前离席，特别是无缘无故地离席则破坏与邀请者之间的感情，又或者是让邀请者觉得，一定是自己招呼不周他才会悄无声息地离席，这是一种对宴请不满或者是不重视，看不起邀请人的表现，会伤害双方的感情。离席时，还应全体起立，让尊者、长者、女士先离席，按照入席时的顺序离席，也是对他们尊重的一个重要表现，然后主人紧随其后，快步走到门口行送客之礼。"迎来送往，善始善终"是人们文明礼貌的最佳表现，因此，酒席结束以后，要确保将宾客送达目的地。安排车辆，方便将客人送回，客人上车后，应招手致谢并且举目远送。对于醉酒的宾客更应当加以照顾，以免发生意外，造成不必要的麻烦。

// · 酒宴之忌

首先，饮以合欢。饮酒的目的是让同席之人彼此亲和，有人在酒桌上做出不合群的事儿，甚至有意侵凌某人，是不允许的。

其次，卑己而尊人。敬酒时尊崇有加，被敬时谦虚礼让，如果与尊贵者饮酒谦恭有加，而与位卑者饮酒却十分倨傲，这是有失礼仪风范的行为。

再次，《论语·乡党篇》说"唯酒无量，不及乱"，前一句是说酒可以多喝，后一句是重点，就是不管怎么喝，仍然不可乱了燕饮中的上下之礼、宾主之序，更不是借酒撒疯，闹出乱子，以适度、不醉为原则，自己饮酒要酌情控量，对别人也不应硬劝强灌。

根据《仪礼·乡饮酒礼》，饮酒的礼仪大致分为两个阶段：第一个阶段是"一献之礼"，大家根据仪礼规范定量饮酒；第二阶段为"无算爵"，就是大家自由发挥，不能再喝的人就可以退场了。但现在有些地方酒风彪悍，第一阶段是先上凉菜，喝倒一批，然后再上热菜，没醉的人可以继续喝酒。这个行为严重背离了中国酒礼的基本法则，属于有席没面的行为。

在今天酒宴中，最常见的一种公然违反酒礼的行为是"抗酒"。酒场有潜规则，即"非酒莫言"，就是说不喝酒的人，在酒桌上不要说话，毕竟今天物质丰富，酒桌上菜品不少，不喝酒的人吃菜就行，没有人会要挟不会喝酒的人喝酒。但是实际上有人是不会喝酒，但是会"安排别人喝酒"，这就是"抗酒"。这种人如果是女人，则属于"后宫干政"，是男人则属于"太监专权"，属于酒场非常令人讨厌的一类人。另一类人则属于不能喝酒，酒量差，在酒场上认个错，一般没人会为难，但是就怕有些人以"酒量不行"为理由胡言乱语，甚至用手捂酒杯，这就是一种非常差的品质，俗称"奸佞小人"。

综上所述，中国酒礼的本质要求就是"中和"二字。西汉辞赋家邹阳在《酒赋》中说："庶民以为饮，君子以为礼。"合乎礼，就是饮酒活动的基本原则。但酒礼并不是超越时空永恒不变的，随着历史的发展、时代的变迁，酒礼的规范也在不断变化中，变得更加符合实际要求。

第五章

酒之典：豪饮魏晋纵酒唐宋

第一节 "君王置酒鸿门东"[1]——帝王酒典

我们前面多次提到，酒刚出现时因为稀少而珍贵，所以"饮惟祀""祀兹酒"，只是用于祭祀祖先和天地神灵，在他们享用之后，才是部落首领、巫师享用，后来推而广之，就成了宫廷专属饮品，饮酒、饮好酒就成了帝王将相的特权。历史上关于这方面的记载汗牛充栋，我们这里只能选其中最著名、最有代表性的来说一下。

// · 仪狄造酒

我们在第一章"酒之史"就跟大家探讨过"仪狄造酒"的说法，这里不再展开，简单说仪狄是上古少昊氏族联盟时期的首领，同时也是巫师，她在主持祭祀活动的同时，发现了祭品中出现了"酸化"现象，这就是"帝女仪狄作酒醪、变五味"。变五味可能就是当时仪狄发现五种农作物都能做酒醪。

图5-1　明代万历朝首辅大学士张居正编《帝鉴图说》之"大禹戒酒防微"

// · 禹绝旨酒

战国时，梁惠王魏婴在范台宴请各国诸侯，酒兴正浓的时候，梁惠王向鲁共公敬酒，后者站起身，离开自己的坐席，正色道："昔者，帝女令仪狄作酒而美，进之禹，禹饮而甘之，遂疏仪狄，绝旨酒。曰：'后世必

1　引自宋代诗人刘翰的《鸿门宴》："子婴已降隆准公，君王置酒鸿门东。"隆准公即指刘邦。

有以酒亡其国者！'"（刘向《战国策·魏策二》）《战国策》这是把仪狄当成了夏初时候的人。抛开仪狄的年代争议不说，这段文字被认为是我国大禹时就有了禁酒的思想。据《古文尚书·虞夏书·五子之歌》所载，为了让子孙和自己一样，对酒的危害高度警觉，禹还把戒酒和戒色、戒奢一起，写进了祖训，警告道："内作色荒，外作禽荒，甘酒嗜音，峻宇彤墙，有一于此，未或不亡！"

// · 酒圣杜康

杜康即似少康，夏代第六任君主，他首先发现了秫酒，即用黏高粱米酿的酒。他发现秫酒的过程，本书第一章"酒之史"已经做过介绍，这里不再赘述。

// · 夏桀酒池

夏桀是夏代的末代君主，他当政期间酒色乱政到了骇人听闻的地步，他宠信美女妹喜，"置于膝上，听用其言，昏乱失道"，最奇葩的是造了个巨大的酒池，酒池上可以行舟，"一鼓而牛饮者三千人，鞙其头而饮之于酒池，醉而溺死者，末喜笑之，以为乐"（刘向《列女传·孽嬖传·夏桀末喜》）。

// · 商纣肉林

商纣王是商代最后一任君主，关于商纣王的嗜酒，史料记载特别多，《史记·殷本纪》称其"大聚乐戏于沙丘，以酒为池，县肉为林，使男女裸相逐其间，为长夜之饮"。托名姜太公的《太公六韬》也载说："纣为酒池，回船糟丘而牛饮者三千余人为辈。"商纣王的倒行逆施与夏桀几乎一样，这也引起了后世很多史家对商纣王被污名化的猜想，认为商纣王没那么坏，古人不知道他有多坏，就把夏桀的很多恶行又让商纣重演了一遍。

// · 周公《酒诰》

西周建立不久，周武王去世，其子成王年幼，由叔叔周公摄政，引起了成王另外三个叔叔管叔姬鲜、蔡叔姬度、霍叔姬处的不满，他们在商纣王之子武庚的挑拨下发动叛乱，史称"管蔡之乱"或"三监之乱"。但所有这些人加起来都不是周公的对手，仅用了三年时间，"三监之乱"被平定，武庚、管叔被杀，蔡叔被流放，霍叔贬为庶人，周公随后把"三监"故地归入卫国，封给自己的另一个弟弟康叔姬封，是为卫康叔。

卫康叔临行就藩前，周公告诫年幼的康叔，商朝之所以灭亡，是由于纣王酗于酒，淫于妇，以至于朝纲混乱，诸侯反目。周公旦把上述嘱言，写成《酒诰》，送给康叔。《酒诰》中禁酒之义基本上可归结为：无彝酒（不要经常饮酒），饮唯祀（只有祭祀时才能饮酒），执群饮（坚决制止聚众饮酒），戒湎酒（不要沉湎于酒），并认为酒是大乱丧德、亡国的根源。《酒诰》是中国酒文化中独特的禁酒思想的滥觞之源。

// · 周公祓禊

人类历史上最早的根据规划而建的城市就是洛阳，是西周时期在周公的主持下建设而成的。据《尚书·洛诰》载，周成王四年（前1039年）十二月，洛邑（洛阳最早的名字）初步落成。周王朝举行了盛大的庆功大典，周公带领百官，随周成王前往新邑，在洛水之滨举行盛大的祭祀文王的仪式。据南朝梁人吴均《续齐谐记》载：

昔周公城洛邑，因流水以泛酒，故逸诗云："羽觞随波流。"

这件事就叫"周公祓禊"。

西晋建立后，晋武帝司马炎曾向尚书郎挚虞询问"三日曲水"是什么意思，挚虞说，汉章帝时，平原郡人徐肇在三月初生了三个女儿，但是都只活了三天就夭折了，村民们都觉得是不祥之事，就在水边举行洗祓仪式，"遂因水以泛觞"，把酒倒在水里，来洗浴身体。晋武帝听了，心声厌恶，说道："必如所谈，便非好事。"如果真像你说的，那这并不是什么好事。

尚书郎束晳这时插话说："虞小生，不足以知，臣请言之。昔周公成洛邑，因流水以泛酒，故逸诗云'羽觞随波'。又秦昭王以三日置酒河曲，见金人奉水心之剑，曰：'令君制有西夏。'乃霸诸侯，因此立为曲水。二汉相缘，皆为盛集。"（《晋书·列传·束晳》）晋武帝听了大为高兴，赐束晳黄金五十斤。

从此，中国的民间节日就多了个三月三上巳节，在这一天，百姓和士人都要"曲水流觞"，泛舟饮酒，这就是中国文化中的特别现象"春日雅集"的由来，而其中最有影响的雅集当仁不让属于发生在晋穆帝永和九年（353年）的那场"兰亭盛会"，"书圣"王羲之借着酒意一挥而就《兰亭集序》，成为中国书法史、文化史上的一个巅峰。

//·召穆殷鉴

《大雅·荡》是《诗经》里的名篇，是大臣召穆公专为讽谏周厉王而作。诗中召穆公假托周文王慨叹商纣王违背天道，酗酒失德，对周厉王"天不湎尔以酒"，老天不让你酗酒，你却"靡明靡晦，式号式呼，俾昼作夜"，没日没夜沉溺在酒里，醉得狂呼乱叫，醉得昼夜颠倒，接着召穆公正告道："殷鉴不远，在夏后之世。"这就是著名的历史典故"殷鉴"的出处，后泛指可以作为借鉴的往事。

周厉王在历史上是以严刑止谤出了名的，自然听不进召穆公的劝谏，愈发变本加厉地喝大酒、施暴政。西晋史家皇甫谧的《帝王世纪》于周厉王，仅用了八个字来概括："荒沉于酒，淫于妇人。"其结局果然是步夏桀、商纣之后尘，被国人赶出京城，在外流亡14年而死。

// · 卫武刺幽

《诗经·小雅》里有一首诗叫《宾之初筵》，是卫国国君武公专为讥刺周幽王酗酒而作，当时"幽王荒废，媟近小人，饮酒无度，天下化之，君臣上下沉湎淫液"，卫武公入朝，见之而叹，遂作此诗。诗中记述了王宫酒宴上，君臣纵酒后的种种醉象："日既醉止，威仪幡幡。舍其坐迁，屡舞仙仙。"意思是，大家都已喝醉，威严庄重全不见。有人离开坐席到处跑，左摇右晃脚打颤；"宾既醉止，载号载呶。乱我笾豆，屡舞僛僛。"僛僛（音 qī qī），醉舞欹斜的样子。这句诗的意思是，他们已经醉满堂，又是吼来又是嚷。席上食器全弄乱，晃晃悠悠步踉跄；"是曰既醉，不知其邮。侧弁之俄，屡舞傞傞。"这是说都已经喝醉了，礼仪全然不管了，歪戴帽子斜走路，悠悠晃晃身轻佻。所有人已经醉到乱到这种程度，依然"醉而不出"，继续狂饮混闹，真是礼仪丧尽、丑态百出，全然没有一点王者气象。

西汉宗室文学家刘向的《列女传》也说，周幽王"饮酒流湎，倡优在前，以夜续昼"，就这样还觉得没有玩到位，竟然发昏到动用国防警报，在骊山上欢宴之时，多次举烽燧、擂大鼓，诓骗各地诸侯纷纷率军奔赴骊山勤王，以博妃子褒姒一笑，结果失信于诸侯，最后被犬戎攻杀，历时二百五十七年的西周也随之结束。

// · 孔子觞祖

在中国古代，一直有孔子善饮的说法，明代著名文学家袁宏道在《觞政》中就说："凡饮必祭所始，礼也。今祀宣父曰酒圣，夫无量不及乱，觞之祖也，是为饮宗。"他认为孔子是酒圣、觞祖、饮宗，说他酒量是"无量不及乱"。"无量不及乱"语出《论语·乡党篇》，原文是："惟酒无量，不及乱。沽酒市脯，不食。"这里的乱不能简单理解成是出乱子，准确说是乱了礼节。孔子的本意是说酒可以多喝点，但不管怎么说都不可以坏了仪礼和规矩，这也就是《诗经·小雅·宾之初筵》所说的"饮酒孔嘉，维其令仪"。

另外，孔子反对到市场上买酒，而只喝国家和地方政府举办的酒宴上置备的酒，如燕礼、乡酒礼中的酒，表明对酒保持的是一种"温克"的态度，不主张民间私酿，因为这会大量消费粮食。

孔子的酒量到底如何呢？最早明确记载孔子酒量的是《孔丛子·儒服》，记载赵国平原君劝孔子七世孙孔穿（字子高）饮酒时就提及："尧舜千钟，孔子百觚，子路嗑嗑，尚饮十榼。"认为尧舜能喝千钟，孔子可以喝百觚（钟和觚均参见本书第三章"酒之器"的相关解释。觚约可以盛酒二三升），子路也能喝十榼。

坦率地讲，这里估计是有所夸大的，就算那时候酒度低，估计只有十度左右，但就是喝千钟、百觚白水都很难一时喝下去，更别说是酒了。北魏重臣高允就曾经上奏过一篇诫酒宏文《酒训》，告诫朝廷官员节酒，其中就提到过"子思有云：'夫子之饮，不能一升。'以此推之，千钟、百觚皆为妄也"。子思就是孔子的孙子孔伋，《中庸》的作者，受教于孔子的高足曾参。孔子的孙子距离孔子的生活年代是最近的，如果"夫子之饮，不能一升"确出自子思之口，那说明孔子酒量一般，但更有可能的是，孔子饮酒有"酒限"，就是他饮酒有自己的限度，再能喝也从不超过一升，他曾经就说过"不为酒困"（《论语·子罕篇》），这也就是《诗经·小雅·小宛》所说的"人之齐圣，饮酒温克"，从饮酒懂得克制自己而言，孔子确实担得起酒中圣人的名号。

// · 瓮里醯鸡

醯这个字音 xī，酒瓮或醋缸里滋生的小虫，又称醯鸡，古人以为是酒醋上的白霉变成的。《庄子·外篇·田子方》中说："孔子出，以告颜回曰：'丘之于道也，其犹醯鸡与！微夫子之发吾覆也，吾不知天地之大全也。'"这段文字是孔子见了老子后发出由衷的感慨，他对弟子颜回说，相比老子，我对于道的认识，就如同酒瓮中的飞虫般渺小，如果没有先生揭开我之蒙蔽，我就不知道天地大全之理啊！典故"瓮里醯鸡"就是从这来的，喻见识浅陋的人，也作"醯鸡瓮里"。

金末元初诗人元好问的诗句"井蛙瀚海云涛，醯鸡日远天高。醉眼千峰顶上，世间多少秋毫"（《清平乐·太山上作》），就把醯鸡和井蛙相提并论，诗人自谦自己像这两样东西一样鼠目寸光、见识浅薄，直到自己登上泰山之巅，"会当凌绝顶，一览众山小"，才知道世界之大、宇宙之广，所有东西都是那样微不足道。

醯在某些情况下也指醋。

// · 苞茅茜酒

春秋齐桓公称霸时期，齐桓公有一天与蔡姬出游，一起坐船，蔡姬是南方人，对船很熟悉，就故意晃动小船，齐桓公很害怕，让蔡姬赶紧停手，蔡姬正在兴头上，也是恃宠生娇吧，根本不听，晃得更厉害了，齐桓公吓得脸色都变了，一气之下就把蔡姬赶回娘家去了。但齐桓公并没有休掉蔡姬的意思，只是让蔡姬回娘家反省一下，没想到蔡姬的哥哥蔡穆侯却不识时务，把蔡姬转嫁他人了。齐桓公听了大怒，让管仲率军荡平了蔡国，这还没完，又挥师指向蔡国的盟友楚国。

楚成王闻讯大惊失色，就派使节去问齐桓公："君处北海，寡人处南海，唯是风马牛不相及也，不虞君之涉吾地也，何故？"（《左传·僖公四年·齐桓公伐楚盟屈完》）这就是典故"风马牛不相及"的出处。这时，管仲就说了伐楚的理由："尔贡包茅不入，王祭不共，无以缩酒，寡人是征。"

这里的包茅就是苞茅，即束成捆的菁茅；缩酒就是茜酒。茜，音 sù，本意就是用酒灌注茅束来过滤杂质。滤过的酒才能敬给神明和祖先。齐桓公这里是说，你们应当进贡的苞茅没有交纳，周王室的祭祀供不上，没有用来过滤祭酒的苞茅，我是来问责这件事情的。

后来，后来苞茅就成了进贡、祭祀的代称。古人吊丧时，都要带一捆新割的青草，这就是《诗经·小雅·白驹》所说的"生刍一束，其人如玉"，这个习俗就是从苞茅这来的。至今在南方有些地方还有类似的风俗。

// · 楚庄绝缨

楚庄王熊旅是春秋五霸之一。他有一次宴请群臣喝酒，喝得正欢，蜡烛突然被风吹灭了。黑暗里，楚庄王的一个美人对楚庄王说："今者烛灭，有引妾衣者，妾援得其冠缨持之，趣火来上，视绝缨者。"（西汉刘向《说苑·卷六·复恩》）意思就是，有人刚才趁蜡烛灭了骚扰我，我把他头盔带子抓下来了，马上让人点火把上来，就知道是谁了。

楚庄王说："赐人酒，使醉失礼，奈何欲显妇人之节而辱士乎？"是我让他们喝酒的，所以他才醉后失礼，怎么能为了标榜妇人的贞洁而使我的武士受辱呢？于是楚庄王对左右说："今日与寡人饮，不绝冠缨者不欢。"于是在场所有人都解开帽带把头盔摘下来，大家畅饮尽欢而散。

过了三年，晋国与楚国交战，战场上，有一位武将"常在前，五合五奋，首却敌，卒得胜之"，五场战斗都冲杀在最前面。楚庄王就很奇怪，问他说："寡人德薄，又未尝异子，子何故出死不疑如是？"意即，我德行浅薄，从未特别优待过你，你为什么这么奋不顾身呢？武将说："臣当死，往者醉失礼，王隐忍不加诛也，臣终不敢以荫蔽之德而不显报王也，常愿肝脑涂地，用颈血湔敌久矣，臣乃夜绝缨者。"

著名的历史典故"楚庄绝缨""肝脑涂地"说的就是这个事，后世多用"楚庄绝缨"表示为人大度，顾大局，识大体，宽宏大量。

// · 穆公亡马

秦穆公嬴任好是秦国第九位国君，是秦始皇400年前的祖先，也是"春秋五霸"之一。秦国王室的祖先非子因为给周孝王牧马有功而被封于秦地，所以历代秦国国君对马都有特殊的感情，秦穆公尤其如此。有一天，秦穆公丢了一匹马，自己亲自去找，结果在岐山脚下发现300多"野人"正在吃马肉，秦穆公上去一看，跺脚哀叹："是吾骏马也！"所有吃马肉的人都吓坏了，以为这就是活到头了。但秦穆公难过之后，对所有人说："吾闻食骏马肉，不饮酒者杀人。"我听说吃骏马肉如果不喝酒，会伤了身体，就赐给这些人酒喝，他们喝完酒都含泪羞惭而去。

3年后，晋惠公发兵攻打秦国，两国军队在韩原展开激战，秦军逐渐不敌，秦穆公被围，当年吃马肉的那300个人听说此讯，都拿起武器，说："可以出死，报食马得酒之恩矣。"（《说苑·卷六·复恩》）这300死士冲入晋军，左冲右杀，不但迅速瓦解秦穆公之围，还捎带着冲进晋军中军大帐，一举俘获了晋惠公。秦穆公不会想到，当年他赦免了那300盗马贼，还赏赐他们一顿酒，换来的是他自己乃至于秦国的命运的历史性反转。

// · 壶酒兴邦、投醪劳师

春秋时期，吴越争霸，会稽一战，越国惨败，越王勾践投降。为了羞辱勾践，吴王夫差没有杀掉他，而是把他当作自己的奴隶，勾践夫妇为吴王"驾车养马"，执役三年。勾践卧薪尝胆，寻机复仇。

回到越国后，勾践时刻牢记"会稽之耻"，采取一系列措施恢复越国的生产，增加人口数量，他规定"生丈夫，二壶酒，一犬；生女子，二壶酒，一豚"（《国语·越语》），即家中生了男孩，赏酒两壶，狗一条；生了女儿，奖励酒两壶，猪一只。

勾践还想方设法收买越国民心，据《吕氏春秋》载：

（勾践）身不安枕席，口不甘厚味，目不视靡曼，耳不听钟鼓。三年苦身劳力，焦唇干肺。内亲群臣，下养百姓，以来其心。有甘脆不足分，弗敢食；有酒流之江，与民同之。……

——《吕氏春秋·卷九·季秋纪·顺民》

这里的"有酒流之江，与民同之"，是说有人送了勾践几坛酒，勾践自己不喝，而是投在江里，与百姓一起喝。典故"句践投醪""投醪劳师"就出自这里。最后，勾践在范蠡、文仲的辅佐下，趁吴国与晋国争霸，吴国军力空虚之机，一举发兵，攻进吴国，吴王夫差自杀，吴国灭亡。

类似的事情，历史上还发生过一次，是比勾践时代更早的秦穆公时期，据明代文学家张岱所著《夜航船》载：

秦穆公伐晋，及河，将军劳之，醪唯一杯。蹇叔曰："一杯可以投河而酿也。"穆公乃以醪投河，三军皆取饮之。

——《夜航船·卷十·兵刑部·军旅·投醪》

由此引出的典故叫"投醪劳师"，也作"箪醪劳师"。不过，虽然秦穆公时期要早于越王勾践时期近200年，但《夜航船》是明代作品，张岱也没有标注资料出处，所以一般认为"投醪"这个典故还是出自《吕氏春秋》。

// · 折冲樽俎

俎音zǔ，这里指古代祭祀时盛肉的器物。

春秋时期，晋平公打算进攻齐国，派大夫范昭去观察齐国的动向。齐景公设宴招待范昭，喝得兴致正浓时，范昭竟提出用齐景公的酒杯喝酒。景公说："酌寡人之罇，进之于客。"范昭用齐景公的酒尊喝完酒，晏子立即命令侍从："彻罇，更之。"马上把范昭用过的那只酒尊换掉，然后让人重新拿了酒尊过来给范昭。范昭还想让齐国乐师给他演奏成周之乐，被乐师拒绝了。身为诸侯演奏周王之乐，这是僭越，范昭当然知道，他这么做显然是故意的。

范昭无趣地离开筵席后，齐景公有些担心，怕怠慢了范昭可能会给齐国带来祸患。晏子说，范昭并不是不懂礼法，他是故意试探我们君臣，所以我必须断了他的念想。

范昭回去后，跟晋平公说："齐未可伐也。臣欲试其君，而晏子识之；臣欲犯其礼，而太师知之。"孔子听到这个事后，说道："善哉！不出樽俎之间，而折冲于千里之外，晏子之谓也。"(《晏子春秋·卷五·内篇·杂上第五·篇十六》)

冲，本作衝，是古代一种攻城的战车，折冲就是让这种战车折返，或者理解成让这种很高的战车折断也可以；樽俎（音 zǔ），就是喝酒的酒尊和切肉的案板。"折冲樽俎"就是形容不使用武力，而在酒席宴会上制敌取胜。

// · 鲁酒薄而邯郸围

这个标题很多人估计摸不着头脑，不明白为什么鲁国酒薄而赵国却被围困。这是历史真事，历来有两个说法，一个见于《庄子·外篇·胠箧》："唇竭则齿寒，鲁酒薄而邯郸围，圣人生而大盗起。"唐代文字训诂学家路德明为此作注说，楚宣王时，楚国很强大，强迫周边的几个弱国到楚国朝见。鲁恭公不但到得最晚，而且所呈献的鲁酒味道寡淡，专业术语就是"薄"。楚宣王很生气，就没给鲁恭公好脸色，鲁恭公脾气也上来了，对楚宣王说："我周公之胤，长于诸侯，行天子礼乐，勋在周室。我送酒已失礼，方责其薄，无乃太甚！"

众所周知，鲁国是西周分封时，周武王封给弟弟周公的封国，但周公没有就封，而是让儿子伯禽当了鲁国第一任国君，爵位为公爵，无论从开创者的身份、与周王室的血缘关系、名义上的政治地位、国君爵位来看，一直被视为蛮夷、国君爵位仅仅是子爵（楚国之王号并非周天子所封，而是自封）的楚国跟鲁国不能同日而语，但有一样，国家实力鲁国与楚国也不可同日而语，所以才出现鲁恭公朝见楚宣王这种事，鲁恭公心里估计很委屈，他觉得自己以周公嫡系后代的高贵身份却要向低级的楚王献酒已经是违背了礼制，现在又受到楚王的羞辱，一气之下甩手而去。楚宣王怒不可遏，发兵攻打鲁国。

鲁酒薄，鲁国被攻打，怎么跟赵国有关系呢？是因为当时楚国与赵国是盟友，而赵国与魏国不和，魏惠王想攻打赵国，担心楚国去救，现在楚国攻打鲁国，魏惠王就觉得楚国无暇他顾赵国，于是发兵攻打赵国都城邯郸。

这个事还有另一个版本，西汉典籍《淮南子·缪称训》说："福祸之始萌微，故民嫚之，唯圣人见其始而知其终，故传曰：'鲁酒薄而邯郸围，羊羹不斟而宋国危。'"东汉大儒许慎在给《淮南子》这条作注时说："楚会诸侯，鲁赵俱献酒于楚王，鲁酒薄而赵酒厚。楚之主酒吏求酒于赵，赵不与，吏怒，乃以赵厚酒易鲁薄酒，奏之。楚王以赵酒薄，故围邯郸。"意思是，鲁国和赵国当时都到楚国朝见楚王，楚国管酒官品尝后发现，鲁国酒味寡淡，而赵国的酒醇厚，出于私心向赵国使臣讨酒。赵国使臣因带的酒少，就婉言拒绝了。结果管酒官怀恨在心，在朝会时，竟把鲁赵两国的贡酒换了坛子。楚王早听说赵酒好，可品尝后发现没味道，以为是赵王有意戏弄他，大怒，当即下令派兵攻打邯郸。

// · 刘季酒雠

刘邦年轻时叫刘季，在沛县（今江苏省徐州市沛县）丰邑中阳里泗水亭当亭长。秦、汉时在乡村每十里设一亭，刘季就是泗水亭这十里地面上管治安的头，应该就相当于今天的村乡治保主任。

刘季官不大，但是"面子大"，经常到老乡王媪、武负开的两家小酒馆喝酒，但没钱付账，就赊着，经常喝得烂醉。王媪、武负对人说，常在刘季头上看到"有龙，怪之"，而且"高祖每酤留饮，酒雠数倍，及见怪，岁竟，此两家常折券弃责"（《史记·高祖本纪》）。酒雠（音 chóu）就是酒酬。每次只要刘季在他们馆子里喝酒，他们小酒馆的生意就特别好，卖的酒是平常的好几倍。到了年终，这二人就把记刘季所欠酒账的简札折断，不再让他还账。

这些话估计都是刘季发达成刘邦后，二人攀附谄媚的话，但是司马迁郑重其事做了记载，后来的《汉书·高帝纪》也是原文照抄，我们也姑且听之吧。

//·高祖斩蛇

秦朝末年，沛县泗水亭长刘邦为沛县押送徒役去郦山，徒役们有很多在半路逃走了。刘邦琢磨到了郦山，徒役估计也早都逃光了，所以走到丰西大泽中时，就停下来饮酒，趁着夜晚把所有的徒役都放了，并对他们说："公等皆去，吾亦从此逝矣！"徒役中有十多个壮士愿意跟随他一块走。刘邦趁着酒意，夜里抄小路通过沼泽地，让一个人走在前面探路。过了一会，这个人

回来报告说："前有大蛇当径，原还。"刘邦趁着酒意说："壮士行，何畏！"于是赶到前面，拔剑把大蛇斩成两截，道路于是打开了。他们一行人继续往前走了几里，刘邦醉得更厉害了，一头倒在地上沉睡过去。

后边的人来到斩蛇的地方，看见有一老妇在暗夜中哭泣。有人问她为什么哭，老妇人说："吾子，白帝子也，化为蛇，当道，今为赤帝子斩之，故哭。"说完，老妪就不见了。见过老妪的人追上刘邦一行人，等他醒过来，跟他说了刚才的奇遇，刘邦没有觉得惊怪，反而有点沾沾自喜，从此以后跟随他的人就对刘邦肃然起敬了。

图5-2　瓷板画大师王大凡绘《高祖斩蛇》

这个事见载于正史《史记·高祖本纪》，但怎么看怎么像是刘邦找人做的局。但后人却对此深信不疑，乃至于附会说，汉朝在中间被王莽一分为二，正是当年被刘邦斩杀的那条大蟒来报仇。

//·鸿门宴

公元前206年，秦末农民起义进入最后时刻，沛公刘邦趁秦军主力全力对付项羽之际，先期拿下秦朝都城咸阳，秦王子婴投降。按照当初项羽、后楚怀王（名熊心，是前楚怀王熊槐的裔孙，为项羽所立）和刘邦的约定"先入关者王之"，刘邦应当成为"关中王"。但是项羽认为自己功劳最大（事实也是如此）却让刘邦抢了最大的胜利果实，就率四十万大军破函谷关，与屯兵霸上的刘邦的十万军队形成对峙，战火一触即发。项羽用谋士范增之计，设宴于咸阳郊外的新丰鸿门，请刘邦"议事"。

项羽的叔叔项伯是和刘邦谋士张良在下邳逃亡时邂逅的难兄难弟，因此而结下情谊，他连夜驰奔到刘邦军营，私见张良，想让张良跟他一起离开汉军投奔项羽，张良当然不干。他马上找到刘邦，说项伯来了，带来的消息是项羽那边已经准备好要动手。

刘邦根本不想赴这鸿门宴，因为都知道项羽想干什么，现在坐实了更不想去了。张良就问刘邦："沛公自度能却项羽乎？"刘邦沉默了很久，嗫嚅道："固不能也，今为奈何？"张良就引荐项伯见了刘邦，项伯比张良年长，刘邦就以对待兄长的礼节亲自向项伯祝酒，并与项伯约为亲家，请项伯向项羽说明刘邦不敢背叛项羽，汉军之所以封锁函谷关，是为了防备其他的强盗。项伯完全相信了刘邦的忠诚，表示愿意充当双方和解的中间人。

在次日的鸿门宴上，范增不断地暗示项羽，"举所佩玉玦以示之者三"，玦同决，范增连续三次让项羽赶紧下决心杀掉刘邦。项羽因在事前已被项伯说服，认定刘邦没有二心，因而对范增的暗示默然不应。当范增召来项羽堂弟项庄即席舞剑时，项伯看出了其中要杀刘邦的真意，立即拔剑对舞，其间用身体遮护刘邦，使项庄一直难于下手。

在危急关头，刘邦部下樊哙带剑拥盾闯入军门，怒目直视项羽，项羽见此人气度不凡，问来者为何人，当得知为刘邦的参乘时，即命赐酒。樊哙立而饮之，项羽又赐之生猪腿，还问他能否再饮酒，樊哙说："臣死且不避，卮酒安足辞！夫秦王有虎狼之心，杀人如不能举，刑人如恐不胜，天下皆叛之。怀王与诸将约曰：'先破秦入咸阳者王之。'今沛公先破秦入咸阳，毫毛不敢有所近，封闭宫室，还军霸上，以待大王来。故遣将守关者，备他盗出入与非常也。劳苦而功高如此，未有封侯之赏，而听细说，欲诛有功之人。此亡秦之续耳，窃为大王不取也！"（《史记·项羽本纪》）樊哙的这番话说得项羽哑口无言。

张良给刘邦出主意，让他以上厕所的名义离席，由樊哙、夏侯婴等护卫迅速脱离项羽，他自己留下来为刘邦的无故离席向项羽道歉。项羽本无杀刘邦的决心，也就接受了张良献的玉璧，表示对刘邦不再计较。

见项羽如此妇人之仁，范增气得够呛，把张良献给他的一双玉斗"置之地，拔剑撞而破之"，骂道："唉！竖子不足与谋。夺项王天下者，必沛公也，吾属今为之虏矣。"

"鸿门宴"后来就成了一个非常著名的历史典故，喻指别有意图乃至不怀好意的宴请。

// ·纵酒大风

汉高祖十二年（前195年），刘邦以皇帝身份衣锦还乡，"置酒沛宫，悉召故人父老子弟纵酒"，还征集当地少年120多人，教他们唱酒歌。这首酒歌由刘邦亲自作词，这就是著名的《大风歌》。众人喝到高兴处，刘邦亲自击筑、吟唱，一百多人齐声附和："大风起兮云飞扬，威加海内兮归故乡，安得猛士兮守四方！"（《史记·高祖本纪》）唱完歌，"上乃起舞"。

这场皇帝和家乡百姓的酒歌大合唱也是中国历史上绝无仅有的一次。

// ·四皓敬惠

刘邦当上皇帝后，嫡长子刘盈成了太子。但是刘邦总是看刘盈不满意，想立戚夫人生的儿子赵王如意，几乎所有的大臣都不同意，但刘邦仍然我行我素。吕后就很担心，通过哥哥建成侯吕泽找到张良，请他出主意。张良说，刘邦平时最看重的是躲在商山中的四位德高望重的前朝老人，他们按照道义不肯做汉朝的臣子。您果真能不惜金玉璧帛，让太子写一封信，言辞要谦恭，并预备安车（专门给老人乘坐的车），再派有口才的人恳切地去聘请，他们应当会来。来了以后，把他们当作贵宾，让他们时常跟着入朝，叫皇上经常见到他们，则刘盈的储君问题就解决了。

于是吕后令吕泽使人奉太子书，卑辞厚礼，迎此四位老人。这四人就是著名的"商山四皓"，分别是东园公庾宣明、绮里季、隐居夏里修道的齐国人夏黄公崔广、河内郡轵县人周术也就是甪（音 lù）里先生。

有一天刘邦设酒宴，太子刘盈陪侍，四位须发皓首的老人站在刘盈身边，轮流向刘盈敬酒，之后四人恭恭敬敬弯腰快步离去。刘邦一直目送四人离开，召戚夫人过来，指着四人的背影说："我欲易之，彼四人辅之，羽翼已成，难动矣。吕后真而主矣。"（《史记·留侯世家》）戚夫人想到从此以后自己的命运将由吕后掌握，忍不住掩面唏嘘。

图5-3 元代佚名画家绘"张良求访商山四皓图"

// · 刘胜酒葬

中山靖王刘胜是汉景帝刘启之子，汉武帝刘彻的异母哥哥，母亲为贾夫人。他也是蜀汉皇帝刘备的先祖。

1968年，刘胜和王后窦绾（汉景帝母亲窦漪房的侄孙女）位于河北满城的合葬陵墓得到发掘，共出土铜、陶、铁、金、银、玉石、漆器以及帷帐、俑、五铢钱等器物共一万多件，如金缕玉衣、长信宫灯、错金博山炉、朱雀衔环杯等，举世闻名，其中还有三十三口高达七十厘米的大陶酒缸，缸外用红色颜料书有"黍上尊酒十五石""甘醪十五石""黍酒十一石""稻酒十一石"等，估计当时这些大缸总共盛酒达五千多公斤，这还不包括其他铜壶里装着的酒。《史记·五宗世家》记有刘胜"为人乐酒好肉"，应当说是实事求是的评价。

// · 月氏饮器

图5-4　藏传佛教嘎巴拉碗，现藏于西藏博物馆

中国历史上最残忍最奇葩的酒器是用人的头盖骨做的，据《战国策》和《史记》的记载，赵襄子（战国时赵国王室的先祖）攻灭智氏之后，因为对智伯深恶痛绝，便将智伯的头盖骨涂上漆，制成了饮酒器具。这可能是中国历史上最早的以头盖骨为饮器的记载。

汉武帝时，汉朝准备派张骞出使西域，联络月氏，夹击匈奴。为什么要联络月氏，是因为汉朝通过投降的匈奴人知道了匈奴老上单于击败了月氏后，"以其头为饮器"，想当然地认为月氏一定与匈奴有血海深仇。不过，张骞到了月氏后，月氏人已经没有了向匈奴报仇的血性，但张骞此行不能算白去，他打开了西域丝绸之路，这在战略上的意义和重要性远在联络月氏夹击匈奴之上。

与月氏单于一样倒霉的还有北魏时期的高车王弥俄突，他被柔然可汗郁久闾丑奴割了脑袋，也上漆做成了酒器。

藏传佛教传入内地后，人们发现藏传佛教中很流行用人的头盖骨作为饮器，或者说是做成饮器的法器。南宋被蒙元灭亡后，元朝江南释教总摄、西夏藏传佛教萨迦派僧人、"妖僧"杨琏真伽盗掘南宋皇陵，将宋理宗的头盖骨制成酒器——藏传佛教称嘎巴拉碗，送给元朝帝师八思巴。明朝灭掉蒙元后，洪武初年，太祖朱元璋专门派人从西僧汝纳处迎回宋理宗的头盖骨，后将其从南京天章寺送回重修的绍兴宋陵，予以安葬。

// · 对酒当歌

汉献帝建安十三年（208年）末，曹操平定了北方割据势力，控制了朝政。不久，曹操亲率83万大军，直达长江北岸，准备渡江消灭孙权和刘备，进而统一全中国。就是在此时，他写下那首举世闻名的《短歌行》：

对酒当歌，人生几何！
譬如朝露，去日苦多。
慨当以慷，忧思难忘。
何以解忧？唯有杜康！

曹操的《短歌行》共有两首，这第一首完全就是酒歌，是曹操酒酣耳热时所创作，它以沉稳顿挫的笔调抒写诗人求贤如渴的思想感情和一统天下的雄心壮志，在中国文学史上有着里程碑式的地位。

// · 杯酒英雄

汉献帝建安元年（196年），曹操挟持汉献帝迁都许都后，"挟天子以令诸侯"，朝堂完全被曹操控制。汉献帝舅舅、车骑将军董承暗中联络皇室宗亲刘备，说他有汉献帝衣带诏，称皇帝希望联合刘备诛杀曹操。刘备没有表态，而是暗中观察。而就在这时，曹操突然请刘备喝酒吃饭，席间意味深长地对刘备说："今天下英雄，唯使君与操耳。本初之徒，不足数也。"（《三国志·蜀书·先主传》）使君是当时对刺史、太守的尊称，刘备做过徐州牧、豫州刺史，曹操故称。刘备当时正在往嘴里送食物，听了曹操这番话，突然"失匕箸"，吃饭割肉的小刀和筷子都失手掉到了地上。当时正好天上响起一声炸雷，刘备借机对曹操说："圣人云'迅雷风烈必变'，良有以也。一震之威，乃可至于此也！"（《华阳国志》）就把自己失手匕箸这事归于是上天打雷给吓的。

这就是历史典故"备失匕箸""杯酒英雄"的由来。《三国演义》里也有这个情节，但是写得更有传奇色彩，人物描写更生动，叫"青梅煮酒论英雄"。

这顿饭让刘备明白，曹操终究是对他不放心，刘备终于下决心与董承合谋，但还没等他们发难，刘备即接到曹操的命令领兵征讨袁术，随即就传来事情败露，董承等人悉数被杀的消息。其实曹操选择在这个敏感的时刻请刘备吃饭就已经说明了他对董承这帮书呆子的行径早已了然于胸，请刘备喝酒不过是刺探他的态度而已。

// · 操献九酝

据北魏典籍《齐民要术》记载，东汉建安元年（196年），曹操曾将家乡产的"九酝春酒"进献给汉献帝刘协，并上表《上九酝酒法奏》，说明九酝春酒的制法："臣县故令南阳郭芝，有九酝春酒。法用曲二十斤，流水五石，腊月二日渍曲，正月冻解，用好稻米，漉去曲滓，酿……三日一酿，满九斜米止，臣得法，酿之，常善；其上清，滓亦可饮。若以九酝苦难饮，增为十酿，差甘易饮，不病。今谨上献。"

《上九酝酒法奏》不仅总结了"九酝春酒"的酿造工艺，而且还提出了改进的办法，这样酿制的酒更醇厚浓烈。这也是对当时古亳州造酒技术的总结，也是"九酝春酒"作为贡品的最早的文字依据。曹操不仅记录了酝酒方法，还亲自改进、酿制美酒，这样看来，说他是一位酿酒研究者不为过。

// · 植宴平乐

魏明帝曹叡封叔叔曹植为陈王。曹植《名都篇》中有"归来宴平乐，美酒斗十千"的诗句，平乐是指洛阳西门外的平乐观，典故"陈王宴平乐"就是这么来的，后用为贵族和官宦子弟宴游欢纵之典。"诗仙"李白的伟大作品《将进酒》中有"陈王昔时宴平乐，斗酒十千恣欢谑"的诗句，就是从曹植的这句诗化用而来。

// · 惟醉堕台

三国时号称"吴大帝"的孙权喜欢喝酒，有一次在武昌临钓台喝得大醉，让人用水泼洒群臣，还说："今日酣饮，惟醉堕台中，乃当止耳。"（《三国志·吴书·张昭传》）举止完全失态。东吴重臣、实际相当于孙权师傅的长史张昭气得不发一言，自己出去坐在车里。孙权让人把张昭请回来，说大家一块找个乐子，您老为什么发怒？张昭说："昔纣为糟丘酒池长夜之饮，当时亦以为乐，不以为恶也。"孙权这才"默然，有惭色，遂罢酒"，但明眼人都知道，张昭败了孙权的雅兴，孙权肯定怀恨在心。

当初有人提出设置丞相，张昭是当然的人选，但孙权说："方今多事，职统者责重，非所以优之也。"意思是现在正是多事之秋，丞相责任很重，把这副重担压在张昭他老人家身上，对他不好吧，就让孙邵做了首任丞相。孙邵死后，百官又推举张昭，孙权心里又想起武昌临钓台张昭不给他面子的事，还是不想让张昭担任这个职务，说："领丞相事烦，而此公性刚，所言不从，怨咎将兴，非所以益之也。"用了顾雍为丞相。孙权的格局也决定了东吴在历史进程中充其量是个搅局者，直至在孙权授意和推动下，吴蜀联盟被陆逊、吕蒙等人破坏，也就注定了很快被埋进历史坟场的命运。

// · 孙权醉杀

据《三国志·吴书·虞翻传》记载，孙权当上吴王时，曾亲自下场给群臣劝酒，不喝醉不行，而大臣虞翻不喜欢饮酒，所以装醉，难以把持，等孙权走开，虞翻坐了起来。孙权回来看到大怒，借着酒劲，抽出剑就要砍虞翻。

大司农刘基起身抱住孙权说："大王以三爵之后（周礼规定，饮酒以三爵为限，虞翻应该是尽到了礼数）手杀善士，虽翻有罪，天下孰知之？且大王以能容贤畜众，故海内望风，今一朝弃之，可乎？"大王因为几杯酒就要亲手杀了善士，即便是虞翻有罪，天下人谁知道？大王一向以能够接纳贤人、包容并蓄著称，所以海内仰望，现在一时间就要抛弃这一点，这可以吗？孙权回怼道："曹孟德尚杀孔文举，孤于虞翻何有哉！"孔文举即孔融。刘基说："孟德轻害士人，天下非之。大王躬行德义，欲与尧、舜比隆，何得自喻于彼乎？"曹操动不动就杀士人，天下人神共愤。大王您躬行仁义，应该与尧舜比肩，怎么能跟曹操相比？孙权这才清醒过来，对左右说："自今酒后言杀，皆不得杀。"

// · 植醉犯禁

曹操封魏王后，在选择谁来做接班人的问题上，一直比较犹疑，他最开始钟意的是环夫人所生的小儿子曹冲，就是"曹冲称象"那个曹冲，很聪明，后来成为魏文帝的曹丕都说："若使仓舒（曹冲表字）在，我亦无天下。"

曹冲死后，曹操的注意力又转到曹丕同母（卞夫人）弟曹植身上，因为曹植才学更高，性格特点也跟曹操更像，其性情坦率自然，不讲究庄重的仪容，车马服饰，不追求华艳、富丽，这更符合曹操的口味。可是曹植恃宠生娇，文人气、书呆子气太浓，常常任性而行，不注意约束自己，饮起酒来毫无节制，尤其是在建安二十二年（217年），他在曹操外出期间，借着酒劲私自坐着王室的车马，擅开王宫大门司马门，在只有帝王举行典礼和有重大军情才能行走的禁道上纵情驰骋。曹操大怒，处死了掌管王室车马的公车令，从此加重对曹氏权贵的法规禁令，曹植也因此事在曹操心目中的印象发生巨大反转，日渐失去曹操的信任和宠爱。

在曹冲先死，曹植作死而出局的情况下，曹操也没有别的选择了，建安二十二年十月，曹操正式立曹丕为太子。

// · 魏文垂涎

魏文帝曹丕喜欢喝酒，尤其喜欢喝葡萄酒。他不仅自己喜欢葡萄酒，还把自己对葡萄和葡萄酒的喜爱与见解写进诏书，告之群臣。他在《诏群医》中写道："中国珍果甚多，且复为说蒲萄。当其朱夏涉秋，尚有余暑，醉酒宿醒，掩露而食。甘而不饴，酸而不脆，冷而不寒，味长汁多，除烦解渴。又酿以为酒，甘于鞠蘖，善醉而易醒。道之固已流涎咽唾，况亲食之邪。他方之果，宁有匹之者。"

作为帝王，在给群医的诏书中，大谈自己对葡萄和葡萄酒的喜爱，并说只要提起葡萄酒这个名，就足以让人垂涎了，更不用说亲自喝上一口，这恐怕也是空前绝后的。有了魏文帝的提倡和身体力行，葡萄酒业在曹魏时期得到发展，使得在后来的晋朝及南北朝时期，葡萄酒成为王公大臣、社会名流筵席上常饮的美酒。

// · 以茶代酒

252年，吴大帝孙权病死，皇位几经辗转，传到孙权的孙子孙皓手里，这就是吴末帝。孙皓初立时，还能抚恤人民、开仓赈贫，后来却完全像变了个人，变得专横残暴、终日沉浸于酒色从而民心丧尽。

孙皓好酒，经常摆酒设宴，要群臣作陪。他的酒宴有一个规矩：每人以七升为限，不管会不会喝，能不能喝，七升酒必须见底。群臣中有个人叫韦曜，酒量只有二升。韦曜原是孙皓的父亲南阳王孙和的老师，故孙皓对韦曜格外照顾，看他喝不动了，就悄悄换上茶，让他"以茶代酒"，不至于因喝不下酒难堪。孙皓虽然暴虐不堪，但却因"以茶代酒"这个典故而在历史上留下一笔。

可惜，耿直磊落的韦曜碰到的是个嗜酒如命、贪图享受的平庸糊涂之主。孙皓隔三岔五就举行酒会，"每于会，因酒酣，辄令侍臣嘲虐公卿，以为笑乐"（《三国志·吴书·韦曜传》），韦曜认为这样下去会导致"外相毁伤，内长尤恨"，彻底堕落的孙皓不听韦曜的劝阻，最终对后者因恶生恨，把他打入天牢，不久后处死。

// · 婢弑马曜

东晋孝武帝司马曜，字昌明，东晋的第九位皇帝，简文帝的第三个儿子，母李陵容。

司马曜执政初期，还算有所作为，著名的"淝水之战"就发生于他统治时期。但到了晚年，司马曜"溺于酒色，殆为长夜之饮"。有一天晚上，他在宫中华林园饮酒，见到一颗彗星从天空中划过，"心甚恶之"，对着彗星说："长星，劝汝一杯酒，自古何有万岁天子邪！"似乎他也预感到自己不久会有灾祸发生。

晋孝武帝太元二十一年（396年）九月的一个晚上，司马曜和宠妃张贵人一起喝酒，张贵妃时年将近30岁，已经有年长色衰之兆，司马曜喝高了，对张贵人开玩笑说："汝以年当废矣。"你这么大年纪，到了应该被废掉的时候了。《晋书·帝纪第九·简文帝、孝武帝》对张贵人的反应的记载是"潜怒"，当晚就传出了"帝醉，遂暴崩"的消息，至于司马曜怎么死的、谁经手的，没有说。

到了宋代，司马光（司马懿弟弟司马孚一支的后代）在《资治通鉴·卷第一百八·晋纪三十》中记载说："庚申，帝与后宫宴，妓乐尽侍；时贵人年近三十，帝戏之曰：'汝以年亦当废矣，吾意更属少者。'贵人潜怒，向夕，帝醉，寝于清暑殿，贵人遍饮宦者酒，散遣之，使婢以被蒙帝面，弑之。"这是明确说司马曜就是被张贵人和婢女用被子蒙住头弑杀的。

随后，张贵人谎称司马曜是在睡梦中"魇崩"的。当时，司马曜的弟弟司马道子（已徙封为会稽王）也终日声色犬马，由其子司马元显执政。这对父子原本就想着如何早点除掉司马曜，对司马曜之死正求之不得，因此，对张贵人不予追究。司马曜死后，他的儿子司马德宗即位，是为晋安帝。晋安帝是个白痴，有着严重的智力残疾，因此，他也没有追究父皇司马曜之死的实情，于是，司马曜之死就不了了之。

中国历史上只发生了三次皇帝被后宫谋刺的事件，司马曜不幸成为第一人。后两次分别是唐中宗李显被皇后韦氏和女儿安乐公主毒杀以及明代时宫女杨金英等人谋杀嘉靖帝未遂。

// · 盱眙尿酒

魏太武帝拓跋焘，字佛（音 bì）狸伐，就是辛弃疾的名句"可堪回首，佛狸祠下，一片神鸦社鼓"（《永遇乐·京口北固亭怀古》）中的那个佛狸。南朝刘宋文帝元嘉二十八年（451年）正月初，拓跋焘率几十万北魏军队从广陵北返，全力攻击刘宋盱眙。盱眙守军只有3000多人，守将是刘宋开国皇帝宋武帝刘裕的皇后臧爱亲的侄子臧质，也就是刘裕的内侄。

这时发生了一件很奇怪的事，拓跋焘"就质求酒"，向臧质要酒喝，《宋书·列传·臧质》没有解释拓跋焘为什么这么做，肯定不可能是因为他的军营中缺酒，十有八九是以这种方式羞辱臧质，让他向自己俯首称臣。结果臧质还真尿他，"质封溲便与之"，给拓跋焘封了一坛子尿酒。拓跋焘收到后，怒不可遏、七窍生烟还在其次，好歹他也是北魏皇帝，跟人要酒，结果竟是这样，这简直就是奇耻大辱，本来是想羞辱敌人，结果却是自取其辱。他下令立刻全线攻城。结果出人意料的是，北魏大军前后攻城两个多月，愣是没有攻下，魏兵单是死于城下者就达万余人，伤者更是不计其数，就连魏军高梁王都被射死。

不久魏军中开始流行瘟疫，死者日增。拓跋焘又探得宋军主力已乘船从海道驶入淮河，要来救援盱眙。拓跋焘只好下令烧毁攻城器具，解围北撤。至此，盱眙保卫战以宋军以弱胜强大获全胜告终。

//·纵酒妄杀

北齐文宣帝高洋，好酒而荒淫佚乐，肆行狂暴。他命人制作了烹人的大锅、解人的长锯，与铁锉、碓臼等物，摆列庭中，以为刑具。每次喝醉，高洋便手自杀人，以为戏乐。宰相杨愔，不忍无罪之人被杀，就挑已被处以死刑的囚犯，置列庭帐之内，叫作供御囚，等高洋醉后要杀人之时，就以这些死囚应命。

//·唐祖酒晦

隋朝大业初年，隋炀帝杨广由于横征暴敛、穷兵黩武而使得民不聊生，各地老百姓怨声载道，纷纷起义。首先是礼部尚书杨玄感起兵造反，接着全国各地的义军便蜂拥而起。这时候，唐国公李渊奉命镇守晋阳（今太原），并兼管关右各郡军事。

李渊是著名的"西魏八柱国"之一的唐国公李虎的孙子，李虎之子李昞，娶了另一位"西魏八柱国"之一的太保、大宗伯、卫国公独孤信的四女儿独孤氏，生下李渊；独孤信手下的大将军杨忠之子，也就是后来的隋文帝杨坚娶了独孤信的小女儿独孤伽罗，生下杨广，李渊母亲独孤氏与杨广母亲独孤伽罗是同父异母的亲姐妹，李渊父亲李昞与杨广父亲杨坚是连襟，李渊与杨广是姨表兄弟，而号称"千古一帝""天可汗"的唐太宗李世民也得管"千古昏君"杨广叫表叔。

隋朝末年，民间开始流传"杨花落，李花开；桃李子，有天下"的民谣，引起了杨广的猜疑，担心自己的江山要被姓李的取代。为此，杨广下令砍光李树以绝不祥之兆。有些小人便伺机诬告右骁卫大将军李浑企图谋反，说什么民谣中的"李花开"指的可能就是李浑，结果杨广就先发制人，不管事情真假就将李浑宗族的32人全部处死。

李渊也姓李，因此杨广也对其产生了怀疑，但他之所以没有对李渊动手，除了他们是姨表兄弟的关系，主要还是因为动李渊的代价比较大，李渊这个人表面上看起来不事张扬，但其实私下里很有人缘，手下有众多良将贤士，而且封疆在外，拥有兵力。

但杨广绝对有对李渊动手的想法。有一次，杨广要召见李渊，李渊说自己生病了不能来，结果杨广就勃然大怒。李渊当时有一个姓王的外甥女在后宫，杨广就去问她，你舅舅为什么不来？外甥女也以李渊有病来不了回答，杨广说了句："可得死否？"（《新唐书·高祖本纪》）这句含义很丰富的话很快就传到李渊耳里，他十分担心，感到自己快要大难临头了，为了骗过杨广，他"纵酒纳贿以自晦"，整天纵酒作乐，收受贿赂，以韬光养晦，终于蒙过了杨广。隋炀帝大业十三年（617年）九月，待到时机成熟，李渊父子于晋阳起兵反隋，仅用了一年的时间就平灭各方势力，建立了大唐王朝。

//·太宗酿酒

据宋代史籍《南部新书》记载："唐太宗破高昌，收马乳葡萄，种于苑中，并得酒法，仍自损益，造酒成绿色，芳香酷烈，味若醍醐。"唐太宗贞观十三年（639年），吏部尚书侯君集率大军征服西域后凯旋回到长安，带回了高昌的"马乳葡萄"及葡萄酒配方，唐太宗李世民下令在皇宫内苑种植这种葡萄，称马奶葡萄。李世民还亲自按西域配方对用这种马奶葡萄酿制葡萄酒进行尝试，并对原配方进行修正，最终成功酿出一种绿色葡萄酒。《南部新书》对此葡萄酒的评价是"芳香酷烈，味若醍醐"。李世民先后酿成了八种不同成色的葡萄酒，色泽丰美，口感极好，兼具清酒与红酒的美味。后来李世民用新研制的绿色葡萄酒赏赐大臣，渐渐地这种酒在唐朝都城开始流行。

据查，李世民也是中国历史上唯一一位自己酿造葡萄酒的皇帝。

后来的唐宪宗也效仿李世民，亲自酿酒，不过他酿造的不是葡萄酒，而是换骨醪，其实就是李花酒，相传唐宪宗酿造的换骨醪味道极其香醇，堪称酒中极品，一直传到宋朝，这种李花酒已经成了唐朝名酒的代表。

// · 严公界境

唐朝时，皇帝经常赐酺。所谓赐酺，就是皇帝特许臣民欢聚饮酒的仪典。唐朝以前，皇帝们也都曾在全国范围内搞些赐酺的仪式，到了唐朝，随着国运昌隆，赐酺就更加频繁了，新皇帝继位了要赐酺，改元、生子了要赐酺，出现祥瑞了要赐酺，立太子了、皇孙满月了要赐酺，祠祭明堂、山川要赐酺，打了胜仗更要赐酺，而赐酺的天数，少则三天，多则九天，足见仪典之盛，排场之大。唐人郑綮（音 qìng）所著《开天传信记》曾对唐玄宗在洛阳举行的大酺做过这样一番记载：

上御勤政楼大酺，纵士庶观看。百戏竞作，人物填咽。金吾卫士白棒雨下，不能制止。上患之，谓力士曰："吾以海内丰稔，四方无事，故盛为宴乐，与百姓同欢，不知下人喧乱如此，汝何以止之？"力士曰："臣不能也。陛下试召严安之处分打场，以臣所见，必有可观。"上从之。安之到，则周行广场，以手板画地示众，曰："逾此者死。"以是终五日酺宴，咸指其地画曰"严公界境"，无一人敢犯者。

文中提到的严安之可是个狠角色，当时任河南丞，就是酷吏。有一天，唐玄宗在勤政楼设宴，与民同欢，百姓闻讯蜂拥而至，把勤政楼围得里三层外三层，水泄不通，有耍猴的、变戏法的、胸口碎大石的、舞狮子的……热闹非凡，也可以说是乱作一团，大有冲撞唐玄宗御驾之势。唐玄宗的卫队吾卫兵士拿着警棍"白棒"不断在犯禁的人群中挥舞，也不能制止。唐玄宗开始紧张起来，就对身边的高力士说："朕以为海内丰收，天下富足，四方无事，以此设盛宴，原打算和百姓同欢，庆祝一番，谁料楼下的百姓如此喧嚣，导致现场混乱拥挤，你有什么办法制止？"

高力士回答说："臣也想不出办法制止，陛下可以宣召河南丞严安之试一试，他一定能想出好办法，以老臣对他的了解，他处理这种混乱局面，一定会大为可观！"

唐玄宗准奏，听从了高力士的建议，派人宣召严安之。过了一会，严安之来到现场。他在楼下广场走了一圈儿，然后用手板在地上画了一道线，对围观的众人说："越过我画的这道线者，杀无赦！"

百姓指着那道线相互警告，把那道线称作"严公界境"，此后五天的盛宴，没有一个人敢越过这条线，喧嚣、拥挤的混乱局面得到了控制。

后来"严公界境"就成了地线、红线、大限的代称。

// · 后妃骨醉

唐高宗时武后得宠，废王皇后与萧良娣为庶人，囚禁在宫中。高宗有一次路过二人的禁宫，就过去看了一下，看见二人的凄惨样子，心有不忍，就想另行安排二人。武后听说后，命令宫监把王、萧二人各杖一百，最残忍的是还截去二人手足，"投于酒瓮中"，并且恨恨地说："令此二妪骨醉！"（《旧唐书·后妃传上·高宗废后王氏》）几天之后，二人才万分痛苦地死掉。后因以"骨醉"指非人的残害。

// · 杯酒释兵权

后周显德七年（960年）正月初一，后周节度使、殿前都点检（禁军殿前司的最高将领）赵匡胤和其弟赵匡义、幕僚赵普、禁军高级将领石守信、王审琦等人发动"陈桥兵变"，赵匡胤"黄袍加身"，逼后周恭帝退位，轻易地夺取了后周政权，由于赵匡胤在后周任归德军节度使的藩镇所在地是宋州（今河南商丘），便以宋为国号，定都开封，建年号为"建隆"。

　　宋太祖赵匡胤即位后不出半年，就有两个节度使起兵反对宋朝（建隆元年四至六月，昭义节度使李筠起兵反宋；九至十一月，淮南节度使李重进据扬州起兵反宋），宋太祖亲自出征，费了很大劲儿，才把他们平定。因为这两起反叛事件，更因为赵匡胤自己就"得位不正"，所以他总是担心"黄袍加身"的闹剧在别人身上再重演。忧心忡忡的皇帝找到赵普商量对策，赵普的建议就是对拥有兵权的功臣"稍夺其权、制其钱粮、收其精兵"。赵匡胤深以为然。

　　建隆二年（961年）七月初九日晚朝时，宋太祖把石守信、高怀德等禁军高级将领留下来喝酒，当酒兴正浓的时候，宋太祖突然屏退侍从叹了一口气，对众人说："我非尔曹不及此，然吾为天子，殊不若为节度使之乐，吾终夕未尝安枕而卧。"（《宋史·石守信传》）石守信一干人听了赶紧跪下叩头说："今天命已定，谁复敢有异心，陛下何为出此言耶？"赵匡胤说："人孰不欲富贵？一旦有以黄袍加汝之身，虽欲不为，其可得乎？"石守信等人赶忙说："臣愚不及此，惟陛下哀矜之。"赵匡胤说："人生驹过隙尔，不如多积金、市田宅以遗子孙，歌儿舞女以终天年。君臣之间无所猜嫌，不亦善乎。"石守信等人终于明白赵匡胤想表达的意思了，都纷纷答谢说："陛下念及此，所谓生死而肉骨也。"第二天，石守信、高怀德、王审琦、张令铎、赵彦徽等将领都上表称病，请求解去兵权。赵匡胤全盘接受，让他们都改任没有职权的散官，但恩赏十分厚重。赵匡胤还兑现了与禁军高级将领联姻的诺言，把守寡的妹妹嫁给高怀德，后来又把女儿嫁给石守信和王审琦的儿子；张令铎的女儿则嫁给赵匡胤三弟赵光美。

　　这就是历史上著名的"杯酒释兵权"。杯酒释兵权只是宋太祖为加强皇权、巩固统治所采取的一系列政治军事改革措施的开始。他的这一招比汉高祖刘邦以及后来的朱元璋杀功臣的做法要人性化得多，不过也有人认为，赵匡胤这一招削弱了军事力量，使宋朝无力整肃边境，保持边境安宁，为后来的外族入侵乃至亡国埋下了隐患。

//·辽皇酒杀

辽国曾发生两次政变，两位皇帝因饮酒误事不幸丧命。首先是辽世宗耶律阮，他是辽太祖耶律阿保机长孙，辽太宗耶律德光的侄子。尽管耶律阮具备出色的才华和领导能力，但因皇太后述律平的偏心，他的皇位继承之路困难重重。

耶律阮在947年被诸将拥立为皇帝，但皇太后述律平并不满意，她派遣军队阻击耶律阮，失败后，她亲自率军与耶律阮对峙。经过重臣耶律屋质的调解，最终述律平承认了耶律阮的皇位。

天禄五年九月四日（951年10月7日），耶律阮祭祀辽东丹王亡灵后，设宴招待群臣和各部首领，喝得大醉，被左右扶入内帐。部分辽国宗室趁机发动政变，杀死了耶律阮。随后，辽太宗耶律德光的长子耶律述律（汉名耶律璟）带兵平定了叛乱，被群臣立为新皇帝，是为辽穆宗。

辽穆宗热衷射猎、饮酒，经常在酒后沉睡，所以也有"睡王"之称。能睡还好，最怕就是不睡，结果就是乱杀人，为此而被滥杀的人无数，为此他还特意下诏给太尉耶律化哥说："朕醉中处理事务有误，尔等不应曲意听从。待朕酒醒之后，重新向我奏明。"但照样醉后滥杀不止。

应历十九年（969年），辽穆宗自立春一直饮酒到月底，没有上朝听政，在此期间，多位侍臣被他在酒醉中下令杀掉。不甘心坐以待毙的近侍小哥、盥人花哥，因为手里没有武器，便联合庖人辛古等共6人，趁耶律璟"欢饮方醉"时将其杀死，时年39岁。先是酒后滥杀，最后是酒后被杀，这也算一报还一报吧。

// · 元宗醉死

元太宗孛儿只斤窝阔台是元太祖成吉思汗铁木真与光献皇后孛儿帖的第三子，灭金之后，他指派朝中的大将率师征伐，自己则不愿再受亲征之苦，从此沉迷酒色不能自拔，到晚年更是如此，每饮必彻夜不休。中书令耶律楚材见多次劝谏无用，便拿着铁酒槽对窝阔台说："此乃铁耳，为酒所蚀，尚致如此，况人之五脏，有不损耶？"（元代文学家陶宗仪著《南村辍耕录》）但窝阔台秉性难改，依旧是射猎饮乐、荒怠朝政。

公元1242年二月，窝阔台游猎归来，多饮了几杯，遂致疾笃，经召太医诊治，渐渐好转。十一月，隆冬降至，窝阔台再次出猎，骑射五日之后还至谔特古呼兰山，在行帐中观看歌舞，亲近歌姬，畅饮美酒，纵情豪饮至深夜才散。左右在第二天入内探视发现窝阔台已中风不能言语，不久便死于行殿之中，时年56岁。

// · 雍正药酒

清代皇帝雍正如果不当皇帝的话，恐怕能是个特别好的药剂师，在他当王爷的时候，就常与道士往来，酷爱炼丹等神仙方术，而且还特别喜欢配制养生药酒，清宫里记载的补益药酒，比如龟龄酒、松陵太平春、春龄益寿酒、八仙长寿酒、五加皮药酒、状元露、黄连露、青梅露、红毛露、参苓露等，大多与他有关系。雍正八年的时候，他还特意让内务府去他的潜邸雍和宫查看当年他配制的药酒情况，如果没过保质期，仍旧调入宫内饮用。

// · 千叟宴

千叟宴是清朝宫廷的大型酒宴，始于康熙，盛于乾隆时期，嘉庆朝以后不再举行。第一次千叟宴举行于康熙五十二年（1713年），这一年是康熙皇帝六旬万寿，他在畅春园分别宴请了65岁以上的现任和休致的满蒙汉大臣等两千多人。康熙六十一年正月，康熙皇帝再次召65岁以上满蒙汉大臣及百姓等1020人，赐宴于乾清宫。宴间，康熙帝与满汉大臣作诗纪盛，名《千叟宴诗》，"千叟宴"始成名。

乾隆五十年（1785），四海承平，天下富足。乾隆帝为表示其皇恩浩荡，再次在乾清宫举行了千叟宴。宴会场面之大，实为空前。史料记载，共有近四千名皇亲国戚、前朝老臣和民间长者参加。乾隆皇帝还亲自为90岁以上的寿星一一斟酒。当时推为上座的是一位最长寿的老人，据说已有141岁。乾隆和纪晓岚还为这位老人做了一个对子："花甲重开，外加三七岁月；古稀双庆，内多一个春秋。"根据上联的意思，两个甲子年120岁再加三七二十一，正好141岁。下联是古稀双庆，两个70，再加1，正好141岁。

这场酒局体现出来的皇家气派自与民间大不相同，不但有御厨精心制作的满汉全席，所有皇家贡品酒水也全都上桌，据说晕倒、乐倒、饱倒、醉倒的老人不在少数。

图5-5 郎世宁等绘《乾隆万树园赐宴图轴》（局部），图中左下伞盖之下的人就是乾隆皇帝

第二节 "三杯通大道，一斗合自然"[1]——名士酒典

// · 敬仲卜昼

公元前672年，陈国国君陈宣公为了改立宠姬所生的儿子款为太子，便狠心地在这年春天杀死了太子御寇。陈国的公子完，字敬仲，与太子御寇关系很好，害怕陈宣公立储之事祸及自己，于是就逃到齐国。当时齐国国君是齐桓公，春秋五霸之一，陈宣公因惧怕齐桓公，不敢追究。

敬仲逃到齐国，受到齐桓公的优待，两人经常一起喝酒谈论正事。有一天，敬仲设宴招待齐桓公，二人边喝酒边聊天，兴致很高，不觉天黑了。齐桓公未尽兴，就吩咐仆人："以火继之。"就是让人把火烛点上，他要和敬仲"秉烛夜饮"。敬仲婉言劝谏说："臣卜其昼，未卜其夜，不敢。"（《左传·庄公二十二年》）意思是说，请国君喝酒之前，我只占卜了白天喝酒会万事顺利，至于晚上喝酒会如何，我尚未占卜，不敢奉命陪饮。齐桓公点点头表示理解，就告辞离去了。

后人知道这件事后便说："酒以成礼，不继以淫，义也。以君成礼，弗纳于淫，仁也。"意思是，酒是用来完成礼仪的，所以饮酒不能没有限度，这是义；接待国君饮酒完成礼仪，不让国君饮酒无度，这是仁。大家都纷纷赞扬敬仲仁义知礼。

公子完后被齐桓公封于田邑，改为田氏。田完的九世孙田和于公元前397年驱逐了姜姓的齐康公，成为齐国国君，称齐太公，史称"田氏代齐"。

---

1   引自李白《月下独酌四首》其二："……贤圣既已饮，何必求神仙。三杯通大道，一斗合自然。但得酒中趣，勿为醒者传。"

// · 管仲弃酒

据西汉文学家刘向所著《说苑·敬慎》载，齐桓公有一次为大臣准备了酒席，约好中午开席。结果管仲迟到，于是桓公举杯罚他喝酒，管仲把杯中酒倒掉了一半，桓公就问他："期而后至，饮而弃酒，于礼可乎？"管仲回答说："臣闻酒入舌出，舌出者言失，言失者身弃，臣计弃身不如弃酒。"意思是，臣听说酒进了嘴，舌头就伸出来，舌一伸出来就会说错话，说错话的人就会惹来杀身弃尸之祸。臣算计了一下，与其弃身，不如弃酒。

// · 渔父哺糟

屈原，芈姓，屈氏，名平，字原，又自云名正则，字灵均，出生于楚国丹阳（今湖北秭归），战国时期楚国伟大诗人、政治家。

屈原在第二次被放逐之时，内有公子兰等奸臣当道，楚顷襄王昏聩误国，外有秦国虎狼压境，屈原的苦闷和哀痛到了极点，忧国忧民的沉重心情令他无法自拔，于是他创作了千古名篇《渔父》，文章写屈原被流放后，"游于江潭，行吟泽畔，颜色憔悴，形容枯槁"，这时遇到一位渔父，关切地向屈原询问他一个三闾大夫，怎么变成这副模样，屈原就向渔父大吐苦水，对自己在当时的人生处境的总结是"举世皆浊我独清，众人皆醉我独醒，是以见放"。

那位渔父估计是位隐居的高士，听了屈原的抱怨，他只淡淡说了几句："圣人不凝滞于物，而能与世推移。世人皆浊，何不淈其泥而扬其波？众人皆醉，何不餔其糟而歠其醨？何故深思高举，自令放为？"屈原就说了一套他为什么不肯同流合污的理由。渔父听了，不再说什么，"莞尔而笑，鼓枻而去"，只给屈原留下了耐人寻味的两句话："沧浪之水清兮，可以濯吾缨；沧浪之水浊兮，可以濯吾足。"（《楚辞补注·卷七·渔父》）

这篇《渔父》是《楚辞》中的名篇，但因为充满了道家的说教，后世很多人认为不是屈原所作。不管是不是屈原所作，这部作品却在中国文化史、思想史上都有着里程碑的地位。渔父借酒事来阐述他的生活哲学——"众人皆醉，何不餔其糟而歠其醨”，有些人认为就是同流合污，其实不然，渔父是典型的道家文化思想，他阐述了一个道理，叫“和光同尘”，如《道德经》第五十六章所说，“挫其锐，解其纷，和其光，同其尘，是谓玄同”。我们可以选择与污泥共生，但也不耽误我们在污泥浊水中出而不染。很多问题如果我们跳开去看，从外部去看，从更高的层次去看，其实不是问题。从这个角度去看，执迷不醒的是屈原自己，彻悟人生的是渔父。

// · 商鞅酒税

中国酒税有据可查并纳入立法，成为商品税，开始于2300多年前的“商鞅变法”。商鞅辅政时的秦国，实行了“重本抑末”的基本国策，酒作为大量消耗粮食的消费品，自然在限制之中。《商君书·垦令篇》中规定：“贵酒肉之价，重其租，令十倍其朴。”意思是加重酒税，让税额比成本高十倍。

秦国的酒政，有两点，即禁止百姓酿酒和对酒实行高价重税，其目的是用经济的手段和严厉的法律抑制酒的生产和消费，鼓励百姓多种粮食，另一方面，通过重税高价，国家也可以获得巨额的收入。

// · 斗石皆醉

战国时期，齐国稷下学宫的学霸淳于髡（音kūn）学成后在齐威王朝廷中任负责外交事务的官员。

齐威王八年（前349年），楚国发兵侵犯齐国，齐威王让淳于髡“赍（音jī，意思是怀着）黄金千溢，白璧十双，车马百驷”去赵国搬救兵，淳于髡（音kūn）带着厚礼到赵国，借来精兵十万，战车千乘，楚国听说后，连夜引兵退去。

齐威王听报军情解除，高兴得在后宫大摆酒席，单独给淳于髡庆功。席间，齐威王问淳于髡：“先生能饮几何而醉？”淳于髡答：“臣饮一斗亦醉，一石亦醉。”（《史记·滑稽列传》）齐威王以为淳于髡喝高了，就问：“先生饮一斗而醉，恶能饮一石哉！其说可得闻乎？"

　　淳于髡下面就洋洋洒洒说了一大堆话，后人给起了个名字叫《淳于髡谏罢长夜之饮》，是《史记》中的名篇，通俗易懂、诙谐幽默，是对中国酒文化的一个全面的详尽的阐释。

　　淳于髡说，凡喝酒分几个氛围和层次，第一个氛围是最难受的，就是大王举行的正式酒会，这种酒会上，执法官肃立一旁，御史大人端坐于后，臣始终心怀畏惧，跪伏在地，喝酒只能小心翼翼，喝不过一斗就已经醉了。

　　第二个氛围也好不到哪去，那就是家父来了严肃的客人，臣卷起袖子再戴上臂套（可能是因为古人都是长衣宽袖，袖子就算卷起来也要再加个类似袖套的东西，好方便干活），弯腰跽坐，侍奉他们喝酒，长辈们不时赏我点多余的酒，我就得几次向他们轮番敬酒，这种酒喝不到二斗也就醉了。

　　如果朋友故交，好久没见面了，突然相见，欢欢喜喜说起往日的秘密，互诉衷情，那臣喝到大概五六斗也就醉了。

　　如果是乡里间的节日盛会，男女坐在一起，酒喝到一半停下来，玩起六博、投壶，自相招引组合，握了异性的手也不用担心受到责罚，盯着人家看也不受禁止，前有姑娘掉下的耳饰，后有妇女丢失的发簪，这种场面的话，臣喝到大概八斗才有两三分醉意。

　　当天色已晚，酒席将散，酒杯碰在一起，人乱靠在一起，男女同席，鞋儿相叠，杯盘散乱，厅堂上的烛光熄灭了，主人留住臣而送走其他客人。这时女子的薄罗衫儿解开了，微微地闻到一阵香气，当这个时刻，臣心里最欢快，能喝到一石。

　　所以说酒喝到极限就要做出乱七八糟的事，乐到了极限就要生悲，世上所有的事都是这样。

　　淳于髡这番话把喝酒的几个层次解释得明明白白，可以总结为浅饮则止、小饮怡情、相见欢饮、开怀痛饮、纵饮乱性几个阶段。淳于髡是告诫齐王，喝酒要适量，适可而止，不能纵酒误事，更不能长夜之饮，扰乱心性，消磨意志，乐极生悲。

// · 画蛇添足

有一句成语叫"画蛇添足"，其实就是一则最古老的酒令故事，据《战国策·齐策二》载："楚有祠者，赐其舍人卮酒。舍人相谓曰：'数人饮之不足，一人饮之有余；请画地为蛇，先成者饮酒。'一人蛇先成，引酒且饮之；乃左手持卮，右手画蛇，曰：'吾能为之足。'未成，一人之蛇成，夺共卮曰：'固无足，子安能为之足！'遂饮其酒。为蛇足者，终亡其酒。"

// · 渑池会

战国时期，距蔺相如成功地识破秦昭王骗取和氏璧的阴谋，将和氏璧"完璧归赵"后不久，秦国对赵国多次进攻，又在外交方面继续施压，试图迫使赵国屈服。

赵惠文王二十年（前279年），秦昭王派使者通知赵惠文王在渑（音miǎn）池相见。赵惠文王畏惧秦国，不敢应约。赵国大将廉颇、上大夫蔺相如两人商量之后对赵惠文王说："王不行，示赵弱且怯也。"于是赵惠文王还是决定去和秦昭王相会，带上了蔺相如同行。廉颇送到国境上，与赵王诀别时约定，如果他30天内回不来，他们就立太子为王，以断绝秦国以扣留赵惠文王要挟赵国的念头，赵惠文王答应了。

秦昭王与赵惠文王的这次相会，史称"渑池会"。在欢迎酒宴上，秦昭王故意假借喝高了，对赵惠文王说："寡人窃闻赵王好音，请奏瑟。"这是想让赵王给秦王奏乐，把赵王的地位拉低。赵惠文王不好推辞，只好奏了一曲。这时秦国的史官拿出笔来边写边说："某年月日，秦王与赵王会饮，令赵王鼓瑟。"

蔺相如听了，上前一步对秦昭王说："赵王窃闻秦王善为秦声，请奏盆缻（音fǒu，同缶，本来是古代一种像坛子一样的盛酒器具，后来也成为打击乐器），以相娱乐。"既然赵王为秦王奏了赵曲，作为回礼，秦王就应该为赵王奏盆击缶唱秦声。秦昭王不悦，不肯答应，蔺相如向前递上瓦缶，并跪下请秦王演奏，秦王还是拒绝，相如说："五步之内，相如请得以颈血溅大王矣！"（《史记·廉颇蔺相如列传》）侍从们想要杀相如，蔺相如"相如张目叱之，左右皆靡"，侍从们都吓得倒退。僵持之下，秦昭王尽管老大不情愿，还是敲了一下缶。蔺相如当即对赵国史官说："某年月日，秦王为赵王击缻。"

秦国群臣见秦昭王被折辱，就想给主子找回面子，一起起哄说："请以赵十五城为秦王寿。"寿即祝酒之意。蔺相如针锋相对地说："请以秦之咸阳为赵王寿。"这顿酒吃下来，秦昭王没有占到任何便宜，赵国大将廉颇也在边境陈设重兵，以防不测，秦军终于没有敢轻举妄动。

相比上次的"完璧归赵"，蔺相如这次的"完君归赵"功劳更大，他回国后，即被赵惠文王拜为上卿，"位在廉颇之右"。

// · 玄石沉湎

在今天河北省中部太行山东麓一带，在战国时期曾有一个中山国，由狄人建立。狄人中有个叫狄希的，很擅长酿酒，人饮后可以醉卧千日，这种酒就被起名为"千日醉"。狄希有个老乡叫刘玄石，好饮酒，听说狄希酿得好酒，就去找他讨酒喝。狄希说："我酒发来未定，不敢饮君。"（《搜神记·卷十九·狄希》）就是我的酒不知道什么时候才能酿好，现在不敢给你喝。

刘玄石说："纵未熟，且与一杯，得否？"狄希无奈，就给他喝了。刘玄石这一喝不要紧，一下子就勾起了肚子里的酒虫，当即表示还要喝，狄希说："且归，别日当来。只此一杯，可眠千日也。"你先回家，过些日子再来，这酒喝上一杯得醉上千日。

刘玄石回到家，果然沉醉不起，就像死了一样，家人也不明所以，以为他真的死了，就哭着把他安葬了。

三年后，狄希突然想起刘玄石这个事来，说："玄石必应酒醒，宜往问之。"到了刘玄石家,对家人说:"石在家否?"家人说:"玄石亡来,服以阕矣。"服阕指守丧期满,可以除掉丧服了。家人说刘玄石早就死了,连我们的服丧期都过了。狄希大惊失色,说:"酒之美矣,而致醉眠千日,今合醒矣。"于是马上让刘玄石家人打开刘玄石坟墓,刚破开棺椁,就看见坟地里汗气冲天,一会就听见刘玄石大声说:"快者醉我也!"

刘玄石睁眼就看到狄希,问:"尔作何物也?令我一杯大醉,今日方醒,日高几许?"墓边所有人都大笑不止。这些人被刘玄石的酒气冲入鼻中,也都各自醉卧了三个月。

这个离奇的故事,后来就引出了一个著名的典故"千日醉",喻指上等美酒或畅饮美酒。唐代诗人刘希夷有诗句"酒熟人须饮,春还鬓已秋。愿逢千日醉,得缓百年忧"(《故园置酒》),就用到了这个典故。

// · 十日之饮

战国秦昭襄王时期,任用魏国人范雎为丞相。范雎本是魏国中大夫须贾的门客,后随须贾访问齐国,受到齐襄王的欣赏,须贾怀疑范雎与齐襄王私通,回到魏国后就向相国魏齐诬告范雎,魏齐也不做认真调查,就对范雎严刑拷打,并进行非人的凌辱。范雎装死侥幸得脱,改名张禄,逃到秦国,竟然说动秦昭王,担任了秦国相国。

范雎上任后的首要任务就是报仇,向魏国提出交出魏齐的脑袋,否则将要屠大梁。魏齐听说之后害怕了,逃到赵国,藏匿在平原君赵胜的家中。秦昭王听说后,"欲为范雎必报其仇",假装写信给平原君赵胜说:"寡人闻君之高义,愿与君为布衣之友,君幸过寡人,寡人愿与君为十日之饮。"(《史记·范雎、蔡泽列传》)意思是,我听说您的高义,愿作布衣之友,希望您到我这里来,愿意与您喝上十天大酒。

"十日之饮"这个典故就是这么来的,后指朋友相见而饮酒尽欢。

平原君也知道秦昭王没有说真话,但为赵国考虑,还是硬着头皮去了秦国，结果秦昭王就以平原君为人质，要求赵孝成王用魏齐的人头来换。魏齐听说后就自杀了，赵孝成王就用魏齐这颗头从秦国换回了平原君。

// · 狗猛酒酸

战国时期，宋国有个卖酒的，卖酒器具量得很公平，接待客人态度很恭敬，酿造的酒很香醇，店铺门前酒旗悬挂得也很高。但是这个卖酒的积贮很多酒却没有人来买，时间一久，酒都变酸了（也正说明战国时期酒的度数不够高）。卖酒的感到奇怪，不解其中缘故。他向同住一个巷子且知道这事的老人杨倩打探。杨倩问："汝狗猛耶？"卖酒的不明所以，说："狗猛则酒何故而不售？"杨倩说："人畏焉。或令孺子怀钱挈壶瓮而往酤，而狗迓而龁之，此酒所以酸而不售也。"（《韩非子·外储说右下》）意思是，你的酒酸了都卖不出去，是因为人们都害怕你的狗呀！有的人打发自己的小孩揣上钱，拿着壶，前往打酒，但你的狗窜出来咬人，谁还敢来买酒呢？

《韩非子》举"狗猛酒酸"这个例子是想说国家也有这样的恶狗，有才能的人怀着治国的本领想要禀陈君王，但那些大臣像恶狗一样窜出来咬人，这就使国君受到蒙蔽和挟制，因而那些有才能的人不能得到重用。

典故"狗猛酒酸"也作"宋人酤酒"，比喻环境恶劣，前进困难，更多时候喻指权臣当道、阻塞贤路。

// · 刘章酒吏

汉惠帝六年，刘邦的庶长子刘肥去世，谥齐悼惠王，长子刘襄即位，是为齐哀王。第二年，汉惠帝刘盈去世，皇太后吕雉临朝摄政，先后封诸吕子侄为王，控制长安的南北二军，削弱刘姓王实力，引起汉朝元老派和刘姓皇室贵族的强烈不满。

吕太后二年，齐哀王弟弟刘章入卫宫禁，封朱虚侯，当时仅20岁，血气方刚，孔武有力。有一天，吕太后举行宴会，令刘章为酒吏，顾名思义就是酒宴的主持人和酒宴纪律的执行者。刘章郑重其事地对吕太后说："臣，将种也，请得以军法行酒。"（《史记·齐悼惠王世家》）吕太后也没当回事，不就是喝个酒嘛，不信刘章弄什么幺蛾子，就高兴地答应了。

酒喝到正酣，刘章请求为吕太后歌舞助兴，作为酒宴主持人，他定了个歌舞主题，"请为太后言耕田歌"，就是所有人不管是唱歌还是跳舞都要跟耕田有关。吕太后的几个儿子和诸吕权贵开玩笑说，我们知道你爹懂得种田，你生来就是王子，也知道种田的事吗？刘章说："臣知之。"吕太后就说："试为我言田。"刘章说："深耕概种，立苗欲疏，非其种者，鉏而去之。"这话明显话里有话，吕太后听了默不作声。

过了一会，有一位吕家公子喝醉了，该他喝酒时，却擅自逃离酒宴。刘章追上去，二话不说，"拔剑斩之"，回来大声说："有亡酒一人，臣谨行法斩之。"吕太后和诸人大惊失色，但因为吕太后已经答应刘章按军礼主持这场酒宴，只好作罢。从此之后，诸吕之人都十分忌惮刘章，诸位元老大臣和刘氏皇族则对刘章日益倚重。

吕后死后，吕家失去靠山，曲逆侯左丞相陈平与绛侯太尉周勃、朱虚侯刘章等用计尽除吕党，重新扶正汉朝。刘章后封城阳景王。

//·高阳酒徒

郦食其（音 lì yì jī，前268年—前203年），秦末汉初陈留郡圉县高阳乡（今河南省开封市杞县高阳镇）人。

秦末农民起义大爆发后，已经六十多岁的郦食其通过其在刘邦军营中的一个老乡向刘邦自荐，老乡答应了，但叮嘱郦食其见沛公刘邦时千万别穿儒服、戴儒冠，因为刘邦最讨厌儒生，有一次有个儒生去见刘邦，刘邦竟然把他的儒冠抓过来，"溲溺其中"，在人家帽子里尿尿，完全是流氓无赖行径。

郦食其不信邪，去见刘邦时还是穿着儒服、儒冠。到了沛公军营，郦食其对守卫军士自报名号"高阳贱民郦食其"，请求谒见沛公。刘邦正在洗脚，听军士报出来人名号，就问其人穿戴，军士说"状貌类大儒，衣儒衣，冠侧注"。刘邦顿时没了兴趣，对军士说："为我谢之，言我方以天下为事，未暇见儒人也。"郦食其听了，"瞋目案剑叱使者"，说："走！复入言沛公，吾高阳酒徒也，非儒人也！"（《史记·郦生、陆贾列传》）刘邦听了，登时肃然起敬，"遽雪足杖矛"，光着脚持矛站立一旁，请郦食其进见。

著名的历史典故"高阳酒徒"即从此出，而后用以指嗜酒而藐视权贵的人。

//·曹参醇酒

汉惠帝二年，萧何去世，谥为文终侯。平阳侯曹参继任相国，他的治国方式是著名的"萧规曹随"，大事小情"无所变更，一遵萧何约束"，除此之外，曹参就是"日夜饮醇酒"，卿大夫以下的官吏和宾客们见曹参不理政事，上门来的人都想劝他，可这些人一到，曹参不但自己喝，还让这帮人跟着一起喝，结果直到喝醉后离去，也没能够开口劝说，时间一长，大家也就习以为常了。

这个事后来就有个说法叫"曹参酒"，表示按照前人的成规办事，或官吏无为而治。

//·日饮无何

汉文帝、景帝时的大臣袁盎为人刚直，因为经常直谏，所以不太招人待见，汉文帝就把他调为陇西都尉。在任上，袁盎"仁爱士卒，士卒皆争为死"。之后，他被任命为齐国国相，最后又被派去任吴国国相。赴任前，袁盎的侄子袁种对他说，吴王刘濞骄横欺主已经很久了，你要是弹劾他，他如果不上书告你，就会杀你了。他还特别叮嘱叔叔："南方卑湿，丝能日饮，亡何。说王毋反而已，如此幸得脱。"（《汉书·袁盎、晁错列传》）南方潮湿，您每天只管饮酒度日，不问政务，时常规劝吴王不要谋反就行了，这样才可能幸免于难。袁盎采纳了他的计策，吴王果然厚待了袁盎，并未加害他。

酒典"日饮无何"就是从这来的，也作"日饮亡何"，喻指超脱凡俗、不问政事。

// · 尉醉呵广

李广，西汉陇西郡成纪县（今甘肃省天水市秦安县）人，隋唐时著名的世家大族、天潢贵胄陇西李氏的奠基者。

李广在汉武帝时期并不受重视，虽然功高盖世，平定"吴楚七国之乱"时，身为骁骑都尉的李广曾立下夺取敌方帅旗的战功——为古代四大军功"先登、陷阵、斩将、夺旗"中最难的一个——但阴差阳错总是失去封侯的机会，所以自古以来就有"李广难封缘数奇"（王维《老将行》）的说法。

李广曾以卫尉身份出任将军，出雁门关攻击匈奴时，因为轻敌，被匈奴抓获，后虽然杀阵得脱，但回到汉营，就被捕下狱，因为汉代有捐钱赎罪的制度，李广这才得以靠捐钱买下一条命，但也被贬为庶人。

随后的几年，李广赋闲在家，平时没事就与已故颍阴侯灌婴的孙子灌强到蓝田南山中射猎。有一天夜里，李广只带着一名随从外出，和朋友去饮酒，回来的路上路过霸陵亭，"霸陵尉醉，呵止广"。李广的随从高声对霸陵尉说来人是"故李将军"。霸陵尉骄横地说："今将军尚不得夜行，何乃故也！"

李广气得半死，无奈只好露宿在霸陵亭下。不久，匈奴来犯，辽西太守被杀，汉武帝重新启用李广为右北平太守。李广只提了一个要求，"即请霸陵尉与俱"，到了之后，第一个命令就是处死了这个当年拿着鸡毛当令箭故意羞辱他的人。

// · 灌夫骂座

历史上最具悲剧色彩的"酒闹"就是西汉景帝、武帝时的将军灌夫了，他酒后在武安侯田蚡的婚宴上闹事，不仅搭进了全家乃至三族的性命，还搭上了好友窦婴。而最富戏剧性的是，窦婴、灌夫死后，这一切的始作俑者田蚡做噩梦，梦见窦婴、灌夫来索命，结果竟然被吓死了。

熟悉中国历史的人都知道，武安君、武安侯是非常响亮的爵号，凡是这个爵号的人都是以邯郸武安为封邑，而能得到这一爵号的都是叱咤风云的一代名将。战国时有四大武安君，分别是秦国"杀神"白起，"佩六国相印"的苏秦，赵国名将李牧，楚国名将、西楚霸王项羽的祖父项燕。秦朝之后武安君改称武安侯，赵国名将马服君赵奢的孙子赵兴、汉高祖刘邦都获得过这个爵号，而最名不副实的武安侯就是名义上汉武帝的舅舅田蚡。田蚡是汉武帝母亲王娡的异母弟弟（王娡母本为汉初异姓王燕王臧荼的孙女臧儿，先嫁王娡父亲王仲，王仲死后，再嫁长陵田氏），汉武帝登基后，王娡成为太后，田蚡就成了国舅爷，所以他是唯一一个凭外戚身份获得武安君（侯）爵号的人。

魏其侯窦婴也是外戚，他是汉武帝祖母窦漪房的侄子，但相比田蚡，他更主要是凭借自己的才学在汉初政治舞台上站住脚。"窦灌冤案"的核心人物是灌夫，他其实不姓灌，西汉姓灌的侯爷只有开国功臣颍阴侯灌婴，灌夫的父亲本名张孟，是灌婴的舍人，随灌婴征战死在军中，灌婴就让灌夫改姓灌，实际有收为义子的意思。

灌夫为人刚直，好借酒使气，不喜欢当面阿谀他人。凡是贵戚或一般有势力人士的地位在灌夫之上的，他不但不肯向他们表示敬礼，并且要想办法侮辱他们；一般士人在他之下的，愈是贫贱，灌夫愈是对他们恭敬，以平等的礼节对待他们。在人多的场合，灌夫对于地位低下的后进总是推荐夸奖。从上述不难看出，灌夫这个人情商不高。

汉武帝登基时只有12岁，由母亲王太后临朝听政，王太后更愿意用自己的异母弟弟田蚡，原来的丞相窦婴就被罢相。窦婴失势，连带窦婴的好友灌夫也遭到朝廷内外势利眼的排挤，很多当初上赶着巴结他的人开始对他敬而远之。灌夫对此愤愤不平。

灌夫的姐姐死时，灌夫在服丧期内去拜访丞相田蚡。田蚡说，我想和你一同去拜访魏其侯，恰值你在服丧期间，不便前往。灌夫一听来了神，他的心思我们也可以猜到，如果丞相亲自到窦婴家，那作为窦婴的好友，岂不是也跟着蹭上流量，弄不好可以重新让世人对他刮目相看。灌夫自告奋勇说去通知窦婴做准备，跟田蚡约好第二天在窦婴家见。

窦婴一听灌夫说田蚡要来，非常重视，赶紧特地多买了肉和酒，连夜打扫庭院，一直忙到天亮。天刚亮，窦婴就叫门下的人在宅前伺候。但是左等不来，右等不来，到了中午，田蚡还是没来。窦婴就对灌夫说，丞相难道忘记了吗？灌夫面子上挂不住，当即就驾了车，到田蚡府上"迎接"田蚡。

灌夫到时，田蚡还在睡觉，灌夫很不客气，直接闯入，对田蚡说，幸蒙将军昨天答应去拜访魏其侯，魏其侯夫妻办了酒食，从一早到现在，都没有敢吃一点呢！田蚡装作愕然发愣的样子，向灌夫道歉说，我昨天喝醉了，忘记了与你说的话，当即命驾前往窦婴家，但路上却磨磨蹭蹭走得很慢。灌夫一肚子气，在酒席上对田蚡说了些冒犯的话，窦婴赶紧出来圆场，替灌夫向田蚡道歉。灌夫第一次闹田蚡的酒宴就这么收场了。

汉武帝元光三年（前132年）夏天，田蚡娶燕王的女儿为夫人，太后下了诏令，要列侯及宗室都前往道贺。窦婴就去拜访灌夫，想邀他一道去。灌夫推辞说，我屡次因为酒醉失礼得罪了丞相，并且丞相近来跟我有怨。窦婴说，这事已经和解了，于是强拉灌夫一道去。

婚宴吃到差不多时，田蚡起身向大家敬酒，"坐皆避席伏"，所有人都离开座位，伏在地上，表示不敢当。过了一会儿，魏其侯窦婴起身敬酒，只有那些曾经与他有旧交的人离席回敬，但另有一多半人却是照样坐在那里，连膝都没有离席。人情冷暖、世态炎凉，在此刻一览无余。

灌夫起身离位，依次给众人敬酒，敬到田蚡时，田蚡不但没有起身，还说"不能满觞"。灌夫回怼道："将军贵人也，毕之。"田蚡坚持不能喝，灌夫认为自己受到了怠慢。轮到给临汝侯灌贤——颍阴侯灌婴的孙子，是真的灌家人，相当于灌夫的晚辈——敬酒，灌贤正与将军程不识悄悄地附耳讲话，不知是不是故意的，没有避离席位。灌夫一肚子怒气无处发泄，就对灌贤开骂，说你平时诋毁程不识不值一钱，现在长辈向你敬酒，你却效法女人一样在那儿同程不识咬耳朵。

田蚡也看出灌夫是冲他来的，对灌夫说，程不识、李广都是东西宫的卫尉，现在你当众侮辱程不识，就不替你所敬爱的李将军留余地吗？灌夫说，今日杀我的头，穿我的胸，我都不在乎，我还管什么程，什么李？座上的客人见势不妙，便起身托言上厕所，纷纷跑了。窦婴也起身离去，并挥手叫灌夫赶快走。看到好端端一个婚宴被灌夫搅黄，田蚡怒不可遏，当即命令手下人将灌夫追上、扣押，随后即向姐姐王太后告灌夫的状。

作为灌夫的朋友，窦婴很惭愧，他认为如果不是他强拉灌夫过来参加田蚡婚宴，也就不会惹出这么大祸端。他出钱财派宾客向田蚡求情，田蚡不答应，坚决要处死灌夫。

汉武帝也觉得灌夫罪不至死，就把事情提交朝会讨论，魏其侯窦婴坚决反对处置灌夫，认为他就是酒后失德，御史大夫韩安国、主爵都尉汲黯都支持窦婴，其他人都不敢吱声。王太后派人到朝堂打听情况，知道包括汉武帝在内很多人反对处置灌夫，就在宫中哭闹，没办法，灌夫仍被判为族诛，窦婴则以包庇之责也受到与田蚡亲近的韩安国的调查。窦婴乃以曾受景帝遗诏"事有不便，以便宜论上"为名，请求武帝再度召见。但有关方面查对尚书保管的宫中档案，却没有景帝临终的这份遗诏，于是窦婴以"伪造诏书罪"被抓，最后窦婴在渭城的大街上被斩首示众。

窦婴、灌夫死后第二年，田蚡突然病了，浑身疼痛，好像有人在打他，他不停地大声呼叫，承认自己有罪，汉武帝请了能看见鬼的巫师来诊视他的病，巫师说，魏其侯与灌夫两个鬼共同守着武安侯，用鞭子抽打想要杀他。不久，田蚡就死了。

后来淮南王刘安谋反事发，刘安与田蚡勾结的事情暴露出来，汉武帝听说后，说了句："使武安侯在者，族矣。"意思就是假使武安侯还在的话，也该灭族了。

// · 河梁醉别

汉武帝时的飞将军李广有个孙子，叫李陵，与祖父一样是抗击匈奴的名将。

汉武帝天汉二年（前99年），李陵率步卒五千迎击匈奴主力，在消灭数万匈奴军队的情况下，寡不敌众，除四百余人逃回汉营外，其余均殉国或被俘。李陵选择了投降。在当时汉匈征战的背景下，双方将领都互有投降的情况，李陵的选择谁都知道只是权宜之计。但汉武帝和其他汉军将领为了推卸失败的责任，把所有屎盆子都扣到李陵头上。太史令司马迁因为替李陵说话，竟然被汉武帝施以腐刑。后来汉武帝又听信谣言，不做调查，认为李陵为匈奴练兵对付汉军，于是灭了李陵三族，连其老母、幼子都不放过。从此，李陵彻底对汉朝失去道义责任，永远地留在了远在万里之外的北海之滨。

图5-6　宋代画家陈居中绘《苏李别意图》

李陵降北的前一年，李陵为郎官时的好友苏武奉命以中郎将持节的身份出使匈奴，结果被无理扣留，前后竟然长达19年。期间，李陵曾多次去苏武牧羊的北海去探望他。19年后，汉昭帝始元六年（前81年），匈奴单于终于同意放归苏武，李陵专门跑去与老友告别，设酒与苏武庆贺，说："今足下还归，扬名于匈奴，功显于汉室，虽古竹帛所载，丹青所画，何以过子卿！"（《汉书·李广苏建传　附：苏武》）他还表达了对故国的思念之情，但因为汉朝"收族陵家，为世大戮，陵尚复何顾乎"，他最后对苏武说："已矣！令子卿知吾心耳。异域之人，壹别长绝！"接着李陵下座，边跳舞，边含泪高歌："径万里兮度沙幕，为君将兮奋匈奴。路穷绝兮矢刃摧，士众灭兮名已隤。老母已死，虽欲报恩将安归！"说完二人抱头痛哭，就此永别。

∥ · 驭吏吐茵

丙吉是汉宣帝时的"麒麟阁十一功臣"之一，汉武帝的曾孙刘病已能成为后来的汉宣帝刘询，丙吉功莫大焉，正是他冒着灭族的风险，在"戾太子反叛事件"后，救下了太子刘据一脉硕果仅存的骨血孙子刘病已，并且正是他在霍光等大臣废掉昌邑王刘贺后，建议拥立刘病已为皇帝。

丙吉待人宽厚，给他驾驶车驾的驭吏喜欢喝酒，好几次喝酒误事，有一天他驾车随丙吉出行，竟然在车上呕吐起来。西曹主吏要将那人弃逐，丙吉说："以醉饱之失去士，使此人将复何所容？西曹地忍之，此不过污丞相车茵耳。"（《汉书·丙吉传》）丙吉的意思说，因为驭吏醉酒的过失就把他一竿子打死，你让他有何面目容身于世？你就忍忍吧，丞相车褥被弄脏了没什么大不了的。

典故"驭吏吐茵"就是这么来的，指醉后失误或替人掩盖过失。

丙吉没有处罚这个驭吏，其回报很快就来了。驭吏是边郡人，熟悉边塞向朝廷发"八百里加急文书"的情况，他有天外出，看见驿骑拿着赤白口袋疾驰而来，就知道是边郡发来的紧急文书到了。驭吏当即跟随驿骑到公车署打听，知道是匈奴侵入云中、代郡。他马不停蹄赶紧回府向丙吉报告情况，让他预先措置。

很快，汉宣帝召集"三公"开紧急御前会议，询问匈奴来犯的具体情况，御史大夫仓促不能详答，因此被责备，丙吉却对皇帝垂问一一作答，汉宣帝大为赞赏。丙吉自己总结，这都是仰赖当时没有处置那个驭吏之功。

∥ · 宽饶酒狂

汉宣帝时有位大臣盖宽饶，字次公，曾任太中大夫，后因为直言敢谏，被汉宣帝擢拔为司隶校尉。这个职位非常厉害，专门负责对京城百官、王公贵戚的监察，上至皇后太子，下至公卿百官，可以一起监督，故称"虎臣"。

盖宽饶对待属下却很体贴，常常亲自到士族宿舍，视察大家的饮食居住情况，碰上有病的人，他还亲自到病榻前慰问，致送药品。

盖宽饶待下宽饶，对上却刚直不阿。平恩侯许伯搬迁新家，丞相、御史、将军、中二千石官员等都前往恭贺乔迁之喜，只有盖宽饶不去。许伯派人专门去请，盖宽饶才去许府，到了之后，也是特立独行，不与其他人为伍。许伯亲自给盖宽饶斟酒，他当即就说："无多酌我，我乃酒狂。"（《汉书·盖宽饶传》）丞相魏侯笑着说："次公醒而狂，何必酒也？"意思是你不喝也狂，在座所有人都讥笑不已。

典故"宽饶狂"即从此出，后以此典喻指人性格狂放，也借以指酒醉发狂。

// · 陈遵投辖

陈遵，生卒年不详，字孟公，西汉京兆尹所属杜陵县（今陕西西安市雁塔区曲江）人。

陈遵祖父是陈遂，字长子，是汉宣帝刘病已还落难在民间时的发小，两人"相随博弈"，就是经常在一块赌博围棋，陈遂欠了刘病已很多钱。刘病已成为汉宣帝刘询后，启用陈遂，任命他为太原郡太守，临行前，汉宣帝赐陈遂玺书，上书："制诏太原太守：官尊禄厚，可以偿博进矣。妻君宁时在旁，知状。"（《汉书·游侠传·陈遵》）这份一本正经的诏书说的却是两人间最不正经的事，意思就是你现在做了大官了，有钱还欠我的赌债了，你老婆君宁当时就在场，可以作证。汉宣帝这是在跟陈遂开玩笑。陈遂也不尴尬，说这都是元平元年您登基前的糗事了，之后不就天下大赦了吗？这明摆着就是想赖账。汉宣帝什么反应，史书无载，但估计是手指着陈遂哈哈大笑两声。陈遂受到汉宣帝恩宠之厚就是这样。

陈遵父亲去世很早，随祖父陈遂长大，自然也受到汉宣帝的很多照拂，就算是很多事做得出格点，汉宣帝也总是网开一面。陈遵好喝酒，每次喝大酒，"宾客满堂，辄关门，取客车辖投井中，虽有急，终不得去"（《汉书·游侠传·陈遵》）。车辖是从外面卡住车轮轴防止车轮外落的铁条，陈遵怕客人喝到半截跑路，就把人家的车辖拔出来扔到井里。

在唐诗宋词中常见的历史典故"闭门投辖"就是这么来的，后常用来比喻主人殷勤留客甚至不择手段，也被作为设宴纵饮的典故。

有一次，一位刺史到朝里办事，顺便来拜访陈遵，正赶上他喝酒，刺史见势不妙，"候遵霑醉时，突入见遵母，叩头自白当对尚书有期会状，母乃令从（后）阁出去"，为了逃酒，这位刺史大人把陈遵老母都拉上了。

但有一样，尽管陈遵经常喝得大醉，但是公务从来没有耽误过。

//·载酒问字

新朝的建立者王莽追求复古，连文字也打算恢复六种古体，这就是古文、奇字、篆书、佐书、缪篆、鸟虫书。

文学家扬雄很有学问，很多人就向他讨教古体字的问题，王莽的御用文人、宗室经学家刘歆的儿子刘棻也向扬雄讨教奇字，知道扬雄爱喝酒，每次去就带上酒水、菜肴，这个事后来就成了"载酒问字"的说道，后来专指从师受业或向人请教。

//·祭遵投壶

祭（作为姓，音zhài）遵，东汉颍川郡颍阳县（今河南许昌市襄城县颍阳镇）人。

祭遵本是儒生，后随光武帝刘秀出征河北，被任命为军市令，负责掌管军市交易收税等事由。刘秀家奴犯法，祭遵把他杀了，刘秀也是无可奈何。后来祭遵随刘秀北平渔阳，西征陇蜀，拜征虏将军、颍阳侯，东汉立国后，评定"云台二十八将"，祭遵被列为其中第九名。

据《后汉书·祭遵传》记载："遵为将军，取士皆用儒术，对酒设乐，必雅歌投壶。"就是祭遵身为儒将，也用考儒术来录取军士，方法就是举行酒宴，考察军士是否懂得酒礼，还一边听雅乐，一边要军士唱《诗经》中的雅歌（大雅、小雅，是《诗经》中比较难的部分），并比试投壶。投壶是由儒家射礼演变而来的一种游戏。"祭遵投壶"这个典故后常用来指武将的儒雅行为。

// · 壶公谪天

壶公，应该不是真名，但真名已经无从可考，是东汉方士费长房的师傅，所以我们只能说他是东汉人。

汝南人费长房为市掾（即管理市场的官员）时，曾见到壶公从远方而来，进到市场里卖药，谁也不认识他是谁。他卖药口不二价，不管什么病都是药到病除。壶公每天治病都能收入数万，但马上就施舍给市场里路边的穷困者和挨冻受饿的人，自己留得很少。他最显著的特征是常"悬一空壶于坐上"。

我们常说的一个成语典故"悬壶济世"就是出自这里。《后汉书·方术列传·费长房》也有类似的记载："市中有老翁卖药，悬一壶于肆头，及市罢，辄跳入壶中。"壶公之所以得名，原因也在这里。其实悬壶，也即是葫芦，是古代中医装药酒的用具。自从壶公的传说传开后，"悬壶"就成了行医、卖药者的符号；"悬壶济世"也成了中医行业的招牌口号。

// · 登高饮菊

中国人向有重阳节登高饮菊花酒、簪茱萸花的习俗，唐代大诗人王维老少咸知的诗句"独在异乡为异客，每逢佳节倍思亲。遥知兄弟登高处，遍插茱萸少一人"（《九月九日忆山东兄弟》），说的就是重阳节这一习俗。有记载，这一习俗源于东汉，与当时著名的方士费长房和他的弟子桓景有关。

费长房传说是汉代时现身的神仙壶公的弟子。费长房、桓景都是东汉豫州汝南郡（今河南省驻马店市平舆县）人。桓景随费长房游学多年，有一天费长房突然对桓景说："九月九日，汝家当有灾厄，急宜去，令家人各作绛囊，盛茱萸以系臂，登高饮菊酒，此祸可消。"（南朝萧齐人吴均《续齐谐记·汝南桓景》）绛囊就是红色的布囊。费长房对弟子桓景说你家在重阳节那天会有大难，你让家人赶紧每人在手臂上戴一个红布囊，里面装上茱萸，然后往高处去饮菊花酒，就可以消难。

典故"桓景登高"即从此出。

桓景照着师傅所说去做，在重阳节那天举家登山喝菊花酒，晚上回到家，就发现家中的鸡狗牛羊都死掉了。费长房听说后，对桓景说："代之矣。"这些牲畜替你们家消了难。

这件事传开后，人们争相仿效，在每年的九月九日这天，都携亲带友登高饮菊酒，妇人或戴茱萸囊，或簪茱萸花，或插菊花，当然男人也可以戴，以此方式辟邪和祈福。后来就演变为一年一度的中秋雅集、饮酒赋诗的盛会。

图5-7 晚清画家苏六朋绘《簪花饮酒图》

// · 三百杯

"诗仙"李白的《襄阳歌》相信很多人都读过，其中有这样一句："百年三万六千日，一日须倾三百杯。"这里的"三百杯"是个著名的典故，典故事主是东汉末大儒、著名经学家郑玄——郑康成。据《郑玄别传》载："袁绍辟玄，及去，饯之城东。欲玄必醉，会者三百余人，皆离席奉觞，自旦及莫，度玄饮三百余杯，而温克之容，终日无怠。"意思就是，袁绍征辟了郑玄，结果郑玄要走了（《后汉书·郑玄列传》说是袁绍向汉献帝推荐的郑玄，朝廷公车征拜郑玄为大司农），袁绍在城东为他举行饯行酒宴。可能是袁绍不想郑玄走吧，就找了三百多人一起给郑玄敬酒，觉得他肯定会因为酒醉走不成，没想到从早到晚，郑玄一人战三百人，就算每人敬一杯，郑玄也喝了三百多杯，但是他没有丝毫酒乱无行的迹象，仍然是温文尔雅、毫无倦怠。

郑玄"三百杯"这个称号从此不胫而走。这个典故后用来形容人酒量很大。

//·葡萄一斗得凉州

两汉之际，葡萄酒实属罕见酒品，并非普通人所能享用，《后汉书·张让传》曾记载，大宦官张让当时位居中常侍，掌握官吏任免大权，收受贿赂。扶风人孟佗"以蒲陶酒一斗遗让，让即拜佗为凉州刺史"。

//·王览争鸩

王览，字玄通，东汉末、三国时期曹魏琅琊郡临沂县（今山东省临沂市西孝友村）人，书圣王羲之的曾祖父，"二十四孝"中的"王祥卧鲤"的那个王祥的异母弟弟。

王祥母亲薛氏早亡，父亲王融另娶朱氏，生下王览。作为继母，朱氏对王祥非常不好，经常虐待王祥，动辄拳打脚踢，每次看到哥哥被打，才只有几岁的王览就上前抱住王祥，不让母亲打。成童之后，王览屡屡劝告母亲，要对哥哥好一点，估计也是孩子长大了，打不动了，其母总算是对王祥不那么凶了，但还是以各种理由非难王祥，每次这个时候，王览都同哥哥在一起劝母亲。

王祥兄弟的父亲王融死时，王祥已经成人，他的孝名远播于外，又引起了朱氏的忌恨，明着不动手打王祥了，暗地里却更加阴毒，竟然偷偷让人给王祥酒里下毒。王览知道母亲对哥哥图谋不轨，"径起取酒，祥疑其有毒，争而不与，朱遽夺反之。自后朱赐祥馔，览辄先尝。朱惧览致毙，遂止"（《晋书·列传·王祥　附：王览》），两人争着喝毒酒，反复争夺互不相让。朱氏见状，马上夺过酒杯，把酒倒掉了。此事之后，只要朱氏赐给王祥食馔，王览都要先尝一尝，朱氏担心误伤王览，所以最后还是打消了毒死王祥的打算。这个事件，就是"二十四孝"中的"王览争鸩"，也作"王览友悌"，后喻指兄弟情深、相爱相助。

// · 杯弓蛇影

乐广，字彦辅，西晋南阳郡淯阳县（今河南南阳）人。乐广为河南尹时，有个原来很亲近的宾客，不知为什么很长时间没有来见他了，乐广很奇怪，就问出了什么事，宾客说："前在坐，蒙赐酒，方欲饮，见杯中有蛇，意甚恶之，既饮而疾。"（《晋书·列传·乐广》）这位老兄估计眼神不太好，看见酒杯里有条小蛇，但主人敬酒又不能不喝，只好硬着头皮喝下，回去后，浑身就不得劲。

乐广没有把这事当成无稽之谈，而是仔细琢磨可能是怎么回事，突然想起河南尹衙门的听事壁上挂着一张角弓，外面涂了油漆，乍一看很像一条蛇，心想肯定是这么回事，就把客人请到府里，还原了当时喝酒的情况，结果果然又看到了杯子里的蛇影。乐广就把到底是怎么回事告诉了客人，客人"豁然意解，沈疴顿愈"。

这就是著名的典故"杯弓蛇影"的由来，比喻因疑神疑鬼而引起恐惧，自己吓自己。

// · 酒徒蒋济

蒋济，三国曹魏政治家，历事曹操至曹芳四代，可称得上肱股之臣。

但就是这么个人却有人冠以"酒徒"之称，而送给他这个名号的是他担任扬州别驾时的下属寿春县令时苗。时苗刚上任就按照程序前去拜见蒋济，结果正赶上蒋济喝得酩酊大醉。这蒋济平素里就是个酒鬼，酗酒成性，这一次又因为烂醉如泥无法见客，时苗非常恼火。一般人见上司这副德行，也就不说什么了，另择时机再来，而脾气火爆的时苗却不同，他不但心中充满愤恨，回到家中还依照蒋济的模样制作了一个小木人，在上面写上"酒徒蒋济"四个字，将其放在自己的院墙下，早晚都用弓箭来射。这个举动无疑是过于疯狂了，时间一长连州郡的官员都知道了这件事。

不过，蒋济并没有因此对时苗打击报复，因此留下了"济不以苗前毁己为嫌"的美誉。

// · 彼有其具

三国时代战乱频发，百姓流离失所，各地普遍粮食歉收。有一年遇上大旱，蜀国粮食奇缺，刘备下令禁酒。为了达到彻底禁酒的目的，刘备的执政班子草拟了法令，规定：凡是百姓家里私藏酿酒器具，与酿酒的人同罚。

一日，刘备的谋士简雍与刘备一同游览，看见一对男女走过，简雍便对刘备说："彼人欲行淫，何以不缚？"刘备觉得奇怪，便问道："卿何以知之？卿何以知之？"简雍就幽默地回答："彼有其具，与欲酿者同。"（《三国时·蜀书·许、麋、孙、简、伊、秦传》）刘备听罢大笑，也就放了私藏酿酒器具的民家，下令取消了"私藏酿酒器具"的罪名。

// · 文渊酒船、取为酒壶

郑泉，字文渊，三国时期吴国陈郡人，博学，初为郎中，迁太中大夫，多次出使蜀国。"夷陵之战"后，作为和睦使者去白帝城面见刘备，开始了两国恢复邦交的进程。

郑泉性嗜酒，他曾经说过："愿得美酒满五百斛船，以四时甘脆置两头，反覆没饮之，惫即住而啖肴膳。酒有斗升减，随即益之，不亦快乎！"（《三国志·吴书·吴主传引裴注》）他临死前对身边人说："必葬我陶家之侧，庶百岁之后化而成土，幸见取为酒壶，实获我心矣。"陶家就是制作酒壶的陶匠之家，郑泉希望百年之后尸身化成泥土，或许有幸被取材做成酒壶，就心满意足了。

//·酌酒厉兵

甘宁，生卒年不详，字兴霸，巴郡临江（今重庆忠县）人，祖籍荆州南阳郡，三国时期吴国大将。

汉献帝建安十三年（208年），甘宁投奔孙权，受到重用，他先后破黄祖据楚关，攻曹仁取夷陵，镇益阳拒关羽，守西陵获朱光，百骑袭曹营，孙权说："孟德有张辽，孤有甘兴霸，足可敌矣。"因功被孙权封为西陵太守，折冲（常胜）将军。

建安十八年（213年）正月，曹操率40万人马攻濡须口（今安徽巢县南），饮马长江。孙权率兵7万迎击，派甘宁率3000人为前部督。孙权密令甘宁夜袭曹营，挫其锐气，为此特赐米酒。

甘宁选精锐100多人共食。吃毕，甘宁用银碗斟酒，自己先饮两碗，然后斟给他手下都督。都督跪伏在地，不肯接酒。甘宁拔刀，放置膝上，厉声喝道："卿见知于至尊，孰与甘宁？甘宁尚不惜死，卿何以独惜死乎？"（《三国志·吴书·甘宁传》）都督见甘宁神色严厉，马上起立施礼，恭敬地接过酒杯饮下。然后，斟酒给士兵，每人一银碗。

二更时，甘宁率军裹甲衔枚，潜至曹操营下，拔掉鹿角，冲入曹营，斩得数十级还。孙权大喜，赏甘宁绢1000匹，战刀100口，并增兵2000人。曹操见难以取胜，驻了一个多月，便退回北方去了。从此，孙权对甘宁更加看重。

// · 雅量、三雅之爵、河朔之饮

我们今天常说的一个词"雅量"出自魏文帝曹丕的《典论·酒诲》，文中提到当时豪饮成风，举了一南一北两个例子。先说南边的，荆州牧刘表善饮，子弟中很多人也都好酒。刘表专门做了三种酒爵，大的叫伯雅，中等的叫中（仲）雅，小的叫季雅。伯雅可以装七升酒，中雅可以装六升酒，小雅可以装五升酒。刘表自己能喝也就算了，还鼓动别人喝，为了让别人多喝，"设大针于杖端，客有醉酒寝地者，辄以劖（音chán）刺之"，把针绑在木杖顶端，喝酒的客人如果喝醉倒地，他就让人用针去扎，看其真喝醉还是假喝醉，没喝醉就一直喝，这比战国时赵国国君赵敬侯用竹筒装酒灌人还要过分。

酒典"雅量""三雅之爵"就是从上述而来，本意是说，人的酒量可以喝多少雅，现在则更多指宽宏的气量，当然有时也实指酒量。

《典论·酒诲》还举了个北人豪饮的例子。曹操挟持汉献帝迁都许昌后，让光禄大夫刘松到袁绍军中示威，方式就是喝大酒，"昼夜酣饮极醉，至于无知，云以避一时之暑，二方化之"，当时正是盛夏三伏天，于是他们昼夜连轴喝，喝到不省人事，还美其名曰这是避夏时之暑，要喝酒两方才可以化解暑热。

所以说荆州南人有"三雅之爵"的说法，北方则有"河朔之饮"的说法。

// · 清圣浊贤

《三国志·魏书·徐邈传》载，曹魏建国初，禁酒甚严，当时人讳说"酒"字，故称清酒为"圣人"，浊酒为"贤人"。有一次，尚书郎徐邈"私饮至于陶醉，校事赵达问以曹事，邈曰：'中圣人'。"中圣人即中酒，意思是喝醉了。后称醉酒为"中圣人"。唐代大诗人李白有一首诗《赠孟浩然》，其中就有"醉月频中圣，迷花不事君"之句，其中的"中圣"就是指醉酒。

// · 华歆独坐

三国时名士华歆很能喝酒，就算喝了一石（约百斤）多，也身形不乱，众人暗地里观察，"常以其整衣冠为异"（《三国志·魏书·钟繇、华歆、王朗传》），意思是都把他喝酒时整理衣冠视为极其反常的现象，换句话说就是他喝酒从来都是正襟危坐，不管喝多少，衣冠也从来不乱，所以江南人送给华歆一个称号"华独坐"，意思就是众人皆醉卧华歆独清醒之意。

// · 赵达箸算

赵达，东汉末河南郡洛阳人，中国民间奉祀的神灵，属于六十甲子神之一。从小赵达就跟随汉朝侍中单甫求学。他认为东南方向有帝王征候，可以躲避灾难，因此离开家乡南渡长江，到了东吴。其妹妹后来做了吴大帝孙权之妾。

赵达研究"九宫""一算"的方法，探求法术的精微内涵，故此能适应时机当即推算结果，对答问题有如神助，以至于计算飞蝗之数、预测深藏的事因，无不言中应验。有人诘难赵达说："飞者固不可校，谁知其然，此殆妄耳。"赵达请这个人拿来几斗小豆，撒在席子上，当即就说出它们的粒数，核实后果然与赵达说的一致。

赵达曾经去拜访相识的老朋友，老朋友为他准备了饭菜。吃完饭后，老朋友对他说："仓卒乏酒，又无佳肴，无以叙意，如何？"赵达就拿起盘子内一只筷子，横着竖着摆放两三次后说："卿东壁下有美酒一斛，又有鹿肉三斤，何以辞无？"（《三国志·吴书·吴范、刘惇、赵达列传》）当时在座的还有其他客人，都知道了主人悭吝不肯拿出酒食待客的实情，主人羞愧地说："以卿善射有无，欲相试耳，竟效如此。"射这里就是测算的意思。主人于是取出美酒大家畅饮。

孙权曾向赵达询问术数秘诀，赵达始终不说，因而被孙权冷遇疏远。他逝世后，孙权听说赵达有书，一直到发掘他的棺木都一无所得，赵达的九宫一算之术就失传了。

//·孔融坐满

这里的孔融就是"孔融让梨"的那个孔融，是孔子的后裔。东汉末年战乱不断民不聊生，生产遭到了巨大的破坏，当时名义上的汉丞相曹操颁布了禁酒令，对此孔融表示反对，他调侃说："天有酒旗之星，地列酒泉之郡，人有旨酒之德，故尧不饮千钟，无以成其圣；且桀纣以色亡国，今令不禁婚姻也。"（《三国志·魏书·崔琰传引裴注》）尧帝不饮千钟就无法成圣人，不能因为桀纣因为好色亡国，就禁止人们的婚姻。对此，曹操觉得非常恼火，就让御史大夫郄虑免除了孔融北海相的官职。

汉献帝建安十三年（208年），孔融任太中大夫之职。孔融本性宽容不猜忌别人，重视人才，喜欢诱导提拔年轻人。任太中大夫这个闲职后，宾客天天满门。孔融常叹说："坐上客恒满，尊中酒不空，吾无忧矣。"（《后汉书·郑、孔、荀列传》）典故"孔融坐满"就是这么来的，喻指主人好客。

孔融与当时著名的文学家、书法家、音乐家蔡邕交好，蔡邕死后，有个虎贲士相貌有点像蔡邕，孔融每次喝足了酒，就招这个虎贲士同坐，说："虽无老成人，且有典型。"这句话本出自《诗经·大雅·荡》，在这里的意思是虽然故人不在了，但是长得像故人的人还在。

孔融有两个儿子非常聪明，大的6岁，小的5岁。有一次孔融白天睡觉，小儿子就到床头偷酒，大儿子对他说："何以不拜？"小儿子回答说："偷，那得行礼！"（《世说新语·言语》）

//·张翰适意

喜欢李白的人，一定读过他的《行路难》，其中第三首有"君不见吴中张翰称达生，秋风忽忆江东行。且乐生前一杯酒，何须身后千载名"的诗句，其中提到的这个张翰就是无数古代文人墨客"身不能至而心向往之"的第一率性适意之人。

张翰，字季鹰，三国孙吴、西晋初时吴郡吴县（今江苏苏州市）人，著名文学家，西汉开国功臣留侯张良后裔，孙吴大鸿胪张俨之子。

张翰才华出众，善写诗文。其父张俨死后不久，东吴就为西晋所灭，作为亡国之人的张翰佯狂避世，不愿意受礼法约束，恃才放旷，很像曹魏时放荡不羁的阮籍，因为阮籍曾经担任过步兵校尉，世称"阮步兵"，所以当时人就称张翰为"江东步兵"。

晋武帝司马炎的侄子齐王司马冏征辟张翰为大司马东曹掾，就是大司马府东曹（还有西曹）的小官，属于大司马自任官，不是朝廷任命的。赵王司马伦篡位后，司马冏因迎接晋惠帝复位有功，拜大司马，加九锡，权倾一时。但张翰却对同郡老乡、大司马主簿顾荣说："天下纷纷，祸难未已。夫有四海之名者，求退良难。吾本山林间人，无望于时。子善以明防前，以智虑后。"（《晋书·列传·文苑·张翰》）"以明防前，以智虑后"意即用聪明事前防患，用智慧考虑善后。

图5-8 中国当代著名画家张大千绘《张翰秋思图》

顾荣握着张翰的手，怆然道："吾亦与子采南山蕨，饮三江水耳。"顾荣真想与张翰一起归隐，远离这是非之地，但他还是缺乏张翰特立独行、率性而为的洒脱和勇气，所以也只是说说而已。

这时秋风拂来，张翰远望南方，"乃思吴中菰菜、莼羹、鲈鱼脍"，说道："人生贵得适志，何能羁宦数千里以要名爵乎！"于是当即辞官驾车向故乡驰去。

典故"张翰适意"即从此出，因为寄托了古代文人快意人生的最高梦想，所以这个典故在古代诗文中被引用最多，多用于咏思乡之情、归隐之志。

后来事情的发展基本在张翰的预料之内，"八王之乱"中，齐王司马冏为长沙王司马乂所杀，同党也被夷灭三族，被牵连杀害的有两千余人。如果张翰不是及早抽身，那他的命运必会定格在302年的那场血光之灾中了。

张翰"任心自适，不求当世"，很多人不理解，有些俗人问他说："卿乃可纵适一时，独不为身后名邪？"张翰答道："使我有身后名，不如实时一杯酒。"（《晋书·列传·文苑·张翰》）这就是李白《行路难》中的诗句"且乐生前一杯酒，何须身后千载名"的由来。

//·不拜将军

钟会，三国时期魏国名将，太傅钟繇的幼子，青州刺史钟毓（音 yù）的弟弟。钟会自幼聪慧过人，善于言辞，在当时被誉为神童。

钟会13岁的时候，钟繇就带着钟会和他的哥哥钟毓觐见魏文帝曹丕。面对一国之君，钟会的哥哥钟毓吓得一身冷汗，汗珠子不停往外冒。而钟会呢，气定神闲，一副泰然自若的神情。曹丕感到很奇怪，便问钟毓："卿面何以汗？"钟毓倒也机灵，回答道："战战惶惶，汗出如浆。"曹丕听罢，又问钟会："卿何以不汗？"钟会的回答更绝了："战战慄慄，汗不敢出。"（《世说新语·言语》）

钟会小小年纪就很有心机，一次正碰上父亲钟繇白天睡觉，两人一块去偷父亲的药酒喝。钟繇当时已睡醒了，姑且装睡，暗中观察二人。钟毓对父亲行过拜礼才喝，钟会只顾喝，不行礼。过了一会，钟繇起来问钟毓为什么行礼，钟毓说："酒以成礼，不敢不拜。"钟繇又问钟会为什么不行礼，钟会说："偷本非礼，所以不拜。"（《世说新语·言语》）

后来，钟会偷酒不拜之事不胫而走，天下皆知。钟会长大后，在曹魏官至镇西将军，参与了平灭蜀汉之战，因为有小时候那段偷酒不拜的往事，故而有了一个雅号，即是"不拜将军"。自此以后，凡偷酒喝的人，都会自称"不拜将军"。

// · 新亭会

西晋末年，中原经过"八王之乱"和"永嘉之祸"后，北方大片土地落入胡人之手，北方士家大族纷纷举家南迁，渡江而南的占十之六七，史称"衣冠渡江"。

南渡后的北方士人，虽一时安定下来却经常心怀故土，每逢闲暇他们便相约到城外长江边的新亭饮宴。名士周颛（就是"我不杀伯仁伯仁因我而死"的那个周伯仁）叹道："风景不殊，举目有江河之异。"（《晋书·列传·王导》）在座众人感怀中原落入夷手，一时家国无望，纷纷落泪。这里的江河之异，是指长江和洛河的区别。当年在洛水边，名士高门定期聚众举办酒会，清谈阔论，极兴而归，形成了一个极其风雅的传统。此时众人遥想当年盛况，不由悲从中来，唏嘘一片。

这时为首的大名士王导突然变色，厉声道："当共戮力王室，克复神州，何至作楚囚相对泣邪！"意思是现在正是需要我们大家团结同心，捍卫王室，光复神州的时候，为什么你们要在这里叽叽歪歪像亡国之囚那样没出息地哭哭啼啼！众人听王导这么说，十分惭愧。这便是史上非常著名的新亭会。这次酒会对东晋政权的建立有着非同寻常的意义。北方士人是组成东晋司马睿政权的重要力量，此次酒会上，王导打消了南渡士人的萎靡颓废之念。后来，一众士人团结起来，使东晋政权从无到有，从小到大，局面很快安定下来。名相王导也被时人称为"江左自有管夷吾（管仲）"。

// · 石崇杀婢

石崇号称西晋首富，生活奢靡甚至到了不讲理的地步，每次他请客人吃饭，都要让美人劝酒，如果客人饮酒不尽，就让人当场把婢女杀掉。

有一次，丞相王导和大将军王敦一起到石崇家赴宴。王导为人宽厚，尽管平素不善饮酒，等到美人来劝酒，也总是勉强喝掉，以至于喝得酩酊大醉。但是劝酒婢女到了王敦面前，他"固不饮，以观其变"。石崇挥一挥手，婢女就被拖出去杀了，再来一个接着劝酒，王敦还是不喝，石崇就又杀了一个，一共杀了三个，王敦"颜色如故，尚不肯饮"。王导就责备他做事太绝，王敦不以为然地说："自杀伊家人，何预卿事！"（《世说新语·汰侈》）

//·饮人狂药

西晋时，长水校尉孙季舒曾经与文学家、富豪石崇酣饮，结果孙季舒喝高了，对石崇"慢傲过度"，石崇心里不舒服，就想上表奏孙季舒一本，让朝廷罢免他。侍中裴楷听说后，对石崇说："足下饮人狂药，责人正礼，不亦乖乎？"（《晋书·列传·裴楷》）是你让人家喝酒的，却责怪别人酒后不守礼数，你这不是前后矛盾吗？石崇这才不再追究。

//·金谷酒数

西晋首富石崇在京师河阳的金谷建有一座别馆，又名梓泽，俗称"金谷园"。约在晋惠帝元康二年（292年），金谷园落成。元康六年，石崇好友王诩要返回长安，亲朋好友约在金谷园为他饯行，大家饮酒作诗，结以成集，石崇为之撰写了著名的《金谷诗序》，这篇文章之所以出名，是因为它是后来驰名天下的王羲之的《兰亭集序》和唐代"诗仙"李白的《春夜宴桃李园序》的"原始模版"。

《金谷诗序》中提到"或不能者，罚酒三斗"，就称为"金谷酒数"，李白在《春夜宴桃李园序》所说的"如诗不成，罚依金谷酒数"，说的就是罚酒三斗（注意这里的斗可不是称量粮食的那个斗，而是指酒器科，罚酒三科相当于罚酒三杯）。

因为金谷园这次酒会，在后来的文人墨客笔下就出现了很多典故，如"罚依金谷""金谷数"，就是罚酒三杯；"金谷""金谷园""石家园"用以泛指豪门或贵族园林，有时也特指富贵人家盛极一时但好景不长的豪华园林，在某些情况下代指洛阳；"金谷路""金谷树""金谷柳""迷金谷"代指繁华的洛阳；"金谷佳期""金谷俊游""金谷宴""金谷游""游金谷"则指豪华盛宴、雅集盛会，也是送别、饯行的代称，在特定情况下也指置身于香艳之地；"金谷骑"则指赴宴的达官贵人；"金谷筝""金谷乐""金谷曲"代指歌舞饮宴、优美华丽的音乐；"金谷重楼"指豪宴场所；"金谷诗"指宴饮即兴之作；"金谷老""石季伦（石崇字季伦）""石尉"（因石崇曾为南蛮校尉）本指石崇，后泛指富豪；"梓泽"则泛指名园。

//·量醉八斗

"竹林七贤"人人善饮，其中的翘楚还得属老大山涛。晋武帝司马炎听说山涛的酒量为八斗，就想试试他的酒量到底是多少，"乃以酒八斗饮涛，而密益其酒"（《晋书·列传·山涛（子简，简子遐)》），明着备了八斗酒，暗地里又加了量，结果山涛喝够了八斗就不再喝了。这个典故就叫"八斗方醉"，喻指善饮酒，酒量大。曹操的儿子曹植是"才高八斗"，山涛是"量醉八斗"，都传为佳话。

//·孙楚楼

晋惠帝时，孙楚出任冯翊太守。晋惠帝元康三年，孙楚去世。

孙楚应该是到过今天南京金陵城西北的覆舟山，那里有一座城西楼，很有可能是当年孙楚登高吟咏的地方。有文献说，当年孙楚在此地做太守，常呼朋唤友到此楼登高饮酒。不过，谁能想到，因为唐代大诗人李白的一句"朝沽金陵酒，歌吹孙楚楼"（《金陵城西孙楚酒楼达曙歌吹日晚乘醉着紫绮裘乌纱巾与酒客数人棹歌秦淮往石头访崔四侍御》），这座城西楼从此名声大噪，

"孙楚楼"更是成为酒楼的代名词。"楼怀孙楚"还成为今天的"金陵四十八景"之一。孙楚一辈子籍籍无名，谁承想就歪打正着，以这样一种方式被载入了史册。

// · 山阳酒侣

魏晋时期，名士嵇康、阮籍、山涛、向秀、刘伶、王戎及阮咸七人，因常聚在一起喝酒、吟诗、纵歌、肆意酣畅，世称"竹林七贤"。

七人经常聚会的地方是在核心人物嵇康的寓居地山阳县，所以后来也有了典故"山阳宴""山阳会""山阳旧侣"等，成了朋友聚会的代名词。朋友聚会当然少不了把酒言欢，所以后世也就有了典故"晋贤醉""林中酒""山阳酒侣""林间饮酒""竹林浇"等，表示以酒会友。又因为嵇康做过中散大夫，所以也就有了典故"中散地"，其意类似桃花源。

"竹林七贤"中的嵇康（字叔夜）、阮籍（字嗣宗）早死，有一天已经做到"三公"之一的尚书令的王戎路过当年他和嵇康、阮籍一起喝酒的黄公酒垆，回忆起这两位好友，不禁感慨万千，说："吾昔与嵇叔夜、阮嗣宗共酣饮于此垆，竹林之游，亦预其末。自嵇生夭、阮公亡以来，便为时所羁绁。今日视此虽近，邈若山河。"（《世说新语·伤逝》）

我们今天常看到的典故"黄公酒垆""竹林之游""邈若山河"就是从这来的。"黄公酒垆"后来也成了酒馆的雅称。

// · 酒浇磊块

阮籍死后多年，东晋名士仍对他念念不忘，孝武帝司马曜的皇后王法慧的哥哥王恭有一次问荆州刺史王忱："阮籍何如司马相如？"王忱说："阮籍胸中垒块，故须酒浇之。"（《世说新语·任诞》）说阮籍心里郁积着不平之气，所以需要借酒浇愁。著名的典故"酒浇块垒"即从此出，也作"酒浇磊块""尊浇磊魂""块磊浇胸""胸中魂磊""磊魂""垒块""块垒"等，后多用此典指才能不得施展，借酒浇愁，或胸中郁结着不平之气。

// · 瓘醉抚床

卫瓘是三国曹魏后期至西晋初年重臣、著名书法家，西晋发动灭蜀战争时，他任监军，结果以一介书生之力，先后杀掉灭蜀功臣邓艾、钟会和蜀汉大将姜维，成为一时的传奇。卫瓘一生聪明，但也办过一件糊涂事，就是这件事把他推向万劫不复的境地。

晋惠帝司马衷还是太子时，大臣都看他不成器，智商堪忧，"何不食肉糜"的典故就出自他身上。卫瓘每次见到晋武帝司马炎，都想说废立之事，但始终没有说出口。有一次，司马炎举行酒宴，卫瓘借着酒胆，终于开了口，史载卫瓘"托醉，因跪帝床前曰：'臣欲有所启。'帝曰：'公所言何耶？'瓘欲言而止者三，因以手抚床曰：'此座可惜。'帝意乃悟，因谬曰：'公真大醉耶？'瓘于此不复有言。贾后由是怨瓘。"（《晋书·列传·卫瓘（子恒、孙璪、玠）》虽然卫瓘吞吞吐吐没有说明，但他想表达的司马炎已经完全听出来了，故意装糊涂说，卫公你喝多了。卫瓘从此对储君也就不再置喙。

但是卫瓘反对司马衷为太子的意思，不只司马炎听出来了，他的儿媳妇太子妃贾南风也听出来了，她从此怀恨在心。司马衷登基后，皇后贾南风便以"谋图废立"的罪名，让楚王司马玮、清河王司马遐灭了卫瓘三族。

// · 金屑酒

金屑酒是古代一种毒酒，又称"金屑""金酒"，在晋代尤其有名，晋惠帝皇后贾南风和"八王之乱"的始作俑者赵王司马伦都是死于这种毒酒。后人考证，金屑酒就是泡了雌黄的酒。雌黄就是"信口雌黄"的那个雌黄，古人用黄纸写字，如果写错了，就用雌黄再把字涂成黄色，重新书写，作用相当于今天的涂改液。雌黄的成分是剧毒的三硫化二砷，又被称为"黄金石"，本身就具有黄金一样的光泽和色彩。用雌黄，或者雌黄加黄金磨成屑放到酒里面，酒液就会呈现黄金一样的尊贵颜色，是与贵人身份相匹配的"上路酒"，一般人还没有这个待遇，如贾南风的同胞妹妹、著名的历史典故"窃玉偷香"的女主贾午就没资格享受身为皇后的姐姐的待遇，而是被大杖打死，贾午儿子鲁国公贾谧则是被斩首弃市。

∥·玉山将崩

嵇康，字叔夜，谯国铚县（今安徽省濉溪县，古属亳州）人。《世说新语·容止》引用山涛对嵇康外貌的描述是："叔夜之为人也。岩岩若孤松之独立；其醉也，傀俄若玉山之将崩。"意思就是嵇康为人，像挺拔的孤松傲然独立；他沉醉的状态，像高大的玉山摇摇欲坠。这里，我们自己不妨想象一下，一位身形高大、皮肤白皙、长发飘飘、素衣轻举、英姿卓然的贵公子喝醉了站不住脚的样子。

诗仙李白最脍炙人口的作品之一《襄阳歌》里有这样的名句——"清风朗月不用一钱买，玉山自倒非人推"，其中"玉山倒"这个典故，很多注家都没有解释出来，就是不知道嵇康和玉山之间的这个关系，个中韵味和意境就少了很多。唐宋诗文里常用"倒玉""山颓玉""颓玉""玉山催倒""玉山倾倒""玉山颓""玉山倾""玉山颓攲""玉山自倒""玉山倾颓""玉山醉""醉山颓倒""玉倒""玉颓""醉玉颓山""颓玉山"等，形容文士（一般不用于普通人）喝醉了酒摇摇晃晃的样子，但这种醉态不是烂醉后张牙舞爪，步履蹒跚，跌跌撞撞，显得粗鄙不堪，而是如风中飘柳，摇曳生姿，再加上古人都是宽衣广袖，举手投足间自是别有一番风味。

∥·嗜酒步兵、酒浇块垒

"竹林七贤"之一的阮籍本有济世之志，正当魏晋交替之际，天下多有变故，名士很少有能保全自己的，阮籍为此不参与世事，便经常饮酒至醉。晋公司马昭想为儿子司马炎向阮籍求婚他女儿，阮籍醉了六十天，司马昭一直没有说话的机会，这事才中止，阮籍因此失去了当上国丈的机会。阮籍看不起司马氏高官钟会，钟会就多次问他一些问题，想趁机找出差错来治他的罪，阮籍也以大醉而得免。

阮籍开始是为了故意买醉，后来可能就真的成瘾了。他听说步兵营的厨子擅长酿酒，"有贮酒三百斛"，就向上面申请当了步兵校尉，他从此就有了"阮步兵""嗜酒步兵"的名号，后多此典指借饮酒消极避世，或借指美酒佳酿；"步兵厨"则代称储存好酒的地方。

阮籍不问世事，即使身无官职，司马昭也特准他"恒游府内，朝宴必与焉"。曹魏最后一位皇帝魏元帝曹奂提出禅让帝位给司马昭，司马昭根据程序，表示拒绝，公卿也按照程序，继续劝进司马昭，让阮籍写劝进表。阮籍忙于喝酒，把这个事给忘了，使者到阮籍府取劝进表，看见阮籍正趴在几案上醉眠。使者把阮籍叫醒，问

图 5-9　唐代画家孙位绘《高逸图》中的阮籍

他劝进表的事，阮籍当即伏案疾书，一挥而就，无所涂改，辞文清雅壮丽，为当时人所钦重。

阮籍奉母至孝，母亲去世时，他正在与人下围棋，和他下棋的人一听阮籍母丧，赶紧要求停止下棋，阮籍却"留与决赌"。棋一下完，阮籍"既而饮酒二斗，举声一号，吐血数升"（《晋书·列传·阮籍》）等到给母亲下葬的时候，他又是"食一蒸肫，饮二斗酒，然后临诀，直言穷矣，举声一号，因又吐血数升"。这种一边大吃蒸乳猪，一边痛饮二斗酒，然后哭天抢地、吐血数升的哭法确实吓人，以至于这场丧事下来，阮籍"毁瘠骨立，殆致灭性"。所谓灭性，古人专指因丧亲过哀而置生命于不顾。

阮籍"能为青白眼"，见礼俗之士，就翻白眼。阮籍的好友嵇康的哥哥嵇

喜好心好意来吊唁阮籍母丧，阮籍就对嵇喜翻白眼，气得嵇喜拂袖而去。嵇康听了哥哥的遭遇，"乃备酒挟琴造焉，阮大悦，遂见青眼"。

著名的典故"阮籍青眼"即从此而来，也作"青白眼"，后世人们用"青眼"表示对人的尊重或喜爱，用"白眼"表示对人的轻视或憎恶。

阮籍邻居家有个少妇，"有美色，当垆酤酒"，阮籍和安丰侯王戎"常从妇饮酒，阮醉，便眠其妇侧"，少妇的丈夫看到这情景，"始殊疑之，伺察，终无他意"（《世说新语·任诞》），也就不怀疑媳妇与阮籍有染。

阮籍死后多年，东晋名士仍对他念念不忘，孝武帝司马曜的皇后王法慧的哥哥王恭有一次问荆州刺史王忱："阮籍何如司马相如？"王忱说："阮籍胸中垒块，故须酒浇之。"（《世说新语·任诞》）说阮籍心里郁积着不平之气，所以需要借酒浇愁。著名的酒典"酒浇块垒"即从此出。

　　//·山简倒载

山简，字季伦，东晋河内郡怀县（今河南武陟西）人，西晋时期名士，"竹林七贤"中的老大山涛的第五子。

山简好酒，甚至超过"量醉八斗"的父亲山涛，据《晋书·列传·山涛（子简；简子遐）》载，"简优游卒岁，唯酒是耽"。山简都督荆州时，尽管时局不稳，但他仍没事就出去喝酒。他经常去当地的一个习姓豪族家里去喝，习家有个池塘，山简经常在池边畅饮，就把池塘命名为"高阳池"，乃是自诩为汉初名臣、"高阳酒徒"郦食其。当地人还编排了一首儿歌给他："山公出何许，往至高阳池。日夕倒载归，酩酊无所知。时时能骑马，倒着白接䍦。举鞭向葛强，何如并州儿。"描述他的醉态，说他醉后常倒戴头巾骑在马上，等等。

典故"山简倒载"就由此出，喻指开怀畅饮，喝得烂醉，或形容醉酒以后的潇洒不羁的状态。唐代诗仙李白在其代表作之一《襄阳歌》中写道，"落日欲没岘山西，倒著接䍦花下迷。襄阳小儿齐拍手，拦街争唱《白铜鞮》。旁人借问笑何事，笑杀山公醉似泥"，就是借吟咏山简的这种豪放不羁的饮醉生活来表达李白蔑视功名富贵、追求放浪自由生活的思想感情。

// · 刘伶解酲

刘伶，字伯伦，三国曹魏、西晋沛国（治今安徽濉溪县西北）人，魏晋时期名士，与阮籍、嵇康、山涛、向秀、王戎和阮咸并称"竹林七贤"。

《晋书·列传·阮籍》载刘伶"身高六尺"，魏晋时代的1尺相当于今天的24.12厘米，乘以6，刘伶的身高也就是1.45米左右。刘伶个子矮也就算了，还"容貌甚陋"，这在魏晋玉树临风的公子随处可见的时代，也算是一道另类的"风景"。

刘伶平时为人澹默，寡言少语，与他交好的都是三观一致的阮籍、嵇康之流，他们携手共入竹林，吟诗作赋，畅饮抒怀。

晋武帝司马炎在位的泰始年间，刘伶曾任建威将军参军，后来因为不务正业而被罢官，据史载，之后刘伶便"常乘鹿车，携一壶酒，使人荷锸而随之，谓曰：'死便埋我。'其遗形骸如此"（《晋书·列传·刘伶》）。

刘伶好酒，几乎是终日沉醉，简直把酒当水喝。有一次酒瘾上来，"渴甚，求酒于其妻"，妻子把酒坛子、酒碗、酒具都砸了，哭着对刘伶说："君酒太过，非摄生之道，必宜断之。"刘伶说："善！吾不能自禁，惟当祝鬼神自誓耳。便可具酒肉。"这个酒我自己戒不了，得焚香祷告，对祖宗发誓才行，所以你还是去备好求祷的酒肉吧。妻子答应了，于是刘伶跪下来祷告说："天生刘伶，以酒为名。一饮一斛，五斗解酲。妇儿之言，慎不可听。"然后大口喝酒大口吃肉，一会又是沉醉不醒。妻子虽然恼怒，但也实在拿他没有办法。

"刘伶解酲""刘伶醉"这个典故就是这么来的，解酲（音chéng）意即过了酒瘾，从醉酒状态中醒过来。"刘伶醉"在今天还成了一种白酒的名字；"醉刘伶"则是唐代宗室、宰相、李世民曾孙李适之的九种珍奇酒器（蓬莱盏、海川螺、舞仙、瓠子卮、幔捲荷、金蕉叶、玉蟾儿、醉刘伶、东溟样）之一。

刘伶有一次喝醉了，与一位"俗人"起了冲突，"其人攘袂奋拳而往"，撸起袖子就要揍刘伶，刘伶不紧不慢地说："鸡肋不足以安尊拳。"我这小身板哪禁得住您老几下老拳，说得对方哈哈大笑，这场冲突也就此化解。

还有一次，刘伶喝高了，"脱衣裸形在屋中"（《世说新语·任诞》），别人见了都讥笑他，他却嬉皮笑脸地回怼道："我以天地为栋宇，屋室为裈衣，诸君何为入我裈中？"裈音 kūn，同裤，有裆的裤子。

刘伶在唐代就被奉为"酒帝"，唐代诗人皮日休说："若使刘伶为酒帝，亦须封我醉乡侯。"后来"醉乡侯""醉侯"即指嗜酒之人。

刘伶给我们留下的最精彩的作品就是《酒德颂》，这篇文章虚构了两组对立的人物形象，一是"唯酒是务"的大人形象，一是贵介公子和缙绅处士，他们代表了两种处世态度。大人先生纵情任性，沉醉于酒中，睥睨万物，不受羁绊；而贵介公子和缙绅处士则拘泥礼教，死守礼法，不敢越雷池半步。此文以颂酒为名，表达了作者刘伶超脱世俗、蔑视礼法的鲜明态度。文章行文轻灵，笔意恣肆，刻画生动，语言幽默，不见雕琢之迹。

晋武帝泰始二年（266 年），朝廷派特使征召刘伶再次入朝为官。而刘伶不愿做官，听说朝廷特使已到村口，赶紧把自己灌得酩酊大醉，然后脱光衣衫，朝村口裸奔而去。朝廷特使看到刘伶后深觉他就是一酒疯子，于是作罢。

// · 阮咸饮猪

阮咸是"竹林七贤"之一，也是七贤中阮籍的侄子，与阮籍并称"大小阮"。阮咸在曹魏后期，曾做过散骑侍郎这样的闲散官。西晋立国后，"竹林七贤"中的大哥山涛曾经想把阮咸推荐给晋武帝，让他做吏部郎，他夸赞阮咸是"清真寡欲，万物不能移也"（《世说新语·赏誉》）。但晋武帝认为阮咸总是没个正经，故弄玄虚，还总是喝酒误事，就没有用。

晋武帝说得不是没有道理，"竹林七贤"也可称"竹林七酒鬼"，给人的印象都是很能喝，有些是真能喝，如阮籍，但有些估计只是装能喝，图个借酒买醉，混淆视听，故意让人觉得他们狂诞不羁，希望以此瞒天过海，在凶险的政治斗争中蒙混过关。阮咸估计是属于后一种。

有一次阮氏宗族举行家宴，喝到兴处，阮咸提议，"不复用常杯斟酌，以大瓮盛酒，围坐相向大酌"（《世说新语·任诞》）。这时一群猪围了上来，阮咸也不驱赶，把大瓮上面漂浮的酒沫刮掉，就跟猪一起喝了起来。这个事情有点反常，就算是再喜欢喝酒，再不计较仪礼，也不至于跟猪一起喝，感觉这么个喝法就是喝给别人看的。

// · 曲水流觞、醉书兰亭

西周初期，"三监之乱"平定后，周公亲自主持东都洛邑的营建工作，公元前1039年冬，洛邑初步落成，周王朝举行了盛大的庆功大典。春三月，周公率百官在洛水边举行祓禊之礼。所谓祓禊，东汉人许慎的《说文解字》说："祓，除恶祭也。""禊者洁也。"祓禊是古代一种祈除灾恶不祥的祭仪，是古代春秋两季在水边举行的清除不祥的祭祀。

周公在洛水边第一次举行的禊事称"周公祓禊"，禊事中，人们除了到水边洗濯，祓除不祥，还首次举行了"曲水流觞"的活动，人们用羽觞装上酒置于水流平缓的曲水之中，以这种方式祭祀神鬼，消灾祈福。

西晋建立后，晋武帝曾向尚书郎挚虞询问"三日曲水"是什么意思，挚虞说："汉章帝时，平原徐肇以三月初生三女，至三日俱亡，邻人以为怪，乃招携之水滨洗祓，遂因水以泛觞，其义起此。"晋武帝说："必如所谈，便非好事。"

著作郎束皙这时插话说："虞小生，不足以知，臣请言之。昔周公成洛邑，因流水以泛酒，故逸诗云'羽觞随波'。又秦昭王以三日置酒河曲，见金人奉水心之剑，曰：'令君制有西夏。'乃霸诸侯，因此立为曲水。二汉相缘，皆为盛集。"(《晋书·列传·束皙》）束皙的解释是，三月三是当初周公为庆祝洛邑建成而羽觞泛酒于洛水，秦昭王在河曲见到铜人从水中捧出金剑，说上天命秦昭王掌管华夏西部，秦昭王因而命令河曲置酒庆祝的日子，这两大盛事加在一起，三月三就由洗祓避疫、消灾祈福的"不好"的节日变成了真正的"好日子"。晋武帝听了大为高兴，赐束皙黄金五十斤。

关于暮春三月，百姓泛舟饮酒的习俗的起源，挚虞和束皙的答案并不一样，束皙的解释更有说服力，关键是更充满喜兴因素，深合晋武帝心思，所以后来"曲水流觞"就成了三月三上巳节的重要内容，不管是官方和民间都会庆祝这个节日，这也是中国文化中的特别现象"春日雅集"的由来。

晋穆帝永和九年（353年），"书圣"王羲之组织当时在江南的官宦名流和释道名士，包括谢安、谢万、孙绰、李充、许询、支遁等，还有自己的子侄王凝之、王徽之、王献之等，总共四十多位名士，在会稽郡山阴城的兰亭举行禊事活动。所谓禊事，是古人在三月上巳节举行临水洗濯、祓除不祥的祭祀和聚会活动。与会贤达饮酒赋诗三十七首，汇诗成集，王羲之借着酒意微醺，即兴挥毫，一气呵成，这便是震古烁今的书法名篇《兰亭集序》，被誉为"天下第一行书"。王羲之酒醒后，曾经想再现当时挥毫而就的壮举，却怎么也没有当时的感觉了，那是因为他的情绪、激情，关键是酒意都不在线了。

// · 王忱上顿

王忱，字元达，小字佛大，太原晋阳（今山西太原）人，东晋大臣，官至荆州刺史，都督荆、益、宁三州军事。

王忱晚年尤嗜酒，一饮连月不醒，或裸体而游。《世说新语·任诞》载："王佛大叹言：三日不饮酒，觉形神不复相亲。"南朝刘宋明帝刘彧的《文章志》则记载说："忱嗜酒，辄醉经日，自号上顿。世谚以大饮为上顿，起自忱也。"王忱嗜酒，自号上顿（感觉是喝了上顿再说管他有没有下顿的意思），所以后来人们把喝大酒称为"上顿"。

//·袁宏泊渚

东晋名将谢尚坐镇牛渚时，有一天晚上，清风朗月，白露横江，谢尚大有雅兴，与左右随从微服乘船泛江。这时就听到有人在"在舫中讽咏，声既清会，辞又藻拔"，谢尚驻足聆听半天，让人过去问是谁在吟诗，对方答："是袁临汝郎诵诗。"意思是，吟诗者是临汝人袁某。这位袁某就是东晋名士袁宏，字彦伯，史称"有逸才，文章绝美"（《晋书·文苑列传·袁宏》）。他所吟之诗就是自己写的《咏史诗》。谢尚兴致大开，当即就让袁宏到自己的大船上来，两人把酒言欢、彻夜长谈，袁宏从此名声大噪，官拜东阳郡太守。

四百多年后，李白来到牛渚当年谢尚和袁宏泊舟咏史的地方，想象当年二位名士月下沉吟，推杯换盏，想到当时贵为封疆大吏的镇西将军的谢尚对袁宏的提携，想到袁宏此夜之后迅速走红，学富五车、志怀高远而苦于无人荐举的李白感慨万千，挥笔而就脍炙人口的诗篇《夜泊牛渚怀古》：

牛渚西江夜，青天无片云。
登舟望秋月，空忆谢将军。
余亦能高咏，斯人不可闻。
明朝挂帆席，枫叶落纷纷。

一句"空忆谢将军"，说出了李白生不逢时、报国无门的终身遗憾。

//·周顗荒醉

东晋名臣周顗（音 yǐ）——就是"我不杀伯仁伯仁因我而死"的那个周伯仁——好酒，常因此误事。有一次，晋元帝司马睿大宴群臣于西堂，酒酣之时，大言不惭地说："今日名臣共集，何如尧舜时邪？"（《晋书·列传·周顗》）周顗也喝高了，出来煞风景说："今虽同人主，何得复比圣世！"君臣同醉而已，怎么敢跟圣世相比。晋元帝大怒而起，手书诏令将周顗送廷尉治罪。过了好几天，晋元帝才赦免释放了周颛。周颛出狱后，同僚去探望他，周颛故作轻松地说："近日之罪固知不至于死。"这才叫得了便宜还卖乖。

这次醉酒事件没多久，周颛就取代戴若思为护军将军。尚书右仆射纪瞻置酒请周颛及王导等人，结果周颛又是"荒醉失仪，复为有司所奏"。这次荒醉失仪到了什么荒唐地步呢？《晋书·列传·周颛》给周颛留面子没有说，《世说新语·任诞篇》引东晋史学家邓粲《晋纪》所载：

> 王导与周颛及朝士诣尚书纪瞻观伎。瞻有爱妾，能为新声。颛于众中欲通其妾，露其丑秽，颜无怍色。有司奏免颛官，诏特原之。

纪瞻邀请王导、周颛等当朝高官上自己家赏舞喝酒听音乐。酒至半酣，纪瞻隆重请出自己的爱妾，亲自为大家歌舞一曲，有一个典故叫"纪瞻出伎（妓）"说的就是这个事。纪瞻的这位爱妾当时唱了新歌，声情并茂，顾盼生姿，已经酒精上头的周颛立刻也精虫上头，当众就要轻薄这位歌伎。

周颛的这次失态很快就传了出去，被有关部门参奏一本。但这一次，晋元帝司马睿却没有治他的罪，只下诏说，周颛作为朝廷的辅佐大臣，职掌官员选拔的大事，本当谨慎守德，为百官之楷模。但屡因饮酒过度，受到依法查办。我体谅他极尽欢乐的心情，但这也是沉湎于酒的教训。想来周颛自己也惭愧，必定能克己复礼，所以这一次不加以贬黜问罪。

大臣失节如此，竟然被晋元帝一笔带过，这在中国历史上也算是空前绝后了。事后有人讥讽周颛，说他"与亲友言戏，秽杂无检节"（《世说新语·任诞篇》），周颛腆着脸说："吾若万里长江，何能不千里一曲！""千里一曲"本出自《公羊传·文公十二年》，原话是"河曲疏矣，河千里而一曲也"，其实没有别的意思，但自打周颛说了后，这个典故就有了另外的意思，比喻文人高士举止随便、不拘小节。

周颛就任尚书仆射时，每日尽醉，据记载，他过江后只有他姐姐死时醒酒三天，他姑姑死时，醒酒三天，人送雅号"三日仆射"，后来这个词语就成了酒鬼的雅称。

周顗有一次喝酒还喝出了人命。他酒量号称一石，南渡之后，每日沉醉，号称在酒桌上没有对手。有一次有个朋友从北方而来，两人高兴对饮，共喝了二石，都喝得不省人事。等周顗醒来，发现客人已经胸部溃烂而死。

// · 敦杀醉澄

两晋名臣王澄，为人散漫、任诞、放达，这种性格如果碰上的是同道中人，则不失为一种浪漫、率性，但是碰上较真的礼教观念深重的人，则可能是灾难。

王澄到荆州上任刺史后，不理政务，日夜纵酒。当时许多流民自巴蜀徙入荆湘，因生活窘困，纷纷屯聚造反，王澄袭杀其8000余人，从而激起更大规模的反抗，流民推杜弢为首，纵横于荆湘，澄军对其无可奈何，终难在荆湘久处。

王澄后应琅琊王司马睿征召、前去担任军谘祭酒，途经族兄、江州刺史王敦所镇守的豫章。按理，到了人家的地盘，说话办事总要给主人面子，但王澄自恃才名，高出王敦，且当地有很多人竞相对王澄表达倾慕之情，引起了王敦的嫉恨。王澄还很不识趣地把过去王敦的陈年糗事拿出来重提，更激起了王敦的厌恶心理，遂对王澄动了杀心。王澄就没怎么把王敦放在眼里，他身边有二十几个"绝人"，勇力过人，个个手持铁马鞭护卫王澄，王澄自己也拿个玉枕用于自防，所以王敦一直没找到机会下手。

有一天，王敦举行宴会，特赐王澄的左右几坛美酒，结果把这些人都喝醉了。王敦跟王澄说，想借他的玉枕看看，王澄喝得有点迷糊，就把玉枕给了王敦。这时王敦突然变脸说："何与杜弢通信？"王澄说："事自可验。"有没有这事，你调查就好。王敦想进内堂，王澄抓住王敦的衣服不让他走，一用力，竟然把王敦的衣带都扯断了。王敦让埋伏在屋外的力士路戎进来，王澄跑到房梁上，大骂王敦说："行事如此，殃将及焉。"你这么干，早晚有报应。路戎把王澄拽下来，当场格杀，年仅四十四岁。

//·雪夜访戴

书圣王羲之第五子叫王徽之，字子猷，个性卓荦不羁，率性随意，慢傲于世。有一天突降大雪，王徽之"眠觉"，即命人"开室，命酌酒"。他一边喝酒，一边欣赏雪花漫天飞舞的景色，一边吟咏左思《招隐诗》，忽然想起了好友戴安道，当时后者正在剡溪（王徽之当时身处山阴，就是今天的绍兴），王徽之"即便夜乘小船就之"。船行了一晚上，到了戴安道门前，王徽之突然又命人驾船返回，手下人就问他怎么回事，他说："吾本乘兴而行，兴尽而返，何必见戴？"（《世说新语·任诞》）

这件事就叫"雪夜访戴"，后喻指访友或行事洒脱，用我们今天的话说就是说走就走的访问。王徽之的行为，我们今天看是无厘头，但在当时可是特立独行的魏晋风骨的典型表现。

//·金貂换酒、阮囊羞涩

东晋名士阮孚是"竹林七贤"之一的阮咸之子，是个酒腻子，饮酒史上的"兖州八伯"之一（诞伯），年纪轻轻就去世，不排除也与此有关。在朝廷任黄门侍郎、散骑常侍时，阮孚"尝以金貂换酒，复为有司弹劾。帝宥之"（《晋书·阮籍列传 附 阮孚》）。所谓金貂，可不是今天某些人理解的貂皮大氅，而是汉代以后皇帝侍臣的冠饰，阮孚这是为了喝酒把自己的官帽都不要了。"金貂换酒"这个典故后来就用于形容名士放达，不拘礼法，恣情纵酒。

因为经常喝酒，到处游玩，从不治家产，阮孚的生活十分贫困，南宋人阴时夫所著《韵正群玉》曾记载了一件阮孚的糗事："阮孚持一皂囊，游会稽。客问：'囊中何物？'曰：'但有一钱看囊，恐其羞涩。'"这就是著名的典故"阮囊羞涩"的由来。

//·阮宣杖头

阮修，字宣子，系"竹林七贤"之一的阮咸的侄子。阮咸是阮籍的侄子，阮修又是阮咸的侄子，阮修应该算是阮籍的侄孙。

阮修"性简任，不修人事"(《晋书·列传·阮籍传 附：阮修》)，就是性格单纯率性，不汲汲于人情世故，"常步行，以百钱挂杖头，至酒店，便独酣畅"，典故"阮宣杖头"说的就是这个事，喻指人物放荡不羁，"杖钱"也成了买酒钱的雅称。

//·毕卓瓮下

毕卓，生卒年不详，字茂世，东晋新蔡郡铜阳（今安徽临泉县铜城镇）人。

图5-10　明代画家陈洪绶绘《阮宣杖头》

毕卓少年时放达不拘，为名臣胡毋辅之所看重。晋元帝太兴末年，他出任吏部郎。

毕卓好酒，经常因酒耽误公事，有一次邻舍酿的酒熟了，本就已经喝得醉醺醺的毕卓又跑到人家酒窖中盗饮，被当场抓住，第二天人家早上一看，干这丑事的原来是毕吏部郎，就马上放了他。毕卓毫无愧色，还拉着主人在酒窖中开宴会，直到酩酊大醉才散去。

这个事后来就被称为"毕卓瓮下""瓮间吏部"，特指饮酒废事。"瓮眠"则成为醉眠的代称。

人生如梦，无酒不欢，是毕卓最大的精神感悟，他最常挂在嘴边的话是："得酒满数百斛船，四时甘味置两头，右手持酒杯，左手持蟹螯，拍浮酒船中，便足了一生矣。"（《晋书·列·毕卓》）著名酒典"蟹螯杯"就是从这来的。

//·陶侃酒限

陶侃，字士行（一作士衡），东晋时期名将，大诗人陶渊明的曾祖父。

陶侃每次饮酒都给自己设限，经常喝到高兴时，也喝到了他的定量，有一次朋友劝他再少喝一点，陶侃感伤很久，说道："年少曾有酒失，亡亲见约，故不敢踰。"（《晋书·列传·陶侃》）我年轻时喝酒误过事，母亲去世时和我有过约定，所以不敢超量。这就是典故"陶侃酒限"的由来，后用为孝亲自律之典。

//·桓温酒兵

东晋权臣大司马桓温娶了晋明帝之女南康长公主司马兴男，拜驸马都尉，袭爵万宁男爵。南康公主虽是桓温妻子，但桓温平时忙于政务和军务，夫妻聚少离多。她要与桓温聚面，还得感谢桓温的好兄弟谢奕。

谢奕是东晋太傅谢安的大哥，也是"淝水之战"大功臣车骑将军谢玄和东晋才女谢道韫的父亲，他后来被桓温征辟为幕府司马。两人还有一个身份就是"酒友"。桓温发达后，谢奕见到桓温，"犹推布衣交，在温坐，岸帻啸咏，无异常日"（《世说新语·简傲》）。"岸帻"的意思是推起头巾，露出前额，形容态度洒脱，或衣着简率不拘。桓温和谢奕虽然地位悬殊，但桓温从不把谢奕当外人看，经常指着谢奕对别人说："我方外司马。"意思就是，这老兄是我的超脱人间俗务、没有上下之别的司马。

两人经常一起饮酒，而觥筹交错之间，谢奕更是经常没大没小，每次都是逼桓温拼酒。桓温推不掉，就只好躲进妻子南康公主的房间。任凭再怎么喝高，谢奕也没胆子去叨扰当今皇帝的女儿（也是未来皇帝晋成帝司马衍、晋康帝司马岳的大姐）。

南康公主倒是乐得谢奕这样，对桓温说："君无狂司马，我何由得相见！"（《世说新语·简傲》）后来"狂司马""方外司马"都成了谢奕的美称、绰号，而作为典故，也喻指不拘礼数的文士和官员。

桓温躲进内廷找老婆以逃酒，谢奕没喝尽兴，就拉着桓温的一个兵帅接着喝，还说："失一老兵，得一老兵，亦何所怪！"把桓温称作老兵，除了谢奕再无他人，关键是桓温也不以为忤。

// · 刘惔倾酿

东晋朝廷忠臣何充很能喝酒，对此刘惔（音 dàn）对他很是佩服。刘惔总是说："见次道（何充表字）饮，令人欲倾家酿。"（《晋书·列传·何充》）意思是，看到何充饮酒，就想把家中珍酿都拿给他。

典故"刘惔倾酿"即从此出，也作"倾酿"，后世用作咏饮酒的典故。宋代著名诗人梅尧臣有诗句"心闲不竞物，兴适每倾酿。薄暮咏醉归，陪车知几辆"（《宣州环波亭》），就用了这个典故，表达了田园生活的闲适和纵饮的快意。

// · 孝伯痛饮

孝伯是东晋外戚王恭的表字。关于什么是名士，王恭说："名士不必须奇才，但使常得无事，痛饮酒，熟读《离骚》，便可称名士。"（《世说新语·任诞》）意思是就是，做名士不一定需要特殊的才能，只要能经常平安无事，尽情地喝酒，熟读《离骚》，就可以称为名士。

此典也作"离骚痛饮""痛饮读骚""有口读离骚""名士读楚辞""饮酒咏离骚""饮酒歌离骚""酒后读离骚"等，后用以形容名士风度。

// · 孟嘉落帽、酒中趣

有一年的九月初九重阳节，大司马桓温带着属下文武官员游览龙山，登高赏菊，并在山上设宴欢饮，当时桓温的僚佐都穿着戎服。东晋大诗人陶渊明的外公孟嘉作为桓温的参军，也参加了这次盛会。

饮至高兴处，突然"有风至，吹嘉帽堕落，嘉不之觉"（《晋书·列传·王敦、桓温》）。桓温让大家不要说话，想看看孟嘉到底什么时候能反应过来。又过了许久，孟嘉起来上厕所。桓温让参军孙盛写了一篇短文，嘲弄孟嘉，并把纸条压在孟嘉帽子下。孟嘉回来，终于醒悟自己丢了帽子，他于是不动声色地拿起帽子，发现了帽子下面的那篇短文，"即答之，其文甚美，四坐嗟叹"。

这个事后来就引出了中国文化史上一个重要典故"龙山落帽"，喻指士人气度非凡，潇洒倜傥，也实指重阳节欢宴。

孟嘉喜欢饮酒，喝得越多越不会乱性。桓温有一次问孟嘉："酒有何好，而卿嗜之？"孟嘉说："公未得酒中趣耳。"（《晋书·列传·王敦、桓温 附：孟嘉》）桓温又问："听妓，丝不如竹，竹不如肉，何谓也？"肉指的是用喉咙唱歌。关于歌伎弹唱，为什么听起来弦乐不如管乐，管乐不如歌喉声乐呢？孟嘉说："渐近使之然。"那是因为乐声与身体的关系越近、越直接，越好听。这番话令在座之人都是大为赞赏。

// · 青州从事、平原督邮

大司马桓温手下有个主簿很擅长鉴定酒，桓温只要有酒就让他先尝，他还有一套说辞，把好酒称作"青州从事"，因为青州有个齐郡，齐与脐同音，意思就是好酒酒劲可以一直深入到肚脐之下；他把劣酒称作"平原督邮"，因为平原郡有个鬲县，鬲与膈同音，意思是劣酒酒劲只能到胸膈而已。

这两个典故非常著名，也很有趣。

// · 孔群糜烂

东晋时，鸿胪卿孔群好饮酒，丞相王导劝他说："卿何为恒饮酒？不见酒家覆瓿布，日月糜烂？"（《世说新语·任诞》）覆瓿（音 bù）布就是塞酒坛子的布，时间长了，就烂掉了。孔群说："不尔，不见糟肉，乃更堪久？"意思就是您说得不对，没见用酒糟过的肉，更为经久不坏吗？

孔群曾经给亲朋故友写信说："今年田得七百石秫米，不足了曲糵事。"说他种的秫米今年歉收，不够酿酒的。此人沉湎于酒就是如此。

// · 庾报醉卒

晋明帝明穆皇后庾文君的哥哥庾冰为吴国内史时，发生了"苏峻之乱"，他只身逃亡，百姓官吏都离他而去，只有郡衙里一个差役用一只小船载着他逃到钱塘口，用席子盖住他。当时苏峻悬赏搜捕庾冰，查得非常紧。那个差役把船停在市镇码头上就走了，一会喝醉了又回来，舞着船桨对着船说："何处觅庾吴郡，此中便是！"庾冰听了，非常恐惧，一动都不敢动。监司看见船小舱窄，认为是差役烂醉后胡说，根本不信，就走开了。

差役之后把庾冰送过浙江，寄住在山阴县魏家。后来"苏峻之乱"平定后，庾冰想要报答那个差役，说可以满足他的所有要求，差役说："出自厮下，不愿名器。少苦执鞭，恒患不得快饮酒；使其酒足徐年，毕矣，无所复须。"（《世说新语·任诞》）意思就是，我是差役出身，不羡慕那些官爵器物。只是从小就当奴仆，经常发愁不能痛快地喝酒；如果让我这后半辈子能有足够的酒喝，这就行了，不再需要什么了。庾冰就给他建了一所大房子，买来奴婢，让他家里经常有成百石的酒，就这样供养了他一辈子，"时谓此卒非唯有智，且亦达生"。

// · 陶令秫酒、白衣送酒、醉眠陶令、葛巾漉酒

晋安帝义熙元年（405年）八月，大诗人陶渊明最后一次出仕，为彭泽县

令。在彭泽，陶渊明"公田悉令吏种秫稻"，所谓秫稻，就是高粱，所以高粱后来就有了一个好听的名字——"陶令秫"，也叫"元亮秫"，"陶令秫酒"则指用高粱酿的酒。当时官员的俸禄是禄米，就是直接给粮食，陶渊明薪俸微薄，就想把高粱种在田里，希望能多长出一些，目的还是酿酒。妻子则想让他种粳稻，两人还有些争执，后来两人商量"使二顷五十亩种秫，五十亩种粳"（《宋书·列传·隐逸·陶潜》）。典故"公田种秫"就是由此而来，表示微薄的俸禄。

晋安帝义熙末年，朝廷征辟陶渊明为著作佐郎，他没有接受。江州刺史王弘想结识他，陶渊明开始没想搭理他，偷偷到庐山去，王弘让陶渊明的故人庞通之带上酒菜在半路上等他。陶渊明有脚病，让一个门生和两个儿子用竹椅抬着他走路。

没从家里出来多远，陶渊明远远望见老朋友庞通之在路边担着酒菜等他，陶渊明心领神会，于是停轿，两人共饮，一会王弘也加入进来，陶渊明也没有因此不高兴。

几个人一起畅饮好几天，陶渊明竟然"忘了"去庐山那档事。陶渊明没有穿鞋，王弘就让左右给陶渊明量脚，打算给他做鞋，于是"左右请履度，潜便于坐申脚令度焉"（《晋书·列传·隐逸·陶潜》）。

典故"量革履"即从此出，后世用作倾慕名士的典故，唐代诗人韦应物有一首诗叫《送丘员外归山》，其中有"为君量革履，且愿住蓝舆"之句，韦应物当时也是刺史，所以这完全就是借用陶渊明的典故，表达对即将归隐的好友丘员外的钦慕之情。

因为这次喝酒，王弘与陶渊明交成朋友，之后王弘想见陶渊明，就带上酒去找他，陶渊明"辄于林泽间候之"，以后只要陶渊明家里揭不开锅了，王弘就让人送酒菜、米面过来。有一年重阳节，陶渊明家里没有酒了，就在"宅边菊丛中，摘菊盈把，坐其侧久"，抓了一把菊花在手里玩味，一个人枯坐很长时间，就是在等给他送酒的人。果然，"望见白衣至，乃王弘送酒也，即便就酌，醉而后归"（刘宋檀道鸾《续晋阳秋》）。白衣本指的是官府里的小吏的穿着，但人们更愿意理解成是平民装束的王弘，这样可能更让人觉得陶王二人友情的温暖和浪漫。

著名的典故"白衣送酒"就是这么来的，后指内心渴望的东西，朋友即时送到，雪中得炭，遂心所愿；或借以咏菊花、饮酒等；亦用作讽咏朋友赠酒。

经常给陶渊明送酒的还有当时的文坛领袖之一颜延之，后者任江州刺史刘柳的后军功曹时，驻浔阳，两人在那时就成了好朋友。颜延之后来出任始安郡太守，路过浔阳，每天都去造访陶渊明，每次必大醉而归。临去时，颜延之"留二万钱与潜，潜悉送酒家，稍就取酒"（《宋书·列传·隐逸·陶潜》），老朋友赠送的两万钱，

图 5-11　明代著名画家陈洪绶绘《白衣送酒图》

陶渊明看都没看，就都给了酒家，方便他随时来取酒。

典故"颜公付酒钱"就是从这来的，喻指朋友之间帮助、解困。颜延之不但给了陶渊明酒钱，他死后的谥号"靖节"也是颜延之命名的，所以陶渊明后世也有一个很响亮的名字"陶靖节"。

有了钱，陶渊明每天不是在喝酒就是在喝酒的路上，前去造访他的人，无论贵贱，"有酒辄设"。陶渊明若是醉了，便对客人说："我醉欲眠，卿可去。"

典故"我醉欲眠卿且去""醉眠陶令"就是从这来的，后用为旷放直率的典实。"诗仙"李白有一首著名的短诗《山中与幽人对酌》："两人对酌山花

开，一杯一杯复一杯。我醉欲眠卿且去，明朝有意抱琴来。"把这个典故用得不着痕迹。

因为陶渊明，我们的酒文化丰富了很多，比如我们最常用的一个词"陶醉"，应该就是说的"陶令醉""陶潜醉"；还有一个常说的词"陶然"，应该就是指喝得微醺时美滋滋的状态。陶渊明的诗《时运》说："邈邈遐景，载欣载瞩。称心而言，人亦易足。挥兹一觞，陶然自乐。"人们更愿意相信这就是"陶然"一词的出处。

陶渊明喝酒的"陶然"状态，《宋书·列传·隐逸·陶潜》有过形象生动的描述："郡将候潜，值其酒熟，取头上葛巾漉酒，毕，还复著之。"什么意思呢？就是有一次有个官员去找陶渊明说事，正赶上陶在喝酒，当时酒热好了，应该是那种粗酒，酒里还有酒沫、酒渣什么的，陶渊明也不用滤酒的家伙式，直接把头巾摘下来，用来滤酒，滤完了，还旁若无人地再戴上。

陶渊明这种令人作呕的喝酒方式（要知道古人的头发和头巾都是不怎么洗的），后来就引出一个典故叫"葛巾漉酒"，后以此典指爱酒、嗜酒，个性率真超脱。

// · 白堕擒奸

北魏人杨炫之所著《洛阳伽蓝记·法云寺》载："河东人刘白堕，善能酿酒，季夏六月，时暑赫晞，以罂贮酒，暴于日中，经一旬，其酒味不动，饮之香美，醉而经月不醒……号曰'鹤觞'，亦名'骑驴酒'。"

《洛阳伽蓝记》还记载，"永熙（晋惠帝司马衷年号）年中，南青州刺史毛鸿宾，赍酒之蕃，路逢贼，盗饮之即醉，皆被擒获，因复命'擒奸酒'……游侠语曰：'不畏张弓拔刀，唯畏白堕春醪。'"

// · 床头钱

鲍照是南朝著名诗人，代表作为《拟行路难十八首》，这首诗的第五首是这样的：

> 君不见河边草，冬时枯死春满道。
>
> 君不见城上日，今暝没尽去，明朝复更出。
>
> 今我何时当得然，一去永灭入黄泉。
>
> 人生苦多欢乐少，意气敷腴在盛年。
>
> 且愿得志数相就，床头恒有沽酒钱。
>
> 功名竹帛非我事，存亡贵贱付皇天。

著名的典故"床头钱"就是从这首诗而来，后因称买酒钱为床头钱。

// · 醇酒犹兵

南朝陈时期，陈后主陈叔宝的宠臣散骑常侍陈暄"嗜酒沉湎"，侄子陈秀就很担心，陈暄给侄子写信说：

> 旦见汝书与孝典，陈吾饮酒过差。吾有此好五十余年，昔吴国张长公亦称耽嗜，吾见张时，伊已六十，自言引满大胜少年时。吾今所进亦多于往日。老而弥笃，唯吾与张季舒耳。吾方与此子交欢于地下，汝欲夭吾所志邪？
>
> 昔阮咸、阮籍同游竹林，宣子不闻斯言。王湛能玄言巧骑，武子呼为痴叔。何陈留之风不嗣，太原之气岂然，翻成可怪！吾既寂漠当世，朽病残年，产不异于颜原，名未动于卿相，若不日饮醇酒，复欲安归？汝以饮酒为非，吾以不饮酒为过。
>
> 昔周伯仁渡江唯三日醒，吾不以为少；郑康成一饮三百杯，吾不以为多。吾常譬酒犹水也，亦可济舟，亦可复舟。故江咨议有言："酒犹兵也，兵可千日而不用，不可一日而不备。酒可千日而不饮。不可一饮而不醉。"美哉江公，可与共论酒矣。何水曹眼不识杯铛，吾口不离瓢杓，汝宁与何同日面

醒，与吾同日而醉乎？政言其醒可及，其醉不可及也。速营槽丘，吾将老焉。尔无多言，非尔所及。

——《南史·陈暄传》

　　这是一篇很有意思的酒文，文字也很好懂。文中提到的吴国张长公和年届六十的张季舒的情况，无从查证，但应该都是醉乡中人。阮籍、阮咸是叔侄两个，同列"竹林七贤"，阮修阮宣子则是阮咸的堂侄，辈分上算是阮籍的侄孙。三人都以嗜酒闻名，阮宣子从没说过劝自己的叔叔、叔祖少喝酒的话。文中提到的王济王武子是西晋名士王湛的侄子，也是晋武帝司马炎的妹夫。

　　王湛平时寡言少语，是个闷葫芦，但才学过人，因为不爱说话，性格沉静，对什么事都表现不出什么兴趣，所以家里人都以为他是个痴呆，王济自己可能也叫过王湛为"痴叔"，不过后来王济知道了他叔叔是个饱学之士，就对王湛改变了看法。有一次晋武帝开玩笑，对妹夫王济说："卿家痴叔死未？"（《晋书·列传·王湛》）王济就与晋武帝争辩说："臣叔殊不痴。"还极力对王湛夸赞了一番。陈暄举陈留阮家叔侄和太原王家叔侄的例子是想表达，你怎么不学学阮家侄子，从不说让叔叔少喝酒的话，怎么偏学太原王家侄子说叔叔的不好？还真是奇怪呢！我已经一把老骨头了，身无长物如颜渊，籍籍不名于公卿，如果不每天喝点醇酒，还能干什么？你认为饮酒不好，我认为不饮酒才是罪过。

　　文中提到的周伯仁就是东晋名臣周顗，就是"我不杀伯仁伯仁因我而死"的那个周伯仁，也是个酒鬼，曾官至尚书仆射时，据记载，他过江后只有他姐姐死时醒酒三天，他姑姑死时，醒酒三天，人送雅号"三日仆射"；郑康成是东汉大儒、著名经学家，他离开袁绍的时候，袁绍为他饯行，找三百多人给他敬酒，郑玄一饮就是三百杯。陈暄举这二人的例子是说，周伯仁渡江后只有三天没有醉酒，我不觉得少；郑康成一次喝酒喝三百杯，我也不嫌多。我常常将酒譬喻为水，水可载舟，也可覆舟。所以江咨议（江淹？）曾说，酒好像兵，兵可千日而不用，不可一日而不备；酒可以千日而不饮，但不可一饮而不醉。江公说得好，我可以与他一同论酒啊！水部曹郎何逊有眼不识杯盏，我是口不离酒瓢与酒杓，你是宁可与何逊一样同日而清醒，还是与我同日而醉呢？谈论政事要清醒才做得，而醉人就不到。你速速为我堆起糟丘，我就要老了。你不必多说，这也不是你能管的事。

自从陈暄借江咨议之口称"酒犹兵"，后世很多文人也都把酒比作兵，如苏轼的诗句"知君月下见倾城，破恨悬知酒有兵"（《王巩屡约重九见访》）、黄庭坚的诗句"攻许愁城终不开，青州从事斩关来"（《行次巫山宋楙宗遣骑送折花厨酝》）等，都是同样的比喻手法。

// · 斗酒学士、五斗先生

唐代著名诗人王绩，字无功，自号东皋子、五斗先生，祖籍祁县，后迁绛州龙门（今山西河津县）。唐朝著名诗人。出身官宦世家，是隋末大儒王通之弟。

唐高祖武德八年（625年），朝廷征召前朝官员，王绩以原官（他曾在隋代任秘书省正字）待诏门下省。按照门下省例，日给良酒三升。其弟王静问："待诏快乐否？"王绩回答说："待诏俸禄低，又寂寞，只有良酒三升使人留恋。"侍中陈叔达闻之，由三升加到一斗，时人称"斗酒学士"。

唐太宗贞观初年，太乐署史焦革善酿酒，王绩自求任太乐丞。后因焦氏夫妇相继去世，无人供应好酒，于是弃官还乡。回到东皋后，他把焦革制酒的方法撰为《酒经》一卷；又收集杜康、仪狄等善于酿酒者的经验，写成《酒谱》一卷。在所居之东皋，为杜康建造祠庙，并把馈赠过美酒的焦革也供进庙中，尊之为师，撰《祭杜康新庙文》以记之。王绩因对现实不满，终于走上隐居之路，但有人以酒邀者，无不乐往。其《醉乡记》《五斗先生传》《酒赋》《独酌》《醉后》等与酒有关的诗文，均被太史令李淳风誉为"酒家之南董"。

在《五斗先生传》中，他写道："有五斗先生者，以酒德游于人间。人有以酒请者，无贵贱皆往。往必取醉，醉则不择地斯寝矣，醒则复起饮也。尝一饮五斗，因以为号。"斗是古代市制容量单位，十升为一斗，十斗为一石。之后人们就以"五斗先生"来称呼他。

// ·饮中八仙、金龟换酒、玄宗调羹、力士脱靴

"饮中八仙"是唐代大诗人、"诗圣"杜甫对开元、天宝时期的八位嗜酒名士的叫法，"八仙"中震古烁今的当然是"诗仙"李白，在《新唐书·李白传》中，有"白自知不为亲近所容，益骜放不自脩，与知章、李适之、汝阳王李琎、崔宗之、苏晋、张旭、焦遂为'酒八仙人'"的说法。李白为什么"不为亲近所容"呢？还要从李白在开元末、天宝初时结识道士吴筠说起。李白与吴筠在会稽相识，一见如故。天宝元年（742年）吴筠被唐玄宗征召，建议李白也随他去长安，两人就一路结伴同行，这是李白第三次去长安，前两次除了给世人留下了《长相思》《蜀道难》《行路难》《将进酒》等名篇，李白最看重的希望在政治上有所作为还是未能如愿。

这次入长安情况就不同了，到了长安，吴筠先是联系上会稽老乡秘书监贺知章，后又找到道友、唐玄宗妹妹玉真公主，推荐李白。

贺知章是"饮中八仙"中的第一名，杜甫说他是："知章骑马似乘船，眼花落井水底眠。"贺知章是越州会稽郡永兴（今浙江萧山）人，武周证圣元年（695年）的状元，是女皇武则天、唐中宗李显、唐睿宗李旦、唐玄宗李隆基四朝的元老，还是唐肃宗李亨的师傅，所以杜甫在写《饮中八仙歌》时把他排在第一位。因当过秘书省的最高长官秘书监，所以又被称为"贺监"。大家不要一看到秘书两个字，就觉得秘书监跟今天所说的秘书有关，这个古代的政府机构与现代的秘书一点关系也没有，如果一定要找一个今天类似的机构来对应，那就是国家图书馆兼国史馆兼国家天文台兼中央文献研究室兼中央文献出版社。唐代很多杰出人物，如令狐德棻、魏征、虞世南、颜师古、颜

真卿、李益等都曾做过秘书监或秘书少监，足见这个职位非真才实学之士无以为之。

　　贺知章作为"醉八仙"之首，干的最"醉"之事就是有一回酒后骑马，晃晃悠悠，如在乘船，最后老眼昏花从马上跌落，坠入枯井中，结果老人家竟在井底睡着了。

　　唐玄宗天宝元年（742年），41岁的李白进长安，干谒唐玄宗同母妹妹玉真公主。为了仕途双保险，他从玉真公主那里出来，又去长安紫极宫拜会了83岁的太子宾客贺知章，并献上自己的诗文。贺知章早就从道士吴筠和玉真公主那里知道了李白，所以对他很是客气，但也仅是客气而已。没想到读了李白的《蜀道难》，贺知章忘了自己是个老人，像个小伙子一样拍案而起，拉着小老弟李白的手说："公非人世之人，可不是太白星精耶？"（王定保《唐摭言·卷七·知己》）他认为李白是太白金星下凡，所以称他为"谪仙人"。

　　之后，贺知章一时兴起，就拉起李白进了家酒馆，请李白喝酒。喝完了买单时，贺知章才发现身上没带钱，就把腰上的金龟取下来抵押给了酒馆。这个金龟可不是一般的物件，是唐代官员的官职证。古代官员为证明身份，都随身佩戴符节，或为虎符，或为鱼符，或为兔符，只有到了武周时期配龟符，是因为武则天的姓氏是玄武的武字，而玄武的形象是龟蛇。龟符以龟袋盛装，三品以上龟袋用金饰，四品用银饰，五品用铜饰。贺知章的是金龟，只有亲王或三品以上的大官才能佩戴（我们今天常说的一个词"金龟婿"就是从这来的，本意就是官居高位的乘龙快婿）。贺知章应该是把金龟袋当作了抵押物。金龟袋是皇家的恩赐，身份的象征，但贺知章并不放在心上，功名利禄于他而言，都是身外之物，写诗、喝酒、结识李白这样的忘年交朋友，才是人生最快意之事。

　　后来在道士吴筠、玉真公主和贺知章的三重加持和推荐下，唐玄宗把李白招进宫，李白从容"论当世事，奏颂一篇"，唐玄宗读了大为钦佩，《新唐书·李白传》的记述是"帝赐食，亲为调羹"，下诏任命李白为六品的翰

图5-12 晚清著名画家黄山寿绘《李白与贺知章》

林供奉，实际上就是唐玄宗的文学侍从、御用诗人，不涉及为唐玄宗起草诏书等高级政务工作，那个叫翰林待诏。但李白对此已经很感激了，所以天宝三载贺知章去世后，李白放声大哭，悲痛之余写下著名的诗篇《对酒忆贺监》："四明有狂客，风流贺季真。长安一相见，呼我谪仙人。昔好杯中物，翻为松下尘。金龟换酒处，却忆泪沾巾。"

自从李白被贺知章称为"谪仙人"之后，李白一夜之间在长安声名鹊起。但心高气傲的李白对唐玄宗只给他个翰林供奉的闲职心有不满，但有口不能说，只好借酒排遣，"与饮徒醉于市"。

有一天，唐玄宗坐在沉香亭，"意有所感"，应该就是作为音乐家的唐玄宗来了灵感，想让李白马上写出乐章，就让人去酒肆里召李白，李白已经喝得酩酊大醉，胡言乱语，这个场景就是杜甫在《饮中八仙歌》中所写的"李白斗酒诗百篇，长安市上酒家眠，天子呼来不上船，自称臣是酒中仙"。太监们才不管你是仙还是鬼，见到李白沉醉不醒，就"以水颒（音huì，洗脸的意思）面"，李白这才半清醒过来，"授笔成文，婉丽精切"，一气呵成《清平调词三首》，第一首（"云想衣裳花想容，春风拂槛露华浓。若非群玉山头见，会向瑶台月下逢"）以仙子比杨贵妃的美艳；第二首（"一枝红艳露凝香，云雨巫山枉断肠。借问汉宫谁得似，可怜飞燕倚新妆"）写杨贵妃的美貌令汉成帝的皇后赵飞燕都相形见绌；第三首（"名花倾国两相欢，长得君王带笑看。

解释春风无限恨，沉香亭北倚阑干"）写牡丹和杨贵妃融为一体，相得益彰，让君王惊为天人，不能自拔。唐玄宗读后大为赞赏，就让李白留在身边陪侍，省得以后每次酒宴时又去长安酒肆里去抓。

尽管陪在皇帝身边，李白不改本色，仍旧饮醉不止。有一次借着酒劲，李白"使高力士脱靴"。高力士深以为耻，就故意在李白的诗中挑刺给杨贵妃看，唐玄宗本来想给李白安排更重要的职务，都被杨贵妃阻止了。从此，李白"自知不为亲近所容，益骜放不自脩"，每日游走于"饮中八仙"之中，醉生梦死，最后还是被唐玄宗"赐金放还"。

《饮中八仙歌》中的第二位是一位王爷，他就是唐玄宗大哥宁王李宪的儿子汝阳王李琎（音 jìn）。李宪原名李成器，本是唐睿宗李旦的长子和王位继承人，因为弟弟李隆基在诛灭婶母韦后和堂妹安乐公主集团的"唐隆政变"中居功至伟，所以李成器让出了自己的储君身份给李隆基，甚至连名字都因为避讳李隆基生母的名字而改为李宪，死后被追谥为"让皇帝"。对大哥的识时务之"让"，李隆基很是感激，对大哥的儿子也就是自己的侄子李琎格外关照。李琎为人豪爽，性嗜酒，自称酿部尚书，即使上朝之前，也要饮酒三斗，就这样，路上看见拉酒曲的车，闻到酒香，他仍然还是垂涎欲滴，遗憾自己不能改封作酒泉王，所以杜甫写道："汝阳三斗始朝天，道逢麹车口流涎，恨不移封向酒泉。"

"醉八仙"的第三位是左相李适之。适在这里不读 shì，而是读 kuò。李适之出身李唐宗室，是唐太宗李世民儿子恒山愍王李承乾的孙子，唐玄宗天宝元年任左相，就是门下省的长官，在这之前和之后都叫侍中。李适之性情疏散，喜交游宾客，善饮，能喝一斗不醉，晚上宴饮，不管喝多少，次日照常能按时处理公务。在《饮中八仙歌》中，杜甫说他是"左相日兴费万钱，饮如长鲸吸百川，衔杯乐圣称避贤"。这里的圣、贤可不是圣贤的意思，而是指酒，详见前述酒典"清圣浊贤"。

"醉八仙"中第四仙是崔宗之，是一位官二代，侍御史，后袭封宰相父亲崔日用的爵位为齐国公。杜甫说他"宗之潇洒美少年，举觞白眼望青天，皎如玉树临风前"。

第五位还是位官员，名字叫苏晋，杜甫说他"苏晋长斋绣佛前，醉中往往爱逃禅"。苏晋才华过人，当时人把他同曹魏"建安七子"之首、千古名篇《登楼赋》的作者王粲相提并论，称之为"后来之王粲"。苏晋曾任职中书舍人、崇文馆学士。崇文馆学士就是太子的师傅，崇文馆之前叫崇贤馆，后为避唐高宗李治和武则天的儿子章怀太子李贤的名讳而改。苏晋任崇文馆学士时的太子就是李隆基。苏晋最后官至吏部侍郎、太子左庶子。

《饮中八仙歌》中第六仙就是李白，李白之下，就是"草圣"张旭，在下一个酒典中我们单独讲，这里不再赘述。

"醉八仙"的最后一位是个平头百姓，名叫焦遂，杜甫说他是"焦遂五斗方卓然，高谈雄辩惊四筵"，意思就是他也善喝，但是越喝越能侃，在酒席上高谈阔论，常常语惊四座。

// · 三杯草圣

杜甫在《饮中八仙歌》中说："张旭三杯草圣传，脱帽露顶王公前，挥毫落纸如云烟。""草圣"张旭也是个很有特点的人物，他性格豪放，被人称为"张颠"，所写的草名也被称为"狂草""醉草"。

与酒刺激了李白的诗情一样，酒也刺激了张旭的书法，当他处于微醺时，胸中的文墨也是一种喷薄待发的状态，一旦挥毫，则有如泄洪，"笔端舌喷长江"，恨不得将自己也化作一支笔，饱蘸狂狷的墨水，在尘世的宣纸上，"挥笔如流星"般一气呵成胸中的激情。此状态若失，创造的灵感和激情也就退潮了，"清景一失后难摹""醉来信手两三行，醒后却书书不得"。所以，酒醒的张旭复观其"醉书"，"自以为神，不可复得"，也可见酒中得来的神来妙笔，是匠人们终生也摹不出的。

唐代的另一位诗人李顾，写了一首《赠张旭》五言古诗，生动地描绘了他的精湛技艺和狂放不羁的性格，关于他的豪饮，诗中这样写道："张公性嗜酒，豁达无所营。皓首穷草隶，时称太湖精。""左手持蟹螯，右手执丹经。瞪目视霄汉，不知醉与醒。"

// · 醉吟先生

唐代有两位先生自号"醉吟先生"，一位是白居易，另一位是皮日休。

白居易在67岁时，写了一篇《醉吟先生传》，写的实际就是他自己。他在文中说："醉吟先生者，忘其姓字、乡里、官爵，忽忽不知吾为谁也。宦游三十载，将老，退居洛下。所居有池五六亩，竹数千竿，乔木数十株，台榭舟桥，具体而微，先生安焉。家虽贫，不至寒馁；年虽老，未及昏耄。性嗜酒，耽琴淫诗，凡酒徒、琴侣、诗客多与之游。"描绘了一个闲适达观、知足常乐、喜欢喝酒自娱的老人的形象。

白居易当时的生活就是如此，洛阳城内外的寺庙、山丘、泉石，他都去漫游过。每当良辰美景，或雪朝月夕，他都会邀客来家，先拂酒坛，次开诗箧，后捧丝竹，大家一面喝酒，一面吟诗，一面操琴。旁边有家僮奏《霓裳羽衣》，小妓歌《杨柳枝》，真是不亦乐乎。直到大家酩酊大醉后才停止。白居易有时乘兴到野外游玩，车中放一琴一枕，车两边的竹竿悬两只酒壶，抱琴引酌，兴尽而返。

另据《穷幽记》记载，白居易家有池塘，可泛舟。他曾在船上宴请宾客，命人在船旁吊百余只皮囊，里面装有美酒佳肴，随船而行，要喝酒时，就拉起一只，直至喝完为止。

北宋人方勺著《泊宅编》卷上说：白乐天多乐诗，二千八百首中，饮酒者八百首，这个数字确实不算少。

白居易喝酒时，有时是独酌，如在苏州当刺史时，因公务繁忙，经常一个人喝酒来排遣疲惫。不过他更多的是同朋友合饮，在《同李十一醉忆元九》一诗中，他说："花时同醉破春愁，醉折花枝当酒筹。"元九就是白居易最好的朋友之一著名诗人元稹，李十一指的是元、白二人共同的朋友李杓直。白居易在《赠元稹》一诗中说："花下鞍马游，雪中杯酒欢。"在《与梦得沽酒闲饮且约后期》一诗中，他说："共把十千沽一斗，相看七十欠三年。"在《问刘十九》一诗中，他说："绿蚁新醅酒，红泥小火炉。晚来天欲雪，能饮一杯无？"如此等等，不一而足。

河南尹卢贞刻《醉吟先生传》于石，立于墓侧，传说洛阳人和四方游客，知白居易生平嗜酒，所以前来拜墓，都用杯酒祭奠，墓前方丈宽的土地上常是湿漉漉的，没有干燥的时候。

唐代另一位"醉吟先生"皮日休，也是很著名的诗人，宋代孙光宪著笔记文学《北梦琐言》卷二载："日休先字逸少，后字袭美，襄阳竟陵人也，业文，隐鹿门山，号醉吟先生。"

// · 琵琶行

唐宪宗元和十年（815年）六月，唐朝藩镇势力派刺客在长安街头刺死了宰相武元衡，刺伤了御史中丞裴度，朝野大哗，藩镇势力又进一步提出要求罢免裴度，以安藩镇"反侧"之心。白居易上表主张严缉凶手，有"擅越职分"之嫌；而且，白居易平素多作讽喻诗，得罪了朝中权贵，于是被贬为江州司马。

图5-13　明代著名画家仇英绘《浔阳琵琶》

司马是刺史的助手，在中唐时期多专门安置"犯罪"官员，属于变相发配。这件事对白居易影响很大，是他思想变化的转折点，从此他早期的斗争锐气逐渐消磨，消极情绪日渐增多。

元和十一年（816年），在"枫叶荻花秋瑟瑟"的时节，白居易被贬至江州司马已有两年，他有一天到"浔阳江头夜送客"，在岸边下马，摆下酒杯，与朋友饯行。离情别绪油然而生，主客举杯难以下咽。这时忽然传来了一阵琵琶声，引起了所有人的注意，大家侧耳聆听，以至于"主人忘归客不发"。

白居易让人去打听弹琴的人是谁，琵琶声停了下来。白居易和客人搭上一条船，让人把船移到琵琶声传出的那条船，请刚才弹琵琶的人出来相见，结果那人"千呼万唤始出来，犹抱琵琶半遮面"。弹琴的是一位少妇。白居易一时兴起，"遂命酒，使快弹数曲"，让少妇给他们弹几首曲子，他和客人一边喝酒一边赏乐。少妇演奏完，一一诉说了自己的身世，引起了白居易的同病相怜，他回去后一蹴而就，写成一篇长诗，这就是中国文学史上的丰碑之作《琵琶行》。

//・醉翁之意

宋仁宗庆历三年（1043年），著名文学家、"唐宋八大家"之一的欧阳修任知制诰一职，与范仲淹、韩琦、富弼等人推行"庆历新政"，但在守旧派的阻挠下，新政遭到失败。庆历五年，欧阳修贬为滁州（今安徽滁州）太守。在那里，他写下了不朽名篇《醉翁亭记》。

《醉翁亭记》一开始阐述欧阳修自号"醉翁"的由来："太守与客来饮于此，饮少辄醉，而年又最高，故自号曰醉翁也。"接着，欧阳修点出文章的主旨，即"醉翁之意不在酒，在乎山水之间也。山水之乐，得之心而寓之酒也"。

文中，他还描写了村民举行酒宴、他身为太守与民同欢、与民同醉的情况："临溪而渔，溪深而鱼肥；酿泉为酒，泉香而酒洌；山肴野蔌，杂然而前陈者，太守宴也。宴酣之乐，非丝非竹，射者中，弈者胜，觥筹交错，起坐而喧哗者，众宾欢也。苍颜白发，颓然乎其间者，太守醉也。"

欧阳修喜好酒，他的诗文中亦有不少关于酒的描写。在《渔家傲・花底忽闻敲两桨》中，他写道：

花底忽闻敲两桨，逡巡女伴来寻访。酒盏旋将荷叶当。莲舟荡，时时盏里生红浪。

花气酒香清厮酿，花腮酒面红相向。醉倚绿阴眠一饷。惊起望，船头阁在沙滩上。

他描写采莲姑娘用荷叶当杯，划船饮酒，写尽了酒给人们生活带来的美好。欧阳修任扬州太守时，每年夏天，都携客到平山堂中，派人采来荷花，插到盆中，叫歌妓取荷花相传，传到谁，谁就摘掉一片花瓣，摘到最后一片时，就饮酒一杯。

后来，欧阳修又做了颍州（今安徽阜阳）太守。在颍州，他照样寄情诗酒，自认为过得比在洛阳丝毫不差。后来要告别颍州时，他怕送别的吏民伤心过度，写诗安慰他们说："我亦只如常日醉，莫教弦管作离声。"仍是不改诗人酒徒的乐天本性。晚年的欧阳修，自称有藏书一万卷，琴一张，棋一盘，酒一壶，陶醉其间，怡然自乐。

// · 斗酒《汉书》

北宋著名诗人苏舜钦，字子美，为人豪放不羁，且又喜欢饮酒。他年轻时，曾住在其舅父杜祁公家，每晚读书都要喝一斗酒。有一日苏舜钦的朋友、名臣杜衍偷偷到书房看苏子美，来到书房前就听到苏子美正在读《汉书·张良传》中有关"张良与客椎击秦始皇"的语句，读毕，只见苏子美拍掌说："惜乎，击之不中！"随即便满满地饮了一杯酒。接着当他再次听到苏子美读"张良在下邳遇到刘邦"的语段时，又见他拍掌赞叹说："君臣相遇，其难如此。"说完又将一杯酒喝个精光。杜祁公见其这样，就笑着说："有如此下酒物，一斗不足多也。"

//·醉里乾坤大，壶中日月长

"归帆去棹残阳里，背西风，酒旗斜矗"，这是北宋宰相、著名文学家王安石的著名词句（《桂枝香·登临送目》），所提到的酒旗是宋代街市最常见的东西，也是宋代经济繁荣的重要标志。

酒旗，是古代酒店悬挂在路边，用于招揽生意的锦旗，多系缝布制成，以其形制，又称酒斾、野斾、酒帘、青帘、杏帘、酒幔、幌子；以其颜色，还称青旗、素帘、翠帘、彩帜；以其用途，亦称酒标、酒榜、酒招、帘招、招子、望子。

酒旗的使用历史可以追溯到春秋战国时期，《韩非子·外储说右上》就记载："宋人有酤酒者，升概甚平，遇客甚谨，为酒甚美，悬帜甚高。"这里的"帜"，即酒旗。可见，早在两千多年前，古人就利用酒旗作为广告形式，来传播商业信息。

自唐代，酒旗逐渐发展，变得形式多样，异彩纷呈。唐代李中的《江边吟》就写道："闪闪酒帘招醉客，深深绿树隐啼莺。"唐代诗人张籍也有诗句"长干午日沽春酒，高高酒旗悬江口"（《江南行》），这里的酒帘、酒旗指的就是酒家打出来的幌子。

商家旗幡发展的鼎盛时期就是宋代，两宋时期，商业、手工业、酒店餐饮业十分发达，店面林立，鳞次栉比，如果不能打出吸引眼球的旗幡，就招徕不到顾客。

宋代酒旗，大致可分三类，一是象形酒旗，此类酒旗，以酒壶等实物、模型和图画为特征；二是标志酒旗，即旗幌及灯幌；三是文字酒旗，即以单字、双字或对子、诗歌为表现形式，如"酒""太白遗风"等，也有的就是广告语，如《水浒传》中，武松打虎前所进的店家，招旗上写有"三碗不过冈"。一般人不太明白是什么意思，肯定就会去问店家，这就是着了店家的套，店家再夸大自家酒醉人功效，引得客人好胜心起，至少要三碗酒起步。《汴都记》中记载，有酒家望上书"河阳风月"四字。《水浒传》中武松醉打蒋门神之前，看到快活林酒楼酒旗上也写着"河阳风月"，河阳，就是孟州。酒楼上还有两把销金旗，上面写的是"醉里乾坤大，壶中日月长"。这对联格局大，意义深，堪称广告中的极品，所以连金圣叹都忍不住说是"千载第一酒赞"。

另外，酒旗还有传递信息之作用，酒旗的升降，是店家有酒或无酒、营业或不营业的标志。有酒卖，便高悬酒旗。若无酒可售，就收下酒旗。《东京梦华录》中写道："至午未间，家家无酒，拽下望子。"句中的"望子"，就是酒旗，酒家都卖完了酒，自然就把酒旗降下来。

//·浮蚁若萍

酒在古代中国有很多富有诗情画意的名字，这里简单列举如下：

绿蚁、浮蚁：新酿的酒还未滤清时，酒面浮起酒渣，色微绿，称绿酒，泡沫细如蚁，古人称为"绿蚁""浮蚁"，如张衡《南都赋》："醪敷径寸，浮蚁若萍。"北宋文宗欧阳修的诗《招许主客》有"楼头破监看将满，瓮面浮蛆拨已香"之句，把酒沫称为"浮蛆"。酒面泡沫呈白色，古人称为玉蛆，如北宋诗人梅尧臣的诗《至灵璧镇得杜挺之书》所称"酒上玉蛆如笑花，一日倒空罂与缶"；酒面泡沫呈绿色的为绿蚁，如唐代大诗人白居易的诗《问刘十九》所言"绿蚁新醅酒，红泥小火炉"。

天之美禄、天禄、天禄大夫：《汉书·食货志下》有云："酒者天之美禄，帝王所以颐养天下，享祀祈福，扶衰养疾。"认为酒是上天美好的赏赐，因而天禄或美禄后来就成为酒的美称。宋代诗人陶谷的《清异录·酒浆》中写道："王世充僭号，谓群臣曰：'朕万机繁壅，所以辅朕和气者，惟酒功耳，宜封天禄大夫，永赖醇德。'"

欢伯：酒是一种刺激性很强的饮料，古代认为酒能添兴助乐，也能解忧消愁。西汉哲学家焦赣的《易林·坎之兑》载："酒为欢伯，除忧来乐。"唐代诗人陆龟蒙的《对酒》诗中说："后代称欢伯，前贤号圣人。"南宋诗人杨万里的《题湘中馆》中说："愁边正无奈，欢伯一相开。"

养生主、齐物论：酒的浓度有高低，酒性有的强劲，有的平和。北宋诗人唐庚"名酒之和者养生主，劲者齐物论"。

魔浆：南朝梁武帝《断酒肉文》有云："酒是魔浆，故不待言。"认为酒之为恶有如魔鬼，因以魔浆作为酒的恶称。

腐肠贼：唐代诗人元稹《寄吴士矩端公五十韵》有云："平生中圣人，翻然腐肠贼。"饮酒有害于肠胃，因以腐肠贼作为酒的恶称。

玉露：喻美酒，元代诗人顾瑛《水调歌头·桂》词："金粟缀仙树，玉露浣人愁。谁道买花载酒，不似少年游。"

流霞：泛指美酒，北周诗人庾信的有诗曰"愁人坐狭邪，喜得送流霞"（《卫王赠桑落酒奉答》）。明代徐复祚《投梭记·叙饮》也写道："雪花酿流霞满壶，烹葵韭香浮朝露。"

玻璃：北宋诗人梅尧臣有诗"隣邦或有寄嘉酿，瓦罌土缶盛玻璨"（《依韵酬永叔再示》），玻璨指的是宋时四川省眉山县产名为"玻璨春"的酒；南宋著名诗人陆游有诗句"青丝玉瓶到处酤，鹅黄玻璃一滴无"（《蜀酒歌》）、"一樽酌罢玻璃酒，高枕窗边听雨眠"（《醉书》）；金代诗人元好问的《踏莎行》说："翠缕香凝，玉膏酒灧（音 yàn），仙翁莫诉玻璃满。"参见"玻璃春"。

榴花：据《南史·夷貊传上·扶南国》载，顿逊国有酒树似安石榴，采其花汁停瓮中，数日成酒，后以"榴花"雅称美酒。南朝梁元帝《刘生》诗写道："榴花聊夜饮，竹叶解朝醒。"唐代诗人李峤《甘露殿侍宴应制》诗说："御筵陈桂醑，天酒酌榴花。"宋代文宗王安石《寄李士宁先生》诗说："渴愁如箭去年华，陶情满满倾榴花。"

白酒：意同玉酒，泛称美酒，南朝梁武帝的《子夜四时歌·夏歌》有"玉盘著朱李，金杯盛白酒"的诗句；唐代大诗人李白的《南陵别儿童入京》中说："白酒初熟山中归，黄鸡啄黍秋正肥。"宋代文豪苏轼的《广陵会三同舍》说："广陵三日饮，相对怳如梦。况逢贤主人，白酒泼春瓮。"

琥珀、真珠：指美酒，唐代诗人李贺有诗说"琉璃钟，琥珀浓，小槽酒滴真珠红"（《将进酒》），这里的琥珀、真珠都是指酒；宋代人赵令畤的《侯鲭录》卷一说："尊酒且倾浓琥珀，泪痕更着薄胭脂。"

玉泉：宋代文豪苏轼的《岁暮作和张常侍》中说："我生有天禄，玄膺流玉泉。何事陶彭泽，乏酒每形言。"

秋露：指清酒。宋代文豪苏轼的《浊醪有妙理赋》中说："湛若秋露，穆如春风，疑宿云之解骄，漏朝日之暾（音 tūn，刚出来的太阳）红空。"明代诗人高启的《次韵答朱冠君游西山之作》说："玉壶一双秋露倾，唯此可以忘吾情。"

鹅黄：宋代文豪苏轼的《乘舟过贾收水阁》中写道："小舟浮鸭绿，大杓泻鹅黄。"南宋著名词人张元干的《临江仙·赵端礼重阳后一日置酒坐上赋》中写道："判却为花今夜醉，大家且泛鹅黄。"

升斗：唐代"诗圣"杜甫的《遭田父泥饮美严中丞》中说："月出遮我留，仍嗔问升斗。"南宋诗人杨万里的《中秋月长句》也有这样的诗句："先生旧不论升斗，近来畏病不饮酒。"

玉液：南朝萧梁人刘潜所著《谢晋安王赐宜城酒启》中有"忽值餅泻椒芳，壶开玉液"的说法；唐代大诗人白居易有"开瓶泻罇中，玉液黄金脂"（《效陶潜体诗》之四）的诗句。

黄流：《诗经·大雅·旱麓》载："瑟彼玉瓒，黄流在中。"东汉大儒郑玄的解释是："黄流，秬鬯也。"唐代经学家孔颖达又解释什么是秬鬯："酿秬为酒，以郁金之草和之，使之芬香条鬯，故谓之秬鬯。草名郁金，则黄如金色；酒在器流动，故谓之黄流。"秬鬯就是古代以黑黍和郁金酿造的酒。南朝萧梁诗人沈约有"我郁载馨，黄流乃注"（《梁宗庙登歌》之四）的诗句；南宋诗人陆游的《题斋壁》诗中说："昼存真火温枵腹，夜挽黄流灌病骸。"

花露：南宋大诗人陆游的《林间书意》中说："红螺杯小倾花露，紫玉池深贮麝煤"清代诗人陈维嵩有"几缕椒鸡闲说饼，半罂花露静焚香"（《望江南·寄东皋冒巢民先生并一二旧游》词之三）的词句。

玉斝：元曲作家张养浩的《喜春来》中说："兴来时斟玉斝，看天上碧桃花。"清代剧作家孔尚任的《桃花扇·草檄》写道："身在瑶台，笑斟玉斝，人生几见此佳景。"

杯中物：东晋大诗人陶潜的《责子》诗中写道："天运苟如此，且进杯中物。"唐代诗人韩翃的诗《送齐明府赴东阳》中说："风流好爱杯中物，豪荡仍欺陌上郎。"南宋大词人辛弃疾的《满江红·送信守郑舜举被召》词中写道："问人间，谁管别离愁？杯中物。"

春物：北宋诗人梅尧臣在《度支苏才翁挽词》之三中说："自昔爱春物，罇深眼底红。"

金液：唐代大诗人白居易的诗作《游宝称寺》写道："酒嫩倾金液，茶新碾玉尘。"

玉觞：唐代"诗圣"杜甫的诗作《白水县高斋三十韵》中有"玉觞淡无味，胡羯岂强敌"的诗句；北宋文豪苏轼的《减字木兰花·彭门留别》中说："玉觞无味，中有佳人千点泪。"

琼液：唐代大诗人温庭筠的《兰塘词》写道："东沟潋潋劳回首，欲寄一杯琼液酒。"元代诗人王沂的《次吴彦晖望月寄张孟功韵》中说："蠙（音pín，珍珠）珠看欲湿，琼液饮还醺。"

白堕：本是人名，北魏杨衒之所著《洛阳伽蓝记·法云寺》载："河东人刘白堕善能酿酒。季夏六月，时暑赫晞，以罂贮酒，暴于日中。经一旬，其酒不动，饮之香美而醉，经月不醒。"后因用作美酒别称。北宋诗人苏辙的《次韵子瞻病中大雪》写道："殷勤赋《黄竹》，自劝饮白堕。"南宋大诗人陆游也有"不复扶头倾白堕，但知临目养黄宁"（《官舍夙兴》）的诗句。

雪香：唐代大诗人杜牧的《对花微疾不饮呈座中诸公》中说："尽日临风羡人醉，雪香空伴白髭须。"

清觞：指美酒。西汉著名辞赋家扬雄的《太官令箴》中载："群物百品，八珍清觞，以御宾客，以膳于王。"明代诗人徐渭的《奉侍少保公宴集龙游之翠光岩》中说："却与从行诸幕士，维舟九曲下清觞。"

玄酒：指淡薄的酒，晋代人程晓的《赠傅奕休》中说："厥客伊何，许由、巢父；厥醴伊何，玄酒瓠脯。"《晋书·列传·祖逖》载："玄酒忘劳甘瓠脯，何以咏恩歌且舞。"

兰生：指美酒，也形容美酒香气四溢，《汉书·礼乐志》载："百末旨酒布兰生。"

红螺：用作酒杯或酒的代称。唐代诗人陆龟蒙的诗作《袭美醉中寄一壶并一绝走笔次韵奉酬》中说："酒痕衣上杂莓苔，犹忆红螺一两杯。"后蜀文人李珣的《南乡子》词中说："倾绿蚁，泛红螺，闲邀女伴簇笙歌。"北宋文宗曾巩的《南湖行》写道："山回水转不知远，手中红螺岂须劝。"

玉尊：清代诗人姚鼐的诗作《送郑羲民郎中守永州》中说："归家酌玉尊，绿窗樱桃枝。"

金爵：借指酒，《新唐书·后妃传上·上官昭容》载："又差第群臣所赋，赐金爵，故朝廷靡然成风。"

琼卮、瑶卮：本指玉制的酒器，亦用作酒的美称。大词人柳永的《玉蝴蝶》词中说："是处小街斜巷，烂游花馆，连醉瑶卮。"元代人柯丹邱有"齐簪翠竹生春意，共饮瑶卮介寿眉"（《荆钗记·庆诞》）的诗句。

玉髓：喻美酒，明代许时泉的《写凤情》说："我安排彩袖，慇懃捧玉髓，轻盈舞羽衣，务教他锦囊倾出阳春句。"

金蕉：金朝诗人高宪的《焚香》诗之二中说："正要金蕉引睡，不妨玉陇知音。"

红友：宋人罗大经所著《鹤林玉露》卷八载："常州宜兴县黄土村，东坡南迁北归，尝与单秀才步田至其地。地主携酒来饷曰：'此红友也。'"明代诗人王世贞的《三月三日屋后桃花下与儿子小酌红酒》诗中说："偶然儿子致红友，聊为桃花飞白波。"

狂药：《晋书·列传·裴楷》载："足下饮人狂药，责人正礼，不亦乖乎？"宋　范质《戒子》诗："戒尔勿嗜酒，狂药非佳味。"《说岳全传》第七三回："饮三杯之狂药，赋八句之鄙吟。"

狂水：《法苑珠林》卷四一："卿等顽骏，贪嗜狂水。"

玉膏：喻美酒，北宋大诗人苏轼的《次韵赵令铄惠酒》中说："坐待玉膏流，千载真旦暮。"

钓诗钩、扫愁帚：苏轼在《洞庭春色》诗中写道：

> 二年洞庭秋，香雾长噀手。
> 今年洞庭春，玉色疑非酒。
> 贤王文字饮，醉笔蛟龙走。
> 既醉念君醒，远饷为我寿。
> 瓶开香浮座，盏凸光照牖。
> 方倾安仁醽，莫遣公远嗅。
> 要当立名字，未用问升斗。
> 应呼钓诗钩，亦号扫愁帚。
> 君知蒲萄恶，正是媒母黝。
> 须君滟海杯，浇我谈天口。

这首诗叫《洞庭春色》，但可不是描写洞庭春天景色的，而是对一种叫"洞庭春"的酒的描述。苏轼说这种酒扫除忧愁，且能勾起诗兴，使人产生灵感，所以苏轼称之为"扫愁帚""钓诗钩"，后来就成了美酒的代称。

般若汤：佛教徒用的隐语。佛家禁止僧人饮酒，但有的僧人却偷饮，因避讳，才有这样的称谓。苏轼在《东坡志林道释》中有"僧谓酒为般若汤"的记载。我国佛教协会主席赵朴初先生对甘肃皇台酒的题词"香醇般若汤"，就是用到了这个意思。

仙液：宋代无名氏的《暮山溪·寿李学士》词说："霜天晓，笙歌彻，玉罂倾仙液。"

忘忧物：东晋大诗人陶潜的《饮酒》诗之七说："汎此忘忧物，远我遗世情。"唐代大诗人白居易的诗作《钱湖州以箬下酒李苏州以五酘酒相次寄到无因同饮聊咏所怀》说："劳将箬下忘忧物，寄与江城爱酒翁。"

野酌：指村野人自制的酒。南朝刘宋人王僧达的《祭颜光禄文》载说："王君以山羞野酌，敬祭颜君之灵。"

中尊：泛指酒。北周诗人庾信的诗作《奉报赵王惠酒诗》说："始闻传上命，定是赐中罇。"初唐诗人杨炯的《益州温江县令任君神道碑》载："原子思之厚秩，遍给乡人，孔文举之中樽延留坐客。"

曲生、曲秀才：据唐代人郑綮在《开天传信记》中记载："唐代道士叶法善，居玄真观。有朝客十余人来访，解带淹留，满座思酒。突有一少年傲睨直入，自称曲秀才，吭声谈论，一座皆惊。良久暂起，如风旋转。法善以为是妖魅，俟曲生复至，密以小剑击之，随手坠于阶下，化为瓶榼，美酒盈瓶。坐客大笑饮之，其味甚佳。"后来就以"曲生"或"曲秀才"作为酒的别称。

图 5-14　国画大师齐白石绘《岳武穆像》

// ·痛饮黄龙

这里的黄龙可不是酒名，而是北宋末年，女真人建立的金国灭亡北宋后，将宋徽宗、宋钦宗父子和数千宫眷最初掳送到的地方，称之为黄龙府（今吉林省农安县），后又就将他们转囚禁于五国城（今黑龙江依兰县）。

靖康二年（1126年）五月，宋钦宗的弟弟康王赵构在应天府（今河南商丘）建立了南宋，是为宋高宗。南宋大将、民族英雄岳飞率"岳家军"在与南犯金军的对战中屡战屡胜，逐渐扭转了宋金对峙的军事形势，开始转守为攻。

绍兴十年（1140年）五月，金国大将完颜兀术发动政变掌握权力，废除对宋和议，亲统大军攻打南宋。岳飞率部与战，数次取得大胜，完颜兀术只好退还开封，接连的失利使他哀叹："我起北方以来，未有如今日屡见挫衄（音nù，意思是挫伤、挫败）！"金军大将韩常也不愿再战，派密使向岳飞请降。岳飞为大河南北频传的捷报所鼓舞，他对部属说："今次杀金人，直到黄龙府，当与诸君痛饮！"（《宋史·岳飞传》）

这无疑是中国历史上最豪迈的酒话。后来，"直捣黄龙""痛饮黄龙"就成了直接捣毁敌人巢穴的代称；"与诸君痛饮"则成了庆祝胜利的专用语。

第三节　"艳花浓酒属闲人"[1]——红颜酒典

　　有人说，酒是男人的专利。其实不然，在中国数千年的酒文化中，女性也与酒有着千丝万缕的联系，她们在中国酒文化发展中也承载着不可忽视的功绩，通过酒充分发出了女性个体意识觉悟的呐喊。

　　// · 卫寡夫人：微我无酒，以遨以游

　　酒对于女性来说很早具有了自我安慰的情感效用，从先秦开始，就有女性文人在文学作品中提及"酒"的记录，《诗经·国风·邶风·柏舟》中的诗句"泛彼柏舟，亦泛其流。耿耿不寐，如有隐忧。微我无酒，以遨以游"，被认为是中国女性文学中最早出现的酒意象。

　　这首诗描写的主人公是春秋时齐僖公之女宣姜，也称卫寡夫人，本来是嫁给卫国国君卫宣公的，结果宣姜一行人刚到卫国城门，卫宣公就死了。宣姜就发誓从一而终，但她年纪轻轻就守活寡，内心的孤苦、压抑和痛苦可想而知，"耿耿不寐，如有隐忧"二句便刻画了一个暗夜辗转难眠的女子的身影。卫夫人不缺酒，每天喝得可能也不少，但是她心中的这份隐忧却不能靠饮酒所能解，也不是遨游所能避，足见忧痛至深而难消。

　　// · 卓文君：当垆卖酒

　　卓文君为蜀郡临邛巨商卓王孙之女。据汉代文学家刘歆所著《西京杂记》（一说为葛洪所著）载，"文君姣好眉色如望远山，脸际常若芙蓉，肌肤柔滑如脂"。卓文君明明可以靠颜值，却还有一身才艺，她精通音律，善弹琴，而且还很有文学才能，后来被评为中国"四大才女"（西汉卓文君、东汉班昭、

1　　引自唐代女诗人卓英英的《锦城春望》："和风装点锦城春，细雨如丝压玉尘。漫把诗情访奇景，艳花浓酒属闲人。"

三国蔡文姬、宋代李清照）之一，同时还是"蜀地四大美女"（西汉卓文君、唐代薛涛、后蜀花蕊夫人、明代黄峨）之首。

卓文君在嫁给司马相如前，还有一次婚姻，但她十七岁那年，丈夫就去世了，只好又回到父母家。司马相如与卓文君算是老乡，但之前与卓文君并不认识。他因为自己的衣食父母——汉景帝同母弟梁王刘武去世，汉景帝对他的辞赋才华又看不上，只好回到老家成都，但"家贫，无以自业"（《史记·司马相如列传》）。他听好友临邛县令王吉说卓文君不但貌美如花、才艺出众，而且其父是当地首富卓王孙，就动了心思，两人一起做了个局，王吉每天故意恭恭敬敬到司马相如驿馆，请后者吃饭喝酒。卓王孙虽然有钱，但他见过的最大的官就是王吉，对王吉每天恭敬拜谒司马相如产生了很大的好奇心，就提出也想请司马相如吃饭，结识一下这个梁王身边的大才子。请客那天，卓王孙还请了当地名门近百人。到了中午，卓王孙等派人去请司马相如，后者称病不去。王吉一听，自己不敢先吃，亲自带人上门去请司马相如。司马相如只好"老大不情愿"地来到宴会场，一时引起轰动。

酒喝得差不多了，王吉递给司马相如一把琴，说："窃闻长卿好之，愿以自娱。"我私下里听说长卿先生弹得一手好琴，就请您赏光给我们弹一曲吧，"相如辞谢，为鼓一再行"，拿姿作态谦虚一番后，铿然而奏。

司马相如弹的曲子就叫《凤求凰》：

> 凤兮凤兮归故乡，游遨四海求其皇。
> 有艳淑女在此房，何缘交接为鸳鸯。
> 凰兮凰兮从我栖，得托孳尾永为妃。
> 交情通体心和谐，中夜相从知者谁。

——《艺文类聚·卷四十三·乐部三·歌》

上述这些事，《史记·司马相如传》的记载是"是时卓王孙有女文君新寡，好音，故相如缪与令相重，而以琴心挑之"，目的就是引起卓府早就远近闻名的大美女卓文君的注意，此时她正"窃从户窥之，心悦而好之"，正在后面偷偷看着呢。

著名的典故"凤求凰""琴挑"说的就是这个事，后喻指夫妻恩爱、和鸣凤鸾。

之后，司马相如让人送给卓文君侍者重金，让她向卓文君说明司马相如的意思。结果，"文君夜亡奔相如"，竟然连夜就跟司马相如私奔了。要么说卓文君不是一般人呢。

卓文君与司马相如到了后者的家，才发现"家居徒四壁立"，穷得什么都没有。新婚之夜还无所谓，几天之后，卓文君就有点受不了了，她这才让人告诉父亲卓王孙，卓王孙大怒："女至不材，我不忍杀，不分一钱也。"家人都劝卓王孙想开点，卓王孙在气头上根本听不进去。

为了让卓文君高兴起来，司马相如想买点酒营造点小情调，没有钱，他就把自己最钟爱的鹔鹴（音 sù shuāng，古代传说中的西方神鸟）裘——就是用鹔鹴飞鼠之皮制成的皮衣"就市人阳昌贳酒与文君为欢"（《西京杂记》卷二》）。这就是典故"鹔鹴换酒"的由来，与晋代阮孚的"金貂换酒"合称"貂裘换酒"。

听说司马相如把鹔鹴裘都卖了，卓文君抱着司马相如大哭："我平生富足，今乃以衣裘贳酒！"她慢慢地从热恋时的花痴清醒过来，对司马相如说，我们一起回临邛吧，就算是跟兄弟们借点钱做个小生意也可以为生，何必这么自己苦自己。司马相如同意了，"尽卖其车骑"，带上全部家当跟卓文君回了临邛。两人估计在卓文君娘家附近买下一家酒舍卖酒，"而令文君当垆。相如身自着犊鼻裈，与保庸杂作，涤器于市中"（《史记·司马相如传》）。垆就是盛酒的坛子之类的东西，当垆就是守着酒垆卖酒。这个情节很有意思，文君卖酒，司马相如穿着个犊鼻裈——就是大裤衩，样子就像牛犊的鼻子，因此得名——跟伙计几个在街面上洗涤酒器。

　　"文君当垆"的典故就是这么来的，后世常用来指年轻貌美的女子当垆卖酒，也是对卖酒女郎的雅称，或暗指酒垆韵事，其用法与"豆腐西施"颇有相似之处。

　　后来，卓文君和司马相如的婚姻出现裂痕，面对弃妇的命运，卓文君与那些被爱抛弃悲痛欲绝自怜自艾的女性不同，她选择了"今日斗酒会，明旦沟水头"（《白头吟》）的两相决绝方式，把痛苦埋在心底，冷静而温和地和负心丈夫置酒告别，气度何等闲静，胸襟何等开阔。以酒诀别的方式使得卓文君对封建礼教的叛逆个性尤为突出，已经展现出女性对自我生命的主宰和对礼教防线的突破已经有了最初的觉醒。

// · 班婕妤：羽觞销忧

　　班婕妤，西汉著名才女，曾是汉成帝宠幸的后宫妃子，也是著名的女辞赋家，她还是著名史学家班固、班昭和"投笔从戎"的班超的祖姑（祖父的妹妹）。

　　在赵飞燕入宫前，汉成帝对班婕妤最为宠幸，其在后宫中的贤德也是有口皆碑。而随着赵飞燕、赵合德姐妹入宫，与汉成帝过起声色犬马、荒淫无道的生活，班婕妤受到冷落，她自做赋曰："神眇眇兮密靓处，君不御兮谁为荣？俯视兮丹墀，思君兮履綦。仰视兮云屋，双涕兮横流。顾左右兮和颜，酌羽觞兮销忧。惟人生兮一世，忽一过兮若浮。"（《自伤赋》）她借酒

图5-15　明代著名诗人、画家唐寅绘《班姬团扇图》

消愁，为爱情的毁灭而忧愁。

赵氏姐妹欲对班婕妤加以陷害，她采取急流勇退、明哲保身的策略，缮就一篇奏章，自请前往长信宫侍奉王太后。汉成帝死后，班婕妤又自请为汉成帝守陵，从此班婕妤每天陪着石人石马，就着三杯两盏淡酒，冷冷清清地度过了她孤单落寞但是安全的晚年生活。

//·徐娘洪醉

徐昭佩，东海郡郯县人，梁元帝萧绎正妻。

《南史·后妃传》说徐昭佩"无容质"，就是容貌平平，所以不被丈夫萧绎礼遇，她对此肯定心有怨言，有一次听说萧绎要来，就画好半边脸等他，因为萧绎瞎了一只眼睛，她故意以此相讥，"帝见则大怒而出"。典故"徐妃半面"说的就是这个事，喻仅及一半，未得全貌。此后，萧绎每过两三年才进她的房间一次。

徐昭佩"性嗜酒，多洪醉"（《南史·列妃·后妃下》）。萧绎到了她房间，她一定会吐在他的衣服上。真让人怀疑她是故意的，就是通过这种方式不与丈夫亲近。

不与丈夫亲近，不是说徐昭佩就守活寡，她与荆州后堂瑶光寺的和尚智远道人（南北朝时称佛教徒亦为"道人"）私通。萧绎的宠臣暨季江长相俊美，风流倜傥，徐昭佩就与他"淫通"。暨季江还说了一段著名的话："柏直狗虽老犹能猎，萧溧阳马虽老犹骏，徐娘虽老犹尚多情。"这就是著名的历史典故"徐娘半老"的由来。

徐昭佩还妒忌成性，见到不被萧绎宠幸的姜妃，"便交杯接坐"，一起推杯换盏互诉衷肠，发现有怀孕的，"即手加刀刃"。

最终，徐昭佩的肆意妄为终于彻底激怒了萧绎，他逼迫徐昭佩自杀，然后，将尸体交还徐氏家族，"谓之出妻"，还杀死了所有与徐昭佩苟合的人。

// · 贵妃醉酒

与其他封建王朝相比，唐朝文化的包容性堪称第一，这就使得在唐朝饮酒并非男人的专利，女人饮酒也是常事，而统治者对此也是提倡的，如武则天就有诗云："送酒惟须满，流杯不用稀。"（《早春夜宴》），意思就是女人饮酒时无须谦让，其豪气不输男儿。

唐玄宗的妃子杨贵妃醉酒便有一种柔美之态，李隆基戏称杨贵妃的醉酒之态是"岂妃子醉，直海棠春睡耳！"（宋朝释惠洪《冷斋诗话》）。后人在此基础上，编写了"贵妃醉酒"的故事，后来成为昆曲和京剧的经典保留节目。

除杨贵妃外，唐朝民间女子饮酒之风也格外兴盛。诗人陆龟蒙好酒，其夫人蒋氏也善饮，蒋氏身边的朋友都劝她少饮酒，但她回应道："平生偏好饮，劳汝劝加餐。但得樽中满，时光度不难。"

// · 鱼玄机：半醉起梳头

鱼玄机是晚唐著名的女诗人，原名幼薇，字蕙兰。鱼玄机的父亲是个落魄秀才，因病过世后，鱼玄机母女生活无着落，只好帮一些妓院洗衣谋生。大诗人温庭筠是个著名的浪子，喜欢在妓院里混。他就这么认识了鱼玄机。

鱼玄机11岁时，温庭筠看她聪明伶俐，就收为弟子，教她写诗，也顺便照顾一下她们母女的生活。快60岁的时候，温庭筠得到一个做巡官的机会。为了这样一个小得不能再小的官，温庭筠离开了长安，离开鱼玄机，到外地去了。

鱼玄机小小年纪就爱上了老师温庭筠，于是连续修书，表白心迹。温庭筠虽然风流，但师生的界限他还是坚守了。该怎么拒绝鱼玄机呢？他想了好久，决定将少年才子李亿介绍给她做老公。

李亿对她还不错，但是李亿老家的老婆见丈夫带着鱼玄机进门就不客气了，先是打，然后赶出家门。万般无奈，李亿将鱼玄机送进一座道观内，说三年后再来接她。她成了道姑，就是这个时候开始叫道号"玄机"。

　　三年的等待，是一场空。鱼玄机明白"易求无价宝，难得有心郎"，就开始改变自己，不再等什么男人，"自能窥宋玉，何必恨王昌"（《赠邻女》），她成了艳丽女道士，什么男人都陪过夜，不少男人成了她的入幕之宾，把个修行所变成了妓院。在此期间，为了排遣心中的郁闷和愁苦，她终日沉醉豪饮，也留下了很多脍炙人口的酒诗，在《赠国香》中，她写道："旦夕醉吟身，相思又此春。雨中寄书使，窗下断肠人。山卷珠帘看，愁随芳草新。别来清宴上，几度落梁尘。"她在《遗怀》一诗里写道："燕雀徒为贵，金银志不求。满怀春酒绿，对月夜琴幽。绕砌澄清沼，抽簪映细流。卧床书册遍，半醉起梳头。"在《寄子安》一诗中写道："醉别千卮不浣愁，离肠百结解无由……有花时节知难遇，未肯厌厌醉玉楼。"在《夏日山居》中，她写道："移得仙居此地来，花丛自遍不曾栽。庭前亚树张衣桁，坐上新泉泛酒杯。"在《次韵西邻新居兼乞酒》中，她写道："河汉期赊空极目，潇湘梦断罢调琴。况逢寒节添乡思，叔夜佳醪莫独斟。"在《江行》中，她写道："烟花已入鸬鹚港，画舸犹沿鹦鹉洲。醉卧醒吟都不觉，今朝惊在汉江头。"

　　鱼玄机后来因为争风吃醋，一时失去理智，把情人的贴身丫环绿翘鞭打致死。这起命案很快传到官府，声名狼藉的鱼玄机被判处死刑，当时只有二十四岁。

// · 陆蒙之妻：平生偏好酒，劳尔劝吾餐

　　唐代女性并不避讳她们对酒的热爱，公开表达她们以酒消愁以及醉酒后的感觉，可见当时的社会对女性饮酒还是比较宽容，并没有逃避负面的意向和限制。唐代女子陆蒙之妻蒋凝之女，因酒成疾，姊妹们劝她节饮加餐，她作诗回答："平生偏好酒，劳尔劝吾餐。但得杯中满，时光度不难。"（蒋氏《答诸姊妹戒饮》）直抒胸臆，只要有酒喝，便能轻松生活。言外之意，没有酒相伴，生活便是难熬的时光。酒是消磨空洞乏味精神生活的一剂良方，唯有在酒精的麻醉中才能将这些愁苦一扫而空。

//·薛涛：万里桥边锦江春

薛涛，唐代诗人、歌妓、名媛，字洪度，一作宏度，长安人。因父亲薛郧做官而来到蜀地，父亲死后薛涛居于成都，与当时名士元稹、牛僧孺、张籍、白居易、令狐楚、刘禹锡、张祜、段文昌有往来，与元稹交情最笃，死后段文昌为其撰写墓志铭。

薛涛除了诗写得好，她还发明了一种笺纸，是一种便于写诗，长宽适度的彩色笺纸，被称为"薛涛笺"，唐代大诗人李商隐的诗句"浣花笺纸桃花色"（《送崔珏往西川》）说的就是"薛涛笺"。然而在成都当地，比"薛涛笺"更出名的，是"薛涛酒"。

薛涛少时家门不幸，16岁时加入乐籍，成了一名营伎，陪唱喝酒成为常态，难免沉醉于酒中。她还玩了个即席赠诗的节目，引得骚人墨客皆争往她所在的酒家饮酒，什么王尚书、卢员外、郭员外、苏十三中丞还有什么韦校书、段校书的，隔三岔五便是酒席相邀。

20岁上薛涛脱得乐籍，有了自由之身，她便定居于成都西郊浣花溪畔，用她发明的"薛涛笺"，先后与十一任西川节度使诗文往来，更与白居易、刘禹锡、王建、张籍、杜牧等诗人唱酬应答，还与元稹展开了一场轰轰烈烈的姐弟恋。

尽管薛涛已不在酒家陪侍，但因为她名气大，酒家便将她曾经用过的井命名为"薛涛井"，将用"薛涛井"中的水酿的酒叫作"薛涛酒"。诗人张籍的《成都曲》写道："锦江近西烟水绿，新雨山头荔枝熟。万里桥边多酒家，游人爱向谁家宿？"据说当时万里桥边的那些酒家，卖的就是薛涛酒。

在清代，还有商家以薛涛井水酿制出"薛涛酒"。清末诗人冯家吉的《薛涛酒》咏道："枇杷深处旧藏春，井水留香不染尘。到底美人颜色好，造成佳酿醉熏人。"

用"薛涛井"的井水酿出的美酒，后也改称"锦江春"。1999年，在成都水井街酒坊遗址考古发掘中，发现了清代刻有"锦江春"字样的青花瓷片，地层下面还出土了大量唐宋时期陶瓷器残片，可见名酒锦江春历史悠久。

//·唐人宫乐酒

唐朝的盛世气象下，酒早已经跨越了阶级的限制，和不同等级的女性都能够产生微妙的联系。就上层阶级来说，女性喝酒的情况在《唐人宫乐图》

（唐代张萱、周昉创作的绢本墨笔画，现藏于台北故宫博物院）中有着最为直观的体现，图中可见12位身着唐代宫装的女子围坐在一张方形的桌子周围，神态微醺，有的正端着碗，要将酒往嘴里送，有的摇着团扇，也有的在互相谈话。但是不

图5-16　张萱、周昉绘《唐人宫乐图》，现藏于台北故宫博物院

管她们动作如何，传递出来的信息就是她们都在喝酒，可见女性喝酒在唐代宫廷中是常见的现象。

//·唐代诗妓：独把离怀寄酒尊

女性与酒在唐代似乎是更多地带着惆怅与伤感的。唐末，自称襄阳人的诗妓，在佐酒承欢时发出发自肺腑的感叹："弄珠滩上欲销魂，独把离怀寄酒尊。无限烟花不留意，忍教芳草怨王孙。"（《送武补阙》）

成都名妓卓英英在《锦城春望》中写道："和风装点锦城春，细雨强丝压玉尘。漫把诗情访清景，艳花浓酒属闲人。"描写了雨中饮酒探花的惬意情调。

诗妓颜令宾在暮春病笃时，自作诗文召文人墨客来给她佐酒，特求各位给她作悼亡诗，并且自作一首："气余三五喘，花剩两三枝。话别一尊酒，相邀无后期。"表现了面对生死离别时就算是男人也很难做到的一种从容和达观，令人印象深刻。

// · 元祐皇后：不干朝廷自酤酒

元祐皇后，宋朝人，孟姓，故又常被称为元祐孟皇后，是宋哲宗的第一位皇后，其一生充满传奇，二度被废又二度复位，并二次于国势危急之下被迫垂帘听政。"靖康之变"后，她扶持宋高宗赵构，对南宋的建立有莫大的功劳。

没想到这样一位皇后居然也是嗜酒如命，据《宋会要辑稿》记载，赵构这样回忆元祐皇后："太母恭慎，于所不当得，毫发不以干朝廷。性喜饮，朕以越酒不可饮，今别酝。太母宁持钱往酤，未尝肯直取也。"就是说她特别爱喝酒，但是赵构觉得她喝的越酒酒度数太高，想命人另外给她酿酒，元祐皇后不好意思，宁可自己去外面买酒喝，也不想麻烦朝廷。

// · 李清照：东篱把酒黄昏后

李清照现存的词大概有64首（含存疑之作），关于饮酒、醉酒、病酒的诗词就有30首。中国历代诗坛上，即使是男性作家中，有清照这般好酒的，恐也只有李白、苏轼可与之媲美。在古代妇女中善饮写酒意酒情的，李清照恐怕算得上是首屈一指了。

李清照酒词的第一大成就是开创了含蓄的酒境。她的词中没有对喝酒的动作、感觉等的描写，往往是摆出一席酒，或只一"酒"字，意境全出，如"常记溪亭日暮，沉醉不知归路"（《如梦令·常记溪亭日暮》），只此"沉醉"二字，意境全出——喝酒直至黄昏日暮，醉后忘归，归不知路，焦急之心，少女的生动活泼之境顿出；再如"东篱把酒黄昏后，有暗香盈袖。莫道不销魂，帘卷西风，人比黄花瘦"（《醉花阴·薄雾浓云愁永昼》），在词人如椽笔下，一幅置酒赏花之景跃然纸上，寂寞无聊之意，花与人俱瘦，情与景自然融合；"寻寻觅觅，冷冷清清，凄凄惨惨戚戚。乍暖还寒时候，最难将息。三杯两盏淡酒，怎敌他、晚来风急"（《声声慢·寻寻觅觅》），读罢这几句，词人暮年的孤苦凄绝顿时浮现在读者面前，令人寒意上身，感同身受。

图5-17　清代画家崔错绘《李清照像》

李清照酒词第二大成就是用酒表现了丰富的内容，把哀婉凄绝的词风表现得淋漓尽致，如"昨夜雨疏风骤，浓睡不消残酒"（《如梦令·昨夜雨疏风骤》），描绘出了和平生活日常的舒闲情怀；"故乡何处是？忘了除非醉。沈水卧时烧，香消酒未消"（《菩萨蛮·风柔日薄春犹早》），表现了对故乡家园的深深思念，反映了亡国流离的痛苦；"随意杯盘虽草草，酒美梅酸，恰称人怀抱，醉莫插花花莫笑，可怜春似人将老"（《蝶恋花·上巳召亲族》），抒发词人感时混乱之情与故乡之思；"惜别伤离方寸乱，忘了临行，酒盏深和浅"（《蝶恋花·泪湿罗衣脂粉满》），反映伤离的情怀；"共赏金尊沉绿蚁，莫辞醉，此花不与群花比"（《渔家傲·雪里已知春信至》），表现了惜梅惜春的情怀。李词的主要内容有三：伤春悲秋、离别相思、暮年伤悲凄苦，而酒都能把它们表现得恰到好处。

　　//·朱淑真：且得清香寄酒杯

　　朱淑真是宋代杰出的女诗人，自号幽栖居士，自幼聪慧，喜欢读书，善绘画，通音律，是唐宋以来留存作品最多的女诗人之一。她一生写了不少酒情醉意的诗词。对于朱淑真的诗词，我们可以借用萧统对陶渊明的评论，称其诗词重"卷卷有酒"，散发着浓郁的酒气。据统计，朱诗共337首，词32首，虽无一题"咏酒"，但竟有66首、74处涉及饮酒，数量惊人。

　　无诗不成会，无酒不成诗，苏轼老先生有言说"俯仰各有志，得酒诗自成"。朱淑真生在书香之家，父亲也是一儒雅之士，常常会在家设宴诗会文人，把盏推樽，谈诗论赋。朱淑真在这方面有诗曰"围座红炉唱小词，旋篘新酒赏新诗"（《围炉》），尽显才气。她和家人尽情赋诗，尽情饮酒，"牵情自觉诗毫健，痛饮惟忧酒力微"（《春园小宴》）。开明的父母、儒雅的家风，让才女爱上了诗也爱上了酒，"未容明月横疏影，且得清香寄酒杯"（《冬日梅窗书事》），只要心情舒畅，也就"酌酒吟诗兴尽宽"了（《雪夜对月赋诗》）。

朱淑真作品中关于宋代饮食习俗记载的记述里以酒为最盛，展示了各种酒的种类、用途。她写道："爆竹声中腊已残，酴酥酒暖烛花寒"（《除夜》），酴酥酒即屠苏酒，宋时正月初一饮酴酥酒，可以避邪，不染瘟疫。正月初一饮的酒还有椒酒和柏酒，以祝长寿。此外还有"椒盘卷红烛，柏酒溢金杯"（《除夜》），从中我们看到宋人除夕夜饮酒颇为讲究。朱淑真还写道"金杯满酌黄封酒，欲劝东君莫放权"（《中春书事》），黄封酒是宋朝官酿的酒，以黄纸封口，称黄封，是御赐酒，后多用来指上好酒。"雨催凉意诗催雨，当尽新篘玉友醅"（《夏雨生凉三首》其二），玉友即是一种名酒，色彩莹白如玉，糯米和酒曲酿制而成故称玉友醅。朱淑真笔下当时人们对酒的嗜好、饮酒的风俗再现了宋代仕女生活缩影。

在"父母之命媒妁之言"盛行的年代，年轻女子没有选择的权利。无奈之下，朱淑真只能离开自己的初恋，服从父母命令，所嫁非偶。个人不幸的婚姻，一腔幽怨，唯有在诗词创作中得以排遣。"消破旧愁凭酒盏，去除新恨赖诗篇"（《春霁》），朱淑真爱上诗酒，也把诗酒当成了她的精神支柱和排解内心孤独苦闷的依赖。婚姻的不幸，生活的坎坷，人生道路上的诸多不如意，让她无处安放内心的的孤寂、寂寞、哀怨及难以诉说的苦楚，只好把自己喜爱的诗酒当成闺中知己，把酒吞进肚里，把愁苦吐在诗中，她写道，"殢滞酒杯消旧恨，禁持诗句遣新愁。"（《诉春》）；"斗草工夫浑忘却，只凭诗酒破除春，"（《春日杂书其九》）。她只想用酒杯和诗词把旧恨新仇送走："阁泪抛诗卷，无聊酒独亲"（《伤春》）；"泪眼谢他花缴抱，愁怀惟赖酒扶持"（《恨春五首其五》）；"如今独坐无人说，拨闷惟凭酒力宽"（《围炉》）。可以说酒入愁肠，竟成了朱淑真的"断肠汤"。

// · 董小宛：花前醉晓盟连理

董小宛，名白，号青莲，"秦淮八艳"之一，名与字均因仰慕李白而起。她聪明灵秀、神姿艳发、窈窕婵娟，为秦淮旧院第一流人物，又称"针神曲圣"。

董小宛算得上是名副其实的酒鬼，第一次与江南名士冒辟疆相见时"薄醉未醒"，因为前晚喝多了，第二次见面没唠上几句话就"旋命其家具酒食，饮榻前。姬辄进酒，屡则屡留，不使去"（冒辟疆《影梅庵忆语》）。她和冒辟疆的这段姻缘，她自称"花前醉晓盟连理，劫后余生了夙因"（《无名诗》）。

董小姐的酒量好，曾经用盆跟人对灌。董小宛如此酒量，似应更名为"董小碗"。

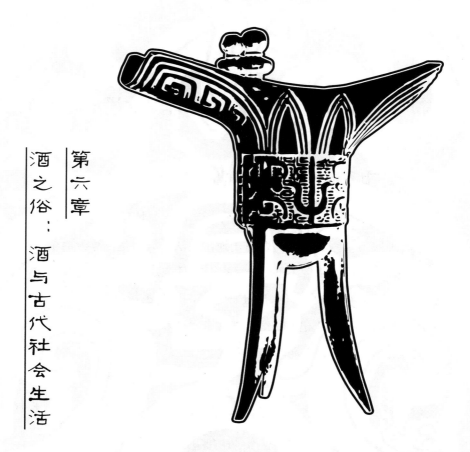

第六章

酒之俗：酒与古代社会生活

　　早在夏、商、周三代，酒与普通百姓的生活习俗、礼仪风尚就已紧密相连，并且制度化、系统化，反映在风俗民情、农事生产中的用酒活动非常广泛。农事节庆时的祭拜庆典若无酒，缅怀先祖、追求丰收富裕的情感就无以寄托；婚嫁若无酒，白头偕老、忠贞不贰的爱情无以明誓；丧葬若无酒，后人忠孝之心无以表述；生宴若无酒，人生礼趣无以显示；临别饯行若无酒，壮士一去不复返的悲壮情怀无以倾述。总之，无酒不成礼，无酒不成俗，离开了酒，民俗活动便无所依托。

第一节　"酾酒卜筊杯，庶知神灵歆[1]"——民间祭酒

一、"社瓮虽草草，酒味亦醇酽"[2]：社祭酒

社日是农家祭祀土地神的日子，《礼记·郊特牲》载："社，所以神地之道也，地载万物，天垂象，取材于地，取法于天，是以尊天而亲地也。"在正常年份，社祭一岁共举行四次。《礼记·月令》说，仲春之月，"择元日，命民社"；季夏之月，"以祠宗庙社稷之灵，以为民祈福"；孟冬之月，"大割祠于公社"；另外，《礼记·月令》佚文有"仲秋择元日，命人（民）社"，是知社祭分春、夏、秋、冬四季举行四次。

图6-1　清代工笔画大师孙温绘《红楼梦宁国府除夕祭祖图》

社祭可分官方和民间两类。官方社祭，拘执于礼仪，肃穆有加而庄重太过，汉族民间社祭，远比官方社祭来得生动活跃，人多场面热闹，形式也不拘一格。《礼记·郊特牲》形容说："唯为社事，单（殫）出里；唯为社田，国人毕作；唯社，丘乘共粢盛，所以报本反始也。"这里，"丘乘"是古代的民居单位，九夫为井，四井为邑，四邑为丘，四丘为乘。这句话的意思是，里社中举行祭社时，全里社的人都要参与尽力；

1　引自宋代诗人黄大受的《春日田家三首》："……老幼相后先，再拜整衣襟。酾酒卜筊杯，庶知神灵歆。"

2　引自宋代诗人陆游的《社酒》："农家耕作苦，雨阳每关念。种黍蹋曲蘖，终岁勤收敛。社瓮虽草草，酒味亦醇酽。长歌南陌头，百年应不厌。"

为准备祭社所用的牲而田猎时，国中之人都要参加；供给祭社所需谷物，由各单位农家共同凑集。这是为了报答大地的生养之恩。

南朝人宗懔所著《荆楚岁时记》记载了晋朝祭社的做法："社日，四邻并结宗会社，宰牲牛，为屋于树下，先祭神，然后享其胙。"祭社活动无论老幼都必须参加，祭祀之后，共同会餐饮酒。

社祭所供饭食叫作社饭，宋代人孟元老所著《东京梦华录·秋社》载："贵戚宫院以猪羊肉、腰子、奶房、肚肺、鸭饼、瓜薑之属，切做棋子片样，滋味调和，铺于饭上，谓之社饭。"祭社所供之肉称为社肉，又叫福肉，祭后分给各户。《史记·陈丞相世家》："里中社，（陈）平为宰（主持人），分肉食甚均。"说明至迟汉初已有祭社分胙的习俗，而至宋更加盛行。陆游有《社肉》诗云："社日取社猪，燔炙香满村。""醉归怀余肉，沾遗遍诸孙。"大词人辛弃疾也写道："连云松竹，万事从今足。拄杖东家分社肉，白酒床头初熟。"（《清平乐·检校山园书所见》）

祭社所供之酒叫作社酒，俗谓饮之可治耳聋，宋代诗人许月卿就说"箫鼓村田聊击壤，鸡豚社酒好治聋"（《天道》）。治不治耳聋不知道，但社酒管够、治馋是真的。

社祭活动的内容，宋代诗人黄大受在《春日田家三首》中写道：

二月祭社时，相呼过前林。

磨刀向猪羊，穴地安釜鬵。

老幼相后先，再拜整衣襟。

酾酒卜筊杯，庶知神灵歆。

得吉共称好，足慰今年心。

祭余就广坐，不间富与贫。

所会虽里间，亦有连亲姻。

持肴相遗献，聊以通殷勤。

共说天气佳，晴暖宜蚕春。
且愿雨水匀，秋熟还相亲。
酒酣归路暄，桑柘影在身。
倾敧半人扶，大笑亦大嗔。
勿谓浊世中，而无羲皇民。

从这首诗来看，社祭在中国民间就是个全民同欢的节日，到了那一天，村民们三五相拥到举办地，可能就是林间的一处空地，大家一起杀猪宰羊，埋灶架锅，准备酒宴。老幼众人依辈分向土地神祭拜献酒，然后掷筊杯卜测今年的收成。如果是大吉，所有人就都是欢天喜地。祭祀礼毕后，大家不分贫富贵贱坐在一起，开怀畅饮，互相把盏相劝，借以联络感情和邻里、亲戚关系。大家祝愿风调雨顺，相约到了秋社时再次相会聚饮。酒宴结束后，大家欢笑着、互相搀扶着各自回家去。这一场景，用唐代诗人王驾的诗形容就是"桑柘影斜春社散，家家扶得醉人归"（《社日》）。

祭社还要举行赛神会，用仪仗、鼓乐、杂戏迎接土神出庙，周游街巷或村庄以祈农事，称为"社会"、"社赛"或"春赛"，唐代大诗人王维的《凉州郊外游望》就是一首写社日赛会的诗：

野老才三户，边村少四邻。
婆娑依里社，箫鼓赛田神。
洒酒浇刍狗，焚香拜木人。
女巫纷屡舞，罗袜自生尘。

刍狗就是祭祀用的纸扎的各种动物、牲畜等，代表献祭的东西，祭祀完了，就浇上酒烧掉，通过这种方式，"传达"给土地神和祖先们。

农家好客，祭社会餐时常邀路过的客人，陆游著名的《游山西村》即反映了这一风俗：

> 莫笑农家腊酒浑，丰年留客足鸡豚。
> 山重水复疑无路，柳暗花明又一村。
> 箫鼓追随春社近，衣冠简朴古风存。
> 从今若许闲乘月，拄杖无时夜叩门。

宋代春社在立春后第五个戊日举行。农家祭社祈年，满怀丰收的期待。陆游在这里说"衣冠简朴古风存"，正说明社祭是一个悠久的文化传统。

二、"称彼兕觥，万寿无疆"：蜡祭酒

蜡祭，就是通常所说的腊八祭，是收获后向社神、四方神等农业神献祭的节日。"蜡"在这里读"zhà"，《礼记·郊特牲》把它解释为"求索"："岁十二月，合聚万物而索飨之也。"又《周礼·地官·党正》记载："国索鬼神而祭祀，则以礼属民而饮酒于庠。"意思就是在十二月求索并会聚各种鬼神来一起祭祀，谓之蜡祭，行蜡祭时还当聚集民众于乡学校以行饮酒礼。农历十二月称腊月，就是由蜡祭而来。

那时人们信奉天地鬼神，认为它们带来了那些对生产生活有益的事物，祭祀这些事物就是向神灵表达谢意。所以在每年周历的十二月，人们会把所有这些事物都一口气"找"全了，一股脑来祭祀。它们当中最有代表性的有八种，分别是：先啬：也叫先农，里耶秦简有"祠先农简"，就是著名的神农；司啬：也就是后稷，上古传说中教人们耕田的神；农：也叫田畯（音jùn），周代教百姓耕种的官吏，《诗经·七月》就有"同我妇子，馌彼南亩，田畯至喜"的记载，说的就是田畯官；邮表畷（zhuì）：很奇葩的祭祀对象，邮是田间庐舍，表是田间道路，畷是井田的边界；猫虎：猫吃老鼠，虎吃破坏庄稼的野猪，都有利于农业；坊：蓄水的堤坝，水利也对农业意义重

大；水庸：排水沟渠，重要性同"坊"；昆虫：祭祀昆虫是祈祷害虫不要危害庄稼。

蜡祭活动上至天子下至百姓都要参加。腊八这一天，人们相聚在一起，主祭者着仪服持仪仗，代表臣民将丰盛的祭品奉献给诸神，祈求来年获得好收成。

祭神结束，真正的高潮却刚刚来到。鬼神们"享用"完毕，那些祭品也不能浪费，都会落入参加蜡祭的民众们的肚肠，这项备受欢迎的活动被称为分胙。当时生活水平不高，一般人吃肉的机会不多，秦朝《厩苑律》禁止杀牛吃肉，就算耕牛是自然死亡，也得先报告官府，再把牛尸按皮肉筋角等分解卖钱；《田律》也禁止百姓无故饮酒。这种情况下，各种祭祀也就成了满足口腹之欲的最好机会。正因为"可以解馋"这一最直接原因，蜡祭现场的欢闹可想而知。人们敲起土鼓，唱起《豳（音bīn，古地名，在今陕西彬县、旬邑一带，也作邠）风》："九月肃霜，十月涤场。朋酒斯飨，曰杀羔羊，跻彼公堂。称彼兕觥，万寿无疆！"意思是九月飞霜，十月打谷场完全空荡。大家尽情享用醇厚的美酒和鲜嫩的羔羊肉，酒至半酣，纷纷起身簇拥在厅堂上，举起手中的"兕觥"（犀形的酒具），齐声高喊"万寿无疆"……蜡祭可以说是华夏民族传承已久的最为盛大的饮酒节和全民狂欢节。

《孔子家语·卷七·观乡射》记载了子贡观看蜡祭后与孔子的对话。孔子问子贡，看了蜡祭高兴不高兴，子贡说："一国之人皆若狂，赐未知其为乐也。"孔子说："百日之劳，一日之乐，一日之泽，非尔所知也。张而不弛，文武弗能；弛而不张，文武弗为。一张一弛，文武之道也。"意思就是他们辛苦了一年，才享受这一天的快乐，得到一天的恩泽，这不是你所能理解的。总是紧张而不放松，即使周文王、武王都做不到；总是放松而不紧张，那又是周文王、武王所不愿做的。既紧张又放松，这才是周文王、武王治理天下之道啊！

孔子没有从蜡祭的内容去说，而是从蜡祭的本质上去谈的，与其说蜡祭是献祭各方神灵的祭祀活动，不如说是辛苦一年的农民为自己设置的一个彻底放松、休息的一个节日，其意义就跟我们的春节一样，它是给辛劳的中国百姓一个名正言顺的安心的放松休息的机会，虽然只有几天的休假，但通过亲人团聚，亲情互动，足以抚慰我们疲惫的灵魂，放松我们劳累的身心。

第二节　"春风送暖入屠苏"[1]——节庆酒

一、"把酒祝东风，且共从容"[2]：元旦、春节之酒

中国古人也过元旦节吗？回答是肯定的，元旦节可是土生土长的国货。

元旦，《尚书·舜典》中叫"元日"；汉代崔瑗《三子钗铭》中叫"元正"；晋代庾阐《扬都赋》中称作"元辰"；北齐时的一篇《元会大享歌皇夏辞》中呼为"元春"；唐德宗李适《元日退朝观军仗归营》诗中谓之"元朔"。最早以"元旦"相称的是《晋书》："颛帝以孟夏正月为元，其实正朔元旦之春。"这么算起来，元旦节距现在可是有四五千年的历史了。

元旦到底应该是哪一天，历代并不一致。夏朝的夏历以孟喜月（元月）为正月，商朝的殷历以腊月（十二月）为正月，周朝的周历以冬月（十一月）为正月。秦始皇统一中国后，又以阳春月（十月）为正月，即十月初一为元旦。汉武帝元封七年（前104年），在大中大夫公孙卿和太史令司马迁的建议下，才废除秦朝旧俗，将正月定为岁首，将正月初一定为新年的开始（参见《汉书·律历志》）。从此之后，历代汉人王朝都没有再乱改新年。

从汉代至清末，都称过年为"过元旦""过新正""过正旦""过三元"，称为"过春节"还是民国以后的事情，因为民国政府改用西历纪年，这样一年中就有新历、旧历两个新年，为此有关人士就把旧历新年改称"春节"，因为正月初一一般是在立春前后。

春节是中华民族最为重视的节日，过春节的意义就是不管游子们走得多

1　引自北宋文宗王安石的《元日》："爆竹声中一岁除，春风送暖入屠苏。千门万户曈曈日，总把新桃换旧符。"

2　引自北宋文宗欧阳修的《浪淘沙·把酒祝东风》："把酒祝东风，且共从容。垂杨紫陌洛城东。总是当时携手处，游遍芳丛。聚散苦匆匆，此恨无穷。今年花胜去年红。可惜明年花更好，知与谁同？"

远，到了春节都要回到自己的家，回到自己人生开始的地方，与父母亲朋团聚，共同祭拜祖宗和神明，获取祖先的庇佑和祝福。春节的文化意义要远远大于它的现实意义，这也是为什么数千年来，春节的习俗久兴不衰的原因。

春节家人团聚，酒是不可或缺的因素。汉代人过年之际有饮椒柏酒的习俗。椒柏酒本是敬神祭祖的专用酒，祖先们"享用"完了，家人们就可以一起享用祖先的"余荫"。

春节饮酒时的礼仪，据南朝人宗懔所著《荆楚岁时记》载："长幼悉正衣冠，以次拜贺，进椒柏酒，饮桃汤。进屠苏酒，胶牙饧，下五辛盘。进敷于散，脚却鬼丸。各进一鸡子。造桃板著户，谓之仙木。必饮酒次第，从小起。"意思是，过年时，全家老小端正穿戴，依次祭祀祖神，祝贺新春，向祖先敬奉椒柏酒，喝桃汤水，饮屠

图6-2　清代画家姚文瀚绘《岁朝欢庆图》

苏酒，食胶牙糖，吃五种辣味菜，服"敷于散"和"却鬼丸"，每人还分一个鸡蛋。还要做两块桃木板，悬挂在门上，叫作仙木。喝酒的次序是从年纪最小的开始。

这里的喝桃汤和在门口张挂桃木板是上古遗留的民俗，在中国文化中，有鬼怕桃木的说法，所以这些都是为了避鬼的。桃木后来演变成桃符，再后来就演变成对联。喝屠苏酒的目的是避疫，因为屠苏是一种用多种中药浸泡的药酒。椒柏酒是供奉祖先的，古人认为椒是玉衡星精，服之令人身轻祛老，柏是仙药，曹魏人成公绥写的《椒花铭》里说："厥味惟珍，蠲（音 juān，除去、免除）除百疾。"意思是椒味精美、椒花珍贵，吃了它能免除百病。祖先

"享用"完椒柏酒，就是全家人一起分享。饮椒柏酒的次序是年幼者先饮，曹魏议郎董勋的解释是"以小者得岁，先酒贺之。老者失岁，故后与酒"，因为年轻人过年意味着长大了一岁，先喝酒有祝贺他的意思，老年人过年意味着又失去了一岁，不应该庆祝，所以饮酒在后。

二、"元宵佳节，香车宝马，谢他酒朋诗侣"[1]：上元酒

农历正月十五是元宵节，又称上元节、灯节。作为中国传统节日，除了娱乐活动，比如观花灯、踩高跷、耍龙……热闹非凡，还有饮食，吃汤圆、饮酒等。

图6-3 清代画家金廷标绘《元宵灯戏图》

如今很多地方仍然保留着元宵节酒会的习俗，例如，元宵节的酒会上喝的酒在当地被称作"饮灯酒"。据了解，在佛山的顺德及广州郊区等地，"饮灯酒"已经在民间流行三四百年，在每年正月初六至元宵节期间举行。"饮灯酒"是为庆添丁所摆设的喜宴，起源于明末清初，"灯"与"丁"谐音，开灯、挂灯有传宗接代之意。过去一年中添丁的顺德家庭，都会举行"添灯"仪式。期间，各家各户在祠堂前张灯结彩，大摆宴席，几百围台摆在祠堂，数千号人齐聚一堂，全村父老乡亲欢聚一堂，开怀畅饮。场面十分热闹且壮观。

---

1 据李清照《永遇乐·落日熔金》："落日熔金，暮云合璧，人在何处。染柳烟浓，吹梅笛怨，春意知几许。元宵佳节，融和天气，次第岂无风雨。来相召、香车宝马，谢他酒朋诗侣。"

时至今日，"饮灯酒"由以前为庆祝添丁转变为对传统文化的怀念和注重亲情友情聚会的一种情节。

在浙江杭州、绍兴等地，元宵被称为"年宵"，被理解为"年消"，元宵节饮酒是春节饮酒聚会的高潮，大家借吃"年酒"的机会，相互联络感情，互通信息。因浙江地处江南鱼米之乡，由此以稻米为原料酿造的浙江黄酒闻名全国，尤其以绍兴盛产黄酒。所以当地人年宵酒饮用的多是黄酒，色若琥珀，味道甘醇，过年喝此酒，有预示一年圆满吉利、大红大贵之意。

同时，浙江人又有自制青梅酒的习俗，所以在浙江，"年宵酒"上也常喝自制的青梅酒。无论是黄酒还是自制的青梅酒，都是低度酒饮，从中也可以看出浙江一带的酒饮风格，和饮酒的悦己态度。

在我国北方，黑龙江的朝鲜族居民，正月十五必喝"耳明酒"。耳明酒是农历正月十五时早饭前喝的酒，据说可以让耳朵听得更清楚。韩文名称意为"让耳朵更灵的酒"，汉语名称有耳明酒、明耳酒、牖聋酒、治聋酒、耳聪酒等。

三、"相劝一杯寒食酒"：清明酒

清明节因祭祀而起，扫墓祭祖便带上几瓶好酒，慰藉故人，安抚自己，以酒言情，"以酒为礼""祭之必酒"，是从古而今的传统，早在春秋时就有了类似的仪礼。因为与寒食节时间相近，所以古人往往把两个节日合在一起。士庶百姓"寒食三月作醴酪"【晋陆翙（音 huì）《邺中记》】的风俗到魏晋时就风行开来。到了唐代，"相劝一杯寒食酒，几多辛苦到春风"（赵嘏《赠皇甫垣》），踏青扫墓，相聚饮酒就成了清明寒食时的标配活动。这一风俗到了宋明之际，更是有增无减，明代笔记文学作品《帝京景物略》载："三月清明日，男女扫墓，担提尊榼，轿马后挂楮锭，粲粲然满道也。拜者、酹者、哭者、为墓除草添土者，焚楮锭次，以纸钱置坟头。望中无纸钱，则孤坟矣。哭罢，不归也，趋芳树，择园圃，列坐尽醉。"这是完全把扫墓活动当成了郊游、踏青、聚饮活动了。

据分析，清明节饮酒有两种原因：一是寒食节期间，不能生火吃热食，只能吃凉食，饮酒可以增加热量；二是借酒来平缓或暂时麻醉人们哀悼亲人的心情。

古人对清明饮酒赋诗较多，最著名的当数唐代诗人杜牧的《清明》："清明时节雨纷纷，路上行人欲断魂。借问酒家何处有，牧童遥指杏花村。"但就思想深度而言，南宋诗人高翥的《清明日对酒》应该略胜一筹：

> 南北山头多墓田，清明祭扫各纷然。
>
> 纸灰飞作白蝴蝶，泪血染成红杜鹃。
>
> 日落狐狸眠冢上，夜归儿女笑灯前。
>
> 人生有酒须当醉，一滴何曾到九泉。

"人生有酒须当醉，一滴何曾到九泉"说出了很多文人的心里话，那就是人生苦短，世事无常，活着就好好享受人生。

四、"菖蒲酒美清尊共"[1]：端午酒

端午节，本名端五节，又叫端阳节、重五节、重午节、天中节、天长节。古人认为"端"是事物的边缘，也是开始，有"开端""初"的意思，因此古代有"凡月之五日皆可称端午"的说法。自汉代以来，端午节才定在每年的五月初五。到了唐代，因唐玄宗生于八月初五，宰相宋璟为了讨好皇帝，避讳"五"字，遂将"端五"正式改为"端午"。

端午节喝雄黄酒自古就有，在远古时代，五是个不吉利的数字，五月被视为毒月，五日是恶日，每年五月五日，五毒出没，时疫频发，雄黄有解毒

1　引自北宋文宗欧阳修的《渔家傲·五月榴花妖艳烘》："……正是浴兰时节动，菖蒲酒美清尊共。叶里黄鹂时一弄。犹瞢忪，等闲惊破纱窗梦。"

的作用，为了防时疫古人每年端午都要喝雄黄酒，而且据说端午节喝过雄黄酒之后一整年毒虫都不敢近身。

雄黄酒，是在酒中加入雄黄。雄黄，又名鸡冠，是一种矿物质，也是一种常用的中药。雄黄的成分为硫化砷，有毒，对于各种皮肤真菌和金色葡萄球菌、变形杆菌等有抑制作用，并对毒虫有驱杀作用。明李时珍在《本草纲目》中指出："雄黄味辛温有毒，具有解虫蛇毒、燥湿、杀虫，驱疫功效。……主治百虫毒、蛇后毒。"雄黄酒还可当消毒水使用。《清嘉录》中说："又以余酒染小儿额，及手足心，随酒堵壁间，以怯毒虫。"因为雄黄有毒，所以后人不再生产和饮用雄黄酒。

端午节经常喝的酒还有一种，这就是菖蒲酒，就是用菖蒲酿制的酒，从汉代就开始酿制。这种酒很珍贵，主要在于它采用了九节菖蒲这种名贵中药材。九节菖蒲生长在海拔近两千米高的历山之巅，素有"无志者难以求取"之说。采集菖蒲仅限于农历"小满"前后十天左右的时间内，过早的话，菖蒲浆不足，质差；过迟，菖蒲苗枯萎，难寻。

宋朝医学家王怀隐在《太平圣惠方》中记载："菖蒲酒，主大风十二，通血脉，治骨立萎黄，医所不治者。"明朝大医学家李时珍的《本草纲目》中也记载："菖蒲酒、治三十六风、一十二痹，通血脉、治骨痿，久服耳目聪明……"可见菖蒲酒具有抗衰老、强身健体之功效，所以备受人们喜爱，在民间，饮菖蒲酒是一种特殊的风俗，传播久远，传承至今。

历代皇家都将菖蒲酒视为稀世琼浆、滋补玉液，有"美酒菖蒲香两汉，一斛价抵五品官"（《争类统编》）之说。《明宫史》里有"宫眷内臣……初五时，饮朱砂、雄黄、菖蒲酒"的记载。清朝，每年农历端阳节，则有"君臣痛饮菖蒲酒"之仪。明代皇家除自己饮用外，还赐给宫眷内臣一起品尝，并要穿上"五毒艾补子蟒衣"，举行隆重的饮酒仪式。

五、"把酒长歌邀月饮"[1]：中秋酒

中秋节又称仲秋节、团圆节，时在农历八月十五日。在这个节日，无论家人团聚，还是挚友相会，人们都离不开赏月饮酒。

月下把杯图

相逢幸遇佳時即
月下把前且把盃

图6-4　南宋画家马远绘《月下把杯图》

中秋节饮酒的习俗传自汉代，东汉典籍《说文解字》记载："八月黍成，可为酎酒。"酎酒就是中秋时喝的酒，酎酒是向正在发酵的酒糟中加入成品酒，在酿酒过程中多次补料后进一步发酵所酿成的酒，简言之，经过两次或者多重酿的酒。《楚辞·招魂》曾经对酎酒的品质和珍贵程度有过评价："琼瑶蜜勺，实羽觞些，挫糟冻饮，酎清凉些。华酎即陈，有琼瑶些。"屈原这是把酎酒比拟为天上的神仙享用的琼浆蜜瑶了。

正因为如此，所以酎酒为天子专享，《礼记·月令》载："孟夏之秋，天子饮酎，酎之焉醇也，谓重。"到了汉代，酎酒变成了宗庙祭祀专用酒，由汉代文学家刘歆著、东晋葛洪辑抄的历史笔记小说集《西京杂记》就记载："宗庙腊月饮酎，用九酝太牢，皇帝侍祠。以正月做酒，八月成，名曰酎，一曰九酝，一名醇酎。"说得很明白，汉代宫廷酒坊正月开始做酒，中间反复酿制（九酝），八月酒成，到了腊月时，汉代皇帝在宗庙举行蜡祭，就把酎酒献给列祖列宗。

汉代宫廷"八月黍成，可为酎酒"的习俗也很快传到民间，百姓即使做

1　引自元代诗人白朴的《念奴娇·中秋效李敬每句用月字》："……今夕乘月登楼，天低月近，对月能无酒。把酒长歌邀月饮，明月正堪为友。月向人圆，月和人醉，月是承平旧。年年赏月，愿人如月长久。"

不出高品质的酎酒，总能做出一些家常酒，在八月的收获庆典中饮用，如麦酒、桂花酒和女贞子酒，其中以桂花酒最为流行。中国人喝桂花酒的历史，可上溯到两千三百多年前的战国时期。屈原在《九歌·东皇太一》中吟道："蕙肴蒸兮兰藉，奠桂酒兮椒浆"；又在《九歌·东君》中写道："操余弧兮反沦降，援北斗兮酌桂浆。""桂酒"和"桂浆"均是原始的桂花酒。汉代郭宪的《别国洞冥记》也有"桂醴"及"黄桂之酒"的记载。唐代酿桂酒较为流行，有些文人也善酿此酒，宋代叶梦得在《避暑录话》中记载唐代诗人"刘禹锡传信方有桂浆法，善造者暑月极美。凡酒用药，未有不夺其味，沉桂之烈，楚人所谓桂酒椒浆者，要知其为美酒"。金代，北京在酿制"百花露名酒"中就酿制有桂花酒。到了明清时期，酿制桂花酒的技艺已经相当高了，《帝京岁时纪胜》记载："于八月桂花飘香时节，精选陈放之花朵，酿成酒入坛封三年，始成佳酿，酒香甜醇厚，有开胃、怡神之功。"直至今日也还有在中秋节饮桂花陈酒的习俗。

六、"他乡共酌金花酒"：重阳酒

中国人向有重阳节登高饮菊花酒、簪茱萸花的习俗，这一习俗源于东汉，与当时著名的方士费长房和他的弟子桓景有关。桓景随费长房游学多年，有一天费长房突然对桓景说你家在重阳节那天会有大难，你赶紧回去"令家人各作绛囊，盛茱萸以系臂，登高饮菊酒，此祸可消"（南朝萧齐人吴均《续齐谐记·汝南桓景》）。桓景照着师傅所说的去做，在重阳节那天举家登山，晚上回到家，就发现家中的鸡狗牛羊都死了。费长房听说后，对桓景说："代之矣。"这些牲畜替你们家消了难。

这件事传开后，人们争相仿效，在每年的九月九日这天，都携亲带友登高饮菊，妇人或戴茱萸囊，或簪茱萸花，或插菊花，以此方式辟邪和祈福。

西汉笔记小说《西京杂记》记载："菊花舒时，并采茎叶，杂黍为酿之，至来年九月九日始熟，就饮焉，故谓之菊花酒。"因菊花颜色金黄，所以菊花酒也被称作金花酒，初唐著名诗人卢照邻就有"他乡共酌金花酒，万里同悲鸿雁天"（《九月九日登玄武山》）的诗句。王之涣则把菊花酒称为"芳菊酒"，有"今日暂同芳菊酒，明朝应作断蓬飞"（《九日送别》）的说法。

古时，头年重阳节时就专为第二年重阳节酿酒。九月九日这天，采下初开的菊花和一点青翠的枝叶，掺和在准备酿酒的粮食中酿酒，待至第二年重阳饮用。古人认为此酒能"祛百病、令长寿"。明清时期，民间喝菊花酒的习俗依然很盛行，并在酒里面加入了多种中草药，健身效果更佳。

七、"苦寒须尽酒如汤"[1]：冬至酒

众所周知，农历新年是正月初一，但历史上的正月初一曾经就是冬至日，据《逸周书·作雒》载："乃作大邑成周于土中……""定天保，依天室"，意思是在营建成周（今洛阳）的工程完成之后，周公详细地制定了国家的礼仪制度。其中，周公就规定以冬十一月为正月，以冬至为岁首过新年，也就是说，周公选取一年中"日影"最长的一天，作为新的一年的开始。

直到秦朝汉初，冬至当作岁首一直不变，直到汉武帝采用夏历后，才把正月和冬至分开。冬至虽然不再是一年之始，但仍然是二十四节气的起点，"冬至大如年"的说法从它失去一年之始的身份时就开始存在，作为人们生活中的重要节日而得以沿袭下去。冬至之所以重要，更是因为它是祭祀的日子，这一习俗从周代就开始了，《周礼·春官·神仕》载："以冬日至，致天神人鬼。"就是说在冬至这天祈求鬼神，消除国中的疫疾，减少荒年，减少百姓的饥饿与死亡。汉朝也在冬至举行祭祀，《史记·孝武本纪》记载，汉武帝的"封禅"大典也是在冬至举行的："其后二岁，十一月甲子朔旦冬至，推历者以本统。天子亲至泰山，以十一月甲子朔旦冬至日祠上帝明堂，每修封禅。"

至少在汉代开始，冬至这天就是百官放假，《后汉书·礼仪志》记载：

1　引自宋代诗人苏辙的诗《次韵仇池冬至日见寄》："身如草木顺阴阳，附火重裘百日强。渐喜微和解凝烈，半酣起舞意仓忙。吾兄去我行三腊，千里今宵共一觞。世事只今人自解，苦寒须尽酒如汤。"

"冬至前后，君子安身静体，百官绝事，不听政，择吉辰而后省事。"百官放假，自然全国百姓也跟着放假休息，尽享冬藏之乐。

到了魏晋六朝时，冬至被称为"亚岁"，民众要向父母长辈拜节。唐宋时期，过"冬至节"的习俗更加盛行。皇帝在这天要到郊外举行祭天大典，百姓也要祭拜逝去的父母尊长。当时，冬至和岁首是同样重要的节日，南宋孟元老的《东京梦华录》记载："十一月冬至。京师最重此节，虽至贫者，一年之间，积累假借，至此日更易新衣，备办饮食，享祀先祖。官放关扑，庆祝往来，一如年节。"

到了明清两代，皇帝在冬至要举行祭天大典，谓之"冬至郊天"。百官向皇帝呈递贺表，而且还要互相投刺祝贺，就像元旦一样。《清嘉录》里说："冬至大如年。"清朝的皇子们未成年时每年只有两天放假，一个是自己生日，一个就是冬至节，也可见这个节日的受重视程度。

不管是庙堂祭祀，还是民间祭祀，都离不开酒，祭祀过后一定是饮宴和狂欢。中国民间向来有冬至日"饺子就酒，越吃越有"的说法。当然，入冬饮酒是不分南北的，既有益养生，也可驱寒。冬至喝酒，也是有说法的，入九以后，有些文人、士大夫者流，搞所谓消寒活动，择一"九"日，相约九人饮酒（"酒"与"九"谐音），席上用九碟九碗，成桌者用"花九件"席，大家围炉共饮，以取九九消寒之意，宋代诗人唐庚的诗句"绿尝冬至酒，红拥夜深炉"（《雪意二首》其二），说的就是这个事。

第三节　"白日放歌须纵酒"[1]——日常酒

一、"合卺嘉盟缔百年"[2]：婚礼酒

周代以来，因为《周礼》的执行，中国人的婚姻习俗就走向规范化、程式化，由提亲到完婚，各个环节都有专门的讲究，男子若相中某一女子，必请媒提亲，女应允后，仍有纳采、问名、纳吉等过程。

婚期至，《礼记·婚义》记载的结婚程序是：

父亲醮子，而命之迎，男先于女也。子承命以迎，主人筵几于庙，而拜迎于门外。婿执雁入，揖让升堂，再拜奠雁，盖亲受之于父母也。降，出御妇车，而婿授绥，御轮三周。先俟于门外，妇至，婿揖妇以入，共牢而食，合卺而酳，所以合体同尊卑以亲之也。

意思是，父亲亲自向儿子敬酒而命其迎亲，这表示男方处于主导地位。儿子奉命前去迎娶，女方的父母在庙里铺筵设几，然后到庙门外拜迎女婿。婿执雁进入庙门，宾主揖让升阶登堂，婿行再拜稽首之礼，把雁放在地上，这表示是从新妇父母手里领回了新妇。然后妇随婿下堂出门。婿亲自驾驶妇所乘坐之车，又将挽以登车的绳索递给妇，这都是有意表示亲爱的举动。婿为妇驾车，待车轮转动三圈后，再由仆人代婿驾驶。婿乘己车前导，在自家的大门外等候。妇到达，婿向妇作揖，请她一同进门。进入婿之寝室，婿与

1　引自杜甫《闻官军收河南河北》："剑外忽传收蓟北，初闻涕泪满衣裳。却看妻子愁何在，漫卷诗书喜欲狂。白日放歌须纵酒，青春作伴好还乡。即从巴峡穿巫峡，便下襄阳向洛阳。"

2　引自宋代诗人姚勉的《新婚致语》："珠帘绣幕蔼祥烟，合卺嘉盟缔百年。律底春回寒谷暖，堂间夜会德星贤。彩軿牛女欢云汉，华屋神仙艳洞天。玉润冰清更奇绝，明年联步璧池边。"

妇共食同一俎中的牲肉，又各执一瓢以饮酒，这表示夫妇一体，不分尊卑，希望他们相亲相爱。

夫妻各执一瓢以饮酒，这个酒就是"合卺酒"。卺（音 jǐn）是瓢，把一个匏瓜剖成两个瓢，新郎新娘各拿一个，用以饮酒，就叫"合卺而酳（音 yìn，意思是少饮）"。夫妻共饮合卺酒，不但象征夫妻合二为一，自此已结永好，而且也含有让新娘新郎同甘共苦的深意。

唐代时除了沿用传统的瓢作酒器外，亦可以杯代替。宋代以后，合卺之礼演变为新婚夫妻共饮交杯酒。《东京梦华录·娶妇》记载：新人"用两盏以彩结连之，互饮一盏，谓之交杯。饮讫，掷盏并花冠子于床下，盏一仰一合，谷云大吉，则众喜贺，然后掩帐讫"。这个仪式的象征意义是意味深长的。

清朝末期，交杯酒仪式已发展成为"合卺""交杯""攥金钱"三个部分。如今的婚仪中，"按杯于床下"之礼已被革除，"攥金钱"则为"掷纸花"所代替，唯"交杯酒"之礼仪仍然实行。

到了民国的时候，用彩绸或彩纸把两个酒杯联接起来，男女相互换名，各饮一杯，象征此后夫妻便连成一体，合体为一。

今天，青年男女的婚礼上，交杯酒依然是必不可少的环节，但其形式比古代要简单得多。男女各自倒酒之后两臂相勾，双目对视，在一片温情和欢乐的笑声中一饮而尽。

二、"年时生日宴高堂"[1]：出生礼酒

// · 报生酒

我国华南地区，妻子分娩后，丈夫要用礼篮子装肉、酒壶装酒到岳母家去报喜。内行人只要看酒壶嘴的方向，就知是生男还是生女：壶嘴朝篮里，

1　引自宋代词人张纲的《朝中措·安人生日三首》之一："年时生日宴高堂。欢笑拥炉香。今日山前停棹，也须随分飞觞。东阳太守，携家远去，方溯桐江。把酒祝君长健，相随归老吾乡。"

是男孩；壶嘴朝篮外，即是女孩，有"女生外向"之说。岳母家往往回以母鸡、红糖、糯米、面条、香菇等物。

在浙江金华地区，婴儿出生后，婴儿父亲要备酒一担，往岳母家报喜，称为"报生酒"。岳母则回以糯米或粳米一壶，上放一对红蛋，或索粉一篮，然后岳母给邻居分报生酒。

在浙江台州，向岳母家报生时带有镴（音là，锡和铅的合金，熔点较低，用于焊接铁、铜等金属物件）制的报生壶，内装黄酒，壶嘴上插柏树枝，以"柏树"和"百岁"谐音而取其吉兆。若生男婴，报生壶嘴要用红纸塞上，生女婴则不塞。娘家倒取报生壶里的黄酒后，要把米放在报生壶内，给女儿烧粥吃。

在江西，婴儿出生后，大多要鸣炮示庆，将胎盘（俗称"包衣"）埋于荒野。父亲则要到外婆家报喜。报生时，多提一把茶壶，生男者壶嘴朝前，挂两个由红绳系着的桂圆，壶嘴插红纸扎的香柏和万年青，壶内装满酒；生女者，壶嘴朝后，无任何装饰。岳母收下酒后，回一壶糯米或粳米，上放一双彩蛋，传说吃了娘家的米身体强壮些。然后岳母给邻居分送报生酒。

// · 三朝酒

婴儿出生第三天称"三朝"。过去，三日洗儿，抱见舅姑，唤以乳名。诸族人及亲友各送米蛋之类看望产妇，并表示祝贺；女家邀亲友吃三朝酒。在浙江金华，小儿初生三日，拜祀祖先，尊长为小儿命名，置酒宴亲族，曰"红男酒"。浙南地区吃三朝酒也叫吃"禳解酒"。这天洗生婆来给婴儿洗浴，检视脐带剪痕，脱去利市衣，更换新衣。三朝酒以请洗生婆为主，其他请的是吃过开喉奶、赐利市衣以及临蓐时帮忙的人，大都是女客，不请男客。

// · 满月酒

满月酒也叫"弥月酒"，又叫"汤饼筵"。在温州，有"大满月"（40

天），"小满月"（30天）之分。有些人家在满月时大摆酒席，发出请柬。收到请柬的亲友都要送礼，礼包上则写"汤饼之敬"。满月剃头，叫作"打光光"，囟门必须留足一寸见方的头发，叫作"孝顺发"。剃下的胎发，用红布包裹，送保生娘娘宫神座旁边，是保长生的意思。剃头后，主家要请理发师吃酒，并送鸡蛋、"红包"酬谢。

// • 得周酒

小儿满一周岁时，舅家送米粉塌饼，亲戚送衣饰等物，谓"周礼"。家中设酒席招待，称为"生日酒"。外婆家要送外孙穿用的袍褂衣服、鞋帽等礼物，婿家要办"得周"酒款待前来恭喜道贺的宾客。

// • 送浆酒、打浆酒

婴儿如果是第一胎，外婆得到女婿的喜报后，要送阉鸡、鸡蛋、鲍鱼、鲍豆腐和小孩穿戴的鞋袜、衫裤、体被、尿垫、背带、披风、围裙、口栏枷等。姥姥到女婿家去看女儿，抱外孙，俗称"送浆酒"。婴儿的父亲提猪肉到岳父家及舅父、姑父、姐夫等各家，告诉"打浆酒"（或称"请浆酒"）的日期。"打浆酒"一般在产后十天举办。到时，四方亲戚、邻里好友都提着鸡、蛋、宝宝衫等礼品前去恭贺。"打浆酒"喜事一般来女客，产妇娘家客人坐首席。江西龙南、全南、寻乌、南康等地有此习俗。

三、"一口青春正及笄"[1]：成人礼酒

据《礼记·曲礼》载："男子二十，冠而字。"就是男孩子到了20岁要行冠礼，原来披散的头发要束戴起来，用冠帽或冠巾盖住，加冠后的人，方能使用字、号。加冠这一年，称"冠年"或"及冠"，加冠时，要隆重设宴，宴请宾客，宾客则以礼物相贺。在冠礼活动中，"嫡子醮用醴，庶子则用酒"，

1　引自宋代词人赵彦端的《鹧鸪天》十首之一："一口青春正及笄，蕊珠仙子下瑶池。箫吹弄玉登楼月，弦拨昭君未嫁时。云体态，柳腰肢。绮罗活计强相随。天教谪入群花苑，占得东风第一枝。"

庆贺自己走向成熟。此间无论是味轻的醴，还是味浓的酒，都成为祝福生命的圣水。

后世，行冠礼的年纪以及冠礼的仪式因时因地而多有变化。由于受"早生儿子早得福"观念的影响，后来行冠礼的年龄越来越早。清中期以后，冠礼也更趋简单，许多人家将冠礼移至结婚前数日或当日举行。同治《盛湖志》的《风俗》篇中说："曩时，童子养发为总角（古代少儿少女的发型，头发梳成两个发髻，如头顶的两个角），十六以上始冠。今襁褓即戴帽，至成婚之日乃复行冠礼。"

笄礼是古代中国女子的成人礼。笄，即簪子；笄礼，又俗称"上头"。行笄礼时，须改变女子幼年时的发式，将头发盘至头顶，绾成一个髻，用一块黑布将发髻包住，插上簪子固定发髻。笄礼由女性家长主持，约请夫妇齐眉的女宾为少女加笄，还要请赞礼者颂读祝词。女子加笄，表示女子已经成年，可以结婚了，《礼记》上有"女子许嫁，笄而礼之，称字……十有五年而笄"之说。

自周代起，规定女子在订婚（许嫁）以后、出嫁之前行笄礼，一般在15岁举行；如果女子一直待嫁未许人，则年至20岁也须行笄礼。随着时代的推移，女子出嫁的年龄日趋低龄化，因此举行笄礼的时间也逐渐提前，到清代时已降为13岁。

在湖州民间，16岁之前不做寿，正式的寿庆是从16虚岁的生日开始，这一天叫"满罗汉"，男女都要做寿，俗叫"罗汉酒"。在长兴等地还把"罗汉酒"叫作"扒蛋壳"。习惯认为孩子办过"罗汉酒"就正式成人了，还说从此瘦能变胖，矮能变长，甚至愚笨能变聪明。举办"罗汉酒"后，从此不再享受过年的压岁钱了。

四、"朝来寿斝儿孙奉"[1]：祝寿酒

在中国古代，普通人最早是没有过生日的习俗的，明代思想家顾炎武在《日知录》中就提到，"生日之礼古人所无"。中国人最早的生日庆祝的概念还是源于佛教，东汉初，佛教传入中国，开始出现庆祝佛祖生日的活动，称"浴佛节"，《三国志·吴书·刘繇传》就记载："每浴佛，多设酒饭，布席于路，经数十里，民人来观及就食且万人，费以巨亿计。"

最早谈到庆祝凡人生日的是隋朝人颜之推的《颜氏家训》："江南风俗，儿生一朞……亲表聚集，致燕享焉。自兹已后，二亲若在，每至此日，尝有酒食之事耳。"一朞就是一年。从颜之推所说的可以知道，当时的生日庆典主要是要向父母表示感谢，而不是要庆祝过生日人的出生。他还提到梁孝元帝生日时不食肉，可见生日与佛教的关联。

从庆祝佛诞日开始，逐渐的人们也有了给长辈庆祝生日的活动，慢慢也成了流行的习俗。隋文帝仁寿三年（603年），隋文帝杨坚在自己生日时，曾经下令"断屠"，也就是"禁断屠杀"（《隋书·帝纪》），以此来表达对父母的感激。643年唐太宗生日时，也宣布了同样的禁令，史籍还提到"俗间以生日可为喜乐"（《贞观政要·礼乐》）。

开元十七年（729年），唐玄宗在位的第十七年，首次规定以皇帝的生日为官方节日，官员放假一到三天，对罪犯施行大赦。这个节日的称法很多，包括"降圣节""千秋节"。之所以叫"千秋节"，是因为玄宗的生日在八月正是秋天。玄宗晚期，他的生日又被更名为"天长节"。

在皇室所树立的榜样影响下，庆生习俗才慢慢在民间普及开来。正因如此，唐代以前的诗歌和信件中没有庆祝生日的，绝非偶然。但民间最初的生日庆祝活动，还是以尊老为主，一般40岁之前是不过生日的，这就是所谓的"不三不四"。40岁以后，每年的生日称"小生日"，过不过两可，过的不多，

1　引自北宋词人苏辙的《渔家傲·七十余年真一梦》："七十余年真一梦。朝来寿斝儿孙奉。忧患已空无复痛。心不动。此间自有千钧重。……"

－355－

40岁以后每过10岁的生日称"大生日"，过不过看家境。真正能称"大寿"的是从60岁生日开始的逢十生日，这个是需要操办的。古人这个过生日，归根结底，还是根深蒂固的敬老观念的一种反映。

图6-5　清代工笔画大师孙温绘《红楼梦·贾母八十大寿图》

老人生日，子女必为其操办生期酒，届时，大摆酒宴，至爱亲朋，乡邻好友不请自来，携赠礼品以贺等。酒宴中年轻人要向过生日的长辈磕头贺寿，称"拜寿""祝寿""添寿""庆寿"，并献上礼物。酒席间，有条件的人家要请民间艺人（花灯手）说唱表演。在贵州黔北地区，花灯手要分别装扮成铁拐李、吕洞宾、张果老、何仙姑等八个仙人，依次演唱，边唱边向寿星老献上自制的长生拐、长生扇、长生经、长生酒、长生草等物，献物既毕，要恭敬献酒一杯，"仙人"与寿星同饮。

五、"夜台无李白，沽酒与何人"[1]：丧礼酒

从远古以来，酒便是祭祀丧葬时的必备用品之一，据《周礼·春官宗伯》和《礼记·士丧礼》等记载有用"鬯酒"洗浴尸体的礼仪。这种鬯酒是用郁金香草和黑黍酿造或煮的汤液，以之洗浴尸体自然有着较好的尸体防腐败作用，同时使尸体能保持一定的芳香气味。

古人认为酒有沟通天地的灵性，人们普遍认为人死后到了阴间，世人为其供奉酒食，死者便能享用到。正是出于这种认识及长久以来我国流传着的灵魂不死的观念，许多民族都存在着丧葬礼俗中用酒祭奠死者的习俗，以表

1　引自李白《哭宣城善酿纪叟》："纪叟黄泉里，还应酿老春。夜台无晓日，沽酒与何人？"还有一个版本是："戴老黄泉下，还应酿大春。夜台无李白，沽酒与何人？"

达生者对其哀思与敬意。因而人死后，人们常常要举行丧葬礼仪，并用酒祭奠死者的亡灵，方式是把酒倒在地上献给死者喝，这就是周代的"裸礼"遗风，隐含着为死者饯行之意。在人们的传统观念中，死亡是另一种远行，是以阴间为目的地的不归之旅。

仪礼后，主人家当然得置办酒席，盛情款待吊唁的宾朋，名为"开吊酒"，这便是一般我们俗称的"吃斋饭"，也有的地方称"吃豆腐饭"。一般席上都吃素食，同时酒也一定是少不了的。此外，在死者出殡前还要喝"动身酒"以及下葬以后主人家酬谢送葬者的"送葬酒"。此后，每逢"做七"和"忌日"，也都要以酒成礼，以酒来纪念死者，表达对逝去亲人的怀念。

有的少数民族则在吊丧时持酒肉前往，如苗族人家听到丧信后，同寨的人一般都要赠送丧家几斤酒及其大米，香烛等物，亲戚送的酒物则更多些，如女婿要送二十来斤白酒、一头猪。丧家则要设酒宴招待吊者。云南怒江地区的怒族，村中若有人病亡，各户带酒前来吊丧，巫师灌酒于死者嘴内，众人各饮一杯酒，称此为"离别酒"。死者入葬后，古代的习俗还有在墓穴内放入酒，为的是死者在阴间也能享受到人间饮酒的乐趣。

在一些重要的节日，举行家宴时，都要为死去的祖先留着上席，一家之主这时也只能坐在次要位置，在上席，为祖先置放酒菜，并示意让祖先先饮过酒或进过食后，一家人才能开始饮酒进食。在祖先的灵像前，还要插上蜡烛，放一杯酒，若干碟菜，以表达对死者的哀思和敬意。

六、"桃李春风一杯酒"[1]：赏花酒

中国人自古就有春游饮酒的风俗，北周著名诗人庾信的诗《答王司空饷酒诗》就写道："今日小园中，桃花数树红。开君一壶酒，细酌对春风。"到了唐朝，此风益盛，《开元天宝遗事》中记载："没至春时，结朋连党……并

---

[1] 引自北宋词人黄庭坚的《寄黄几复》："我居北海君南海，寄雁传书谢不能。桃李春风一杯酒，江湖夜雨十年灯。持家但有四立壁，治国不蕲三折肱。想得读书头已白，隔溪猿哭瘴烟滕。"

鬓于苑树下往来，使仆从执酒器随时之，遇好围，则骑马而饮。"

图6-6　清代画家陈鹄绘《桃李夜宴图》

北宋大诗人黄庭坚写道："黄菊枝头生晓寒，人生莫放酒杯干。风前横笛斜吹雨，醉里簪花倒著冠。"（《鹧鸪天·黄菊枝头生晓寒》）以简洁的笔墨，勾勒出一个旷达名士雨中携酒观菊、快意人生的形象。

诗人宋祁也也曾作诗描述自己吃酒流连花丛之间的惬意："浮生长恨欢娱少，肯爱千金轻一笑。为君持酒劝斜阳，且向花间留晚照"（《玉楼春·春景》）。

北宋理学家、诗人邵雍的《南园赏花》亦写道："花前把酒花前醉，醉把花枝仍自歌。"在三月这个美好时节，人们外出春游，一起喝酒赏花，吟诗作对，平时不醉而此时可以醉。

古人春游饮酒留下的众多佳作里，属王羲之的《兰亭集序》最具代表性，魏晋名士溪边相聚，曲水流觞，畅饮美酒，众享踏青饮酒之乐。

七、"我有一樽酒，欲以赠远人"[1]：饯行酒

饯行，古代又称祖席、祖筵，是人们为某人送别时而特设的酒宴，之所以叫这个名字，据汉代应劭所著《风俗通义·祀典·祖》载："共工之子曰修，好远游，足迹所至，靡不穷览，故祀以为祖神。"修是水神共工之子。所

1　引自《李陵与苏武诗三首》之二："骨肉缘枝叶，结交亦相因。四海皆兄弟，谁为行路人。况我连枝树，与子同一身。昔为鸳与鸯，今为参与辰。昔者常相近，邈若胡与秦。惟念当离别，恩情日以新。鹿鸣思野草，可以喻嘉宾。我有一罇酒，欲以赠远人。愿子留斟酌，叙此平生亲。"

谓水神，应该就是负责营建水坝、水渠、防洪工程等事务的部落首领，脩用我们今天的话说可能就是一位勘探员。他之所以叫这个名字，可能是他发明了脩这种东西。脩就是干肉，他发明了干肉，这就相当于干粮，有了它，脩就可以走得很远，所以脩后来就引申为远的意思，屈原的《离骚》中有"路漫漫其修远兮，吾将上下而求索"的诗句，其中的修就是与远同义。因为脩能走得很远，还能安全回来，还能指示别人地形、道路，所以他就被当时的人神化，称为祖神脩，人们出行前都要祭拜他这位道路之神，保佑旅途平安，不要迷失方向走错路。祭拜祖神脩的酒宴就称为祖席、祖筵。

祭祀路神的传统在汉代以前便已盛行，其中比较著名的要数战国时期刺秦王的主角荆轲了。在荆轲要准备出行去刺杀秦王时，《战国策·燕策》记载："太子及宾客知其事者，皆白衣以送之，至易水上，既祖，取道。"这里的"祖"就是指祭祀路神的"祖道"仪式，"取道"就是在祭祀祖神的仪式中通过占卜、卜卦等形式选取出行的道路。

凡祭祀一定离不开酒，祭礼结束后，祖神"享用"剩下的美酒佳肴当然是所有参与祭祀仪式的人一起分享，这就是"祖饯""饯行"。汉宣帝时期的太傅、少傅疏广、疏受兄弟准备告老还乡时，朝中的达官贵人以及疏广的弟子门生在都城门外为他举行了盛大的饯行仪式，《汉书·疏广传》的记载是："公卿大夫故人邑子设祖道，供张东都门外，送者车辆百两。"供张就是指设宴饯行。东汉末时大儒郑玄离开袁绍前往汉献帝朝廷就职，亲朋好友前来送行，"饯之城东"，到场者300余人，"皆离席奉觞，自旦及暮"（《郑玄别传》），郑玄饮酒300余杯方才成行。人们通过这种方式一方面是表达对远行人的不舍，另一方面也蕴含和寄托了对出行人路途顺利的美好期望。

离情别绪最容易勾起文人墨客们多愁善感的心弦，所以古代文人在这方面留下了很多诗词歌赋，与酒有关的诗句汗牛充栋，最经典的如"洛阳亲友如相问，一片冰心在玉壶"（王昌龄《芙蓉楼送辛渐》）、"劝君更尽一杯酒，西出阳关无故人"（王维《送元二使安西》）、"醉别复几日，登临遍池台。何时石门路，重有金樽开。秋波落泗水，海色明徂徕。飞蓬各自远，且尽手中杯"（李白《鲁郡东石门送杜二甫》）、"风吹柳花满店香，吴姬压酒唤客尝。金陵子弟来相送，欲行不行各尽觞。请君试问东流水，别意与之谁短长"（李白《金陵酒肆留别》）、"江上几人在，天涯孤棹还。何当重相见，樽酒慰离颜"（温庭筠《送人东游》）、"浔阳江头夜送客，枫叶荻花秋瑟瑟。主人下马客在船，举酒欲饮无管弦。醉不成欢惨将别，别时茫茫江浸月"（白居易《琵琶行》）、"多情却似总无情，唯觉樽前笑不成"（杜牧《赠别》）、"晴烟漠漠柳毵毵（音 sān sān，毛发、枝条等细长的样子），不那离情酒半酣"（韦庄《古离别》）、"日暮酒醒人已远，满天风雨下西楼"（许浑《谢亭送别》）、"惆怅孤帆连夜发，送行淡月微云。尊前不用翠眉颦。人生如逆旅，我亦是行人"（苏轼《临江仙·送钱穆父》）、"把酒祝东风，且共从容，垂杨紫陌洛城东"（欧阳修《浪淘沙·把酒祝东风》）、"草草杯盘共笑语，昏昏灯火话平生。自怜湖海三年隔，又作尘沙万里行"（王安石《示长安君》）、"祖席离歌，长亭别宴，香尘已隔犹回面。居人匹马映林嘶，行人去棹依波转"（晏殊《踏莎行·祖席离歌》）等，不胜枚举。

当离别的吟咏声响起，诗人们都只能收起眼泪，绽放笑容，将这人生的苦楚化为美酒，一饮而尽。

八、"酒堪消客况，泉可洗尘襟"[1]：洗尘酒

古代都是土路，古人出行多是骑马、坐马车，一路上不是尘土飞扬，就是泥泞坎坷，灰头土脸、衣履脏破肯定是常事，如南宋大诗人陆游所描述的"衣上征尘杂酒痕，远游无处不消魂"（《剑门道中遇微雨》）、"素衣莫起风尘叹，犹及清明可到家"（《临安春雨初霁》），其狼狈之状可想而知。

旅人回到家，家里的亲朋好友一定会设宴相迎，饮酒为贺，这种酒宴就

1　引自元代诗人萨都剌的《偶题清凉境界》："今日清凉境，明朝剑水心。酒堪消客况，泉可洗尘襟。佛古荒苔藓，林深繁绿阴。樵歌山路晚，徐兴付归禽。"

称为"接风酒""洗尘酒"，据清代人翟灏编著的《通俗篇·仪节》所载："凡公私值远人初至，或设饮，或馈物，谓之洗尘。"洗尘顾名思义就是洗去来者身上的风尘，引申义则是祛除旅者舟车劳顿造成的身心疲惫。这一风俗对后世的影响深远，即使在今天，我们也一直采取这样的方式欢迎远道而来的客人。

接风洗尘也是看重友情的文人墨客作品中的重要内容，唐敬宗宝历二年（826年），著名诗人刘禹锡罢和州刺史北归洛阳，在扬州遇到大诗人白居易。故人远来，白居易设宴为他洗尘，并在酒宴上写下《醉赠刘二十八使君》，对刘禹锡长期被贬的遭遇深表同情。刘禹锡为答谢老友，写下著名的《酬乐天扬州初逢席上见赠》诗：

巴山楚水凄凉地，二十三年弃置身。

怀旧空吟闻笛赋，到乡翻似烂柯人。

沉舟侧畔千帆过，病树前头万木春。

今日听君歌一曲，暂凭杯酒长精神。

白居易的洗尘酒，不仅安抚了颠沛流离在外23年的刘禹锡的身心，更是给了他抖擞振奋，积极进取，重新投入生活的强大信心。刘禹锡在这首诗中所表现的身经危难、百折不回的坚强毅力，给后人以莫大的启迪和鼓舞，所以古今传诵，交口称赞。

要论最有情趣的洗尘酒诗，当数金代诗人蔡圭的《江城子·王温季自北都归过予三河坐中赋此》：

鹊声迎客到庭除，问谁欤？故人车。

千里归来，尘色半征裾。

珍重主人留客意，奴白饭，马青刍。

东城入眼杏千株，雪模糊，俯平湖。

与子花间，随分倒金壶。

归报东垣诗社友，曾念我，醉狂无。

这首词易懂如白话——喜鹊叫了，稀客来了，那是谁啊？是好朋友坐车（这里一定要读成 jū）来了，他千里归来，一身尘土，我给他设宴接风，奴仆都吃上白米饭，马也喂上了鲜嫩的青草。两人在杏花丛中推杯换盏，一起聊起诗社里共同的朋友，主人说你回去问问那谁想我没，还是那样经常醉酒轻狂吗？——寥寥数笔，就把一个好客豪爽又风趣的主人的形象勾勒了出来。

九、"浊酒一杯家万里"：思乡酒

中国人对故乡的迷恋是刻在骨子里的，游子在外，每到月圆、中秋、登高、遇旧、听到乡音、夜深人静的时候，都会勾起对故乡的思念，思念父老乡亲的音容笑貌，思念儿时的玩伴，思念初恋时的小家碧玉和青梅竹马，思念后院的梅花，思念村前的古井，思念那时可以绵绵下上几个月让人厌烦得不行不行的春雨，思念街边"苍蝇馆"传出的那独特的香气，思念人生在故乡的某一刻、某一个场景，如果当时没有做那件事或做了那件事，会是什么样的命运和人生。思乡是中国人固有的情结和执念，为了平复思乡时产生的惆怅、迷惘、懊丧、缅怀和其他说不清道不明的情愫，从古至今，我们中国人都是选择酒来排遣这一切。

晚唐诗人张乔，安徽池州人，中进士后，在朝廷为官，时值黄巢为乱，心不自安，有一次送老乡南归，就渔舍置酒话别，三杯酒下肚，他的思乡之情喷薄而出，挥笔写道："何处积乡愁，天涯聚乱流。岸长群岫晚，湖阔片帆秋。买酒过渔舍，分灯与钓舟。潇湘见来雁，应念独边游。"（《江上送友人南游》）宾主各自掩面唏嘘，喟然长叹。

晚唐诗人韦庄与朋友李秀才在江中船上相遇，一起喝酒，临别时他赠诗给李秀才，这就是著名的《江上别李秀才》："前年相送灞陵春，今日天涯各避秦。莫向樽前惜沉醉，与君俱是异乡人。"一个"惜"字堪称诗眼，把两个游子漂泊在外、邂逅，只能借酒排遣思乡愁绪的情景生动地展现了出来。

把思乡酒写得最好的当数北宋著名诗人范仲淹，他的"黯乡魂，追旅思。夜夜除非，好梦留人睡。明月楼高休独倚。酒入愁肠，化作相思泪"（《苏幕遮·怀旧》）和"浊酒一杯家万里，燕然未勒归无计"（《渔家傲·秋思》），都堪称千古绝唱。

十、"愿逢千日醉，得缓百年忧"[1]：解忧酒

酒具有一定的麻醉作用，人在醉酒状态下，对疼痛的感觉会有所模糊或者减轻。但古往今来，酒更多时候是精神的麻醉剂，当我们陷入迷惘、愁苦、忧愁、烦闷、焦虑、不安、追思、怀远、悲伤、失望、郁闷、怀才不遇等复杂情绪时，很多人都会选择酒作为纾解、排遣的安慰剂。我们的文化里，愁情诗占有相当大的比例，甚至于到了无愁不诗的地步，乃至于南宋大词人辛弃疾要"少年不识愁滋味，为赋新词强说愁"，在多愁善感的文人笔下，愁变得有形，有量，可以触碰，耐人寻味，极具诗情画意，使人爱恋，令人着迷。

"白发三千丈，缘愁似个长。不知明镜里，何处得秋霜。"（《秋浦歌十七首》），这是李白用他高超的想象力告诉你的愁的"长度"，犹如白发三千丈。李白的愁不仅有形状，有长度，还有治愈的办法，这就是举杯消愁，"弃我去者昨日之日不可留，乱我心者今日之日多烦忧，长风万里送秋雁，对此可以酣高楼"（《宣州谢朓楼饯别校书叔云》），"五花马，千金裘，呼儿将出换美酒，与尔同销万古愁"（《将进酒》），但现实是"抽刀断水水更流，举杯消愁愁更愁"，想要用酒解愁，反而愁上加愁，适得其反。

李白告诉你愁的"长度"，李清照告诉你愁的"重量"："闻说双溪春尚

---

[1]　引自唐代诗人刘希夷的《故园置酒》："酒熟人须饮，春还鬓已秋。愿逢千日醉，得缓百年忧。旧里多青草，新知尽白头。风前灯易灭，川上月难留。辛辛周姬旦，栖栖鲁孔丘。平生能几日，不及且遨游。"

好，也拟泛轻舟。只恐双溪舴艋舟，载不动许多愁。"（《武陵春·春晚》)。面对这么沉重的愁怎么办？李清照的答案是"莫许杯深琥珀浓，未成沉醉意先融"（《浣溪沙·莫许杯深琥珀浓》），"不如随分尊前醉，莫负东篱菊蕊黄"（《鹧鸪天·寒日萧萧上锁窗》）。

南唐后主李煜从万乘之君到阶下楚囚，连自己的老婆小周后都被宋太宗赵光义霸占，个中的怨恨情仇，他自己当然刻骨铭心，所以他发出了"问君能有几多愁？恰似一江春水向东流"的哀叹，但他除了哀叹，什么也做不了，只有借酒麻痹自己，他说"世事漫随流水，算来一梦浮生。醉乡路稳宜频到，此外不堪行"（《乌夜啼·昨夜风兼雨》）。

愁和酒，在中国文化里，就像现在的流行语"有卧龙的地方必有凤雏"，"愿逢千日醉，得缓百年忧"（刘希夷《故园置酒》）、"泛此忘忧物，远我遗世情"（陶渊明《饮酒二十首》之七），愁靠酒消，酒消靠愁，是一个解不开的死循环，但也由此促成了另一个文化现象，即酒愁助诗成，有道是"酒入诗肠风火发，月入诗肠冰雪泼。一杯未尽诗已成，诵诗向天天亦惊"（杨万里《重九后二日同徐克章登万花川谷月下传觞》）。毫不夸张地说，中国文化的形成和发展，很大一部分是酒的功劳。

第四节　"醉卧沙场君莫笑"：军中酒

　　酒和军队似乎是一对分不开的"密友"，据史料记载，春秋时期，越王勾践在准备讨伐吴国前，把父老乡亲送的几坛酒倒入江中，与全体将士共饮，这可以称作"同心酒"，表明君臣上下一心、同仇敌忾。战国末期，秦军在统一六国的战争中，上阵之前都会喝上一碗"壮行酒"，据说喝了之后对疼痛的反应变迟缓了，胆子更大了，作战更勇敢了。到了汉代，汉武帝在接到骠骑将军霍去病大破匈奴的捷报之后，赏赐的物品中就有御酒，这就是庆功酒。因酒不够喝，霍去病将酒倒入一眼泉水中，和全军将士一起开怀畅饮，这个地方后来就被叫作"酒泉"，即今天的甘肃酒泉。由此可见，出征喝壮行酒，凯旋喝庆功酒，是军队自古就有的传统。

　　古代军队出征前喝壮行酒，喝完要摔碗，这一习俗源自刺秦勇士荆轲。出发前，燕国太子丹送荆轲到易水河畔，荆轲接太子丹呈上的酒，一饮而尽，然后将碗摔在地上，意思是这只碗从此再也用不上，表明此番有去无回，在场所有人吟唱"风萧萧兮易水寒，壮士一去兮不复还"的悲歌，含泪为荆轲壮行。

　　此后，壮行喝酒摔碗的习俗就流传开来，基本意思是表达有去无还的决绝信念。当然了，古代处决人犯前，也会给人犯喝酒，人犯喝完一半，另一半由刽子手含在口里喷在刀上，然后也是摔碗，也是表明一路走好，一去不复返之意。

　　汉唐以来，政府都是陈重兵于边塞，防备北方的匈奴和突厥等少数民族的进犯。边塞环境艰苦乏闷，军队生活单调而空寂，酒就在一定程度上成了将士们紧张、枯燥生活的调剂品。此外，酒能使他们精神振奋、情绪高亢，增加胆略和勇气，英勇杀敌，是振奋人心、鼓舞士气的兴奋剂。历代帝王都会在将士出征时赏赐美酒，以壮士气；在班师回朝、取得战捷后，更会大摆酒宴，酬赏战绩。据《新唐书》记载，贞观年间，通漠道行军副总管张宝相大败突厥，生擒颉利可汗，唐太宗龙心大悦，将其引见至上皇李渊处，并设酒宴以犒赏，饮酒至酣时，李渊还弹起琵琶，唐太宗也跳舞助兴，可见气氛之热烈。

唐朝疆域辽阔，也诞生了许多的边塞诗人，他们所作之诗气势豪迈，苍劲悲壮，将豪情融入杯酒之中，流传下来的边塞诗也成了唐诗中的一个重要类别，最著名的当数王翰的《凉州词》——"葡萄美酒夜光杯，欲饮琵琶马上催。醉卧沙场君莫笑，古来征战几人回"，写出了边塞的战事之紧和将士视死如归的英勇悲壮。类似的边塞诗、军旅诗著名的还有"脱鞍暂入酒家垆，送君万里西击胡。功名只向马上取，真是英雄一丈夫"（岑参《送李副使赴碛西官军》），写出了出征路途之艰难和将士的英勇威武，以酒送友人出征，尽显激荡豪迈之情；"虏酒千钟不醉人，胡儿十岁能骑马"（高适《营州歌》），写出了唐朝东北的边塞营州狂放的风俗和尚武的狂野；"金笳吹朔雪，铁马嘶云水。帐下饮蒲萄，平生寸心是"（李颀《塞下曲》），描绘了将士们于帐中痛饮的英勇豪放。

另外，唐代游侠之风盛行，文人也深受影响，很多文人也仗剑使气，向往仗剑行侠，或者由此发展希望能够投笔从戎，投身边塞，建功立业，这种豪爽侠义之风又和酒的浓烈之气正相契合，一些文人就把这种饮酒的豪爽侠义之风表现在自己的作品中，从而形成唐代酒文化中的豪爽侠义精神，比如王维的作品《少年行》中"新丰美酒斗十千，咸阳游侠多少年。相逢意气为君饮，系马高楼垂柳边。"就表现了这种豪爽侠义的酒文化；再比如李白的名篇《侠客行》："……十步杀一人，千里不留行。事了拂衣去，深藏身与名。闲过信陵饮，脱剑膝前横。将炙啖朱亥，持觞劝侯嬴。三杯吐然诺，五岳倒为轻……"同样是这种豪爽侠义酒文化的体现。

宋代时，国家边患严重，党项族人建立的西夏、契丹人建立的辽国、女真人建立的金国、蒙古人建立的蒙元帝国先后对两宋进行攻伐，南宋更是亡于蒙古之手，在当时文人的笔下，抗击胡虏和军旅生活的内容随处可见，著名的如"浊酒一杯家万里，燕然未勒归无计。羌管悠悠霜满地，人不寐，将军白发征夫泪"（范仲淹（《渔家傲·秋思》），"酒酣胸胆尚开张，鬓微霜，又何妨！持节云中，何日遣冯唐？会挽雕弓如满月，西北望，射天狼"（苏轼《江城子·密州出猎》），"才见高帆落归舻，又携轻剑逐戎麾。步兵厨里仍多酒，王粲军中不废诗"（韩维《答寄广信六弟》），"将军贵重不据鞍，夜夜发兵防隘口。自言虏畏不敢犯，射麋捕鹿来行酒。更阑酒醒山月落，彩缣百段支女乐。谁知营中血战人，无钱得合金疮药"（刘克庄《军中乐》），"昔者远戍南山边，军中无事酒如川。呼卢喝雉连暮夜，击兔伐狐穷岁年"（陆游《风顺舟行甚疾戏书》），"胸中磊落藏五兵，欲试无路空峥嵘。酒为旗鼓笔刀槊，势从天落银河倾。端溪石池浓作墨，烛光相射飞纵横。须臾收卷复把酒，如见万里烟尘清"（陆游《题醉中所作草书卷后》）等，气势上不输唐代边塞诗。

第七章

酒之养：古时酒的保健和养生

第一节　"病封药酒旋开缸"[1]——酒以保健

关于医，繁体字为醫，但最早的用字应为毉，即原始社会时期，最早给人治病的都是巫师。当酒出现后，巫师们发现过去他们通过疯狂跳大神才能达到的癫狂痴呓的效果——这被认为是祖先和神灵上身的标志——通过酒就能轻松和愉快地实现，所以酒就成了巫师的标配，他们也往往借助酒来达到安慰、麻醉、静心的"治疗"效果，就这样，毉也就逐渐成了醫——其中的酉字在甲骨文里就代表酿酒用的尖底瓶，酒这个字就是从这来的。

东汉大儒许慎《说文解字》中解释"酒"和"醫"的关系说："醫，治病工也。殹（音yì），恶姿也；醫之性然，得酒而使，从酉。王育说：一曰，殹，病声。酒所以治病也。《周礼》有醫酒。古者巫彭初作醫。"殹（音yì），有人解释说是"恶姿"，有学者解释成"病声"，不管是身体姿势不好，还是发出痛苦的呻吟声，都是有病的症状。"古者巫彭初作醫"，我们可以理解为最早用醫酒来治病的人是巫彭，据战国时期的典籍《世本》载，他（更有可能是她，女巫）是黄帝时期的人。而什么是醫酒呢？《周礼·天官冢宰·酒正》在讲述周代的酒正官的职能时说，酒正要"辨四饮之物"，即清、醫、浆、酏，其中的醫就是米粥加曲蘖酿成的甜酒。

最早把酒与中药结合使用的是"鬯酒"，近代著名的考古学家罗振玉曾在《殷墟书契前论》中给出过结论，在甲骨文里，就有"鬯其酒"的记录。西汉历史学家班固认为："鬯者，以百草之香……合而酿之，成为鬯。""鬯"是用于祭祀的一种酒，而"鬯其酒"极有可能是一种既可以用于祭祀和占卜，同时也可以用于医疗的药酒，它以中药郁金香与酒合酿而成，有祛恶防腐，芳

1　引自北宋词人苏辙的《十月二十九日雪四首》之三："幽居漫尔存三径，燕坐何妨应六窗。老忆旧书时展卷，病封药酒旋开缸。小园摇落黄花尽，古桧飞鸣白鹤双。珍重老卢留种子，养生不复问王江。"

香、避秽、除邪的作用。长沙马王堆汉墓出土的女尸之所以能长久保存，就是得益于鬯酒祛恶防腐的作用。"鬯其酒"的资料也表明，在殷商时期，人们已经知道了制造药酒的方法，当时的大夫（巫师）已经将酒与药结合起来用于治疗病人。

最早正式记载以酒做药的历史文献是成书于战国时期的《黄帝内经》，全书共记载13个药方，其中有用鸡矢和米酒制成的"鸡矢醴"："黄帝问曰：有病心腹满，旦食则不能暮食，此为何病？岐伯对曰：名为鼓胀。帝曰：治之奈何？岐伯曰：治之以鸡矢醴，一剂知，二剂已。"（《黄帝内经·素问·腹中论》）。

《黄帝内经》提到的另一种药酒为左角发酒，《素问·缪刺论》说："邪客于手足少阴、太阴、足阳明之络。此五络皆会于耳中，上络左角，五络俱竭，令人身脉皆动，而形无知也，其状若尸，或曰尸厥……鬄其左角之发，方一寸，燔治，饮以美酒一杯，不能饮者灌之，立已。"意思就是，手足少阴、太阴和足阳明五络，皆会于耳，上于额角。若邪气侵犯，五络闭塞不通，因而突然神志昏迷，不省人事，状如尸厥，但全身血脉皆在搏动，可剃其左角之发，约一方寸，烧制为末，以美酒一杯同服，如口噤不能饮，则强灌服下。"发为血之余"，故发亦名"血余"，性味苦涩微温，能治血病，为止血消瘀之良药。

《黄帝内经》中还有大量专门关于药酒的论述，如《素问·汤液醪醴论》："自古圣人之作汤液醪醴，以为备耳。"《素问·血气形态篇》曰："形数惊恐，经络不通，病生于不仁，治之以按摩醪药。"《素问·玉版论要篇》载："其色见浅者，汤液主治，十日已；其见深者，必齐之主治，二十一日已；见其大深者，醪酒主治，百日已。"汤液为五谷加水煎煮而成的汤汁，醪、醴则为汁渣混合的稠浊而甘甜的酒类。

医家之所以喜好用酒，有两个原因，一是药味苦而难于被人们接受，但酒却是普遍受欢迎的饮品，酒与药的结合，弥补了药苦的缺陷，也改善了酒的风味。经常服药，人们从心理上难以接受，但将药物配入酒中制成药酒，经常饮用，既强身健体，又享乐其中，确是人生一大快事。另一个原因是，酒善行药势而达于脏腑、四肢百骸。《汉书·食货志》中说："酒，百药之长。"对于这句话，既可以理解为在众多的药物中，酒是效果最好的药，另一方面是说，酒可以提高其他药物的效果。其次，酒有助于药物有效成分的析出。中药的多种成分都能够溶解于酒精之中，许多药物的有效成分都可借助于酒的这一特性提取出来。此外，酒精还有防腐作用，能保存数月甚至数年时间而不变质。

普遍采用煎煮法和浸渍法制备药酒始于汉代，长沙马王堆汉墓出土的《五十二病方》中，有我国现存可见最早的药酒记载，全书283方中用酒就有40方之多。《史记·扁鹊、仓公列传》曾记载西汉名医淳于意以酒治病的两个故事，一则是："济北王（汉高祖之孙济北王刘志，父为汉高祖庶长子齐悼惠王刘肥）病，召臣意诊其脉，曰：风蹶胸满。即为药酒，尽三石，病已。得之汗出伏地。"淳于意配置三石药酒让济北王服下，药到病除。

第二则事例是："王美人（汉武帝生母王姪）怀子而不乳，来召臣意。臣意往，饮以莨菪药一撮，以酒饮之，旋乳。臣意复诊其脉，而脉躁。躁者有余病，即饮以消石一齐，出血，血如豆比五六枚。"由此可知，酒对难产的妇人有助产的作用。

约在汉代成书的《神农本草经》中也曾有论述："药性有宜丸者，宜散者，宜水煮者，宜酒渍者。"东汉"医圣"张仲景的名著《金匮要略》中，就有多个浸渍法和煎煮法的实例，如"鳖甲煎丸方"，以鳖甲等20多味药为末，取煅灶下灰一斗，清酒一斛五斗，浸灰，候酒尽一半，着鳖甲于中，煮令泛烂如胶漆，绞取汁，内诸药，煎为丸；还有一例"红蓝花酒方"，也是用酒煎煮药物后供饮用，以治疗妇人腹中刺痛。在《伤寒杂病论》中，张仲景还提到了红蓝花酒、麻黄醇酒汤、瓜蒌薤白酒汤，此外，还有很多药方都是以酒煎煮，或者以酒和水混煎，借酒以用来加强药效。

　　这里提到的红蓝花酒、麻黄醇酒汤等，就是药酒的名字。在最早时候，药酒的应用和其他中药方剂一样，都没有命名。汉以后，药酒命名的方法逐渐增多，但大概总结也就几类。比如以药配制命名的，如羌活酒、五精酒、五枝酒等；也有以人名命名的，如史国公酒、北地太守酒等；还有以主治功能命名的，如安胎当归酒、腰痛酒等。

　　东汉时，药酒的使用已经相当普遍，以至于以药入酒、以酒佐药成了中医的主要治疗手段。有一个词叫"悬壶济世"，说的就是中医用葫芦装药酒，给人治病。

　　这其中还有一个有趣的故事，与民间传说中的仙人壶公有关。据《神仙卷·卷九·壶公》载，汝南人费长房为市掾（即管理市场的官员）时，曾见到壶公从远方而来，进到市场里卖药，谁也不认识他是谁。他卖药口不二价，不管什么病都是药到病除。他对买药者说："服此药必吐出某物，某日当愈。"基本没有不应验的。他每天治病都能收入数万，但马上就施舍给市场里路边的穷困者和挨冻受饿的人，自己留的很少。他最显著的特征是常"悬一空壶于坐上"。《后汉书·方术列传·费长房》也有类似的记载："市中有老翁卖药，悬一壶于肆头，及市罢，辄跳入壶中。"

　　上述记载就是"悬壶济世"的由来。壶公应该就是一位医术高超的中医，因为行医治病常带着个药酒葫芦，所以被人们以壶公相称，后来更是被百姓一传十十传百给传神化了，传成神仙了，"悬壶"之后就成了行医、卖药者的符号，成为中医行业的招牌。

　　到了南朝时，道教学者、炼丹家、医药学家陶弘景增录汉魏以降名医所用药，将载药365种的《神农本草经》增订为《名医别录》，并正式将酒列为中品，即位于中药三品级君、臣、佐使的"臣药"一级，"主养性，以应人。无毒有毒，斟酌其宜。欲遏病，补虚羸者，本中经"。

　　唐朝时期，药酒疗法到达了一个较高的水平，"药王"孙思邈所著的《千金要方》和《千金翼方》所载药酒应用范围已涉及内、外、妇、五官诸科。

《千金要方》卷七列有"酒醴"专节，卷十二设"风虚杂补酒煎"专节，卷十六列有"诸酒"专节。王焘所著的《外台秘要》卷三十一设"古今诸家酒方"专节。宋代官修的方剂巨著《太平圣惠方》所设的药酒专节达六处之多。用药味数较多的复方药酒所占的比重明显提高，是当时的显著特点。

宋朝时，社会经济发展迅速，科学技术也得到了一定的发展，酿酒技术也达到了一定的高度。相比前代，药酒的种类和应用范围也有明显扩大，而且当时宋朝也比较重视医药事业，朝廷遍求精于医术之人，比如人称朱奉议的朱肱，曾因当官谏言被罢官，后来无意为官，退而酿酒著书，其间对《伤寒论》深有研究，于是被征为医学博士。他写的《北山酒经》，部分记载了药酒的内容。

宋人集体编著的《太平圣惠方·药酒序》中指出："夫酒者谷蘖之精，和神养气，性唯剽悍，功甚变通，能宣利肠胃，善引药势。今则兼之名草，成彼香醪……疴恙必治，效力可凭，故存于编简尔。"这本书还详细列举了药酒达数百种之多，里面不仅讲了酒的健体功能，还突出讲述了"兼之名草，成彼香醪"的药酒保健功能。

元明清时期，药酒在整理前人经验、创制新配方、发展配制法等方面都取得了新的成就。明代名医缪希雍所著的《炮炙大法》对药酒的制作和服用方法也有详细的论述。蒙古族营养学家忽思慧所著《饮膳正要》中关于饮酒避忌的内容，具有重要的价值。此外，明代朱橚（明太祖朱元璋第五子，明成祖朱棣的弟弟，谥周定王）等人编著的《普济方》、王肯堂的《证治准绳》，均收录有多种药酒方。

李时珍的《本草纲目》记载了79种药酒，其中较有影响的是金华酒、饼子酒、金盆露水、姜酒、茵陈（音chén）酒、葛歠（音chù）酒、五加皮等。金华酒可不是浙江金华出的酒，而是山东兖州府费县（今山东费县）的名酒，费县古属兰陵，就是"兰陵美酒郁金香"的那个兰陵，该地春秋时古邑名东阳，古又名东阳酒，所谓"东阳酒即金华酒，古兰陵（酒）也。……常饮入药俱良"。

饼子酒产于长江中下游一带，是家常制作的一种药酒，"江浙、湖南、（湖）北人，以糯粉入众药和为曲，曰饼子酒"。金盆露水是明代处州府（今浙江省丽水、云和、龙泉县一带）的一种有药用价值的酒，《本草纲目》的记载是"处州金盆露水，和姜汁造曲，以浮饭造酿，如常服之，佳"；姜酒就是以药食兼用的生姜为主要原料，配以荔枝、大枣等辅料，经过严格、精细的加工生产的保健酒，分姜浸酒、姜汁和曲酿酒两种，南方很多地方"生子则邀亲朋聚饮，必用姜酒"以庆繁衍；茵陈酒是一种药酒，明代以山东所产者为上等，文献记载的制作方法是"用茵陈蒿炙黄一斤，秫米一石，曲三斤，如常法酿酒饮"。清朝末年，以黏籽红高粱酿造的优质大曲酒为酒基，加入茵陈、佛手、陈皮、红花等十多种药物配制而成的茵陈酒，呈杏黄色，芳香醇和、甘甜柔爽，具有健脾胃、治风疾、舒筋活血强身的作用；葛歜酒是江浙一带端午节饮用的药酒，所谓"端午，艾旗蒲剑悬于门，饮葛歜酒"。这种酒用葛根和曲酿成，具有发汗、解热的功效；五加皮酒是一种在中国民间广泛流传配制的传统药酒，一般以白酒或高粱酒为基，加入五加皮、人参、肉桂等中药材浸泡而成，具有行气活血、驱风祛湿、舒筋活络等功效。《本草纲目》记载，五加皮"补中益气，坚筋骨，强意志，久服轻身耐老"，民间更盛誉"宁得一把五加，不要金玉满车"。

关于五加皮酒是如何在民间广泛流传的还有一个传说。据传，乾隆皇帝南巡时，随行的黄太医据《本草纲目》药方重新精心调制五加皮酒治愈了皇子颙琰（音yóng yǎn，即后来的嘉庆皇帝）的风邪湿毒病症，于是乾隆将五加皮酒封为宫廷御酒。后来黄太医因厌倦宫廷斗争，隐姓埋名来到广州西关，于1795年间开设了药铺，将宫廷御用五加皮酒带到寻常百姓家。

从明代开始，药酒开始进入宫廷。当时政府建有御酒房，专造各种药酒，并且还成为宫廷御酒，比如御制药酒五味汤、真珠红、长春酒等。当时名噪金殿的"满殿香"，就有白术、白檀香、缩砂仁、藿香、甘草、木香、丁香等各种药物，合白面、糯米粉等酿制而成。民间作坊也有不少药酒制作出售，如薏苡酒、羊羔酒等，包括普通百姓酿制的椒柏酒、菖蒲酒等。

到了清朝，药酒又得到进一步的发展，医学家又创造出了许多新的药酒配方。清朝皇帝经常饮用的一种药酒名为"松龄太平春酒"，这种药酒对老年人身体虚弱、睡眠不实以及骨质疏松，具有一定的治疗效果。这款能够养生保健的药酒，在皇宫中十分流行，后来逐渐传播到民间，得到了广泛传播。

除了这款"松龄太平春酒"，还有一款"夜合枝酒"，也是清宫御制之一大药酒。夜合枝即合欢树枝，酒之药物组成除了合欢枝外，还有柏枝、槐枝、桑枝、石榴枝、糯米、黑豆和细曲等，可治中风挛缩之症。

清朝中后期，药酒在宫廷抑或是民间都十分流行，无论是治疗疾病还是保健作用，我们都能够看到药酒的身影。

除了用药酒治病，古代医药家们也注意到了酒在麻醉方面的功效，《列子》曾记载："鲁公扈、赵齐婴二人有疾，同请扁鹊求治，扁鹊谓公扈曰：'汝志强而气弱，故足于谋而寡于断，齐婴志弱而气强，故少于虑而伤于专。若换汝之心，则均于善矣。'扁鹊饮二人毒酒，迷死三日，剖胸探心，易而置之，投以神药，即悟，如初，二人辞归。"这个故事不可当真，但从一个侧面说明当时已经普遍使用药酒做麻醉之用。无独有偶，汉代著名医家华佗在手术时，让病人喝下以酒冲服的麻沸散，病人失去痛觉后就可以实施手术了。以上这两个故事体现了酒作为麻醉剂在医学中的作用，这比欧洲人使用麻醉剂早了很多年。

第二节 "为此春酒，以介眉寿"——酒以养生

古人对饮酒与养生保健的关系早就有所认识，《诗经·国风·豳风》中便载有"为此春酒，以介眉寿""称彼兕觥，万寿无疆"的诗句，都把敬酒与恭祝长寿联系到了一起。

狭义的养生酒系唐朝御膳房遵汉代医圣张仲景之妙方，结合当时已负"长寿村"、"长寿洞"和"长寿翁"之盛名的陕西一带的民间酿酒方法，专为唐玄宗皇帝李隆基配制并由其钦赐酒名的宫廷御酒，后成为所有具有养生功能的酒类的统称。

古代的养生酒不同于药酒，药酒是药和酒的结合，药性十足，目的在于治病，而养生酒具有一定的调节人的生理机能及扶正机能的养生调理作用，是人人都可以日常消费的饮料酒。养生酒的组方必须是普通食品或药食同源的食品，而且，养生酒产品的品性必须阴阳平衡，即温、平、中、和，属食品酒类，天然酿制，无任何化学添加剂。一般饮用养生酒比饮用白酒、果酒类更安全有益。

古代养生酒主要的功效可以总结为以下几点：

第一，酒行药势。酒素有"百药之长"之称，能帮助药物更好地发挥作用。乙醇（即酒精）是一种很好的有机溶剂，古人用酒浸配药材，以制成药酒。中医用粮食酒配上中药材酿制成养生酒，将药材的功效融入酒中，能够更好地发挥中药的养生作用。

第二，酒通血脉。酒本身就有通血脉的功效，这不仅中医认可，西医也是赞同的，如今专业的心血管科医生也会建议心血管病患者适量喝一些酒，以改善心脏供血。

第三，酒散湿气。酒性热，中医认为"湿为阴邪，非温不化"，因而酒有

"散湿气"的功效。养生酒有抗风湿的作用，对于风湿痹痛、关节炎、肌肉劳损等都有一定的效果。古人认为，对于阳虚或是风湿关节疼痛的患者，适当喝一些养生酒，确实能起到强身健体、祛风通络的作用，但这种效果是慢慢积累而来，不是一天两天就能达到的。和煎煮中草药相比，养生酒更易于存储、服用更方便。

第四，祛风下气。古人早就观察到，酒对消化系统有很好的作用，人们进食肉类比较多时，常会搭配一些开胃酒，因为酒能促进脂肪和蛋白质的分解，有助于人体消化吸收，改善六腑气机，消除积滞。

第五，疏肝理气。古人常说，"何以解忧，唯有杜康"，这不是没有道理的。古今中外，郁闷、情绪不佳的人，都喜欢叫上一帮朋友喝酒，而不是喝茶或喝果汁。为什么呢？就是因为酒入肝经，它有舒畅肝气的作用。对于肝气郁结、郁郁寡欢的人来说，喝养生酒不仅可以令肝气调达、心情舒畅，还能帮他们强心提神，消除疲劳。

第六，聚气凝神。养生酒根据不同的配方有不同的功效，如果加入的药材具有补气凝神的功效，那么养生酒对于身体补气和凝神有一定的作用。

第七，美白养颜。不少女性常常为了脸上的雀斑、黄褐斑苦恼，这类病症往往多见肝郁气滞，伴随有胸胁胀痛，月经不调，或伴有胸闷、气短、喜欢叹气、抑郁等。古方养生酒配以名贵的中药材，可以促进人体新陈代谢，改善身体状态，有美容养颜、抗皱祛雀斑的功效。

第八，滋养补肾。这是古代养生酒中最值钱的概念，其成分中的中药材具有滋养补肾的功效。

第三节　"人之齐圣，饮酒温克"：古人的养生饮酒法

总结古人饮酒养生的经验，可以概括为以下几点：

一、"佳肴与旨酒，信是腐肠膏"[1]：酒要悠着喝

酒能乱性，所以古人提出了"人之齐圣，饮酒温克"（《诗经·小雅·小宛》）的口号，意思是就是，人饮酒能做到温克，就跟圣人一样了。所谓温克，有两方面的含义，一个是饮酒时不失仪礼，还有一个就是饮酒时要注意不喝烈酒，不喝劣酒，说白了，就是要饮酒养生，而不是正相反，饮酒害生。

什么是养生，《吕氏春秋》给出的答案总结而言就是两个字：去害，书中写道："圣人察阴阳之宜，辨万物之利以便生，故精神安乎形，而年寿得长焉。长也者，非短而续之也，毕其数也。毕数之务，在乎去害。何谓去害？大甘、大酸、大苦、大辛、大咸，五者充形则生害矣。大喜、大怒、大忧、大恐、大哀，五者接神则生害矣。大寒、大热、大燥、大湿、大风、大霖、大雾，七者动精则生害矣。故凡养生，莫若知本，知本则疾无由至矣。"（《吕氏春秋·季春纪·尽数》）

这里的"数"就是天数、天命、天寿，毕数就是尽享天年，要做到尽享天年，就需要去害，什么是害？过甜、过酸、过苦、过辣、过咸，这五种味道充斥身体，就会对身体产生害处；大喜、大怒、大忧、大恐、大哀，这五种情绪进入神识中，就会对神识产生害处；大寒、大热、大燥、大湿、大风、大霖、大雾，这七种气象扰动了精气就会对精气产生害处。所以说养生就要知道生命的根本道理，只要遵循养生的根本道理，人的病痛就没有理由来了。

1　引自唐代大诗人白居易的《寄卢少卿》："老诲心不乱，庄诚形太劳。生命既能保，死籍亦可逃。嘉肴与旨酒，信是腐肠膏。艳声与丽色，真为伐性刀。补养在积功，如裘集众毛。将欲致千里，可得差一毫。"

　　《吕氏春秋》的这段话可以说是非常精辟的养生理论。这一理论用到饮酒问题上，就是喝酒要注意品质，要饮好酒，要讲求正确的饮用方法，要把酒中的营养为我所用，而不能被酒中不好的成分乱了我们的心性。

　　究竟什么样的酒算是好酒呢？清人顾仲在《养心录》中说："酒以陈者为上，愈陈愈妙。暴酒切不可饮，饮必伤人。此为第一。酒戒酸，戒独，戒生，戒狠暴，戒冷；务清，务洁，务中和之气。或谓余论酒太严矣，然则当以何者为至？曰：不苦，不甜，不咸，不酸，不辣，是为真好酒。"

　　暴酒指仓促酿成的酒。"五味无一可名者"的意思是苦、酸、辣、甜、咸五味中任何一种味道都不突出。这段文字通俗易懂，阐述了好酒的标准，至今仍不过时。

　　古人认为质量较高，有利于延年益寿的酒主要有黄酒、葡萄酒、桂花酒、菊花酒、椒酒等，后来才发展到白酒及以白酒为原料的各种药酒。

　　发酵而成的黄酒是中国最古老的酒之一，含有丰富的氨基酸、多种糖类、有机酸、维生素等，自古至今一直被视为养生健身的"仙酒""琼浆"，深受人们喜爱。

　　葡萄酒含有较多的糖分和矿物质以及多种氨基酸、柠檬酸、维生素等营养成分，也是古人喜爱的一种养生酒，三国时的魏文帝曹丕曾经盛赞它"甘于曲蘖，善醉而易醒。道之固以流涎咽唾，况亲食之邪！"（《诏群医》）《新修本草》已将葡萄酒列为补酒，认为它有"暖腰肾、驻颜色、耐寒"的功效。元人忽思慧在《饮膳正要》中称葡萄酒有"益气调中，耐饥强志"的作用。明代学者高濂在著名养生学著作《遵生八笺》中也将它列为"养生酒"。

　　桂花酒早在春秋战国时就已为古人所饮用，屈原在《九歌》中说："蕙肴蒸兮兰藉，奠桂酒兮椒浆。"这种祭祀仪式上所用的桂酒，就是用桂花酿制的桂花酒，古代也叫桂花醑、桂浆等，古人认为桂为百药之长，所以用桂花酿制的酒能"饮之嘉千岁"。东汉人崔寔所著《四民月令》载，汉代桂花酒是人们敬神祭祖的佳品，祭祀完毕，晚辈向长辈敬此酒，长辈们饮此酒后便会长寿。

早在春秋战国时期，古人已了解了菊花的药用和食用价值。魏文帝曹丕认为菊花"辅体延年，莫斯之贵"；苏轼也认为菊花的花、叶、根、茎"皆长生药也"。汉代，人们已用菊花酿酒。刘歆所著《西京杂记》载："菊花舒时，并采茎叶，杂黍米酿之，至来年九月九日始熟，就饮焉，故谓之菊花酒。"古人认为菊花是经霜不凋之花，所以菊花酒可以抗衰老。《本草纲目》等医书说菊花有去风、明目、平肝、清热等功效，对老年人的听觉、视觉尤其有益，所以古代菊花酒备受青睐，是重阳节的必备之物。

此外，椒柏酒、菖蒲酒、枸杞子酒、莲花酒、人参酒等滋补酒，也均是养生益寿的好酒。

"饮酒温克"的另一个重要方面是节制饮酒，这一向是古人极为重视的养生之道。他们认为饮酒的目的在于"借物以为养"，而不能"身为物所役"，饮酒必须量力而行、适可而止。酒再好，如果不加以节制，也会损害身体的健康。

鉴于滥饮的害处，古人一直致力于用法律的手段来禁酒，用道德训诫来劝人们自觉节饮和戒酒。《易经》《诗经》等儒家的经典里都有劝告人戒酒或节饮的箴规。战国时期的名医扁鹊说："久饮酒者溃髓蒸筋，伤神损寿。"唐代以嗜酒知名、自称"醉吟先生"的白居易也说"佳肴与旨酒，信是腐肠膏"。宋代诗人苏轼也十分强调节饮的重要性。元代忽思慧《饮膳正要》云："饮酒过多，丧身之源。"《本草纲目》引北宋诗人邵尧夫诗云："美酒饮教微醉后，此得饮酒之妙，所谓醉中趣、壶中天者也。若夫沉湎无度，醉以为常者，轻则致疾败行，甚则丧邦亡家而陨躯命，其害可胜言哉？此大禹所以疏仪狄，周公所以著《酒诰》，为世范戒也。"清人梁同书在《说酒二百四十字》一书中也罗列了纵酒的诸多害处，要人们节制饮酒。

现代科学已证实古人的这些认识和说法是正确的。饮酒过量，不仅会使人的知觉、思维、情感、智能、行为等方面失去控制，飘飘然忘乎所以，还会摧残人的肌体，导致营养障碍、精神失常、胃肠不适、肝脏损伤，甚至引起心脏、癌症等多种病变和中毒身亡的严重后果。长期过量饮酒者的患病率极高，死亡率也高。

二、"开君一壶酒，细酌对春风"[1]：酒要笑着喝

在古代，人们不仅注重酒的质量和强调节制饮酒，而且还十分讲究一起饮酒的人、环境和方法，如和什么人饮、什么时候能饮、什么时候不宜饮、在什么地方饮酒、饮什么酒、如何饮酒等，都有许多规矩和讲究。明代著名画家吴彬曾写过一篇名为《酒政六则》的文章，做过如下概括：

//·饮人

应该和什么人一同饮酒，吴彬总结道：高雅、豪侠、真率、忘机、知己、故交、玉人、可儿。与高雅的人共饮，高谈阔论；与豪侠、真率共饮，酣畅淋漓；与忘机、知己、故交共饮，那是酒逢知己千杯少；与玉人、可儿共饮，那就是倾诉衷肠，酒不醉人人自醉。

//·饮地

应该在什么地方饮酒？吴彬说：花下、竹林、高阁、画舫、幽馆、曲涧、平畴、荷亭。

花前月下、竹林高阁，画舫幽馆、曲院风荷，最好是名山大川、河滨峰巅、平芜青山，这些场所，对今人饮酒聚会来说，恐怕是很难做到的，但吴彬说的"春饮宜亭，夏饮宜郊外，秋饮宜舟，冬饮宜室，夜饮宜月"，很多人还是可以办到的。

古人有"山饮""水饮""郊饮""野饮"之习，颇喜在游览观光中饮酒，因此，他们饮酒的处所，往往不在大雅之堂，不在闹市之肆，而在山峦之巅、

1　引自南北朝诗人庾信的《答王司空饷酒诗》："今日小园中，桃花数树红。开君一壶酒，细酌对春风。未能扶毕卓，犹足舞王戎。仙人一捧露，判不及杯中。"

溪水之畔，或在郊野之中、翠微之内，如周穆王畅饮于昆仑瑶池，北宋诗人无为子杨次公独酌于莲花峰上，南梁名士何点致醉于钟山之阿，东晋大司马桓温置酒于龙山之顶，李白"长歌吟松风"，杜牧"与客携壶上翠微"，等等。置身于这秀丽的山光水色之中，呼吸着新鲜空气，会使人赏心悦目、心旷神怡，饮兴自然倍增。襄阳的"好风日"、石鱼湖的"大浪"，使得唐代诗人王维和元结浮想联翩，发出了"留醉与山翁""我持长瓢坐巴丘，酌饮四座以散愁"的欢声；江上的清风，山间的明月，更使宋代文人苏轼赤壁江中畅饮竟夕，写下了千古流芳的《赤壁赋》；李白也用"路上齐桡乐，湖心泛月归。白鸥闲不去，争拂酒筵飞"的诗句描述了在湖光山色、白鸥竞飞的令人陶醉的意境中饮酒的欢乐，其情趣，确实是在高堂明烛下所难以领略到的。

//·饮候

应该在什么时候饮酒，吴彬他挑了几个时候：春郊、花时、清秋、新绿、雨霁、积雪、新月、晚凉。真正懂得饮酒乐趣的人，不会不分白天黑夜、不辨春夏秋冬地喝酒，饮酒的时令至关重要，白日花下饮酒；晚上雪前饮酒；夏天上高楼喝酒，清风可以降暑；秋天在水边喝酒，醉赏秋水共长天一色；冷落清秋节，雨霁云明时，积雪消融、新月初挂，都是饮酒佳时，所谓娱心景物，慰眼风光，需得美酒才能不废这良辰美景。而在日炙风燥，渡阴恶雨，年暮思归，心情烦躁，不速客至，而有他期之时，则不宜饮酒。明代诗人、画家唐伯虎每于晚凉之时，必邀知己至桃花坞相饮，这就是讲究饮候。

//·饮趣

应该怎么饮酒才更有趣？吴彬提出了几种方式：清谈、妙令、联吟、焚香、传花、度曲、返棹、围炉。在那个文人风气盛行的年代，必然是充满文雅之气、书卷之气的娱乐活动。《红楼梦》中就有许多酒席之间妙趣横生的行酒令描写。酒令有通令和雅令之分。通令主要是掷骰、抽签、划拳、击鼓传花等，容易形成酒宴中热闹的气氛；雅令就是诗令、词牌令等。把书卷之气的娱乐活动与现代人的叙事语境结合起来，或许能创造饮酒不一样的仪式感。

// · 饮禁

就是饮酒时不该发生的不愉快的事情，吴彬认为主要包括华诞、座宵、苦劝、争执、避酒、恶谑、唷秽、佯醉等。华诞在这里指什么，颇令人费解；座宵可能是指喝酒耗到太晚；苦劝就是使劲劝酒、强人喝酒；争执就是两人对吵；避酒就是恶意逃酒，强迫别人喝自己不喝；恶谑就是胡言乱语；唷秽就是呕吐；佯醉当然就是假装喝高，败坏酒性。

饮酒时不能强逼硬劝别人，自己也不能赌气争胜，不能喝硬要往肚里灌。明末清初人张潮在为其友黄九烟的《酒社刍言》所作的小引中说："饮酒之人，有三种，其善饮者不待劝，其绝饮者不能劝。惟有一种能饮而故不饮者宜用劝，然能饮而故不饮，彼先已自欺矣，吾亦何为劝之哉？故愚谓不问作主作客，惟当率喜称量而饮，人我皆不须劝。既不须劝矣，苛令何为？"清代阮葵生所著《茶余客话》引陈畿亭的话说："饮宴若劝人醉，苟非不仁，即是客气，不然，亦俗也。君子饮酒，率真量情；文士儒雅，概有斯致。夫唯市井仆役，以通为恭敬，以虐为慷慨，以大醉为欢乐，士人亦效斯习，必无礼无义不读书者。"强人饮酒，不仅是败坏这一赏心乐事，而且容易出事，甚至丧命。因此，作为主人在款待客人时，既要热情诚恳，又要理智。切勿强人所难，执意劝饮。

// · 饮阑

饮阑应该是指饮酒将尽或酒局结束之后，这时大家可以做些轻松的事情，如散步、倚枕、踞石、分匏、垂钓、岸巾、煮泉、投壶。倚枕就是在枕头上靠一会；踞石就是靠着石头休息；分匏似无确切含义，似乎是每人拿个瓢装上鸟食喂鸟；岸巾也叫岸帻，意思是推起头巾，露出前额；煮泉应该是指煮山泉水泡茶，投壶就是玩投壶游戏。

　　// · 饮绪

　　这条不是吴彬《酒政六则》中的内容，而是古人认为的不可或缺的饮酒禁忌，那就是饮酒情绪，酒不能乱饮，只有在身体和情绪正常的情况下才能饮用，身体不适、过分忧愁、伤心或盛怒之时都不能饮酒，否则会损害身体健康。按中医的理论说，人在发怒时，肝气上逆，面红耳赤，头痛头晕，如再饮酒，加上乙醇的作用，势如火上浇油，更宜失控，以至造成不堪设想的后果。

　　如选择合适的场合：无论在花前月下，泛舟中流的露天场合，还是在宅舍酒楼，只要使人感到幽雅、舒畅，便是饮酒的最佳场合。

　　// · 饮众

　　这一条也不是吴彬《酒政六则》中的内容，但也是古人的经验之谈，那就是"独乐不如众乐乐"，一个人喝闷酒，不如呼朋唤友同饮。明末清初人张潮在为其友黄九烟的《酒社刍言》所作的小引中，就提到了友人聚饮的好处："盖知己会聚，形骸礼法，一切都忘，惟有纵横往复，大可畅叙情怀。"

　　聚食、聚饮对一般人尚且有如此好处。对老年人来说就更为重要。老人最忌寂寞。古人除了儿孙绕膝之外，大都喜欢与友人相聚饮酒以为乐。其实他们聚饮的目的也并不在于吃喝，而主要在于活动筋骨、舒畅身心。据史籍记载，西汉宣帝时，太傅疏广、少傅疏受告老离职后，便不惜金银，经常"卖金买酒与故旧欢"。唐武宗会昌五年（845年）的春夏两季，白居易家中先后举行了两次著名的聚会，第一次聚会是在当年的春三月，与会的加上白居易共计7人，其他人是原怀州司马胡杲（89岁）、原卫尉卿吉皎（88岁）、原滋州刺史刘真（87岁）、原龙武长史郑据（85岁）、原侍御史内供奉卢真（82岁）、原永州刺史张浑（77岁）。白居易曾作《七老会诗》："七人五百七十岁，拖紫纡朱垂白须。手里无金莫嗟叹，樽中有酒且欢娱。吟成六韵神还壮，饮到三杯气尚粗。嵬峨犯歌教婢拍，婆娑醉舞遣孙扶。天年过高二疏传，人数多于四皓图。除却三山五天竺，人间此会更应无。"

当年夏天，白居易在洛阳履道坊中又与八位寿星举办逸游文会，与宴者新添两位高寿老人，136岁的李元爽和95岁的僧如满。因白居易晚年号香山居士，故又称之为"香山九老会"。这群平均年龄约九旬的老人不时游宴于香山龙门寺，诗酒唱酬。为此盛事，白居易写了《九老图诗》，着重描绘李、僧二老的仙姿道骨："雪作须眉云作衣，辽东华表鹤双归。当时一鹤犹稀有，何况今逢两令威！"

北宋的补相李昉，退休后也学白居易，组织了新的"九老会"；太尉文彦博留守洛阳时，也召集洛阳城中年高德望者十三人为"耆英会"；南宋的史浩八十大寿时，也曾"置酒高会"，与他八十四岁的姐姐和六七十岁的弟弟们欢聚一堂，极一时之盛。

这种老龄聚饮之风一直延续到清代。康熙三十三年（1694年）三月三日，钱陆灿、孙枏、盛符升、徐乾学、徐秉义、尤个、何桀、黄与坚、王日澡、许赞缯、周金德、秦松龄十二位老人聚饮于遂园举行修禊饮酒活动。十二人的年龄总共是八百四十二岁。为纪此盛事，著名的宫廷画家禹之鼎还特意绘制了一幅《遂园耆年禊饮图》。

三、"温酒拨炉火，题诗敲砚冰"[1]：酒要温着喝

元代医学家朱震亨说："（酒）理直冷饮，有三益焉：过于肺入于胃，然后微温，肺先得温中之寒，可以补气；次得寒中之温，可以养胃。冷酒行迟，传化以渐，人不得恣饮也。"但清人徐文弼则提倡温饮，他说酒"最宜温服""热饮伤肺""冷饮伤脾"。折中的观点是酒虽可温饮，但不要热饮。元人

1　引自南宋诗人戴复古的《次韵史景望雪后》："雪中寒力壮，病骨瘦难胜。温酒拨炉火，题诗敲砚冰。惊心双白鬓，知我一青灯。欲误浮生事，思参小大乘。"

贾铭说："凡饮酒宜温，不宜热。"至于冷饮、温饮何者适宜，这可随个体情况的不同而有所区别对待。

明人陆容在《菽园杂记》中记载了自己的亲身感受和经历："尝闻一医者云：'酒不宜冷饮。'颇忽之，谓其未知丹溪（即朱震亨）之论而云然耳。数年后，秋间病利，致此医治之，云：'公莫非多饮凉酒乎？'予实告以遵信丹溪之言，暑中常冷饮醇酒。医云：'丹溪知热酒之为害，而不知冷酒之害尤甚矣。'予因其言而思之，热酒固能伤肺，然行气和血之功居多；冷酒于肺无伤，而胃性恶寒，多饮之必致郁滞其气。而为亭饮，盖不冷不热，适其中和，斯无患害。古人有温酒、暖酒之名，有以也。"

此二人的说法是有道理的，因为酒中除乙醇外，还含有甲醇、杂醇油、糠醛、丁醛、戊醛、乙醛、铅等有害物质。甲醇对视力有害，十毫升甲醇就会导致眼睛失明，摄入量再多会危及生命。但甲醇的沸点是64.7℃，比乙醇的沸点78.3℃低，用沸水或酒精火加热，它就会变成气体蒸发掉；乙醛是酒的辛辣气味的主要构成因素，过量吸入会出现头晕等醉酒现象，而它的沸点只有21℃，用稍热一点的水即可使之挥发。同时，在酒加热的过程中，酒精也会随之挥发一些，这样，酒中的醉人成分也就少了许多。当然，酒的温度也不能加得太高，酒过热了饮用，一是伤身体，二是乙醇挥发的太多，再好的酒也没味了。

四、"浅酌劝君休尽醉"：酒要抿着喝

从古至今，很多人喝酒喜欢大杯痛饮，其实这样饮酒是不科学的，正确的饮法应该是浅酌慢饮，清代著名清代诗人、学者、藏书家朱彝尊在《食宪鸿秘》中说："饮酒不宜气粗及速，粗速伤肺。肺为五脏华盖，允不可伤。且粗速无品。"清代烹饪书《调鼎集》中更明确地说："（酒）忌速饮流饮。"清代大词人纳兰性德也说："浅酌劝君休尽醉，人间百岁酒初醒"（《缑山曲》）。

吃饭、饮酒都应慢慢来，这样才能品出味道，也有助于消化，不致于给

脾胃造成过量的负担。

五、"醉后失天地，兀然就孤枕"[1]：酒勿混着喝

元代医家贾铭在其著作《饮食须知》说："饮食藉以养生，而不知物性有相反相忌，丛然杂进，轻则五内不和，重则立兴祸患，是养生者亦未尝不害生也。"饮酒也是如此，各种不同的酒中除都含有乙醇外，还含有其他一些互不相同的成分，其中有些成分不宜混杂，多种酒混杂饮用会产生一些新的有害成分，会使人感觉胃不舒服、头痛等。北宋人陶谷所著笔记作品《清异录》曾劝诫人们说："酒不可杂饮。饮之，虽善酒者亦醉，乃饮家所深忌。"

六、"对酒不能言，凄怆怀酸辛"[2]：酒勿空腹喝

中国有句古语叫"空腹盛怒，切勿饮酒"，认为饮酒必佐佳肴。唐代"药王"孙思邈的《千金食治》也提醒人们忌空腹饮酒，因为酒进入人体后，乙醇是靠肝脏分解的。肝脏在分解过程中又需要各种维生素来维持辅助，如果此时胃肠中空无食物，乙醇最易被迅速吸收，造成肌理失调、肝脏受损。因此，饮酒时应佐以营养价值比较高的菜肴、水果，这也是饮酒养生的一个窍门。

现代研究也表明，酒与碳酸饮料同饮可能会促进乙醇在胃黏膜的吸收，增加酒精的吸收速度，使人更容易感受到醉酒，因此，在喝酒之前可以先吃一些含有蛋白质、淀粉或者脂肪的食物，减缓酒精的吸收速度，达到延缓醉酒的目的。

1　引自李白的《月下独酌四首》之三："三月咸阳城，千花昼如锦。谁能春独愁，对此径须饮。穷通与修短，造化夙所禀。一樽齐死生，万事固难审。醉后失天地，兀然就孤枕。不知有吾身，此乐最为甚。"
2　引自西晋诗人阮籍的《咏怀八十二首》。

七、"园翁旋相问，酌酒仍烹茶"[1]：酒后就茶喝

自古以来，不少饮酒之人常常喜欢酒后喝茶，以为喝茶可以解酒，其实则不然，酒后喝茶对身体极为有害。李时珍说："酒后饮茶，伤肾脏，腰脚重坠，膀胱冷痛，兼患痰饮水肿、消渴挛痛之疾。"清代著名藏书家朱彝尊也说："酒后渴，不可饮水及多啜茶。茶性寒，随酒引入肾脏，为停毒之水。"

现代科学已证实了他们所说的酒后饮茶对肾脏的损害。研究表明，酒后饮浓茶会直接损伤胃黏膜，导致胃炎、胃十二指肠溃疡，甚至发生胃出血。而浓茶对胃黏膜也会产生一定的刺激性，诱发胃酸分泌，所以喝浓茶对酒后损伤胃黏膜起着推波助澜的作用。

研究还证实，醉酒后饮浓茶，确实对肾脏不利，因为酒精的绝大部分，均已在肝脏中转化为乙醛，之后再变成乙酸，乙酸又可分解成二氧化碳和水，经肾脏排出体外。而浓茶中的茶碱，可以迅速地对肾脏发挥利尿作用，这就会促进尚未分解的乙醛过早地进入肾脏。乙醛对肾脏有较大的刺激性，从而对肾功能造成损害，严重者可危及生命。

据古人的养生之道，酒后宜以水果解酒，或以甘蔗与白萝卜熬汤解酒。

---

1 引自宋代诗人陈文蔚的《甲寅寒食日访徐子融子融同出游晚归志所历》二："……行行复行行，小筑逢异范。杂然不知名，品品亦自嘉。园翁旋相问，酌酒仍烹茶。珍重颇深筒，市井避喧哗。子乃若有告，未语先咨嗟。"

酒之兴

JIU ZHI XING

第八章

『酒幔高楼一百家』：中国当代酒业与酒文化

题记

唐代时，酒业发达，酒楼鳞次栉比。各家酒楼打出的旗号，也叫酒幌、酒旗、酒幔，形状各异、五颜六色、漫天飞舞，别有一番景象。中唐著名诗人王建对此市井繁华景象的描述是"酒幔高楼一百家，宫前杨柳寺前花"（《宫前早春》）。本章讲述中华人民共和国成立后的酒业发展盛况，就以"酒幔高楼一百家"为诗题。

第一节　"美酒飘香歌声飞"
——国酒发展大事记

//·1947—1948 年　关键词：第一家公营酒厂

1947 年 11 月，石家庄成为解放战争时期全国最早获得解放的大城市，12 月，人民政府当即对酿酒行业进行公营改造。1948 年 1 月，新中国第一家公营酿酒厂——石家庄公营酿酒厂在石家庄永安街诞生。酒厂由 9 家单位组成，并购了恒源勇、近义堂、永聚源、福庆源、丰聚堂五家传承千年的私营烧坊，除了销售散酒，还销售瓶装酒。

//·1945—50 年代　关键词：公私合营

1945 年，吉林省长春市榆树县获得解放。1946 年，创办于清嘉庆十七年（1812 年）的"聚成发烧锅"被人民政府接收，改名为榆树县造酒厂，恢复生产，成为比新中国还年长 3 岁的国营酒厂，所产酒即就被人们称为榆树酒，又因为榆树的叶子俗称榆钱，外形圆薄如钱币，榆钱又是"余钱"的谐音，所以不知什么时候起，榆树屯"聚成发烧锅"的酒就被称为"榆树钱"，表达了一种越喝"榆钱"越有"余钱"的朴素美好的愿望。

1948 年，锦州解放后，由原清代满洲贵族出身的锦州北罗台子屯人高士林创办于嘉庆六年（1801 年）的"同盛金烧锅"被当时的东北人民政府接管。1960 年，经辽宁省人民政府批准，"同盛金烧锅"更名为"锦州凌川酒厂"。1996 年 6 月 9 日，在锦州凌川酿酒总厂的搬迁过程中，"同盛金烧锅坊"用于储酒的木酒海被发现，里面仍然存有原酒 4 吨，文物工作者从酒海内层封口纸屑上的封印上得知，这些酒封存于清朝道光二十五年，也就是 1845 年，于是，专家们便就此将这些"世界罕见，珍奇国宝"的美酒命名为"道光廿五"酒。以后锦州凌川酒厂就把"道光廿五"注册为酒品牌。

乾隆十七年（1752年），"义隆泉烧锅"改为"德龙泉烧锅"，同治十年（1871年）又改为"万隆泉烧锅"。从20纪初期的清朝衰败、第一次世界大战，直至太平洋战争爆发一系列大事发生期间，"万隆泉烧锅"虽然历尽沧桑磨难，但一直继承发扬悠久的酿造传统，老龙口始终畅销不衰、生意兴隆。

1948年11月2日，沈阳解放。次年3月1日，沈阳特别市政府专卖局宣布购买最早创建于清代康熙元年（1662年）的"义隆泉烧锅、后于乾隆十七年（1752年）更名为"德龙泉烧锅"、同治十年（1871年）又改为"万隆泉烧锅"的全部资产，暂名为沈阳特别市专买局老龙口制酒厂，1949年6月15日，正式改名为"老龙口制酒厂"，成为国有企业，生产中国名酒老龙口白酒。

1949年，中华人民共和国成立，大搞经济建设，各个地方的酒"烧坊"相继合并，成立国营酒厂，白酒行业迈出了从家庭酒坊，到工厂化的新模式，开启了白酒工业化的"新时代"。

山东潍坊景芝镇于1945年就获得了解放。1946年，山东解放区政府鲁中区沂山分局接管民国时期创建的酒坊"安乐堂"，变成景芝裕华酒厂。1948年5月，景芝裕华酒厂改组为国营山东景芝酒业厂，1952年改称山东景芝酒厂，景芝高烧改称景芝白干。

1949年，中华人民共和国成立后，江苏宿迁泗阳县的洋河镇政府拨出专款，在创办于民国初的"聚源涌""逢泰""南王人""树泉""润泉"等私人酿酒作坊的基础上建立了国营洋河酒厂，这就是今天的江苏洋河酒厂股份有限公司的前身，所产酒即在全国第三、第四、第五届评酒会上荣获国家名酒称号及金质奖的洋河酒。

1949年4月，中央税务总局、华北酒业专卖公司在北平召开首届酒业经营管理会议，决定对酒类实行专卖，停止私人经营，收编创立于康熙十七年（1678年）的"源升号"等12家老酒坊，成立"华北酒业专卖公司实验厂"。

康熙十九年（1680年），正是"源升号"酿造出了"二锅头酒"，1680年也成为中国二锅头酒的元年。1949年9月，"华北酒业专卖公司实验厂"为向新中国第一次国庆献礼，就把酿制出的第一批瓶装二锅头酒，命名为"红星牌二锅头"，从此开始了"红星照耀中国"（原为美国作家埃德加·斯诺的著名纪实文学作品《西行漫记》的中文版名字）的发展历程。

1949年5月18日，安徽淮北市濉溪县赎买了当地创办于民国初年的"小同聚""德泉涌""福全""大同聚""大盛"等知名私人酿酒糟坊，并在此基础上成立了"国营濉溪人民酒厂"，这就是今天的安徽口子酒业股份有限公司的前身。

1949年6月1日，国营山西杏花村汾酒厂在收购成立于1875年（当时名"宝泉益"酒坊）的晋裕汾酒有限公司义泉泳酿造厂和德厚成酿造厂的基础上宣告成立；同年9月，杏花村汾酒被摆到开国大典前的全国第一届政治协商会议的宴席上，从而成为新中国第一种国宴用酒。

1949年7月，湖北枝江解放，10月，创建于清嘉庆二十二年（1817年）的酿酒糟坊"谦泰吉"改名为"维生公"糟坊，以示维护共产党领导的公有制经济之意。1952年8月，原谦泰吉等五家酒糟坊先后被国家赎买而组成了地方国营枝江酒厂，这就是以枝江大曲闻名的湖北枝江酒业集团的前身。

1949年末贵州刚一解放，中央就来电，请求贵州省委、仁怀县委要准确履行党的工商业政策，掩护好茅台酒厂的生产装备，持续进行生产。贵州省依据中央的指导，对成义、荣和、恒兴三家烧房（最大的烧房）在经济上给予有力支撑，赞助其发展。1951年11月，国营茅台酒厂成立。1953年，贵州省把"三茅"收归国有，"恒兴烧房"（最大的烧房）作为官僚资本没收（恒兴烧房曾和国民政府、何辑五合开了贵州银行），给予"荣和烧房"400大洋，给予"成义烧房"120个大洋，三家共同成立了国营茅台酒厂。

1950年初，人民解放军南下解放云南时，由于交通运输不便以及当时物资严重匮乏，特别是军用酒精供应满足不了部队需要，经周总理批准，在解放前旧烧房的基础上建立兴义县人民酒精厂。随着战事的不断扩大，酒精需求量也日益增多。西南平定后，兴义县酒精厂开始转型生产民用白酒，酒厂也于1951年5月改名为"兴义县酒厂"。这就是今天的贵州醇酒厂的前身。

1950年，江苏省宿迁市泗洪县双沟镇以创建于清雍正十年（1732年）的"全德糟坊"为基础，联合镇上其他几个较小的酒坊，成立了"国营宿县专署泗洪县酒厂"。1955年，酒厂更名为双沟酒厂，生产名酒双沟大曲，在当年举行的全国第一届酿酒工业会议上被评为甲等佳酒第一名。

1950年，四川省人民政府川西专卖局赎买了"全兴老号"等酒坊，并沿用其传统技术酿酒，主营产品是"成都府大曲"。1951年，川西专卖局又相继赎买了水井街"福升全"和一个邻近的花果酒厂，成立了川西专卖局大曲酒厂，1953年更名中国专卖事业公司成都支公司酿酒厂，后改名地方国营成都酒厂。酒厂沿用福升全等烧坊的传统技艺和三个老窖池酿酒，酒取名"全兴大曲"。

1950年，利川永、长发升、全恒昌、天锡福、张万和、钟三和、听月楼、刘鼎兴等8家宜宾最著名的老酒坊组建成立"宜宾市大曲酒酿造工业联营社"，生产名酒五粮液；1951年，"宜宾市大曲酒酿造工业联营社"更名为"川南行署区专卖事业公司宜宾专卖事业处国营第二十四酒厂"。1959年，酒厂正式更名为"宜宾五粮液酒厂"，这家规模庞大的酒企，于1998年公司正式改制为"四川省宜宾五粮液集团有限公司"，并通过创新发展，成为当时的"白酒大王"。

1951年5月，四川绵竹县人民政府着手恢复经济、发展生产，拨出谷子30担，委派干部，在原民国时期的"朱杨白赵"4家老窖作坊的地方，建起了"地方国营绵竹酒厂"，这就是剑南春酒厂的前身。

1951年9月，甘肃省陇南市徽县政府在成立于清代的"恭信福""永盛源""万盛魁"等老白酒烧酒坊的基础上组建了地方国营金徽酒厂，所产即中国名酒金徽酒。

　　1951年12月，四川省遂宁市射洪县和柳树镇当地政府对创建于清末的酒坊泰安作坊进行公有制改造，成立"国营射洪县曲酒厂"，沿袭传统工艺酿制沱牌曲酒，后为使厂名和酒名统一，将厂名改为"沱牌曲酒厂"。

　　1952年，江西省宜春樟树市国营烟酒专卖公司成立，对成立于清代光绪二十年（1894年）的老酒坊"娄源隆"实行赎买政策，筹建了樟树酒厂，请回了散失的酿酒技师，于1958年正式恢复中国名酒四特酒的生产。

　　1952年，在周恩来总理的家乡、江苏省淮安市下辖涟水县高沟镇，成立于民国初期的"裕源糟坊"业主汪禹平自愿将糟坊献给民主政府，与淮海贸易公司兴办的"金庄糟坊"，合并成立"高沟糟坊"。次年秋，"天泉""公兴""永泉""距源""义兴""广泉""长春"七家糟坊与"高沟糟坊"合并，成立地方国营高沟酒厂，所产名酒除高沟大曲外，还有研制于1997年的当代名酒今世缘。今世缘发展迅猛，后高沟酒厂干脆改名为今世缘酒业（集团）公司。

　　1952年，当时的贵州仁怀县工业局从茅台酒的发展历程中受到启发，也决定上马酿酒业，遂开始对习水、赤水河一带进行考察，最后厂址确定在现在习酒镇的位置，以700元的价格收购了创建于明清时期的殷、罗二姓白酒作坊，命名为"贵州省仁怀郎酒厂"，这就是习酒厂的前身。

　　1952年，湖南常德政府对解放前留下来的十几家小酒坊进行公私合营改造，在"崔婆酒酿造旧酒坊"遗址上建立了"常德专署酒类专卖处酿酒厂"，后以常德古地名命名为武陵酒厂。20世纪60年代末期，随着毛主席两度回湖南常住，各地来客数量陡增，而作为接待专供的茅台酒，每年又只有1000斤配额供应湖南，根本供不应求，当时的湖南省革委会遂决定在当地酿造一款与茅台口感、品质相当的接待专用酒。这一任务交给了武陵酒厂。武陵酒厂于1971年试制成功新酒，这就是"武陵酒"，在1989年1月举行的全国第五届评酒会上获"中国名酒"称号并获国家金质奖。

　　1952年5月，湖北荆州松滋县税务局接管民国初成立的"泰顺和"糟坊改组而成松滋县人民酒厂，从私人作坊变成公有制酒厂。20世纪70年代开始，松滋县人民酒厂通过优质窖泥的培养、优质曲的培制、酿造工艺的改进，在1973年的金秋，推出了第一代产品"松江大曲"。1974年，松江大曲改名为"白云边"，取意于唐代诗仙李白的名诗"且就洞庭赊月色，将船买酒白云边"。这就是名酒白云边的由来。

1955年7月，四川泸州市以"温永盛烧坊"为首的36家明清老酒坊合营成立泸州市私营曲酒酿造厂，同年11月，与四川省专卖公司国营第一酿酒厂合并组建"公私合营泸州市曲酒厂"，即现在的泸州老窖股份有限公司的前身。

1952年，在广东省佛山市禅城区石湾镇，创立于清朝道光十年（1830年）的陈太吉酒庄与"永联兴""品栈酱园"解放前成立的私营作坊联营，组成"石湾酒联组"；1956年9月，有关方面组织由粤中酿造厂的14人加上原陈太吉酒庄的人员共32人，以陈太吉酒庄原址作为厂址组建公私合营陈太吉酒厂，生产"石湾豉味玉冰烧酒"，简称玉冰烧酒。

1952年10月26日，北京顺利牛栏山酒厂在创办于清末民初时期的"富顺成""魁胜号""义信和""公利号"四家烧锅的基础上成立，专业生产二锅头酒，老百姓称之为"牛二"。

1953年，福建建瓯整个酒行业实施公私合营，成立于明清时期的"长春""复兴和""茂发""万益""六合春""兴记""利记""聚成"等13家酒行、酒库逐步合并，组成联产酒厂。1956年，联产酒厂与"宜泰""瑞记"等四家酒坊合并，成立公私合营建瓯酒厂。1985年6月，建瓯酒厂从贵州遵义引入香醇糟种、胚料、窖泥等进行试验，试制出了第一批窖酒，取名"福矛窖酒"。

1956年，四川金牛坝会议中周恩来总理提到："四川还有个郎酒嘛，解放前就很有名，要加快发展！"1957年，在周总理的关怀下，原二郎镇上的数家回沙郎酒老酒坊合并建立了古蔺郎酒厂。

　　1956年，地方国营绍兴酒厂与成立于康熙三年（1664年）的"沈永和酒厂"实行公私合营，生产"古越龙山"的著名黄酒品牌。

　　1956年2月，陕西省宝鸡市眉县县委"私改办"派工作组，将分布于金渠镇、齐镇等处创办于清代的"福长号""太泉号""义丰涌""裕德海""德盛茂"等六家酿酒作坊进行了公私合营，成立了眉县太泉酒厂，生产太白酒。太白酒中的太白二字虽然与李白的表字相同，但其命名与李白无关，而是源于秦岭太白山，得名于商代末时周文王姬昌的大伯，当时称"太伯"。太伯本是周文王的祖父古公亶父的长子，本来是古公亶父的继承人，但古公亶父更欣赏的是太伯的小弟弟，也就是后来的周文王的父亲季历，太伯为了满足父亲的心愿，就远远地躲避到蛮荒之地吴地，创建了吴国。周武王灭商后，为了报答叔祖父太伯让位给祖父季历的恩情，便把秦岭一带山脉封为太伯山。

　　1957年，山东省淄博市高青县开展酒业公私合营运动，国营高青县酿酒厂成立，采用古老的"井窖工艺"生产65度白酒扳倒井。1998年，高青县酿酒厂通过股份制改造成立扳倒井酒业有限公司。

　　1958年，安徽省亳州市谯城区古井镇减店村原创建于明代正德十年（1515年）的"公兴糟坊"及所属的明代窖池群被国家收为人民公社的酒厂，"公兴糟坊"从此正式更名为"安徽亳县减店酒厂"。1959年，减店酒厂所生产的酒被正式命名为"古井贡酒"。在1963年举行的第二次全国评酒会上，共评出了八大名白酒，古井贡酒位列第二。

　　1968年，老子故里、河南省鹿邑县下辖的枣集镇政府在镇内二十余家明清和民国时期酒作坊的基础上开办了酒厂，同年改名为国营鹿邑曲酒厂，生产鹿邑大曲。因酒厂坐落在古宋河之滨，酿酒用水取自宋河之清流，又因酿酒用粮为当地优质高粱，所以1970年，人们又在鹿邑大曲的基础上研制成功一款新酒，命名为宋河粮液。

//·1949 年　关键词：国宴用酒

1949 年 9 月 30 日，通化葡萄酒成为全国政协第一届会议第一次全体会议宴会用酒；1949 年 10 月 1 日，通化葡萄酒和茅台一起成为 800 人开国大典庆祝宴会专用酒。

//·1952 年　关键词：第一届全国评酒会

中国第一届全国评酒会在北京举行，中国老四大白酒出炉：分别是茅台酒、汾酒、泸州老窖特曲、西凤酒，分别是酱、清、浓、凤的代表产品，这为后来的香型细分奠定了基础。

//·1955 年　关键词：全国糖酒会

这一年，第一届全国糖酒食品交易会召开，开启了会展交流的初级模式。此后参加糖酒会也成了糖酒食品圈内人一次重要的聚会，其主导的"商业搭台，工业唱戏"的现代模式，极大地推动了传统酿造行业走出去，请进来，成为行业发展的重要动力。

//·1958 年　关键词：剑南春

1958 年 8 月的一天，时任绵竹县酒厂厂长的郑洪粹亲自到成都，找到四川大学著名教授庞石帚先生，请他到绵竹考察。在当晚的接风宴上，郑洪粹用在绵竹大曲的基础上改进而来的新酒"混料轩"招待庞石帚。庞老端着酒杯深深一嗅，说这酒比以前的绵竹大曲更好，只是可惜了这个酒的名字。郑洪粹赶紧接过他的话头，请其为这款酒改名。庞石帚饮尽杯中之酒，在大家的簇拥下来到旁边的一张桌子前，桌上早已摆上笔墨纸砚。庞石帚略一沉思，拿起毛笔，饱蘸浓墨，落笔如飞，须臾之间，"剑南春"3 个大字跃然纸上。

"剑南者，剑门关之南也。春者，一年四季之所在，草木萌发，万物复苏之时节也。故古人以春代称酒，寓意酒之美也。剑南烧春，唐时已名满天下，为宫廷御酒，今命名为剑南春，寓意剑门雄关之南，有美酒如春之景也！"

庞老的解释让在场所有人无不拍案叫绝。

// · 1959 年　关键词：五粮液

这一年，"中国专卖公司四川省宜宾酒厂"正式更名为"宜宾五粮液酒厂"，这家规模庞大的酒企，于1998年公司正式改制为"四川省宜宾五粮液集团有限公司"，并通过创新发展，成为"白酒大王"。

// · 1963 年　关键词：老八大名酒

这一年，第二届名酒大会在北京举行，评出全国影响力最大、至今仍被人们津津乐道且公认的中国老"八大名酒"：五粮液、古井贡酒、泸州老窖特曲、茅台酒、全兴大曲酒、西凤酒、汾酒、董酒。

// · 1964 年　关键词：名酒厂推进试点工作

为了推动白酒行业的发展，周恩来总理要求酿酒专家周恒刚带队，对汾酒厂、茅台酒厂进行试点，此次试点开创了对白酒香味成分剖析的探讨，通过对酱香型白酒曲种、酿造工艺、微生物特性及香味成分深入研究、成功检测和科学总结，探究各香型白酒微量成分含量之谜，对后来提高白酒酿造的整体水平，功不可没。

// · 1966 年　关键词：破四旧

1965年6月25日，安徽省轻工厅下文，决定从1966年1月10日开始，将古井贡酒改名为古井酒。1967年，古井贡酒禁销，数十万套古井贡商标一举被焚，"贡"字被戴上"四旧"的帽子，其简易的新商标"古井酒"开始广泛使用。与此同时，汾酒厂生产的汾酒、竹叶青酒，大量启用"四新"牌注册商标。

古井贡和汾酒在"文革"期间的经历诠释了"破四旧、立四新"的精髓。当然，留下烙印的远远不止这两个品牌，茅台的"飞天牌"同样因为有封建嫌疑而被改为"葵花牌"，寓意"朵朵葵花心向党"；五粮液酒采用了"红旗牌"注册商标；董酒则更名"红城牌"，商标图案是一把红色火炬。全国各地的酒都开始有了红色文化的印记。

大批专卖公司职工被下放农村，酒业此时处于无人监管的状态。有些公社、生产队、农场、机关、团体、学校、企事业单位均自办酒厂，自由经营。这些小酒厂往往粗制滥造、浪费粮食，酿出的酒口感并不好。除了一些名酒大厂外，此时大多数小厂生产的白酒往往质量堪忧。

// · 1979—1989 年　关键词：全国评酒会

在这期间，国家组织了三次全国评酒会，其中，第三届全国评酒会1979年在大连举行，共评出8种名酒：茅台酒、汾酒、五粮液、剑南春、古井贡酒、洋河大曲、董酒、泸州老窖特曲。

第四届全国评酒会1984年在太原举行，共评出13种名酒：茅台酒、汾酒、五粮液、洋河大曲、剑南春、古井贡酒、董酒、西凤酒、泸州老窖特曲、全兴大曲酒、双沟大曲、特制黄鹤楼酒、郎酒。

第五届全国评酒会1989年在合肥举行，共评出17种名酒：茅台酒、汾酒、五粮液、洋河大曲、剑南春、古井贡酒、董酒、西凤酒、泸州老窖特曲、全兴大曲酒、双沟大曲、特制黄鹤楼酒、郎酒、武陵酒、宝丰酒、宋河粮液、沱牌曲酒。这也是新中国最后一次全国评酒会。

// · 1994 年　关键词 ：酒企上市

1月6日，山西汾酒在上交所上市，成为中国白酒第一股，自此拉开了中国白酒行业的第一轮上市潮。1994年5月9日，泸州老窖在深交所上市，1996—1998年，舍得酒业、古井贡酒、水井坊、酒鬼酒、五粮液、金种子酒、顺鑫农业先后上市。2001年8月27日，贵州茅台在上交所上市，2002年10月29日，老白干酒在A股上市，白酒企业第一轮上市潮自此落幕。

//·1995 年　关键词：公务宴请

中央二十八个部委作出决定，公务宴请不喝白酒。1996 年，《酒类广告管理办法》付诸实施，规定电视节目每套每天 19 点—21 点黄金时段，播放的白酒广告不得超过两条，报纸、期刊每期的广告不得超过两条，且不得是头条。

//·1996—1997 年　关键词：标王；1997 年　关键词："勾兑门"

危机之下，白酒企业之间的竞争日趋激烈，为此，许多酒企加快了市场转型，以孔府家、孔府宴、秦池等为代表的鲁酒企业将白酒行业带入了广告营销时代。1994 年 11 月，孔府宴酒击败孔府家酒和太阳神，获得首届央视标王。1995 年 11 月、1996 年 11 月秦池分别斥资 0.67 亿元和 3.21 亿元拿下当年的央视标王。

1997 年，一篇揭发秦池是勾兑酒的新闻报道出炉，秦池一夜之间从天上跌落到地狱。秦池引发的"勾兑门"，将白酒行业陷入百口莫辩的旋涡里。"勾兑"本是行业术语，被不明就里的业外人理解成了"造假酒"，这个误解，让一个年销售额过 10 亿的企业彻底倒下，足见其杀伤力。

//·1998 年　关键词：假酒案

2 月，山西省文水县农民王青华用 34 吨甲醇加水后勾兑成散装白酒 58 吨，造成 27 人丧生，200 多人中毒入院治疗，其中多人失明，引起政府高度重视。朔州毒酒案导致市场监管更加严格，1998 年 5 月，国家轻工业局发布了《酒类生产许可证实施细则》，所有白酒生产企业，只有取得生产许可证，才允许生产销售白酒产品。

//·2002—2011 年：关键词：黄金十年

加入 WTO 以来，我国经济进入高速发展时期，居民消费水平持续提高。随着市场环境的成熟与各项制度趋于稳定，白酒行业随之步入发展的黄金十年。国家统计局公布的数据显示，2002—2011 年，我国白酒行业收入由 496

亿元增长至3747亿元，实现了近7倍数的增长。这一时期，白酒也从日常消费品转变为商务社交活动的首选，主要的白酒品牌纷纷开始涨价，高端白酒价格持续攀升，中高端白酒市场份额不断上升。

// · 2005年　关键词：茅老大

随着市场的发展，酱香型白酒因其具有生产周期长、出酒率低的特点，成为稀缺性白酒，受到市场热烈追捧，酱香型代表酒企贵州茅台在这一时期快速发展，2005年，贵州茅台净利润首次超过五粮液，白酒行业的竞争格局也在此期间逐渐形成，茅台和五粮液两大巨头酒企雄踞中国白酒市场，成为当之无愧的行业霸主。

// · 2006—2008年　关键词：非物质文化遗产

白酒酿制技艺作为我国的非物质文化遗产，逐批被纳入国家非物质文化遗产。2006年，茅台酒酿制技艺、泸州老窖酒酿制技艺、杏花村汾酒酿制技艺、绍兴黄酒酿制技艺被列入第一批国家级非物质文化遗产名录；2008年，北京二锅头酒传统酿造技艺、衡水老白干传统酿造技艺、山庄老酒传统酿造技艺、板城烧锅酒传统五甑酿造技艺、梨花春白酒传统酿造技艺、老龙口白酒传统酿造技艺、大泉源酒传统酿造技艺、宝丰酒传统酿造技艺、五粮液酒传统酿造技艺、水井坊酒传统酿造技艺、剑南春酒传统酿造技艺、古蔺郎酒传统酿造技艺、沱牌曲酒传统酿造技艺被收录到第二批国家级非物质文化遗产名录。

// · 2011年　关键词：从量计税

2011年1月，中央"84号文件"发布，规定将白酒消费税调整为从价计征与从量计征相结合的复合计税方法，即对以粮食和薯类为原料生产的白酒，在维持原25%和15%比例从价计税的基础上，增加了对每500克白酒0.5元的从量征税，同时停止企业外购已完税原料酒和酒精的税款抵扣。自此，广告宣传费不予税前扣除，白酒生产许可制度，取消所得税优惠政策等市场监管政策频发，更让白酒行业的发展蒙上一层阴影。从此之后，白酒企业大量试水高端酒，拉开了"高价时代"大幕。

// · 2012年　关键词：禁酒令

一纸"禁酒令"吹响了"黄金十年"的终结号，高端白酒量价齐跌，整个白酒行业进入深度调整。有人评论说，政策严管只是白酒发展史的一次突发性事件，衰退与调整才是十年宿醉之后的必然。

// · 2012年　关键词：禁酒令

2012年3月，时任总理温家宝在廉政会议上作出指示，禁止用公款购买高档白酒。2012年12月，《中央军委加强自身作风建设十项规定》出台，对军队接待工作中饮酒亮出了红牌。之后，各地方政府又陆续出台地方版"禁酒令"。伴随着国家反腐倡廉运动的开展，白酒产业黄金十年期结束。这一时期，白酒产量增速逐渐放缓，白酒消费逐渐回归理性，高端白酒消费市场不断降温。在此期间，白酒行业龙头企业易主，贵州茅台于2013年实现营收和净利润双数据反超五粮液，自此稳坐中国白酒市场龙头宝座。

// · 2013—2014年　关键词：互联网

随着互联网深入人心和智能电话的普及，一场以"互联网"名义的时代革命在白酒业兴起，互联网产品风靡酒圈，电商改革潮成了当时最时髦的话题。

// · 2017年至今　关键词：千亿时代

经过几年的市场冷静期调整，2017年起，白酒行业逐渐复苏，以茅台、五粮液为首的高端白酒销量开始大幅回升，高端白酒行业进入新一轮涨价潮，白酒行业营收快速增长。

2017年，我国第一个千亿白酒产区——四川宜宾诞生，有力地巩固和提升了川酒在中国白酒产业的地位。2020年4月16日，贵州茅台A股市值飙升至1.49万亿元人民币，一举超过老大哥工商银行1.38万亿市值，成为A股市值第一股。2020年，纳税贡献率排名前五十的上市企业中，17家为白酒企业，中国白酒行业实现利税破千亿元。

在此期间，互联网加速在白酒行业渗透，为白酒行业商业模式带来变革，以江小白为代表的白酒创新品牌不断涌现，白酒行业持续回暖，景气度不断上升，资本频频下注白酒行业，于2021年迎来上市热潮，据不完全统计，2021年，对外公布资本市场规划，包括IPO排队、IPO备案、进入辅导期、借壳等形式在内，以及提出在未来几年上市目标的酒企总数量超过30家。

但随即就传出了证监会对白酒企业上市亮红灯的消息，究其原因，还是在于白酒企业从生产上来说，属于高污染、高耗粮行业，再有一点就是，国家现阶段最需要的是扶持科技企业，所以在每年上市公司总量控制的前提下，希望社会资本能向各种制造类科技公司倾斜。包括历史上的几大名酒，如剑南春、西凤酒，以及郎酒等多年都未能实现上市梦想。

在新的经济形势下，我国白酒产业只有通过不断调整供给结构，优化完善商业模式，改进技术手段，创新营销模式，准确把握消费趋势，才能在瞬息万变的市场中持续健康发展。

第二节　"花气酒香清厮酿"

——中国独有的酒香文化

"花气酒香清厮酿，花腮酒面红相向"，这句诗出自"唐宋八大家"之一、北宋文坛领袖欧阳修的《渔家傲·花底忽闻敲两桨》，描写的是夏日里一群美丽的少女在莲花池中荡舟饮酒，喝到兴处，酒香、花香浑然一体，腮红、花红相映成趣的温馨场面。本节讲述中国当代的酒香文化，权以欧阳醉翁老先生的这句诗作为诗题。

一、"青杏园林著酒香"：白酒香型的来历

"青杏园林煮酒香"（《浣溪沙·青杏园林煮酒香》）这句诗也是出自欧阳修，描写的是富家小姐悠闲无事，在自家杏林中煮酒自饮、自娱自乐的情景。但是古人说的酒香与我们今天说的酒香型不是一个概念，古代还没有酒香型的说法。现在全世界都知道，作为世界六大蒸馏酒（白兰地、威士忌、劳姆酒、伏特加、金酒和中国白酒）之一，中国白酒有很多不同的香型，如酱香型、浓香型、清香型，还有什么芝麻香型、凤香型、豉香型等，但这些酒香型概念完全产生于当代。

1965年之前，中国的白酒是没有香型划分的。1949年后不久，酿酒工业还处在整顿恢复的阶段，当时酒类的生产由国家专卖局进行管理，1952年的的第一届评酒会就是在这样的背景下开展的。这一次评酒条件比较差，评选标准基本是市场销售情况和化验指标，这一届茅台夺魁。

第一届评酒会选出了包含白酒、黄酒、葡萄酒三大种酒的八个名优品牌，在全国引起了极大震动，酒业开始迎来大发展时期。于是，1963年轻工业部

在北京召开了第二届全国评酒会。这是一次真正意义上的全国酒类盛会，各省、市、自治区都经过层层选拔、精挑细选奉上自己的招牌酒。全国27个省、自治区、直辖市共推荐了196种酒，包括白酒、黄酒、葡萄酒、啤酒和果露酒五大类。

但是这个时候，由于对白酒的香型并没有明确的区分，所有的白酒都混在一起盲品，评委按酒的色、香、味，百分制打分写评语，一轮轮淘汰最后决出优胜。这种情况下，香气浓的酒占优势，而香气较弱的清香、酱香型白酒得分相对就低，所以选出来的白酒八大名酒，浓香占了四个（五粮液、古井贡酒、泸州老窖特曲、全兴大曲），酱香（茅台）、凤香（西凤）、清香（汾酒）、董香（董酒）各占一个。这八款酒也被称为"老八大名酒"。

已经是国宴头牌、享誉世界的茅台酒，就因为没有浓香型酒香，在这次评比中只获得第五名，历史最悠久的汾酒只获得第七名，据说这一结果引起了周恩来总理的震怒，他批示要求公正客观地评价白酒，恢复名酒厂荣誉。

到了1979年8月，轻工业部在大连组织召开第三届全国评酒会，就确定了按白酒的香型分类评选的原则。当时制订的划分香型的标准是：应具有悠久的历史文化；应具有独特的生产工艺和独特的香味成分特征；应具有相应的检测设备，产品香型的检测报告和研究报告；应具有一定的经济效益；应具有一定的消费群体和产品覆盖面。这五大原则的确立在第三届全国评酒会上进行了分香型评尝实践时，不仅提高白酒的感官质量和推广相应的技术措施等积极效果，同时增强了对比性让评酒活动更加科学合理。

根据上述标准，当时定了四种基本香型，即酱香、浓香、清香、米香，不符合这四种香型的其他香型的酒就被暂时一刀切定为"其他香型"，算是第五种香型。这次评酒会还对四大香型酒的评书语言进行了概括，统一了尺度，描述语如下：

酱香型酒：酱香突出、幽雅细腻、酒体醇厚、回味悠长。

浓香型酒：窖香浓郁、绵甜甘冽、香味协调、尾净香长。

清香型酒：清香纯正、诸味协调、醇甜柔口、余味爽净。

米香型酒：蜜香清雅、入口绵柔、落口爽净、回味怡畅。

中国人好吃，对饮酒感受的描述也是世界上最丰富的，不仅如此，这些感受都很玄妙，例如"醇""绵""爽""净""滑"等。其实在真正喝上白酒、开始品味之后，就会对这些描述有一种心领神会的感觉。

第三届全国评酒会还出现了两个乌龙事件，一个是老四大名酒之一的西凤，另一个就是老八大名酒之一的全兴。什么原因呢？说来令人唏嘘，这两款酒并不是因为酒质下降，它们的落榜均来自一个原因，那就是香型。全兴大曲误把香型上报为清香型，而西凤酒则是因为当时没有凤香型，本应该填为其他香型，可是也上报成了清香型，结果双双因为报错了香型而被排除在"新八大名酒"之外。追究下来才知道，四川人对"馨"与"清"二字的字音分辨不清，将"馨浓香型"听成了"清香型"，从而在该次评酒会上与名酒称号失之交臂。从这件事也可以看出，选对香型在当时的白酒评比中是多么重要。

西凤和全兴大曲的落榜也成就了如今也是驰名天下的两款酒，一个是洋河，一个就是剑南春。

第三届全国评酒会上，白酒根据香型、生产工艺和糖化发酵剂分别编组评出的"八大名酒"为：茅台酒、汾酒、五粮液、剑南春酒、古井贡酒、洋河大曲酒、董酒、泸州老窖特曲。这八款酒也被称为"新八大名酒"。

除了这八款白酒，还有黄酒类的绍兴加饭酒和龙岩沉缸酒，葡萄酒、果露酒类的烟台红葡萄酒、中国红葡萄酒、沙城白葡萄酒、民权白葡萄酒、烟台味美思、金奖白兰地、山西竹叶青，啤酒类的青岛啤酒，总共是18款酒获得全国名酒称号。

第四届全国评酒会于1984年在山西召开，当时从148种酒样中评选出13种全国名酒。相比第三届评酒会，本次评酒会的中国名酒增加了"双沟大曲"、"黄鹤楼酒"及"郎酒"，而"西凤""全兴大曲"则一雪前耻，重登名酒宝座。

这届全国评酒会由中国食品工业协会组织，划为六大类。由于参赛的酒很多，分为三批，三年方评完。第一批于1983年6月在江苏连云港进行了葡萄酒、黄酒的评比；第二批于1984年5月在山西太原进行了白酒的评比，同年还补评了两个国家名葡萄酒；第三批于1985年5月进行了啤酒、果酒和配制酒的评比。

本届评酒会在酱香型酒评选标准中对香的要求除"酱香突出、幽雅细腻"外，还增加了"空杯留香"的检查评比办法，对味道的指标增添了"酱香显著"的要求。

本届评酒会积极推动继承与发扬学创结合的精神，使新香型不断涌现。为此，本届评酒会还评选出国家优质酒27种，其中有不少酒别具一格，如小曲米香型的广西三花酒、广西湘山酒；麸曲酱香型的河北迎春酒、辽宁凌川白酒；麸曲清香型的山西六曲香酒、辽宁凌塔白酒；麸曲浓香的吉林龙泉酒、内蒙古赤峰陈曲酒；兼香型的湖北白云边酒、湖北西陵特曲酒以及豉香型的广东玉冰烧酒，后者以米香型酒为基础再加之采用肥肉浸酵，香气独特，是广东地区特色的豉香型白酒。

相比前几届全国评酒会，第四届评酒会呈现了百花齐放的格局，除药香、浓酱相兼外，新出现了凤香、豉香，呈现出各具特色的白酒风格。

第五届全国评酒会于1989年在安徽举办，本次评酒会参赛的样品酒有362种，其中，浓香型198个、酱香型43个、清香型41个、米香型16个、其他香型64个，为历次评酒会之最。评酒会最后共决出金质奖17枚，获奖的酒之后就被称为"十七大名酒"，银质奖53枚（"五十三国优"）。较之上届评酒会，本次评酒会新增的中国名酒有武陵酒、宝丰酒、沱牌曲酒、宋河粮液。

在第五届评酒会之前，国家轻工部于1988年9月在辽宁省朝阳市召开了"酒类国家标准审定会"，通过了"浓香型白酒"等六个国家标准。第五届评酒会按照这些标准评选。对于浓香型白酒，规定了己酸乙酯的上限，结束了多年来评比时"以香取胜"的局面。

二、"不拘一格酿酒香"：中国白酒香型的国家标准

（一）五大香型

在20世纪70年代浓香、酱香、清香和米香型首次被国家规定为白酒界的四大香型，后来又加上凤香型，就成为"五大香型"。

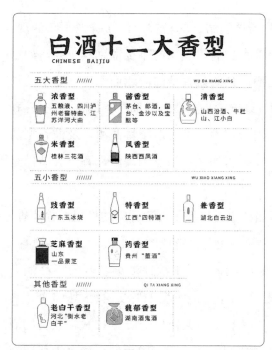

图8-1　中国白酒十二大香型

// ·浓香型

浓香型是白酒行业最早出现的四大香型之一，具有芳香浓郁、绵柔甘冽、香味协调、入口苦、落口绵、尾净余长等特点，这也是判断浓香型白酒酒质优劣的主要依据。

浓香型白酒的创始者是泸州老窖，最早的时候浓香型被称为"泸香型"，从这一点就能看出来泸州老窖是浓香型鼻祖。但要注意，这个浓香鼻祖却不是浓香型白酒的标准，浓香型的分标委设立在五粮液，行业执行标准为GBT10781.1。

浓香型是当今国内的第一大香型，目前，占据了国内60%以上的市场份额，浓香型白酒销售额占了国内白酒销售总额的一半以上。浓香型白酒遍布国内各个省份，在17大名酒中浓香型白酒占了9个。

五粮液最近30年来一直蝉联浓香型白酒的老大哥，同时也是茅台之前白酒行业的龙头，所以浓香型的分标委设立在了五粮液。浓香型白酒的代表特别多，川酒派有五粮液、泸州老窖、剑南春、水井坊、沱牌舍得；江淮酒派有洋河、古井贡酒、双沟酒、宋河粮液。两派加起来共九款国家级名酒。

// · 酱香型

酱香型白酒目前是国内最炙手可热的，近些年酱香酒的市场占有率已经超过了清香型，成为国内第二大香型。国内知名的酱香酒大多分布在四川，部分省份也会有零星分布。

酱香型白酒的创始者是贵州茅台，曾被称为"茅香型"，酱香酒的分标委也是设立在茅台，酱香酒的执行标准是GBT26760。

酱香型白酒生产周期长、出酒率低、生产工艺复杂，所以酱香酒一般要比其他香型的酒都要贵。在早期国内粮食相对匮乏、经济条件不富裕的情况下，酱香酒并不受到人们青睐。进入新世纪后在粮食完全富裕，并且国内消费多次升级的背景下酱香酒开始崭露头角。

酱香型白酒又可分为黔派和非黔派。黔派酱酒有茅台、国台、钓鱼台、金沙回沙、珍酒、习酒等著名品牌；非黔派酱香有郎酒、潭酒、武陵酒、丹泉、云门酱、北大仓等名酒。

// · 清香型

清香型白酒同样是老四大香型之一，早在20世纪80年代中期之前，清香型白酒是国内消费最多的白酒。在粮食比较匮乏的年代，清香型白酒凭借着出酒率高、生产周期短等优势一度占据了国内70%左右的市场，是曾经的第一大香型。80年代中后期，随着国内粮食产量的飞速增长，浓香型白酒产量开始超过清香型成为国内第一大香型。

杏花村汾酒是清香型白酒的创始者，也一直是清香型白酒的龙头企业，

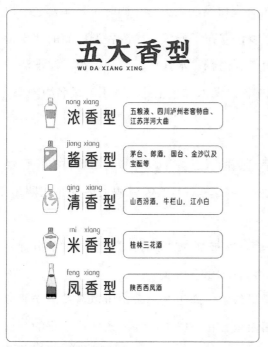

图 8-2 中国白酒五大香型

目前清香型白酒的分标委设在汾酒，执行标准为GBT10781.2。汾酒是五粮液之前的白酒行业老大哥，曾引领了一个时代的发展。

清香型白酒分布在多个省份，其中以山西、北京、内蒙古分布最为广泛，其他多数省份也有分布，具体品牌有汾酒、红星二锅头、宝丰酒、黄鹤楼、牛栏山二锅头、天佑德青稞酒、金门高粱酒、永丰二锅头、江小白、杏花村酒等。

// · 米香型

作为中国最早的四大香型之一，米香型的影响力却远远不如前3种，浓香、清香、酱香均能实现全国性的布局，而米香型却只能偏安在华南地区。因为生产工艺和口感等原因，米香型并不太符合国内大众酒友的口味，所以它的市场占有率很小。

米香型白酒的创始者是桂林三花酒，米香型的分标委也设立在桂林三花，行业执行标准是GBT10781.3。除此之外，米香型白酒还有全州湘山酒、广东长乐烧、浏阳河小曲（部分生产）、丹泉酒（部分生产）等代表性产品。

// · 凤香型

凤香型指的是兼具浓香和清香特点的混合香型，于1992年审核通过，是第五个通过审核的白酒香型。西凤酒是凤香型的创始者，凤香型的分标委也设立在西凤酒，行业执行标准是GBT14867。

西凤酒作为我国的老四大名酒，早就奠定了凤香型的基础，也带动了陕西省部分酒企一起生产凤香型白酒。除西凤酒外，凤香型白酒还有太白酒、秦川大曲、延安酒、凤源大曲等陕西本土品牌。

（二）五小香型

除了五大香型，中国白酒种类还有五小香型：

// · 兼香型

兼香型白酒是一种融合创新的白酒，于1993年正式被审核通过。兼香型指的是浓香和酱香的融合，最早由酒业泰斗高月明老先生在黑龙江玉泉酒厂试制成功。目前，兼香型白酒已经成为国内第四大香型，在市场占有率上仅次于浓香、酱香和清香。兼香型白酒的分标委设立在安徽的口子窖，执行标准为GBT23547。

玉泉酒、白沙液属于创始者，白云边属于较早发展兼香型白酒的企业，而口子窖最早是生产浓香酒，后来才发展兼

图8-3 中国白酒五小香型

香酒。目前，兼香型白酒中发展最好的当数白云边和口子窖。兼香型白酒分布在国内的多个省份，除了上述之外，还有临水玉泉、平坝窖、小郎酒也是

比较著名的兼香酒。

// · 董香型（药香型）

董香型历来比较神秘，由于使用多种纯天然本草植物"制曲"，所以又被称为药香型白酒，采用大小曲混合的生产工艺。以董酒为代表，其风味特征是有较浓郁的酯类香气，药香突出兼具复合香气，香气中略带有浓香的风格。

董香型白酒的标准是贵州董酒，执行标准是DB52-0。董酒配方成为国家秘密也是被称为"国密董酒"的真正原因之一。在全国共有两个企业生产董香型白酒，一个是董酒，另一个是规模较小的董宛。

// · 芝麻香型

芝麻香型白酒也是一种融合性白酒，其兼具了酱香、浓香、清香的品格，有一口三香的特性。尽管在制作原料中没有芝麻，但是在品尝的时候会有一种炒芝麻的香气，所以称为芝麻香型。

芝麻香型白酒在1996年被审核通过。当年有内蒙古的集宁制酒厂、江苏的梅兰春和山东景芝等近20个左右的酒厂参与竞争芝麻香型的分标委，但是与会的大多数专家选择了景芝为标准，所以芝麻香型白酒的分标委就设立在景芝，执行标准是GBT20824。

// · 豉香型

豉香型白酒属于半固态发酵的低度酒，其酸酯含量比固态发酵的浓清白酒低得多，是一种小种类白酒。豉香型白酒的主要生产原料是大米。与其他香型白酒不同，豉香型白酒在生产中需要加入肥猪肉浸泡，具有独特的"豉味"，这也是它的特色所在。

豉香型白酒因为酒体内特有的油哈味，国内其他省份一般很难适应，所以主要销量是广东省。

豉香型白酒的分标委在石湾玉冰烧，其行业执行标准是GBr89。其著名代表为石湾玉冰烧、九江双蒸酒等粤酒。

// · 特香型白酒

特香型白酒不是特别香的白酒，而是因为四特酒而得名，所以被称为特香型。特香型白酒因生产工艺和原料的融合，所以兼具了浓、清、酱、米四大香型的特点。特香型白酒以整粒大米作为原料，而且是只有大米，减少了生产过程中的杂味，但是其香味还是比较接近于浓香型。

特香型白酒的创立者是四特酒，而且几乎只分布在江西省，特香型的分标委也设在江西四特酒，执行标准是GBT20823。一向行事低调的四特酒是江西省最大的白酒生产企业。除了四特酒外，特香型还有临川贡酒、莲塘高粱酒、锦江酒等江西本土品牌。

（三）其他香型

// · 老白干香型

老白干香型得名于衡水老白干，应该是全国独一的一种香型，于2004年国家审核批准通过。在之前衡水老白干一直是属于清香型白酒，但是由于自身的工艺和口感与清香型略有差异，所以衡水老白干在清香界根本不算正统。如果闻起来像是清香型，那么就摇一摇酒瓶，如果酒花大且消散地快那么就是老白干了。在国内还有薯干类白酒的时候老白干这个名字很盛行，但是现在已经越来越少了，也没有人再去纠结这个名字的特殊含义。

中国白酒在五大香型、五小香型之后还有两个"其他香型"。

国内曾经有很多种酒都叫老白干，尽管衡水老白干从清香酒中独立，但是其他的老白干仍然是归属清香型。

老白干香型由衡水老白干创制，当然也由它制定行业标准，执行标准是GBT20825。

// · 馥郁香型

馥郁香型又是国内白酒香型的一种融合创新，是兼具浓香、清香和酱香的口感，具有前浓中清后酱的特点。中国白酒泰斗沈怡方老先生对馥郁香型工艺给予了高度的评价："虽然现在的香型比较多，但归根到底主要还是浓、清、酱，而酒鬼酒将这三大香型集于一身，创造了馥郁香型，这是一个创新。"

馥郁香型是酒鬼酒公司在湘西传统小曲酒生产基础上，大胆吸纳中国传统大曲酒生产工艺的精髓，将小曲酒生产工艺和大曲酒生产工艺进行巧妙融合的产物。

馥郁香型于2005年正式被审核通过，成为十二大香型中的最后一个。馥郁香型是以酒鬼酒为行业标准，执行标准为：GB/T 22736-2008。

湘泉酒是酒鬼酒的基础版，但属于兼香酒。章贡酒国儒系列虽然名为馥郁赣香型，但与酒鬼酒的馥郁香型并不一样。

（四）地理标志产品酒类还各有执行标准

一些地理标志产品，还具备独有的执行标准，具体如下：

剑南春酒 GB/T 19961-2005

茅台酒 GB/T 18356-2007

水井坊酒 GB/T 18624-2007

古井贡酒 GB/T 19327-2007

口子窖酒 GB/T 19328-2007

西凤酒 GB/T 19508-2007

舍得白酒 GB/T 21820-2008

沱牌白酒 GB/T 21822-2008

国窖1573白酒 GB/T 22041-2008

泸州老窖特曲酒 GB/T 22045-2008

洋河大曲酒GB/T 22046-2008

五粮液酒GB/T 22211-2008

酒鬼酒GB/T 22736-2008

牛栏山二锅头酒GB/T 21263-2007

第三节　"闲倾一盏中黄酒"[1]

——中国当代黄酒文化

　　黄酒为世界三大古酒之一，源于中国，且唯中国有之，可称独树一帜。黄酒产地较广，品种很多，著名的有绍兴黄酒、福建老酒、江西九江封缸酒、江苏丹阳封缸酒、无锡惠泉酒、广东珍珠红酒、山东即墨老酒、兰陵美酒、秦洋黑米酒、上海老酒、大连黄酒、陕西黄酒等，但是被中国酿酒界公认的，在国际国内市场最受欢迎的，能够代表中国黄酒总特色的，首推绍兴酒。

一、黄酒的今生

　　中华人民共和国成立后，党和国家领导人都非常关心绍兴酒的振兴。1951年10月，绍兴市专卖事业分处绍兴酒厂成立，18名黄酒开拓者来到这里白手起家，艰苦创业，当年冬即酿出特种加饭酒、甲种元红酒、香雪酒等近3.3万斤。

　　1952年，周恩来总理亲自批示拨款，修建绍兴酒中央仓库，并多次向外国友人介绍推荐绍兴酒。同年，第一届全国评酒会在北京举行，绍兴酒厂送展的加饭酒力压群芳，一举夺得金奖，并被评为"全国八大名酒"之一，获国家名酒称号。

　　1953年，绍兴酒厂归属于绍兴市政府工业科，由专为市专卖事业处加工转为自产自销，改为独立核算的地方国营绍兴酒厂。

　　1956年，公私合营的"沈永和酒厂"正式宣告成立。

1　引自宋代诗人白玉蟾的《胡子赢庵中偶题》："道人惯喫胡麻饭，来到人间今几年。白玉楼前空夜月，黄金殿上起春烟。闲倾一盏中黄酒，闸扫千章内景篇。昨夜钟离传好语，教吾且作地行仙。"

1958年，两家地方国营酒厂，即绍兴酒厂和云集酒厂与三家公私合营酒厂，即柯桥酒厂、沈永和酒厂、谦豫萃酒厂合并，组建成"绍兴鉴湖长春酒厂"，促成了绍兴酒业史上的第一次"公私大联合"。

1959年10月，绍兴鉴湖长春酒厂改名为"绍兴鉴湖酿酒公司"，简称绍兴酿酒公司。

1960年4月，绍兴县鉴湖酿酒公司向外交部紧急调拨库存酒500坛，这批酒"五一"前调运至北京西直门车站，由外交部代办组接收，作为外交部国宾招待用酒。

1965年，绍兴鉴湖酿酒公司撤销合并柯桥、谦豫萃、青甸湖三家酒厂，保留了绍兴酒厂、沈永和酒厂、云集酒厂。

"文革"期间，绍兴黄酒生产遭受严重冲击，产量徘徊不前。绍兴酒厂、沈永和酒厂、云集酒厂恢复到1958年前的分散状态。1966年，云集酒厂改名为东风酒厂，沈永和酒厂改名为东方红酒厂。

1973年10月，绍兴酒厂、东风酒厂（原云集酒厂）、东方红酒厂（原沈永和酒厂）合并建立绍兴酿酒厂，下设绍兴酿酒厂直属厂、东方红分厂、东风分厂。

改革开放后，绍兴黄酒业迎来了发展的春天。1980年8月，绍兴酿酒厂改名为绍兴酿酒总厂，东风分厂改名为东风酒厂，东方红分厂改回沈永和酒厂，两家酒厂由绍兴酿酒总厂领导，实行产、供、销统一。

1983年，市县体制改革，绍兴地区改为绍兴市。绍兴市酿酒总厂归绍兴市所属，东风酒厂脱离绍兴酿酒总厂划归绍兴县所属。

1984年，绍兴酿酒总厂与绍兴市糖业烟酒公司的酒类经销部门联合成立绍兴市酿酒业工商联合公司，不久又更名为绍兴市酿酒总公司。

1988年，国家礼宾司改革，绍兴酒成为钓鱼台国宾馆唯一国宴专用酒，再创时代辉煌。

1994年，经国家对外贸易经济合作部批准，绍兴市酿酒总公司成为国内第一家获得经营进出口业务的黄酒企业；同年5月24日，绍兴市酿酒总公司与百年老字号沈永和酒厂"强强联合"，组建成立中国绍兴黄酒集团公司。

绍兴酒在国家历届评酒会上都获得过金奖，先后被列为国家"八大""十八大"名酒之一，著名品牌"古越龙山"为中国驰名商标。绍兴酒还先后五次作为国礼馈赠过柬埔寨国王、日本天皇以及美国总统尼克松和克林顿。1997年绍兴酒成为香港回归庆典特需用酒。

二、黄酒的分类

经过数千年的发展，黄酒家族的成员不断扩大，品种琳琅满目，酒的名称更是丰富多彩，最为常见的是按酒的产地来命名，这种分法在古代较为普遍。

还有一种是按某种类型酒的代表作为分类的依据，分为：元红、加饭、善酿、香雪四大品类。

元红酒：所谓元红酒，因过去在坛壁外涂刷朱红色而得名。元者，始也，以绍酒初酿之纯真，暗喻豆蔻少女的青涩之美。它是用摊饭法酿造的。这种酒发酵完全，残糖少，酒液橙黄，透明发亮，具特有芬芳，味爽微苦，为嗜饮绍兴酒者所特别喜爱。

加饭酒：加饭酒的酿制方法与元红酒完全相同，仅因饭量加多而得名，并因饭量增加的多寡，分为单加饭和双加饭两种。这种酒质量好，风味佳，苦、涩、辛、鲜、酸、甜六味和合，刚柔并济，甘醇芳美，久贮香醇，饮之豪放，为绍兴酒中之上品。

就狭义的绍兴酒而言，主要指加饭酒，尤其以远年加饭酒为主，雅称花雕。所谓花雕，本指的是装饰彩绘的酒坛。匠人们在酒坛外面巧绘上山水、花卉、神仙人物、动人传说等诸多赏心悦目的美丽图案，据其工艺，谓之雕花，因雕花拗口，不符合国人的习惯称谓，人们遂倒装以花雕呼之，久之，花雕渐成加饭酒的代指雅称。

绍兴酒中最典型、最具代表性的花雕当数"女儿红"与"状元红"。古时绍兴人家有孩子出生，家人就要酿上十数坛、数十坛上好的绍兴酒，请能工巧匠在酒坛上雕绘"天女散花，状元及第""花好月圆，吉祥如意"等寓意美好的图案，泥封窖藏于桂花树下。这酒生女孩就叫女儿红，生男孩就叫状元红。时至今日，生女必酿女儿红、生子必酿状元红，已成为绍兴、江南一带的习俗。

善酿酒：俗话说，好酒亲娘亲，滴滴是黄金，善酿酒是一种亲上加亲的母子套酒。该酒在酿造工艺上的主要特点是用1～3年的元红酒代水落缸，以摊饭操作酿成，味甜质厚，风味芳馥。

香雪酒："遥知不是雪，为有暗香来"，香雪酒因色白如雪，糟香怡人而得名。它是以淋饭法酿成甜酒酿后，拌入少量麦曲，再用40～50度绍酒糟烧代水落缸酿成的。因酒体丰满，甜润芳醇，极受初喝者的喜爱。

如果是按含糖量来分，黄酒可分为以下六类：

干黄酒："干"表示酒中的含糖量少，糖分都发酵变成了酒精，故酒中的糖分含量最低，最新的国家标准中，其含糖量小于15.0g/L（以葡萄糖计）。这种酒属稀醪发酵，总加水量为原料米的3倍左右。发酵温度控制得较低，开耙搅拌的时间间隔较短。酵母生长较为旺盛，故发酵彻底，残糖很低。在绍兴地区，干黄酒的代表是"元红酒"。

半干黄酒："半干"表示酒中的糖分还未全部发酵成酒精。在生产上，这种酒的加水量较低，相当于在配料时增加了饭量，故又称为"加饭酒"，酒的含糖量在15.1～40.0g/L。在发酵过程中，要求较高，酒质厚浓，风味优良，可以长久贮藏，是黄酒中的上品。我国大多数出口酒，均属此种类型。半干黄酒的代表是加饭酒、花雕酒。

半甜黄酒：这种酒含糖分40.1～100.0g/L，采用的工艺独特，是用成品黄酒代水，加入到发酵醪中，使糖化发酵的开始之际，发酵醪中的酒精浓度就达到较高的水平，在一定程度上抑制了酵母菌的生长速度，由于酵母菌数量较少，对发酵醪中的产生的糖分不能转化成酒精，故成品酒中的糖分较高。这种酒，酒香浓郁，酒度适中，味甘甜醇厚，是黄酒中的珍品。但这种酒不宜久存，贮藏时间越长，色泽越深。半甜黄酒的代表是善酿酒。

甜黄酒：这种酒，一般是采用淋饭操作法，拌入酒药，搭窝先酿成甜酒酿，当糖化至一定程度时，再加入40%～50%浓度的米白酒或糟烧酒，以抑制微生物的糖化发酵作用，让酒中的糖分含量大于100.0g/L。由于加入了米白酒，甜黄酒酒度也较高。甜黄酒可常年生产。甜黄酒的代表是封缸酒或称香雪酒。

浓甜黄酒：糖分大于或等于200.0g/L。

加香黄酒：这是以黄酒为酒基，经浸泡（或复蒸）芳香动、植物或加入芳香动、植物的浸出液而制成的黄酒。

按酿造方法，可将黄酒分成三类：

淋饭酒：淋饭酒是指蒸熟的米饭用冷水淋凉，然后，拌入酒药粉末，搭窝，糖化，最后加水发酵成酒。这种酒口味较淡薄。这样酿成的淋饭酒，有的工厂是用来作为酒母的，即所谓的"淋饭酒母"。

摊饭酒：是指将蒸熟的米饭摊在竹筐上，使米饭在空气中冷却，然后再加入麦曲、酒母（淋饭酒母）、浸米浆水等，混合后直接进行发酵。

喂饭酒：按这种方法酿酒时，米饭不是一次性加入，而是分批加入。

黄酒还可按酿酒用曲的种类来分，如小曲黄酒、生麦曲黄酒、熟麦曲黄酒、纯种曲黄酒、红曲黄酒、黄衣红曲黄酒、乌衣红曲黄酒等。

有些时候，人们也按照黄酒的外观，如颜色、浊度来分，如清酒、浊酒、白酒、黄酒、红酒（红曲酿造的酒）；再就是按酒的原料来分，如糯米黄酒、黑米黄酒、玉米黄酒、粟米黄酒、青稞黄酒等；古代还有煮酒和非煮酒的区别；甚至还有根据销售对象来分的，如"路装"就是运往外地的酒，"京装"就是销往北京的酒。还有一些酒名，则是根据酒的习惯称呼，如江西的"水酒"、陕西的"稠酒"、江南一带的"老白酒"等。除了液态的酒外，还有半固态的"酒酿"。这些称呼都带有一定的地方色彩，要想准确知道黄酒的类型，还得依据现代黄酒的分类方法。

三、饮黄酒的七大健康理由

黄酒含有丰富的营养成分，有"液体蛋糕"之称，其营养价值甚至超过了有"液体面包"之称的啤酒和营养丰富的葡萄酒，其益处至少有以下几点：

第一，黄酒含有丰富氨基酸。黄酒的主要成分除乙醇和水外，还含有18种氨基酸，其中有8种是人体自身不能合成而又必需的。这8种氨基酸，在黄酒中的含量比同量的啤酒、葡萄酒多一至数倍。

第二，黄酒易于消化。黄酒含有许多易被人体消化的营养物质，如糊精、麦芽糖、葡萄糖、脂类、甘油、高级醇、维生素及有机酸等。

第三，黄酒有助于舒筋活血。黄酒气味苦、甘、辛。冬天温饮黄酒，可活血祛寒、通经活络，有效抵御寒冷刺激，预防感冒。适量常饮有助于血液循环，促进新陈代谢，并可补血养颜。

第四，黄酒具有美容抗衰老功效。黄酒是B族维生素的良好来源，维生素B1、B2、尼克酸、维生素E都很丰富，长期饮用有利于美容、抗衰老。

第五，黄酒可以促进食欲。锌是能量代谢及蛋白质合成的重要成分，缺锌时，食欲、味觉都会减退，性功能也下降。而黄酒中锌含量较多，如每100毫升绍兴元红黄酒含锌0.85毫克，所以饮用黄酒有促进食欲的作用。

第六，保护心脏。黄酒内含多种微量元素，如每100毫升含镁量为20～30毫克，比白葡萄酒高10倍，比红葡萄酒高5倍；绍兴元红黄酒及加饭酒中每100毫升含硒量为1～1.2微克，比白葡萄酒高约20倍，比红葡萄酒高约12倍。在心血管疾病中，这些微量元素均有防止血压升高和血栓形成的作用。

第七，黄酒是理想的药引子。相比于白酒、啤酒，黄酒酒精度适中，是较为理想的药引子。而白酒虽对中药溶解效果较好，但饮用时刺激较大，不善饮酒者易出现腹泻、瘙痒等现象。啤酒则酒精度太低，不利于中药有效成分的溶出。此外，黄酒还是中药膏、丹、丸、散的重要辅助原料。中药处方中常用黄酒浸泡、烧煮、蒸炙中草药或调制药丸及各种药酒。据统计，有70多种药酒需用黄酒作酒基配制。

第四节 "大浪淘沙始见金"

——中国当代葡萄酒产业综述

本节文字主要出自中国酒业观察家，知名葡萄酒文化和经济研究学者刘世松，他对中国葡萄酒产业的发展有自己独到和精辟的见解。

中华人民共和国成立后到"十二五"末，是我国葡萄酒经济的重要发展时期。这个时期我国葡萄酒产业经历了从小到大、从幼稚到基本成熟、从无序到日趋规范的快速发展历程。刘世松按照中国葡萄酒不断成熟的发展过程，将这一时期中国葡萄酒的发展划分为产业形成、产业成长和产业调整三个阶段，并就这三个阶段进行了分析，以促进正确认识葡萄酒经济发展规律，指导中国葡萄酒产业更加健康持续发展。

（一）产业形成阶段

这一阶段从1949年中华人民共和国成立开始到2004年6月底国家正式取消半汁葡萄酒流通。这个阶段我国葡萄酒经济在几经波折的发展进程中，产业主体不断成长壮大，行业秩序初步建立，中国葡萄酒产业雏形基本形成，中国葡萄酒行业由"一穷二白"走向健康发展轨道。

/ 1. 经济主体不断成长壮大

1949年中华人民共和国成立时，我国生产酿造葡萄酒的企业只有五家，葡萄酒产量只有不足200千升。到1978年，我国葡萄酒企业发展到县级以上国有企业有100多家，葡萄酒产量也发展到6.4万千升，增长了319倍。

1949年烟台解放，濒临破产的烟台张裕酿酒公司得以重生，葡萄酒产业同其他产业一样开始恢复与发展。在1953年全国税法会议上，中央提出"限制高度酒，提倡低度酒，压缩粮食酒，发展葡萄酒"，还规定了葡萄酒可享受免税待遇，目的是在政策上给予优惠，以促进我国葡萄酒经济的发展。

1954年我国第一个五年计划期间，葡萄酒建设成为纳入国家156项重点建设的项目之一，自行设计、自行施工、自行配套设备的专业葡萄酒生产厂——北京东郊葡萄酒厂诞生。随后，相继建立了山西清徐葡萄酒厂，开发黄河故道建立了郑州、民权、兰考葡萄酒厂；还进行了大规模的扩建工程，扩建了山东烟台张裕酿酒公司、青岛葡萄酒厂、北京葡萄酒厂、吉林通化葡萄酒厂、陕西丹凤葡萄酒厂、河北沙城酒厂等，新扩建了南方葡萄酒产区的连云港、宿迁、丰县、萧县、碭山葡萄酒厂，东北地区的长白山、一面坡、横道河子葡萄酒厂，西北地区的吐鲁番、天山葡萄酒厂等，葡萄酒行业不断发展壮大，极大地调动了地方经济建设的积极性。70年代以后，新疆鄯善、宁夏玉泉、湖南宁乡、湖北枣阳、广西永福、云南开远、上海中国酿酒厂等一大批葡萄酒厂相继成立。1956年，烟台张裕酿酒公司向毛泽东主席呈写了《烟台张裕葡萄酿酒公司生产情况报告》，毛主席指示："要大力发展葡萄和葡萄酒生产，让人民多喝一点葡萄酒！"

这一发展阶段，我国葡萄酒经济发展主要是以扩大生产和培养行业主体为主。在这个时期，我国农业部门还积极开展了葡萄品种栽培、品种改良、单品种酿酒试验，并对全国葡萄种植区进行了调查、考核，选择出渤海湾、河北、西北等十余个适宜的葡萄栽培区，也成为今天葡萄酒产区的雏形，这些举措都进一步促进了我国葡萄酒产业经济的蓬勃发展。

/ 2. 经济秩序建设成效显著

从1978年改革开放到2004年底国家正式取消半汁葡萄酒流通，这是我国葡萄酒行业经济秩序建设发展的关键时期。这一时期，我国葡萄酒产业历经磨难，几起几落，从没有葡萄酒标准规范到逐步建立了标准管理框架，葡萄酒产品质量不断改进提升，葡萄酒市场秩序建设成效显著。

1978年党的十一届三中全会开启了中国改革开放的历史新时期，中国葡萄酒产业也进入了一个全新的发展阶段。1979年以中国食品发酵研究院葡萄酒专家郭其昌先生为首的科研攻关小组在河北沙城开展了"干白葡萄酒新工艺的研究"，首先是进行原料品种选育研究，自德国、美国引种了以酿造白葡萄酒为主的十三个优良品种，如霞多丽、长相思、米勒、琼瑶浆、赛美容等，这些品种即适合单一酿造，也可用于混合勾兑。

1980年，世界著名的法国人头马集团亚太有限公司和天津市国有农场管理局合作成立中法合营王朝葡萄酿酒有限公司，这也是当时我国第二家中外合资企业，王朝公司的成立极大地促进了我国葡萄酒行业的技术进步，对加速我国葡萄酒行业的规范发展，发挥了极为重要的作用。1981年我国在河北昌黎开展的"干红葡萄酒新工艺的试验研究"，也是从选育原料品种入手，引进了22个国际名种，建立了良种园，并自法国购进无病毒枝条赤霞珠，在当地适于葡萄生长的自然条件下，长势良好，用以酿造的华夏干红葡萄酒，达到高档产品质量水平。

中华人民共和国成立后我国举办了五次国家级名酒评比活动，其中1984年以前的四届评酒会均有葡萄酒参与。这四次全国性名酒评比活动，葡萄酒产品共评出了7种名酒、14种优质酒。

随着市场需求不断扩大，企业数量、产量也不断增多，由于标准的缺位，葡萄酒产品质量出现参差不齐的情况，葡萄酒行业在这一时期是"鱼龙混杂"。为规范行业发展，1984年原国家轻工业部颁发了第一个葡萄酒产品标准《葡萄酒及其试验方法》（QB921-84），这一标准的颁布，填补了中国葡萄酒产品标准空白，葡萄酒行业告别了没有标准的年代，企业生产走上了有章可循的轨道。1987年，原国家经委、轻工业部、商业部、农牧渔业部在贵州省贵阳市联合召开"全国酿酒工业增产节约工作会议"，会议确定了"四个转变"，即"高度酒向低度酒转变；蒸馏酒向酿造酒转变；粮食酒向果类酒转变；普通酒向优质酒转变"，为葡萄酒产业发展创造了机遇，葡萄酒产业发展步伐加快。到1988年我国葡萄酒的生产量达30.85万千升，不过其中半汁葡萄酒占80%以上。

由于第一个葡萄酒产品标准对葡萄汁的规定不严格，20世纪80年代后期的一段时间，各葡萄酒生产企业大肆生产"三精一水"的所谓葡萄酒产品，而对于葡萄种植根本不再重视，农民种植的酿酒葡萄价格低廉。于是，我国出现了大片葡萄园被砍伐的现象，由于产品质量原因，企业停产、倒闭或被兼并的情形比比皆是。更为严重的是，当时市场上的葡萄酒含汁量出现了越来越低的趋势，有30%汁的葡萄酒，20%汁的葡萄酒，更有不含葡萄汁的葡萄酒，而之前的葡萄酒标准对于含汁量没有最低标准的限制，"三精一水"现象严重损害了葡萄酒行业的发展。由于标准缺乏和低质半汁酒的影响，以及企业受计划经济的影响，产品开始滞销，我国葡萄酒产量、效益大幅回落。

到20世纪90年代初，随着社会主义市场经济体制的基本框架建立，葡萄酒行业的标准体系开始逐步建立与规范。1990年我国卫生部颁布了《葡萄酒企业卫生规范》（GB12696-1990），规定葡萄酒厂在生产过程中必须符合卫生标准，必须遵守卫生规范；1994年原国家质量技术监督局颁布了《葡萄酒》国家标准（GB/T15037-1994），该标准对葡萄酒产品的定义及指标规定都与国际标准接轨，但这一标准当时只属于推荐性国家标准。与此同时，为规范当时无序竞争的葡萄酒行业，原轻工业部废除了《葡萄酒及其试验方法》标准（QB921-84），颁布了《半汁葡萄酒》（QB／T1980-1994）和《山葡萄酒》（QB／T1982-1994），但这两个标准也都属于推荐性行业标准，葡萄酒行业乱象依旧没有大的改变。

1995年中共十四届五中全会提出我国"经济体制从传统的计划经济体制向社会主义市场经济体制转变"的奋斗目标，以及1995年中国成为世界贸易组织（WTO）观察员和2001年12月11日正式成为WTO成员，我国经济开始融入国际经济舞台，"葡萄酒热"也是从这时开始在我国开始出现快速发展。我国葡萄酒产业随着国际间经济融合而步入规范发展时期，但由于标准体系的不完善，与葡萄酒质量有关的问题开始逐步涌现，市场的扩张与葡萄酒行业质量管理之间的矛盾越来越尖锐。这期间，吉林通化、河南民权等地曝光的葡萄酒造假事件，给葡萄酒行业带来较大的负面影响。

2000年12月，原国家轻工业局发布了《葡萄酒生产管理办法》，以规范葡萄酒行业的生产经营行为。2002年11月，原国家经贸委颁布了《中国葡萄酿酒技术规范》，附件同时颁布了《山葡萄酿酒技术规范》，对葡萄酒生产技术进行规范，并明确山葡萄酒为特种葡萄酒，规范于2003年1月1日起施行。该规范正式废除了《半汁葡萄酒》（QB/T1980-1994）标准，规定凡不是由100%葡萄汁酿造的产品不得再称葡萄酒，不过给予了当时葡萄酒企业产品调整缓冲期，即市场上的产品可以继续销售到2004年6月30日，7月1日之后发现生产流通一律按违规产品处理。同时，国家标准委下达《葡萄酒》国家标准（GB/T15037-1994）修订计划。至此，中国葡萄酒进入全汁时代。

这一时期，国家还制定了一些相应的酒类标准进一步规范葡萄酒行业，其中主要包括有：《发酵酒卫生标准》（GB2758-1981）、《蒸馏酒与配制酒卫生标准》（GB2757-1981）、《食品添加剂使用卫生标准》（GB2760-1996）、《发酵酒卫生标准的分析方法》（GB/T5009.49-1996）、《饮料酒分类》（GB/T17294-1998）、《葡萄酒、果酒通用试验方法》（GB/T15038-1994）、《葡萄酒厂卫生规范》（GB12697-1990）和《饮料酒标签标准》（GB10344-1989）等。这一系列有力举措，对规范我国葡萄酒企业生产秩序、提升国产葡萄酒整体质量水平提供了法律保障。同时，长城、王朝、华东、丰收、威龙、西夏、龙徽等一批骨干葡萄酒企业纷纷成立，不断崛起，开始大力发展干型和半干型葡萄酒。

（二）产业成长阶段

这一阶段从2004年下半年葡萄酒进入全汁时代开始，到2012年11月党的十八大召开前。在这一阶段，中国与国际葡萄酒标准全面接轨，酿酒葡萄原料基地受到高度重视，葡萄酒企业及产品结构日趋合理，葡萄酒文化得到快速普及，我国葡萄酒产量以年均两位数以上的增长率，已经成长为世界第七大葡萄酒生产国、第五大葡萄酒消费市场以及全球最大的红葡萄酒消费国，成为全球葡萄酒消费增长最快的地区。

/ 1. 中国葡萄酒标准与国际全面接轨

2004年中国葡萄酒进口关税由44.6%下降到14%，这是中国加入世贸组织的承诺。除了法国、意大利等传统葡萄酒生产国外，一些新兴的葡萄酒生产国，像澳大利亚、新西兰、智利等国家的葡萄酒产品也加大了进入中国市场的力度，葡萄酒行业迎来一片繁荣景象。但是，由于中国葡萄酒行业的快速增长，老国标和行业标准的滞后也从一定程度上造成了行业的混乱，2004年"洋垃圾"葡萄酒事件、2005年的嘉裕长城"年份酒"曝光事件，以及2007年河北昌黎葡萄酒造假等频繁曝光的葡萄酒事件，对中国葡萄酒经济发展带来非常不利的影响，葡萄酒行业迫切需要出台更加严格而且具有统一性的葡萄酒质量管理标准。

2005年1月1日起，《葡萄酒及果酒生产许可证审查细则》正式实施，我国葡萄酒行业实施葡萄酒生产许可制度，实行市场准入；2005年国家修订并颁布了《发酵酒卫生标准》（GB2758-2005）和《预包装饮料酒标签通则》（GB10344-2005）；2005年商务部在发布了《酒类商品批发经营管理规范》和《酒类商品零售经营管理规范》两项行业标准后，于当年10月19日商务部第十五次部务会议审议通过了《酒类流通管理办法》，根据办法规定，酒类流通实行经营者备案登记制度和溯源制度，《酒类流通随附单》制度正式实施。

2006年国家修订并颁布了《葡萄酒、果酒通用实验方法》国家标准（GB15038-2006）；2006年12月11日由国家质检总局和国家标准委发布了新修订的《葡萄酒》国家标准（GB15037-2006），于2008年1月1日起在生产领域实施，并由推荐性国家标准改为强制性国家标准。新葡萄酒国家标准严格规定了葡萄酒生产原料、原产地、生产年份、品种等内容。随着国家有关部委、行业协会等有关部门对现行国家标准、行业标准、地方标准的清理和修订，我国葡萄酒质量标准体系结构合理、协调配套，标准水平普遍提高，特别是葡萄酒国家标准的强制性实施，标志着中国与国外葡萄酒产品的全面接轨。

/ 2. 酿酒葡萄原料基地受到高度重视

"葡萄酒先天在原料，后天在工艺"，这一基本原则已经成为全行业的共识。随着国家和企业对酿酒原料基地发展的高度重视，以及人民消费水平的不断提高，对葡萄酒质量要求越来越高。葡萄酒企业加强了酿酒葡萄基地规模化、标准化建设，葡萄品种区域化、区域良种化趋势不断增强，并逐步发展形成了山东、河北、东北、京津、贺兰山东麓、河西走廊、新疆等优质葡萄产区，以及四川、贵州、云南、广西、湖南等特色葡萄产区，从而构成了我国葡萄酒产业发展的基本架构。

全国各地引进的一些世界酿酒葡萄名种、品系，开始在我国表现出较好的风格特色，红色酿酒葡萄品种有赤霞珠、品丽珠、梅鹿辄、黑品乐、西拉等，白色酿酒葡萄品种有霞多丽、雷司令、白诗南、赛美容等，这些优良酿酒葡萄品种在我国成功引种，为我国优质葡萄酒生产奠定了很好的基础。在葡萄酒的快速成长阶段，我国酿酒葡萄基地不断发展与扩大。

2005年我国酿酒葡萄栽培总面积为4.66万公顷，其中结果葡萄园有3.43万公顷；到2014年底，我国酿酒葡萄种植面积已经发展到13万公顷左右，且大多为土地流转后的自有基地、土地入股型基地以及农业合作社契约基地，实现了一体化经营、标准化生产、规范化管理，保障了企业对酿酒葡萄原料的需求和产品质量安全。

/ 3. 葡萄酒经济结构日趋合理

在葡萄酒产业成长阶段，我国葡萄酒行业在企业规模、产品结构、产品质量、生产工艺装备、产品品牌等方面都得到健康快速发展。葡萄酒质量稳步提高，葡萄酒配套与酒庄休闲旅游业发展较快，带动地方经济协调发展。张裕、长城、王朝、威龙等骨干葡萄酒企业迅速崛起，张裕卡斯特酒庄、爱斐堡酒庄、中粮君顶酒庄、桑干酒庄、山西怡园酒庄、甘肃莫高酒庄等风格各异的特色葡萄酒庄不断涌现，特别是张裕公司已经发展成为亚洲最大、世界第四的大型葡萄酒企业。葡萄酒行业已经形成规模企业不断发展、个性酒庄展露风采的发展局面，葡萄酒产品向多样化、优质化和个性化方向发展，形成了干型、半干型、半甜型、甜型、特色葡萄酒等各类葡萄酒百花齐放的格局，并以自信的姿态积极参与世界各类评酒大赛，不断获得各类国际葡萄酒评酒会大奖，我国葡萄酒产品以崭新的面貌、优异的品质走上国际领奖台，获得了世界葡萄酒行业的称赞。

/ 4. 葡萄酒文化得到快速推广

随着国外葡萄酒的不断涌入，这一时期的葡萄酒市场竞争日趋激烈，带动了葡萄酒文化推广活动如火如荼地开展。国内外葡萄酒企业纷纷开发适合中国消费者口味的质量优良、价位适合的不同档次葡萄酒产品，不断开展多种形式的促销活动，赢得了不同层面消费者的信任。各种类型的葡萄酒品鉴会、葡萄酒品评培训、葡萄酒主题旅游、葡萄酒专业展会等，让越来越多的中国消费者认识、了解和热爱葡萄酒。而越来越多的国外葡萄酒进入中国市场，并进行葡萄酒文化推广活动，给中国葡萄酒产业发展和葡萄酒文化传播注入了更多全新的元素。

2015年中国进口葡萄酒总量约为5.54亿升，同比增长45%，约占我国葡萄酒产量的三分之一。国外葡萄酒产业成熟、先进的营销与文化理念，推动着中国葡萄酒生产技术、市场营销、文化建设不断快速成长。中国与国外葡萄酒的竞争过程，是借鉴、学习与提升的过程，也正是这种竞争，促进了我国葡萄酒结构调整优化，产品质量持续提升，以及消费者对葡萄酒的认识不断提高。

（三）产业调整阶段

这一阶段从2012年11月8日党的十八大召开以后至今，甚至在今后相当长的一段时间内，都属于葡萄酒产业的战略调整阶段。这一阶段是随着国内外宏观经济环境的变化、国家限制三公消费、八项规定等有关政策规定的出台，以及进口葡萄酒产品的冲击，中国葡萄酒行业和葡萄酒企业开始对自身发展进行理性反思与重新认知，行业发展理念、产业经济结构、市场营销推广、文化体系建设以及消费价值认知等都开始进行重新变革与战略调整。

/ 1. 产业调整解决制约行业发展深层次问题

进入2012年以来，宏观经济增速放缓、进口酒的强势冲击，特别是国家陆续出台"限酒令"、八项规定等系列严格限制公款消费的政策措施，中国葡萄酒行业发展进入了"春寒料峭"时期，很多投资商、葡萄酒企业对产业发展前景产生了迷茫与危机感。2013年、2014年我国葡萄酒产量连续两年下降，市场表现出销售低迷、效益下滑、结构失衡、投资放缓，个别地区甚至出现了拔葡萄树现象。葡萄酒市场表象反映出了产业发展中深层次的问题，产业基础、产品品质、品牌影响力、消费者忠诚度等考量着中国葡萄酒产业竞争力。

工业革命特别是二战以来的一个重要历史现象是，一些后起国家通过引进和学习先行国家的技术、管理和发展经验，依托自身劳动力等要素的低成本优势，实现经济的高速增长，从而缩小与先行国家的距离。在产业成长阶段，我国葡萄酒产业抓住了历史发展机遇，实现了葡萄酒行业的快速成长与科技进步，缩小了与葡萄酒先进国家的差距。但是与国外相比，由于我国葡萄酒产业真正开始发展的历史短、速度快，加上管控滞后和外来葡萄酒文化冲击，暴露出产业发展中的一些问题，如产业顶层设计不够、经营发展理念落后、产品价格与结构不合理、投资风险认识不足以及消费市场培育不够等。产业调整阶段，就需要我国葡萄酒产业尽快回归理性，在发展中通过反思发现问题，较快地适应葡萄酒产业发展中的新变化、新常态，实现平稳适度、有质量、有效益、可持续地增长。

/ 2. 认清产业趋势树立发展自信

葡萄酒属于健康、营养饮品，葡萄酒产业是具有广阔发展前景的朝阳产业、健康产业，中国葡萄酒产业经济发展潜力巨大、前景光明，这是毋庸置疑的。未来中国葡萄酒产业呈现五个方面的发展趋势：

一是葡萄酒产业规模将继续扩大，产量将不断增长，质量将大幅提升；二是葡萄酒产品价格与产品结构回归理性；三是中小葡萄酒企业和葡萄酒庄在强化特色与中国风格中获得发展空间；四是各种所谓的营销模式均失去神秘面纱，葡萄酒企业注重研究消费者个性需求选择；五是葡萄酒文化从"琼楼玉宇"中"下凡"人间，消费者能够感知的葡萄酒文化是企业接地气的必要手段。因此，中国经济的稳健发展，中国人民的生活质量与消费水平的不断提升，以及国际交流的不断增多，人们对葡萄酒的需求将不断扩大，必将给中国葡萄酒产业带来更大的市场空间和发展机遇。

/ 3. 注重调整策略 促进产业转型升级

正确认识葡萄酒产业经济增长中的新变化、新常态，积极应对挑战，坚持稳中求进，进行战略调整，这才是符合国际葡萄酒产业经济发展规律的应对策略。

一是突破制约行业发展的基础性问题。产业调整阶段，葡萄酒行业企业需要沉下心来做好产业基础性研究，无论是酿酒葡萄品种培育与选育、葡萄酒风味物质特性研究、葡萄酒产品质量体系建立、葡萄酒文化影响力教育等，还是葡萄酒产业信息化、产品个性化、品种区域化等，都要在这个调整阶段，进行系统而有实质性的研究突破，夯实产业发展的根基，打造中国葡萄酒产业的核心竞争力。

二是促进各类生产要素的优化配置。葡萄酒行业要瞄准国际最先进水平，建设有利于葡萄酒产业发展的软环境和硬环境，促进各类生产要素为葡萄酒产业战略调整服务，在财税、金融和就业创业等政策上要给予葡萄酒产业切实有效的支持，加快形成全方位的"管、种、产、学、研、销、配"等葡萄酒全产业链条，保障产业经济规模稳步扩大，经济质量逐步提升。

三是推动葡萄酒产业结构调整。葡萄酒行业一方面应该加大兼并重组力度，让有竞争力的大企业规模更大，另一方面应该鼓励中小企业特别是葡萄酒酒庄彰显中国葡萄酒风格。同时，在产品结构上要改变品种同质化和品质同质化问题，注重提高产品性价比，适应不同消费者多样化需求，调整普通佐餐酒与其他档次酒的比重，建立葡萄酒质量分级制度，逐步形成以大众佐餐酒为主、高端葡萄酒与酒庄酒为补充的高中低档产品格局，促使我国葡萄酒产业在战略调整中转型升级。

四是要探索具有中国特色的产业创新发展模式。国外葡萄酒新旧世界经过几百年的历史积淀，形成了各自成熟的发展模式。我国葡萄酒产业发展时间短、成长快，其中既有旧世界葡萄酒国家的影子，也有新世界葡萄酒国家的特点。因此，我国葡萄酒产业不需要刻意模仿旧世界或新世界发展模式，而是需要充分消化吸收国外的管理、技术、文化和信息等各种先进发展要素，立足中国葡萄酒产业实际，解放思想积极探索，把创新葡萄酒产业经济的发展要求与自然地域、民族文化等优势资源有机融合，形成中国特色的葡萄酒产业发展机制和经验。

第五节　"纵饮狂歌作辈流"[1]

——中国当代啤酒节经济

在所有酒类中，啤酒是最平民化的跨阶层的老少妇孺咸宜的饮品，所以要论起狂欢节饮料，没有比啤酒更合适的了。本节就从啤酒节的角度，对中国啤酒文化做一个总结。

啤酒节，源于德国，德文是Oktoberfest，即十月节。1810年的10月，为了庆祝巴伐利亚的路德维希王子和萨克森国的希尔斯公主的婚礼而举行了盛大庆典。巴伐利亚是德国啤酒之乡，首府慕尼黑被誉为啤酒之都。婚礼当然少不了巴伐利亚啤酒。自那以后，10月啤酒节就作为巴伐利亚的一个传统的民间节日保留下来。此后民众持续这种激情，年复一年地举办该项活动。

中国最早的啤酒节是始于1991年的青岛国际啤酒节，由国家有关部委和青岛市人民政府共同主办，青岛市崂山区人民政府承办，是融旅游休闲、文化娱乐、经贸展示于一体的国家级大型节庆活动，每年八月中旬的第一个周六开幕，每次为期16天。青岛啤酒节是国内规模最大的酒类狂欢活动，在国内外具有较广泛的知名度和影响力，被誉为亚洲最大的啤酒盛会。

2005年，在中国节庆活动国际论坛上，青岛国际啤酒节凭借广泛的知名度和参与度、独特而浓郁的节庆氛围，被国际节庆协会评选为"中国最具国际影响力十大节庆活动"之一，被誉为"为中国节庆活动组织树立了典范"和"为世界节庆事业的发展与进步作出贡献"的节庆活动之一。2007年第三届中国节庆产业年度评选中，青岛国际啤酒节从参选的6000多个节庆活动中脱颖而出，荣登"2007年中国节庆产业十大影响力节庆""2007年中国节庆

1　引自宋代词人贺铸的诗《留别寇泩》："不见步兵今一秋，年来复与仲容游。苍颜白发慙衰暮，纵饮狂歌作辈流。顾我宦情真漫浪，为君行计几淹留。能寻三月皇州约，拍手同登卖酒楼。"

产业十大品牌节庆"榜首，其获奖理由是具有"高度的影响力和参与性"，是"真正意义上的体验旅游的代表作"。

（一）青岛国际啤酒节的启示

青岛国际啤酒节带来的启示是多方面的。成功的旅游节庆必须是站在带动和促进区域社会与经济发展的角度思考这个活动究竟是否具有地域特色，与地方资源嫁接紧密与否，如何体现对地方社会与经济发展的促进作用，是否坚持可持续发展等深层次问题。同时要把握好这项活动的主题定位、活动内容、市场运作契入点、活动组织、活动推广，进行高品位、高质量创意策划。唯有真正跳出那种"为办节而办节"的局限性思路，才能使旅游节庆逐步发展成为区域的特色名片和特色旅游产品。

首先，在青岛市旅游城市品牌形象的塑造方面，青岛国际啤酒节不仅充分发挥了其作为青岛这座美丽海滨城市亮丽城市名片之一的作用，在国内外获取了相当的知名度和影响力，同时更因青岛啤酒在海内外的销售扩大而使得青岛的城市美名得到了广泛传播。尤其是近期青岛市旅游局与青岛啤酒推出的战略合作：青岛啤酒产品包装推出青岛旅游系列风光景点的举措，促进将青岛旅游资源借助青岛啤酒遍布全世界的营销网络推介给世

图8-4 青岛啤酒节的盛况

界各地游人，同时，青岛旅游的魅力也将促进青岛啤酒的文化价值得以提升和传播。

其次，青岛国际啤酒节本身已经成为青岛魅力旅游产品体系中一项重要

的特色旅游产品。至2023年，青岛国际啤酒节已经连续举办了33届。据第三十三届青岛国际啤酒节闭幕式主题视频《数说啤酒节》的数据显示，为期24天的啤酒节共接待游客617万人次；消费啤酒2700吨；汇集40多个国家和地区、两千余款品牌啤酒、2827款精酿啤酒参加中国国际啤酒挑战赛，参赛啤酒数量创历史新高；379个商家参与啤酒盛会；630余名演艺人员、1110余场文化演艺活动；10项体育赛事、6000余名运动员、1650场次比赛；近600名记者参与报道，全网曝光量28亿次。

上述数据说明从第一届只有30万市民参加的地方性节日发展到今天超过600万国内外游客参加的国际性节日，青岛国际啤酒节已经完成了由一个普通的地方性节庆活动向一项特色性旅游产品过渡的历程。

再次，青岛国际啤酒节通过长期的运作，已经完成了由过去政府主导办节向市场主导办节的转变。青岛国际啤酒节是在青岛市政府主导积极推动下办起来的，从第九届开始，青岛国际啤酒节已经基本走出了现在许多地方依然还不能摆脱的"政府主导、企业参与、以节养节"模式，组成节庆活动内容的各单项项目已基本上由各承办单位自收自支、自求平衡，政府除出台利用广告资源促进啤酒节收支平衡的扶持措施外，只对部分活动借贷少量启动资金。这就从根本上保证了旅游节庆活动的生命力，也为各项目承办方带来了可观的综合效益。

复次，青岛国际啤酒节发展至今，已经真正成为百姓的节日。青岛国际啤酒节的举办者十分注重凝聚人气。每一届啤酒节期间，均精心组织一系列群众喜闻乐见的文化体育活动，如饮啤酒竞赛、国际美术邀请展、彩车巡游、啤酒城开城式、大秧歌活动、十八岁成人礼等活动，既吸引了市民，也吸引了游客。正是大量当地以及来自国际、国内的外地游客的积极参与，才既渲染了海滨岛城的节庆气氛，又促进了当地的旅游消费，提高了节庆活动的经济效益和社会效益。

最后，青岛国际啤酒节始终坚持办节的主题核心理念不变，具体的活动内容紧密依托节庆的主题定位不断进行创新，从而塑造了自身的良好形象经久不衰，逐步发展成了中国旅游节庆的知名品牌。第六届壮观的两千人共饮同一种啤酒，被载入上海吉尼斯纪录；第十届的文体活动"千年祝福瓶，万人大行动"将古人传递信息的个人行为演绎成为3万现代人向新世纪祝福的大型文化活动，不仅是这一届啤酒节最富创意的活动，同时创吉尼斯大世界之最；作为"奥运庆功节"，第十八届啤酒节除邀请了青岛籍奥运冠军张娟娟与市领导共同开启啤酒节第一桶酒，并开通了奥运荣誉通道，设立了福娃游乐园。作为向奥林匹克的致敬之作，啤酒节还将体育竞技娱乐项目引进啤酒城，首次推出的"举杯向前冲，欢乐竞技场"，极大地调动起众多海内外游客的参与热情。正是不断推出新的形式和内容，才促使青岛国际啤酒节久盛不衰，真正成为城市的名片和城市旅游的精品。

中国的旅游节庆活动是随着旅游产业以及旅游营销的激烈竞争出现的产物，尤其是自1999年我国开始实行"十一""五一"放长假的制度后，节庆旅游更加如火如荼地发展起来，并且成为拉动我国旅游消费增长的一个新亮点。但是，从总体上说，我国各地举办的各种旅游节庆活动虽然数量不少，每年投资也不小，但真正取得成功并且能够长期坚持下来可持续发展的旅游节庆活动品牌却并不多，其原因究竟何在呢？

（二）从青岛啤酒节看节日经济

旅游节庆活动所带来的"眼球效应"和长期回报效应都有目共睹，所以，"旅游节庆"泛滥之势的出现也是一种正常现象。但是，要想创办出具有持续生命力和影响力的旅游节庆必须具备相应的条件，应按照其自然规律和市场规律办事才能获得应有的回报。一个成功的旅游节庆，必须从整体上考虑其资源的独特性、内涵的文化性和运作的产业性。

青岛国际啤酒节之所以成功，就是因为它的独特性：啤酒文化内涵的挖掘与青岛城市文化、旅游魅力内涵的挖掘以及对接。作为一种消费品的啤酒并不是最能代表青岛城市形象或者旅游形象的，而且啤酒也没有什么独特性，但是，如果站在青岛旅游资源禀赋特色的角度思考，以啤酒这种既是旅游消费品，又具有一定的人文特色，就可以赋予啤酒一定的文化价值和魅力，使之具有了生命力。巧妙嫁接到旅游节的主题定位中则使其拥有了文化的活力，使旅游节的特色有了通俗易懂的注解。事实上，以啤酒文化演绎为支点的青岛国际啤酒节，恰恰又把青岛丰富的城市魅力及旅游魅力演绎到了极致，从而取得了多赢的局面。

　　旅游节庆活动的文化性不仅仅是表现在具有地方特色的文娱表演上，更重要的是让旅游者直接参与到这些活动中。如果仅仅是让游客来观赏几个文艺节目，然后再去游览景区景点，从本质上来说，与普通的旅游并无太大的区别。啤酒及啤酒文化本身与人们的生活息息相关，极容易与所有的人拉近距离，更是把生活化融入了节庆与旅游之中。这种文化认同感是不需要解释的，而且永远不会产生所谓的审美疲劳感，其文化的重复性，可持续性是其他形式不可比拟的。

　　许多地方没有将旅游节庆的产业性作为重要条件，也就缺少长远性。这也是众多旅游节庆"赔了夫人又折兵"的根本原因之一。青岛国际啤酒节就是因为把旅游节庆当成产业来办，当成一项特色旅游产品来建设，紧紧抓住了啤酒产业和旅游产业的结合点，以特殊的旅游产品建设为核心，带动了整个产业链。啤酒品尝、喝啤酒擂台赛、啤酒交易、啤酒文化、啤酒狂欢以及相关的购物、餐饮消费结合在一起，成为青岛旅游的一大亮点。也正是因为这一点，青岛国际啤酒节不但没有成为"鸡肋"，而且越办越好。

　　有些节庆盲目攀比节庆活动的外在形式，对于真正的活动内容缺乏应有的重视，没有实质性的东西。不少旅游节庆不但没有为当地旅游带来应有的影响，而且已经成为一些地方沉重的包袱。从长远来看，只有采用市场化的运作模式才是我国节庆品牌化发展的终极模式。

（三）节日经济的市场操作

一个成功的旅游节庆，一开始就应该考虑市场。从青岛国际啤酒节以及各地成功的旅游节庆来看，单纯为节庆而节庆的旅游节是没有生命力的。只有具有可持续发展的，真正能够带动当地旅游及其他经济发展的节庆才是有意义的。

规范化、市场化、产品化是旅游节庆发展的必由之路。只有走市场化的道路，旅游节庆才不仅不会成为当地政府的负担，同时可以为当地创造经济和社会双重效益。2005年广东举办"泛珠江三角洲文艺调演"，不仅活跃了当地文化市场，更为惊叹的是调演期间吸引了不少海外华侨，华侨们通过调演观摩相识了泛珠江九省二区的父母官，其后的文章不言而喻。在国际上，已经举办了135年的美国新年玫瑰节花车游行不仅不向政府索取任何资金，每年还支付举办地政府为此出动的警力以及清扫卫生的所有费用，它每年给加州政府带来经济收益超过1.5亿美元。

节庆活动必须有广泛的参与性，这是节庆凝人气、造影响、树品牌的有效手段。没有参与性的旅游节庆注定是要失败的。旅游节庆的参与性表现在两个方面：一是业内人士的参与，二是普通游客的参与。啤酒节的参与性是不言而喻的，同时加上组委会精心策划的各种活动更是强化了这种参与性。同时，节庆活动要与商务运作有机结合。旅游节庆除吸引大量游客外，吸引各类旅游机构、旅游企业以及与旅游相关的行业参与同样是其重要目的。旅游节庆可以利用商家赞助、项目冠名权、演艺门票、旅游商品开发进行有效的市场策划，使节庆活动内容与商务运作有机结合，扩大延伸节庆的内涵，为商务经营拓展平台。

节庆活动必须坚持常办常新。成功的旅游节庆一定是具有可持续性的，而可持续性必须根据社会的发展变化，在维持旅游节庆基本宗旨不变的前提下，在内容和形式上不断变化，坚持创新：一是策划有"亮点"的主题活动，提高大众关注度，避免每届大同小异。例如，奥运期间的"奥运母亲活动"；

二是策划有"热点"的主题活动，形成社会焦点。例如，"奥运之光"大型灯展活动；三是策划有"卖点"的主题活动，增强商务运作能力。例如，金秋十月的"北京国际音乐节"。青岛国际啤酒节本着"青岛与世界干杯"的核心，每一届都会有新的"亮点"、"热点"和"卖点"，2008年更是抓住"奥运会"的契机，使得"啤酒节"再次吸引了全球的眼睛。

旅游节庆应该在政府部门的支持下，走资本运作、公司化经营的道路。政府应该将节庆活动的权利交还给市场，遵循市场规律，逐步培育一批具有经济实体的专业性节庆经营公司，使其依法自主经营、自负盈亏，具体实施节庆活动的市场化运作。政府在旅游节庆的举办中退出节庆活动的具体操作，主要从产业规划保障、法律制度保障、后勤保障三个方面给予宏观服务和主导调控，为节庆品牌化发展提供完善的保障。

第九章 『三分天下有其一』：中国酒业长盛之道

题记

本章主要是对中国文化酒企未来发展战略的思考与建议。其中，在笔者看来，最重要的最核心的还是立足于对传统酒文化的继续发掘、深耕细作。"执中守正固三田"出自宋代道士李道纯的《西江月三首·其一》，在这里用为诗题，是想表达未来中国传统酒企还是要从维护传统酒文化、深入开掘"民酒"市场上做文章。中国酒孕育于中国文化，中国酒几千年来随中国文化的发展而进步，中国酒今后也还会在中国文化的深厚土壤中源源不断获得营养和持续稳定的发展动力。

第一节　"君子谋道不谋富"[1]

——酿酒人该有的"道行"

一、"圣道运，海内服"：守正才是根本

"执中守正固三田"，核心是守正。所谓"正"，由"一"字和"止"字组成，"一"代表天，所以正的意思就是"止于天"。天就是天道，"止于天"就是一切遵从天道、客观规律。在中国道家哲学看来，道是宇宙真理、生成宇宙万物和促使宇宙中万事万物运行的内在客观规律，这就是《庄子·天道》所说的，"天道运而无所积，故万物成；帝道运而无所积，故天下归；圣道运而无所积，故海内服"，天道、帝道、圣道是道运行的不同层次。简单说，守正就是恪守天道规律，并按照天道规律来为人处世。

对于中国酒业从业者来说，做好酒，做百姓放心的酒，做不只是利在当代，更是可持续发展、泽被后世的酒，就是他们的天道，就是他们的"正义"，酿酒人的守正就是守住他们的本质与初心。在2022年6月18日举行的第十一届中国白酒T8峰会（由中国酒业协会主办，泸州老窖承办，茅台、五粮液、洋河、泸州老窖、汾酒、古井贡酒、郎酒、牛栏山八大品牌企业领导参与）上，五粮液集团（股份）公司党委书记、董事长曾从钦在谈及中国酒业面临的困境时提出越是"面对难题和挑战，越是要守正固本"，说出了中国酿酒业者的共同心声。曾从钦说，"守正"包括要守品质之正，任何时候都要秉持"酿好酒"的初心，紧紧守住品质这条生命线，让品质看得见、摸得着；要守品牌之正，像爱护眼睛一样爱护饱经历史沧桑、来之不易的中国名酒品

1　据唐代文学家柳宗元《吏商》。

牌，摒弃投机短视做法，避免透支民族品牌影响力；要守品行之正，以诚为本，着力打造阳光治理、阳光合作、阳光团队，大力营造健康、阳光的合作生态、发展生态、产业生态。

值得一提的是，第十一届中国白酒T8峰会的主题是"存敬畏、稳发展、扬文化"，其召开背景是17天前的2022年6月1日，白酒新国标正式实施。所谓"白酒新国标"即《白酒工业术语》（GB/T 15109-2021）、《饮料酒术语和分类》（GB/T 17204-2021）两项国家标准，由中国食品发酵工业研究院有限公司、中国酒业协会、泸州老窖、贵州茅台、五粮液、四特酒等酒企联合起草。"新国标"重新定义了白酒："以稻谷、小麦、玉米、高粱、大麦、青稞等粮谷为主要原料，以大曲、小曲、麸曲、酶制剂及酵母等为糖化发酵剂，经蒸煮、糖化、发酵、蒸馏、陈酿、勾调而成的蒸馏酒。""新国标"明确要求，即便生产工艺中需要添加部分食用酒精，也必须是使用粮谷酿造的酒精。这次规定就是让传统酿酒更加传统，非粮谷酿造的不能归在白酒这类，所以像一些薯类，不属于传统酿酒的原料范畴，酿出的酒不再视为白酒。

过去为保证白酒的香气和口感，企业可以通过添加食品添加剂进行修饰，而"新国标"则明确，白酒不得使用食品添加剂，在酒基中添加食品添加剂调配而成的酒，被定义为"配制酒"，属于调香白酒，而不再属于"白酒家族"。6月1日后，生产的白酒商品标签也将有变化，新上市的白酒，只要瓶身或者包装上标明了白酒二字，就是粮谷酿造、无添加的白酒。

"新国标"推出后，消费者判断一款酒是不是纯粮酒，就看"一标准一标志"。先说"一标准"，只要是上市销售的瓶装白酒，都是按照一个执行标准来生产的，这个标准是国家标准，是由"三个字母"和"五个数字"组成的，对应的是白酒的生产工艺。按生产工艺区分，白酒有三种，即固态法白酒、固液法白酒、液态法白酒，执行标准如下：

固态法白酒—GB/T 10781，以大米、高粱等固态原料，经过制曲、发酵等工序酿造出来的白酒，所以也叫粮食酒。

液态法白酒—GB/T 20821，以食用酒精这种液态原料为酒基配制出来的白酒，也叫酒精酒。

固液法白酒—GB/T 20822，30%的固态法白酒加上70%的液态法白酒混合而成，也叫勾兑酒。

所以，消费者今后买白酒时只要记住GB/T 10781这个标准就行了，或是直接记住"10781"这5个数字，保证就是粮食酒。

纯粮固态发酵白酒

图9-1　纯粮固态发酵白酒图标

再看"一标志"（图9-1），这就是纯粮固态发酵白酒标志，这个标志是从2005年开始推广的，是生产优质、高档白酒的通行证，所生产的白酒必须严格执行"纯粮固态发酵"工艺，属于"认证标志"，也就是说，有这个标志一定是纯粮食酒。不过要注意的是，不是所有的纯粮食酒都有这个标志，还是要看执行标准。

新国标的实施，引发了从生产端到消费端的连锁反应，成为白酒企业发展的重要分水岭。业内人士指出，新国标的修订，对白酒产品品质提出了更高要求，对带动国内白酒行业的品质提升、规范白酒企业的生产经营有着重要作用。同时，新国标对白酒、调香白酒等做出准确定义，对品类特点进行清晰化表达，让消费者更读得懂、看得明。

"白酒新国标"的推出，在笔者看来就是中国酒业的一种"守正"，一种正本清源。中国传统酒的酿造，从来都不需要添加食品添加剂、工业香料，这就是老祖宗的"正"，但是不知道从什么时候起，往酒里添加乱七八糟的东西成为行业的主流行为，而勾兑酒、贴牌酒也大行其道，严重扰乱了市场秩序，诚如司马迁在《史记·礼书》中所讲："循法守正者见侮于世，奢溢僭差者谓之显荣。"老实守规矩的人被世人轻侮，而僭越贪婪奢侈糜烂的人反而神气威风。这其中不由不让我们想起1996年臭名昭著的"秦池事件"，一个名不见经传的山东潍坊的地方小酒厂秦池酒厂，连续在1995年和1996年，分别以6666万元和让人惊掉下巴的3.2亿成为央视广告的标王，但靠的不是提高自身酒的品质、生产规模，而是疯狂的自杀式的广告营销。自己的生产能力严重不足，就去四川买来酒进行勾兑，结果是"鲁酒薄而秦池围"，以勾兑川酒冒充鲁酒，结果短短一年后就事发，引发舆论大哗，秦池迅速败落，成全它的自杀式营销最终以自杀结束。

"秦池事件"给中国所有酿酒人的启示就是，还是要回归初心，执中守正，规规矩矩酿酒，踏踏实实做人。

传统酒业的守正，首先就是对酿酒人道德底线的坚守。守正，就是守住责任与担当，守住良知、守望高尚。守正，就要胸怀正气、行事正当。诚信是商道之根，经商之本。从世界经济发展的普遍规律来看，在品牌塑造过程中出现的无序竞争、恶意诽谤、假冒伪劣、虚假宣传等行为必将为市场所淘汰。中国白酒品牌塑造要从中吸取教训，将自尊自重、自珍自爱，讲诚信、讲责任、讲品位、讲格调作为品牌文化的原则和底线，共同构建和维护以诚信为基础的行业生态。在产品标签标识上、酿造工艺宣传上、技术标准制定上，都要坚持实事求是、清晰准确；在品牌文化宣传上，要尊重历史、尊重事实、尊重消费者，注重文化内涵的挖掘和准确表达而非玩文字游戏。

还有更重要的一点，酿酒人的守正就是对酒文化的继承、保护和弘扬，这其中首先包括对非物质遗产传统酿酒工艺的继承和发扬。自古以来，中国人酿酒遵循"天人合一"与"和而不同"的哲学思想。在传统的酿造技艺里，酿制出玉液琼浆要从一粒米一穗稻的故事说起，讲究天地灵气，顺从节气时令，一粒一粟细心精选，制曲，料醅，入窖，取酒，贮藏……每一个步骤都有着极为苛刻的细致要求，整个酿酒的过程就是"匠心"二字最真实生动的演绎。这些自古传承的精髓，都需要坚持并传承。

传承是一个客观的存在，就像是一代代的祖祖辈辈的传承一样，人们长期处于这样一个环境中，习而不察；另一方面，传承又是一个客观的选择，因为酿酒过程中，许多工艺是无法用科学来解释的，往往要求助于经验与个人的灵感。传承是酒文化的精髓，对于任何一个品牌白酒来说，把自己的传承脉络梳理清楚，都是非常必要的。只有这样，酒才能够有足够深厚的文化底蕴，才能具备旺盛的、不竭的生命力。

疫情期间，河南张弓酒即便是在最困难的时候，也坚守品质生命线不动摇，从制曲到酿酒的268道标准化工序，每一道程序都绝不简省，每一道程序都兢兢业业、一丝不苟，凸显酿酒技艺的工匠精神和精益求精的卓越品质。这就是守正。

酿酒人的守正也包括对物质遗产老窖池、老窖泥、老酒海、老酒缸的保护和保护性利用。对于今天的一些人来说，这就是财富密码，但对于真正爱酒的人来说，它们就是数百年来陪伴了无数代酿酒先辈、养活了一方水土一方人的默默奉献的老伙计。财富总是有价的可以算尽的，但作为酒文化的一部分，它们的价值和底蕴是无量的。现在我们判断一家酒企是不是文化历史酒企，主要看它有没有被列入中国非物质文化遗产名录，是不是中华老字号和是不是国家级、省级文保单位，这些文化指标比那些上市公司数据、巴拿马博览会什么金牌（已经很难统计有多少家酒企都说自己获得了不限于1915年的巴拿马博览会的金牌）更吸引人，更具有说服力。所以，今后的酒企还是要在文化上做文章，深耕文化酒企建设和文化遗产保护。秦池、孔府宴酒的"其兴也勃焉，其亡也忽焉"，个中原委除了管理者的急功近利和好大喜功，很重要的一个原因是它们都缺乏雄厚的历史文化底蕴（孔府宴酒打着孔府的旗号，实际上跟孔子没有丝毫关系）。我们常听说优秀的酒业老板要学会讲故事，但讲故事绝非炒概念、忽悠人，而是会讲自家企业的历史文化故事，讲中国酒文化故事。

2017年以来，国家工业遗产认定工作先后发布了四批共163项国家工业遗产名录，抢救性地保护了一批重要工业遗产，其中，白酒文化遗产15项，基本囊括了泸州老窖、茅台、五粮液、古井贡酒、水井坊等具有代表性的白酒酿酒作坊及窖池，涵盖酱香、浓香、清香等主要香型白酒酿造技艺。但是对于酿酒老作坊、老窖池、老窖泥、老酒海、老酒缸、老车间、老酒库、老手艺的保护不能只靠国家行为提供保护，作为一线和仍在享受这些"老伙计"的贡献的酒企自己更要对它们多一份关爱之心、保护之力。

老作坊、老窖池、老窖泥、老酒海、老酒缸、老车间、老酒库、老手艺等诞生于历史、仍然在赋能于现代的酒业物质和非物质遗产，现在有了一个新的概念，叫"活态文化遗产"，是一种以人为中心的新的文化遗产类型。中国酒业活态文化遗产的保护、利用关系到整个酒业的可持续健康发展。所有人都清楚，这种遗产是不可复制的，一旦破坏将不复存在。它们各部分之间相互关系非常紧密，是一个有机的整体，将其中任何一个部分拆分，都会影响遗产的完整性。为了更好地进行"活态文化遗产"的保护，中国酒业协会文化遗产保护工作委员会牵头制定了《中国酒业活态文化遗产团体标准》，经过一年多时间的反复修改、提炼、论证，2023年8月20日，作为中国酒业首个文化保护的标准，《中国酒业活态文化遗产团体标准》在山西杏花村举办的"第二届中国酒业活态文化大会暨2023'中国酒文化月'启动仪式"上正式颁布。

《中国酒业活态文化遗产团体标准》涉及范围广泛，多家酒企参与起草，起草单位包括：山西杏花村汾酒集团有限责任公司、中国贵州茅台酒厂（集团）有限责任公司、五粮液股份有限公司、江苏洋河酒厂股份有限公司（苏酒集团）、泸州老窖股份有限公司、安徽古井集团有限责任公司、四川郎酒集团有限责任公司、北京顺鑫农业股份有限公司牛栏山酒厂、四川剑南春（集团）有限责任公司、陕西西凤酒厂集团有限公司、舍得酒业股份有限公司、酒鬼酒股份有限公司、河北衡水老白干酒业股份有限公司、北京红星股份有限公司、青海互助天佑德青稞酒股份有限公司、金徽酒股份有限公司、山东扳倒井股份有限公司、广东石湾酒厂集团有限公司、河南皇沟酒业有限责任公司、山西新晋商酒庄集团有限责任公司、四川省酒业集团有限责任公司、山西神泉酒业有限公司等。

《中国酒业活态文化遗产团体标准》根据《联合国保护非物质文化遗产公约》《中华人民共和国非物质文化遗产法》《中华人民共和国文物保护法》《联合国活态遗产保护方法手册》等法规、条约，结合中国酒业文化遗产的活态特质与实际情况，定义了中国酒业活态文化遗产。中国酒业活态文化遗产，既包括物质文化遗产中的不可移动文物和可移动文物，又包括非物质文化遗产中的传统酿造技艺、口头传统和仪式、节庆活动，以及诗词文赋、酿酒微生态菌群等其他活态文化遗存。同时，该标准根据联合国相关公约、国家相关法律和重要文献，结合中国酒业文化遗产的活态特质与实际情况，从文化遗产保护的共性要求及中国酒业活态文化遗产的特性要点等方面研究制定，提出了对中国酒业活态文化遗产认定、保护及生产环节、流通环节、消费环节、社会活动等方面开展保护工作的指导意见。

该标准极具创新性，在"术语与定义"方面，首次定义了"中国酒业活态文化遗产"及其内容，填补了国内文化遗产的空白；在"分层次保护"方面，首次提出了"以文化保品质，以品质保市场，以市场保生产，以生产保遗产"的"四保"理念；在"信息发布"方面，首次提出把《中国酒业活态文化遗产保护利用报告》作为企业ESG（"ESG即英语Environmental、Social Responsibility和Corporate Governance的缩写，ESG指标即环境、社会责任、公司治理的综合指标）报告的组成部分，体现了中国酒业新文化的系统观。

该标准既是一份中国酒业活态文化遗产保护、利用的"说明书"，也是一份拆解细化工作任务的"向导图"，有理论和实践层面的双重意义。其颁布将有助于酒类企业正确认知活态文化遗产保护、利用的应有原则理念，提升保护、利用活态文化遗产的科学化、规范化、标准化水平，助力酒业活态文化遗产的确认、立档、研究、保存、保护、传承、宣传、弘扬和振兴，更好为酒类产业传承创新发展赋能。

正如中国酒业协会理事长宋书玉所强调：作为酒类产业创新和进步的基础，标准体系建设对酒类产业的高质量发展和现代化转型起着至关重要的推动作用。没有高标准，就没有高质量；没有现代化的标准体系，就无法实现新时期酒业的长久繁荣。

《中国酒业活态文化遗产团体标准》的颁布是中国酒业活态文化保护、利用发展过程中的里程碑事件，该标准的发布是世界文化遗产领域的一个创新、一个创举，是独立于世界文化遗产、非物质文化遗产体系的遗产新品类标准，更是为酒业定制的遗产标准。该标准适用于中国境内的酒类生产企业活态文化遗产的管理，为中国酒业活态文化遗产保护、利用指明了方向。

与"白酒新国标"的出台一样，《中国酒业活态文化遗产团体标准》的颁布，也是中国酒业坚持"守正"的一种体现。除此之外，中国酿酒人的守正还包括对酒产区生态环境、水源、空气、土壤、植被、微生物菌群的严格保护。从广义上说，这些都是好酒的一部分，如果我们还想给子孙万代留一锅干净、香醇的酒，就要从一开始就善待这些环境资源，要明白它们是大自然的馈赠，我们何其有幸得到上天的眷顾，但它们不属于我们，我们只是这悠久绵长的酒文化的接力者，我们的前辈把这些宝贵的资源完好地传给了我们，没有理由不把它们完好地传给我们的子孙后代。

针对白酒行业酿造对环境影响等问题，国家相关部门也出台了相应的政策。2011年9月，经中国环境科学研究院，中国酿酒工业协会，环境保护部环境工程评估中心牵头起草的《发酵酒精和白酒工业水污染物排放标准》经环保部通过批准，取代了此前执行的《污水综合排放标准》，规范了白酒企业的废水排放，这只是目前我国酒业推进环境保护的一个缩影，但我们仍应该清醒认识到白酒行业环保现状，立法模棱两可或者是一法多用的情况仍然存在，这严重制约着环境执法的效力。

法律的权威是环保落地的坚强后盾。那些对于法纪淡漠的酿酒企业，必须要用严格的法律来约束，如果说酿酒人的道德自律还是"守正"黄线的话，酒业环保法则是他们不能触碰的"守正"红线，这就倒逼企业落实相关要求，为环境保护的落实保驾护航。这一点不仅仅是中国酿酒行业所要坚持的，而在世界各地，为了保证自己品类优质，各酒种、酒区都要做出相应的环境保护与建设。

2010年9月，环保部公告《上市公司环境信息披露指南》草案，规定16类重污染行业上市公司应当发布年度环境报告，定期披露污染物排放情况、环境守法、环境管理等方面的环境信息。在这16类重污染行业中，酿酒业赫然在列。

传统酿酒业属于高消耗、低利用、高污染的行业，同时产生大量的废弃物和污染物。据了解，就啤酒行业来讲，中国酿酒工业协会理事长王延才指出，全国尚有40%～50%啤酒厂的废水直接排放，而这些工厂的啤酒产量不足全国的15%。2010年6月，青岛啤酒、燕京啤酒等啤酒业巨头都因环保问题被环保部通报批评，要求其限期整改。

业内人士分析，这次环境信息披露的新规定短期内必将加大相关上市公司环保投入的成本压力；但从长期来看，此举将有助于推动酿酒业改变长期以来的粗放型发展模式，通过发展循环经济来推动清洁生产，以实现酿酒业的可持续发展。

还是那句话，如果酒区的生态保护只靠国家强力来进行，那么作为酒企的社会责任是缺失的，这样的酒企，卖出的酒再好喝，也是短期行为，走不远，走不久。对于酒企来说，不要以为酒厂是自己的，酒区环境是别人的，不要做广告宣传的时候说每一滴酒都是天地精华，实际生产中却认为天地环境的好坏与自己的酒无关。作为酿酒人，爱自己的酒，就要爱自己的酒区，爱酒区的生态环境，爱这里的每一片云，每一棵树，每一溪水，每一缕阳光，每一个负氧离子，每一抔土壤，每一颗谷粒，所有这些都是酒的一部分。对酿酒人来说，酒不只是生计，更是一种文化信仰。酿酒人的守正就是要守住这份信仰。

总结而言，在未来发展中，中国酒企应站在发展的角度、历史的角度来看待自己的文化坚守，应懂得系统梳理和总结酒区的历史文化脉络，传承保护好中国酒的历史文化遗产，凝聚形成行业共同的酒文化记忆。同时，在产区文化表达上，各个名酒产区应充分总结和创新表达自身香型、品牌的特色与内涵，让特色鲜明、丰富多彩的品牌符号，成为中国白酒名酒产区的文化标签，提升中国名优白酒品牌辨识度和影响力。

还有一点，作为酒文化研究者，我们强烈建议酒企大力建设自己的酒史、酒文化研究部门，因为毋庸置疑，深厚的酒文化底蕴才是一家酒企的底气所在。酒文化是软实力，但是将来一定会转化为硬实力。

二、"如将不尽，与古为新"：守正创新

前述已提及，酿酒人的最重要的理念乃至于人生信条就在于守正，但是守正是不是意味着不要创新，是不是就是守着祖宗家法不做任何改变，相信没有任何一个酿酒人会认为这才是真的守正之道。守正和创新从来都不矛盾，创新不是颠覆，守正也不是食古不化，传统与创新，继往与开来，从来都不是背道而驰的关系，而是如太极生两仪一般，水乳交融，我中有你，你中有我，相辅相成。《诗经·大雅》载言，"周虽旧邦，其命维新"，孔子在《周易·象传》中也说"天行健，君子以自强不息"，都说明了中国文化从来都是与时俱进的，固步自封、抱残守缺从来都不是中国文化的精神。

中国文化、酒文化源远流长，如何看待我们的文化，古人早就给出了答案，唐代诗人司空图在《二十四诗品·纤秾》中说："柳阴路曲，流莺比邻。乘之愈往，识之愈真。如将不尽，与古为新。"《二十四诗品》本来是文学批评之作，但这里用来评述中国文化也非常形象和准确，大自然中蕴藏的美景，如柳荫蔽路，杂花生树，莺歌燕舞，很多已经为我们司空见惯，但是我们越是深入观察，越能发现新的景象，产生新的诗境，即使古人已经写过的题材，

也能有所创造，达到不断再创新的意境。"不尽"为无尽，亦即终古常见之意，终古常见，却又不是陈陈相因，能与古为新则光景常新。正如唐代政治家、诗人李德裕《文章论》所说："譬诸日月，虽终古常见而光景常新，此所以为灵物也。"古代诗歌中纤秾之境就具有这样的特点，往深了说，中国文化也是这样的特点。"如将不尽，与古为新"这句名言也因为富有哲学的意蕴，从而超出了文论本身，成了具有普遍意义的文化表述。

2022年5月底举行的川酒研究院专家委员会成立暨第一次工作会议上，川酒集团总工程师杨官荣明确表示："我不反对创新，但一定是守正创新。"川酒集团总助、川酒研究院院长、白酒博士后赵金松也说："守正，就是需要传承的核心技艺一定要做好；创新，就是要发扬白酒在新时代的特点，二者并不矛盾，而且要兼具、并行。"

中国食品发酵工业研究院酿酒首席顾问、原副院长张五九在接受采访时表示："把传统产业和高科技产业的创新相提并论不合适。白酒有着上千年的酿造历史，要守正创新。"他说，守正要守住喝酒的文化感觉、生理感觉和感官感觉；创新是在实现的方式、方法上创新，在科学领域里把白酒原有的东西进一步提升。酿酒是一门技术，也是科学，更是艺术。"传承不是照抄照搬，既要传承工艺之'形'，更要研究工艺之'道'。创新不是盲目创新，而是要以健康为目标守正创新。"

与会酒企领导和专家的共同结论是，继承传统与突破创新是兼容并蓄的存在，守正是根基，守住酿酒人的本质与初心，创新是源泉，通过不断的探索与实践，为中国白酒发展注入不竭动力。中国酒应在传承的基础上创新，在创新中发展，在发展中优化，力争将中国酒打造成为深入消费者精神的世界佳酿。

把守正创新理论用到极致的当数泸州老窖的"三人炫"。"三人炫"是2014年，由时任泸州老窖总经理张良（后曾任泸州老窖集团董事长）、酒仙网董事长郝鸿峰、艺术设计大师许燎原共同联名设计的一款所谓互联网定制白酒，目标群体是年轻人，只在网上销售。"三人炫"发布之初，即通过"大数据＋公测"的模式来确定外观、口感、售价等，"公测"让酒友加入产品设计，其亲民指数直线上升。它拥有端正、简洁、新颖的黑色瓶身，上刻三位名人的签名，相

图 9-2 泸州老窖"三人炫"设计海报

当有时尚感；仿木质的酒瓶盖既经济、又环保。瓶子设计不仅整体美观，而且凸显了中国古代文化。另外，"三人炫"摒弃酒盒包装，巧妙地采用了环保包装袋作为酒瓶包装，袋子还可以被用作小的手提袋。整套设计思路在抓住消费者眼球的同时还控制了包装成本。

2014年8月26日，"三人炫"在酒仙网全国首发。数据统计显示，"三人炫"正式上市10分钟即突破1000瓶，48小时销售4万瓶，72小时销售14万瓶，此后，三单日销量基本稳定在1万瓶以上，84天销量突破100万瓶，实现销售额7000万元，相当于一个小型酒厂一年的产量。而在"双十一"当天，"三人炫"的单品销售额在酒仙网所有商品中名列第五。

页面转化率高低意味着网友浏览网页之后是否愿意购买产品，郝鸿峰告诉《第一财经日报》记者，"三人炫"在酒仙网的页面转化率是15.3%，天猫旗舰店的页面转化率为13.43%。在电商领域，一般情况下产品的页面转化率在3%～5%。

酒营销专家赵义祥认为，"三人炫"之所以短期取得这么靓丽的业绩，产品设计和渠道资源是分不开的。"张良亲自代言并为'三人炫'做背书，许燎源在设计界名气很大，同时郝鸿峰对电商的理解力又是无人能比。此外，加上泸州老窖和酒仙网各自的网络渠道，因此能够引起很大的关注。"

在庆祝突破百万瓶大关的同时，"三人炫"贺岁版也正式亮相。本报记者发现，贺岁版产品在此前基础上，对包装做了很多改进，包括增加羊年元素，

红色瓶和红色提袋，凸显节日喜庆氛围。张良对此表示，酒仙网敏锐的产品定制能力和强大渠道推广能力为销售的成功打下了坚实的基础，未来双方还将进一步深化合作力度，在互联网领域多做文章。

"三人炫"的成功，表面上看是新营销手段的胜利，但根本上还是以泸州老窖的优质产品为背书。据悉，泸州老窖"三人炫"是由首届中国酿酒大师、国家级非物质文化遗产代表性传承人张良，中国酿酒大师、泸州老窖酒传统酿制技艺第二十二代传人、首席白酒品酒师张宿义，以及国家一级品酒师邹江鹏三位大师，集几十年心血磨一剑潜心打造，凝聚了最纯粹的匠人精神，是新时代对泸州400多年酿酒技艺的传承和创新，是面向白酒市场新变化新趋势而诞生的品牌。

这款白酒通过泸州老窖百年以上老窖池，连续使用不间断发酵酿制而成。再经过摊晾拌曲、入窖封泥、开窖验糟、拌粮上甑、看花摘酒、古窖洞藏、大师勾调七道工序，最终酿造出入口绵柔，回味流长，浓香淡雅却不失醇厚的泸州老窖"三人炫"，是一杯"喝得起的大师酒"。

"三人炫"的成功让人们更好地理解了守正创新的意义。泸州老窖三人炫在传承古法酿造工艺的基础上，通过创新表达方式、传播方式，跨界资源的整合，让传统酿酒技艺与互联网相结合，迅速成为白酒行业现象级单品，且是第一个登上纽约时代广场的互联网白酒品牌。

三、"天工人巧日争新"[1]：中国酒业的创新方向

就目前行业发展特点而言，中国酒业出现了产品同质化、传播同质化的现象。但值得高兴的是，随着消费者更迭、需求的变化和理性化意识的增强，种种因素推动白酒行业产品在不断创新。酒企如何寻求突破点，抓住创新点？中国白酒专家钟杰表示，"整个行业，乃至社会都需要与时俱进，围绕

1　引自清代诗人赵翼《论诗五首》其一："满眼生机转化钧，天工人巧日争新。预支五百年新意，到了千年又觉陈。"

消费者的需求做创新的酒企，满足消费者的需求，这就成功了大半。"所谓创新，对于白酒行业而言，不同的酒企有不同的路子可走。但就目前来看，最为有效的创新就是来自白酒品质与消费需求之间的精准对接，此外，其他方面的创新也格外重要。

// · 消费体验创新

基于中国白酒的消费特征正在发生改变，尤其是"70后""80后""90后"新生代消费群，他们对于时尚消费、健康饮酒等的追求越来越明显。传统的"一醉方休"的消费模式逐渐被"休闲娱乐的辅助饮品"观念取代，那种对于白酒消费的"醉态"的追求，基本上被新生代消费群摒弃，他们更加追求健康饮酒、舒适感受。这就要求企业在白酒产品创新上，把以消费模式创新作为主攻方向，以满足新生代消费群白酒消费模式的改变。

// · 健康白酒创新

白酒的发展经历了传统白酒、低度白酒、保健酒的演变过程。今天，豪饮高度酒已经成为消费者乃至社会的负担，而低度酒在这方面却存在诸多优势：酒精度越低，身体刺激性越小，减少饮酒压力。这是白酒回归"健康"主题的一个创新。同时，以健康为主题的"保健酒"每年30%以上的增长率也显示了健康白酒创新的成功。在品牌宣传上，创新的宣传方式更容易提高消费者的接受度，酒企可以通过长期性的酒文化宣传等方式，培育一批忠诚度较高、真正懂酒的消费者，引领"适度饮酒"的健康饮酒理念。例如，劲酒，反其道而为之，"劝酒"时，叫人们"不要贪杯"，站在消费者的立场明确地提出了新的健康消费观念。

// · 包装工艺创新

1985年，"酒鬼酒"的横空出世，打破了人们对传统白酒的理解，带来了艺术层面的美感新享受，促使白酒包装进入了一个新的时代。1990年，"舍得"酒通过用陶瓷包装所带来的颠覆改变，成功跻身高端阵营，开启了白酒包装的另一个新时代。2012年，一款名叫"江小白"的品牌在重庆市场异军突起，引发市场"小酒热"的同时，也带来业内对消费者教育的创新讨论。"江小白"的创新包含诸多因素，但最直接的表现，是与"酒鬼酒"及"舍得"一样，在包装层面的创新：主打蓝白色调，清爽、文艺，完全放弃了传统的酒类包装风格，即大红、金黄色调用以表达喜庆富贵、吉祥如意等富含中国传统文化的情感元素。

// · 营销模式创新

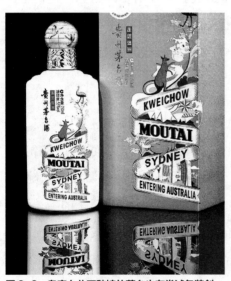

图9-3　皇帝女儿不愁嫁的茅台也在尝试包装创新，这是2018年文化茅台走进澳洲品牌推介系列活动中推出的茅台包装

梳理白酒营销的发展历史可以看到：1992年之前，是白酒营销的第一个时代，被业内专家称为"无营销时代"；1992—1998年，名酒价格放开，广告酒作为营销的开始，这一阶段是"产品+广告"模式的时代，其中沱牌的成功就在于此；1999—2003年，则是渠道分销时代，以"五粮液"为代表，是品牌制胜时代；2003—2008年，是深度分销阶段，这一时代以徽酒、苏酒企业为代表，强调终端市场占有率；2009年以后，白酒营销进入直分销时代，开始注重消费者体验，其中以"茅台"为代表。

　　之后还有经销商主导的营销模式（以五粮液为代表）、区域总代模式（以口子窖为代表）、新总代模式（以水井坊为代表）、柒泉模式（把厂商和销售商变成共利模式，以泸州老窖为代表）、OEM品牌代工模式（以五粮液为代表）、"三人炫"模式等。但是销售模式从来都不是固定的，它过去随市场状况而调整，今后仍然会有很多新的销售模式，如网红直播销售模式（网红的销售能力不容小觑，有些网红的销售能力甚至超过数百人的销售团队）、粉丝销售模式等。

// · 品质创新

曾经"渠道为王"是白酒营销的核心思想，在激烈的市场化竞争中无论品类延伸还是品牌创新，都要依赖渠道。但近年来，渠道对新品的成长贡献越来越弱，"消费者"的核心地位逐渐受到重视。而获取消费者青睐的最佳途径就是坚守好的品质。品质是一切产品的基础，也是酒企制胜的法宝。白酒品质创新一定要基于科学技术进步，生物技术、分析技术的突破，为传统白酒创新提供必要的创新条件。随着大市场环境以及消费观念的改变，消费者对白酒的要求与诉求都有很大改变，仅以产品品牌作为自我要求，已不能满足消费者的真实需求。走上了兼顾品牌与品质创新之路的不少酒企，均毫无意外取得了好成绩。

// · 文化创新

除了上述创新，白酒文化创新也是不能忽略的。白酒企业在酒文化创新上大有可为。但是白酒文化并不是脱离白酒产品品质，白酒文化的长久根基必须建立在白酒品质与文化创新的融合上，例如，"江小白"，以青春的名义来表达，获得了大批的年轻粉丝追捧。现在，"吃火锅喝江小白"成了一种新兴的饮酒文化。

白酒行业相对于红酒而言比较传统，外来品牌对白酒的冲击并不明显，主要原因在于洋酒在工艺上多以勾兑为主，而中国白酒多以传统酿造为主。中国白酒作为六大蒸馏酒之一，纯粮酿造技艺使得中国白酒在国内外享有盛誉。在健康化发展趋势愈加明显的背景下，白酒行业若要全面复苏甚至在国际市场上赢得更广阔的市场空间，需得兼顾传承与创新，将传统白酒与现代科技进行创新结合，坚持传统白酒酿造技艺的精华，并依靠科技进行工艺升级，提升产品品质，守正出新，以最正的中国味道征服全世界。

// · 科技创新

科学技术是第一生产力。回首中国酒业的发展，从20世纪五六十年代白酒试点的传统科技产量提升，到20世纪八九十年代的传统产业工业化改革，再到21世纪初（2007—2020年）的产业技术全面提升阶段，从量到质，科技创新和技术进步不断推动酿酒产业的可持续高质量发展。酿酒是传统制造业，如何把科技创新成果更好、更快地应用于品质提升、品质创新，其实是需要认真思考和不断探索的课题。

2021年3月20日，中国酒业协会产业创新技术研究院成立大会暨2021年中国酒业创新发展论坛在天津科技大学召开。中国酒业协会理事长宋书玉在致辞中谈及，当代中国白酒行业发展的三个阶段，都离不开产业需求的推动和技术进步的促进。他还表示，智慧酿造的核心就在于，让传统的更传统，让现代的更现代。他说："创新一直是酒类产业发展的动力源。中国白酒3C计划、中国白酒169计划、中国白酒158计划，可以说这一系列科研举措，开创了中国酒类产业科技创新的新时代。"

据宋书玉介绍，"十三五"期间，中国酒业在产品结构和市场结构的推动下，科技动能向品质提升的转化取得了较大突破，比如，以现代生物技术提高传统大曲特殊功能的研究、白酒风味品质评价体系的应用、酿造过程污染微生物群落高效动态监测技术等。

宋书玉透露，在即将正式发布的《中国酒业"十四五"发展指导意见》中，中酒协将系统规划产业科技创新战略，制定产业技术创新导向，充分凝聚和发挥产业各方力量，强化协同合作，深化酿酒产业科研合作模式，推进协会组织、科研院所积极参与、酒企团结协助的合作模式，加强科技创新平台建设，形成企业为主体、市场为导向、产学研协相结合的技术创新和合作共建的分享体系，全面提升科技贡献率。对特定功能性微生物选育及调控关键技术研究及应用、酒类产品营养健康及食品感知关键技术研究开发、酿酒行业全产业链智慧化管理平台建立与应用等研究课题，争取取得国家级科研成果。

同时，"十四五"期间，中国酒业还要加大对饮酒行为、饮用方式与人体健康关系的研究，开创酒业科技创新、技术进步、科研成果繁荣的新时代，满足新时代消费者对美好生活和美酒的多重追求。

宋书玉对今后白酒行业的科技发展提出了总体要求，他说："要以酒的属性为根本，开启由点到面的酿造生态体系研究、由外到内的酿造体系机理研究、由宏入微的风味物质体系结构与功能解析、由粗到细的白酒固态酿造理论体系研究、从物质到精神的白酒健康理论的研究和从拙到巧的白酒智能制造研究，从文化、风味、活性、微生物到工程层面开展科技创新，推动中国白酒行业高质量发展。"

宋书玉还指出中国酒业的五个科技发展趋向：一是生态酿造，开展酿酒自然生态、酿酒微生态体系研究；二是各美其美，开展基于多风味物质复杂构成美酒个性化研究；三是饮酒健康，开展多活性物质复杂构成的健康属性，以及适量、科学的饮酒态度和行为研究；四是科技价值，开展微生物多样发酵机理、风味、活性复杂体系、蒸馏、贮存机理的研究；五是智慧酿造，开展微生态复刻、优化技术、酿酒工程学及美酒感官风味学研究。

在酒协产业创新技术研究院成立的同一年年底，以"科技·洞见未来"为主题的2021全国食品工业科技进步大会在郑州举行。中国食品工业协会副会长兼秘书长马勇作了题为《科技助推食品工业创新高质量发展》的报告，他表示，国家"十四五"规划和2035年远景目标纲要明确提出"强化国家战略科技力量"，这其中的科技力量不仅局限于工业、产业科技领域，糖酒食品科技也是至关重要的一环。随着我国食品产品步入质量效益型发展阶段，产业转型升级成为必然趋势，而科技创新驱动是产业转型升级的核心动力，科技创新助推食品工业创新高质量发展。

中国食品工业协会研究室高级研究员郭金龙带来了《"十三五"时期中国食品工业科技成就研究白皮书》的解读报告，他认为，中国食品行业进入"科技+市场"双轮驱动发展时代，企业核心竞争力=科技力×营销力。新技术重构传统食品、新型生产模式开发，可实现高新技术与产业深度融合。产学研携手并进，以科技推动中国食品工业高质量发展进程。

在这次食品工业科技进步大会上，劲牌公司的"毛铺苦荞酒风味特征解析及其品质控制关键技术研究与应用"获得了"2021中国食品工业科学技术奖"一等奖。这家企业能够获此殊荣绝非偶然，他们在科技研发上的表现堪称酒业典范。截至食品工业科技进步大会举行的2021年12月23日，劲牌公司共拥有国家发明专利59件，并被评为国家知识产权先进示范单位。

业内提到劲牌，除了公益，就是科技，这个长于露酒、配制酒的企业在酒与科技的融合方面显然要领先于行业水平，而之所以会有此表现，得益于其劲牌研究院的创立，这个强大的科研机构早已经是劲牌蓬勃发展的真正"大脑"。

据了解，早在2016年，参照国际水准同类研发实验室设计和建设标准，劲牌公司总投资3.8亿元，在技术中心的基础上成立了劲牌研究院，作为露酒、白酒、中医药基础应用的技术研究机构。劲牌公司副总裁、劲牌研究院院长杨强介绍，劲牌研究院以中药现代化和酿酒精细化、智能化为主线，配备中药技术与中医组方、药理研究、稳定性、健康饮酒、天然化学和微生物六个研究室；建立与生产单元紧密结合的技术服务中试和成果转化实验室，设有中药现代提取分离、露酒、酿造工艺、微生物制曲、固态保健食品五个中试车间，形成了完整的研发与应用技术体系。

在六大研究室中，天然化学研究室在密切关注和跟踪行业研发动态和热点的同时，还以劲牌露酒和保健食品可使用的各种天然产物为研究基础，发现和挖掘出了有潜在应用价值的新天然产物成分；健康饮酒研究室的主要职能是探索酒产品对机体的调节功能，以研究健康饮酒方法和饮酒禁忌、如何提高饮后舒适度、检测饮后功能感知、循证医学等为主；稳定性研究室则以建立产品加速稳定性检测方法、评价体系、开展产品稳定性评价及稳定性防控措施为主要职能，不断提高产品稳定性；微生物研究室则紧紧围绕劲牌公司各香型白酒制曲、酿造过程及环境中所有微生物资源分离、鉴定、筛选、保藏、功能评价等进行研究，持续为车间提供安全的功能菌种，实现不同风格特点的原酒生产。

作为劲牌公司创新动力核心源的劲牌研究院，聚集了劲牌公司核心的科研人才：健康饮酒研究室5名研究员全部为硕士及以上学历；中药技术与中医组方研究室硕士及以上学历4人、高级工程师1人；微生物研究室12名研究员全部为硕士及以上学历，其中6人获得大冶市企业高层次人才称号。

在成立劲牌研究院的同时，劲牌公司还建有国家博士后科研工作站、中国轻工业露酒工程技术研究中心、湖北省露酒工程技术研究中心、中药保健食品质量与安全湖北省重点实验室等12个科研创新平台，为劲牌公司研发和技术创新奠定了坚实的硬件基础。至今，劲牌公司拥有技术研发人员300余名，硕士及博士占40％以上，其中享受津贴专家7人、享受湖北省津贴专家（含湖北省突出贡献中青年专家）10人、中国酿酒大师2人、国家品酒委员28人、湖北省级品酒委员19人。

为给所有劲牌科研人员极大的鼓励和底气，劲牌公司不仅配置了国际的"三重四级杆液相色谱－质谱仪"、自动微生物鉴定系统等检测试验仪器共计1000余台（套），每年还投入大量研发经费，进行产品、工艺、质量和基础项目研究，并取得100余件科研成果。

以劲牌研究院为载体，劲牌公司已申报和参与国家"十三五"科技专项规划、湖北省重大科技专项等30余项科技项目。劲牌《固态法优质白酒品质提升关键技术研究及应用》项目荣获中国食品工业协会科学技术特等奖；由劲牌研究院风味研究小组撰写的《通过定量分析，香气重组和缺失实验表征中国劲酒中的关键香气活性化合物》研究文章，在国际学术期刊《食品化学》在线发表。

正因为有了以研究创新为主的劲牌研究院，才让成立68年之久的劲牌公司时刻葆有活力，并始终坚持为食品质量不断赋能、为消费者提供健康产品的初心和使命。

劲牌公司的科技创新发展模式对中国所有酒企都有借鉴意义。2024年，大力推进现代化产业体系建设，发展"新质生产力"被正式写入《政府工作报告》。新质生产力以创新作为主导，摆脱传统经济增长方式、生产力发展路径，具有高科技、高效能、高质量特征，符合新发展理念的先进生产力质态。

对于酿酒行业这种横跨一、二、三产业来说，新质生产力更多体现在利用数字化技术节能降耗、稳定生产、提高流通效率、提升消费者服务质量等方面。数字化是摆脱了传统增长路径，符合经济高质量发展要求的生产力，也是数字时代更具融合性的生产力。

数字化成功为酒企实现了降本增效，各大酒企针对数字化布局也逐渐上升到战略层面，数字化竞赛也开始变得越发激烈。贵州习酒与北京大学开展"酱酒行业数字化转型联合实验室"项目；国台酒业举办"数智赋能大健康产业新质生产力暨第四届中医药国际发展大会"；贵州茅台表示将按照"智慧茅台2.0"顶层规划，实施营销数字化系统、供应链管理系统、全面质量管理系统等项目；泸州老窖投资1800余万元建成全国首个白酒全产业链数字化综合服务平台，对全市130多家酒类产业链企业和40多家有关单位的酒类产业数据进行收集整理，建成545个白酒产业相关数据模型，归集超过1.3亿条数据，进一步畅通了酒类产业数据信息链条，为全面促进白酒企业数字化转型提供有力支撑。

事实上，从酒企研发费用的不断增长，也能体现出酒企对于数字化转型的重视程度，2019—2023年，披露研发费用的五家上市酒企（顺鑫农业、皇台酒业未披露）研发费用合计分别为6.48亿元、8.08亿元、10.36亿元、13.58亿元、15.64亿元。从数据不难发现，酒企对于数字化布局重视程度越发明显，投入越来越多。在白酒上市公司中，有13家白酒企业明确将数字化作为2024年重要工作之一。

中国工程院院士、中国食品科学技术学会理事长、北京工商大学国酒研究院院长孙宝国表示，白酒生产现代化是时代呼唤产业的需要，是可持续发展的需要。白酒产业现代化发展对于企业而言有节约土地资源、降低能耗、提升优质酒出酒率等诸多优势。

据了解，2024年贵州茅台要进一步拉通集成供应链体系，推进工业互联网示范场景规模应用，推动"一码通管"，融合防伪溯源、产业链协同等场景应用，提升上下游产业链接能力。

2024年洋河股份要围绕"数智洋河"顶层规划，注重放大"智改数转"效应，深度构建"自主可控、安全高效、敏捷柔性，以数字化运营为支撑"的智慧供应链体系，加快智慧能源管理平台建设及推广，实现能源数据精准采集、能耗持续降低。

酒企大力发展数字化的背后，是为了通过转型实现降本增效。国台相关工作人员表示，国台智能酿造车间多层立体布局，节约土地资源60%。相比传统酿造，国台智能酿造车间单位产品耗水量降低78%、耗天然气量降低17%、综合能耗降低8%；显著改善了工人劳动条件，且人均年产能提升60%。

泸州老窖黄舣酿酒生态园通过应用AI、数字孪生、云计算、工业物联网等一系列智能制造技术，能耗降低了10%，出酒率提高了10%。2024年初，泸州老窖智能包装中心正式启用，通过整合六大信息系统、五条灌装生产线，生产效率提高两倍以上。

汾酒集团宣布将启动2024"汾酒试点"，重点在白酒成分工艺研究、经营管理模式、科技研发、前瞻性研究等方面展开探索。

从基础信息化建设到智慧生态链建设，再到数字化营销体系和数字化终端消费者体系，数字化对酒业的影响，正加速融入产业全链路当中。中国消费营销专家肖竹青分析认为，数智化升级一定是中国酒业未来升级换代的重要趋势。数智化实现了生产全环节的可追溯，而且在大数据基础上更容易开展精准营销。同时，通过数字化工具，能够实现对消费者及时互动和个性化需求的及时响应，满足消费者的差异化诉求和与时俱进的时尚化需求。

　　事实上，对于传统白酒行业而言，无论是科技引领还是数字化赋能，都是为了提升行业产业转型升级。虽然对于白酒行业这样的传统制造业而言，数字化转型尚处于初始阶段，但选择将数字化纳入战略规划，以数字化作为一种转型的驱动力量，无疑成为未来行业发展趋势之一。

第二节　"三分天下有其一"

——中国酒业长盛之道

一、"坐上客恒满，尊中酒不空"[1]：为民酒者得天下

我们前面提到，中国未来酒业发展还是要在"执中守正固三田"上做好文章。现在我们就来谈谈中国酒业未来必须要固守的"三田"是什么。这第一田，就是主流酒民。

据专业机构调查，中国有近6亿酒民，平均每年要喝掉300多亿公斤白酒，14亿中国人平均每人每年负责消耗20多公斤酒，等于1斤装的酒40多瓶。其中，从酒民年龄段看，呈现"三足鼎立之势"，"80后"为42.1%，"70后"占比29.4%，"90后"占比23%，换句话说，已是中年的"80后"和"70后""轻老年"酒民才是白酒消费的真正主力，这两大人群就占了71.5%。显然，这部分人群才是未来中国酒业争夺的主要势力，是"三田"中最重要的那块田。

根据iiMedia Research（艾媒咨询）2021年的数据预测，我国白酒市场整体规模将保持10%左右的增长率，预计2025年白酒销售收入将达9500亿元，利润将达2700亿元。也就是说，未来一年的白酒市场，中年和轻老年人将承担6800亿的消费额，这个市场，如果哪个酒企不关注，那无异于自掘坟墓。

在6800亿的白酒消费额中，将有73.6%，也就是近5000亿由中国中年男性贡献，其中又将有69.9%的份额由一、二线城市的中年男人贡献，这部分人群中，月收入在5000～2万元的比例为65.9%。总结而言，就是一句话，未

1　《后汉书·郑、孔、荀列传》："坐上客恒满，尊中酒不空，吾无忧矣。"

来中国酒业消费额将在万亿左右，其中的七成将由中国中年和轻老年贡献，这其中的七成又将由男性中年和轻老年贡献，这其中的七成又将由一二线城市的男性中年和轻老年贡献，而这其中的七成又将由一二线城市月收入在5000～2万元的男性中年和轻老年贡献，这里的粗黑字部分就是未来中国酒业竞争的核心战场，我们不妨称之为"万四七高地"，谁能接近这个高地，谁才可能是中国酒业的王者或至少是不败者。四川中国白酒金三角协会会长王国春曾公开表示，中低价位市场是一个很巨大的市场，涵盖了很多类型的消费者。酒企现在需要做的是冷静研究这些消费者，找到适合自己企业的核心消费群体，生产出适应这类群体需求的产品。

针对未来酒业市场的这种趋势，酒企大厂已经做了提前布局，这就是所谓的"名酒民酒"路线。所谓民酒，用牛栏山酒厂副厂长陈世俊的话说就是"以价值定义为核心，以满足人民群众对美好生活的追求为使命，以最广大消费人群新时代消费理念为导向，品质优良，品牌温暖，在多元消费结构中具有普遍消费价值认同的一瓶好酒"。他认为民酒有三个基本特征：

第一，最大数量的消费者基础，为最广大的消费人群服务；

第二，一定是品牌温暖，有很好的品牌阶梯，消费人群对品牌认同度高；

第三，产品在基于价值定位的基础上，品质优良。

2013年、2014年，受国家出台限制三公消费政策的影响，五粮液、贵州茅台、泸州老窖、洋河等名酒利润大幅下滑，所以不管是不是真情愿，以五粮液时任董事长唐桥为代表的大酒厂还是喊出了向"民酒"弯腰的口号，五粮液高调推出过两款中端产品五粮特曲、五粮头曲；茅台则是推出了赖茅，还直接调低部分产品的售价，将其子产品53度茅台迎宾酒每瓶从158元降至109元；仁酒每瓶从599元降至299元；汉酱酒每瓶从799元降至399元；洋河推出蓝色经典新品、洋河老字号、生态苏酒、柔和双沟等四个系列新品，并将绵柔苏酒、洋河美人泉等省内中端产品进行全国招商；汾酒在除发力原有系列中的高端产品，如醇柔老白汾、精致老白汾、红瓷汾酒、蓝瓷汾酒、紫砂汾酒等外，同时也在开发针对大众市场的低端吉祥汾酒产品；水井坊也表示未来五年将重点致力于"天号陈"中低端白酒品牌。

与高端白酒市场遇冷形成鲜明对比的是，一直以来定位"腰部"产品的品牌在2014年前后的销量都不错。四川省经信委的一份报告指出，泸州老窖龄酒、泸州老窖特曲等中端白酒销售收入同比增长22%，泸州老酒坊销售收入增长达220%。习酒市场部经理陈庆勇也介绍，习酒一直重视"腰部产品"，售价在300元左右的酱香型金质习酒和浓香型习水特曲一直深受消费者喜欢。从市场表现来看，2014年这两款中端产品也是销量增幅最大的。同时，习酒也正在筹划推出更低价、更适合现代人生活主张的习酱酒。

2014年前后"民酒"市场开始繁荣是中国酒业发展进入正常化、常态化的反映，换句话说，之前的酒品高端化更多是一种泡沫效应，并不能反映市场的真实需求情况。酒为民所用，酒为民所系，酒为民所谋，这才是未来中国酒业市场发展的趋向所在，而且将是很长一段时间的风向。

二、"莫推红袖诉金卮"[1]：红袖添香不如红袖添酒

未来中国酒业发展必须坚持的"执中守正固三田"原则中，"三田"中的第二田，就是女性酒民。

一直以来，男性一直是酒类消费市场的主力军，然而这一局势却在近年发生了变化。2002年，在全国31个省份132个调查点开展的中国居民营养与健康状况调查，共调查15岁及以上居民近16万人，该调查下的定义不论白酒、啤酒、葡萄酒，平均每周饮用一次即为"饮酒"，逢年过节才饮用一次者不算。结果显示：居民现在饮酒率为21.0%，其中男性39.6%、女性4.5%；城市居民20.9%、农村居民21.0%；39.9%的男性和29.5%的女性饮酒者每天或几乎每天饮酒；58.2%的男性饮酒者次均饮用白酒100～150g，77.3%的女

1　引自唐代诗人韦庄的诗《对雪献薛常侍》："琼林瑶树忽珊珊，急带西风下晚天。皓鹤褵褷飞不辨，玉山重叠冻相连。松装粉穗临窗亚，水结冰锥簇溜悬。门外寒光利如剑，莫推红袖诉金船。"

性饮酒者次均饮用白酒50～100g。而据最新数据统计，中国各大城市时常有饮酒行为的女性人数，正以每年22％的速度增长。根据某电商平台数据显示，在2018年的购物旺季，女性购酒增速已经远超男性，用户增幅较去年同比增长62％，高出男性用户增速，且各酒水品类女性用户增幅较去年同比增长，均高于男性用户增幅数据。

此外，在世界范围内亦是如此。据英国广播公司报道，一项关于全球饮酒习惯的研究表明，女人在酒精消费量上几乎要赶上男人了。无独有偶，澳大利亚新南威尔士大学的研究人员分析了在1891年和2001年出生的400万人的数据（数据大多数来自北美和欧洲），得出一个结论：过去男人们更爱喝酒，但如今男女在喝酒量方面的差异越来越小了。

随着经济实力和精神自由的提升，女性消费者"悦己"的消费观念越来越强，对酒的消费逐渐从价格敏感过渡到价值敏感，新锐女性更喜欢把酒作为"放松解压、悦己微醺"的轻社交工具，女性饮酒已是不容忽视的现象。今后随着社会经济的继续发展和女性地位的进一步提高，女性的饮酒比例只会越来越高。

从喝酒的酒类看，女性饮酒以低度酒、葡萄酒、果酒、具有美容养颜和保健功效的酒精饮品为主。广义上讲，低度酒是指酒精度数在20度以下的酒类产品，包括黄酒、葡萄酒、啤酒等。市面上常见的低度酒也叫低度潮饮酒，英文名为Alco-pop，果酒、米酒、预调酒，以及部分无糖苏打酒等都在低度潮饮酒之列，它们通常酒精度在15度以下，甜味突出、酒精味降低，多与水果元素相关。

数据显示，2012年，中国市场上只有30％的进口葡萄酒饮用者是女性，而2015年，女性消费者在进口葡萄酒饮用者中占有的份额已超一半，而且年轻女性的消费份额更高。2018年淘系平台中酒水消费者的性别分布显示：梅酒、力娇酒、清酒、鸡尾酒、果酒等品类的女性消费占比均超过半数，且客单价增速远高于男性；其中，拉动大果酒品类增长的主客为18～34岁的女性，生活于一线城市的消费者、新锐白领、精致妈妈等人群正在成为酒水消费主力军，她们有着更新的酒水文化消费观念与行为。据阿里巴巴2021年发布的《把爱送回家》春节消费报告，2021年购买果酒的人数是去年的两倍，其中将近七成为女性，二三十岁的城市女性最爱果酒、气泡酒等。2022年2月，《消费者报道》发起的《年轻人饮酒习惯调查问卷》显示，在饮酒选择上，47.2%的女性消费者会选择葡萄酒，45.4%的选择果酒。上述研究都表明，女性更青睐低酒精度的饮品。

在渠道上，天猫曾推出过"女生酒"专场；在推广上，以女性消费者为主体的小红书上有接近10万篇低度酒笔记分享，出现了女生酒、晚安酒等概念。

围绕女性消费者，现制饮品也开始与低度酒做创新融合，如奈雪的茶就在华南地区推出过"茶饮+酒"的搭配，在水果茶中加入白葡萄酒；喜茶也曾推出"醉醉粉荔"、"醉醉葡萄啤"及"醉醉桃桃"等"醉醉"系列，融合"茶饮+水果+酒"；星巴克也在意式浓缩咖啡中加入柚子味汤力水。还有一些低度酒主打"0糖""0脂""低卡"的概念，兼顾好喝和减重的需求。

从酒包装来看，酒品是否有着吸睛的外表、鲜艳的颜色、时尚的设计，在视觉上是否有较大冲击力，也是女性在选择购买时的重要考虑因素，如在包装上保持高颜值，贝瑞甜心采用"甜心小方瓶"设计。

在口味上，女性酒更讲求酒的甜度、香氛、柔和，所以落饮推出大红袍西柚低度酒，融合花、果、茶、气泡等香甜、清爽的风味。

在喝酒场景上看，女性更注重下午茶、独饮等消费场景的打造。女性喝酒更多地是追求一种享受，约上几个好友，找一个安静的环境，开始一下午的畅聊。对于男人来说，"一人不喝酒，两人不打牌"，但年轻女人却很享受一个人喝酒，在还是单身贵族的她们看来，一个人喝酒，不但不是喝闷酒，反而是喝悠闲惬意的岁月静好酒，她可以独自做两道好菜，看一部好剧，然后就着桌上的下酒菜和电视机里的电子下酒菜，在私密的安全的家里一个人喝个美，追求一种微醺的感觉，享受一个人的宁静，而且谁也别想在这么美妙的时候打扰她。

从酒的功能上看，葡萄酒之所以越来越受女性消费者欢迎的原因就是葡萄酒本身的作用，葡萄酒度数不高，且营养成分较丰富，有促进血液循环、美容养颜、改善睡眠、减肥、降低热量等作用。据了解，结合了女性不同的体质、年龄期、生理期、性格特点的保健酒，也很受女性的推崇，如根据粤北客家人古方配置的"火炙娘酒"，祛风散寒，补气养血，美容养颜，口感醇香，酒精度低，不管平时招待用酒，还是餐桌烹饪，或者药引材料，都可以满足女性滋养保健的需求；此外还有诸如"俏饮"温养草本酒，结合"草本自然温养"的传统养生文化，将传承千年的道家五味草本配方制成酒曲，并传承北宋苏东坡所创的"桂酒三投三酿"的酿酒工艺，陶坛陈酿而成。它有着丰富的文化内涵，同时又不失现代审美，温文尔雅又饱含力量。这些女性专属酒都很受女性的欢迎。

对于女性酒饮的特点，很多酒企也注意到了，他们花尽心思、绞尽脑汁想在女酒市场分一杯羹。百威在2012年的时候，就曾针对女性市场推出过一款口味类似玛格丽塔鸡尾酒的柠檬味淡啤（Bud Light Lime-A-Rita）；到了2017年：百威在对Lime-A-Rita系列的品牌重塑中，将这个系列正式定义为"为女性而生的酒"。近日，百威又推出三款全新的罐装即饮葡萄酒/鸡尾酒饮料。除此之外，人气颇高的"猿小姐的酒铺"专门针对女性消费者推出了众多甜型葡萄酒，通过产品甜甜的味道和高颜值的包装吸引了不少粉丝。

2015年，奔富的洛神山庄、奥兰的小红帽并肩破圈，成为女性消费者的新宠儿；2020年，RIO鸡尾酒以低度微醺揽获一众年轻女性，引爆低度潮饮赛道；2023年，当"citywalk"渐渐演变为"citydrink"，完成一份酒饮地图打卡已经变成都市女性的新型社交密码。无论是身披"晚安酒""少女酒"等多种个性鲜明的昵称，穿梭于生活中的各个场景的"低度高颜值轻社交的酒"，还是与文创、策展、艺术结合后，兼备色香味和微醺状态综合体验感的

"创新式酒精饮料"，又或是在亚文化社群和小兴趣商业的裹挟下，主打万物皆可融的"新型融合酒"，都无非是以"甜""香""小众"等为卖点，无限迎合女性的饮酒口味和风格。据2021年"6·18"期间京东超市销售数据显示，"果味微醺"成为主要消费趋势，果酒品牌"梅见"青梅酒成交额同比增长10倍，JOJO成交额环比增长30倍，奥兰成交额同比增长2倍。

据不完全统计，目前，国内市场主打女士酒概念的约有30多种，燕京啤酒集团推出了无醇啤酒，吉林长白山酒业出了艾妮靓女女士专用酒，云南红曾推出一种专门攻夜场的柔红，张裕也曾开发女性酒。台湾烟酒公司研制成功一种功能性饮料灵芝啤酒，此外还有哈尔滨泉雪啤酒有限公司推出的有保健功能的含"肽"啤酒，也在抢占女性啤酒市场。

热度高涨背后是各路资本的布局与竞争。天眼查数据显示，"梅见"母公司江小白已于去年完成C轮融资，吸引了华兴基金、温氏国际以及招商国际等知名投资方，融资全部用于技术研发及老酒储备。

同样在去年，创业不到一年的"贝瑞甜心（MissBerry）"完成数千万元A轮融资，投资方是经纬中国；此外，果酒"落饮"也于去年获得XVC领投、天图投资跟投数百万美元的天使轮融资。

从市场竞争格局来看，目前市面上针对年轻女性的酒主要包括"梅见""十七光年""落饮""观云""果唇""RIO"以及智利进口卡装娜等品牌，酒精度大多在5.5% ～ 18%vol。该类酒在包装设计上主要突出高颜值、文艺范，营销文案也是如此。

对于今后的女性酒市场的开发，业内专家认为，需要特别注意以下几点：

第一，白酒要想在女人中铺开，必须改进产品，使之更适合女性消费，而不是要女人去喝大通货的白酒。女人喝的白酒，是一种细分的小市场，这是对以往粗线条销售的补充，体现出更精细化、更有针对性的新零售。现存适合女人的白酒，有玫瑰汾酒、泸州老窖三生三世桃花醉等，这些酒类单品的成功，启发我们：女性白酒需要分门别类，在产品和包装上，突出女性化的元素，与普通的白酒相比，女性白酒在产品设计上，需要低度化、口感更舒适、口味更柔和。包装设计上，要简明大方、线条流畅、色彩艳丽，体现女人柔美明艳的特质。

第二，提供有趣有爱的销售策略和消费场景。女人天生是感性动物，天生渴望被喜欢、被关爱，比较情绪化和感情化，在消费行为上，体现的是女人爱冲动购物和非理性购物，这给女性白酒市场提供的思路是：提供有趣有爱的消费场景，女人爱上白酒销售营造出来的富有爱心的消费场景，让她们被白酒广告中体现的有趣有爱的场景感动，而不是诉诸理性，这样，才能激发女人对白酒的消费欲望。

第三，必要时采用偶像代言。女人喜欢追星，喜欢"小鲜肉"，她们喜欢为自己的偶像买单。一个男人这么做，往往是被人鄙视的，但是女人似乎可以正大光明地做这种事情，谁叫她们是感性化、情绪化的动物呢。

白酒行业，用名人偶像做代言的往往比较多，一般是用孙红雷这样的硬汉，体现"小刀酒的男人味"。但是，如果是针对女人喝的白酒，往往要选一些花样美男做代言，这些"小鲜肉"往往能引发女性粉丝的疯狂购买，不失为女性白酒的一种营销策略。

图9-4　瑞典著名品牌"绝对伏特加"专为女性推出"名媛"系列酒

第四，影视广告直接植入。这几乎是女性用酒营销策略的"撒手锏"，因为女人是爱煲剧的动物，现在的电视剧越来越多地朝大女主方向发展，目的是迎合女性消费观众。女性用酒通过巧妙地植入热播影视情节中去，取得良好的关注度和销售效果。

业界经典植入广告案例是茅台悠蜜植入《欢乐颂2》。悠蜜是茅台推出的女性酒，具体叫悠蜜蓝莓利口酒，用酱香酒与天然蓝莓果汁精心调配，分为8度和12度两种，口感微甜不腻，外观设计明艳大方，有8种颜色，造型时尚，目标人群是都市白领时尚女性。

《欢乐颂2》是一部都市女性励志电视剧，讲述的是居住在欢乐颂小区22楼，五个性格各异而又相亲相爱的女孩身上所发生的，一连串有关友情、爱情、亲情、职场和理想的故事。

欢乐颂"五美"就是茅台悠蜜的目标消费人群，在电视剧中使用了场景植入的方式呈现，与剧情隐性融合的植入营销，让其成功打入年轻女性消费市场，销量一度暴涨十倍。

第五，围绕大IP周边开发，直接进行影视定制。影视剧在植入白酒上的优势，早已经被业界公认，除了在电视剧中，出现电视主角直接喝酒之外，还有直接定制的方式，这是对大IP的周边开发。

经典的影视IP定制酒是泸州老窖的三生三世桃花醉，直接对电视剧《三生三世十里桃花》的内容研发的一款白酒。

在剧中，桃花醉酒直接和剧情融合在一起，剧中的凤凰直接是桃花醉的酿制人，剧中杨幂饰演的女主，是四海八荒第一绝色，她最爱的就是桃花醉酒。围绕电视剧剧情直接定制女性白酒，比直接植入白酒产品，更有传播效果和说服力，剧情自然，引发观众的自动带入，是广告营销手法的高段位。

三、"五陵年少金市东"[1]：得青年者得未来

未来中国酒业发展必须坚持"执中守正固三田"原则，"三田"中的第三田，就是青年酒民。

我们在前面讲过，根据iiMedia Research（艾媒咨询）2021年的调查，

---

1 据李白《少年行二首》之二："五陵年少金市东，银鞍白马度春风。落花踏尽游何处，笑入胡姬酒肆中。"

中国有近六亿酒民，其中"80后"为42.1%，"70后"占比29.4%，"90后"占比23%，换句话说，已是中年的"80后"和"70后""轻老年"酒民才是白酒消费的真正主力。但是不能忽视的一个基本事实是，中青年终将老去，这是客观规律，未来的中国酒业市场只能是年轻人的天下。

但目前的现实问题是，传统白酒对年轻人缺乏足够的吸引力，白酒年轻化目前看来，至少有三道障碍。

第一，口感。比之啤酒、洋酒，白酒的高酒精度数、辛辣等特点让初次体验白酒的年轻消费者难以产生良好的感官体验。按照目前这个社会的人口结构与酒精摄入量对比，人的饮用方式和酒种是有内在规律适应性的。伴随着年龄的增长，酒精的单次摄入量在不断提高，步入老年之后，又开始减少摄入量，呈现两头小、中间大的饮用结构。

但目前我国白酒标准的制定者主要还是一些老酒厂的品酒师，他们按照传统工艺给白酒行业制定标准，所以按照现在的标准，优质的白酒一般是含有很多风味物质，但是这种风味物质能不能适应年轻群体现在以及未来的口感，很难说。因此白酒的标准问题能不能让年轻人参与进来，这将直接影响白酒是否能够年轻化。

第二，渠道。解决渠道和消费场景问题是白酒年轻化的第二道门槛。现今传统白酒企业的运作渠道仍然集中在餐饮、烟酒店、团购，年轻人接触的渠道相对较少，所以白酒的饮用场所必须得到拓展，像酒吧、KTV、特色餐饮店等都是年轻人爱玩爱聚餐的场所。但这些消费渠道的进店成本都相对较高，这使得用渠道利益来培育消费场景的难度会变得更难。

第三，文化。部分酒企开始通过线上消费场景的植入来进行突围，依托移动互联平台，迎合年轻人喜欢的文化来重新定义白酒品牌。但在中国白酒行业，主流的品牌依旧是通过历史悠久、形象面子、工艺香型的独特性来塑造产品的差异化价值。

但是年轻人并一定接受你是多少年，你有多少历史的说辞，他们可能更关注的是酒本身好喝不好喝，适不适合自己的个性与品味，而绝大多数酒厂很难愿意抛弃自己过去的传统的白酒文化去做一个年轻化的白酒文化，所以如何让中国的白酒厂家在工艺与历史的"负担"下，去创造新的品牌文化、新的时尚白酒品牌，是中国在白酒年轻化课题上的第三道槛。

如何扭转这一现状，让白酒在年轻群体的日常消费品中占得一席之地，成了整个行业亟待解决的问题。年轻消费群体给白酒打上"商务宴席""度数高""老土"的标签，转而投向啤酒、洋酒的怀抱，白酒企业在痛心疾首的同时也意识到酒的市场还是存在的，关键在于打破年轻人对白酒的成见。

要改变这一切，可以从以下三个方面考虑：

第一，口味年轻化。口味是阻拦年轻消费者尝试白酒的拦路虎，相比白酒广告中宣传的"绵甜醇厚"，年轻消费者对白酒的直观口感其实是辛辣刺喉、难以下咽，此种情况下，年轻消费者倾向于汽水和果酒也就不难理解了。如果想要挽留年轻消费者，白酒企业应该考虑调配出更适合年轻人口味的白酒，让白酒的酒精感不要那么浓重，突出粮食本身的香味，也可以考虑与其他饮品搭配，推出全新口味。

第二，包装年轻化。传统白酒一瓶1斤左右，不善饮酒的人很难一次喝完，酒瓶很沉，携带起来十分不方便，这更增加了年轻消费者的困扰。一些酒企也注意到了这个问题，开始推出小瓶的白酒，其中做得最有声势的是"江小白"。

成立于2012年的江小白，对传统的高粱白酒重新包装，在白酒的包装越发华丽奢侈的流行趋势中，摒弃华丽厚重的包装，用简单、纯粹作为包装的主元素。它的瓶身上，将佐酒的扎心语录不重样地印着，每一条语录都直击年轻人的心。直白又含蓄地用品牌文化和年轻人进行着情感的互动，最终，让年轻人记住江小白这个名字。

一度，正红色、黄色等正统、大气的色彩被运用于酒类包装中，给消费者的视觉冲击动辄就是"传承经典、彰显气度"，但是现在，越来越多的非主流色彩被运用于白酒包装中。因为，现在的年轻人追求的是乐享的生活方式，他们对产品的选择更具有国际化的视野，更能接受多元化的色彩和瓶型包装。

　　为了取悦消费者，拉近与目标群体的距离，山东花冠酒业推出的"43度柔雅大师"，其外包装和酒瓶设计都摒弃了繁杂的元素，盒子整体的结构设计来自"苹果手机盒"的设计灵感，外包装盒采用黑色调为主体，用"我们不一样"的设计理念征服了讲求个性化、品位化消费的人群。

　　用动画形象来勾勒一个想象空间，也被酒企运用到了产品包装中，就是要打破旧有的传统思维，来点新鲜感，与年轻消费者的表达语系产生共鸣。例如，景芝酒业的哈哈虎系列，其包装瓶身上的哈哈虎的形象设计，据策划人梁文峰介绍，"我们经过无数的方案设计，从'萌系'发展为现在的'酷系'表达。漫画稿经过几百次的调整，我们最终确定了现在和白酒更加贴近的表达方式。画面动作是在向美国二战征兵广告致敬，通过这个手势，我们想传达出一种让年轻人放下压力、放下负能量，在生活中寻找乐子的主张。我们希望通过这种画面的沟通，吸引年轻人关注，让他们意识到白酒并没有'抛弃'这个群体，白酒也可以是一种更加激情的表达"。

　　由天佑德青稞酒推出的小黑青稞酒，42度，喊出了"年轻就要黑出风采"的心声，其设计师李世光这样诠释了这款每瓶二两半装的小酒包装："方形瓶简洁大方，以方正造型为基，瓶体呈微弧型，符合饮用时拿捏人的人体工程学，瓶体上的金色莲花绽放延伸绵延，又不拘泥于这方寸之间，简约中蕴含繁复，外盒是异形的，方盒之上有个简单的切角，表现了青稞酒的所在地——三江之源，深邃的黑色配以金色，刷出了高端感。"

　　而小黑青稞酒由125ml×4的礼盒装，外包装盒形状像一条烟，盒身同样采用深邃的黑色，与年轻人格调消费的调调不谋而合。另外，在"场景化"消费的行业趋势下，酒企也认识到给消费者设定一个消费"场景"，可以最大限度圈粉，也可以实现线上线下互动，进而放大该款酒的社交属性和社交功能。

小黑青稞酒定位于"聚会小酒"，为了网罗更多的年轻人，还推出了"小黑青稞酒+品牌红茶+冰块"的喝法，据说是经过盲品测定后的新喝法，我们一直在讲创新、创意，这或许会成为这款小瓶清香白酒拉拢年轻群体的一个有效的尝试。

营销年轻化。我们还是以江小白举例。江小白，第一次听到这个名字可能会以为是人名，其实它（他）是江小白酒业旗下的一款白酒，企业赋予了它的一个拟人形象，戴着眼镜，一身年轻打扮的文艺青年，名叫江小白。从该酒的形象设计和广告语"我是江小白，生活很简单"都可以看出，江小白主打年轻市场，特别是"80后"乃至"90后"初试白酒的年轻人群。

江小白一经推出便受到了很多年轻人的喜爱，上榜2012年中国酒业风云榜年度新品，江小白微博被新浪微博评为"2013年度重庆最赞微营销案例"，并入选2015年国际调酒师大赛预调鸡尾酒比赛用酒。

江小白与传统白酒的区别更重要的还体现在产品的包装，它的瓶身设计别致，瓶子上会印刷各种不同的语录，或是表达情感，或是发表对生活的见解，这种白酒瓶就是江小白特有的"表达瓶"。消费者还可以自己DIY，将自己的语录印刷到瓶身上。

通过瓶身设计可以看出，江小白并没有走传统白酒高端路线，而是更加接地气，重视与消费者的互动，从它的微博和客服，以及经常举办的酒会等各种活动都可以发现，江小白试图用年轻的思维打入现代年轻人中去，因此，受到了许多年轻消费者的青睐，从2011年发展到现在，其成绩已经让同行刮目相看。

"江小白"获得年轻人的好感并产生品牌共鸣是我们关注的一个重点。品牌共鸣指的是品牌所有者与品牌消费者、品牌消费者之间以品牌为媒介所产生的不同心灵之间的共同反映。了解品牌共鸣首先要确定品牌定位，产品只有在站位上与消费者保持一致，才能达到情感上的交流与互动。

"江小白"结合目标市场和产品特性，确立了"释放情绪，社会回归"的品牌定位，而现在年轻人最需要的也就是释放自己的情绪，借酒不仅能浇愁，也能通过喝酒来认识更多的朋友，丰富了使用场景。

对年轻人来说，酒有了更多的作用，"江小白"凭借其亲民的形象，成为年轻人的"朋友"，消费者可以把想说的告诉他，也可以听他的精彩的台词，消费者不仅可以喝到酒，还可以通过瓶身的语录获得更多的人生感悟。另外，消费者还可以通过江小白表达瓶传达自己的心声，这是传统白酒所不能做到的。

口味方面，江小白的清香型白酒对初试白酒的人群来说更为友好，入口不会那么辣，因此也有不少女生会进行尝试，也使更多的人愿意在私下聚餐、交友中消费。除此之外，江小白还经常进行组合销售，将酒与下酒菜搭配售卖，或者赠送卫衣、文化衫等礼品，让消费者感受到江小白的温暖，使品牌形象更加丰满立体。另外，江小白还经常组织线下活动，不同于传统白酒的餐桌社交功能，江小白看到了年轻人更丰富多彩的社交需求，组织各种线下酒会吸引消费者前来，白酒没有了以往的稳重、成熟形象的限制，成了年轻的时尚的消费品，俘获了追求个性、精彩人生的年轻人的心。

江小白获得年轻人的喜爱给白酒行业乃至整个生产行业都带来了很多启示，一个品牌要深入人心，不仅要专注于自身的产品，还要懂得消费者的心，找到属于自己的消费群体，与消费者建立情感，增强消费体验，在关注消费者的同时，还要注意进行适当的社会化媒体营销，在抓住消费者的心的同时，形成品牌价值链，让消费者的心牢牢地拴在其品牌上。

江小白的创始人陶石泉说"传统的文化必须用现代的语言跟消费者沟通。骨子里面还是传统的东西，但是跟消费者沟通的方式变得更现代、时尚，这样才更容易被接受"。于是江小白不断往年轻人扎堆的地方疯狂刷存在感，比如它曾在《柒个我》《好先生》《小别离》等现代电视剧中频繁露面，甚至还在综艺节目上刷存在感。不但影视剧，江小白还拍出了属于自己的二次元影视《我是江小白》。赋予品牌一个人格化形象，许多当代男大学生的形象都能够在江小白的身上映射出来，即江小白就是我们每一个普通却又不普通的年轻人。

与江小白如出一辙的，还有河南宝丰酒业推出的子品牌酒"小宝"和河北三井酒业股份有限公司推出的"三井小刀"，以及在网上卖得风生水起的宋河酒业的"宋河扣扣""嗨80"，湖南爱奋酒业的"爱疯"酒等。据了解，这些酒的共性在于：消费群体定位年轻草根层，包装多为125 ～ 225毫升的裸瓶包装，酒瓶时尚新潮，价格25元上下，酒体低度柔和，并有各种各样的喝法：加冰块、兑绿茶、配凉茶……几乎是想怎么喝就怎么喝。

这类酒的卖法相对传统品牌来说也是一种颠覆。记者了解到，它们主要通过网络进行营销，同时举办线下互动活动，比如组织上千名消费者到餐馆免费喝酒举行划拳比赛，紧跟当时正流行的电影《致青春》的潮流在微博上进行"晒青春"互动等，将粉丝转化为自己的消费者。

据悉，目前"三井小刀"在华北区的年销售量已达5亿元，小宝在河南的销量迅速突破2000万元，而江小白在四川重庆的销量近5000万元。虽然业绩不算惊人，但它们已引起白酒界关注，成为酒界涌动的一股新兴力量。

白酒营销专家杨光把这一类白酒统称为"潮品牌"。而潮品牌白酒的出现，可视为白酒营销"年轻化"的一种趋势。

从另一个层面来说，这些潮品牌白酒其实脱胎于传统酒企的低端白酒，多为老白干、二锅头之类，在市场上低端酒已相对饱和，如果再以传统营销模式入市，投入巨大不说，也必是"红海一片"。所以潮品牌的兴起，也恰恰是营销差异化、细分化的一种创新。

潮品牌酒能否成功逆袭上位？杨光认为，潮品牌酒的优势在于年轻新潮，但要长久地占据市场，除了赢得消费者认同外，更多地在于渠道的建设，打动经销商的心，否则将难以走出区域化小酒的命运。

其次，潮品牌酒的可模仿性比较强。眼下，有不少传统的大酒企也看中这一市场，比如泸州老窖推出了"泸达人"等，传统白酒品牌强大的资金支持以及更深厚的品牌背景，将给"潮白酒"带来冲击。

第三，品牌IP年轻化。

以江小白为代表的青春小酒，通过自建IP，创造出年轻人感兴趣的文化符号，深得一批消费者的喜爱，也让一些酒厂开始尝试将品牌IP化，更快速、更精准地切入到年轻消费者的思维认知和生活场景中去。

IP，英文全称是intellectual property，中文意思是知识产权的意思。IP具有两大特征，首先它必须具备强烈的文化内涵，通过向消费者表达一定的价值观念，来引起目标群体的认同和共鸣，其次自带流量也是IP的最大特点，也正因为它自带流量，才具备了商业价值。IP在形式上多种多样，可以是一部文学作品、一个人物、一个地方，像茅台的季克良、四大名著、黄山、泰山等。

那白酒行业又该如何运用IP来推动品牌发展，提高企业的销售业绩呢？白酒行业的IP营销通常有三种形式：

图9-5　江小白的动漫营销文案

利用热门主IP去借势创造一个全新产品，像泸州老窖通过当时的热播剧《三生三世十里桃花》打造的新品"桃花醉"就是品牌IP化的体现，借以吸引年轻消费者；

自主运营全新IP，如江小白通过营造简单、轻松的年轻人文化，与目标消费者产生情感共鸣，借以开发新的白酒品牌。

在白酒营销中的ip运营思维，这就需要大多数酒企站在年轻消费者的角度去做品牌传播与诠释，利用内容引爆年轻人心中已存在的东西对品牌进行传播，提升传播的有效率。

所以如何给现有的品牌文化赋能，让传统变得时尚，让古板变的有趣，让更多年轻人参与其中产生共同话题也是值得去深究的一个课题，毕竟江小白式的自建IP成功大多酒厂很难去复制，热门IP的嫁接又往往仅收割第一波流量后便随着潮流大江东去，形不成可持续的发展趋势。

酒人年轻化。江小白当初就凭借卡通图形和一句话语录，直接让消费者买单。因为，在年轻人小聚时，他们并不太关心所谓的厚重的历史文化、圆桌文化及高大上的品牌形象，大家在一起小聚，需要有话题讨论，而江小白的小瓶包装上，总会有一句戳心文案，这说的不就是你我吗？

充分理解年轻消费者的前提是企业内部拥抱年轻人。纵观市面上存在的年轻化白酒产品，对消费者的理解还是存在一定的偏差，吸引年轻消费者不能仅靠油头粉面的包装和矫情做作的产品故事，充分理解年轻群体的价值观和生活方式是我们需要去认真思考的一件事情，这种仅浮于表面的认知断层，其实很大程度上与传统酒企的文化环境与决策人的年龄结构有一定关系。

这种现象在区域酒厂更是明显，人员结构的老化让企业本身失去了活力，年轻血液的缺少也让四五十岁的决策人很难去换位思考年轻消费者的用酒需求。所以我们在主动迎接市场变化的同时，不仅仅着眼于新产品的布局、新概念的提出，企业内部也必须发生变化来配合市场的运作和品牌的推广，这就对管理制度提出新的要求，也对企业的用人标准提出了新的要求。企业自身足够年轻活力，才具备同理心来理解年轻消费者对白酒的态度，才能够抵御住盲目跟风的诱惑，选择真正适合自己的发展之道。

而且从酒类营销的趋势来看，传统媒体发挥的作用正在逐渐弱化，信息获取方式的透明化和社交应用的走红，使得年轻人的消费越来越"圈层化"，"抖音"等社交软件、朋友圈的时鲜内容，都在成为消费教育层面"教科书"般的存在。如果做酒人不懂得年轻人的生活方式，那把酒推销给年轻人就是一句空话。

四、"虽千万人吾往矣"[1]：得粉丝者安天下

我们前面提到，中国未来酒业发展要在"执中守正固三田"上做好文章。所谓"固三田"，用老子的话说就是"我有三宝，持而保之"，我们前面分析过了，任何一个酒企首先要争取的就是中青年酒民，他们的数量目前是4.3亿多人，谁放弃这部分人谁就是自绝生路；其次是发展女性酒民；再次是笼络年轻酒民。如果还有第四田，那笔者以为就是"粉丝"。

作为一个传统行业，中国酒业的营销模式相对落后，以往主要以渠道驱动为主，营销模式以促销为核心手段，酒企往往把大量的费用和资源用到渠道促销中，促销式铺货、促销式陈列、促销式压货，但由于不注重消费体验，导致厂商矛盾不断，渠道经常"梗阻"，因此，业内专家认为，我国酒业之痛，在很大程度上是与消费者隔膜的营销之痛。

近年来，随着中国经济的飞速发展，特别是大数据、人工智能等新技术的广泛应用，人们的生活方式和消费理念也在不断改变，市场环境的变化倒逼酒业的营销模式开始从渠道驱动向消费者驱动转变。新文化运动、社群营销、智慧零售、跨界营销、沉浸式体验、无界营销……一些全新的酒业营销模式在探索中不断完善，在完善中不断升级，引领着中国酒业营销体系的变革，也标志着中国酒业的营销模式已经从过去"自拉自唱"式的传统模式进入一个"全民互动"的新营销时代。

在互联网与传统经济相爱相杀的大潮中，社群经济、粉丝经济风生水起，"粗粮粉""疯蜜""逻辑思维""吴晓波读书会""凯叔讲故事""酣客公社""肆拾玖坊"等成功案例，不断刺激着人们的眼球。在社群营销中，我们该如何看待社群营销之于酒业？如何实现粉丝转化？转化的关键点是什么？

观点一：社群营销是消费培育的利器，是开拓商务团购的正确姿势。这一点尤其对新产品有用。消费培育是任何一个新产品打开市场的命脉，也即

1　出自《孟子·公孙丑上》："自反而不缩，虽褐宽博，吾不惴焉。自反而缩，虽千万人吾往矣。"

是为了动销。在政务团购受限后，酒类消费回归百姓消费。行业一直在提政务团购向商务消费转型，却大多停留在理念上，而鲜有方法论。社群营销是一个绝佳的开拓商务团购的方法。

观点二：社群营销依然要遵循影响力法则。酒在中国的"中国特色"：酒在大多数情况下是"社交产品"而不像红酒在国外是"日常饮用产品"；中国是权力人士影响下的社会，反映在酒桌上，在交际场合，权力人士决定了今天喝什么酒。这既是中国酒的消费特色，也是中国酒营销的"底层逻辑"。无论以前的广告酒时代，还是酒店盘中盘时代，消费者盘中盘（团购）时代，以及社群营销，都需尊重这一底层逻辑。

观点三：社群营销是激发增量的法宝。存量市场一般是传统酒业营销市场，竞争异常激烈。酒类渠道一般是三到五级的利益链条，而当前形势下，有销量的产品多是全国性品牌或者区域强势品牌的超级产品，近几年很少有新产品开发成功。而畅销品由于多年的市场运作，加上渠道较长，利润微薄，渠道动力不足。社群营销一般采用二到三级的渠道结构，所以，渠道动力较好，能有效激发增量市场。

观点四：社群营销是酒业"传统+互联网"的有效方法论。社群营销运用了线上微信群、微商城、公众号、App等工具的沟通便利性，极大地降低了沟通成本，发挥了互联网思维中的"公开、透明、开放、共享、消除信息不对称、去中心化、去权威化"等优势。线下通过社群活动建立黏性，搭建现场沟通交流、资源共享的社交平台，进一步巩固了社群的健康发展。

基于以上四点，在社群营销中，粉丝转化是关键环节，这不仅仅是指目标顾客到粉丝的转化，还有粉丝到忠粉到脑残粉，小C到大C到B端。对于一个新产品来讲，首批100个和1000个用户至关重要，他们被称为"天使用户"，天使用户比较容易成为忠粉甚至脑残粉。因为酒作为社交产品的特殊性，酒的社群营销与其他行业有所不同，酒产品粉丝的转化也有别于其他行业。

国内目前把社群营销做到极致的，笔者以为当数泰山啤酒。泰山啤酒是成立于1979年的一个年轻的酒企。作为中国啤酒最早的产地，1987年，山东省与德国闻名全球的啤酒产地巴伐利亚州正式缔结友好关系。1989年，山东省决定选拔10名啤酒专业人才出国学习，年轻的发酵专业大学生张开利就在其中，代表泰安市啤酒厂前往巴伐利亚州学习啤酒酿造工艺。1991年，张开利回国，升任酿酒车间主任，同年，泰山啤酒迎来第一位德国顾问专家罗伯特·克利策先生。1997年，在泰山啤酒厂进行技术指导多年后，罗伯特·克利策先生年事已高，德国SES组织推荐了现任泰山啤酒技术顾问卢特哈德先生，由他接棒，继续进行两国啤酒事业的技术交流。

2010年，德国专家格哈特·卢特哈德带领泰山啤酒技术团队研发打造的首款短保质期原浆啤酒"7天鲜活"下线进入市场，开创国内啤酒行业原浆时代。2014年，在已经是总经理的张开利的带领下，泰山啤酒全面拥抱互联网，玩转粉丝经济，打造新媒体运营矩阵。

回顾这些年的转型突围，张开利自认为有三个地方称得上亮点。一是产品，以"7天鲜活"为代表的原浆啤酒在产品力上经受住了市场的反复检验；二是直营模式，依靠接地气的营销团队，在三年时间内达到了上千家销售网点，在行业里找不到对标品牌，可称为泰啤的创举；第三个则是泰山啤酒在社交媒体平台成功吸引的千万粉丝，已经成为企业自媒体运营的标杆案例。

解码这千万粉丝的秘密，还得从2014年说起。那一年，正是小米、江小白、雕爷牛腩、黄太吉烧饼等一众网红产品热闹非凡的一年。张开利毅然决然地要改变市场部传统打法，不拘泥于终端陈列和活动促销，迅速拥抱互联网，直接与消费者沟通。

到了组建新媒体运营团队时，市场部发现招聘成了一个难题，一方面，新媒体行业起步不久，市场上并没有相关的大量人才；另一方面，泰安作为三线城市，并无人才上的优势。

无奈之下，市场部相关负责人从公司内部各个部门进行抽调，组建了一支对新媒体感兴趣但并无经验的"杂牌军"，他们分别来自人力、销售、运营等部门。当时谁也没想到，正是这支半路转行的团队，做成了千万级的大号矩阵。

通过赠酒活动，市场部的这支新媒体运营队伍，成功在2014年拿到了宝贵的17万种子用户，这个数据在2015年增长到31万。随后进行的瓶盖二维码红包、线下粉丝聚会等形式，让粉丝数量在2016年增长到了80万，2017年成功进入百万俱乐部，攀升到180万。截至2019年上半年，粉丝数已经达到450万。而这个数字已经接近新西兰全国的人口。2021年9月，泰山啤酒的全网粉丝突破1000万，并通过商城小程序和会员运营体系实现粉丝变现，助力线上销售额过亿。

手握千万粉丝之后，市场部的新媒体团队已经能够实现线上赋能线下，传播也不再过度依赖外部媒体。据张开利介绍，近几年的品牌传播量越来越大，但是市场费用却逐年下降，这都得益于数百万粉丝的自传播效应。

2022年6月28日，泰山啤酒迎来一批特殊的客人。这个由20多家媒体组成的采访团，深入企业，从生产研发、技改投入、品牌破圈多个方面挖掘泰啤的新变化。本场活动在拉开泰山原浆啤酒"寻根溯'原'品质'鲜'锋"探鲜之旅序幕的同时，也让泰山原浆宠粉"荣耀计划"进入倒计时。

作为"荣耀计划"的核心内容，泰啤宣布将从2022年7月起从全国招募两百名消费者代表，作为"荣耀浆丝"参加访厂体验，到时泰啤将向每位"荣耀浆丝"赠送价值4500元大礼包。礼包内容可谓相当"宠粉"，其中包括：每月获赠一箱泰山原浆、生日当天获赠两箱泰山原浆、年内新产品上市可获赠两箱尝鲜。经粗略统计，本次活动仅粉丝礼包一项泰山啤酒就将投入90万元，连同其他各种开支活动总投入超百万。

泰啤还当场宣布，本次活动将在7月9日至10日、23日至24日，8月6日至7日分三批举行，后续也将长期举办。除了本省消费者外，还将重点邀约南京、合肥、天津、石家庄等外省市的消费代表参加。届时消费者有机会亲临生产一线，了解泰山原浆的"鲜活密码"。同时也会品尝到最为新鲜的原浆啤酒。

图9-6　泰山啤酒"28天原浆酒"海报。注意瓶子上的商标是反的，瓶盖是可以手拧的

"我选择喝泰山原浆一方面是因为它口感好，另一方面我觉得请朋友喝，比喝普通的工业啤酒有面子。"济南的高先生是泰山原浆的拥趸，得知自己此次能够参加本次"寻根溯'原'品质'鲜'锋"活动，他高兴地发了一条朋友圈："我的泰山原浆荣耀粉丝之旅即将开启。"不难看出，还有千千万万个泰山原浆的粉丝像高先生一样，以能参加此次活动，能成为原浆的"荣耀粉丝"而感到荣耀。

到过泰山啤酒的人都知道，泰山原浆的粉丝都有一个亲切的称呼"浆丝"。"我们针对粉丝打造的'浆丝会'活动从2014年就开始做，当时依靠微博、微信等社交平台与消费者进行互动。目前我们的微信公众号粉丝超过900万，全网粉丝破千万。可以说所有这些粉丝基本是品尝过泰山原浆的。千百万'浆丝'汇聚成'浆湖'，这正是泰山原浆能够杀出啤酒竞争红海，逐渐走向全国重要因素之一。"泰啤市场总监马晓珑说。

据了解，泰山原浆在全国的宠粉行动一直没有停止。2022年5月25日至6月5日，泰山原浆啤酒联合济南300家知名餐饮店，发起"你的欢乐酒局　鲜活小7承包"主题赠饮活动，在餐饮终端赠饮7万瓶"鲜活小7"。而3月以来泰山原浆开展的大规模体验尝鲜活动，更是在北京、天津、石家庄、南京等地圈粉无数。

泰山啤酒社群营销上成功开了风气之先。酒业营销研究者认为，要看到社群营销给酒业带来的变化，吸纳有效的方法为我所用。粉丝转化的方法和技巧有很多，其中最成功的当数泰山啤酒模式。

第十章 「偏师擒颉利，上将勒燕然」：中国酒业的海外输出

题记

北宋元符三年（1100年），宋哲宗赵煦病逝，年仅25岁。赵煦9岁即位，17岁亲政，在位16年，执政期内实施元丰新法，军事上大胆起用吕惠卿等强硬派大臣主持西北防务，重启河湟之役，收取青唐地区，并发动两次平夏城之战，使西夏臣服，有"北宋汉武帝"之称。赵煦英年早逝，著名诗人、"苏门四学士"之一的张耒写《哲宗皇帝挽词四首》表示痛悼，其中有"偏师擒颉利，上将勒燕然"之句，赞扬赵煦用兵西夏，收复故土。本章讲述中国酒文化的海外输出，以此句为诗题，是想表达中国酒和文化要有走出国门，到更广阔的天地间驰骋的决心和战略。

第一节　"醉里挑灯看剑"[1]

——中国白酒的国际化困局

一、困局如何形成

中国是世界上最大的蒸馏酒生产国和消费国，年均产量占世界蒸馏酒总产量的30%左右，消费量约占世界蒸馏酒总销量的28.5%。尽管如此，在国际上却是欧洲烈性酒占据市场垄断地位。世界四大蒸馏酒中，除了中国白酒，都已名扬国际市场，其中威士忌的国际市场占有率高达30.25%，位列第一；白兰地的国际市场占有率约在11.5%～13%之间；伏特加排名第三，约为4%；而我国白酒的MS值（Market Shares，即市场份额）只有0.76%。

海关总署公布数据显示，2017年国内白酒累计出口量为1.9万千升，同比增长5.7%，而当年全国白酒产量为1198.1万千升。从上市公司业绩来看，名白酒企业多年国际化带来的整体帮助有限。2017年，贵州茅台国外市场的销量1941.60吨，营业收入为22.70亿元，同比增长10.27%，但在公司营业收入中的占比为3.9%。泸州老窖在2018年中报中公布的海外销售数据显示，上半年泸州老窖海外收入6617.2万元，同比增长88.22%，但相比于上半年64.2亿元的总收入，比例依然较低。

2022年，我国酒类累计进口51.56亿美元，出口15.06亿美元，贸易逆差为36.5亿美元；其中，烈酒进口22.8亿美元，白酒出口7.16亿美元，贸易逆差为15.64亿美元。即便是龙头贵州茅台（600519.SH），2022年其海外业务的营收也仅为42.4亿元，在公司总营收中的占比不到4%。

1　引自南宋词人辛弃疾的《破阵子·为陈同甫赋壮词以寄之》："醉里挑灯看剑，梦回吹角连营。八百里分麾下炙，五十弦翻塞外声，沙场秋点兵。"

　　白酒出口的结构上，主要出口市场还是集中在文化认知基础相近、易于沟通接受的东亚文化圈内，根据联合国商品贸易统计数据库数据，2019年，仅韩国、日本、中国香港、中国澳门等十个国家和地区就吸收了中国白酒出口总量的86%，中国香港、中国澳门、美国、韩国等十个国家和地区吸收了贸易总额的65%；亚洲国家在白酒出口贸易总额中占比50.56%，贸易总量占比78.67%。

　　中国白酒国际化困局的出现是国际市场的外部原因和我们自身的内部原因共同作用的结果。从外部原因看，贸易壁垒问题的存在是其中最大的障碍。

　　中国白酒国际化贸易壁垒主要是关税壁垒及非关税壁垒，其中非关税壁垒又以技术性贸易壁垒为主，如不断提高的高于实际安全需要的标准水平；不断增加的检测项目；严格的合格评定程序和质量认证制度；高度严格而复杂的检测程序等。各国对烈酒管理的政策法律差别很大，按照本国的法律法规将白酒归类为不同品类的酒精饮料，执行不同的进口检验和关税标准，也就导致了白酒的出口成本非常高。而我国白酒的微量成分分析至今没有定论，其理化指标不能通过国际食品检测标准，直接制约中国白酒走向国际市场。以技术标准、技术法规、包装标签规则等为代表的技术性贸易壁垒，不仅变相提高了中国白酒国际市场流通上的准入门槛，还在白酒产品进入进口国市场后，继续以政策法规的形式给销售、运营带来风险障碍。

　　除了技术壁垒外，较高的关税壁垒也造成中国白酒品牌在国际市场上的先天弱势。自2002年以来，我国已大幅下调进口葡萄酒关税，2018年1月起又将包括三个洋酒在内的187种商品的平均关税由17.3%降至7.7%。但与此形成相反的局面是，中国白酒目前在海外依然面临较高进口关税，比如韩国是180%，泰国是200%，白俄罗斯是300%，这都进一步削弱了中国白酒在国际中的竞争力，导致零售价格过高，销售额增长有限。

　　白酒国际化推广不利，除了有外部客观原因，也很大程度上是我们自身的原因造成的，这主要表现在以下几个方面：

第一，缺乏统一的酒文化输出封装战略。

我们严重欠缺关于中国白酒国际化、文化、品质、商品名称的统一表达，不利于树立中国白酒规范、标准的统一形象。中国大酒厂之间各自为战，各说各话，甚至贬低对手，让海外人士无所适从。此外，缺少组织力强的文化推广团体和充足的资金来保证海外推广工作的长期化、规模化、规划性，也是其中一个很重要的原因。白酒产品参与重大对外活动不够深入，需要更多对外交流的重要平台和文化桥梁支持；白酒申遗工作推进缓慢，缺少世界权威文化标识背书，导致白酒文化的国际传播缺少公信力、影响力和有效性。

第二，白酒产业海外开拓问题。

国家鼓励白酒企业进行海外市场开拓，像四川省实施了川酒产业振兴"五大工程"，该政策通过设立基金来支持白酒行业开展海内外并购业务。但白酒企业长期深耕国内市场，缺乏海外开拓经验，对并购重组等工作的相关政策法规要求和具体业务流程还不够熟悉。

第三，缺乏国际化思维。

近年来，白酒"走出去"已经成为业界共同呼声，然而在实践中，除了几家龙头企业外，试水者寥寥无几。虽然酒业巨头在品牌国际化方面耕耘不止，就其"走出去"的表现来看，更多是参加诸如国际性酒类展会的方式，缺乏有规划性的营销策略。而"攘外必先安内"的思想使得很多名酒企业认为进军国际市场必先占牢国内市场。要培育国际市场，需要企业持之以恒的不懈努力，大量的资金和人力成本的投入，还要承担不可预知的回报率风险。

另外，部分白酒企业对国际化的目的较为短视，也是一个很重要的问题。尽管国内市场竞争激烈，但利润仍然十分可观，因此白酒企业更愿意将营销资源投入国内市场，尤其是中高档白酒的开发上。而开发白酒国际市场目前还没有真正成功的案例，与其面对未知的风险，白酒企业宁愿将眼前的已知拓展到最大。欧晰析企业管理咨询中国区合伙人庄淳杰表示，以往国内一些企业"走出去"，目标仍是反哺国内消费者。一些公司所谓的国际化，落实到行动上却是"雷声大，雨点小"，不过是在大型城市，如纽约、巴黎、伦敦有一个销售网点或是一家实体店，而非专注到某一市场中做大做深，也不是将品牌文化用对方能够理解的方式传播。

第四，缺乏国际化标准。

中国白酒品牌"走出去"的另一个制约因素是标准化问题。过去几百年，国际烈酒通过先进的工业文明、资本实力和政治强权实现了全球产业布局，几乎在全球范围内实现了国际烈酒等级标准、分类标准、税收标准等核心概念的话语权。在国外酿酒界早已形成"产品出口，标准先行"的理念，如苏格兰有着全世界最严苛的《苏格兰威士忌法》，同时苏格兰威士忌协会（SWA）依据法律对苏格兰威士忌行业进行严格的监管，而且随着苏格兰威士忌在全世界受到认可和追捧之后，苏格兰威士忌酒厂和品牌都更加严格地执行着各项法律规定，因为它们深刻认识到品质是苏格兰威士忌的生命力。如今的苏格兰威士忌在全世界烈酒爱好者的眼中就是品质的象征，苏格兰威士忌酒标上的酒龄就是货真价实的代名词。相比之下，中国白酒因为标准不统一，存在各种添加剂使用不规范，酒标上标注的酒龄与产品的实际酒龄不符等问题，这些都严重损害了白酒的社会形象。

然而我国白酒的标准化建设起步晚、底子差，我国大中型白酒企业生产的白酒执行的是国家标准，国家标准本身很不完善，同时又与国际通行的标准存在很大的差异。因此，这对保护和推广中国白酒品牌产生巨大的影响。到目前为止，中国白酒在联合国商品贸易统计数据库中仍然属于"HS2002-220890：每升酒精含量低于80%的其他蒸馏酒及酒精饮料"，没有获得独立的"身份证"编码，非常不利于我国白酒品牌走向国际市场。

中国企业在白酒国际化上目前也没有很好的明确的解决方案，外企也没有成功案例，所以很多企业对国际化持观望态度。2011年，水井坊被世界洋酒巨头帝亚吉欧收购，帝亚吉欧是世界最大酒企之一。收购后，帝亚吉欧对于水井坊国际化给予很大支持，当时的水井坊掌门人柯明思提出，将在五年内，将水井坊国际市场销售占比升至40%。帝亚吉欧将水井坊产品送往苏格兰TEC（欧洲技术中心）检测，希望在标准上与国际接轨。2011年水井坊出口激增51.78%，达6841.9万元，2012年该数字增至7350.9万元，增速下滑至7.44%；2013年出口数据就下滑了51.38%，至3573.8万元。

直到范祥福接任水井坊总经理，国际化已不再是水井坊的核心任务。范祥福告诉第一财经记者，目前，中国国内市场中高端白酒增长更为迅速，应该把优势资源投入中国市场。

水井坊的国际业务部分更多是利用帝亚吉欧在机场、免税店等网络布局实现销售，2017年水井坊出口3064.49万元，占总收入的1.5%。

第五，中外饮酒文化差异。

不同国家和地区饮酒文化差异实际上是思维方式的不同所造成的。中国的饮酒文化以展现人文内涵为主，西方的饮酒文化主要体现对酒的欣赏与尊重。西方的饮酒文化，尤其是欧美国家，主要是"酒吧文化"，酒吧不仅是消费者饮酒之处，也是聚会与聊天的场合。而中国的白酒则更多是增进友谊、表达感情的、营造良好交际氛围的媒介，是展现风俗礼仪的一种"宴会文化"。此外，中国白酒独特的酿造工艺的入口舒适度与国际市场消费习惯有着较大差异，其口感一时难以被国外消费者接受，中国白酒在输出国很难真正突破到华人圈之外。

二、破困之道

关于中国白酒国际化的应对策略，各种观点很多，集中起来，主要是以下几点：

文化先行。2016年年初，中国白酒的英文名正式启用——"Chinese Baijiu"。正式英文名的启用，对于准确描述中国白酒这一产品，以及彰显白酒在世界蒸馏酒中地位具有积极的作用，将推动中国白酒文化传播、推动中国白酒国际化更上一层楼。中国酒业协会理事长宋书玉曾说："中国白酒国际化的节点已经到了。"

葡萄酒之所以能够全球流行，在于消费者对强盛的欧洲及其繁荣文化的追随。白酒作为一种精神文化产品，更是一种文化和生活方式符号。白酒品牌走向国际市场必须以文化作为其突破口。一方面，加强与境外文化的合作、交流，必须要研究其他国家和地区的文化特色，根据当地的文化来具体分析；另一方面，通过强化酒文化的传播和体验，让中国的酒文化征服消费者。通过白酒这一载体感受和理解神秘的东方中华文明，从而给消费者带来生理上的感受与认知，心理上的轻松与愉悦。

在弘扬中国优秀酒文化的同时，也需要不断借鉴和吸收其他国家和地区文化与文明的成果，力争中西酒文化兼容并蓄，以包容的心态、开放的姿态、全球的高度和世界的眼光，构筑中国白酒在世界酒文化中的优势，不断增强白酒品牌知名度、美誉度及国际化推进能力。

虽然中国白酒企业早以将目光瞄准国外广阔的蓝海市场，但目前其国际化的步伐依然缓慢。"泸州老窖的酿酒技艺传承了690余年，到我已经是第23代，但在海外推广白酒时我发现，许多人可能连酿酒的高粱都不了解，更别说酿造文化。"2019年全国两会期间，全国人大代表、国家非物质文化遗产传承人曾娜在回答媒体采访时表示。在她看来，在海外推广中国白酒，应该文化先行。

无独有偶，全国人大代表、舍得酒业副总工程师余东也表示，要更深远、更持久地实现中国白酒国际化，首先要推广中国白酒文化的传播。对此，他提出，要在坚持传统精髓文化"魂"和"根"的前提下，创新表达方式和传播载体，让跟酒有关的文字、文物和遗产活起来，只有活起来，才能更长久、更深远地传下去。

汾酒股份公司总经理常建伟表示，只有弘扬白酒文化精髓，全方位展现白酒的酿造技艺，创造与之匹配的体验场景，获得海外消费者的认知与认同，中国白酒才能真正打开国际市场。汾酒是中国酒文化极其深厚的品牌。早在明朝时期，晋商遍布天下，就把汾酒带到了欧洲。如今，汾酒作为中国酒魂，依然行走在国际市场的最前沿。2018年，汾酒集团将在纽约、巴黎、莫斯科等全球重点城市开展"让世界看到'骨子里的中国'""一带一路"全球文化交流活动。

白酒要想真正实现国际化，产品、品牌、标准一个都不能少。早在2010年，汾酒提出制定中国白酒的国际标准；2015年两会期间，汾酒集团董事长李秋喜向全国人大提交了"建立白酒国际化标准"的议案。同时，汾酒在国际文化交流方面颇下功夫：2018年上半年，汾酒成为哈佛中国论坛、中美企业峰会、巴菲特股东大会中美投资人酒会指定用酒，并深度参与了白酒国际化（波兰）交流会、"国际品质　引领未来"中俄品质对话，并在俄罗斯建厂生产"汾特佳"，实现了品牌名称、生产、营销、渠道的全方位国际本地化。

全国人大代表、江苏今世缘酒业股份有限公司党委书记、董事长、总经理周素明表示，中国白酒的国际化要将文化和产业进行有机融合，共同打造"国际版的白酒文化产业"。

在过去，茅台酒在国际化的道路上无疑起到了行业"排头兵"的作用。作为国宴上接待外宾的首选白酒，茅台酒在中国的国际关系上有着特殊意义。20世纪70年代，中美两国领导人举杯庆祝两国恢复外交关系，喝的就是茅台酒，而如今，在诸多国际化的政治、军事、体育的接待聚会中更少不了茅台酒身影。茅台酒在国际上的影响力与日俱增。2015年11月12日，美国旧金山市长将这一天设立为"贵州茅台日"，茅台集团在旧金山设立办事处，并以此为"根据地"，积极开拓北美市场份额。自2015年以来，茅台一直以"文化茅台"为核心，在国外开展品牌推介活动，并携手海外经销商开展文化推广活动，基本覆盖了亚洲、欧洲、美洲、非洲、大洋洲。同时，茅台进一步加大了在海外社交媒体上的传播力度，以"中国茅台香飘世界"为基础，推出了"得偿，所愿"年度传播主题，从场景、情感、文化、融合等角度与海外消费者展开深度对话。在文化输出、认知提高之后，茅台还积极开拓各地市场渠道，积极发展海外经销商、收购国际酒庄，主动拓宽海外市场。目前，茅台在海外的经销商达到100余家，覆盖64个国家和地区，海外年销售额已近40亿元。2016年，"贵州茅台"一举超越帝亚吉欧，成为全球市值第一的烈酒企业。

目前，茅台在全球78个国家（其中包括26个"一带一路"国家和地区）设立了营销网点，销售网络遍布五大洲和全球重要免税口岸。

近年来，中国白酒的另一张高端名片——五粮液，也早在世界舞台上开启了中国白酒国际化之路，从阿斯塔纳世博会，到达沃斯文化晚宴；从在哈萨克斯坦、以色列、捷克等国家大力传播中国白酒文化和品牌，到五粮液旗舰店在新加坡、韩国正式开业；从亮相金砖国家领导人厦门会议，到在巴拿马举办"和美中国文化盛宴"，再到APEC、博鳌亚洲论坛……五粮液先后在美国、英国、法国、捷克、哈萨克斯坦、以色列等多个国家开展文化与经贸交流活动，同时发起成立了"一带一路"国际名酒企业联盟，建设亚太、欧洲、美洲三大国际营销中心。

2017年的"1218会议"上，五粮液提出打造国际版的五粮液系列，融入"一带一路"，推进国际化，以全球的视野和定位，布局和培育海外市场。为此，2017年五粮液国际（欧洲）公司在德国杜塞尔多夫正式成立，五粮液集团董事长李曙光表示，五粮液将用心铸造有世界影响力的民族品牌和香飘世界的"中国名片"。

为满足高端人群的需要，五粮液在奥地利与国际品牌施华洛世奇达成合作，结合两家之长，推出高端婚宴酒。可以说，五粮液在国际化的道路上除了对品牌的传播之外，在销售渠道的建立以及产品落地方面做得非常扎实。

与此同时，泸州老窖不仅在欧洲设立了直营公司，拓展欧洲各国市场，并且非常重视消费培养，在2018年更是玩出了新高度。在2018年世界杯期间，泸州老窖在莫斯科举办"让世界品味这一杯"的欢迎晚宴，作为俄罗斯世界杯官方款待包厢唯一中国白酒品牌，泸州老窖·国窖1573为世界各地的球迷带来了不一样的味觉体验。以国窖1573为酒基调制的"Panda 1573"和"China 1573"成了网红饮品，"中国，熊猫，国宝，美酒"成为沟通消费者的世界语言。

据了解，泸州老窖积极响应"一带一路"倡议，目前已在"一带一路"沿线14个国家和地区部署了经销商。用文化带动品牌，用产品实现消费沟通的落地，这正是泸州老窖为之努力的事。

作为黄酒龙头企业，古越龙山一直致力于从长三角走向全国，从中国走向世界。在构建自有渠道的同时，借助外力拓展市场，线上线下齐头并进。同时，以香港、澳门等地区为窗口，拓展海外市场，参展法国波尔多国际葡萄酒及烈酒博览会、日本国际食品与饮料展等重要国际展会，与国际著名酒商开展合作，加速海外市场布局。

近五年来，传统的古越龙山也在推广方面积极尝试：从微电影、《女儿红》电视剧的推出，到亮相G20杭州峰会、世界互联网大会等国际级盛会，古越龙山走出了时尚化、年轻化、国际化的道路。

古往今来，诗歌、戏剧、音乐、舞蹈都是文化皇冠上的明珠，其中的优秀作品更是能在举手投足间，以生动的演绎打破文化的壁障，圈粉无数。2019年，由舍得酒业与梦东方联合出品，著名导演刘凌莉执导，四川省侨联亲情中华艺术团精彩演绎的大型诗乐舞剧《大国芬芳》在欧洲三国——德国、希腊和英国开始巡演。方杯盏寸间尽收中华五千年绝代风华的诗酒文化魅力，成功地在欧洲掀起"东方热"。

当地时间9月1日，首场演出在德国法兰克福卫戍大本营广场拉开帷幕，让中国文化的哲思伴随着诗歌与美酒流入西方观众心中的田野。在首场演出获得成功之后，醉人芬芳继续蔓延，飘香到了希腊。9月4日，希腊雅典比雷埃夫斯市政剧院观者如云，政要、文化名人、社会精英纷至沓来。随后，9月8日，古老而又神秘的东方文化登陆英国伦敦，再次展现不凡魅力，以诗乐舞剧的形式，为西方观众带来一场视听盛宴。

以舞为形、以诗为体、以酒为媒、以乐为介、以舞为形，《大国芬芳》贴合现代文明的欣赏共性，跨越不同的语言体系与文字的鸿沟，用全世界都能看懂的艺术形式展示中国文化；它以酒为媒，以诗为魂，传播中国酒文化与诗文化，彰显中华民族的文化自信与国人对美好生活的向往。

中国驻希腊大使、前外交部发言人章启月在观看《大国芬芳》雅典巡演后表示："大国芬芳以酒为媒，完美地演绎了传承千年的中国文化。希望未来有更多像《大国芬芳》这样优秀的剧目能够走出国门，利用艺术这个介质更好地传播中国文化，让世界了解中国。"

《大国芬芳》赴欧洲巡演、助力建设各国共享的文明百花园的行为，也获得了中国"一带一路"官网的赞扬与认可："舍一粟一粒，得数十载温厚醇醇。舍得之间，岁月留香；舍得之间，大道之行。这是中国的酒之道、传统文化之道，也是'一带一路'倡议所行之'道'。"

《大国芬芳》剧目立足中国酒文化，回溯漫长历史华夏酒文化的变迁和沿革，选取中国历史上若干个与酒相关的典故和文学作品情节，以诗乐舞的形式进行演绎，将中国酒文化的多重意涵呈现于舞台，更融入了中国取舍的哲学思考。

"云想衣裳花想容，春风拂槛露华浓。"铿锵的男声吟诵着李白的《清平调》，微醺的杨贵妃在亭台上婀娜起舞，众妃子舞动柔软腰肢与之翩然呼应，演映出一派浪漫恣意的大唐盛景……这一幕《贵妃醉酒》完美地诠释了中国白酒文化的历史沉淀和艺术张力。

在中华人民共和国成立七十周年的节点上，中国名酒企业、川酒六朵金花之一的舍得酒业倾情打造的诗乐舞剧《大国芬芳》远赴欧洲巡演，既是为构建品牌传播的前沿阵地，更是为了响应国家文化自信号召，将国粹通过大家喜闻乐见的艺术形式呈现出来。

未来，舍得酒业将继续以丰富的形式把白酒文化带出国门，让世界领略东方之美。

图10-1　用中国白酒调制西方人喜爱的鸡尾酒，是东酒西输的好方式

破解中国酒国际化困局，在战略上要做到文化先行，在战术上则要做到"以彼之道还施彼身"。要征服西方人的味蕾比较容易，但破除它们对我们文化的陌生感、神秘感，由陌生感和神秘感而引起的隔膜感、对立感就不太容易。比较好的办法就是把自己的文化输出方式潜隐化、平民化、温和化、当地化、西方化。中国古代思想家老子给我们的思想到今天也有意义，这就是"和光同尘，是谓玄同"。中国官方在国外开办的孔子学院受到西方政治正确的抵制，就在于它太正统了、太高大上了、太外化了，西方人再把孔子学院与中国强大的国家实力相提并论，所以他们感受到的不是中国文化的亲和感，而是压迫感、龃龉感、入侵感。

关于文化输出方式，我们可以再举一个孔子学院的反例。很多人都知道，明清时代新航路开辟，西方传教士陆续东来，但他们起初的传教工作并不顺利。仅从外表来看，传教士金发碧眼、"奇装异服"，就受到中国人的排斥。为了打破这一切，意大利耶稣会传教士范礼安竟主动打破规矩，开始蓄须，脱掉修士袍服，穿汉服、说汉语、戴儒巾，自称"道人"，以全面适应汉人传统。范礼安还总结自己的这套为"适应政策"，传教士首先要做到会认读写汉字，采取"适应"中国人和中国文化的新传教方法。

意大利天主教耶稣会传教士罗明坚是"范礼安'适应政策'的第一个执行者"和受益者，他遵照范礼安的要求，成功进入明朝内地传教。他身穿儒袍，头戴儒巾，口说汉语，笔写汉字，动辄子曰诗云，受到明朝士大夫阶层的欢迎。当时明朝两广总督陈瑞和罗明坚关系很亲近，在地方官府的庇护下，天主教在广东肇庆建立了一座教堂，这是西方对华传教成功的一大步。此后巴济范、利玛窦、南怀仁、汤若望都秉持范礼安的"适应"政策，以汉学包装自身，在中国士大夫阶层进行传教活动。颇有讽刺意味的是，罗明坚后来还成了欧洲著名的汉学家，把中国的《四书》翻译到了国外，他的学生利玛窦后来更是成了孔子的"铁粉"，毕生致力于把儒家经典翻译成拉丁文。利玛窦在江西传教时，一不修教堂，二不公开传教，反而借鉴《四书》里的段落，将天主教的"上帝"与中国传统的"上帝"合二为一，通过交流西方科学知识的方式潜移默化地传教。这种传教方式，后来被他归纳为"南昌传教方式"。他传教成果显著，他本人也习惯了穿儒家袍服，蓄中国式长须，一派儒生形象，也得了一个尊称"泰西儒士"。在利玛窦的影响下，到1605年，北京已有两百多人信奉天主教，当中有数名更是公卿大臣。这当中最著名的，也是后来对他的传教事业帮助最大的，当数"圣教三柱石"——徐光启、李之藻和杨廷筠。

范礼安、罗明坚、利玛窦当初在中国传教的难度，笔者以为是大于今天中国文化在西方传播的，西方传教士当初在中国办到的事，今天的中国文化传播者没有理由办不到。

传播中国文化，讲好中国文明故事，中国酒是一个最好的切入点。酒表面看是一种物质产品，这一点西方人也很容易看到，但是中国酒具有深厚的历史文化底蕴，能接受中国酒，就很容易接受中国文化，相反对中国文化不排斥、不反感甚至喜闻乐见，也就很容易接受中国酒。这就对中国的明星酒企们提出了一个课题，要征服西方人的酒味蕾，就要先从文化输出做起，而要做到有效的文化输出，方式方法就尤其重要，当年范礼安、罗明坚、利玛窦的"适应政策"就可以拿来采用。

在中国白酒国际化"适应政策"方面做得比较彻底的是汾酒集团。2018年，是汾酒全球化推广的"国际年"。自4月开始，便围绕"国际化"战略动作连连，开展了一系列"让世界看到骨子里的中国"全球文化交流活动。在这一过程中，汾酒集团实施了自己的"智慧方案"，提出了先抓胃、再抓心，先健康、再消费，先品类、再品牌的国际化解决策略，充分利用自身核心优势，形成了品质标准国际化、文化国际化、参与国际会议、国外建厂四位一体的"汾酒国际化路径"。

作为四位一体"汾酒国际化路径"的重要一步，汾酒集团把汾酒酿造的酒庄直接开到了加拿大。2018年9月7日，汾酒集团于山西太原汾酒大厦召开了"加拿大清香型白酒项目新闻发布会"，正式宣告"国际汾"即将落户北美。汾酒集团党委书记、董事长李秋喜，汾酒集团总经理谭忠豹，汾酒股份公司总经理常建伟，汾酒集团总法律顾问郭志宏，汾酒股份公司常务副总经理武世杰，汾酒集团总经理助理潘杰，汾酒股份公司总工程师杜小威，加拿大华人、白酒酒庄项目合作伙伴武有政，以及来自全国各地的多家媒体参与了此次会议，共同见证汾酒集团跨出了历史性的一步。

据悉，此次合作将在加拿大建设总规划面积为37万平方米的白酒酒庄，将会建成年酿造清香原酒600吨的生产车间和年成装能力800吨的生产线及配套设施。此外，还将建设展示汾酒文化的博物馆、展示馆，以及酒庄文化旅游产业园与酒庄配套的对外服务特色酒吧、旅游酒馆等一条龙产业链，为海外消费者提供顶级的白酒体验。

汾酒集团董事长李秋喜在讲话中指出，选择在加拿大进行本地化生产、本土化拓展，是天时、地利、人和的有机统一。天时指的是"一带一路"倡议的推出。"一带一路"倡议提出五年来，中国制造、中国品牌、中国文化更加开放地走向了世界。随着"一带一路"建设的全面铺开和辐射延伸，使得中国和加拿大之间的联系更加紧密。两国各有优势、互补性强，是天然的合作伙伴。

地利指的是加拿大本土优势。世界卫生组织相关报告显示，在酒类消费上，加拿大高于北美其他国家、仅次于俄罗斯及一些欧洲国家，而且多元文化的集聚为烈性酒的推广提供了更多的可能性。汾酒选择的这片土地，地域辽阔，拥有丰富的淡水和天然气资源，并且种植高粱、大麦和豌豆，能够满足酿酒所需。

人和是指汾酒方面和加拿大方面志同道合、优势互补。加拿大华人武有政先生是地地道道的山西人，骨子里流淌着黄河的血液，到现在也是乡音未改、乡愁未泯。作为事业有成的华侨，武先生以汾酒寄托自己的家国情怀，与汾酒集团有着共同的目标、使命、理念与情怀。同时，武先生在加拿大有资金、土地与人脉等资源，恰好可以与汾酒输出的品牌、技术、文化相辅相成、互为补充，必定可以产生1+1＞2的合作效果。

李秋喜认为，加拿大白酒酒庄项目，是汾酒开拓中国白酒国际化市场与创新模式的一次重要尝试，开创了汾酒国际化模式的先河，走在了中国白酒国际化市场拓展与模式创新的前列。在李秋喜看来，加拿大清香型白酒酒庄项目具有三个重要意义，首先，加拿大清香型白酒酒庄项目是中国白酒国际化道路的"试金石"。汾酒的国际化，实质上是对传统的一种继承。早在明清时期，汾酒就随着晋商在国际上洒下了万里清香，18世纪中叶，晋商在俄罗斯酿出了风靡欧洲的"北特加"。2015年，汾酒执行与国际标准接轨，并且高于国际、严于国内的食品安全企业内控标准，其实就是汾酒走向国际的"试金石"。当下，汾酒以"加拿大清香型白酒酒庄项目"为试点，打造名酒企业首个海外生产基地，推动中国白酒大规模进入国际市场，正是中国白酒国际化道路上的又一块"试金石"。

其次，加拿大清香型白酒酒庄项目是中国白酒国际化的"体验馆"。汾酒，是在6000年历史文化积淀中酝酿出来的清香美酒，倾注与传承了中华民族的精神、使命与情感。"加拿大清香型白酒酒庄项目"将打造世界级酒庄文化旅游产业，配套展示与酒文化相关的器具、历史资料等，传播清香型白酒文化，让外国消费者亲身体验、亲自感悟中国白酒悠久的历史、独特的酿造工艺，特别是见证中国传统白酒的酿酒过程，见识中国白酒先辈们卓绝的智慧、精湛的技艺和独具的匠心，旅游体验与品牌、产品、文化交互传播、交相辉映。

再次，加拿大清香型白酒酒庄项目是中国白酒国际化经营的"先行者"。几百年前，杏花村酿酒工人以开放的心态将汾酒酿造技术传播到了全国，因地制宜，把汾酒生产的一般规律与当地的水土、环境、原料相结合，酿造出了不同工艺特色的各种白酒，奠定了如今百花齐放的白酒产业格局。而今，汾酒以悠久的酿造历史、深厚的文化底蕴和卓越的清香品质，再次引领中国白酒实现从"产品走出去"向"制造走出去"转变。

在开启了加拿大白酒酒庄项目的基础上，汾酒集团希望世界酒类产业能够在"政策沟通""标准联通""文化融通"等方面全面深化交流合作，为全球各国酒产业和酒文化共同创造广阔的提升空间。

除了汾酒，把中国酒和酒文化输出运用"适应政策"用得很好的还有泸州老窖的"明江白酒"。2019年5月，这款酒正式上市，并荣获旧金山国际烈酒比赛金奖。从形象上看，明江白酒的样貌一点也不"返祖"。作为泸州老窖倾心打造的海外品牌，虽拥有一副"西洋脸"，——与"杰克·丹尼"神似，但从酒质等方面看，明江白酒却是地道的"中国心"——从酿造到口味，与传统的浓香型白酒毫无差别。

作为全球首个综合性、国际性和权威性的烈性酒评比大赛，起源于巴拿马万国博览会的旧金山国际烈酒大赛，向来以专业著称。在欧美酒友圈中，旧金山国际烈酒大赛颇受追捧与信服。甚至有观点认为，大赛每年的结果直观反映了一段时间内正在流行的"美国口味"。

据悉，旧金山国际烈酒比赛是世界上最具影响力的烈酒比赛之一。2019年，旧金山国际烈酒比赛的规模创下了历史之最，各个类别共有近3000种烈酒产品参加比赛，其奖项由52位烈酒领域的行业专家共同评选产生。而明江四川白酒此次获奖，也是自2018年夏天明江四川白酒推出以来第二次斩获金奖。

对于中国白酒参赛，旧金山国际烈酒比赛的创始人兼执行董事安东尼·迪亚斯·布鲁（Anthony Dias Blue）感到兴奋，他表示，白酒在美国的前景"相当光明"。明江白酒德国联合创始人兼欧洲业务负责人马蒂亚斯·海格也说："我们非常荣幸能在最具影响力的西方烈酒比赛中荣获金奖，西方的烈酒专家和消费者终于开始了解并品鉴优质的中国白酒了。"

不同于以往中国白酒直销海外的方式，泸州老窖这次是在美国招兵买马、新建品牌。2017年9月13日，泸州老窖披露，其下属全资子公司泸州老窖股份有限公司销售公司拟与泸州永泰酒类销售有限公司在美国共同投资设立明江股份有限公司，主要从事新型中式白酒的开发，而这也是明江品牌第一次公开亮相。

主攻欧美市场，紧随海外消费者口味，明江股份有限公司由外籍团队参与组建，负责明江白酒研发的四位外籍专家，在中国生活的时间加起来近50年，对中外烈酒都拥有极其深厚的见解。

从明江白酒目前的产品图上看，这样一款专为海外消费者打造的白酒，在中国元素当中也融入了不少欧美元素。八边形的瓶体，圆形的底座，明江白酒视觉上的上方下圆，给消费者带来了极强的观感体验。包装上的图案设计以浪花为主题，凸显品牌"明江"之含义。而图中"明江"、"四川"和"Ming River"的字眼，从中英文两个角度直击品牌灵魂。

从酒标风格上看，虽以中国传统画风为主体，但却清晰凸显其面向欧美市场的特性。甚至有网友评论，明江白酒给人的第一印象，颇有些杰克·丹尼的韵味。

据明江白酒团队介绍，目前的包装设计来源于1980年版的泸州老窖，并由英国著名设计公司设计完成。"中国白酒在海外面临的最大障碍并不是中国烈酒本身的味道和香气，而是对于外国人来说难以发音的产品名称及不符合西方审美观而难以在酒吧使用的包装设计。"明江白酒研发团队的四位外籍专家们表示，这恰恰成为明江白酒进军国际市场的发力点之一。

图 10-2　明江四川白酒荣获 2019 年旧金山国际烈酒比赛（SFWSC）金奖

明江白酒东西方交融的内涵不仅体现在包装上，也在酒质上得到了体现。作为一款走向世界的中国白酒，明江白酒并没有为迎合西方口味而降度、过滤、调味或进行其他形式的加工，每一滴明江白酒都恪守传统泸州老窖白酒酿造工艺和蒸馏技术。与此同时，在来自纽约的调酒师团队针对性的塑造下，明江白酒不但具备了泸州老窖浓香型白酒的一切品质，还适用于鸡尾酒调配。

目前，明江四川白酒750ml装在欧洲的零售价约为35欧元，不同国家视利率变动，价格也会有小幅调整。从目前可知的售价看，明江白酒可以说是一款标准的次高端产品。

如果在搜索引擎中检索"明江"便会发现，明江"确有其事"，它发源于广西上思县未军隘，属于珠江水系，全长315公里，流域面积6400平方公里。而明江白酒的产地，却在1000多公里之外的泸州。那么，一款源于四川的白酒何以取名"明江"？对此，明江白酒团队解释了"明江"二字的由来。

一方面，泸州老窖的历史虽起源于元代，但四川白酒直到明代才完全成熟。1425年，施敬章发明窖池发酵技术，1573年建立的"舒聚源"糟坊，成为如今泸州老窖的一部分并生产至今。另一方面，在路上贸易不发达的年代，四川等内陆偏远地区基本靠水路与外界联系，长江的重要性不置可否。

"明朝时，泸州完善的蒸馏技术沿长江而下，影响了整个中华大地的酿酒行业。本着这种精神，我们取名'明江'，代表对遗产的传承，在四川与世界间建立沟通渠道，让改变中国的白酒能够影响和改变更多人。"明江方面解释道。

对于舶来品而言，接地气才是快速融入当地市场的核心要义，正如八大菜系口味千变万化，但打动美国人味蕾的永远是"左宗棠鸡""咕咾肉"这样的"美式中餐"。所以，中国白酒的品质、口味要符合海外消费者的需求，这也可以说是白酒国际化"适用政策"的一部分。由于国内外的文化差异巨大，消费者对酒类的品质包括口感、风味、口味等评价都各不相同。据了解，贵州茅台改变单一品类（53度茅台酒）出口的局面，推出38度低度茅台酒后，荷兰、瑞典、意大利等新兴市场反响热烈，2015年一季度新品类出口创汇约400万美元，占总出口创汇总额的9%。

专家研究表明，清香型白酒最接近国外口味，易于国外消费者接受。白酒"走出去"，可尝试从清香型白酒开始。

中国白酒国际化，除了要打好最重要的"文化牌"，还要打好"标准牌"。中国白酒的制造工艺独特且历史悠久，然而由于缺乏足以支撑白酒国际化发展的标准化战略和技术标准体系，这让注重数据化、科学化的国外消费者对于白酒接受度较低，也使得中国白酒在国际市场上境遇十分尴尬。正所谓"一流企业卖标准，二流企业卖专利，三流企业卖产品"。"得标准者得天下"是目前全球产业界的共识；"产品出口，标准先行"的理念在国外酿酒界已成为重要的战略思想。

标准是国际通行的技术语言，是市场准入和市场保护的重要技术手段，国际化标准是国际贸易规则的一部分，是产品质量仲裁的准则。中国白酒品牌走向国际市场首先要解决的问题是白酒的标准化问题，这个问题不解决，国际化将会成为死结。这需要白酒企业、相关行业协会、中国的政府机构的共同推动，打通市场准入、流通的各环节，才能让中国白酒走向国际市场。因此，白酒企业应充分利用生产大国与消费大国的市场地位，实施白酒国际标准化战略。从我国白酒发展的实际出发，参与国际烈性酒标准体系的构建和完善工作，取得国际饮料酒市场规则制定的话语权，制定白酒的国际标准要能充分体现中国白酒的民族特色和独特风味。

此外，白酒国际标准要获得认可，需要与国际性权威组织交流与互动，使白酒标准成为国际烈性酒标准的重要组成部分。在此过程中，必须坚持中国白酒独特的文化内涵，弘扬别具一格的酒体风味和白酒形态的独特工艺，让国际消费者从中国白酒的内在科学性来了解白酒、喜爱白酒，使中国白酒的卓越品质和科学价值体现在国际标准中，植根于国际消费者的内心。

对中国白酒在国际上的标准化问题，汾酒股份公司总工程师杜小威表示，标准问题非常关键。产品标准方面，汾酒2015年实行的食品安全内控标准便是与国际标准接轨，不仅符合加拿大的烈性酒标准，甚至还高于加拿大的标准；工艺标准方面，清香型白酒的"清蒸二次清"的工艺也是与国际接轨的，通过对加拿大的环境、气候、水质、粮食的调研分析，发现其既符合清香型白酒生产的条件，也符合加拿大对烈性酒的要求。

汾酒集团董事长李秋喜也不止一次提到过，中国白酒的国际化，不是简单的产品走出国门。若是说产品走出国门，那么汾酒早在1915年的巴拿马万国博览会就已经做到了。而2015年，汾酒率先执行了"史上最严内控标准"，实际上就是在进行标准走出国门。

现如今全球化的、统一的饮料酒市场规则和酒类标准法规体系尚未完全形成。相关部门、行业协会、企业应共同努力，尽快取得白酒国际化标准的"通行证"。唯有如此，中国白酒才有可能在国际市场上与同类产品展开公平竞争。

除了制订统一的白酒国际化的标准，与西方国家达成优质产品互相承认也是白酒国际化的一个重要思路。2021年3月1日，《中华人民共和国政府与欧洲联盟地理标志保护与合作协定》（下称《协定》）正式生效。中国酒有十一席为首批"代表"入选，以最高品质进军欧洲。

地理标志（Geographical Indication，"GI"）是表明产品产地来源的重要标志，属于知识产权的一种。中国政府相关机构的规定中，明确地理标志产品是指"产自特定地域，所具有的质量、声誉或其他特性本质上取决于该产地的自然因素和人文因素，经审核批准以地理名称进行命名的产品"。中国和欧盟目前各自都有自己的地理标志产品。国家知识产权局公布的数据显示，截至2020年6月底，中国累计批准地理标志产品2385个，核准专用标志使用企业8811家，累计注册地理标志商标5682件。截至2020年3月底，欧盟受保护的名称总数为3322个。欧盟委员会最新发布的一项研究显示，享有欧盟地理标志名称保护的农业食品和饮料产品销售总额达747.6亿欧元，其中1/5以上来自出口。

地理标志是高品质的保障也有助于确保生产者获得更高和更稳定的收入。根据欧盟在2013年委托进行的一项研究，地理标志产品的平均售价是同类非地理标志产品的两倍以上。

伴随协定正式生效，中欧双方各275种产品将以地理标志产品的身份，出现在彼此市场。地理标志保护产品实现大规模互认，将让这些产品在更加便捷进入对方市场的同时，获得更高水平的知识产权保护，涉及酒类、茶叶、农产品、食品等多个种类。

在首批中国一百个地理标志产品中，酒类占据了其中的11席，涵盖中国白酒、葡萄酒、黄酒、米酒等品类，其中有贵州茅台、五粮液、剑南春、扳倒井、高炉家酒、沙城葡萄酒等，这些酒获得欧盟的官方标志，就等于得到欧盟的高度认可，可以代表中国名酒的最高品质进军欧洲。

业内认为，在当今全球化的市场中，欧洲标准已经得到了全世界的认同，此次"茅五剑"等名酒获得欧盟的保护，为中国白酒扬帆出海、出击海外市场铺平了道路。

根据《协定》，纳入地理标志将享受高水平保护，尤其是可以使用对方的地理标志官方标志，这是欧盟首次通过国际条约允许外国地理标志持有人使用其官方标志。对于中国名酒来说，抱团"出圈"欧盟，也将迎来开拓的新契机，也将以优秀的品牌形象，代表中国名酒进一步迈入欧洲市场，甚至拓展到其他国际大市场，深化双边贸易，推动中国地理标志走向世界。从品牌产品角度看，以"茅五剑"为代表的中国优质地理标志产品领衔入选，代表了中国产品的最高品质，也代表了中国名酒的最高水准。

中国品牌研究院高级研究员朱丹蓬认为，协定的实施对中国名酒加速国际化布局起着加速器的作用，同时，对中国白酒加快国际化布局也有着历史性意义。

一方面，中国白酒"走出去"要适应、顺承国际商业竞争的规则和伦理；另一方面，白酒品牌国际化应与国家战略进行结合。当前，国家推广的"一带一路""中国制造2025"等政策，成为中国白酒借力出海的希望。"一带一路"所涉及的国家和地区，大多数远远落后于中国，这也意味着大量的中国建设者同时也是消费的意见领袖，这无疑是中国白酒品牌走出国门的最好时机，中国提出共建"二十一世纪海上丝绸之路"和"丝绸之路经济带"的倡议后，为中国白酒与国际各国酒类企业合作提供了机遇。在"一带一路""中国制造2025"这些大规格的规划和大智慧下，中国民族白酒品牌的国际化有了新市场和新路径。因此，中国酒企要在全球视野下，培植国际化品牌理念，以品牌经营为核心，探索中国白酒品牌国际化的发展道路和策略。曾经亲手创建了可口可乐、肯德基、联邦快递等国际知名品牌，被誉为"品牌金手指"的国际品牌大师弗朗西斯·麦奎尔说："中国企业都要有一个关于中国的远见，要有一个梦想：20年或者30年后，中国一定能够成为全球性品牌的主要输出国。"因此，中国白酒企业在国内发展不错的同时，制定长期发展的"走出去战略"，充分利用中国本土化市场和国际化市场，敢于承担风险和错误，大胆进行尝试，以全球化的视野布局未来发展。

中国白酒国际化，除了"文化牌""标准牌""国际牌"，还有一张牌也很重要，这就是要注意培养国际化的营销人才。不同于国内市场的开拓，国际市场规模巨大、竞争激烈、环境复杂，因此中国白酒品牌的国际化"道路阻且长"。中国白酒品牌要实现国际化突破，必须培养国际化的营销人才，不仅清楚白酒产品的文化特色、产品属性，还必须熟悉目标市场所在地区的相关法律，同时还得掌握相应的国际贸易知识，并对市场的渠道运作有一定的经验。

中国白酒企业缺乏相应的专业人才，国内和国外的渠道运作方式差别很大，中国白酒企业在国外不能照搬陈旧的营销方式，应该遵循国际规则，不断吸纳国际上的新思维、新观念、新工艺、新方法，用国际通用的品牌塑造方式阐述中国白酒的内涵，这样才能使中国白酒品牌具有专业性、稳定性和持续性的特征，才能使品牌具有生命力和活力。

中国白酒国际化，还要懂得打"营销牌"，学会国际化的营销模式。各酒企应在充分调查国外市场情况及消费者需求之后，结合自身的实际情况，制定出适合自己的国际化营销模式。当然，也可以借鉴国内国外较为成功的国际化白酒营销案例，例如，ABSOLUT VODKA "绝对伏特加"就凭借其经典的瓶身广告，用紧跟时代潮流的创意手法，扎根品牌的极致打造，深化消费者品牌认知和加强消费者品牌沟通，迅速跻身世界顶级伏特加酒行列，创造了酒业又一个神话。

不过，要说中国白酒国际化的"火箭王炸之牌"还得是"政府牌"，大王是中国强大的政治地位，小王则是雄厚的经济实力。"火箭一出"，使命必达。在削减酒类商品贸易壁垒问题上，中国政府所起的作用远非酒企所能达到，政府可以借助《区域全面经济伙伴关系协定》《中欧全面投资协定》等最新贸易谈判成果，进一步争取白酒在世界更大范围内更加平等互惠的贸易政策。国家商务部国际贸易经济合作研究所所长韩家平一语中的地说，在酒类贸易政策方面，中国和很多国家是不一样或者说是不对等的。相对来说，我们国家对世界酒的开放度比很多国家让我们的酒进入他们国家的开放度要高的多。我们是把酒作为商品来管理的，而很多国家是把酒作为特殊商品来管理的，所以贸易政策上不是很对等。因此他认为需要国家商务部门推动对等开放，包括减少贸易壁垒、技术壁垒。

此外，政府可以积极对接国外相关部门，把我国《出口商品海关编码列表》中的"白酒"编码作为海外各国"白酒"进口的单独海关编码，并在技术标准体系上认可和体现中国白酒工艺，适用特有的、符合中国白酒工艺特征的品质和技术检验标准。

政府还可以通过设立中国白酒文化推广基金等形式，助力行业有组织、有规划、有保障地推进中国白酒文化国际传播推广工作。除此之外，在重大外事活动中，驻外使领馆、各级政府外事办等部门及中资机构使用中国白酒应成为标配，在重要国际窗口展示白酒文化魅力。

政府还可以协调全国重点文物保护单位的代表性酒企积极参与，共同推动中国白酒向联合国教科文组织和世界遗产委员会申报世界文化遗产的工作，支持代表性白酒企业按照国际标准打造酒文化产业园区，推动白酒文化和国际旅游融合发展，建设一批具有国际影响力的白酒文化主题旅游景区、旅游节。

政府还可以推出国家级酒文化与产品贸易推广的专项平台，提升中国白酒的国际影响力，将中国白酒文化与餐饮文化、茶文化、丝绸文化等民族文化打包在海外融合宣传推广，打造富有中国特色美学价值的白酒"1+N"国际传播模式。

政府外交部门可以在中国酒企对海外业务的并购重组中，加大对中国白酒企业的政策支持、辅导，积极对接海外负责部门，帮助酒企熟悉相关领域内的政策法规与业务流程，加快中国白酒国际化进程，一旦出现国际纠纷，可以对相关企业进行保护性干预，确保酒企所代表的国家利益不受损害。

中国酒国际化进程中，还有一招算不上是大招，但屡试屡灵，这就是要让西方人对中国白酒混个"眼缘"，要让他们经常看得见，听得见，摸得着，喝得上。很多时候，不完全是西方人排斥中国白酒，而是他们没有机会接触中国白酒，这就需要中国白酒不要放过每一个在西方消费者面前露脸发声的机会。有条件的头部酒企要经常参加西方的烈酒评比、展酒会、民间文化节，进入西方的超市、卖场、餐饮场所，一开始不是为了赚钱，而就是为了推广。

国家商务部国际贸易经济合作研究所所长韩家平还表示，要利用反向思维看待在国内推广国际化的机会，包括在国内向外国人宣传，他举例说，对外国在华使节本人及其家属、朋友进行宣传，就是一个切实可行、潜移默化的办法："我国很多外交官回国后多多少少都会带上出使国的生活习惯，我想这些常年在中国工作和生活的驻华大使也是同理。"

韩家平同时也给白酒企业提建议说，一定要充分利用中国在数字经济时代的领先优势，接近国际市场的消费者。他说，酒虽然是传统产品，但我们身处数字化时代，应当利用新的方式做营销。当初外国品牌酒进入中国市场，开始也是在超市、商场销售，结果效果很不理想，没有多少人买。后来他们改变了方式，跟餐馆合作，给餐馆一定的奖励，实现了与消费者面对面的交流沟通，进而打开了市场。我们也可以搞一个App，跟餐馆、餐厅合作，或者在更广泛的范围，通过数字化的手段，知道哪些人在购买酒，了解他的习惯、他的爱好，然后实施精准化营销，同时配套有效的促销措施，包括把每一个客户的即时评价信息加进来，效果就会变得非常好。"现在我们中国人，很多海外华侨，还有很多外国朋友都在使用我们的微信、支付宝、网购、跨境电商等。这些发展很成熟的电子商务环境体系，有没有可能搞成线上线下相结合的数字化营销体系，建立跟消费者之间的直接交流沟通，及时了解他们的需求，及时调整，精准化营销，我想白酒也许会迎来营销新的局面。"

三、中国白酒国际化的战略步骤

（一）中国白酒国际化是必然的发展趋势

虽然白酒目前国际化份额还比较小，与世界其他国家的烈酒相比处于国际化入门阶段，且国际化的道路困难重重，但是中国白酒的国际化未来道路充满希望和前景。除了白酒自身已具备参与国际化竞争的能力外，更重要的是白酒具有强大的三大国际化后盾：

中国的国际化。2023年世界政治格局纷繁复杂，但中国的世界影响力却已成为世界重要一极，尤其是纵横捭阖的外交政策，让中国在2023年的全球外交中独领风骚，一举一动影响着世界经济政治格局。全方位的外交，不断加强中国的国际化，也使得2023年成为中国国际化的重要分水岭，积极的外交政策和对外影响力，让世界看到了东方力量。

人民币的国际化。据环球银行金融电信协会（SWIFT）数据显示，2022年11月，人民币保持全球第五大最活跃货币的位置，占比2.37%。自2023年以来，中国人民币与世界众多国家开展的本币互换，及人民币结算业务，进一步扩大了人民币的全球影响力。扩大人民币跨境使用，有助于提高中国白酒产业的国际化，帮助白酒企业顺着人民币的国际化道路走向国际市场，同时白酒产品也能够跟随人民币跨境业务进入全世界的市场，成为人民币跨境贸易商务用酒市场的新风尚。

中国人的国际化。海外华侨华人的最新人数已达6000多万，分布在全球198个国家和地区。其中东南亚华人数量占总数的50%，印尼超1000万，泰国约1000万，定居美国的华侨人数已达508万，日本华侨人数超过100万。意大利有三四万华侨华人，西班牙约有19万华人。中国人及中国裔在全世界的影响力不断加强，为中国白酒"走出去"奠定了坚实的国际化群众基础。

（二）白酒国际化的四大步骤

目前，中国白酒出口以日本、韩国、东盟等亚洲国家为主，消费人群也多为华侨华裔。欧美市场上的白酒不仅种类少，数量也少，白酒并未真正被欧美主流市场认可。所以，中国白酒的全球国际化需要进行四步走：

第一步是东南亚，在东南亚中国影响力较强，且华裔人口较多，与中国具有良好的经贸文化往来，本国经济增长强劲，同时具有庞大的人口基础，是中国白酒国际化最重要的立锥之地，未来潜力无限的白酒消费市场。首选地区有：印度、越南、新加坡、泰国、印尼、马来西亚、菲律宾。

　　第二步是东北亚，这里同属于儒家文明体系，对于中国文化具有极高共通性，尤其是酒桌文化不用过多的教育，即能够获得认同。同时东北亚，也是中国影响力和经济发展比较好的区域，在酒的消费政策上没有严格的禁忌。首选地区有：日本、韩国、俄罗斯、中国台湾、中国香港、蒙古国。

　　第三步是亚欧，那里经济发展基础较好，人口较多，且饮酒文化盛行，中国的影响力较大，与中国的经贸文化往来保持紧密的联系。首选地区：欧盟、英国、东欧国家、白俄罗斯等饮酒大国。

　　第四步是全球，随着中国白酒在全球主要中国影响力地区及中国文化影响力地区展开，白酒的消费潮流和影响力也开始逐渐全球化之后，开始布局更多的全球市场，以完成全球化的深度扩张与发展。

　　与此同时，要想真正完成中国白酒国际化的蜕变，还需要着手白酒国际化的转化步骤：

　　第一步，产能国际化，低端冲击市场。产能"走出去"，优先把国内剩余的白酒产能，尤其是中低端白酒产能生产前置到印度、泰国、越南、印尼等国家，形成就地生产、就地发展的全球化格局，甚至就地与当地酒水企业合资合作构建白酒当地本土化的市场战略，以帮助中国白酒更快实现就地发展。

　　第二步，市场国际化，中档提升市场。通过生产布局及渠道合作后，随着白酒在当地得到各方支持，开始进行产品就地升级提质提价，并且依托已经形成的市场开始导入中国白酒品牌当地化，实现白酒品牌真正"走出去"并就地生根发芽，与当地政治、经济、文化、生活融为一体。

　　第三步，品牌国际化，文化巩固地位。通过全面输出中国白酒品牌、文化和产品并购重组当地酒水市场，打造真正具有中国影响力的全球白酒销售网络，为中国白酒的国际化构建专业的市场运营体系，专注打造高价值的国际市场，以品牌、文化及产品的全面落地，形成白酒国际市场的成长与成熟。

　　用产能输出冲破国际市场的政策樊篱，打开通往国际市场的成功大门，与当地发展在一起；用合作并购的方式打破国际市场的渠道瓶颈，构建承载国际市场的销售网络，与当地融合在一起；用品牌输出打开国际市场的消费大门，奠定照耀国际市场的品牌灯塔，与当地生活在一起。

中国白酒在走出国门的过程中，除了树立文化自信和建立国际标准化体系外，最重要的便是塑造白酒的整体形象和产区表达。作为世界六大蒸馏酒之一，中国白酒要向"俄罗斯伏特加""法国干邑""日本清酒"等学习，在海外市场上应优先树立起"中国白酒"的突出表达，让海外消费者接受中国白酒的消费场景，推进中国白酒的品牌化和符号化。

第二节 "师夷长技以制夷"[1]

——张裕国际化启示录

近代以来，我国曾有两次与世界全面接轨的大潮：第一次发生在晚清"洋务运动"，第二次则是我国改革开放、从计划经济向市场经济转轨时期。以市场的增速来看，未来中国必定是全球第一大葡萄酒市场，未来全球第一大葡萄酒企业必定出现在中国。

张裕公司正是诞生于120年前的"洋务运动"。120年后的今天，张裕在改革开放的新历史时期再次开始实施国际化战略。如果说创立之初张裕国际化的核心是为了提升产品品质，如今新的国际化之路则是围绕着争夺市场。

我国大多数企业的发展轨迹，是先做大再谋强，然后国际化。有着120年历史的张裕公司却完全不同——她在创立的那一刻就包含着中西结合的基因，从第一桶葡萄酒酿成的那一天就开始了国际化的征途。张裕创立之初，作为投资人的张弼士便从国外引进了124种酿酒葡萄，聘请多名国外酿酒师，按照外国工艺进行酿造。张裕葡萄酒自投放市场后，便采取向南洋推销的经营策略。那时，张裕酒在南洋和北美洲、中南美洲的华侨集中地区已经打开销路，连及俄国商人也多有定货。张裕葡萄酒早在19世纪就已经出口海外了。

一百多年前，张裕引入外国葡萄酒良种、技术、人员，核心是为了提升产品的品质，在1915年旧金山世博会上，张裕"红玫瑰葡萄酒""雷司令白葡萄酒""可雅白兰地""味美思"一举荣获四枚金质奖章，标志着中国葡萄酒在20世纪初就已经具有挑战国际水平的品质。

张裕公司总经理周洪江认为，在全球经济一体化的今天，中国市场已是国际的重要组成部分。面对着国外兵团的长驱直入，任何一个企业如果不能

---

1 引自清代思想家魏源的著作《海国图志》。

在国际竞争中立足，也终将会在国内市场被淘汰。

2000年后，正值我国计划经济开始向市场经济转轨时期，加入WTO成为举国大事。这时，国外葡萄酒巨头开始掀起中华人民共和国成立后第一轮抢滩中国市场的高潮。星座、卡斯特、拉菲等世界顶级品牌率先将产品销往国内，抢占高端市场。

在这一时期，张裕公司迈出了国际化的第一步——经过多轮谈判，2001年张裕与世界第二、法国第一大葡萄酒公司卡斯特集团相互参股、共同注资800万美元成立河北廊坊卡斯特—张裕酒业有限公司、烟台张裕卡斯特酒庄有限公司。这被业界人士认为，标志着张裕全方位与国际接轨的开始，也给张裕带来了国际资本的操作经验。

通过与法国卡斯特集团的合作，张裕成立了国内第一个专业化葡萄酒酒庄——烟台张裕卡斯特酒庄。在获得酒庄酒运营的全套管理经验、技术标准的同时，张裕也开启了产品高端化的战略转型。

对于国际化，张裕总经理周洪江曾有这样一种观点，即在走向国际化的同时，一定要摆脱中国制造品牌"价廉物美"的光环，寻求高端市场份额，只有这样才能脱离价格战的旋涡，才能使企业长远健康发展。

随着国际化战略的开展，张裕在2004年又迎来了企业改制的历史契机。如果说与卡斯特合资只是单个项目的合作，那企业改制则给了张裕直接与国外巨头联姻的平台。

2006年，被张裕定位为新世纪的国际化元年。作为国际股东的意大利意利瓦和世界银行已经融入企业的血液之中，张裕在2006年也创下了五个中国葡萄酒在欧洲的"首次"：包括进入欧洲的超市、邮购销售系统、葡萄酒专卖店、五星级饭店和德国汉莎航空公司的头等舱。

改制使得张裕焕发出巨大的活力。2006年，张裕完成销售收入4.75亿美元，位列全球第十四位，而仅仅一年之前的2005年，张裕的全球排名还是第二十位。

通过与法国卡斯特合作，张裕开启了中国酒庄酒时代。酒庄酒是国际高端葡萄酒的代名词，已经成为国际竞争中最重要的实力体现。张裕此后的战略布局与扩张，也是以这种国际化路径来展开。

2006年，张裕公司与加拿大奥罗丝冰酒有限公司签署合作协议，双方遵循"先基地、后酒庄"的合作模式，在辽宁省桓仁县北甸子乡桓龙湖畔共同建设张裕黄金冰谷冰酒酒庄，发展冰葡萄基地5000亩，种植品种主要为威代尔（Vidal）。

据国际葡萄与葡萄酒组织（OIV）的统计资料显示，在张裕黄金冰谷冰酒酒庄创立之前，全世界具备冰酒生产条件的只有北纬40度以北的德奥冰酒带和加拿大冰酒带，全球冰酒年产量只有1000吨左右。张裕黄金冰谷冰酒酒庄的问世，彻底改变了这一格局。张裕的冰酒产能可达1000吨，使全球产能增加了一倍，而单一酒庄冰酒产能规模也位居全球第一。

2011年5月17日，由世界最权威葡萄酒杂志《滗酒器》（Decanter）主办的"DWWA世界葡萄酒大奖"评选结果在伦敦揭晓，张裕黄金冰谷冰酒荣获甜白葡萄酒类大奖。这是亚洲冰酒首次夺得该项大奖。

2007年，张裕又在北京密云布局了北京张裕爱斐堡国际酒庄。该酒庄是由张裕融合中、美、意、葡等多国资本，总投资达6亿余元人民币。一座庞大的哥特式古堡是酒庄的主体建筑，还有全部欧式建筑的欧洲小镇和辽阔的葡萄园。

酒庄负责人表示，北京爱斐堡酒庄的酒好，首先是风土、土壤和气候原因，这是先天条件，这里确实具有生产优质酿酒葡萄的条件；其次就是标准比较高，比法国波尔多的标准还高。酒庄葡萄园的栽培密度是一亩地266株葡萄树，仅仅是波尔多的一半；再次是栽培模式结合了当地实际情况；最后是聘请了海内外最有经验的酿酒师。

目前，国际葡萄与葡萄酒组织（OIV）名誉总裁罗伯特·丁罗特先生为酒庄名誉庄主，参照OIV对全球顶级酒庄设定标准体系。张裕在全球首创了爱斐堡"四位一体"的经营模式：即葡萄种植及葡萄酒酿造、葡萄酒主题旅游、专业葡萄酒品鉴培训、休闲度假四个功能，开启了世界葡萄酒庄的新时代。

　　在国内布局多个酒庄的同时，张裕开始放眼全球，在世界范围内以联盟的形式进行战略布局。2009年，张裕宣布在新西兰凯里凯利岛、法国的波尔多及勃艮第、意大利西西里以品牌联合的形式组建国际四大酒庄。

　　通过布局海外四大酒庄，张裕借兵外国产品攻占被洋酒把持的高端市场。为了寻找适合中国消费者口味、足以同顶级洋酒相抗衡的葡萄酒，张裕的团队曾多次赴欧洲遴选合作伙伴。新结盟的酒庄皆有着百年甚至数百年的悠久历史。其中法国两家酒庄更是拥有皇室血统的庄园领地。

　　总经理周洪江告诉记者，通过结盟双方建立一种全新的合作模式。它与普通的代理最大不同是，张裕拥有其在中国的完全知识产权，从而规避了未来可能产生的诸多风险。只要张裕对国内市场有着足够的掌控力度，这些洋酒就能为我所用。

　　通过一系列酒庄布局，张裕以高端化实现国际化的路径逐渐清晰。张裕在这个阶段完成了全球十大酒庄的布局，初步形成了酒庄矩阵。

　　周洪江表示，随着越来越多的各类洋酒品牌进入中国市场，张裕要学会在中国市场与国外顶级高手竞争与合作，如给一些国际大品牌在中国市场进行分销。而张裕国际化最实质性的一步，是要完成市场的国际化。

　　正如周洪江所预料的，从2010年开始，国外葡萄酒巨头们掀起了第二轮抢滩中国市场的高潮。如果说此前外国巨头们只是把产品销往国内市场的话，如今他们则长驱直入、直接在中国投资设厂。

　　目前，酩悦轩尼诗已在云南山区投资一个占地30公顷的葡萄园，拉菲公司也于2012年3月15日在蓬莱投资8000多亩葡萄基地和酿造工厂。与此同时，大量来路不明的洋酒蜂拥而至，疯狂抢占国内红酒市场。其中大部分原本就是低端产品，可进入中国市场鱼目混珠、层层加价后却在争抢中高端市场。

一家国际葡萄酒及烈酒研究机构预测，2011—2016年中国葡萄酒的增长率将达到60%以上。未来中国必定是全球第一大葡萄酒市场，未来全球第一大葡萄酒企业必定会出现在中国。

此时此刻，以张裕为首的民族品牌正在面临着外国军团前所未有的挑战。在全球经济一体化的今天，没有竞争的"净土"早已不复存在。如果一种产品质量无法达到国际水准，一个企业无法在国际市场立足，最终在本土市场也将被淘汰。

面对中国葡萄酒市场的猛增，面对着外国巨头的抢滩，民族品牌要守住国内阵地必须要有足够的产能和优质的产品。从2010年以后，张裕在原有国内外布局的基础上再次开始了大规模的扩张——张裕沿着北纬37度到43度这条国际公认的酿酒葡萄黄金种植带，把葡萄基地布局到了中国新疆、宁夏、陕西西北三省。

伴随着快速的扩张，近年来张裕开始了历史上最大的投资，数十亿资金投入到葡萄种植当中。2012年下半年，新疆张裕巴保男爵酒庄、宁夏张裕摩赛尔十五世酒庄、陕西张裕瑞那城堡酒庄将陆续建成。

为了应对国际巨头来势汹汹的攻势，周洪江介绍道，张裕未来还将寻求与世界排名前列的葡萄酒企业合作，为消费者提供全球17大产区最能代表当地特色的高性价比葡萄酒。由此，不难看出，张裕的目的是在全球范围内遴选更多高端产品并将其引入，从而进一步掌控国内市场。

在葡萄酒行业有着"旧世界"和"新世界"之分。"旧世界"是法国、意大利等生产葡萄酒时间比较长的国家，其特点是强调风土等自然条件对葡萄酒的影响，尽可能在产品中表现葡萄本身的风味、表现自然的特点。但总体上讲规模较小，把葡萄酒作为艺术品，而不看作工业产品。"新世界"首先关注葡萄酒产品的质量，然后才是葡萄品种对产品的影响。比较注重新的工艺和方法，产量规模较大。

在周江洪看来，张裕更善于博采众家之长，既有旧世界的悠久历史和高端品质，又吸纳了新世界规模化生产的高效模式，兼有二者之优势。

近年来，张裕的高速发展已经引起了欧美同行的关注。欧洲酿酒世家酿酒师罗斯·摩塞尔，于2011年10月考察了张裕全国布局的葡萄基地与酒庄后感叹道："张裕葡萄酒的品质不输欧洲，再过十年，张裕恐怕会超越世界主要竞争对手，有望成为世界第一。"

英国《金融时报》2009年曾报道，在英国咨询公司沃尔夫·奥林斯撰写的一份研究报告中，列出了五个有望成为全球品牌的新兴市场食品及饮料品牌，张裕位列其中。

回顾张裕这120年的历史和两次国际化的进程，张裕公司总经理周洪江表示，无论品牌如何创新与国际化，张裕的品牌基本调性从未发生改变，那就是张裕的"百年传承""中西合璧""不断创新"。作为百年老字号，张裕应充分发挥自身的品牌、文化优势，积极开拓国际市场，肩负起民族品牌驰骋国际市场的重担。

张裕公司的发展会给中国其他红酒企业很大启迪。目前，相比白酒业，中国葡萄酒业从国际角度看还属于比较稚嫩的产业。在中国加入WTO后，进口配额限制和高额关税将取消，全球洋酒巨头长驱直入，而且以物美价廉赢得极大的竞争优势。中国葡萄酒必须勇敢地走出国门，大胆参加国际竞争，全力增强自己在全新环境中的国际竞争力。

"推动帆船前进的不是帆，而是看不见的风。"而这"风"就是集观念、意识、素质、制度、历史、形象等于一体的葡萄酒文化。只有当葡萄酒的产品质量、市场管理与企业文化有效融合为一体的时刻，中国葡萄酒企业才有可能构建自己的国际品牌。

中国的葡萄酒要从文化上达到国际化目的，可以从三方面着手：第一是产品标识（名称）国际化，主体商标必须用英文而非拼音或汉语，让外国消费者一目了然，耳熟能详；第二是广告语国际化，要符合洋人视听的心理习俗；第三是文化营销国际化，及早建立中国葡萄酒文化国际推广中心，通过开办葡萄酒文化对外讲座、文化图片展，在媒体上进行宣传，让中国葡萄酒走向世界。

目前，中国葡萄酒在标准国际化上出现了以下三个问题：一是标签不标准。在国外，葡萄酒标签标注着葡萄酒的产地、等级、身份、品种等，以迎合消费者"按图索骥"的消费习惯。如法国的AOC、意大利的DOC、美国的AVA等。而纵观中国葡萄酒的标签，除了酒精浓度、容量、名称等简易标注外，很难看到实质性内容。应建立科学规范、与国际OVI组织接轨、统一产地、品种、标识的管理制度，建立强制性规范化的管理办法。

二是产品规格不标准。目前，国际葡萄酒产品通行生产标准是该酒所用的葡萄酒原汁必须达到85%以上，而多数发达国家的葡萄酒原汁标准高达95%以上。中国葡萄酒产品的生产标准还有待完善和提高。应尽早建立符合国际标准的葡萄酒行业准入制度、生产经营条件和许可证制度。

三是基地不规范。应该在全国培植2～3个著名的优良葡萄酒原料基地，这是让中国葡萄酒享誉世界的一个长远之计。

开拓国际市场，必须明确市场细分对象（国家），因地制宜。中国葡萄酒国际化战略的第一步，应该锁定东南亚及我国港澳台市场。东南亚国家有大量的华裔，这些华裔的生活习惯、消费行为，包括饮酒爱好与中国东南沿海省市十分相似，这为中国葡萄酒成功进入这些国家的市场，创造了有利条件。相比东南亚市场，港澳台市场更是前景广阔。初步估算，东南亚、我国港澳台市场对中国葡萄酒的潜在需求有效缺口大致为4万～5万吨，可谓商机无限。

独联体、东（南）欧市场则为中国葡萄酒国际化战略的第二步。它们也是进入西欧市场的主要跳板。独联体十六国现在成为中国主要的贸易伙伴。东欧国家食品酒类产品较为匮乏，对中国食品酒类存在较大的依赖性和互补性。而今独联体、东（南）欧这些国家葡萄酒进出口准入市场条件较为宽松，消费进口葡萄酒可比价格约在每升40～70元人民币。这与中国葡萄酒的生产类型、产品结构、市场策略类似。在那里，中国商业网络较发达，民间资本十分活跃，这都是中国葡萄酒进入这些地区所须考虑和借助的重要力量。这些国家对中国葡萄酒的潜在需求为8000～2万吨。

中国葡萄酒国际化战略第三步，即扩展欧美市场。完成前两个步骤，拓展美国、加拿大、西欧市场自然是事半功倍、水到渠成之事。

第三节 "道路阻且长，功成安可期"[1]

——中国啤酒的国际化

如今"国际化"成为不少中国知名品牌的发展目标，他们不再满足仅成为中国人口中的名牌，将目光投向了巨大的国际市场。

随着中国国力不断增强，全球经济一体化日趋明显，中国的啤酒市场已然成为国际市场的一部分，而国际化也成为中国啤酒企业的必然选择。在啤酒行业调整结束后，2017年中国啤酒迎来了市场复苏，一方面，国内啤酒市场竞争激烈；另一方面，中国啤酒走出国门的节奏也在日渐加快，国产啤酒逐渐受到海外消费者的喜爱。从青岛啤酒远销100个国家暨"一带一路"市场拓展发布会，到金星啤酒在纽约时代广场投放广告，再到中国雪花啤酒登陆英国市场，中国啤酒正在向国际化时代迈进。

早在2009年年初，国务院就审议并原则通过了轻工业调整振兴规划，该规划中提出"酿酒行业力争在三年内各酒种分别培育三个以上国际知名品牌"的目标，再一次为中国酒业的民族品牌进军国际化指明了前进的方向。

我国是啤酒生产大国，2008年我国的啤酒产量突破4000万千升，连续7年蝉联世界第一啤酒大国的称号。虽然我国已经是啤酒大国，但还不是啤酒强国，同时我们还应清醒地看到，由于受到品牌本身、渠道以及消费者不同口感需求等因素的限制，我国啤酒的国际化历程还困难重重，要实现拥有我们自己的"国际知名品牌"还有很长一段路要走。

目前，我国啤酒市场竞争日趋激烈，特别是随着经济全球化时代的到来，国际知名啤酒厂商近年来不断通过"收购、控股、兼并、品牌输出"等形式，在中国市场掀起一波又一波的国际化浪潮。中国啤酒企业面临着或者"国际

---

1 从《古诗十九首·行行重行行》中的诗句"道路阻且长，会面安可知"化用而来。

化"或者"被国际化"的尴尬境地。国际化已经成为中国啤酒企业实现与跨国公司同台竞技，利用全球的资源和市场，参与国际竞争，提高自身的管理水平和经营实力所面临的必然选择，中国啤酒企业只有走国际化道路，才能应对更高层次的竞争，才能不断提升我国啤酒的国际竞争力。

既然国际化对我国啤酒企业来说如此重要，那么我们究竟该如何实施国际化战略，加快我国啤酒行业的国际化进程呢？

其实，在国际化方面，国内已经有不少啤酒品牌，例如，青岛啤酒等已经进行了很多这方面的探索和尝试，给我国啤酒企业实施国际化战略积累了宝贵的经验，提供了有益的借鉴和启示。然而，我国啤酒要实现在几年内培育出三个以上的国际知名品牌，还有很多工作要做，笔者认为可以具体从以下几方面来努力：

第一，实现市场国际化。要想成为国际知名啤酒品牌，就必须走出国门，在国际市场上有所作为。中国虽然是一个啤酒产销大国，但同时又是一个啤酒小国，在世界许多国家的主流消费场所，人们很难看到中国啤酒品牌的身影。目前，中国啤酒主要是内销，出口量还很小。据有关方面统计，我国啤酒的一年出口总量尚不及百威在中国一年的销售量，出口总量所占销售总量的比例不足1%，如此小的出口规模如何同国际啤酒巨头在国际市场上展开竞争？

除此以外，我国啤酒企业在市场国际化方面还存在诸如销售渠道单一、品牌力弱和市场盈利力低等问题。市场国际化的途径有很多，除了直接出口以外，在国外投资建厂也是一种可行的方式，近年来，青岛啤酒在中国台湾和泰国投资建厂，对于青岛啤酒实现市场国际化具有重要的意义。

另外，我们还应该清楚地认识到，并不是说把啤酒卖到国外就是国际化，对中国啤酒企业来说，实施市场国际化还有一个重要的市场不能忽视，那就是我们的国内市场。

事实上，本土企业在中国市场同样面临着国际化竞争，由于国内啤酒消费市场的潜力巨大，国内市场已经成为国外众多啤酒巨头进行国际化竞争的新舞台，因此，对中国啤酒企业来说，"国际化"不仅意味着要"走出去"，而且还意味着要守住国内的阵地。

第二，实现品牌国际化。品牌国际化是企业在国际化进程中打造国际化品牌，并逐步占领世界市场的过程。在企业加速实现国际化的进程中，如何实现品牌国际化是企业必须面对和亟待解决的一个重要问题。

如今，品牌竞争正在逐步取代价格竞争和产品竞争，成为啤酒市场竞争中最有生命力、最具差异性的竞争手段。在产品越来越同质化的今天，品牌是企业参与国际竞争的一件利器，谁拥有国际化的品牌谁就能在竞争中领先一步。

然而，面对国外强势品牌，中国本土啤酒品牌在国际竞争中存在的劣势也是相当明显的，一些国际知名品牌经过几十年甚至近百年的经营，他们在消费者心中的地位已经十分牢固，新品牌进入这部分市场的成本非常高，被消费者接受的难度也非常大。因此，品牌国际化不单是把产品卖到国外，在国外设立分公司或者并购一家国外品牌那么简单，品牌国际化是一个系统性工程，中国啤酒企业需要通过长时间的不懈努力，从品牌建设的各个方面去不断地提升企业的品牌竞争力，不断提高品牌的知名度和美誉度，逐渐赢得国际市场对中国啤酒品牌的认可。像青岛和燕京这些啤酒品牌就是通过成为奥运赞助商，借助奥运营销使企业的品牌知名度得到了大幅提升。

此外，我们还要看到品牌国际化会是一个长期的过程，需要大量的时间和各种资源的投入，因此，中国啤酒企业在品牌国际化的进程中切勿急功近利。

第三，实现资本运作的国际化。在中国啤酒国际化的进程中，产品、市场、品牌、管理等方面的提升固然重要，当面临外资啤酒巨头挥舞着资本大棒在中国疯狂展开资本并购时，学会并实现资本运作的国际化也是我国啤酒企业不能忽略的一个因素。

在欧美这些成熟的市场，有实力的啤酒企业通过资本运作来快速实现品牌扩张。目前，实现资本运作国际化的方式有很多，像海外上市、合资合作和收购兼并等。

海外上市能使企业在海外市场提高知名度，筹集到更多资金，降低负债率；投资建厂，实行中外合资，可以使企业更好地融入海外当地市场，避开关税壁垒，充分利用当地的原材料、人力等资源，节省企业的运营成本；海外收购则能使企业实现低成本扩张，获得技术和品牌等资源，像青岛啤酒通过和AB联姻，在迈出资本国际化步伐的同时也收获了先进的技术和管理经验，为企业实现国际化打下了坚实的基础。

除此之外，中国啤酒企业在国际化的进程中，还要注意国际化人才队伍的培养、先进的生产技术以及优秀的管理理念的引进等。总之，对于国内的优秀啤酒品牌企业来说，走国际化道路是企业实现培育国际知名品牌，参与国际化竞争的必然选择。

近年来，国产啤酒在海外市场呈现增长态势，国内各大啤酒企业啤酒出口量逐年上升，据数据统计，2018年1—12月，中国累计出口啤酒38.571万千升，同比增长6.9%；金额为16.6427亿元，同比增长8.0%；今年5月，中国出口啤酒3.794万千升，同比增长15.2%；金额为1.5438亿元人民币，同比增长11.7%；2019年1—5月，中国累计出口啤酒16.080万千升，同比增长7.4%；金额为6.6737亿元，同比增长4.0%。

随着国产啤酒不断上升的出口量和销售额的增长，让啤酒企业看到了海外市场的发展契机，同时，国内市场进入一个新层次竞争，从产品外销到文化输出。国内啤酒产业大格局已经形成，啤酒业将从高速成长期步入更加稳定的成熟发展阶段，总体的增长空间不会太大，啤酒市场已经趋于饱和，企业亟须借助文化输出等方式促进出口。中国啤酒企业只有走国际化道路，才能进一步有所发展，真正地做大做强。

现如今，不少国内一线品牌啤酒企业，如青岛啤酒、燕京啤酒等正在加紧自身的国际化进程，或与国际跨国公司进行战略合作，或积极将产品打入国际市场，或在海外设立公司，投资建厂，虽然收到了一定的成效，但背后也隐藏着一定的风险。

就目前来看，走向国际市场的中国啤酒企业几乎没有抱着盈利的目的，但刚刚进入国际化却需要企业进行全方位的投入。在这样的情况下，企业的资本力量就显得十分重要。而企业要想实现真正的国际化必须建立在自我造血机制之上，依靠输血生存不是长久之计。

除此之外，喜力、百威英博等国际性品牌的压迫使得迟迟进入国际市场的中国品牌压力倍增，其发展空间也受到限制，中国啤酒品牌如何在有限的空间下生存发展？无疑是一个严峻考验。

中国啤酒国际化道路阻且长，要做好面对各种风险、困难和挑战的准备。对于中国啤酒企业来说，"走出去"是成功还是失败，很大程度上取决于企业战略是否得当，企业战术如何实施。而作为肩负振兴发展中国啤酒工业的优势啤酒企业来说，走上国际化道路，是当仁不让的选择。

第四，品质为先，打造国际化品牌。早些年，"中国制造"还是一个贬义词时，品质成为国外消费者对国货品牌的第一衡量标准，尤其是海外市场对食品品质极端"挑剔"的情况下，进入国际博弈时代的中国啤酒，产品质量是其实现海外畅销的关键。对于酒精需求旺盛的欧美消费者，中国啤酒要想打动消费者，抓住其味蕾的产品是关键，其次才要考虑产品的性价比属性。同时，中国啤酒出征海外也要重视市场的新变化，因地制宜进行产品创新。对此，不少酒企在加大海外市场布局时，对产品研发、质量、品牌营销、推广等方面下了不少功夫。

我国啤酒业生产、质量水平现已基本达到国际先进水平，但企业同质化问题突出，重点表现在各家产品风格、卖点雷同，从而导致激烈的竞争。因此，想要真正在国际上站稳脚跟，啤酒企业都应该有自己的定位、特色和风格，实现差异化竞争才能更有效地抓住消费者的心。

　　青岛啤酒在中国啤酒品牌海外市场推广中一直处于领先地位，这源于它对于产品始终保持着以"高品质、高价格、高可见度"三高战略为基准的国际化，始终秉持其独有的"四个基因"：品牌引领、品质为基、创新驱动、文化为根的国际化战略。它将"高品质"定义为别人品质基础上加上自身特色，也就是具有差异化的产品。只有保持独特的风味，才能在诸多基础产品中站得住脚。而高品质就意味着高价格，青岛啤酒在进入国际市场时就一直保持着高价格，迄今为止已经坚持了60多年的最高价，这也意味着青岛啤酒打造的高端化国际形象正在不断深入人心。

　　据了解，目前，青岛啤酒已进入超过100个国家和地区的市场，啤酒出口量占中国啤酒出口总量的57%。2017年青岛啤酒海外市场销量数据显示，在全球啤酒行业下滑的背景下，青岛啤酒销量同比增长18%，实现逆势增长。其中，亚太市场销量同比增长34%、大洋洲增长44%、拉美市场增长36%、北美市场增长17%。

　　2018年，青岛啤酒通过在美洲、欧洲、大洋洲及亚太地区首次举办"Tsingtao Mini 啤酒节"、多次参与国际性会议等多种方式，不断优化海外市场渠道结构，并借助全球主流社交媒体平台以线上线下相呼应的推广活动增强品牌传播及推广力度，为海外消费者提供最佳的品牌和产品体验。

　　珠江啤酒方面也表示，目前，珠江啤酒的十几种产品已经出口到了40多个国家，涵盖了东南亚、欧洲、北美、非洲等市场。在拓展之初，珠江啤酒将市场定位于当地的华人群体，通过华人将产品渗透到当地，逐渐落地开花。"啤酒作为一个舶来品，要想让外国人接受来自东方的啤酒品牌，实际上并不容易。"珠江啤酒方面表示，珠江啤酒在"走出去"的过程中，针对不同的市场，研发不同的产品，进行精准营销。在海外布局的同时，尊重当地的风俗和信仰，同时也了解和遵守当地的市场规则，根据不同的销售国家、地区开发，输出差异化产品。比如，非洲一些国家的消费者口味普遍偏重，适当提高产品的酒精浓度；在东南亚等国家，则主打罐装产品；在中东地区，则要遵从当地的风俗，推出零醇啤酒；面向北美、澳洲市场，主要出口纯生、传统型苦味值偏高的小瓶装产品。

同样有着国民基础的燕京啤酒公司实施"1+3"品牌战略，通过拓宽"中国足协杯"赞助权益，持续开展"燕京啤酒种子计划"公益活动，成为国际篮联篮球世界杯独家酒类赞助商，成功牵手北京2022年冬奥会和冬残奥会，成为"双奥国企"等举措，发挥啤酒在体育营销、娱乐营销、餐饮营销中的优势，同时合理利用广告媒介资源，推动品牌升级，使公司品牌升级合力进一步增强，品牌国际化提升进一步加快。而且，为了加快打造全球性品牌，实现国际化，燕京啤酒在2017年就面向全球市场选聘高级管理人才。

除此之外，华润啤酒在2018年8月则与国际品牌喜力啤酒强强联合，欲意借船出海。如今国内啤酒行业正从原来的跑马圈地转向企业间的竞速跑，高端化将成为取胜的关键。而华润通过和喜力的战略合作不仅可以帮助华润啤酒在高端化中进一步提速，抢占高端市场第一梯队的位置；还能借助合作推动华润啤酒走向国际市场。

此外，2019年4月起，中国啤酒品牌华润雪花啤酒也以"super X"的品牌名称正式在韩国销售。华润雪花表示：super X是华润雪花啤酒品牌重塑以来首支核心产品，专为韩国年轻人量身定制。无论是从产品质量，还是营销策略，甚至是吸收外来人员进入管理层，都表现出中国啤酒进入国际市场的决心与魄力。据韩国媒体近期报道，韩国连锁便利店CU对最近五年来各国啤酒销售情况分析显示，在韩国市场中国啤酒人气大增，市场份额由2014年的4.9%增至2019年5月的10.2%。

没有高品质的产品作基础，品牌就成了虚无缥缈的空中楼阁。为消费者提供安全、绿色、健康的产品，优化产品结构，不断满足消费者对于国产啤酒差异化、国际化、高端化的需求，努力提升产品力，才能打造中国最好的啤酒品牌。

第四节　"蒲黄酒对病眠人"[1]

——中国黄酒的国际化之路

一、黄酒的国际化困局

近年来，随着我国对外贸易的快速发展，中国黄酒企业也积极开拓国外市场，促进经济效益的提升。在市场竞争日趋激烈和全球化分工逐步深入的背景下，一国特定产业的国际竞争力体现在以价值增值链为纽带的比较利益获得的过程，我国黄酒产业的生存与发展对于该产业在国际上的竞争力有较大的依附作用。然而我国黄酒产业长期沿袭传统工艺，生产规模偏小、产品创新滞后、同质竞争现象较为严重，与其他酒类产品相比，竞争力较弱。从出口规模上看，与其他酒类产品相比，黄酒出口规模较小，2020年，黄酒出口规模仅为2100万美元，远小于白酒与啤酒的出口额。

2017—2020年中国主要酒类产品出口额变化情况（单位：亿美元）

时间	白酒	啤酒	黄酒
2017	4.70	2.28	0.25
2018	6.57	2.52	0.24
2019	6.65	2.55	0.24
2020	4.60	2.43	0.21

从主要企业国际业务布局上看，我国黄酒区域性特征较为明显，虽然主要企业业务纷纷向海外拓展，但从总体上看，海外业务市场份额占比仍然较小。从代表企业古越龙山海外经销商数量上看，近年来，古越龙山国际经销商数量呈先下降后上升的变化趋势，但国际经销商数量较少，占企业经销商总量比例不及3%。

1　以营收占比来看，《夜闻古越龙山绍州会稽祝公开宴2020年闻越龙山海外业歌钟俱绕身。盘下中分两州界，灯前各作一家春。青娥递舞应争妙，紫笋齐尝各斗新。自务营收仅为0.34亿元，占比仅为2.64%；会稽山海外营收占比仅为0.77%。

－534－

二、何种因素限制黄酒国际化发展

黄酒源于中国，是世界三大古酒之一。在2019年7月30日浙江绍兴召开的振兴绍兴黄酒产业论坛上，中国工程院院士孙宝国直言，"三大古酒中，黄酒的国际化程度最低"。

黄酒行业较难实现国际化受到多因素影响，其中，中外文化因素与消费习惯不同是限制黄酒行业国际化的主要因素之一。对于首次接触黄酒的外国消费者而言，与白酒、啤酒相比，黄酒口感差别较大，并不容易被接受。再者，作为酿造酒，一般会搭配固定餐食，譬如，白葡萄酒适合搭配海鲜饮用，干红适合搭配牛排饮用，而黄酒在外国消费者心中，并无明确餐饮搭配定位，更难传播。此外，在外国消费者的饮酒习惯里，搭配餐饮时饮酒量并不多，主要消费酒类场景为酒吧、夜店等，这与国内饮酒文化大不相同。

世界闻名的"中国酒桌文化"即表明，中国人喜欢在用餐时大量饮酒，人情之间的互动会大大激发人们的饮酒欲望，中国菜系口味多浓厚，可以减轻黄酒中酒曲的不适感，放大其醇厚感。而外国饮酒场景多为"纯饮"，往往在餐后，无太多食物搭配，让黄酒等中国酒在场景化缺失的情况下更无市场。

从黄酒主要出口国别分布可以看出，受到文化的影响，我国黄酒的出口市场主要集中在日本和东南亚地区，或者其他华侨较多的地区。其中，日本是我国黄酒的第一大出口市场，日本向来对中国文化情有独钟，而日本清酒又和黄酒同源，因此日本消费者较能接受黄酒的口味。

三、黄酒企业如何突破国际化困境

2019年4月，黄酒正式施行新国标，新国标将黄酒的英译名从"Chinese rice wine"正式改为黄酒的拼音"Huangjiu"。官方解释原来的英译名指"用稻米做的发酵酒"，但在实行过程中，出现了很多外国人不理解的情况，因此，新版国家标准便直接将其改为黄酒的拼音"Huangjiu"，这是我国黄酒走向国际化道路的全新标志。

2019年4月1日，黄酒正式施行新国标。相比2008年版的老国标，新国标在调整黄酒英文名的同时，还对一些术语、技术要求、检验规则作出了调整。由国家市场监管总局、国家标准化管理委员会发布的黄酒新国标GB/T 13662-2018《黄酒》取消了"所标注酒龄的基酒不低于50%"的要求，业内人士称，这是对黄酒企业进行了"松绑"。

在2008年版黄酒国家标准中，黄酒的英译名为"Chinese rice wine"，而wine的意思为"葡萄酒，果酒；紫红色，深红色"，rice的意思为"稻，稻米，大米"，原意是"用稻米做的发酵酒"，许多外国人对此很难理解。2018年版国家标准中，黄酒的英译名改为"Huangjiu"。因为上述英译名的修改，新国标中，酒龄、传统型黄酒、清爽型黄酒的术语和定义也进行了相应的修改。

黄酒国家标准于1992年制定，经历了2000年、2008年及2018年三次修订，新版黄酒国家标准于2018年9月17日发布，2019年4月1日实施。

2008版的黄酒国标中，对"标注酒龄"的定义为：销售包装标签上标注的酒龄，以勾兑酒的酒龄加权平均计算，且其中所标注酒龄的基酒不低于50%。而在新国标中，仅显示"以勾调所用原酒的酒龄加权平均计算"，取消了"所标注酒龄的基酒不低于50%"的要求。

据了解，黄酒（特别是传统黄酒）的质量与酿造年份的气候、粮食原料质量等有密切关系，如果当年的气候对黄酒酿造不利、原料质量差，该年份的原酒质量也会打折扣。

酒水分析师蔡学飞表示，上述标准的取消，等于给黄酒生产企业"松绑"，黄酒的酿造受到原料、天气、工艺等多重因素影响，去掉硬性的基酒标准，给企业生产更大的操作空间。好的角度来看，有利于企业勾调出更加优质的成品酒。但从另一方面来看，制度的松绑，也可能会导致企业因标准不明而产生欺诈行为。

此外，在新版黄酒国家标准中，取消了氧化钙与菌落总数的指标。而在老国标中，设置氧化钙指标的目的，是为了规范黄酒生产企业过度使用氢氧化钙作为酸度调节剂或风味调节剂来调节发酵醪的酸度与口味。国家黄酒工程技术中心高级工程师周建弟表示，从目前黄酒的实际生产情况来看，特别是新工艺黄酒已极少使用氢氧化钙，鲜有氧化钙超标现象发生。企业如果对酿造的原酒能做到严格检测与控制，无须对出厂瓶酒再检测该项目，这可为企业节省一定的检测费用。

菌落总数指标的取消，则是因GB 2758-2012《食品安全国家标准 发酵酒及其配制酒》中取消了该项目的要求。但业内人士称，企业还是要从保证产品质量要求出发，仍需对其作为一项重要的内控指标加以检测与监控。

此外，新国标还修改了传统型黄酒、清爽型黄酒的术语和定义，增加了"原酒""勾调""抑制发酵"术语和定义，对部分技术要求、分析方法进行删除和增加，并修改了出厂检验项目、不合格项目分类等检验规则部分。目前，该标准规定了黄酒的术语和定义、产品分类、要求、试验方法、检验规则和标志、包装、运输、贮存，适用于黄酒的生产、检验和销售。

黄酒新国标的实施对黄酒业是重大利好。

黄酒要突破国际化困境，首先，要加强黄酒文化宣传。中国酒业协会理事长王延才认为，以绍兴黄酒为代表的中国黄酒，要走向国际化，就要在国际社会讲好中国黄酒故事，打造好中国黄酒的产区化。王延才说："只有当国际市场充分认识到黄酒的魅力，让各国消费者饮用黄酒，我们才能说，中国酒真正实现了国际化。"

随着近年来中华文化的全面输出，各国消费者正在快速吸纳中华文化并且被其影响。作为中华传统文化的"黄酒文化"，必定有着许多潜在的受众空间，尤其是对于年轻消费群体，他们对中华文化的探索欲更强，同时也是酒类最大的消费群体。由于中国黄酒特定的场景化消费特点，必须先建立起东方文化浓烈的消费软环境，在传播品牌之前，应加强中国酒类文化的传播，如饮酒场景、饮酒器皿、饮酒方式等。

其次要寻找突破口，扩大黄酒影响力。从我国黄酒出口地区分布可知，我国黄酒的出口市场主要集中在日本和东南亚地区，华侨聚居地是我国黄酒主要消费市场，也是我国黄酒行业走向国际的主要突破口。据统计，我国海外华侨、华人人数已达6000多万，分布在世界198个国家和地区，打造"以华人为核心的销售网络"是黄酒企业的最优选择。

最后，对于黄酒行业本身而言，要想突破国际化困境，则必须要突破行业本身区域限制、无序竞争等困境。当前，受产区、消费群体限制，我国黄酒行业生产企业主要集中在江浙沪一带，全国化布局尚未完善，国际化布局更加难以展开。如何加强黄酒产业化建设，提升产能产量，扩大产品布局，是黄酒企业面临的主要问题。

中国酒业协会理事长王延才认为，打造黄酒国际城镇是一个值得关注的突破点。2018年11月7日下午，"品黄酒，融世界"中国黄酒产业发展战略暨特色小镇高峰论坛举行。在这次会议上，王延才提出了黄酒产区化、打造黄酒国际小镇的建议。产区既是一个酒类专业名词，包含了气候、土壤、生态、空气、微生物等各项专业指标，是对品质、文化的高度概括，具有极其重要的市场价值。王延才认为，绍兴黄酒要引领中国黄酒走向国际化，产区化是一个重要的"必选项"。王延才认为，绍兴黄酒从自然环境、产业基础等各方面来看，当之无愧是中国黄酒核心产区，绍兴可以借助当前中国推动更高水平开放的有利机遇，发挥产区优势，引领中国黄酒走向国际化。

本次论坛的最大亮点，就是德国慕尼黑、法国波尔多与中国绍兴，作为世界三大发酵酒的核心产区代表聚首，共商产业发展。在这次具有开创性意义的对话中，黄酒成为绝对主角。

"口感醇厚，回味悠长，独具东方魅力，与绍兴历史文化古城的形象有着天然的契合。"品尝绍兴黄酒之后，德国啤酒酿酒商协会首席顾问、常务委员会委员马库斯·劳帕赫和法国波尔多梅多克士族名庄联盟代表、罗兰德比酒庄商务总监克里斯多夫·汝贝不约而同地赞叹。

来自法国波尔多的克里斯多夫·汝贝，是波尔多梅多克士族名庄联盟代表、罗兰德比酒庄商务总监，他认为黄酒是一种具有独特东方魅力的酒品，与绍兴这座历史古城的文化形象有着天然的契合感。

一个酒品类的国际化推广，关键在于文化的交会、碰撞与相融。"推介酒品，就一定要消解与消费者之间的距离，传达它与生活每一刻相融的理念。"马库斯·劳帕赫说，刚落幕的德国慕尼黑啤酒节迄今已经举办了185届，其生命力就在于给消费者营造一个休闲、纯粹、享受生命的节日。

而葡萄酒城波尔多则有另一种玩法——除了学院式培训、专业品鉴之外，还有别出心裁的葡萄酒马拉松，美酒配美景，跑者在微醺中发现波尔多的独特魅力。

在慕尼黑、波尔多，在绍兴，酒从来不仅仅是酒，代表的是各自的城市气质与历史积淀。

作为代表啤酒、葡萄酒的对话者，马库斯·劳帕赫和克里斯多夫·汝贝均表示，一个酒品类的国际化推广，不仅局限于销售产品，关键在于文化的相互交流与影响。三大发酵酒作为不同国家民族文化的代表，实则也承载着不同的生活方式，黄酒要达到啤酒、葡萄酒那样的国际化程度，就必须加强体验式传播，通过黄酒小镇、餐饮搭配等途径，让各国消费者从中感受东方生活的节奏与魅力。

与会专家一致认为，黄酒要起"国际范儿"，在讲好品质故事的同时，还需邀请国际消费者和行业大咖走进绍兴，亲身体会黄酒的独特口感，通过黄酒小镇、餐饮搭配等途径，让各国消费者从中感受东方生活的节奏与魅力，给黄酒消费一个"必然理由"。

慕尼黑因啤酒而蜚声国际，波尔多因葡萄酒而成为明星城市，绍兴以黄酒小镇为核心，构建具有显著特色的"黄酒生活方式"，会不会也会迎来"第二春"？

　　"小镇品牌在于特色营造与彰显，自然景观、特色产业、人文魅力、配套齐全、节庆活动和地区连接，才能成为宜居宜业的活力空间和魅力空间。"中国社科院财经战略研究院城市与房地产经济研究室副主任、研究员刘彦平指出，打造黄酒小镇是一个社会各界共建共享的过程。"要站在营销绍兴整个城市的高度，将琴棋书画的优雅、侠客精神的仗义融入到文化内涵中去，落实产地保护、接轨国际标准，用匠人精神掌握扎实的话语体系。"

　　除了龙头牵引，还要政企协同。根据省政府相关文件要求，黄酒小镇"一镇两区"，由柯桥区和越城区共建，侧重有所不同，柯桥区重点依托现有的产业资源，做强黄酒工业旅游文章。目前，绍兴黄酒小镇已成为浙江省首批特色小镇，得到了有效的保护与发展。

　　日前，记者从湖塘街道相关负责人处了解到，黄酒小镇（湖塘片区）正厚积薄发——会稽山投资2亿元的研究院、博物馆已基本完工；投资6亿元的年产10万千升黄酒包装物流自动化项目已使用投产；计划投资9.5亿元占地170余亩的会稽山黄酒搬迁集聚项目已完成土地拍卖；引导企业新品研发、科学共建黄酒学院、定向培养黄酒专业人才……黄酒产业正在与柯桥、与绍兴产生共鸣共振。

　　省经济和信息化委员会副主任诸葛建说，浙江省已出台《关于推进黄酒产业传承发展的指导意见》，其中明确提到，要加强黄酒产业的传承保护与创新发展，大力推进黄酒特色小镇的建设。而黄酒小镇就是构建具有显著特色的"黄酒生活方式"，是精致的产区化。

　　与会专家还提到了专为黄酒设计国际化的战略问题。中央电视台品牌顾问李光斗说，当前，品牌战略已成为国家战略，黄酒的品牌提升正当其时。绍兴黄酒要讲好中国故事，打出黄酒品牌，要把握消费升级、年轻化和国际化三条主线，将黄酒从物质层面提升到精神层面，黄酒是与诗书琴画一样的文化，为品牌注入更丰富的内涵和价值，实现黄酒产业走向国际化的突破。

　　"目前黄酒在日本和东南亚有一定的影响力，而在欧美国家，黄酒还是停留在华人圈，更多是用于调味。"据会稽山绍兴酒股份有限公司总经理傅祖康介绍，"西方人接受黄酒，品质和口味都不是问题，更多还是要对中国的传统文化、品酒方法、美食搭配有所了解。通过'一带一路'，让中国的产品、技术、人才走出去，把中国的美食传播出去，逐步地把绍兴黄酒也带出去，这是行业的共识。"

已经有一些企业开始探索"从餐馆包围城市"的黄酒国际化之路。据了解，古越龙山在国际市场，一般会以中餐馆为渠道切入口，以"黄酒配中餐"的形式进行推广，同时尝试与当地餐饮的搭配。古越龙山还积极寻求跨界合作，拓展新渠道，比如同免税店渠道合作等。

"这是一个很不错的办法。"北京东方美食研究院院长刘广伟很是支持，"在西方国家餐饮习惯中，较少用烈性酒与菜品搭配，更多时候采用发酵酒，这不失为黄酒在国际消费市场立足的途径之一。"

黄酒要重点针对年轻消费群体和女性消费群体发力，同时寻求在"一带一路"沿线国家的市场突破。国际关系学院公共管理系教授、中关村"一带一路"产业促进会研究院执行院长储殷则认为，"这将使黄酒的产品形象与文化气质更具时尚活力，更易于现代消费者的接受和传播"。

第十一章

「好风凭借力，送我上青云」：中国酒文化的业态升级

题记

"好风凭借力，送我上青云"是《红楼梦》中薛宝钗在第七十回所作《柳絮词》中最被人津津乐道也最有魄力的一句佳作。薛宝钗在词中表达出挣脱命运束缚的决心。本章用这句诗作诗题，是想表达在新的历史时期，中国酒业呈现出新的不同于传统的业态形式，如果我们能深入研究，提前布局，因势利导，或许会给中国酒业的发展提供新的答案、新的可能。

第一节　"白衣送酒舞渊明"[1]

——现代社会的"酒以成礼"

古人说"酒以成礼"，这个礼是指古代的祭礼、献礼、社礼、乡饮酒礼等，酒是送给祖先、神明的；今天我们也说"酒以成礼"，这个礼指的是礼节、礼仪、礼尚往来、有求于人以礼投之等，酒是用于社交目的，是送给人的。

一、名酒的重度社交功能

酒的社交功能可以按照酒的价值简单分为重度社交和轻度社交，轻度社交的酒，关注点还是在于酒本身，目的是送人喝。重度社交的酒就有点性质变了，对于普通人来说，它主要不是为了喝，而是为了"送"，社交功能、礼品属性超过了酒本身的饮用功能、酒水属性。

不是所有的酒都具备重度社交功能，符合这个意义的酒必须具备基本的两点，一个是具有目前公认的足够高的品牌声誉和价值（价格）；一个是公认的具有足够高的未来溢价价值。

判断一个酒是否具备重度社交功能，有一个指标，那就是开瓶率。各酒厂都有自己的一套测算卖出的酒开了多少瓶的算法，开瓶率高说明流通快，酒主要是喝掉了。而开瓶率低只有两种可能，酒太差，卖不出去，喝的人少；还有一种正好相反，酒太好，价格高昂，人们舍不得买，更舍不得喝，都是用于送礼。

1　引自北宋文宗苏轼的《章质夫送酒六壶书至而酒不达戏作小诗问之》："白衣送酒舞渊明，急扫风轩洗破觯。岂意青州六从事，化为乌有一先生。空烦左手持新蟹，漫绕东篱嗅落英。南海使君今北海，定分百榼饷春耕。"

在各家名酒中，飞天茅台的开瓶率是最低的，据统计只有三成。对于茅台来说，这个数据就是喜忧参半，喜的是体现了茅台的品牌价值，忧的是也反映了茅台的流行性低，人们总是舍不得买，结果就是导致民间消费意愿低，最终导致酒厂库存增加，而一个基本的消费原则就是，物以稀为贵，一旦库存增加到"稀"的平衡点被打破，随之而来的可能就是品牌的跌价。

二、"上帝的归上帝，凯撒的归凯撒"[1]

很多头部大酒企面对自家名酒开瓶率低的问题都没有太好的解决办法，其实不妨借鉴耶稣在《圣经》中说过的一句话，那就是"上帝的归上帝，凯撒的归凯撒"，不如大大方方承认，名酒就是为重度社交而生的，这样的酒在包装上、宣传上、设计上都不回避其高大上的礼品属性，要给足送礼人足够的面子、可以撑起足够的场子。这种专门用于送礼的酒，现在已经有了一个概念，就叫文创酒，我们在后面还会详细说到。

"酒以送礼"的功能交给文创酒，则"酒以悦己"的酒，就需要品质上不差、价格更亲民、包装简洁轻便，用于市民消费，二者之间要形成明显的差别。对于大酒企来说，不妨设置专门的尚品（高端礼品）部门，其工作重心不是在酒市而是高端礼品市场，以此为工作中心制作设计高端、时尚前沿的酒礼品，要有统一的设计思路，不管是酒体，还是瓶器设计，都要有大师元素、中国元素，要具备成为国礼的品质。此外，还要有自己的发布平台、交易平台。

---

1 引自《圣经》马太福音第 22 章 15—22 节。

第二节 "酒香不怕巷子深"

——名酒的收藏

一、相对而言，白酒越老越好

我们都知道，白酒最大的特点是耐放，而且放得越久，品质越好，味道越好，这是酒自身的特点决定的，也因此有年份的好酒具有一定收藏价值。

白酒的主要成分是乙醇和水，占了90%以上，除此之外，白酒里面还有部分的酯类物质和酸类物质，比如己酸乙酯、乳酸乙酯、乙酸乙酯、丁酸乙酯、乳酸、正丁酸、异戊酸、己酸、油酸等，这些酯类和酸类物质，是白酒口感和香味的来源。

每种酒的酯类和酸类含量高低不同，也就造就了现在的那么多白酒香型。而白酒酿造完成后，在封闭的环境中，白酒当中的乙醇（酒精）会继续和里面的酯类、酸类物质发生反应，产生特殊的香气，让酒体更加醇厚绵甜，行业内也将这个反应叫作生香反应。不过，生香反应的过程非常缓慢，一般是以年为单位，这也是为什么白酒存放时间越久，滋味也越好的原因所在。

需要注意的是，也并不是所有白酒都是"越陈越香"的。首先是酒精度，一般而言，低度酒并不适合长时间存放，因为低度酒的乙醇含量少，生香反应时间也不长，如果长时间存放，口感变淡不说，有些甚至会发酸发苦，反而不及新酒。

其次是香型，不同香型的酯类、酸类含量不同，这也导致了不同香型的"适饮期"不同，一般而言，清香型不适合长期存放，因为清香型酒质本来就很干净，长时间存放口感反而不如新酒。浓香型适饮期一般在20年左右，酱香型适饮期在25～35年。

白酒在储存过程中发生香味和口味上的变化称之为老熟现象，其主要表现在以下几点：

1. 低沸点成分如硫酸氢、硫醇、丙烯醛等臭气物质的挥发，减轻了酒的邪杂味；

2. 醇和酸长时间作用生成少量脂类，醇和醛作用生成少量缩醛类，增加了酒的香气；

3. 乙醇分子和水分子缔和度增加，使酒味柔和；

4. 储存过程中还可以增加一些联酮类化合物，给酒以绵软的口味；

5. 所以白酒需要经过一段时间的储存，让酒体各组分间在自然陈酿酯化过程中得到充分组合，才能使酒质更加芳香宜人并增加更适宜的口感。

总而言之，老酒的价值是时间所赋予的，时间的魅力在老酒上体现得淋漓尽致。

二、哪些酒值得收藏

（一）文化历史名酒

白酒作为中国的传统饮品，有着深厚的历史积淀。在选择值得收藏的白酒时，历史悠久是一个重要的条件。那些经过几十年甚至上百年时间酿造而成的白酒，往往蕴含着丰富的文化内涵和独特的风味特点。

自1952年起到1989年止，国家共组织了五次全国范围的评酒会，先后评选出了17种国家名白酒，涵盖了我们常说的"四大名酒""八大名酒""十七大名酒"。分别是：茅台酒、汾酒、泸州老窖、五粮液、董酒、西凤酒、洋河大曲、双沟大曲、郎酒、剑南春、全兴大曲、古井贡酒、宋河粮液、特制黄鹤楼、武陵酒、宝丰酒、沱牌曲酒。

这些国家名酒，历史悠长，质量稳定可靠，处在老酒收藏的第一线。此外，一些当年获二等奖的国家优质酒以及"省优""部优"、全国各地的地方名酒，也可以入藏。

（二）纯酿酿造

白酒的类型可分为：固态法酒即"粮食酒"，液态法酒即"勾兑酒"，和固液结合法酒即"粮食+勾兑结合"。

酒精勾兑的采用酒精与水勾兑而成，口感较差，不具备收藏价值。而纯粮食白酒是由纯粮食酿造，酒体会富含很多的酵母和一些有益的微生物，在适宜的条件下收藏会继续分解酒体的有益物质。仁怀市酱酒产业协会常务副会长申柏涛认为，因为高度纯粮固态自然发酵白酒，伴随储存时间越来越长，酒体老熟度，醇厚柔润度，酒体自然丰满度，协调平衡度，舒适愉悦度，迷恋醇香度等都有大幅提高。经过陈酿，优质大曲酒酒质越来越高，其价值自然也会越来越高。

很多人没有分辨"粮食酒"的能力，这里给大家支个招：纯粮食白酒的香气经久留香，而勾兑白酒香气挥发得比较快，我们可以沾一点酒体在手心，挥发后再来闻一闻，看看留香情况如何。如果挥发后仍能闻到醇香浓厚的香气那肯定是粮食白酒；反之，挥发后香气浅淡那一定就是勾兑白酒了。

（三）高度酒

这个很好理解，低度数的白酒容易挥发，不适合收藏。那怎么来划分高度数和低度数的白酒呢？一般来说，以50度为分界线，50度以上的白酒称为高度白酒，一般是纯粮食酿造的，值得收藏。而50度以下的白酒则多为酒精勾兑酒，如果收藏时间过久，会导致酒中的酒精挥发，令酒体的口感大打折扣，一般3～5年内消耗比较好。

（四）酱香酒

酱香酒最适合收藏，原因有以下几点：

1. 酱香型白酒的酿造工艺特殊，迥然不同于浓香和清香等其他香型。一瓶酱香酒从原料进厂到产品出厂，至少要经过五年。在这当中，分两次投料、九次蒸煮、八次摊晾，七次取酒，并要加曲、高温堆积，入池发酵，取酒、贮存、勾兑等，在漫长、特殊而神秘的生物反应过程中，在窖池和空气中庞大的微生物族群的共同作用下，各种有益的微生物尽数罗置于酒体中。于是，防病治病的可能性也就蕴涵其中了。

2. 易挥发物质少。酱香酒蒸馏时接酒温度高达40度以上，比其他酒接酒时的温度高出近一倍。高温下易挥发物质自然挥发掉的多，而且酱香酒要经三年以上的贮存，贮存损失高达5%以上，很显然，容易挥发的物质已经挥发掉很大一部分，所以酒体中保存的易挥发物质少。自然对人体的刺激少，有利于健康。

3. 酱香酒的酸度高，是其他酒的3～5倍，而且主要以乙酸和乳酸为主。根据中医理论，酸主脾胃、保肝、能软化血管。西医也认为，食酸有利于健康。道教和佛教也很重视酸的养生功能。难怪有些酱香酒口感后味偏酸。

4. 酱香酒的酚类化合物多。近年来，越来越多的消费者趋向于选择红葡萄酒，原因在于干红葡萄酒含有较多的酚类化合物，有利于预防心血管疾病。酱香白酒中的酚类化合物是其他名优白酒的3～5倍，可见酱香酒与干红葡萄酒有异曲同工之妙。

5. 酱香酒的酒精浓度科学合理。酱香酒的酒精浓度一般在53%（V/V）左右，而酒精浓度在53度时水分子和酒精分子缔合得最牢固。加之酱香酒的贮存期较长，游离的酒分子少，所以对身体的刺激小，有利于健康是不言而喻的。

6. 酱香酒是天然发酵产品。由于这种酒至今为止尚未找到主体香味物质，所以即使有人想通过添加合成剂做假也无从着手，这就排除了添加任何香气、香味物质的可能。

7. 酱香酒中存在SOD和金属硫蛋白等物质。其中SOD是氧自由基专一清除剂，其主要功能是清除体内多余的自由基，抗肿瘤、抗疲劳、抗病毒、抗衰老的作用明显。同时，酱香酒还能诱导肝脏产生金属硫蛋白，金属硫蛋白的功效又比SOD强得多。金属硫蛋白对肝脏的星状细胞起到抑制作用，使之不分离胶离纤维，也就形不成肝硬化了。

酱香酒之后，适合收藏的酒是浓香型白酒和清香型白酒。浓香型白酒的窖池和酿造工艺都比较特殊，使其具有很高的品质和收藏价值。同时，这类白酒在储存过程中，其香味和口感也会随着时间的推移而变得更加醇厚。清香型白酒的香味比较清新，口感比较清爽，也适合收藏。

（五）具有特殊纪念意义的白酒

目前，市面上的纪念酒有两类：一类是"生肖纪念酒"；另一类是重大事件纪念酒，多以国家或企业的重要历史事件为纪念对象。后一类纪念酒一般限量发行，酒质更为优秀，具备独特品牌价值与文化内涵，相对其他酒而言更有收藏价值。

（六）稀缺度高

白酒的价值还在于它的稀缺性。高端白酒的酿造，离不开优质的环境，比方说飞天茅台，对环境的要求非常严格，只能在茅台镇7千米范围内才能酿造，出了这个范围就无法酿制正宗的茅台酒。这其实是由茅台镇的水源、粮食以及微生物等环境因素的不可替代性决定的。还有一点是，30年陈酿的飞天茅台如今已经涨价不少。也许你会觉得，今天去买一瓶飞天茅台然后珍藏30年与现在的30年飞天茅台也是一样的。事实上，受到全球环境污染、气温上升、工厂污水排放等方面的影响，即使茅台酒依然是用赤水河的水作为原料，但是今天的赤水河水能和30年前的赤水河相比吗？显然是不能相提并论的。这就决定了高端白酒具有不可复制的特点，增加了其稀缺性。

（七）独特性与代表性并存

一款值得收藏的白酒应该具备独特性与代表性的双重属性。独特性意味着白酒在口感、风味、酿造工艺等方面有着与众不同之处，与其他白酒形成鲜明对比。而代表性则是指白酒在文化、历史、地域等方面有着较高的代表性，代表着一定的历史价值和文化价值。懂酒的人在选择收藏白酒时，应该综合考虑这两个方面的特点，选择那些既具备独特性又具备代表性的品种。

三、茅学兴起的启示

在中国所有的历史文化名酒中，茅台无疑是最值得收藏的酒。几十年来民间收藏茅台酒之风日盛，伴随着收藏，对茅台酒的文化研究也逐渐兴起，形成了一个专门研究茅台酒的群体，通过多学科交叉透视茅台文化现象，其研究及成果被称为"茅学"。茅学不仅涉及自然科学，也涉及人文社会科学的方方面面。

目前，茅学研究的重点是1951年以来茅台酒各个不同时期的特点，集中在酒味、酒品、酿酒工艺、酒史、酒包装、酒营销、茅台酒真伪鉴别、茅台酒收藏和茅台酒的文化价值等方面。同时，茅学跨学科研究茅台酒涉及的政治、经济、外交、历史、哲学、文学、美学、宗教、神话、民俗、考据、健康、生态、地理、地名等领域。茅学可以说已经具备提供研究者多"视角"审视的价值。

茅台酒仅仅是一瓶酒，为什么能够在民间形成一个学派？主要原因：第一，茅台酒是一种文化。中国酒文化源远流长。中国酒文化的代表就是茅台酒。茅台作为国酒具有独特的文化象征性；作为中国文化酒的杰出代表，茅台是几千年中国文明史的一个缩影，是综合反映政治、经济、军事、外交、社会生活以液态方式承载的一种文化。

茅台酒是一种投资品。酒是老的香。随着时间的推移，茅台酒也逐渐升值。特别是近几年，老的茅台酒更加速升值。2010年6月19日，北京歌德拍卖公司开创陈年茅台拍卖先河，在其举行的全国首场"中国名酒"拍卖中，一瓶1959年"车轮牌"茅台以103万成交价格书写茅台酒拍卖的新纪录。2011年4月10日下午，在贵阳召开的首届陈年茅台酒拍卖会上，一瓶汉帝茅台最终以890万被中国收藏界第一人赵晨拍走。"汉帝茅台酒"于1992年面世，仅生产了十瓶，除一瓶留存外，其余九瓶已在香港拍卖。20世纪90年代末期，就曾拍出了100万港币的高价。近些年，天津糖酒会上出现了一瓶汉帝茅台酒，估价3100万元。既有茅台投资，就必须有指导投资的理论和学说。

图 11-1　茅台酒收藏新版投资大全

因为茅台附加价值大幅提高，茅台酒假冒非常严重，因此鉴别真伪非常重要。茅台鉴赏体系的创立者，"茅学"第一人为成美（真名不详，意为成人之美），他在中国最大的白酒收藏网站"烧酒网"上以"chw"为名连载《五星茅台档案》《飞天茅台档案》《珍品茅台档案》。"三个档案"详细记述了自1951年至今五星茅台、飞天茅台、珍品茅台各个时期的产品特点，开创了茅台研究的先河，创立了一个认识茅台、鉴赏茅台的参照体系，成为酒类收藏界的一件标志性盛事和收藏者认识茅台、鉴别茅台、欣赏茅台的"葵花宝典"。

成美先生创造性地提出了一些茅台鉴赏术语，如"三大葵花""方印""曲印""黄白粒"等，已成为业界的通用概念；其提出的鉴赏茅台三部曲——标贴、封口、味道三否决——则成为业界的通用理念。"三个档案"造就了成美先生在茅台研究领域的开创者地位，收藏界誉之为"茅学"第一人。

迄今为止，在十七大名酒中，已形成编年史式鉴赏"宝典"的，仅有茅台，任何爱好者，只要阅看了成美先生的"三个档案"，对茅台就有比较全面的认识。所以"三个档案"不仅是鉴赏宝典，更是入门教材，许多人因此避免了受骗上当，一些人也因此喜欢上了茅台酒。"三个档案"也成为茅台酒文化的重要推手。

其他著名的茅学专家还有茅台酒文化学者周山荣，著有《贵州商业古镇茅台》《茅台酒文化笔记》，参编或责编有《茅台德庄》《赤水河古镇》等，拍摄有电视纪录片《"王茅"传奇》等，现兼任贵州省仁怀市酿酒工业协会副秘书长。此外，重量级茅学专家还有茅台酒收藏家、茅台酒艺术博物馆馆长、江苏省收藏家协会酒类委员会名誉会长、中国民主建国会会员、美国GLG CouncilSM专家成员赵晨，2010年11月，他的作品、中国"茅学"第一部著作《茅台酒收藏》出版发行。

四、未来酒企都是酒文化研学中心

茅学的兴起也给我们以思考，既然茅台酒的收藏研究可以成为一门新的学科，同样，其他名酒收藏是否也具备同样的可能，如汾酒有汾学，董酒有董学，郎酒有郎学，五粮液有五学，剑南春有剑学，再不济也把茅台、五粮液、剑南春合在一起，搞一个茅五剑学。答案是肯定的，每一款名酒都是独特的，都是历史文化的缩影，都具有自己的研究价值。

但从现实来看，即使是茅学，现在也基本是以民间研究为主，酒企在这方面的主动介入不够。实际上，从长远来看，类似茅学这样的酒学研究，对于进一步讲好名酒品牌故事，传承历史文化，提升品牌价值，培育新一代消费人群，都是大有裨益的。未来每个大型的酒企，都应有自己的品牌文化的研究专家、酒史专家，甚至拥有自己的研学中心，在酒品收藏、价值判定、真伪鉴定、申请非遗事务上都能发出自己的权威声音，对民间自发形成的酒学研究也可以提供权威的辅导。甚至全国的历史文化酒企可以联合成立中国历史文化名酒协会，联合出资办一本酒文化论文期刊，就叫《中国酒文化学》，专门登载中国各家历史文化名酒的研究成果和收藏、拍卖动态，定期颁布各类收藏酒的估值信息。

　　酒文化对名酒品牌的加持，怎么评价都不为过。当茅台有了茅学，茅台的品牌价值就不止是上市公司的那些冰冷的上蹿下跳的数字，而变成了老百姓都能懂的亲切的通俗的温暖的文化语言，成了茅台酒友茶余饭后的谈资。这样的茅台已经在历史的舞台上让自己永远地留下了一席之地。期待其他的历史文化酒企也能像这样走上历史舞台找到自己的位置。

第三节 "五花马千金裘，呼儿将出换美酒"[1]

——名酒的金融属性

一、当名优白酒具备了金融属性

名优白酒收藏价值进一步放大，性质就可能会发生改变，而具备了金融属性。

2020年5月18日，贵州茅台的股票冲高到1351.5元/股，终以1346.21元收市，5月19日，贵州茅台股票再次冲高到1364元/股，终以1346.11元收盘。人们在热议这只股票的同时，更多人将其与3月贵阳星力百货集团"16万瓶茅台酒抵押融资2.3亿"一事进行关联。

几年前，中泰证券就认为茅台具备商品和金融双重属性。也有人提出茅台酒已经远远超越了其消费品的功能，不仅具备了金融的属性，而且是超级优质金融产品的属性。

华创证券研究所所长、食品饮料行业首席分析师董广阳认为，茅台确实有金融化的趋势，因为它是高端白酒，而且是一个能够保值增值的产品，占据了饮用市场、礼品市场、收藏市场的三个市场，其他高端白酒目前主要在饮用市场，这使得茅台规模天然比其他大很多，而且始终处于供不应求的状态。

业内人士分析指出，作为国内高端的白酒之一，茅台酒未来的发展空间与特有的金融属性与时代的繁荣发展紧密相关，时代的发展让祖国越来越强大，同时催生了人们对品牌消费、收藏增值、投资变革等方面的依赖。

---

1 引自李白《将进酒》。

多年前，投资老酒尤其是白酒早就为先知先觉者带来了丰厚的回报，以五粮液为例，2019年年初，五粮液即将推出第八代经典五粮液的消息一经传出，就有人大量购买第七代五粮液进行收藏并很快得到了丰厚的升值回报。

以茅台为代表的品牌白酒，具有其他品牌所不具备的核心竞争力还体现在文化上，越有文化内涵、越有品牌影响力的产品越有收藏价值、越有增值潜力是老酒收藏界一致的观点。

据传，市场上有数百亿的基金，一方面在炒作茅台的股票，另一方面在炒着茅台的现货，这正是茅台金融属性的表现。

名优白酒的金融属性怎样形成的？专家认为有以下几点原因：

第一，名酒每年稳定的涨价逻辑形成市场共识。回顾白酒行业的发展，涨价一直伴随市场发展而存在。涨价是过去白酒行业发展壮大的旋律，也是未来白酒行业提升和增长的必然手段。白酒作为可以对抗通胀的快消品，独特的属性和文化给它提供了近乎金融属性的价格操作空间。

同时，名白酒每年涨价已成了全社会的共识，而且白酒也是对抗通胀最好的商品，能够帮助家庭适度做些资产配置的投资。在平安证券的研究报告中提到：随着居民消费水平的提升，投资需求和范围也在不断延伸。根据《2019年酒类消费行为白皮书》，2018年富豪消费价格总水平上涨4.1%，高于全国居民消费价格涨幅2.1%，其中高档白酒的涨幅高达12%，成为打动富豪指数上涨的主要推动因素。同时，名酒作为高净值人群的收藏对象近五年稳步上升，在2019年高净值人群收藏品排名中位列第一，由此可见，名酒收藏价值提升了高净值人群的酒水消费力。

第二，老酒市场火热推动白酒金融属性形成。"老酒"一般指的是"存放时间较长的酒"。老酒投资，近年来形成了较为稳定的势头。例如，1989年第五届白酒评比大会上获得金奖的同批次原装沱牌曲酒，拍出了110万元的高价。歌德老酒行推出的售价111万元的2019年横跨世纪茅台年份套装，一小时内三套产品全部被抢光。这说明老酒投资这个金融游戏，拍卖平台、酒企、收藏投资者各方都有兴趣参与。根据中国酒业协会发布的《中国老酒市场指数》报告显示，近年来，老酒市场规模在不断扩大，到2021年，老酒的市场规模已经突破千亿。

二、白酒的金融属性是由什么构成的

一般认为有以下几点：

第一，全球货币政策是诱因。在当下社会经济的发展过程中，通货膨胀是必不可免的，这也就意味着：物价不断上涨的速度可能会大于个人工资上涨的速度，衣食住行的各种开支相比过去也大幅提升。手中的人民币不断贬值，个人的资产也就会相应地缩减。

白酒作为快消品品类中坚挺的品类，独特的品类属性使得其更加具有抗通胀的能力。尤其是具有影响力的名白酒产品，其稀缺性和持久升值的能力，让白酒在应对通胀中不断赢得普通民众的喜爱，成为众多老百姓对抗通胀的选项之一。

第二，品类特殊属性是根本。白酒没有保质期，且酒是陈的香使得白酒成了可以长期持有的食品。因此给白酒的金融属性提供了根本保障，有了长期持有不变质，长期持有更珍贵，这两个基本的品类特殊属性，使得白酒作为食品具有了长期持有增值的必然。同时，白酒承载的文化、技术、包装等元素，足以支撑起白酒收藏的价值。从这个意义上来讲，高端白酒收藏已经成为中产人群重要的理财工具，所以白酒收藏市场一直保持旺盛的需求和热度。

第三，社会生产要素是推手。粮食价格及人工价格等社会生产要素的持续上涨成了白酒涨价的基础；受到国际疫情、美联储印钞等因素的影响，在过去的2020年，全球食品价格大涨20%。转眼到了2021年，仍呈全面上涨态势。虽然国际粮食涨价与国内白酒涨价并无直接关系，但事实是，白酒涨价是必然。这一轮白酒企业对产品提价的原因有几个方面，受疫情影响，大宗原材料成本、包装成本、人员成本、管理成本等硬性成本价格急剧上涨，传导到产品端，白酒生产成本上涨约30%。

第四，稳定增长预期是后盾。名白酒核心产品持续涨价稳定涨价的增长预期，成为白酒金融属性的后盾。每年全国一线的名白酒持续涨价的新闻及政策，给白酒作为金融属性的投资增加了稳定增长的预期。因为名白酒的主流产品，每年都有涨价的基础和能力，因此给渠道商及社会资本提供了涨价的预期和增长的后盾。因此大家愿意囤积各种名白酒产品，一方面等待库存的自然升值，另一方面随着时间的推移等待库存稀缺珍贵溢价。因为有基本的增长预期，使得白酒不怕有库存的压力。

第五，资本参与投资是基础。过去十年直至现在，中国社会正在经历一个大的变迁：消费升级。这个大周期，是高端白酒股价上升最大的推动力。近年来，随着白酒价格年年上涨，其抗通胀能力几乎让白酒成了"硬通货"，而"投资白酒胜过黄金""炒酒好过炒楼"等说法也被不断放大。白酒开始作为一种金融衍生品不断出现在各大拍卖场合，原酒期货、与银行合作的理财产品等也开始出现。各种专业机构及金融公司参与白酒金融化项目，让市场和民众更坚定了白酒金融性的认知。

三、白酒金融属性的典型标杆

目前为止，最具有金融属性的标杆白酒有以下几种：

第一，飞天茅台。在白酒收藏界，茅台一枝独秀。其新酒每年保持100～200元的涨幅，老酒拍卖的表现更令人向往。以一直备受追捧的茅台酒经典之作——"铁盖茅台"为例，20世纪90年代以前生产的铁盖茅台酒价格高的已涨到了3万多元一瓶，20世纪90年代以后生产的铁盖茅台酒也在1万至2万元一瓶。

所谓铁盖茅台就是用金属材质作瓶盖时期的茅台，诞生于1986年底，在此之前，茅台酒用过木塞盖和塑料盖，却从来没用过金属盖。1987年起在国内和国外统一换盖，因此，铝制防扭断瓶盖一出，茅友们便亲切地称呼它为"铁盖"。1996年开始，茅台酒铁盖又换成了塑料盖，"铁盖茅台"的称呼不再存在。但"铁盖茅台"的出现，让茅台多了一份时代感的气息。

普通飞天和五星茅台酒酒瓶仅在两段时间使用过金属盖，一次是1985年前后至1996年，当时生产的五星和飞天茅台都使用金属盖，这一时期的铁盖茅台被行业俗称"老铁盖"，这种看上去更洋气更简约方便的造型，迅速风靡一时，引领了国内白酒行业的潮流之先；第二次是2003年，茅台酒厂曾经为某款定制酒使用过金属瓶盖，人们私下里称其为"新铁盖"，但由于这款酒数量很少，又不对外公开发售，市场上很少得见，所以，当人们提起"铁盖"，一般指的是1987—1996年出厂的铁盖茅台。

第二，头锅原浆汾酒。头锅原浆汾酒，是2015年以来在行业内首位推出的66度超高度白酒，是中国真正具有宜藏、宜礼、宜品的原汁原味的超高度白酒。其持续升值和每年稀缺的限定产量，使得头锅原浆汾酒收藏价值逐年攀升，成为当前清香型白酒收藏市场最大的产品。其高度原浆、保真保值的一系列收藏型白酒价值的确立，使得头锅原浆汾酒成为时下清香型顶级玩家的收藏必备。

第三，洋河白酒银行。洋河白酒银行是行业内首个集个性定制、服务体验、展示销售、创意设计、文化传承为一体的综合性体验中心，同时也是为高端客户量身打造的一个私人酒窖。购买定制酒的高端顾客，可享受免费存酒和分装服务。自封坛之日起，洋河将定期调价，全年提价10%。洋河还推出一年内"保底回购"计划，并不定期与拍卖公司合作，进行公开拍卖，确保"储户"收益最大化。

总之，在白酒金融属性特质的加持下，有名白酒企业的持续涨价做支撑，以及各种金融机构及名白酒企业推动的具有金融属性特质的产品标杆，使得白酒产品的金融属性成为富起来的中国社会中的独特现象。未来，白酒金融属性随着名白酒的高端产品产量持续增长，将更加凸显其独特价值。

第四节　"昨日山水游，今朝花酒宴"[1]

——从传统酒文化到创意酒文旅

一、酒文化旅游资源的开发与利用

在中国有一个很有意思的现象，那就是凡是著名的酒厂，往往也都是风景名胜之地，这一点其实一点也不奇怪，因为好酒酿制需要好的水、没有污染的空气、温和湿润的气候、肥沃的土壤孕育的优质的酒用粮谷和独特的酒类微生物，而这些东西集合在一起就是四个字——"好山好水"。贵州的赤水河被誉为美酒河，在赤水河流域沿岸分布有茅台酒、郎酒、习酒、珍酒、董酒等名酒，形成独特的酒文化，在全世界都是绝无仅有的。赤水河沿岸地带就成了中国乃至世界最大最好的酒业文旅区。

（一）酒业文旅的贵州模式

相关数据显示，2023年，贵州全省接待游客近13亿人次，相比2019年同期增长1.5亿人次；旅游总收入约为1.46万亿元，比2019年同期增加约2300亿元，实现18.69%的增长。

据不完全统计，在已披露2023年度旅游业"成绩单"的27个省份和直辖市中，贵州省客流人次独占鳌头，稳坐"人气王"的宝座，并跃升"2023年旅游总收入十强"中国首位。

作为"山地公园省"，贵州山川秀丽、气候宜人，拥有丰富多彩的山水风光、民族风情和特色风物，演绎了"天下山水之秀聚于黔中"的美名，拥有

1　引自唐代诗人白居易的《早夏游宴》："虽慵兴犹在，虽老心犹健。昨日山水游，今朝花酒宴。"

已公布的A级旅游景区554家。而在这万千风景中，"酒"是一个自带诗情画意的美好元素，作为酱香白酒的主产区和原产地，以茅台为代表的贵州白酒产业优势突出，酱酒品牌享誉天下。

这一切都为白酒产业与旅游产业融合发展创造了良好的基础，有效增强了白酒产业的补链、强链、延链功效，不断提高白酒产业附加值，为贵州经济与发展做出更大贡献。

2022年11月，第十一届中国（贵州）国际酒类博览会期间，贵州公布了首批十大酒旅融合景区：遵义市赤水丹霞旅游区、遵义市茅台酒镇景区、黔西南州兴义贵州醇景区、遵义市中国酒文化城旅游景区、遵义市习水土城古镇景区、遵义·1935文化街区、遵义市播州区乌江寨景区、毕节市金沙酱酒文化旅游景区、遵义市仁怀夜郎酒谷景区、遵义市仁怀国台酒庄景区。

2023年9月，贵州旅游协会评选推出了"贵州第二批酒旅融合景区"，分别是遵义市宋窖博物馆旅游景区、六盘水市岩博酒业基地旅游景区、黔南州匀酒景区、毕节市毕节酒厂文化旅游区。

除酒旅融合景区外，贵州还围绕黄果树瀑布、荔波小七孔、西江千户苗寨、万峰林、遵义会议会址等贵州省内重点景区，推出玉液品鉴之旅、悦享酱香微醺之旅、醉享世遗文脉之旅等十条酒旅融合精品线路，让游客可以领略传统酿造技术、探源酒文化遗迹，领略新时代贵州酒旅的"醉美"风采。

截至目前，贵州已先后推出14个酒旅融合景区、10条酒旅融合精品线路，并组织酒旅体验活动、推动酒旅融合沉浸式游览，引导全省旅游资源与白酒企业开展市场化合作运营，酒旅融合新业态新产品竞相涌现，贵州酒文化的魅力也在不断释放。

2024年年初，贵州省发展改革委发布《关于大力推进2024年2000个重点民间投资项目的通知（黔发改投资〔2024〕45号）》，向社会公布2024年2000个重点民间投资项目。其中，有107个项目涉及酒业，酒旅融合项目达12个，涉及珍酒庄园、步长集团酒旅一体等项目。

在白酒与旅游深度融合发展下，贵州其他白酒产区也出现了多彩的"贵州现象"。在仁怀产区，2023年启动了"畅游赤水河·乐享茅台镇"2023中国酒都文化旅游季系列活动。通过举行仁怀红·高粱文化季、茅台镇重阳祭水大典、赤水河谷九月九·遵义酱酒节等系列酒旅文化活动，激发酒旅经济新动能，扩大仁怀酒旅融合品牌影响力，其还围绕"酿""品""购"打造酒旅体验业态。

截至目前，仁怀酒旅融合项目直接带动游客量为217万人次，直接拉动旅游消费1.57亿元，间接拉动旅游收入近8亿元，带动旅游收入55亿元。

习水产区近年来确立了"酒旅并举·富民强县"的发展战略，为进一步擦亮酒旅融合新名片，其深挖赤水河酒文化，结合县内丰富的旅游资源，推动酒旅深度融合发展。目前，习水已拥有习酒文化城、宋窖博物馆旅游景区等多个酒旅融合景区。相关数据显示，2023年1—9月，习水县累计接待游客980万人次，同比增长52.5%；实现旅游综合收入110亿元，同比上升63.9%。

除仁怀、习水外，贵州在多个涉酒县如赤水、金沙、兴义、都匀等都推出了相应的酒旅融合项目。贵州正不断在酒这一特色产业身上寻找发展的优势、特色、出路和希望。

往更深看，酒旅融合发展的"贵州现象"背后，是景色多彩、产业多彩、更是价值多彩；是"串珠成链"，更大激发各产业的价值。

以赤水河谷旅游公路为例，这是我国第一条河谷旅游公路，第一条服务完善的快慢综合交通旅游廊道。其起于仁怀市茅台镇，途经习水县土城镇，止于赤水市城区。一端是我国第一酒镇——茅台镇，另一端则是世界自然遗产丹霞地貌赤水市。在这条旅游线路上，并不只有酒文化，还有四渡赤水红色文化、巴国文化、盐运文化、考古文化等，还有二郎滩、淋滩渡口等十多处全国重点文物保护单位，有丰富多彩的古镇风光、丹霞风光等，是一条名副其实的"醉美之路"。

可以明显看出，这是贵州探索全景域旅游发展的一个载体，是一条集文化、产业、健康、富民为一体的康庄大道，像一条链子，把赤水河岸的一个个景区、景点串联了起来，带活了赤水的全域旅游。因为这条公路，沿途百姓的收入也得到明显改善。

赤水河谷旅游公路只是贵州酒旅融合发展的一个缩影，在贵州，这样的例子还有很多。2023年酒博会期间，贵州省文化和旅游厅将围绕酒旅融合主题，推出一系列酒旅融合新业态、新项目、新产品，全力推动贵州白酒和文化旅游资源互相整合、促进消费。推出醉美洞天、醉美黔北、醉美黔程、醉美黔西南、醉美黔游等五条酒旅融合旅游线路。

贵州为何能把酒旅融合做到如此，是因为贵州白酒产业发展位于全国前列吗？是，也不全是。实际上，是因为贵州把旅游业做到了极致，通过旅游业带动沿途所有产业的发展，白酒产业只是其中的一个关键要素。此外，还有"体育赛事+旅游经济""研学旅游""桥旅融合"等丰富多彩的旅游业态。

贵州从自身的优势产业中寻找经济发展的"路子"，各地都在积极探索融合、跨界、拓展，让游客从"走马观花"转向"深度体验"，让旅游变得"有看头、有玩头"，不断将短时间的吸引力转化为长久的"回头率"。

在不断开拓多种旅游业态的背后，是"新质生产力"正在成为引领贵州旅游产业化发展。文化和旅游是典型的注意力经济、创意经济和体验经济，贵州文化和旅游近年来尤其是2023年的快速发展，就是激发出文化和旅游发展新质生产力的成功范例。旅游业是高质量发展的催化剂，旅游一业兴，市场百业旺。贵州将旅游发展到了极致，也极大地带动了其他产业的发展。

为什么贵州旅游业2023年会得到"井喷式发展"，为什么酒旅融合能带来如此明显的成绩？从上层建筑来看，2023年4月，在贵州省第十七届旅游产业发展大会上，贵州提出了打造世界级旅游目的地的目标定位，更加明确提出聚焦资源、客源、服务"三大要素"，推动旅游流量、质量转换提升。

2024年，贵州持续以旅游为重点持续扩大消费，深入推进旅游产业化。开年来便创新推出"机景联动"和冬季旅游系列产品，通过整合航空和旅游两大产业，重构旅游空间形态、增强旅游要素吸引力、盘活旅游资产存量，推动全省旅游"淡季不淡""旺季更旺"。

针对酒旅融合领域，贵州省也推出了多项相关政策。早在2020年，贵州省人民政府便印发了《省人民政府办公厅关于印发支持文化旅游业恢复并实现高质量发展十条措施的通知》（黔府办发电〔2020〕116号），贵州省文化和旅游厅据此制定《贵州省深化酒旅融合发展实施细则》，确保"深化酒旅融合发展"落到实处、取得实效。

今年贵州两会期间，也有多位代表委员建言酒旅融合。贵州省人大代表、贵州珍酒酿酒有限公司总经理朱国军建议，通过开设地方酒文化精品旅游线路、打造特色酒庄度假胜地、开发酒旅文创产品等方式，丰富游客体验感受。同时应从建立贵州酒旅融合工作专班、评选设立酒旅融合示范景区、优化配套基础设施建设等方面入手，鼓励白酒企业与景区合作，以酱酒品鉴厅、体验馆和特色酒坊为载体，布局一批贵州酒文化功能展区。

贵州省政协委员、仁怀市周林教育集团董事长周莉表示，要让更多人了解与认可酱香白酒，得在挖掘、展示、传播仁怀酱酒文化上下功夫；要增加文化活动的多样性，增设与传承酱酒习俗相关的文化活动，如酱酒酿制体验、民俗展示、酱酒文化讲座等，提高游客的参与度和体验感。

从产区来看，仁怀、习水、赤水、金沙等白酒产区，都推出了各具自身特色的酒旅融合景区、旅游路线、丰富游客体验方式，在拥有"流量"的同时，也不断增加"留量"。通过旅游，也不断把白酒等高附加值的产品带出去。

从企业来看，无论是茅台、习酒这样的贵州白酒龙头企业，还是其他中小白酒企业，都十分重视酒旅融合，从酒旅融合景区建设到游客服务，都不断在优化。而这也树立了企业在C端消费者的良好形象，加深了品牌认知。

贵州发展旅游业、发展酒旅融合，并不是单一企业或者单一产区作战，而是上下一股绳，"抱团"形成了发展的强大合力。

在这些"由上至下"的动作背后，底层逻辑是什么？从贵州省层面来看，这是山高水险中孕育出来的坚韧不拔、百折不挠、后发赶超的精神体现。贵州旅游"爆火"是贵州大山深处蕴藏的文旅资源和文旅潜力在交通不断完善的大背景下的巨大释放，更是后发地区赶超加快推进现代化发展的典型范例。贵州魅力，正在以更具时代感的方式打开。

从酒旅融合来看，"抱团"能将集群优势发挥到最大，通过政府整合旅游资源，将酒厂游与周边旅游景点相结合，能够满足消费者旅游多元化需求，从而拉动酒旅融合项目的旅游人次。这也意味着酒旅融合项目的受众正从B端向C端转变，酒企正在将品牌文化历史与酿造技艺直接输出给消费者，直接捕捉消费者的需求。

（二）我国酒业文旅的远大前程

在中华民族几千年的文明发展史中沉淀了丰富的酒文化，酒进入社会生活的每个区域，目前，在中华大地中依然闪烁着光芒，酒文化是一种特别的文化形式，在传统的中国文化里面占有很特别的地位，把它跟旅游业关联起来不但对旅游业的发展有很好的促进作用，也是对中华酒文化的宣传。

酒文化旅游是酒文化资源在旅游活动过程中整合而形成的一种旅游方式。根据酒文化的不同侧重面，可以把酒文化旅游分为生态酒旅、工业酒旅、节庆酒旅、遗产酒旅、养生酒旅5种常见的旅游形态。生态酒旅一般指对酒用粮食种植园、葡萄园等酿酒原料基地的参观、旅游和体验；工业酒旅是指对酿酒厂的参观，对酿酒工艺的亲历式体验；节庆酒旅一般指的是节日酒俗活动，如黄帝祭、端午祭、酒圣祭祀大典、封酒大典、开坛大典和酒文化节等；遗产酒旅是指对古酿酒遗址、酒博物馆的观览；养生酒旅是指对白酒药酒养生、葡萄酒养生项目的参观和体验等。

在政策方面，自2021年以来，我国已有多个酒类产区将酒旅融合发展纳入"十四五"发展规划，展现酒业对文化属性的价值回归。我国《"十四五"

文化和旅游发展规划》中明确提出，文化事业、文化产业和旅游业将成为经济社会发展和综合国力竞争的强大动力和重要支撑。酒企自身便带有文化标签，只需做好规划及引导，就能为产区的升值以及品牌塑造带来不一样的效果。

在经济条件方面，酒类市场前景广阔，发展势头迅猛。酒类优势产区对酒品行业发展作用巨大。根据中国酒业协会发布的《中国酒业"十四五"发展指导意见（征求意见稿）》，预计到2025年，中国酒类产业将实现酿酒总产量7000万千升，销售收入达到12130亿元，实现利润2600亿元。"十四五"时期，白酒行业仍将保持向上增长的态势。白酒产业的长盛不衰肯定将带动白酒产区的旅游。

在社会条件方面，我国酒类产业格局基本稳定，对于发展酒旅融合有稳健的根基。有学者在研究中，采用问卷调查法了解到了当前大众对酒文化及其产品的认知现状与需求，结果表明，酒品是重要的旅游纪念品，且多数游客在旅游过程中有参观酒文化相关的文物、遗址等经历，表明酒文化在人们的日常生活和旅游行为中有着诸多影响。

酒旅产业自产生以来，开发模式由酒企独资转向政企合作，酒旅产业也从"规模扩张、野蛮生长"的上半场进入"精耕细作、优质成长"的下半场，酒业文化亟须完整化、体系化的传递方式。随着消费者时代的来临，深度体验、场景消费的趋势愈加明显，酒旅融合的趋势势不可挡。

（三）我国酒旅产业存在的问题

第一，内容单调，缺乏创意，体验感不足。在目前的大多数酒旅景区中，观光消费的模式均为单调乏味的"参观酒厂＋特色餐饮＋园区住宿"，此类模式下的旅游产品与游客亲和程度不高，极少考虑到趣味性和参与性，导致旅游产品空洞，严重缺乏创意、趣味性。

第二，价值不高，缺乏深度开发及创收意识。"观光＋购买"是目前酒企工业旅游的通行模式，酒企通常把工业旅游视为副业，其创造的价值与主业相比显得微乎其微。以旅游六要素来衡量，多数酒企并不重视旅游产品的打造，比如门票、文创品、餐饮、娱乐设施、住宿等产业链。

第三，联动不强，缺乏区域协调机制。大多数景区还是以单个企业为主体，未能与当地其他旅游资源及行业形成联动，旅游路线不丰富，游客感受不鲜明，不易形成口碑传播，难以形成自发的旅游行为。

第四，缺乏对消费人群的开发。无论是酒庄或是旅游景区，消费人群的定位都是一些爱酒或者对酒文化感兴趣的人群。但是旅游一般是以家庭游或是亲子游为主，大多数妇女及儿童对酒的兴趣度有待提高，因此打造出覆盖全部消费人群的景区，是当下众多酒企需要思考的问题。

目前的"酒企+旅游"大多是两张皮，并没有成为一条固定的旅游线路，也很少进入旅行社向广大普通游客开放。真正对酒企参观有兴趣的游客寥寥无几，很多酒企组织的旅游团队中，大多以经销商、合作伙伴以及利益攸关方为主。总体来说，作为工业旅游的一种，酒企旅游开发仍处于相当低级阶段。

二、酒庄、酒厂等酒旅标的的开发和利用

白酒企业想要开展工业旅游，酒庄、酿酒厂非常关键，是酒品质与酒文化的重要链接纽带，也是游客参观时非常感兴趣的部分。然而因为其中涉及众多酿酒环节，因此国内白酒工业旅游区常常将它隐藏，不对外开放。从这一点来看，国外的葡萄酒庄旅游相对更加开放一些，游客不仅能参观酒庄、酒厂、地下酒窖、体验酿酒工艺、自制灌装封瓶等多种好玩又长见识的环节，还有很多旅游度假、婚纱摄影、影视场景等众多配套活动，可谓丰富多彩。其实国外的葡萄酒庄旅游能够如此开放，这也是因为他们专门做的酒庄旅游的规划设计，一个融入了盈利模式的规划设计，才能让酒旅游项目在后期更具潜力，更受游客的青睐。

在国内，白酒企业想要开展工业旅游活动的酿酒厂区，其规划更为复杂。不同于普通生产厂区，此类厂区的规划设计需要综合考虑企业工业化生产和开展工业旅游以及树立企业形象的要求。针对不同的企业情况厂区规划建设方式也会有所不同。就国内而言，酿酒厂区开展工业旅游的方式依照厂区规划建设方式不同可分三大类型，暂且可以称之为创意园区型、历史园区型、城市文化型。

（一）创意园区型

创意园区型指酿酒企业选定新址新建园区进行整体搬迁，在新厂区规划建设之初一同考虑发展工业旅游。这种类型的厂区在规划之初考虑了将工业旅游功能贯穿其中，使旅游能很好地融入生产之中与生产相互配合，相得益彰。由于是完全新建的生产园区，其规划限制条件比第二类要少，发展空间更大。在工业旅游开发模式的选择上企业也有更大的空间。

这种类型的厂区在规划时可依据具体的条件以工业旅游为导向，以生产工艺流程为依据，确定全厂各功能用地的分区、总体平面布局、竖向设计，以及公用设施的配置。以合理的投资获得最大效益为原则，打造具有浓厚文化气息的厂区，建设完成后，不仅能对游客开放参观，还能让游客DIY个性化红酒、私人专享，在旅游和娱乐中了解企业的酒文化，更在潜移默化中认知了企业的酒品牌。这种酒厂在布局时不仅要满足生产工艺的要求，更要重视建筑使用和厂区周边的环境和谐。例如，国内典型的张裕酒庄，张裕国内八大酒庄都是由蓝裕文化设计完成，其酒工业旅游的理念都是在设计之初就已经融入规划设计之中，如张裕酒文化博物馆、张裕国际葡萄酒城等。

（二）历史园区型

历史园区型是指在原有基础上对生产厂房进行改建、扩建，保留原有风貌的同时扩大生产规模，融入工业旅游功能，加入新的符合企业形象和企业文化的元素整合包装成的工业旅游资源。

历史园区型厂区的改造方式又可分为两种情况，一种情况是在老厂区的基础上进行改造，将原有生产空间进行整合，在整合后多出的空间中加入满足旅游需求的功能。

历史园区型酒旅厂区中，比较典型的是洋河白酒工业旅游区。洋河酒厂位于中国白酒之都之一的江苏宿迁，白酒工业旅游区依托洋河酒厂这一全国知名白酒企业，在展现中国白酒传统文化内涵的同时，着力打造以白酒酿造、品鉴体验为核心的特色工业旅游景区，于2006年被评为全国工业旅游示范点。景区占地面积4.5平方公里，闻名遐迩的美人泉景观园、规模宏大的酿酒生产车间、幽静神秘的百年地下酒窖、别具一格的陶坛储酒基地、领跑行业的现代化包装物流中心等众多景点坐落于景区内，是一个融酿酒历史文化、科普教育、休闲购物为一体的综合型文化旅游景区。

另一种情况是老厂区加新厂区，将生产与展示剥离，生产在新厂进行，旧的厂房保留下来做独立展示用。这种情况的处理需要新老兼顾综合处理新厂区的规划设计与老厂区改造和保护，如泸州老窖，将原有酿造车间保护性保留为国窖1573广场，将工业化大规模生产迁往新厂。

业内专家指出，当下酒企布局工业旅游项目已逐渐从以酒厂游为代表的酒企工业旅游1.0时代，逐渐过渡到将酒厂融入全域旅游路径中的酒企工业旅游2.0时代。这也意味着，酒旅融合已经发生在城市的不同角落之中，其中不乏金徽酒樱花节、沱牌豫园灯会以及郎酒庄园等。以水井坊为例，2024年3月18日，水井坊在成都文旅局的指导下，联合成都旅游景区协会共同推出了成都首条酒旅融合路线——《春饮一壶酒，古今穿越600余年》，将产业与成都进一步融合。据了解，这条线路以水井坊博物馆为起点，经过邛崃水井坊全产业链基地以及鹤鸣茶社、杜甫草堂、合江亭、文脉坊等地，融入当地旅游及全域旅游路线。

（三）城市文化型

第三类为城市文化型，优质企业发展到一定规模后，将对城市文化产生巨大影响，企业文化与城市文化相辅相成，企业成为城市形象的代表，城市可以借助企业的活动宣传形象，扩大影响，企业在城市功能的配合下能开展更加丰富的旅游活动。

现阶段我国能归于此类的酿酒企业屈指可数，有宜宾五粮液集团和青岛啤酒厂等。五粮液酒城及其生产经营活动对宜宾的城市形象产生了非常大的影响，企业成为城市形象的代表。青岛国际啤酒城及国际啤酒节对企业和城市文化的营造都产生了巨大的推动作用。青岛国际啤酒城占地达35公顷，建筑面积47万平方米，分南、北两大功能区，南区为娱乐区，北区为综合区，是为适应青岛啤酒工业旅游及整个青岛市旅游业的发展作为青岛啤酒节的永久性场所而兴建。

青岛啤酒节在每年8月的第二个星期六举行，会期16天。自1997年第七届啤酒节起，由企业与政府共同主办。啤酒节从最初的自斟自饮、自娱自乐逐渐成长为五洲同乐的盛大节日。节日期间，青岛的大街小巷装饰一新、举城狂欢。

啤酒节成为体现城市活力与激情的靓丽名片，啤酒城也主动地将自身的功能设置从最初的简单提供饮酒的地方转变为集饮酒娱乐、休闲旅游、品牌展示和经贸文化交流为一体的多功能快乐之城。

啤酒城使青岛啤酒节与国内外的众多啤酒节有着不同的特色，青岛国际啤酒节成为一个品牌，青岛国际啤酒城同样已经成为一个品牌，成为负有盛名的节日主办地，每年有众多旅行社组建数以百计的旅行团赴节旅游。

我国酒文化历史经过几千年积累沉淀，早已形成完整体系，因此酒厂的建设也融入了独特的风格及浓厚的文化底蕴。酒厂作为文化载体的建筑，其外观形式是经过历史的长期积累形成的，具有稳定性，所体现的建筑风格也相对稳定。国内开展工业旅游的酿酒厂区建筑具有工业与旅游建筑的双重属性，要把这种具有标志性的风格特征展示出来，国内现有的酿酒企业工业旅游厂区备受欢迎的建筑风格有以下几种：

第一，中式仿古的酒厂区建筑。厂区采用中式仿古建筑的以白酒酿造企业居多，这是因为白酒是我国特有的酒类，其酿造历史悠久，文化积淀深厚。传统知名白酒酿造厂区的设计为体现这一历史的渊源多采用中式仿古建筑。对于办厂时间长、传承久的酿酒企业而言，采用中式仿古建筑未尝不是很好的选择，因为在其厂区中不乏年代久远的古老厂房流传下来，如果老厂房采用的是传统建筑样式，能体现企业历史文化的传承，具有保留价值，那么对其进行保护传承是非常有必要的。

刘伶醉新工业园区是集工业旅游观光和白酒酿造生产于一体的现代化工业园区，全徽派建筑风格，占地面积约500亩，成品酒设计生产能力5万吨，共分五大功能区：原辅材料储存加工区、白酒酿造区、基酒陈贮区、白酒灌装区、成品库存区。

2015年12月，刘伶醉工业文化旅游景区被评为国家4A级旅游景区。

现阶段在开展工业旅游时，采用中式仿古建筑的白酒企业普遍存在的问题是，其"酒文化博物馆""复古生产线""古井水源"等建筑，大同小异，同质化现象严重。

与白酒企业不同，红酒酿造企业大多采用的是庄园式厂区和欧式建筑风格，将当地的优势资源与工业旅游有机结合。我国开展工业旅游的红酒酿造企业以烟台张裕集团为代表，其酒庄建筑采用欧式庄园风格，白色墙面、黑色线条，营造了浓厚的异域风情。

张裕卡斯特酒庄整体设计采用欧式庄园风格，兼纳中欧建筑的精华。酒庄由蓝裕文化设计完成，整个酒庄由8300平方米的主体建筑、5公顷的广场及葡萄品种园以及135公顷的酿酒葡萄园组成，占地总面积140公顷，气势恢宏。

张裕卡斯特酒庄的工业旅游项目以酒庄的建筑作为载体，将第一产业的农业生产、第二产业的工业加工，与第三产业的服务业进行有机结合，让游客深入葡萄酒酿造工艺生产线参观灌装车间、库房、储藏运输罐等现代化的生产设备，体验葡萄酒制作的全部过程，真正做到体验式旅游。葡萄酒博物馆、葡萄种植园、葡萄酒专卖店、酒吧、餐馆等欧式风格建筑，显得更具个性和吸引力，为旅游增色不少。

游客也可以自由参观园内的葡萄作物，品尝葡萄酒产地的特色美食，参观各种具有特色的农业生产，参与各种农业健身运动，亲自参与和体验葡萄采摘等一些不能由生产设备完成、必须依靠人工的生产活动，进行特殊的体验；专业人员则讲解红酒的相关知识及如何品尝红酒，让游客亲自参与到品酒过程中，在旅游中获取知识，在获取知识后又得到一定乐趣。

我国大部分红酒酿造企业采用的是欧式酒庄建筑，却也有不采用欧式建筑，而采用现代民族风格建筑，同样引人入胜的杰出特例，如国内的蓝田玉川酒庄，他们从废弃的造纸厂上起步，将其改造而成。现在，裸露砖墙的造纸车间已经被改造成了葡萄酒的酿造车间，从采摘到酿造到发酵存储，多半手工打造的葡萄酒与整个酒庄的自然风格不谋而合，用"润物细无声"的感染，诠释了真正的葡萄酒文化，将葡萄酒文化进行了深入骨髓的本土植入。其中一栋原本是同其他厂房一样裸露红砖的厂房，设计者采用透明材料将原有建筑整体笼罩围合起来，打造了一个复合立面体系，形成有水晶宫效果的方正砖状建筑。还有用青红砖搭建的"井宇"。"井宇"没有摩登的建筑材料，只用青红砖错落有致地修葺成墙面。青红砖在当地随处可见，生活在这里的村民砌筑砖墙用的却是祖辈们传下来的普通单色墙做法，从未被打破。

建筑与红酒在这里相生相惜，法式的葡萄庄园和精品农庄的休闲概念嫁接在关中平原上，时尚版的关中秦腔展示出比法式时尚更大的吸引力。从建筑的外观形象角度来看，强调建筑的个性化特征不是寻求标新立异、哗众取宠的形式，而是要寻求与同性质厂区的差异性，体现工业旅游建筑个性特征的同时还需要保持建筑的地域性风格。

三、文创酒的开发与利用

（一）什么是文创酒

据数据统计显示，白酒行业在2016年产量见顶后一路下行，2021年的白酒产量相较2016年已近乎腰斩。2022年1—7月，全国规模以上酿酒企业白酒产量为400万千升，这一趋势一直延续到现在。

白酒"价增量减"明显，为寻找新的利润空间，近几年白酒企业纷纷瞄准"文创"概念，通过改进包装外观，又或结合历史典故、文化底蕴、知名景点等因素，使得文创酒一经上市后便能引来不少关注。

文创，顾名思义就是文化与创意。它萌发于传统，扎根于文化，在此基础上创新，给予IP以新的赋能。企业在市场拓展中重视文创带来的附加值，突出差异化，是消费升级后的大势所趋。而文创酒就是文化创意定制酒，它以酒品牌为背景，以定制文化为内涵，限量推出为吸引力，由专业的设计团队设计、由专门的团队负责品宣、销售、市场管理，具有文化纪念意义和一定收藏价值的酒。

（二）开文创酒先河者

《2022年中国新消费品牌发展趋势报告》显示，与"国潮"相关的搜索热度十年上涨528%，越来越多的消费者渴望用文创产品找到文化感、存在感、归属感、成就感。在国家"十四五"规划中，也明确指出需要加快发展新型文化企业、文化业态、文化消费。经过消费者和政策鼓励的双重带动，从2015年到2019年，中国文创产业以12.58%速度增长，规模从2.73万亿元上升至4.38万亿元。

本就具有很强文化属性的中国白酒产业，天然具有做创意产品、文创酒的优势。实际上，白酒行业做文创产品的历史，远远早于当前的潮流。早在

1997年，茅台就于香港回归之际，推出首款文创纪念酒，成为较早进入文创领域的酒企。之后茅台又以奥运、生肖、人物、节日等系列主题，推出两百多款文创产品，开文创酒的先河。

"文创酒更多面向收藏及投资市场，目前不少白酒企业在进行产品结构升级及品牌的价值提升，在此背景下，相关文化挖掘及延伸工作必不可少。"酒业人士、知趣咨询总经理蔡学飞对记者表示，推出文创酒有利于白酒企业活化品牌形象、提升品牌话题度，同时也在一定程度上提升品牌整体的价值。

白酒企业做文创酒，是要通过"文化"和"创意"的加持，为品牌增加溢价的空间，而消费者对文创酒溢价的认同，归根结底来自对精神层面的文化认同。

白酒专家、武汉京魁科技有限公司董事长肖竹青同样表示：白酒企业推文创产品是名利双收，"一方面，文创酒可营造品牌热度，吸引眼球，提升品牌价值；另一方面，文创酒一般都是绝版，物以稀为贵，这种稀缺性在经过炒作后使得文创酒具有一定的升值空间"。

2016年下半年以后，白酒行业开始复苏，尤其是名酒和酱酒企业上升现象比较明显，随着名酒收缩产品线，酱酒类文创产品上升势头非常明显。在北京卓鹏战略咨询机构董事长田卓鹏看来，中国文化的崛起，带动了国货崛起，国潮席卷全国乃至影响全世界，因而形成中国红利。从消费端来看，正因为文创白酒能实现感官与精神上的双重愉悦，才成为时下非常流行的品类。

2022年1月18日，茅台以"1935年茅台获得西南各省物资展览会特等奖"为由头，推出了"茅台1935"。在业内看来，其除自带"茅台"品牌光环外，还兼具遵义、1935年等"红色"文化基因，打出了一套文创逻辑。

"茅台1935属于品牌+IP的组合，已超越了狭隘的文创范畴。"北京君度卓越咨询董事长林枫认为，"1935的文化内涵与茅台的品牌价值，能够形成有机的协同体。"

早在2019年，茅台就制定了"文化茅台战略"，发布《"文化茅台"建设指导意见》和《"文化茅台"建设实施方案》,随后提出"茅台只有不断丰富和拓展文化内涵,不断丰满和具象文化外延,才能形成跨语言、跨地域、跨文化的说服力和联心、联手、联动的凝聚力,永葆生命力和竞争力"。

2023年2月至2024年1月,贵州茅台推出"二十四节气酒",分为春、夏、秋、冬四个系列共计24款产品。尽管该产品停售已有近四个月时间,但在北京市场中,消费者对茅台二十四节气酒的热情未减,从推出时定价2899元/瓶到如今最高炒至16500元/瓶,贵州茅台"二十四节气酒"在终端市场受追捧度可见一斑。

(三)文创酒热潮的兴起

"运用文创产品,厂家能在关键节点与消费者建立有效连接。比如父亲节、情人节、端午节、中秋节等重要节日,企业能够为消费者定制相关文创产品。"北京君度卓越咨询董事长林枫表示。

近年来,包括贵州茅台、五粮液、泸州老窖、酒鬼酒等在内的25家酒企发布了约70款文创白酒(除生肖酒),其类型主要集中于特殊事件、特殊文化、特殊符号、特殊故事、特殊地域以及特殊场景六大维度。其中,特殊事件维度有郎酒推出的"2022年世界互联网大会纪念酒";特殊文化维度有茅台近期推出的"二十四节气酒"、剑南春推出的"剑南春·青铜纪"、金沙酒推出的"金沙回沙酒·宋瓷梅瓶"、酒鬼酒推出的"酒鬼酒·山水性格"、习酒推出的"习酒·敦煌四祥瑞"、五粮液推出的"千里江山"等;特殊符号维度有2021年6月,五粮液推出的"五粮液·千里江山",产品70度,限量发行5000坛,五升大坛零售价59800元,主要用于收藏和礼品市场,上市后销售一度火爆;特殊故事维度有舍得酒业"中国神话人物"系列;特殊地域维度有酒鬼酒2022年推出的世遗联名酒·杭州西湖;特殊场景维度有泸州老窖2023年推出的国窖1573·2022卡塔尔世界杯纪念酒、五粮液2022年推出的2020迪拜世博会中国馆官方指定用酒等,都很大程度上提高了品牌知名度,提升了品牌价值，丰富了品牌内涵，避免了产品同质化。无论是从消费者需求层面，还是品牌附加价值方面，文创酒的存在已成为"兵家必争之地"，随着消费环境的逐步复苏，文创酒也将迎来进一步的发展。

融入博物馆藏、IP、非遗文化遗产等传统文化的文创酒，能有效触达各个年龄段消费者，并有望化解白酒消费断层的危机，能提升白酒在年轻人心中的感知。

依靠文创酒，非头部企业能实现战术补位，冲破产品高端化制约的瓶颈。2021年，剑南春推出三星堆联名款，以超过千元价格，成为少有的文创爆品。随着不断热卖，三星堆联名款将起到锚定作用，不断在消费者心中建立起产品高端的认知，为企业后续产品价值提升添砖加瓦。

"文创酒的消费者都有一定的经济实力，不缺物质享受，而缺精神依托。"林枫认为，"文创酒契合5000年中华文化复兴，自带高颜值，具有厚德载物的功能"。他表示，在打造文创产品时，我们可以借鉴文物理念，去赋予产品精神价值，让设计元素和消费者产生情感共鸣，最终传达出对"理想生活"向往的情绪共振。

和厂方追求品牌提升和利润空间不同，消费者除了看重文创酒具备文化传承的精神内核，更看重财富增值的金融属性。据英国机构统计，过去30年，顶级名酒投资回报率高达38倍。具备文化属性的文创酒必然具有更高的回报率。2021年12月，盛世龙脉国台生肖文化酒·牛世长宏拍出80万，便是很好的佐证。林枫认为，高收入群体，也需要类似金条的产品，去获得安全感，当家庭遭遇重大危机时，文创产品在专业机构里能快速变现。

随着文创的热烈反响，许多热门IP也渴望加入白酒的怀抱，一是IP本身具备高附加值；二是白酒品牌实力雄厚，消费群体广，反过来能提升IP的自身商业价值。2014年，故宫的文创收入首次超越门票，到2017年达15亿元，胜过1500多家上市公司。在故宫文创商品里，便有酒的身影：2018年，故宫与五粮液联名推出的百斤九龙坛（黄）上市便一瓶难求，价格从每坛29.8万元涨至近60万元;隔年,首批九龙坛(黄)五升装同样被抢购一空。

(四)文创酒领域的一匹黑马

成功的酒类文创产品绝不是简单的"复制"+"粘贴"。酒文创产品不是空中楼阁,无法独立于文化之外,它必须深度扎根于产业、产品甚至营销之中。有些品牌只是简单地将一些传统文化标签"画"在包装上,"写"在名字里,这样的"文创产品"如同无根之木,只有虚假繁荣,无法接受市场和时间的考验。

在众多的文创酒中,舍得的文创产品无疑是成功且出彩的,它的文创思路很值得行业借鉴。舍得酒"中国文化酒"的身份已经被广大消费者认可,一是因为其"百斤好酒,仅得两斤舍得精华"为标准的上乘老酒品质,二是因为其以"智慧人生,品味舍得"为核心的深厚文化内涵。这些为舍得酒成功推出文创产品奠定了扎实的根基。在此基础上,舍得深度挖掘了与品牌契合度高的文创元素,每一款产品不仅富有美感,更具有与舍得相辅相成的精神文化气质。

2021年1月10日至2021年2月28日,舍得推出了两款文创礼品力作——"无处不春风"品鉴套装与"指点江山"酒具套装。据悉,前者的创意灵感源自佛教中圣洁的莲花,并融合星云大师"以舍为得,无处不春风"的文化理念,呈现"心似莲花不染尘,意如止水静无波"的境界,造型设计上也是对古代雅聚时,用荷叶莲瓣作为酒具的艺术再现;而后者则是经过1280度高温煅烧后,淬炼出的高端镁质瓷酒具,让饮者在举杯之间流露出高雅与尊贵,尽显舍得从容的人生境界,故而冠以"江山"之宏大意境。这两款文创产品,皆是舍得酒"品质+文化"融合的经典之作,契合舍得老酒品质战略驱动的背后,又有各自值得推敲品味的故事,俨然已超出其本身的"符号价值",率先在资深酒友圈引起了一波不小的关注潮与讨论热度。

2022年舍得推出的国内首款以"生态环保"为主题的生肖纪念酒——

图11-2　舍得虎年生肖文创酒

"舍得·虎年万象新"，表达了对自然的敬畏之心，对生态环保的高度重视，以及在维护生态时所展现出的"舍得"精神，彰显了人与自然和谐相处的舍得智慧，将"文创""生态""老酒"3个元素完美融合。

而2023年舍得推出的舍得兔年生肖酒"追星款"和"望月款"同样不落窠臼，以宋代青瓷非遗工艺为载体，描绘中国山水画的传世气韵，将生肖文化、非遗文化、中国传统纹样等经典元素融为一体，具有极高的艺术鉴赏价值。

不仅是生肖酒，舍得推出了"品味舍得·中国神话人物套装"，酒体则选用了坛储6年以上的原酒与15年以上的调味酒为底蕴，造就出口感陈香突出、入口顺畅、回味悠长的国标特级品味舍得，将中国神话人物雷神、火神与舍己为人、舍我其谁的舍得精神、镇宅辟邪与祈福迎祥的文化融于一壶老酒，令人印象深刻。此外，追天者中的夸父与嫦娥，表达了中华儿女的逐梦精神，"以舍得，敬舍得"；奋斗者中的愚公与大禹，表达了中华民族自强不息的奋斗精神，引发时代共鸣；开创者中的盘古与后羿，表达了中华民族不畏困难的开创精神，与世界分享舍得智慧，而这其中一脉相承的正是舍得品牌的精神内核。

当然，舍得在文创产品上的思路一直非常开阔，除中国的传统文化元素之外，舍得也将年轻化、潮流化的元素融入品牌内涵中——舍得联合完美公司推出的"沱小九国潮系列"，是中国首款游戏国潮文创白酒，在提炼时尚白酒文化的同时，更融合了超级游戏IP、国粹京剧等元素；舍得推出的艺术舍得·致敬大师系列小酒更是将文创白酒玩出了新花样，传统文化与现代艺术相结合的魅力令人眼前一亮。

还有更多的舍得《开启自然宝藏》五大公园文创纪念酒，高尔夫T15，金猫银猫礼盒，舍得无处不春风品鉴套装，舍得指点江山杯酒具套装等，这些文创白酒产品围绕舍得的精神内核做延伸，丰富了舍得的品牌内涵，有品貌、有品质、有品位、有品格，都是相当成功的白酒文创作品。

纵观舍得的文创思路，品质保证和IP的深度交融是最需要关注的两点。当然，文创白酒的发展空间很宽阔，还有更多的路径值得我们去思考与尝试。现如今，数字化发展迅速，科创与文创的结合，将会开拓一片新的天地，文创酒也即将进入崭新的时代，我们很期待能够看到更多优秀的文创白酒作品，将中国的精神文化传播到世界各地。

（五）文创酒的未来

2022年，某两名企文创生肖酒尴尬地"撞衫"了，A品牌68度，定价超过2000元，定位于收藏；B品牌1.2升，网销价格不到900元，主打春节即时饮用。

郑州经销商刘路认为，创新乏力，抄袭、模仿层出不穷，是文创酒需要解决的问题。

"如果文创仅仅为老产品换包装，贴幅画显然不叫文创，是打动不了新消费群体的。在产品开发过程中，一定要坚持产品的原有的属性，增强品质的新表达。"四川大学（锦江学院）白酒研究院执行院长、成都百年醉翁酒业有限公司董事长欧阳剑认为，除包装之外，白酒文创酒还应注重品质创新。

北京君度卓越咨询董事长林枫最怕文创酒"华而不实，只是好看，不能给用户带来精神价值"。他强调文创酒必须具备三大核心：可以消费、可以传承、可以带走。他还表示，始终要铭记，文创酒产品在前，文化在后，同样需要普通产品的市场定位、产品研发、市场细分等商业逻辑，"文创酒要定位清楚，一定要明确产品满足收藏、展示、送礼中的哪个需求"。林枫对做文创产品如此强调。缺乏产品规划，文创酒只能成为别人的廉价山寨品。

除了定位，对于品牌方主导的产品，一定要坚信不论IP如何强大，主角永远是酒企，IP只是衬托红花的绿叶；产品始终要围绕酒文化延伸。为消费者构建精神生活的同时，文创酒提高了品牌的价值势能，这就是它存在的意义。作为酒与文化的融合，文创酒以独一无二的文化内涵价值，让产品更有仪式感，以文化气质寄托着消费者对美好生活的期许。

企业做文创产品，宏观上看，传承5000年中国文化；中观上看，实现企业商业利益最大化；微观上看，是承接消费者的美好意愿。因此，无论是从消费者需求层面，还是品牌附加价值方面，文创酒的存在已成为"兵家必争之地"，随着消费环境的逐步复苏，文创酒也将迎来进一步的发展。

四、酒与其他饮品的融合创新

（一）酒茶融合

万丈红尘三杯酒，千秋大业一壶茶。酒与茶的历史十分悠久，也是平常百姓家的常见之物，凝结着中国悠久的传统文化，正因为如此，人们总是喜欢以"酒和茶"来知人论世，两者常常被相提并论，在消费人群上也有颇多重叠。所谓"茶酒不分家"，酒和茶承担的角色相似，既可自饮，也可商务社交。

随着酒类品牌与茶类品牌的发展，跨界融合是大势所趋，加上茶酒行业消费人群吻合度较高，茶酒行业互相瞄准了对方。

山西上百家茶企参展糖酒会，贵茶合作茅台，五粮液入资川红，云南茶王集团合作四川酒肆酒业……茶酒融合的声音越来越多，其背后的逻辑还得回归到茶酒行业所面临的问题，所谓问题即机遇。

一方面，中国茶品类太多太复杂，缺少标准化，每个品类各自为政，各有受众圈子，且在不断地分化，虽然到处是界限，但显然也处处充满机遇，与酒类的红海市场相比，茶叶市场的竞争仍旧处于完全竞争状态，空白机会多，若是能够打破界限，发展潜力巨大。

另一方面，随着酒类品牌集中度日益提高，行业逐渐完善饱和，利润逐渐被摊薄，盈利状况不佳；同时大多的酒类经销商都有喝茶习惯，对各区域的名茶多少有一定了解，酒商期望茶品牌能够助力发展，看上茶品牌也就是自然而然的事，既能带来短期效益，又能为未来发展提供新的机会。

产大于销、供大于求，一直是茶行业痛点，每个茶叶品类都存在大量库存，对于还具备增值属性的普洱茶来说更是严峻，少量普洱茶被消费者消耗，大量从企业仓库转移到经销商的库存中去了。如此背景下，茶企和经销商们都需寻求茶叶消费的渠道，酒类渠道无疑成为"香饽饽"。除此之外，酒行业有全面完善的渠道路径，较为成熟的营销体系，各种行销方法论，可被茶行业借鉴，为茶企创造新的发展机遇。

那么什么样的茶品牌会成为酒商的合作对象？担心茶叶复杂的行业体系，对茶行业不甚了解的酒商在茶品牌的选择上自然是再三慎重，所以，什么类型的茶品牌会受酒商青睐？茶叶消费的区域性非常明显，苏杭喜绿茶，广东爱普洱，北京喝花茶……酒商会倾向于选择当地消费者喜欢的茶品牌，五粮液入资川红、茅台合作贵茶就是这一路子。

"有品类，无品牌"一直是茶行业的痛点，也将成为酒商选择的困难之一，因此品牌传播度高、在网络上能够快速搜索到的品牌显然更具优势，比如普洱茶如果和酒结合，大益、中茶、下关、润元昌等前十大品牌会被优先选择。

相对来说，酒属于快消品，因此，具有快消性质的茶如小青柑、单泡装茶叶、便捷型小规格茶叶等预计会受欢迎，同时茶酒都是礼品属性很强，包装精致、好看、大气等宜礼的产品也会更受青睐，这一块，润元昌、澜沧古茶两家企业有望脱颖而出。

酒商了解的还是酒水生意，很难看透茶叶运营模式，假如茶企能够给予引流方法、销售政策、人员支持等方面提供一定指导支援，给足信心，相信他们会更愿意选择该类品牌。

跨界融合时代，只要敢想，一切皆有可能。

（二）酒咖啡融合

2023年9月4日，瑞幸咖啡与贵州茅台推出联名"酱香拿铁"，据说，每杯咖啡都添加了贵州茅台。联名产品上线首日，就刷爆了各大社交网络平台，销量突破540万杯，首日销售额突破1亿元。

"茅台咖啡"专门配套了印有"酱香拿铁"大字的红色包装袋，还有印了"酱香拿铁"的专属杯套、贴纸等，可谓"仪式感拉满"，妥妥摸透了当代年轻人对咖啡产品的社交属性偏好。

"我有美酒加咖啡，一杯又一杯"，这是当年邓丽君唱的一首脍炙人口的歌曲《美酒加咖啡》的歌词。这句歌词用到"跨界联名"的创新上也是妥妥的贴切。我们就是需要多些新的商业思路，多些新的商业思考，多些产品的创新。"美酒加咖啡"式样的商品跨界，本质上来说是品牌的创新融合，"老品牌"需要"发新枝"，品牌的融合创新，产品的不断翻新，有利于激发消费潜力，有利于挖掘商品消费，更有利于市场的创新发展，刺激消费，刺激市场，拉动消费。品牌的创新融合，在不同领域颠覆了年轻一代心中对品牌的固有印象，能够吸引年轻消费者，促进消费升级。

不过，对于"美酒加咖啡"随之而来的也是一种担心：喝完能开车吗？酒精度多高？查酒驾怎么说？南通市的交警部门就明确提醒：不建议喝过"茅台咖啡"之后开车，因为人的身体情况不同，要谨慎为之。任何事情都可能是过犹不及的。根本点在于，品牌创新融合是"真CP"还是在博流量、博眼球，搞哗众取宠。换句话说，有的所谓"商品创新"是不是必然的，是不是可以实现长久"一杯又一杯"，而不只是图新鲜、图好玩、图潮流，而故意"喝了一杯再也不想喝下一杯"。

跨界经营创新，不能只是"一杯接一杯"，关键是让老百姓"喝好每一杯"。所有"跨界思路"都不能只是"脑洞大开"的"胡思乱想"。有些"跨界创新"之所以没有成功，其原因就在于不是真正地从生活需求出发的创新，而是在博流量而已，如此有了"流量"也成不了"留量"。创新，切不可变成商家哗众取宠的"一杯再一杯"，而是商家在创新过程中必须实现"我并没有醉"的创新清醒，否则就会让消费者在"一杯接一杯"中变成"我只是心儿碎"（邓丽君《美酒加咖啡》歌词）。

茅台和瑞幸咖啡的融合现象直观体现了品牌需要深入了解不同领域的特点和需求，将各种元素有机地融合在一起，打造出独具特色的产品。同时，品牌还需要加强与其他产业的合作与联动，通过资源共享和优势互补，提升整体竞争力。

品牌跨界营销，需要不断进行大胆创新，但也不能是"上对花轿嫁错郎"。眼下的品牌"跨界婚姻"很多，不仅有与艺术或文化联合的跨界，还有同行竞品跨界、异业跨界，有的强强联合，有的相互赋能……这其中不乏"真的创新"，也难免有"泥沙俱下"。单单从商品角度而言，"茅台咖啡"显然是没有丝毫问题。但是，"美酒加咖啡"式样的产品创新可不是错乱的"一杯接一杯"。我们还是应该先给"美酒加咖啡"这种新产品立个小规矩。随着新品的不断出现，目前，市场上出现了不少相似的产品创新，比如出现了"白酒+蛋糕""白酒+饮料"等。这种情况下，必须从保障安全高度，关注"茅台咖啡"之类的产品，比如，应该禁止向未成年群体销售，即便白酒含量再少，毕竟含有白酒；比如，应该明确提出喝了"茅台咖啡"之类的"含酒饮料""含酒咖啡"等，不要驾驶车辆。

（三）酒与冰淇淋的结合

黄酒联袂冰棍可不是新鲜事物，在黄酒之都绍兴，早就有这种东西了。

黄酒棒冰主要由黄酒、糯米、奶制品和水组成。它的产生受"黄酒冰着喝，味道会更好"这句倡导夏天喝冰黄酒的宣传语的启发。其香甜的奶味夹杂着醇厚的黄酒味，以及黏软的糯米，让人回味无穷。黄酒与棒冰的碰撞，亦是传统与现代的碰撞。而在不同品牌中，伊曼的黄酒棒冰奶味重，黄酒博物馆的酒味重，满足爱好不同口味人的需求。

　　轻轻咬下一口黄酒棒冰，首先感受到的是冰晶在口中融化的凉意，仿佛夏日里的微风拂过，瞬间带走了炎热。接着，黄酒的香气缓缓释放，它不是那种刺鼻的酒精味，而是一种沉静而内敛的酒香，带着微微的甜味和麦芽的香气。有些不会饮酒的人也可以通过它体会到黄酒的魅力，而且它只含1%左右的微量酒精，并不会影响开车，作为一种旅游产品有较大受众群体。

　　与黄酒棒冰相似的还有黄酒冰淇淋，制作原理与黄酒棒冰差不多。

　　说到黄酒棒冰不影响开车，让我们联想到2018年北京出的一款网红产品"故宫雪糕"。这款雪糕包装为黄色，上面印有"圣上亲赐"字样，包装盒下方则写着"北京故宫文化服务中心"，最关键的是雪糕夹心中添加了黄酒。雪糕生产委托方，即上海一家公司相关负责人称，商品得到故宫授权，计划在全国范围内推出。

　　对于部分网友关于雪糕中添加黄酒的质疑，公司相关负责人称酒量较少，不会引起酒驾担忧。北京某报的记者曾进行过实验，如果吃了这种雪糕后马上用酒精检测仪进行测试，会显示酒精含量超标。记者注意到，包装盒背面写有："本品每支含有不足6克黄酒，驾车者每次仅能享用1支，并请在品尝后10～15分钟后开车，以免影响检测结果。"

　　在"故宫雪糕"之后，含酒精的冰淇淋在北京、天津、湖南、山东等地逐渐就多了起来，"年轻人的第一口茅台""网红上线，酒精棒冰""微醺，甜如蜜"……酒精冰淇淋一时成为社交新宠，一张张外包装上印着各类品牌酒的冰淇淋照片在朋友圈风靡，不少年轻人对此趋之若鹜，其中包括一些未成年人。

　　目前，市面上已有不少品牌的酒精冰淇淋，如茅台、五粮液、泸州老窖、绍兴黄酒，以及日本清酒獭祭等，老牌冰淇淋厂家如马迭尔也推出了朗姆酒味冰棍，还有不少线下冰淇淋店自制网红酒精冰淇淋，虽然价格不菲，但颇受年轻人欢迎。

　　在线上购物平台、外卖平台，茅台冰淇淋、獭祭冰淇淋、马迭尔朗姆酒味冰棍等销量都非常可观，有的产品售后评价就达5万多条。"浓郁的奶味中带着酒味""满满的酒香味，吃了有点上头""和酒的口味非常相似，口感细腻"……类似好评数不胜数。

线下，各类酒精冰淇淋更是卖得火爆。记者随机走访了北京、山东济南、枣庄等地的10多家小卖部发现，多数小卖部里都有酒精冰淇淋出售，销量不小。有不少小卖部还位于中小学附近。

多位受访专家指出，根据2022年6月1日实施的国家标准《饮料酒术语和分类》，酒精度在0.5%vol以上的酒精饮料即属于饮料酒。作为冷冻饮品的冰淇淋，如果其酒精度超过0.5%vol，则属于酒类饮品或食品，应当按照酒类法律法规制作和售卖，未成年人不能食用，商家也应适用禁止向未成年人销售的禁止性规定。从保护未成年人角度出发，应进一步依法规范酒精冰淇淋的售卖行为。

在严格的酒精管理政策下，不管是黄酒棒冰还是白酒冰淇淋，对酒品的消耗是很低的，所以指望夏天卖黄酒冰棍、茅台冰淇淋就能大量消耗酒品，这是不现实的，但它至少提供了一种可能，那就是跨界融合，意味着更多的机会和更多的可能。

五、酒文化与影视等产业的融合发展

随着影视行业的兴起与繁荣发展，酒以各种形式不断出现在荧幕之上，仿佛已成为影视行业不可或缺的一部分。若具体分析，有以下这几种表现：首先，酒在电视剧中频繁出现，成为各种人际交往的必然中介，几乎每部影片都有酒，每个人物都饮酒。酒在其中已经不是道具，而完全就是生活。其次，酒在影视剧中多元而立体，饭桌有酒，广告有酒，商务活动有酒，政治较量有酒，喜怒哀乐有酒。亦有白天喝，晚上喝，坐在车里喝，睡梦中亦喝。夫妻间，情侣间，老少间，上下级间，仇敌间等，都能碰杯。酒成为重要的电影语汇，对塑造电影人物性格、气氛烘托、情节设置等都是不可或缺的。

　　酒在影视中的超高曝光率就给酒的广告营销提供了各种可能。我们现在耳熟能详的经典梗"82年的拉菲"，其实就出自一部香港电影《龙凤斗》，电影中的刘德华和郑秀文饰演的是一对相爱的飞贼，今天你给我偷枚钟爱的钻石大戒指，明天我会帮你找到那瓶最爱的葡萄酒。这还是两个很有职业道德的飞贼，即使是最贵的酒，都会用醒酒器平分，一人一半。当酒廊的老板发现自己的镇店之宝——1982年的拉菲（Lafite）被他们盗走的时候，瘫倒在地的表情，无疑让人联想到了股市跌空时的股民。他们专业的酒窖也让人向往不已，通过到楼梯到地下的酒窖，一箱箱整齐得摆放，最棒的压在最里边的隐蔽之地，仿佛又担心第三个飞贼的光临。调查员到家里调查，一起分享，他们脸上泛出的满足感，无疑让荧幕前懂酒的观众垂涎三尺：这"82年的拉菲"（Lafite）到底是个什么味道？最后，"82年的拉菲"成了全体中国人的一个心结，甚至成为汉语中的一个新成语。

　　中国还有一部涉酒电影，非常经典，这就是张艺谋导演，姜文、巩俐主演的电影《红高粱》，讲述了男女主人公历经曲折后一起经营一家高粱酒坊，但是在日军侵略战争中，女主人公和酒坊伙计均因参与抵抗运动而被日本军虐杀。影片突出了酒的作用，不单全片都和酒有关系，而且从民俗民风上，把酒与生活环境、人物性格、民族情怀联系在一起。在影片中，酒与人互为表里，形成一种淳朴、浓烈、能潇洒、能燃烧的精神。影片中的"我爷爷"从颠花轿到在高粱地娶了"我奶奶"，再由撒尿酿酒到火烧日本鬼子，那浸润着浪漫、象征的酒是人的胆又是人之灵性的渲染，使面对不平和侵略的中国农民，不再是一群浑浑噩噩的百姓，而是顶天立地的汉子。酒在这里实际是人的一种表现、一种意识、一种生态。1988年该片获得了第38届柏林国际电影节金熊奖，成为首部获得此奖的中国电影。电影直言故事发生地在山东高密，而高密自古出产一种名酒，这就是景芝酒，所以人们很自然地把电影中的烧酒锅和景芝酒联系在了一起。之后，不止是景芝酒，很多山东的白酒都经常拿《红高粱》出来给自己代言。

近几年中国电影市场发展蒸蒸日上，习惯了快节奏生活的人们也非常享受一场电影带来的舒适体验，众多白酒品牌从白酒营销策划的角度出发，也看上了电影这块宣传市场。一些知名酒企为提升自家产品名气和美誉度，以期保持国内市场的俏销势头，继而走出国门和洋奢侈品牌争夺市场，不惜重金挖空心思做广告。但随着白酒在电视上硬性广告的限制，将白酒的广告植入影视剧成为许多酒企越来越推崇的方式。

近日，随着电视剧《三生三世》热播，剧中热品"桃花醉"逐渐为人们所熟知，而这款"桃花醉"是老牌酒企泸州老窖为《三生三世》推出的定制酒。据了解，"桃花醉"是泸州老窖2016年10月推出的果露酒新品的改装版。资料显示，该产品果汁含量超过50%，以20～35岁女性为主要消费群体。

除了泸州老窖外，网酒网更是推出了多款影视作品中的定制酒。在《敢死队3》开播时，网酒网曾联合法国百年酒庄维洛特联合打造共生品牌定制酒V骑士敢死队限量版定制酒；在大片《归来》播出之际，网酒网又推出卡沃利限量版干红葡萄酒，全球限量销售300瓶；2015年7月《小时代4》播出之际，网酒网推出限量定制款Q版酷派预调鸡尾酒8支装；2015年11月30日电视剧《芈月传》开播时，网酒网联合花儿影视推出影视剧衍生酒类产品"芈酒"，并在网酒网平台独家销售。

山东温和王酒业集团肖竹青也对《中国商报》记者透露说，山东温河王酒业集团在电视剧《战神》中投资两千万，随着这部电视剧于年2017年底在全国卫视播出，公司推出的定制酒"温河王战神酒"也同步上市。

为何酒企热衷在影视作品中推出定制酒？对此，网酒网相关负责人张秀凤在接受《中国商报》记者采访时表示，网酒网此举的出发点是当前用户行为的变化，传统的营销方式不太能触动用户的心理，随着多元化、个性化消费的崛起，用户更希望接触有更多趣味性的东西，而这种大IP、电影、电视剧与其有更强的连接，因此网酒网此举在于更好地迎合用户需求。

除了用户需求以外，品牌效应也是网酒网考虑的关键因素。张秀凤介绍说，酒类产品的价格相对透明，因此包括1919在内的多个酒类平台很难将价格做起来。而网酒网想要打造自身品牌，这就需要通过推出影视作品定制酒的形式来提升自身的品牌溢价能力和品牌竞争力。具体而言，当消费者热衷于某一部电视剧或其主要人物时，购买剧中的定制酒就不再将价格作为首要考虑因素。这意味着，网酒网推出影视定制产品的最终目的是通过提高品牌竞争力、平台影响力来提高产品销售数量和销售额。

山东温和王酒业集团肖竹青则对《中国商报》记者表示，酒厂参与影视剧投资并顺势开发定位影视剧明星粉丝的定制酒，是中国酒业从渠道驱动转型为消费者驱动的符号，白酒企业迎合消费者个性化需求，不仅仅可以提升品牌，更能提升销量。

对此，业内人士分析，各大酒企通过推出影视作品定制酒来扩大影响力，欲最终提高销量反映了两方面的事实，一是，当前粉丝经济崛起，即使是传统的酒类企业也纷纷涉足，想分一杯羹；二是，当前酒类产品销量不景气，企业面临销售危机，加上价格自主权较弱，无奈只好向影视圈进军，希望能开辟新的战场。

那目前推出的几款影视作品的定制酒能起到提升品牌影响力甚至拉大销量的作用吗？对此，白酒营销专家罗英藤对《中国商报》记者介绍说，各大酒企针对影视作品推出的定制酒都是针对个性化定制人群的，属于小众酒品，销量很小，赚不了什么钱。

"而从品牌宣传方面分析，定制酒瞄准的影片的受众群体多为35岁以下的年轻人，这与白酒的消费群体并不统一。定制酒人群没有实现精准对接，所以很难收到明显效果。此外，除了七大名酒之外的其他小型酒企更难在推出影视作品定制酒方面受益。"罗英藤说。

再次，影视作品的固有特性也使得影视作品中的定制酒很难受益。快消品营销专家冯启对记者介绍说，酒企要推出影视作品定制酒需要提前赞助，并将产品准备好，在影视剧开播时就开始备货，结束后开始打广告并售卖。

而影视作品的收视率本身不确定，调查公司的数据并不准确，误差较大，很容易造成投资错误。

此外，影视作品在中国只是有短期的热捧效应，很难保持持久，这就注定影视作品的定制酒也很容易成为"昙花一现"，迅速消失在人们视野。很多酒企随着产品热度减退不得不减少投资，甚至采取"急刹车"的形式。

《中国商报》记者登录网酒网平台发现，此前推出的"芈酒"和"V骑士敢死队限量版定制酒"等多款定制酒产品已经下架。而酒仙网为小时代推出的八支定制酒目前剩下两支在售，其他产品也已经下架。

总体而言，酒厂以广告植入的方式，把酒产品植入影视剧中，形式上略显简单，效果上略显生硬。其实与其假手于人，酒企自己也可以参与到影视剧制作，至少是微电影、自媒体中来。2017年由浙江雕刻时光公司拍摄的电视剧《女儿红》，还有2018年由刘江执导，高满堂编剧，陈宝国、秦海璐等一众老戏骨出演的《老酒馆》，此外还有《正阳门下小女人》《吉祥酒铺》《酒巷深深》等，这些鸿篇巨制都是讲的酿酒人、卖酒人的故事，不知道其中酒企的投资是多少，如果没有，那将是很大的缺憾，说明我们的酒企尽管事业已经做得富可敌国，但还是没能摆脱企业主、作坊主的狭隘眼界。

大酒企本身就是酒文化的大IP，应该有酒文化大佬的姿态，而不是大资本家的样子，要有大文化观，应该积极参与国家的文化工程建设，特别是涉及传统文化、酒文化的文化工程，像水井坊赞助《国家宝藏》，五粮液助力《上新了故宫》，青花郎赋能《经典咏流传》和独家冠名《人民文学》年度评选活动，泸州老窖携手《诗刊》社举办新时代诗歌传媒论坛，等等，无疑都非常值得鼓励。另外，类似《大宅门》这样的老字号兴衰故事，在很多老酒企的历史中都有，如果酒企从中深度发掘，以弘扬博大精深的酒文化、传扬精益求精的酿酒工艺为目的，引进顶流专业制作团队，在影视剧（网剧、话剧、舞台剧、地方戏种）乃至电子游戏、图书出版领域全面参与，这方面未尝没有可能成为酒企新的利益增长点。

　　这方面，其实国外影视剧已经有了成功的案例，如豆瓣评分高达9.0的日本电视剧《奇迹酿酒人》，讲述了日本石川县一家虚构的清酒厂——"相乐酒造"从濒临倒闭到起死回生的故事。用豆瓣网友@墨香意剑的话来说："适合在疲惫的晚间观看，获得点心灵上的慰藉。观影体验跟主题一样，如清酒一般，入口不重，细品甘甜，剧中有一些沉重的东西，但都做了淡化处理，不会影响观者的体验。很多时候对于影视剧来说，它们所追求的不应该是情节设定的标新立异，而是如何在这个浮躁的时代，让人抛开杂念，静下来看一部长视频。"这部剧还很好地展现了日本清酒的酿造过程，并传达了很多清酒知识（传统、故事和习俗），简直可以当作普通爱好者的清酒教学片了。

　　此外，还有美国电影《杯酒人生》，是关于葡萄酒的经典电影，剧情是两个对生活失意的老男人到葡萄酒基地去旅行的喜剧题材，本想借酒消愁来一场狂欢，然而俩人的艳遇却是充满了戏剧性……这部片子是借酒来喻人生，关于葡萄酒的知识贯穿在整个戏里。对如何品尝，以及葡萄园的景色和采摘葡萄的场景进行了大篇幅拍摄，无疑是一部非常好的葡萄酒知识教学片。

　　老一辈酒人老是抱怨年轻人不懂酒，其实责不在年轻人，还是在老酒人，因为我们没有很好地以年轻人喜欢的方式把优秀的酒文化传承给他们。我们老是强调，酒品牌要想永久成为酒品牌，就要会讲酒品牌的故事，其中最重要的就是要以受众喜欢的方式讲酒品牌故事和酒文化精神。如何以年轻人喜欢和熟悉的声光电语言乃至二次元方式，把酒文化的精髓告诉他们，告诉广大群众，是未来酒业管理者的一个课题。

第十二章

『一日乘风起，扶摇九万里』：对酒文化发展趋势的预测

题记：

　　"一日乘风起，扶摇九万里"出自唐代大诗人李白的《上李邕》。本章讲述中国酒文化的未来发展趋势问题，就以李白这句诗作为诗题，希望中国酒文化能够借助传播手段、新的表达形式而进一步发扬光大。

第一节　"领异标新二月花"[1]

——新媒体语境下酒文化的创新表达

在中国，酒文化源远流长，白酒作为中国传统文化的重要组成部分，承载着千百年来人们的情感、思想和智慧。然而，随着社会的发展和科技的进步，酒文化传承面临着新的挑战与机遇。互联网时代的到来，为酒文化的传承注入了新的活力与动力，白酒品味也在这一融合之中进入了全新的时代。

一、新媒体在酒文化传播中的应用

我们在前面探讨过，酒是物质产品，也是文化产品，其双重属性决定了酒的营销也是一种文化传播。而能把商品营销和文化传播结合得天衣无缝、鬼斧神工的，在过去没有，现在和未来扮演这一角色的是新媒体，而且也只有新媒体有这样的本事。

（一）新媒体的特点及发展状况

近年来，新媒体如雨后春笋般快速发展，打破了传统媒体（报刊、电视、广播等）对传播信息的垄断，且传播速度也是传统媒体所无法匹敌的。就其特点而言，新媒体的传播方式是双向的、动态的、灵活的，每一个受众不仅仅是信息的接收者，更是信息的参与者、传播者，这种传播方式互动性强，参与程度高，传播效果十分明显。从接收方式来看，早期传统媒介多依靠特定的设备或物品以完成信息的传播，而新媒体多依靠移动设备，移动性和便利性大大得到提升，不再受时间和空间上的种种限制。

1　引自清代诗人郑板桥的《赠君谋父子》："多读古书开眼界，少管闲事养精神。过眼寸阴求日益，关心万姓祝年丰。阶下青松留玉节，夜来风雨作秋声。删繁就简三秋树，领异标新二月花。"

此外，新媒体的传播行为更加倾向于自媒体，即个人越来越多主动参与到信息创建、信息共享的过程中，个人的影响力与号召力、各圈层的联系性得到显著提升；而很多企业也紧跟新媒体潮流，将其运用为企业营销的手段。

在传播内容上，新媒体不再局限于文字、图片、声音、图像的单一或多个存在，通过技术实现整合，四种信息可以同时存在于一类新媒体中，这大大拓宽了信息的广度和深度，增强了受众对于信息的理解，更提高了信息的有效传播。

如今，新媒体最具代表性的产品有微信、微博、抖音、直播等。据权威部门统计，截至2020年4月，我国微信账号已达到11.35亿，比2019年的10.60亿增长了7.08%。在此基础上，到2023年，微信账号将达到15.73亿～17.12亿的规模。而根据《腾讯社交媒体账号同期报告》，截止到2023年，抖音、知乎、今日头条和微博的总活跃账号数量分别是8.1亿、4.4亿、4.6亿和2.6亿，这几方面加起来总受众人数将超过26.7亿。这些数据充分表明新媒体不容忽视的社会效应以及传播力量。

（二）新媒体文化传播和营销的标杆——"故宫文创"

以故宫为代表的皇家宫廷建筑群及宫廷文化是中国传统文化的瑰宝，也是向世界展示中国文化的重要窗口。故宫博物院把握当今新媒体发展潮流，开创新的发展业态，收到了很好的传播效果，实现了传播故宫文化的多渠道融合发展。截至2022年，其粉丝量高达856万，创建超级话题19万次，阅读量2.2亿次，每日保持3～8条的更博速度，内容包括通知、美图风景、日历知识、展品知识等，不仅将故宫最富魅力的形象向世人展示，更向大众传播了翔实、丰富的历史文化知识。

故宫官方微信公众账号"微故宫"除了每月定期发送推送新闻之外，还具备签到、游戏、导览、体验、纪念品购买等多种功能，为游客提供实时的游览路线，包括建筑、展览、展馆和卫生间的介绍，帮助人们快速定位；此外，故宫还结合虚拟技术，实现了足不出户全景体验故宫全景。

故宫也是2019年抖音短视频被赞最多的博物馆，这是这家传统博物馆推陈出新，让文物"活"起来也火起来所产生的效果。新媒体眼中的故宫，不再是仅供公众参观的威严的紫禁城，而是由一个个历史事实、有趣的知识贯穿的形象灵动的一座城。

众所周知，旅游景点周边常有具有当地特色的纪念品商店，这也是旅游文化的重要组成业态。如何将纪念品赋予文化价值和文化属性，大力发展文创产业，不仅使其具有珍藏意义，更具有使用价值，这是新业态发展亟须解决的问题。故宫文化创意馆是故宫博物院在新媒体时代下开发的新业态，包括丝绸馆、御窑馆、陶艺馆等，其下每一件产品都提取了故宫元素，并结合传统美学和工艺制造而成，充满皇家宫廷特色，又具有传统古典韵味。以口红、彩妆盘、美妆刷、气垫粉底为主的故宫特色化妆品为例，氤氲海棠、红杏碧桃、佛雕花卉佛手这些清宫的设计图案让人目不暇接，其元素来源于故宫博物院藏缂丝岁朝图轴以及纱袖百花纹单氅衣。化妆品是当代女性日常必需品，故宫针对女性推出的文创礼品将女性的消费需求同传统文化实现了完美结合。对于女性来说，这些化妆品不仅能满足其日常化妆需求，更因具有中国传统文化特点，成为引领国潮的时尚。对于故宫文化创意馆来说，将平日与大众有一定距离的传统文化元素刻印在日常用品之上，使之变成传统文化传播的载体，无疑是一个创举。

此外，故宫文创馆还与传统媒体结合，开创了《上新了，故宫》电视节目，做到了新媒体与传统媒体的有效结合，不仅实现了商品的使用价值，更赋予其无形的文化价值，一定程度上增进了文化的认同、文化的传承。

（三）以最新的全媒体形式讲好古老的酒文化

古老的故宫博物院创造了年轻时尚的"故宫文创"，给我国所有传统文化保护和传承单位提供了范本，这其中也包括我国的酒文化传播者，特别是那些扮演振兴酒文化的"重装合成旅"的头部酒企。

在未来相当长一段时间内，以报纸、杂志、电视、广播、书籍为主的传统媒体仍然是酒文化传播的形式之一，但将逐步退出主战场，而大行其道、大显身手的一定是新媒体，传统媒体加上新媒体，我们可以称之为全媒体，未来的酒文化传播一定是全媒体语境下、面向所有受众的业态形式。

全媒体时代，酒企要利用好"微"平台，推动酒文化的传播。首先是微电影。最近不断有白酒企业依托产品目标人群和品牌诉求拍摄不同主题的微电影，2013年，洛阳杜康出品的微电影《父爱》继年初荣获河南省首届微电影大赛一等奖之后，又在首届亚洲微电影艺术节"金海棠奖"颁奖典礼上荣膺一等奖，据了解，共有多个国家和地区的1715部微电影作品参赛，但最终只有10部微电影作品摘得一等奖，其中就有《父爱》，这是目前中国微电影领域的最高奖项，也是中国酒企首次摘得如此荣耀。洛阳杜康还出品了《爱，就要陪伴》《隔壁的父亲》，也都获得了极高的评价。

洛阳杜康控股销售公司总经理苗国军说："微电影作为营销的一种新型表达方式，成本相对较低，但既能够更为直观地传达品牌理念，还能够与消费者进行深层次的心理沟通，因此，成为杜康营销创新的重要体现和载体。"苗国军还透露，今后洛阳杜康还将针对产品和目标人群，投资拍摄更多主题的微电影，以更容易被接受的情感营销方式，提升杜康的品牌影响力和美誉度。

除了洛阳杜康，涉及微电影领域的还有泸州老窖，他们请周华健代言"泸州老窖·特曲老酒"微电影《扑吧》，表达了传递一生情，一杯酒的友谊；宝丰酒业拍摄的"青春之无知无畏"，塑造的小宝酒的青春形象，向年轻人传播了"年轻无极限，小宝让我们的青春改变"的主题；宋河微电影《粉色铅笔盒》，真实的情节让所有观众为之潸然落泪。微电影在酒业正呈现出发酵之势，并引起越来越多企业和个人的积极关注。

微博是又一个新媒体主战场。微博是一个基于用户关系的信息分享、传播和获得的平台，它既符合现代快节奏的生活方式，也符合现代人关注信息的方式和习惯，信息以更加轻松和娱乐的形式出现。大多数酒企有自己的官方微博，一方面，即时发布企业新闻、最新动态，宣传企业文化，提高企业品牌形象，同时也是与受众沟通和互动、传播酒文化的平台。

新媒体平台中，最重要的一个阵地就是微信。2011年1月，腾讯公司推出了一个为智能终端提供即时通讯服务的免费应用程序微信，它把交流方式从电脑搬到了手机上，很大程度上冲击了微博，在短时间内就迅速推广开来，现在已经成为我们大多数人的一种生活方式。微信平台现已成为酒品牌推广与产品销售的一个新渠道。

数字博物馆也是推广酒文化的一个重要新媒体渠道。我国目前有115家酒文化博物馆，包括了企业、私人收藏家和地方政府创建的酒文化博物馆，但展览内容形式大多大同小异，往往只是简单的陈列酒器、介绍酒礼、酒史，对于参观者而言，缺少交互感，对于传统酒文化的印象停留在表面上。如今网络发达，博物馆中的展品可以通过App或者网页的形式足不出户就能看到，相比之下传统博物馆的局限性就显得更加突出，参观者更愿意获得更多的体验而不是单一的视觉满足，博物馆既然以传播传统酒文化为目的，为了扩大覆盖面，就要想到运用多媒体技术。

数字博物馆中的多媒体交互技术主要有多媒体交互式投影、增强现实（Augmented Reality）技术、体感技术（Leap Motion）等。交互式投影使用计算机视觉技术和多媒体投影显示技术来创建现实和动态的现代的新型的交互式交互体验，包括桌面互动投影、墙面互动投影、地面互动投影、三维互动投影。通过投影技术和触摸技术，参与者可以有效地与屏幕互动。无论是视觉还是物理的，这种新的交互体验都可以极大地吸引人们的注意力。

增强现实技术是一种将虚拟信息与真实世界巧妙融合的技术，广泛运用了多媒体、三维建模、实时跟踪及注册、智能交互、传感等多种技术手段，将计算机生成的文字、图像、三维模型、音乐、视频等虚拟信息模拟仿真后，应用到真实世界中，两种信息互为补充，从而实现对真实世界的"增强"。

体感技术是（Leap Motion）指人们可以很直接地使用肢体动作，与周边的装置或环境互动，而无须使用任何复杂的控制设备，便可让人们身历其境地与内容做互动的一种技术，举个例子，当你站在一台电视前方，假使有某个体感设备可以侦测你手部的动作，此时若是我们将手部分别向上、向下、向左及向右挥，用来控制电视台的快转、倒转、暂停以及终止等功能，便是一种很直接地以体感操控周边装置的例子，或是将此四个动作直接对应于游戏角色的反应，便可让人们得到身临其境的游戏体验。其他关于体感技术的应用还包括3D虚拟现实、空间鼠标、游戏手柄、运动监测、健康医疗照护等，在未来都有很大的市场。随着技术的进步，体感技术还可以用在商场的服装店，甚至用户可以在网上随意试穿自己喜欢的衣服。

根据上述多媒体交互技术各自的特点，我们做出将其应用于酒文化传播上的设想，主要表现在酒文化博物馆的创新体验方面，为博物馆和游客之间搭建更加友好的桥梁。交互投影可应用于博物馆的地面和展馆玻璃上，通过灯光投影产生特效，当观众经过展品时呈现相关介绍；运用虚拟现实技术可以建立虚拟酒文化博物馆，将古代制酒场景还原，让用户获得真实体验；另外，还可将酒与相关的名画"复活"，真实地还原古代盛宴场景，以《韩熙载夜宴图》为例，观众的眼光不再局限于平铺直叙的静态画作和文字介绍，而是通过沉浸式体验，仿佛行走在画中一般，更能感受到当时夜宴的氛围。借助多媒体头盔、平板设备，在画中不断切换空间，和画中人物互动，与其产生共鸣，可以提高用户的参与感和获得感。

而增强现实技术可用于酒文化博物馆的文创产品，为每种酒设计一款AR卡片，卡片上包括酒的酿造工艺，与之适配的酒器，地方特色美食，名人故事等，用户下载相关程序扫描AR卡片上的二维码即可出现立体图像和动画视频，寓教于乐，给酒文化知识的普及创造全新的形式。这一类型卡片可以推出一个专题，便于受众和酒文化爱好者系统、全面地了解相关知识。除此之外，酒令、酒礼、酒俗也可进行系列设计。

　　制酒工艺和名人故事也可展示在体验馆的墙体上，通过雷达触控技术，在互动触控墙上投影静态的图画（也可采用贴图形式），体验者用手轻轻触碰某一个触控点，就能提供音频反馈和激动人心的动态图像。该技术的应用交互性更强，通过交互及时获得反馈，用户可以获得沉浸式的体验。

　　运用体感技术追踪定位手指和手部的动作将其与电脑中的场景连接，用户不用触摸屏幕，在空中即可操作。将此技术运用于虚拟场景中与名人之间的酒令游戏，或者酿造工艺，会给用户一种全新的酒文化熏陶体验。

二、酒品牌在新媒体时代的营销形式

　　有学者在对新媒体技术和中国酒业发展现状进行充分研究后，认为未来中国新媒体酒业营销将呈现八个方面的变化：

　　第一，出现C2M模式：由消费者驱动生产计划。C2M（Customer-to-Manufacturer 由用户直接连接制造厂商）是电商扁平化的新模式，它颠覆了传统电商由品牌商、制造商、经销商最后才到消费者的由上至下的电商模式，转变为从"消费者—制造商—消费者"的双向沟通模式。根据这一模式，酒企通过各种渠道广泛收集C端酒民的数据，根据酒民个性化需求组织研发生产，再通过快捷的供应链发往消费者手中。C2M的优势在于可以更精准地预判库存、减少中间商环节、以量定产。如今直播电商通常就采用C2M的模式通过直播互动收集用户数据来指导厂商制造。

　　当代C2M的范本就是茅台的"i茅台"计划。2022年3月31日上午9时，"i茅台"App正式启动试运行。"i茅台"是贵州茅台官方推出的数字营销APP预约购酒平台，支持消费者在线注册、实名认证、线上线下支付、取消退款、门店提货等，以"享约茅台"为品牌口号，为广大消费者提供放心便捷的购酒体验。

　　2022年4月6日，"i茅台"上线一周后，累计有超1664万人、4541万人次参与了抢购茅台的热潮，而其中有约17万人买到酒，申购成功率仅在1%。

2022年4月11日，"i茅台"官方微博和微信公众号正式上线，将作为"i茅台"权威信息的首发矩阵同频发声，通过文图视频不断创新服务，回应消费者关切。第二天，"i茅台"注册总用户数突破900万，累计超3300万人、8900万人次参与申购。2022年6月16日，贵州茅台董事长丁雄军在贵州茅台2021年年度股东大会透露，"i茅台"注册人数接近1700万，截至6月14日，已实现营业收入超30亿元。到目前为止，"i茅台"已经成为用户购买茅台主要产品的新渠道。

事实上，"i茅台"的身份与功能，远不止一个茅台酒销售平台，它还有强大的全链路打通、营销数字化功能。这里不仅有酒，还有文化，"i茅台"打破时空限制，将成为消费者了解茅台文化、酒文化的"数字之窗"。

云计算技术，为"i茅台"构筑了安全可靠的运行环境，在保护好消费者隐私的前提下，让客户操作体验更好、数据更安全；物联感知技术的应用，全面协同包装生产、成品酒仓储、物流运输、营销终端、资金结算等关键业务，实现了产品从出厂到消费全过程的精准联接；运用大数据技术，让商流、物流、资金流、信息流融会贯通，有效整合各类数据，建设数字化营销运营中心；通过区块链公证、智能风控技术的运用，采用"线上购酒、就近提货"的模式，则为消费者提供了公平、开放、便捷的消费体验。

以上四个部分，构建形成"i茅台"数字化营销平台。这也是茅台主动顺应数字化发展潮流，实施"五合"营销理念、更好满足消费者对美好生活需求的重大举措。

在"品质·茅台"，消费者可以了解贵州茅台酒的介绍；在"香遇茅台"，专门为"i茅台"设计的IP形象"小茅"，将带着消费者学习"品饮四式"；在"发现·茅台"，茅台1935、贵州茅台酒（壬寅虎年）、贵州茅台酒（珍品）的研发心路，让消费者深切感知这一系列新产品背后的匠心与真情；在"文化·茅台"，跨越"70年"的茅台风采，社会责任文化体现，以及跟随二十四节气呈现的沙画展示，深刻体现茅台顺应自然天人合一的"酒香、风正、人和"核心文化内涵。

　　作为大型生产制造企业，从"i茅台"开发之初，茅台就本着从包装生产到渠道终端，再到消费者全链路打通的设计理念。在包装生产过程中，"i茅台"通过数字化手段，让每一瓶酒都被赋予了唯一的身份信息，被称为"一瓶一码"。通过"一瓶一码"，每瓶酒的生产、仓储、物流、销售等关键信息，都将被集成整合，从而实现从产品到商品的"端到端"溯源。

　　第二，消费圈层出现分化，针对不同酒民出现有针对性的定制酒。由于时代变化，人口结构也在不断变化，新零售必须诞生更多元的购物场景，更丰富的零售渠道以匹配不同年龄层、社交圈的消费需求。数据显示，"60后""70后"线下购物仍然占主导，"80后""95前"则主要倾向电商平台消费，而"95后""00后"则更喜欢追随自己喜欢的网红播主或者KOL（大网红）购买他们推荐的商品。不同年龄层的酒类消费场景、经济水平、功能追求均不相同，酒企必须根据酒民的需求变化为产品定位、包装、设计、定价、营销，因此，制定精准的酒民分层画像对于商家是必不可少的工作。

　　第三，酒类直播电商将有新的创新体验。眼前最火爆的电商模式毋庸置疑是直播电商。直播电商市值在2022年时达到了人民币3万亿元，其中有近两亿用户无法再回到传统电商场景。直播带货的爆发主要原因是用户对传统电商模式的审美疲劳，据调查，淘系商品详情页打开次数、浏览时长连续11个季度在降低，各家的商品PS图和文案套路都在模板化。而直播的模式不仅能让观众更直观地感受到商品的作用，还能通过弹幕交流使用心得，增强了消费者的互动体验，打造了全新的购买场景与创新体验。

　　2020年以后，很多传统线下销售的酒商纷纷试图结合互联网走出新道路，在线直播卖酒成了一些酒商在营销方式上的全新尝试。2019年12月24日，一条关于快手主播李宣卓直播卖酒破5000万的新闻吸引了不少关注。据称，李宣卓开播四个月，吸粉88万，总创5000万的销售额纪录，直播高峰期一分钟卖出1万单白兰地，被粉丝戏称"快手酒仙"。

就在之前的双12活动中，这位"快手酒仙"邀请演员于荣光进行了一场同台直播。直播当日，于荣光代言的白兰地6000单库存被3秒抢空，补货后1分钟内成交1万单，单品销售额突破150万元。除此之外，据称其他酒款均补过三四次库存，京东物流直接爆仓。

据媒体报道，李宣卓直播间的合作酒款除了贵州茅台白金酒业，还包括名仕罗纳德、SALTHAR1、法国查维斯卡梅、西班牙蔓城古堡、爱德蒙船长等葡萄酒，建立长期合作关系的品牌超过10个，累计带货酒品超过30款。

长城葡萄酒在2019年年末曾与直播界网红薇娅进行过直播合作，并在一分钟内售出超过3万箱长城鼠年生肖纪念酒。2020年1月，长城葡萄酒继续与直播网红另一大咖李佳琦合作，在淘宝年货节期间，长城葡萄酒北纬37度产品在李佳琦的直播间创造了30秒卖光2万箱的成绩；同时还创造了高峰期的观看人次突破3500万的纪录。

在以上这些直播卖酒的辉煌战绩的鼓舞下，再加上疫情之下线下销售遇到的实际困难，各酒商纷纷试水直播。2020年2月底，茅台与苏宁易购直播平台合作，苏宁开启贵州茅台24期免息专场直播，4个小时的时间，吸引了总计240多万酒友围观，销售茅台系酒类共计10吨。直播现场非常火爆，以至于原定于22点结束的直播，因为呼应茅台粉丝高涨的购酒热情，而延长一个小时至23点才结束。

网红经济、直播经济的火爆对于酒企而言，既是机会，也是挑战。酒企要大力培植自己的直播电商团队，培养在酒类消费上有话语权、有消费引导能力同时深谙酒文化、懂得酒生活方式的大酒播、网红酒播，还要学会KOL营销。所谓KOL，即英文Key Opinion Leader的缩写，意思是关键意见领袖，他们拥有更多、更准确的产品信息，且为相关群体所接受或信任，并对该群体的购买行为有较大影响力。KOL换个更接地气的词就是大V。大V比普通人受欢迎，是因为他们都擅长讲故事。而未来的商品营销，消费者在从浩如烟海的产品中做出购买选择，哪个卖家能把同质化的商品讲出不同质的故事，就可能被消费者选择。酒企的管理者除了要布局KOL营销，自己更是首先要成为KOL，成为大V，成为酒文化权威和酒业意见领袖，成为酒民心中的精神偶像。

第四，酒类垂直电商与酒民社交原创内容渠道实现融合。酒民在哪，酒企的营销渠道就要铺到哪。除了天猫、京东、拼多多、淘宝、苏宁等几大主流电商平台的酒频道以外，商家还可以考虑各类垂直酒类电商平台，如"酒仙网""壹玖壹玖""葡萄酒网"等。

第五，基于AI技术的数字化客户体验平台出现。对于酒类零售消费行业来说，研究一个酒品，最重要的是研究购买该酒品背后的人群，通过消费大数据完成客户洞察，用数据分析结果科学指导酒品研发与营销、服务决策。

随着大数据与AI技术的发展，传统的问卷投放、线下访谈的调研形式早已暴露出样本量小、主观性强、时效性慢等弊端，而基于大数据与AI技术的消费者洞察能帮助酒企24小时源源不断地获取海量电商评论与社交舆论大数据并实时分析。零售酒商的客服、运营、产品、物流团队借助AI大数据的分析结果能有效提升销售服务体验、完成活动监控、产品创新、口碑评估等精准数字化客户洞察。良好的口碑不仅能降低酒品牌获客成本，还能实现二次传播。

第六，5G新零售变革。作为新一代的通信技术，5G技术将对酒类零售的业态、运营模式、商业模式等产生不可小觑的影响。5G技术可以在众多线上线下酒品消费场景中被调用，如酒商直播，其速度率、连接率、低延时都能通过5G得到极大改善，直播消费体验也将得到提升。5G将对新零售中的人、货、场三个核心要素进行重新资源匹配和整合，在"5G+视听"方面打造酒营销新场景。

第七，线下酒零售实体店和线上流量实现融合。前几年，由于疫情的原因，为保持正常营业，越来越多的线下酒实体店转型线上，加速了新零售的数字化升级。线上线下的融合将对酒民的体验、供应链效率、渠道选择与消费场景进行重塑。以生鲜商超为例，原本只专注于线下实体的生鲜超市纷纷开通了线上商城与互动社群，完成了流量的线上线下融合与相互导流，并通过大数据、人工智能、物联网等技术手段获取精准的消费者数据和行为路径，提高了用户的购物体验、实现精准营销的目的。这一场景也将在今后的酒类营销中出现。

第八，酒品牌内容原创娱乐化。随着"95后"逐渐成为酒民中坚，他们对于酒品牌的内容、身份认同感、体验互动方式比以往有更高的要求，如江小白，通过建立IP形象，输出壁纸、表情包、漫画等系列娱乐趣味图片，将品牌价值赋予IP人设，与消费者产生互动实现价值传递。

三、"智慧茅台"：从"制造"到"智造"

在茅台集团多个地点，各立有一根与众不同的灯杆。这不是一根普通的灯杆，它是"智慧灯杆"。不仅拥有基本的智能照明模块，还集信息发布模块、信息采集模块、信息传输和控制模块、应急电源模块等于一身，通过配备的户外小间距LED显示屏、摄像头、无线Wi-Fi以及充电桩，可实现LED路灯照明、LED显示屏显示、通讯与控制、视频监控、人车监测、环境传感监测、电动车充电桩和紧急呼叫等不同应用。

它是一盏路灯，它同时也是信息发布、信息采集、信息传输的智能节点，是"智慧茅台"的神经末梢。通过安装在"智慧灯杆"上的各类现场传感器设备，可以解决道路上的所有IOT数据采集，其中包括视频、音频、天气、环境监测、报警、人流、物流、地下管线传感器数据、地理位置数据等；通过加载在"智慧灯杆"上的多媒体设备（LED显示屏和音频设备）构建园区信息发布平台；通过安装在"智慧电杆"上的无线通信设备，可以实现该道路的微基站布局和WiFi全覆盖，提供公共或者商业的Wi-Fi服务，是实现"智慧茅台""智慧园区"信息化、移动化和宽带化的最佳融合方案之一。

"智慧茅台"是以大数据分析应用为核心，以"互联网+"为手段，以市场需求为导向，以服务生产和生活为宗旨，打造以大数据平台和大数据分析为主的价值体系，推动信息技术与生产经营管理深度融合，形成集生产制造、供应链、质量管控、服务、个性化、互动等为一体的全产业链大数据平台，引领茅台创新发展，推动茅台集团实现互联网、云计算、大数据、人工智能、区块链等技术在茅台乃至整个酒类行业的创新应用和产业化发展。

早在2017年，茅台集团就提出建设"智慧茅台"工程目标，并精心编制了《"智慧茅台"工程顶层设计方案》，开启了以创新驱动、助推企业转型升级的新历程。进入2020年，"智慧茅台"开始从顶层设计走向实际落地执行阶段，全面进入加速跑阶段。为此，茅台携手"懂行人"华为开展数字化转型项目咨询，推动数字技术与茅台特色相融合，共同推动茅台在数字化转型之路上走得更稳、行得更远，并为传统酿酒行业树起智慧新标杆。

（一）建设"智慧茅台"从顶层规划设计开始

如今，数字科技正在引领酿酒行业变革，中国酒类产业正在经历新思想观念、新商业模式、新生产方式等多种业务创新，而这其中的每一个环节都与数字化紧密相关。当前，酿酒企业的数字化转型大多局限在生产数字化以及渠道数字化，接下来，酒业的数字化转型不仅将贯穿整个产业链，还将进一步推动企业思维转变、组织构架调整以及商业模式变革。

众所周知，企业数字化转型是一个复杂的系统工程，其中顶层设计更是起着把方向、定目标、绘蓝图、指路径的重要作用。但顶层设计不是闭门造车，需要在实践中不断探索；也并非一日而成，需要在探索中持续优化。

2017年，茅台集团在"智慧茅台"建设上就梳理出以"MT1216"为核心的建设内容，包含建设一个"立体综合网"，以及"数据中心""智慧茅台运营中心"两大支撑中心，搭建一个"大数据平台"，以及打造"智能工厂、企业大脑、敏捷营销、产业生态、文化品牌、品质生活"六大智慧应用。

在茅台集团的规划中，"智慧茅台"生态将串联起茅台的整个生产、生活与集团管控，最终形成服务生产、服务生活、服务管控、服务外延的"四服务"信息化服务和运营体系，比如，在服务生产方面，茅台集团通过在农事、农资、收储、质检、打款全环节运用数字技术进行规范和提升，不仅保证了原材料质量，还精简和规范了中间环节；在服务管控方面，茅台集团通过落地质量与食品安全管理平台建设，实现了生产数据的自动采集，为酿酒师提供决策依据，提升了生产效率和产品质量。

近年来，随着数字技术应用的持续深入，茅台集团对于"智慧茅台"建设又有了新的理解：首先要加快云计算、大数据、人工智能等新技术与集团业务的深度融合；其次要推动数字化转型从局部走向整体，进而实现全产业链转型升级；最后要发挥行业龙头优势，通过自身的数字化转型实践，为整个酿酒行业的数字化转型提供借鉴。

因此，茅台集团必须要进一步做好数字化转型的功能需求咨询，以及顶层规划设计，从而为"智慧茅台"的进一步建设提供有力保障。正是在这一背景下，华为开始参与到茅台集团"智慧茅台"的顶层设计中来。

事实上，不论在自身的数字化转型探索中，还是在助力各行各业数字化转型的实践中，华为都已经积累了丰富的经验。凭借这些数字化转型的方法论，华为已经成为行业数字化转型的"懂行人"，从而为更多行业的数字化转型提供指导。

（二）茅台未来将开启全产业链数字化

2020年4月，茅台集团与华为正式签署战略合作协议，根据协议，双方将在信息化咨询规划、新基建领域、"智慧茅台"工程领域、工业互联网平台等方面展开全面合作，并充分发挥茅台在白酒领域的积累和华为在ICT领域的技术优势，进一步推动酿酒行业的数字化转型。

对于茅台集团而言，"智慧茅台"的建设不只是专业的信息化工作，要与其各业务系统相融合，实现IT+业务、业务+IT；需要多业务域协同、多部门协同、多流程协同。因此，在与茅台集团的合作中，华为充分发挥自身的"懂行"优势，并从咨询规划入手，持续推动数字技术与业务场景的深度融合。具体来说，华为将在以下三个层面推动"智慧茅台"建设：

首先帮助茅台集团准确判断当前在数字化工作中存在的差距和短板，通过对标技术发展趋势和行业一流水平，精确定位、查缺补漏，进一步打牢茅台集团数字化转型的根基；

其次是深入业务场景，帮助茅台集团找准现代数字化技术与核心业务的契合点，通过场景化的创新，打造信息化与传统产业、大数据与实体经济深度融合的样板工程；

最后则是帮助茅台集团全面系统地解读、承接公司战略和"智慧茅台"顶层设计，站在茅台长远发展的角度科学谋划"智慧茅台"功能框架。

2020年8月，茅台集团在与华为开展前期咨询规划的基础上，正式启动了"智慧茅台"建设。在茅台集团推动全产业链数字化平台建设过程中，通过与华为一起开展顶层设计，制订了"一三五"五年行动方案：

第一阶段，茅台集团将在接下来的一年间，着重开展"2+4"信息化重点工程建设，其中"2"就是要建设茅台云和茅台大数据，形成数据传输、存储、治理能力，"4"则是要实现营销及终端，产供销协同，酒库安消一体化，资产管理等重点问题的信息化建设和业务赋能。

第二阶段，茅台集团将在接下来的三年间，进一步深化全产业链各业务领域信息化建设，实现全业务领域协同运行和数据打通，并具备初步数据治理能力。

第三阶段，茅台集团将在接下来的五年间，建成由多个智能运营中心组成的"茅台大脑"，实现企业数字化运营，让数据资产成为推动企业发展的原动力之一，为公司的决策、运营和管理提供支撑与依据，全面实现茅台的数字化转型。

（三）传统工艺融合数字技术

作为茅台集团的战略合作伙伴，"懂行人"华为不仅将全面参与到"智慧茅台"的顶层设计中，还将全面深入到酿酒业务场景中，通过自身在行业数字化转型上的经验积累，帮助茅台集团开展智慧园区、数据中心等建设。

首先，在华为的参与下，茅台集团已经完成了咨询项目的一期交付，正在进行对整个"智慧茅台"进行顶层设计。通过全面解读企业战略，梳理客户业务及信息化现状和需求，华为帮助茅台集团制定了未来几年信息化发展蓝图和分年度演进路径，持续支撑公司提升营销服务能力、打造高效供应链、加强综合运营管控。

其次，茅台园区酒库安防项目也已经进入方案设计环节。以此为切入点，华为正在帮助茅台集团建设"茅台智慧园区"，全面保障酒库安全，提升园区体验。

最后，华为还将帮助茅台集团推动各下属子公司及单位的信息化建设，如习酒公司、茅台学院等，通过构建面向未来的全面云化IT技术体系，支撑IT向深度服务转变，加速"一三五"五年行动的落实。

在茅台集团的规划中，通过"一三五"五年行动方案，将逐步完成从信息化基础设施建设，具备数据收集分析能力，到全业务领域协同运作，打通数据治理能力；实现"智慧茅台"从1.0到4.0的转变，并建成由"集团管控中心""营销中心""产供销协同中心""园区管理中心""数据中心"五大智能运营中心组成的"茅台大脑"；实现数据共享、共治，基本形成上下游协同的数字化生态，进而实现对茅台集团由内而外的重塑。

被誉为"大数据时代的预言家"、牛津大学教授的维克托·迈尔·舍恩伯格在《大数据时代》书中提到，大数据开启了一次重大的时代转型，正在改变我们的生活以及理解世界的方式，成为新发明和新服务的源泉。"在大数据时代，茅台的'数据资产'将成为越来越重要的企业资源。"业内人士指出。现在，茅台在行业率先建立了RFID溯源体系，将包装生产、仓储物流和专卖店信息进行串接，通过手机App、专卖店查询机等方式向消费者提供溯源服务。据介绍，该溯源体系的整体技术处于行业领先水平，同时，获得发明专利一项、软件登记著作权三项、制定行业标准四项，获得贵州省科技进步三等奖和中国酒业协会科技二等奖，项目共获得中央财政专项资金奖励2900万元。如今，茅台大数据平台已成为茅台创新的支撑点之一。

除了华为，茅台还与国内外其他知名大数据企业进行深度合作，比如，在咨询方面，与麦肯锡和汪中求团队合作；在ERP方面，与SAP、用友合作；在产品供应商方面，与思科合作；在软件方面，与浪潮合作；在软件信息基础方面，与欧洛克合作。这些全球顶级数字技术供应商将把世界上最前沿的科技植入茅台，为这个传统制造企业带来新技术能量和巨大生机。

目前，茅台已启动全产业链数字化平台一期建设，主要建设茅台云、茅台数据湖两个基础型平台和"智慧茅台"应用中心、原料基地平台、质量和食品安全管控平台三个应用型平台，投入金额为1.04亿元。

据介绍，茅台将用三年时间初步建成"智慧茅台"工程，以服务生活、服务生产、服务园区、服务外延为导向，解决转型升级中最现实、最紧迫、最突出的瓶颈制约，让发展成果更好地服务于茅台经营管理、更多地惠及员工生产和生活。

（四）"智慧茅台"给中国传统酒业的启迪

茅台这样的白酒龙头企业，不管是在渠道还是营收方面根本不用发愁，但却主动花巨资打造"智慧茅台"，寻找酒业发展的"第二战场"，值得酒业管理者认真思考。在酒业数字化转型仍处在初级阶段的今天，茅台的创新实践和转型升级，将聚焦解决酿酒行业传统发展模式中存在的诸多共性问题，加快推进数字化技术与传统产业的深度融合，打造酿酒行业的转型样本，完成对传统工艺的深入解读和系统构建，推进传统智慧与时代精神的全面深度融合，为茅台走向更加广大的发展舞台提供了坚实的支撑。

　　"智慧茅台"为其他酒企提供了数字经济时代的发展样本。继茅台之后，五粮液近年来也大力推进企业数字化转型，通过智慧零售体系等创新，打造数字化转型标杆和行业新经济样板，并不断完善国家企业技术中心、博士后工作站、国家白酒质量监督检验中心、企业院士工作站，建立国家级酒类品质与安全国际联合研究中心，助力产品品质提升与企业高质量发展。汾酒则通过加强自主创新、深化产学研战略合作、共建科研平台建设等多举措，构建了科技以国家技术中心为核心，以产学研协同为突破，以集团分子公司的质量技术人员为基础的三级体系联动机制。并承担了国家科技支撑计划、星火计划等科研项目，在白酒风味、生态酿造等领域取得了突破性进展。泸州老窖在2022年3月，成立了泸州老窖博士后工作站科创有限公司，注册资本1亿元人民币，经营范围包含：人工智能应用软件开发；资源循环利用服务技术咨询；新材料技术推广服务；生物化工产品技术研发等。此外，泸州老窖还搭建了国内领先的数字化信息管理系统，助推"智能酿造"；酿酒工程技改项目荣获中国建设工程鲁班奖等，开启了发展的新的增长极。

第二节　"潮平两岸阔，风正一帆悬"[1]

—— 中国白酒产业未来的发展方向

中国酒业协会副理事长兼秘书长宋书玉认为，中国白酒未来一定是风味和健康两个发展方向，这是近年来在大量科学研究实践基础上得出的结论。

宋书玉表示，从2007年开始，由中国酒业协会发起并组织的中国白酒169计划，以及2013年由中国酒业协会组织发起的中国白酒3C计划，这两个大型科研计划的实施，开启了中华人民共和国成立以来最大的两个科研活动。正是基于这两大科研活动的诸多成果，我们对未来白酒发展方向作出了新的诠释。

白酒归根结底是风味饮品，食品的本源其实就在于它的风味，正是风味的个性形成了对我们的吸引。而白酒从西汉时期诞生到今天走过了两千多年的历程，之所以它有这么强大的生命力，其核心在于白酒的"生命"是健康。所以说，健康是白酒的生命，风味是白酒的本源。

根据169计划和3C计划的大量研究成果，还有就是近十几年来，科学家对中国白酒风味物质的认知随着分析技术的提升，已经发现中国白酒当中化合物多达两千多种。这两千多种化合物，大致可以分为两类：一类是对风味有贡献的，我们称之为中国白酒当中的风味物质；另一类是对我们健康活性有贡献的，我们称为中国白酒风味的活性物质。这两类物质的丰富性和复杂性，构成了中国白酒风味物质的复杂和中国白酒活性物质的复杂。

中国白酒有五个非常重要的特质。这五个特质，也是中国白酒在世界烈酒当中，区别于其他烈酒非常重要的显著标志。第一个就是我们老百姓讲的

1　引自唐代诗人王湾的作品《次北固山下》："客路青山外，行舟绿水前。潮平两岸阔，风正一帆悬。海日生残夜，江春入旧年。乡书何处达，归雁洛阳边。"

酒是粮食精。以粮谷为原料，这是中国白酒非常重要的一个特点；第二个，中国白酒是世界上所有烈酒当中，唯一一个自然发酵、多微共酵、开放性方式酿造的酒。可以说，在世界烈酒大家庭中，中国白酒的自然发酵是极为独特的；第三个特质，就是我们的甑桶蒸馏，或者说就是我们老百姓经常讲的固态蒸馏技术；第四个，中国白酒区别于市场上其他烈酒非常重要的另一个标志，那就是我们的陶坛贮存。中国的白酒，要在陶坛当中长期存储；第五个，在世界烈酒当中，中国白酒的发酵期格外长。

以上便是中国白酒非常重要的五大特点，也非常好地诠释了中国白酒风味物质构成上的复杂。

在中国白酒的认知和剖析上，我们从20世纪60年代开始通过茅台试点、汾酒试点等大量科研活动，对中国白酒当中化合物以及活性物质进行分析，使用了化学分析、色谱分析技术，一直到了20世纪70年代末又有了仪器分析，譬如气相色谱仪等分析仪器和分析技术，使我们逐渐认识到中国白酒当中化合物的复杂性，同时也让我们逐步展开了中国白酒当中高级醇、羰基化合物等多种类化合物构成的中国白酒化合物研究。这些技术研究，也为20世纪70年代末中国白酒香型的划分奠定了基础。可以说，20世纪70年代末分析技术的应用，开启了中国白酒的分析化学技术认知。

2007年，以中国白酒169计划实施为标志，我们开启了中国白酒风味化合物质的研究。所谓169计划，是中国酒业协会提出对白酒有关基础问题进行研究，总共确定了六大课题，有九家企业参加，一个协会、六个课题、九家企业，故有此称。我们从中国白酒化合物的分析认知，进入了分析化学时代，也就是说，2007年169计划的实施，真正开启了对中国白酒风味化学物质的认知时代。这其中非常重要的一个标志，就是169计划当中我们有一个课题——中国白酒风味物质阈值研究，我们研究了七八十种中国白酒的风味物质的阈值。

这是个什么概念？就是说，白酒当中，每一种化合物在白酒当中的含量是不一样的，有的含量高一点，有的含量低一点。含量的高低，与对白酒风味的影响既有量比的关系，又有阈值的关系。说得简单一点，比如有些化合物在酒当中含量是极微的，但它反映到感官和对风味的贡献上，却是极其高的。这种低阈值但香味贡献极大物质的发现，实际上正是我们从分析化学时代进入风味化学时代"质"的飞跃。

我们以浓香和清香型为例，在分析化学时代，在清香型白酒当中，发现酯类化合物对清香型贡献非常大，尤其在清香型白酒中，我们发现乙酸乙酯的绝对含量在清香型白酒所有酯含量当中是最高的，而且对清香型风味的贡献也是最突出的。所以，我们在给清香型白酒定义的时候，表述为清香型白酒是乙酸乙酯为主的复合香气的一种体现；同样，在浓香型白酒当中，己酸乙酯的含量非常高，对浓香型白酒风味贡献绝对很大，所以我们对浓香型白酒，则定义为己酸乙酯为主的复合香型。

通过对中国白酒阈值的测定，在中国白酒复杂的风味构成当中，譬如清香型白酒和浓香型白酒，我们发现有些物质的含量极低，甚至有的不到百毫升十微克、十毫克，但是它的香气贡献却很大。甚至我们做了一个实验，在清香型和浓香型白酒当中，分别把乙酸乙酯和己酸乙酯剔除，看看这个酒是不是在风味上发生了很大的变化？结果发现，即便是采用了技术手段剔除清香型白酒的乙酸乙酯和浓香型白酒的己酸乙酯，仍然表现出了清香型白酒和浓香型白酒非常重要的感官特点。这说明了什么？说明在复杂的香味物质构成当中，有些含量极低的化合物，对于风味的贡献却很大；同时也让我们认识到，一个香型的酒，是由多种化合物构成，它的风味非常复杂。同样是清香，同样是浓香，由于这些复杂的构成，每个酒都表现出了自己的个性。

所以说169计划的实施，尤其是对风味化合物阈值特定的认知，让我们认识到中国白酒的风味是一个复杂的构成，这点非常重要。

到了中国白酒"3C计划"（"3C"即"诚实、诚心、诚信"三个词的拼音首个字母。中国白酒"3C计划"包括：品质诚实—科学技术研究计划；服务诚心—白酒科普宣传计划；产业诚信—白酒行业诚信管理体系建设以及白酒行业准入、标准修订计划）的实施，我们更深刻认识到了中国白酒活性物质的复杂。我们发现了酯肽类，又发现了核苷类等更多更丰富的活性物质。我们知道了中国白酒的活性物质有很多种类型，并非一种，并非一类，并非几类化合物的构成。尤其是气相色谱等先进分析技术手段的应用，对于风味与产品品质之间的关系认定，乃至白酒之间的活性物质、健康属性和健康价值的认定上，越来越发现它的复杂性和丰富性。

所以，丰富的活性物质和丰富的风味物质，构成了中国白酒风味的复杂，构成了中国白酒活性物质的复杂。中国白酒科研技术的实施，最终确认了中国白酒风味物质的复杂构成和多活性物质的复杂构成，是中国白酒的核心。

未来我们要把中国白酒发展得更好，走到更高的境界，就必须坚持中国白酒多风味物质的复杂构成，必须坚持中国白酒多活性物质的复杂构成这一认知基础，并在此基础上不断解析中国白酒复杂构成给风味带来的贡献和价值，对每一类白酒、每一种酒品风味的个性展现，提供一个非常清晰的方向，让我们知道应该如何去发展我们的风味个性，同时关注这种活性物质的复杂构成带来的健康价值。

所以，未来多活性物质的复杂构成、多风味物质的复杂构成，就是我们的研究方向。活性物质和风味物质之间交互作用，有些风味物质既是风味物质又是活性物质。正因为这种复杂体系，我们的风味复杂性和我们多活性物质的复杂性，才是未来中国白酒需要不断探寻和追求的路径。

所以说，我们提出来风味导向和健康导向是中国白酒未来的发展方向，我们未来更需要突出产品的个性化风格，如何把酒度降低，如何把风味物质更好地去加以提升，如何让它更好地表达到品质上。

最近我们又开启了每种香型、每种酒的风味物质和活性物质如何与酒度之间形成最佳关系的研究。说得更加具体一点，某某酒、某某品牌、某某产区、某某生态，如何去酿造更多的风味物质和活性物质，它的酒度与风味物质与健康物质如何才能形成一个最佳关系，这是我们需要更深入去探究的。也就是说，每种酒都有一个最佳比例关系，这种比例关系与最佳表现关系，需要结合科研活动去深入细致全面地进行研究，才能进一步彰显酒的风味和健康价值。这是未来中国白酒在技术创新和未来产业发展上的方向。

在这里，我还要给大家强调一点，关于中国白酒健康，刚才我们说活性物质带来了健康价值，实质上最近我们也在开展另一层面的研究，就是饮酒行为。风味、个性、活性物质、最佳的酒度表现都具备了之后，如何适量饮酒，什么时间喝、怎么喝、如何与餐食搭配、喝多少，哪些是健康的饮酒行为，同样是我们未来需要深入探究、非常重要的研究课题。

后记

    天地精华，人间佳酿，历史长河，酒香弥彰。《酒魂》，这不仅是一部关于酒的书籍，也是一次穿越历史长河，探寻酒文化与人类文明的旅程，历史与现实交织，理性与感性并存的一次盛宴，我们心中涌动的情愫，犹如陈年佳酿，厚重而复杂，不断的回味。这一幅中华酒文化的多彩画卷，缓缓展现在读者面前，这让我们更加坚定酒文化自信。在这根红线的牵引下，我们以上篇"酒之元"和下篇"酒之兴"的撰写，一同见证了酒如何以她独特的魅力，润滑着历史车轮的旋转，催化着事物的发展演变，成为华夏文明不可或缺的物质成果与文明元素。"要敬畏历史，敬畏优秀传统文化"为我们弘扬和传承中华优秀传统文化，提供了强大的底气和精神动力。作为传统文化的重要组成部分，中国文化发展的每一个辉煌时刻，几乎都可以看到酒的参与。酒业发展也见证了中国经济的繁荣和酒文化复兴。酒文化引领是一个多维度的概念，涉及历史、社会、经济、艺术和现代化等多个方面。它不仅反映了人们对酒的热爱和尊重，也影响着社会交往、经济发展及文化传承的方式。随着全球化进程的加快，酒文化也不断丰富着人们的饮酒体验，必将伴随中国经济崛起而走向世界，引领世界。

    后世不忘前世之师。在创作过程中，我们时刻铭记着那些曾经指引我们前行、给予我们智慧与启迪的前辈与师长，他们不仅是知识的传递者，更是精神的引领者，让我们学会了如何以更加深邃的目光去审视世界，以更加坚韧的步伐去追寻酒文化真谛。《酒魂》的创作离不开前人智慧的积累，这既是我们对中华酒文化的一次全面致敬，更是我们对美好未来的期望。愿这本书能够成为一座桥梁，连接起前世之师与后世之学的深厚纽带。采得百花成蜜后，为谁辛苦为谁甜。我们更希望作为一个酒文化的探寻者，将那些曾经照亮我们前行道路的光芒，传递给更多的读者。

《酒魂》书籍付梓之际，感谢所有给予我们帮助和支持的人们，特别是给予我们宝贵意见和建议的专家、学者、酿酒师、品酒师、酒商、酒企及广大的酒友，借此特别感谢范凌先生、贾永先生、王耀征先生、许世宏先生和孙继炼先生，正是有了你们的智慧，我们才能够顺利完成这部作品。由于时间仓促和学识有限，书中难免有错误、疏漏以至于偏颇之处，敬请大家指正，衷心地期望本书能得到读者的喜爱。

2024年9月1日